视频教学
全新升级

Excel 2021 办公应用实战

从入门到精通

吕廷勤 孙陆鹏 编著

人民邮电出版社
北京

图书在版编目（CIP）数据

Excel 2021办公应用实战从入门到精通 / 吕廷勤，孙陆鹏编著. -- 北京 : 人民邮电出版社，2022.9
ISBN 978-7-115-59243-9

Ⅰ. ①E… Ⅱ. ①吕… ②孙… Ⅲ. ①表处理软件
Ⅳ. ①TP391.13

中国版本图书馆CIP数据核字(2022)第093286号

内 容 提 要

本书系统地介绍Excel 2021的相关知识和应用方法，通过精选案例引导读者深入学习。

全书共16章。第1～5章主要介绍Excel 2021的基础知识，包括Excel 2021快速入门、工作簿和工作表的基本操作、数据的高效输入、工作表的查看与打印，以及工作表的美化等；第6～9章主要介绍如何利用Excel 2021进行数据分析，包括公式和函数的应用、数据的基本分析、数据图表，以及数据透视表和数据透视图等；第10～14章主要介绍Excel 2021的具体行业应用案例，包括人力资源、行政管理、会计工作、财务管理和市场营销等行业应用案例；第15～16章主要介绍Excel 2021的高级应用，包括宏与VBA、Excel 2021协同办公等。

本书提供与图书内容同步的视频教程及所有案例的配套素材和结果文件。此外，本书还赠送大量相关内容的视频教程、Office实用办公模板及拓展学习电子书等。

本书不仅适合Excel 2021的初、中级用户学习，也可以作为各类院校相关专业学生和计算机培训班学员的教材或辅导用书。

◆ 编　著　吕廷勤　孙陆鹏
责任编辑　李永涛
责任印制　胡　南

◆ 人民邮电出版社出版发行　　北京市丰台区成寿寺路11号
邮编　100164　　电子邮件　315@ptpress.com.cn
网址　https://www.ptpress.com.cn
三河市中晟雅豪印务有限公司印刷

◆ 开本：787×1092　1/16
印张：17.5　　2022年9月第1版
字数：448千字　　2022年9月河北第1次印刷

定价：69.90元

读者服务热线：(010)81055410　印装质量热线：(010)81055316
反盗版热线：(010)81055315
广告经营许可证：京东市监广登字20170147号

在信息技术飞速发展的今天，计算机早已走入人们的工作、学习和日常生活，而计算机的操作水平也成为衡量一个人的综合素质的重要标志之一。为满足广大读者的学习需求，我们针对当前 Excel 办公应用的特点，组织多位相关领域专家及计算机培训教师，精心编写了本书。

写作特色

无论读者是否接触过 Excel 2021，都能从本书中获益，掌握使用 Excel 2021 办公的方法。

面向实际，精选案例

全书内容以工作中的精选案例为主线，在此基础上适当拓展知识点，以实现学以致用。

图文并茂，轻松学习

本书有效地突出了重点、难点，所有实战操作均配有对应的插图，以便读者在学习过程中直观、清晰地看到操作的过程和效果，从而提高学习效率。

单双混排，超大容量

本书采用单双栏混排的形式，大大扩充了信息容量，在有限的篇幅中为读者介绍了更多的知识和案例。

高手支招，举一反三

本书在第 1~9 章最后的“高手私房菜”栏目中提炼了各种高级操作技巧，为知识点的扩展应用提供了思路。

视频教程，互动教学

在视频教程中，我们利用工作、生活中的真实案例，帮助读者体验实际应用环境，从而全面理解知识点的运用方法。

配套资源

全程同步视频教程

本书配套的同步视频教程详细地讲解了每个案例的操作过程及关键步骤，能够帮助读者轻松地掌握书中的理论知识和操作技巧。

超值学习资源

本书附赠大量相关内容的视频教程、拓展学习电子书，以及本书所有案例的配套素材和结果文件等，以方便读者学习。

学习资源下载方法

读者可以使用微信扫描封底二维码，关注“职场研究社”公众号，发送“59243”后，将获得学习资源下载链接和提取码。将下载链接复制到浏览器中并访问下载页面，即可通过提取码下载本书的学习资源。

创作团队

本书由龙马高新教育策划，吕廷勤、孙陆鹏编著。在本书的编写过程中，我们已竭尽所能地将更好的内容呈现给读者，但书中难免有疏漏和不妥之处，敬请广大读者批评指正。读者在学习过程中有任何疑问或建议，可发送电子邮件至 liyongtao@ptpress.com.cn。

编者

2022 年 8 月

目录

赠送资源

- 赠送资源 01　Office 2021 快捷键查询手册
- 赠送资源 02　Excel 函数查询手册
- 赠送资源 03　移动办公技巧手册
- 赠送资源 04　网络搜索与下载技巧手册
- 赠送资源 05　2000 个 Word 精选文档模板
- 赠送资源 06　1800 个 Excel 典型表格模板
- 赠送资源 07　1500 个 PPT 精美演示模板
- 赠送资源 08　8 小时 Windows 11 教学录像
- 赠送资源 09　13 小时 Photoshop CC 教学录像

第 1 章

Excel 2021快速入门

Excel 2021是微软公司推出的Office 2021系列办公软件的一个重要组件，主要用于电子表格的处理。用它可以高效地完成各种表格和图的设计，进行复杂的数据计算和分析。

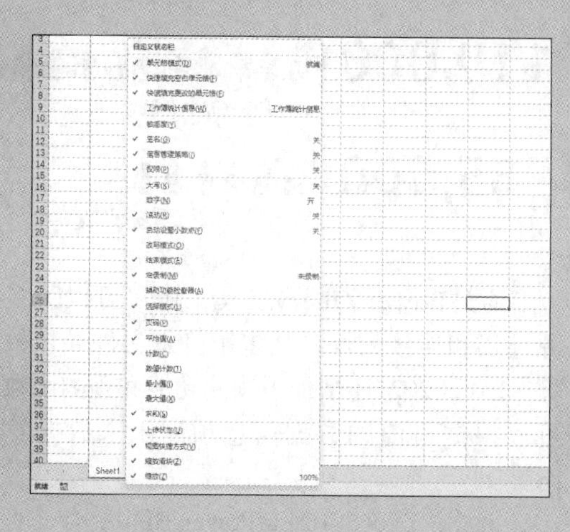

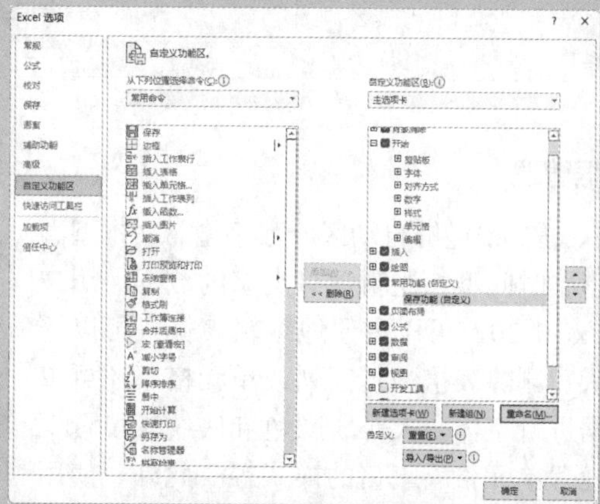

1.1 Excel 2021的主要功能和行业应用

要用好Excel 2021这款重要的办公软件，首先需要了解它的主要功能和行业应用。

1.1.1 Excel 2021的主要功能

随着Office版本的更新，新的功能在不断增加，Excel 2021的主要功能有以下6项。

1. 建立电子表格

使用Excel 2021能够方便地制作出各种电子表格，Excel 2021提供了许多张容量非常大的空白工作表，每张工作表由16384列1048576行组成，行和列交叉处组成单元格，每一个单元格可容纳32000个不同类型的字符。Excel 2021可以满足大多数数据处理的业务需要。下图所示为Excel 2021的操作界面。

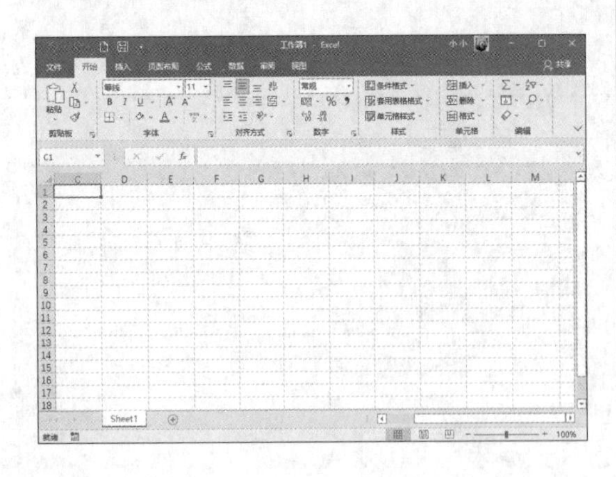

2. 数据管理

Excel 2021能够自动区分数字型、文本型、日期型、时间型、逻辑型等类型的数据。用户使用Excel 2021可以方便地编辑表格，可以任意插入和删除表格的行、列或单元格，还可以对数据进行字体、大小、颜色和底纹等设置，以及设置单元格、表格的样式等。此外，使用Excel 2021的打印功能还可以将制作完成的数据表格打印保存。

3. 数据分析功能

在Excel 2021中，用户输入数据后，还可以使用其数据分析功能对输入的数据进行分析，使数据从静态变成动态，充分利用计算机自动、快速地进行数据处理，如使用排序、筛选、分类汇总和分类显示对数据进行简单分析。此外，使用条件格式和数据的验证功能还能提高输入效率，保证输入数据的正确性，使用数据透视表和透视图还能对数据进行深入分析。

用户可以根据需求创建图表，Excel 2021支持People Graph插件，可以以人物形象展示数据，如下图所示，使图表更加直观、生动。

85,000
每日平均点击次数
110,000
从应用商店下载总次数
65,000
一个月内重新访问次数

通过Power Query工具，用户可以跨多种源查找和连接数据，从多个日志文件导入数据等。Excel 2021还增加了预测功能和预测函数，可以根据目前的数据信息预测未来数据发展态势。

另外，Excel 2021与Power BI相结合，可以访问大量企业数据，使数据分析功能更强大。

4. 制作图表

Excel 2021提供了16类图表，包括柱形图、饼图、条形图、面积图、折线图及曲面图等。使用图表能直观地表示数据间的复杂关系，同一组数据也可以使用不同类型的图表来展示，用户可以对图表中的各种对象（如标题、坐标轴、网格线、图例、数据标志和背景等）进行编辑。为图表添加恰当的文字、图形或图像，能让精心设计的图表更具说服力。下图所示为使用Excel 2021制作的组合图表，用于分析个人因素对购买力的影响。

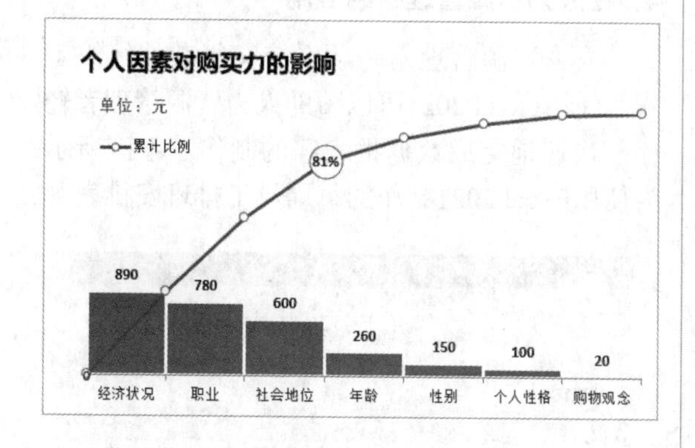

5. 计算和函数功能

Excel 2021提供了强大的数据计算功能，可以根据需要方便地对表格中的数据进行计算（如计算总和、差、平均值，或者比较数据等），还可以对输入的公式进行审核。此外，Excel 2021提供了丰富的内置函数，按照函数的应用领域分为13个大类，如财务函数、日期与时间函数、数学与三角函数、统计函数、查找与引用函数、文本函数和逻辑函数等。右上图所示为【插入函数】对话框，用户可根据需要选择函数并使用。

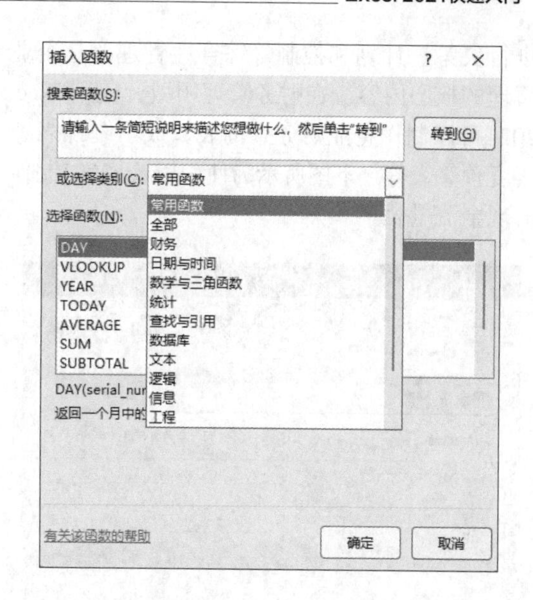

6. 数据共享功能

在Excel 2021中，微软公司强化了数据共享功能，支持即时存储。用户不仅可以创建超级链接来获取互联网上的共享数据，而且可将工作簿设置成共享文件，与其他用户同时处理同一个工作簿，提高团队协作效率。下图所示为Excel 2021共享界面。

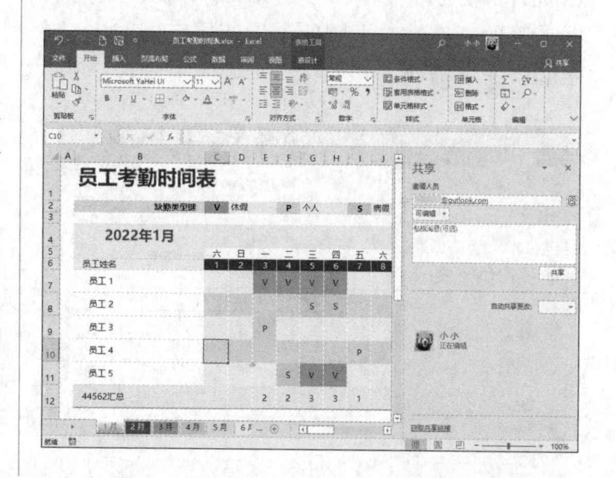

1.1.2 Excel 2021的行业应用

Excel 2021广泛应用于财务、会计、行政、人力资源、文秘、统计和审计等众多行业，可以大大提高用户对数据的处理效率。下面简单介绍Excel 2021在不同行业中的应用。

1. 在财务管理中的应用

财务管理是一项涉及面广、综合性强、制约因素多的系统工程，它通过价值形态对资金运动进行决策、计划和控制等综合性管理，是企业管理的核心内容。在财务管理领域，使用Excel 2021可以制作企业财务查询表、成本统计表、年度预算表等。下图所示为使用Excel 2021制作的现金流量表。

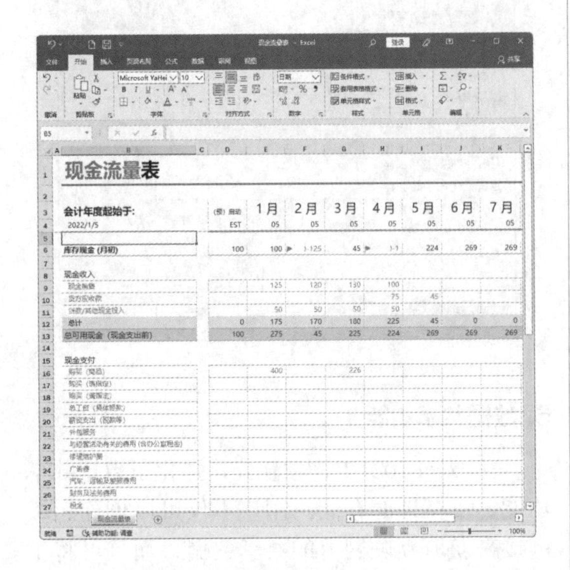

2. 在会计工作中的应用

在会计工作中，可以使用Excel 2021进行数据统计和分析，以减少人员的劳动量，提高数据计算的精准性。下图所示为使用Excel 2021制作的资产负债表。

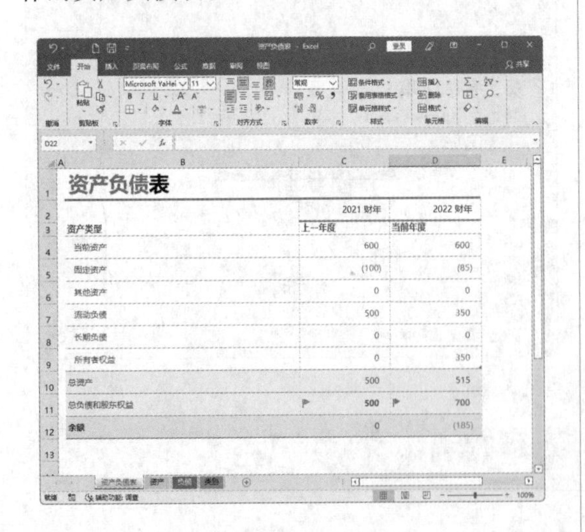

3. 在行政管理中的应用

在行政管理工作中，经常需要制作出各类表格，Excel 2021提供批注及错误检查等功能，可以快速核查制作的报表。右上图所示为使用Excel 2021制作的项目的待办事项列表。

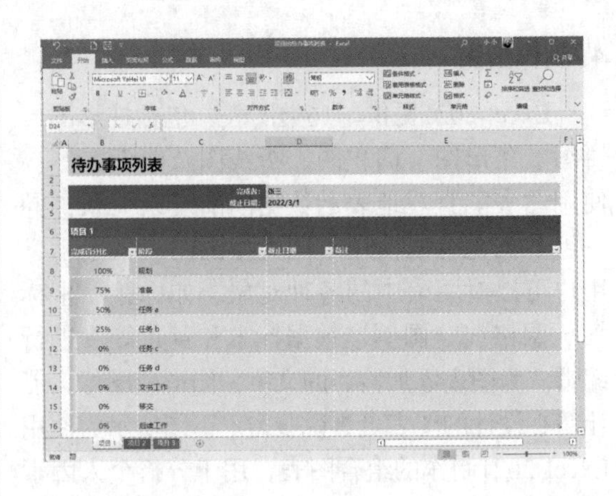

4. 在人力资源管理中的应用

人力资源管理是一项系统又复杂的组织工作。使用Excel 2021可以帮助人力资源管理者轻松、快速地完成数据报表等的制作。下图所示为使用Excel 2021制作的每周员工排班安排表。

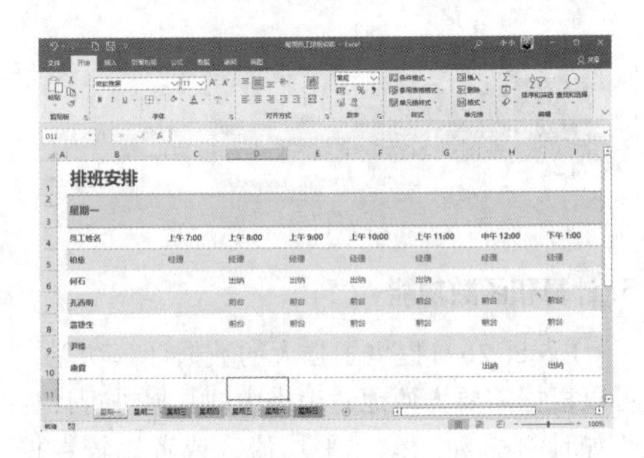

5. 在市场营销中的应用

在市场营销领域，使用Excel 2021可以制作产品价目表、进销存管理系统、年度销售统计表、市场渠道选择分析表及员工销售业绩分析表等。下图所示为使用Excel 2021制作的销售报表。

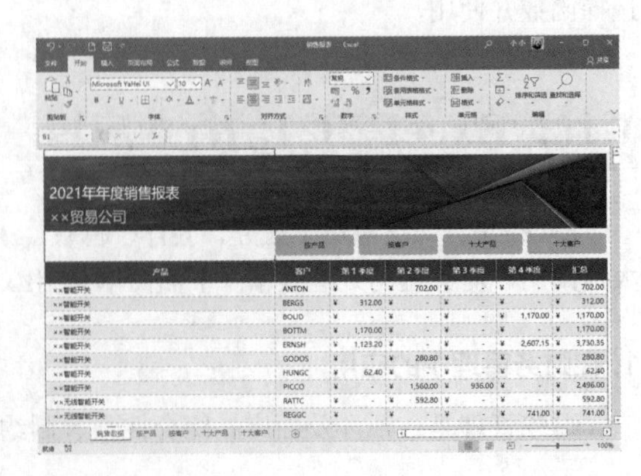

1.2 Excel 2021的安装、更新与卸载

在使用Excel 2021之前，首先要将软件安装到计算机中。如果不想使用此软件，可以将软件从计算机中清除（即卸载Excel 2021）。本节主要介绍Excel 2021的安装、更新与卸载。

1.2.1 计算机配置要求

Excel 2021作为Office 2021的组件，通常都随着Office 2021一起安装和卸载。Office 2021对计算机硬件和软件的具体配置要求如下表所示。

项目	Windows操作系统	Mac OS
处理器	主频为1.1 GHz 或更快，双核	Intel 或 Apple Silicon
内存	4 GB	4GB
硬盘	4 GB 可用磁盘空间	10 GB 可用磁盘空间
显示器	1280像素×768像素屏幕分辨率（4K分辨率及以上画质需要安装64位版本）	1280像素×800像素屏幕分辨率
操作系统	Windows 11、Windows 10、Windows 10 LTSC 2021、Windows 10 LTSC 2019、Windows Server 2022 或 Windows Server 2019	为获得最佳体验，建议使用最新版本
浏览器	当前版本的 Microsoft Edge、Internet Explorer、Chrome 或 Firefox	—
.NET 版本	部分功能还可能要求安装 .NET 3.5 或 4.6，以及更高版本	—
多点触控	使用任何多点触控功能都需要启用具有触控功能的设备。但是，所有特性和功能都始终可以通过键盘、鼠标或其他标准或可访问的输入设备来实现	
其他	Office 2021网络功能需要连接网络；云文件管理功能需要使用OneDrive、OneDrive for Business 或 SharePoint	

小提示

Microsoft.NET是微软公司的新一代技术平台，旨在为敏捷商务构建互联互通的应用系统，这些系统基于标准的、联通的、适应变化的、稳定的和高性能的平台。对于Office 2021办公系列软件来讲，有了Microsoft.NET平台，用户能够进行自动化数据处理、智能文档编程等操作。一般系统都会自带Microsoft.NET，如果不小心删除了，用户可自行下载安装。

下面以Windows操作系统为例，介绍Excel 2021的安装、更新与卸载方法。

1.2.2 安装Excel 2021

Excel 2021通常随着Office 2021一起安装，其安装步骤比较简单，不需要过多的操作。如果计算机配置满足安装要求，就可以按照下述方法安装Office 2021。

步骤 01 运行Office 2021安装程序，计算机桌面弹出下图所示的界面。

步骤 02 准备就绪后，弹出下图所示的安装界面，并显示安装进度。

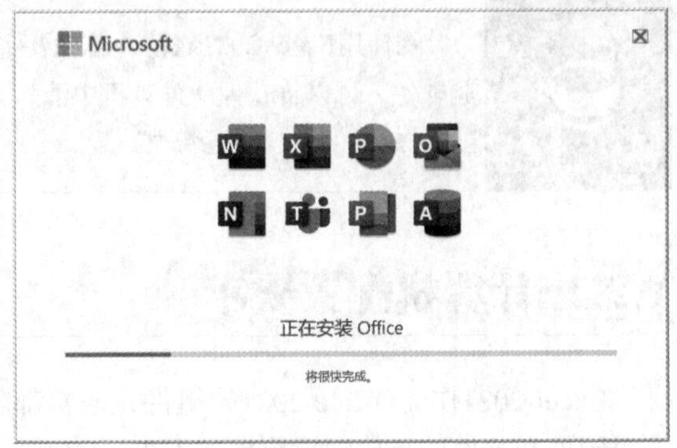

步骤 03 安装完成后，显示一切就绪，单击【关闭】按钮，即可完成安装，如下图所示。

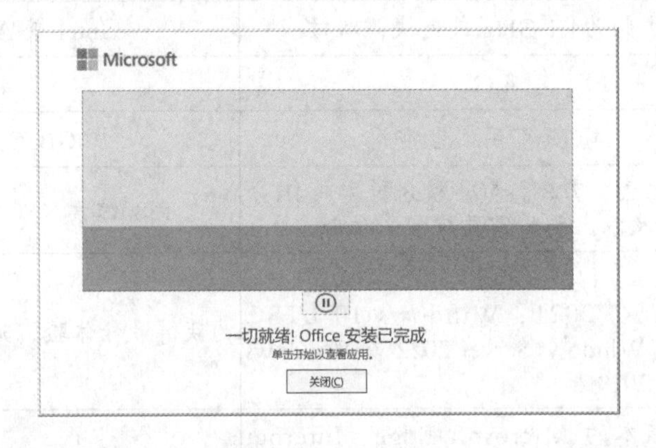

1.2.3 更新Excel 2021

微软公司会不定期更新Office 2021的功能，为用户提供更好的体验，Excel 2021作为组件会一起更新。用户可以通过手动更新或自动更新获取最新版本，具体操作步骤如下。

步骤 01 启动Excel 2021，在启动界面中，选择【账户】命令，进入【账户】界面，单击【更新选项】按钮，在弹出的下拉列表中选择【立即更新】选项，如下图所示。

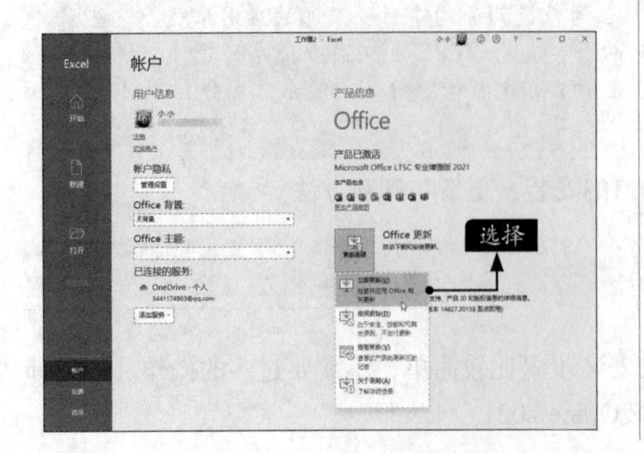

步骤 02 系统弹出【正在检查更新】对话框，检查Office是否有新版本，如下图所示。

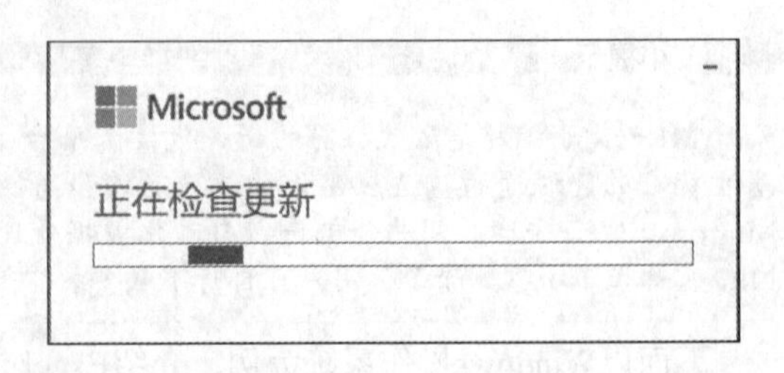

步骤 03 当检测到有新版本后，系统会自动在后台下载，如下页图所示。

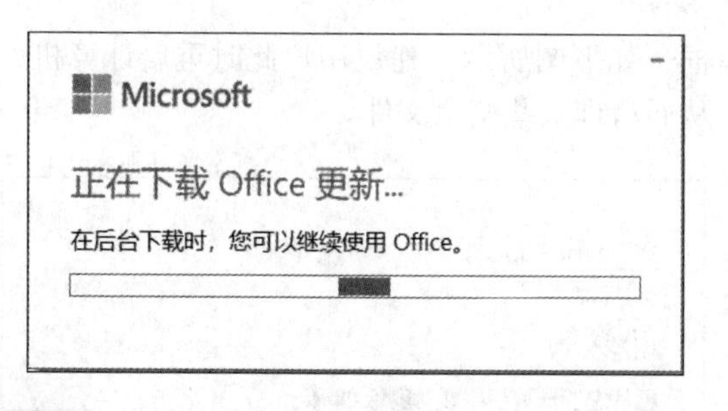

步骤04 下载完成后，如果有打开的Office组件，会弹出下图所示的对话框，提示关闭打开的Office应用。确定文档已保存后，单击【继续】按钮，如下图所示。

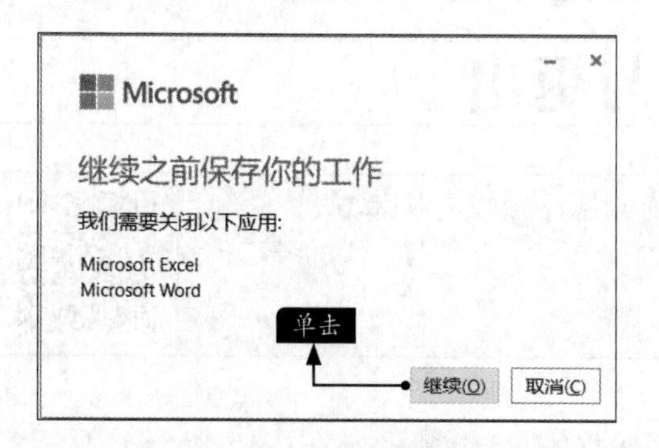

步骤05 系统会关闭打开的Office组件，如下图所示。

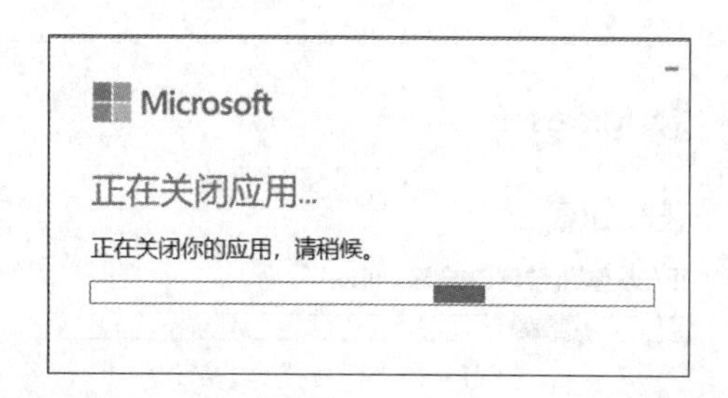

步骤06 更新完成后，会弹出【已安装更新】对话框，提示已更新完毕，单击【关闭】按钮，如下图所示。

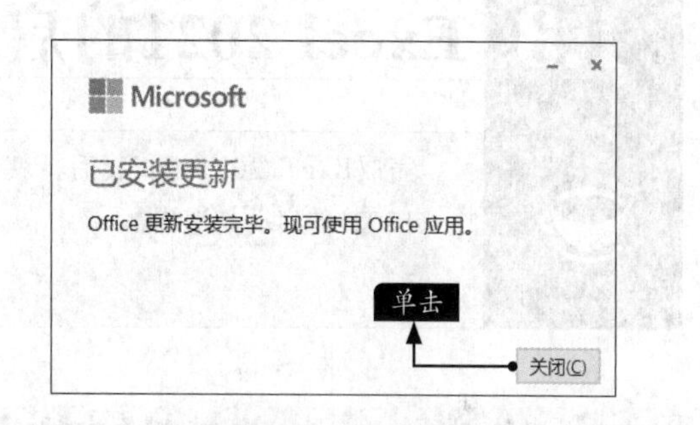

1.2.4 卸载Excel 2021

不需要Excel 2021时，用户可以将其卸载。要卸载Excel 2021，需将Office 2021全部卸载，具体操作步骤如下。

步骤01 按【Windows+I】组合键，打开【设置】窗口，然后单击【应用】选项卡，进入下图所示的界面。在【应用和功能】列表中选择Office 2021程序，并单击⋮按钮，在弹出的下拉列表中选择【卸载】选项。

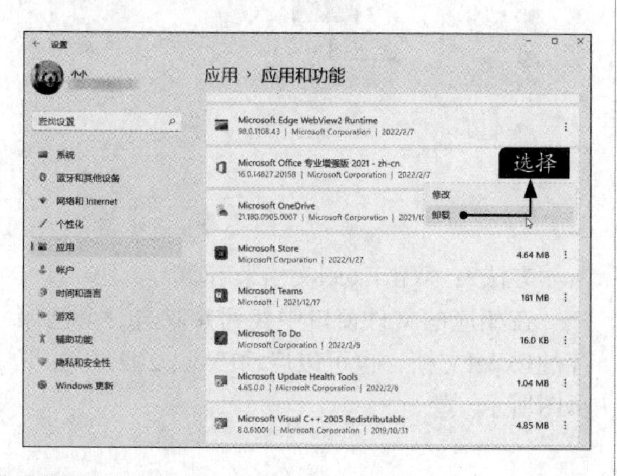

步骤02 在弹出的对话框中单击【卸载】按钮，如下图所示。

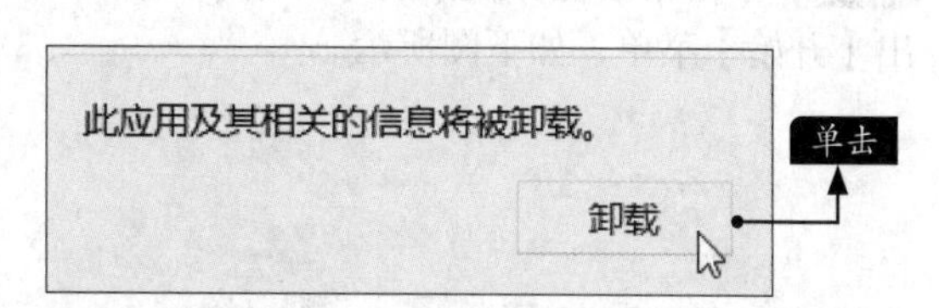

步骤03 系统弹出【准备卸载?】对话框，单击【卸载】按钮，如下图所示。

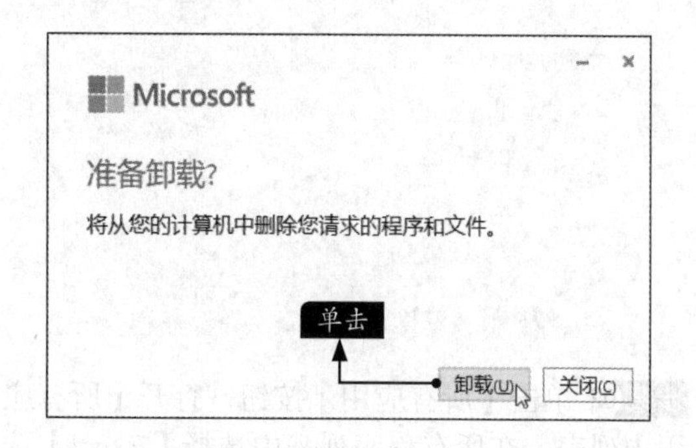

步骤04 系统开始自动卸载，并显示卸载的进度，如下图所示。

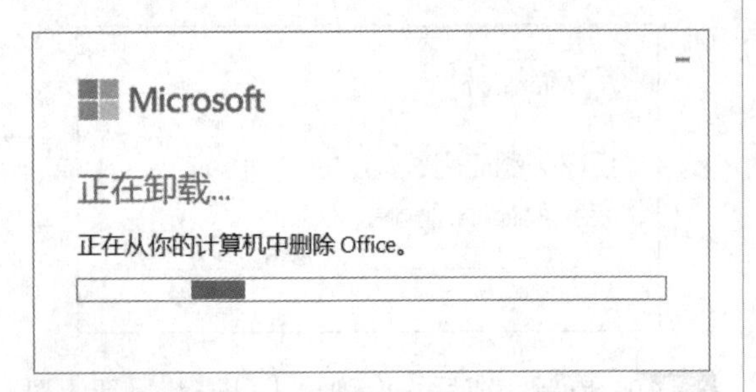

步骤05 卸载完成后，弹出【卸载完成！】对话框，如下图所示。建议用户此时重启计算机，从而清理一些剩余文件。

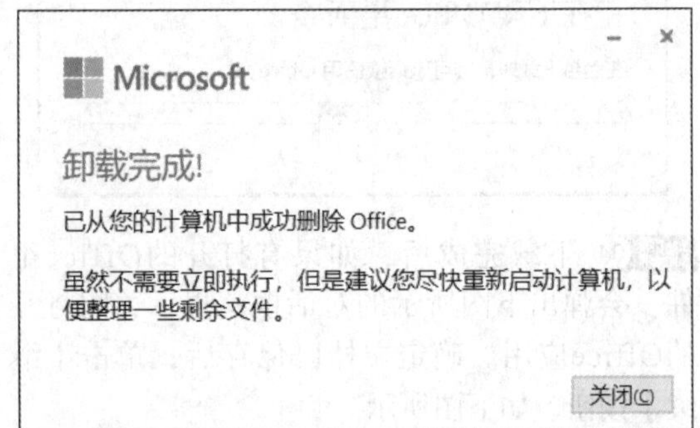

1.3 Excel 2021的启动与退出

完成Excel 2021的安装后，就可以使用Excel 2021了。本节主要介绍Excel 2021的启动与退出。

1.3.1 启动Excel 2021的3种方法

确保在Windows操作系统环境下已经安装了Excel 2021，然后执行下列3种操作之一，启动Excel 2021。

方法1：从【开始】菜单启动。

步骤01 单击桌面任务栏中的【开始】按钮，弹出【开始】菜单，如下图所示。

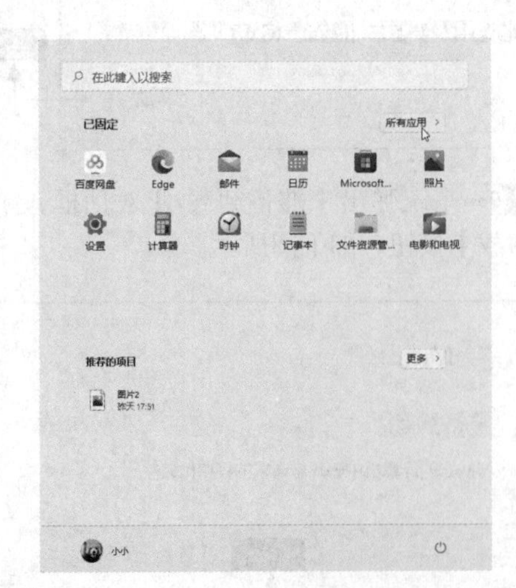

步骤02 单击【所有应用】按钮，打开【所有应用】列表，在所有程序列表中选择【Excel】选项，启动Excel 2021，如下图所示。

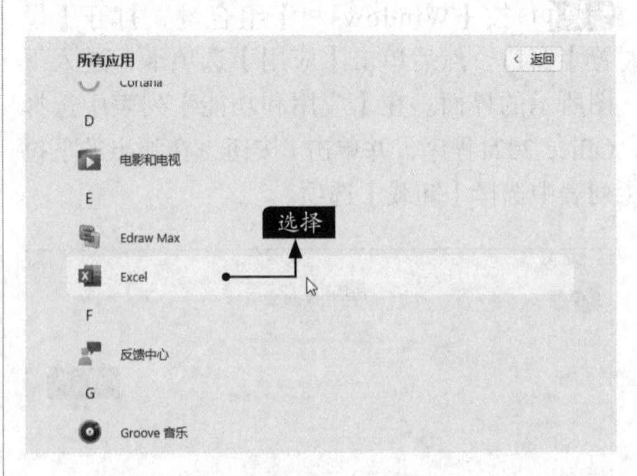

方法2：双击Excel文档来启动。

在相应的文件窗口中找到并双击一个已保存的Excel文档，也可以启动Excel 2021，如下页图所示。

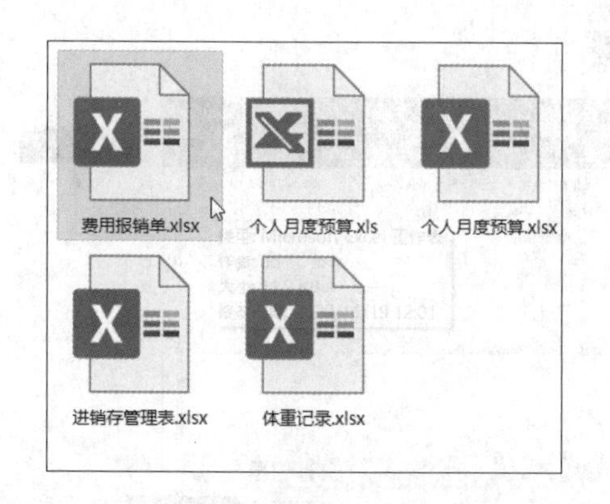

方法3：使用快捷方式启动。

双击Excel 2021快捷图标，如下图所示，即可启动Excel 2021。

1.3.2 退出Excel 2021的4种方法

退出Excel 2021同退出其他应用程序一样，通常有以下4种方法。

方法1：单击工作界面右上角的【关闭】按钮，如下图所示，退出Excel 2021。

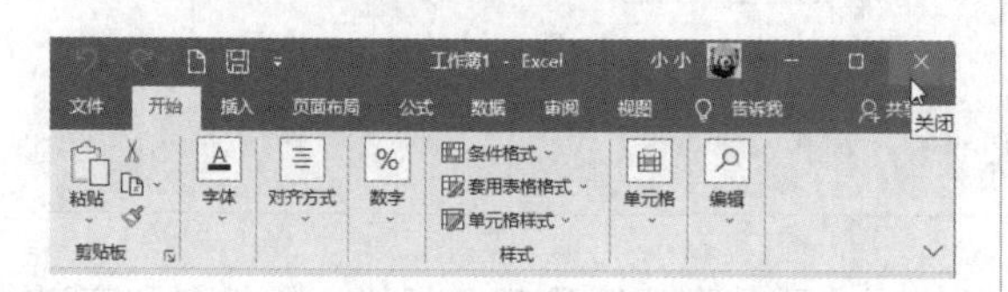

方法2：在文档的标题栏上单击鼠标右键，在弹出的控制菜单中选择【关闭】命令，如下图所示，退出Excel 2021。

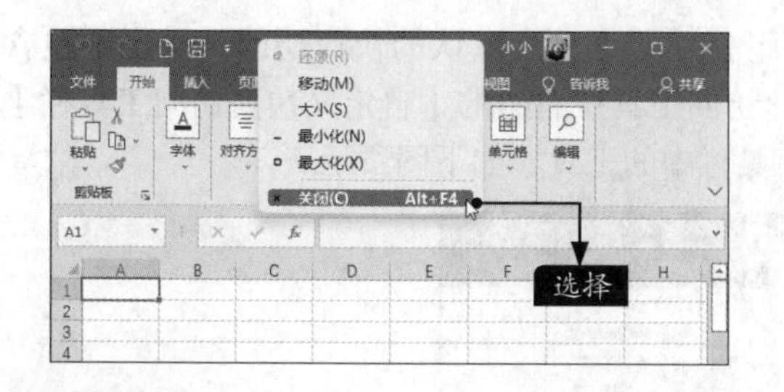

方法3：选择【文件】选项卡下的【关闭】命令，如下图所示，退出Excel 2021。

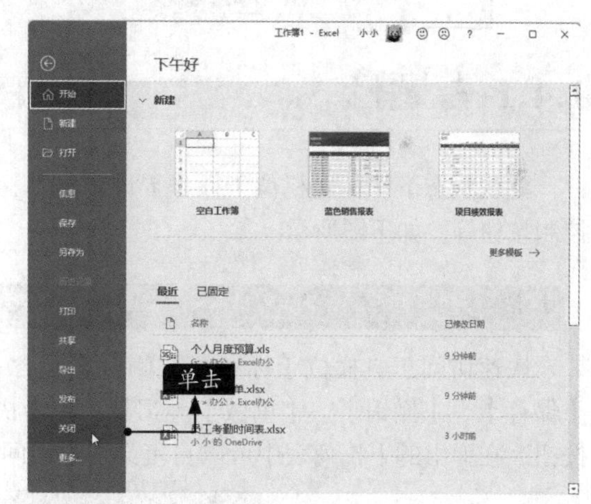

方法4：按【Alt+F4】组合键，可以直接关闭当前文档并退出Excel 2021。

1.4 Excel 2021的操作界面

每个应用程序都有其操作界面，Excel 2021也不例外。

启动Excel 2021，进入Excel 2021操作界面，Excel 2021的操作界面主要由选项卡、工作区、标题栏（包括快速访问工具栏）、功能区、编辑栏、状态栏、视图栏等部分组成，如下页图所示。

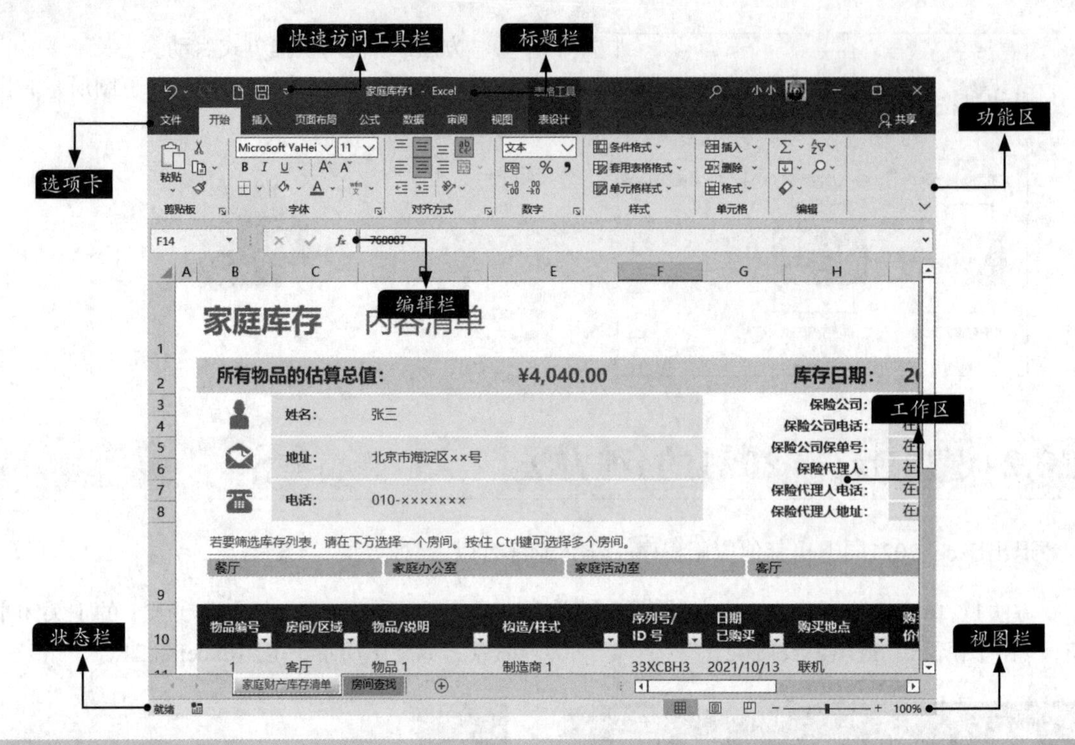

1.4.1 标题栏

默认状态下，标题栏位于操作界面顶部，标题栏中主要包含快速访问工具栏、文件名和窗口控制按钮等，如下图所示。

快速访问工具栏位于标题栏左侧，它包含一组独立的工具。默认的快速访问工具栏中包含【保存】、【撤销】、【重做】等工具。单击快速访问工具栏右边的【自定义快速访问工具栏】按钮，在弹出的下拉列表中可以自定义快速访问工具栏中的工具，如下图所示。

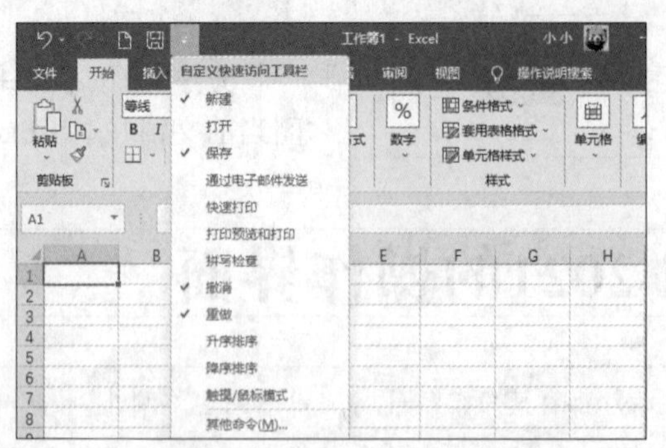

标题栏中间显示当前编辑文档的名称。启动Excel 2021时新建一个工作簿，名称默认为“工作簿1”。

标题栏右侧包含了账户名称和头像、【最小化】、【最大化/向下还原】和【关闭】按钮。

1.4.2 功能区

功能区位于标题栏下方，使用Ribbon风格，采用选项卡标签和功能区的形式，是Excel 2021的操作界面的重要组成部分，如下图所示。功能区由各种选项卡和包含在选项卡中的各种命令按钮组成，在此可以轻松地查找以前隐藏在复杂菜单和工具栏中的命令和功能。功能区右侧还有【共享】按钮，单击该按钮可以登录Microsoft账户，实现多人协同处理该工作簿。

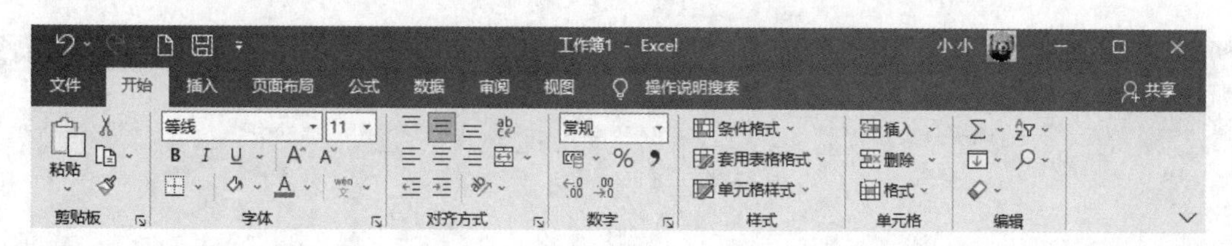

功能区主要包含【文件】、【开始】、【插入】、【页面布局】、【公式】、【数据】、【审阅】和【视图】8个选项卡。另外，用户也可以单击【文件】选项卡中的【选项】按钮，在打开的【Excel选项】对话框的【自定义功能区】选项卡中添加或删除功能区，具体操作方法会在1.5节讲解。下面介绍几个主要的选项卡。

1.【文件】选项卡

单击【文件】选项卡后，会看到一些基本命令，包括【开始】、【新建】、【打开】、【信息】、【保存】、【另存为】、【历史记录】、【打印】、【共享】、【导出】、【发布】、【关闭】、【账户】、【反馈】及【选项】命令，如下图所示。

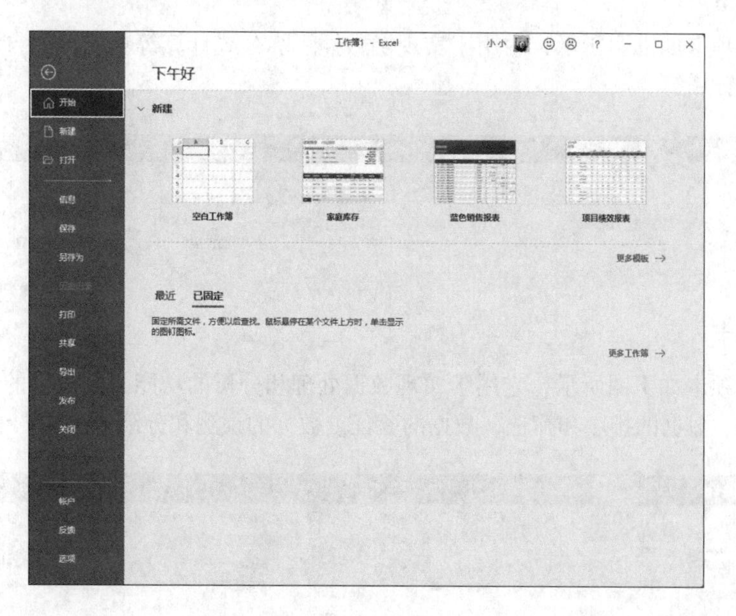

2.【开始】选项卡

【开始】选项卡中包含一些常用的选项组，如【剪贴板】、【字体】、【对齐方式】、【数字】、【样式】、【单元格】和【编辑】等，文本数据的粘贴和复制、字体和段落的格式化、表格和单元格的样式、单元格的基本操作等都可以在该选项卡下找到对应的命令按钮来实现，如下图所示。

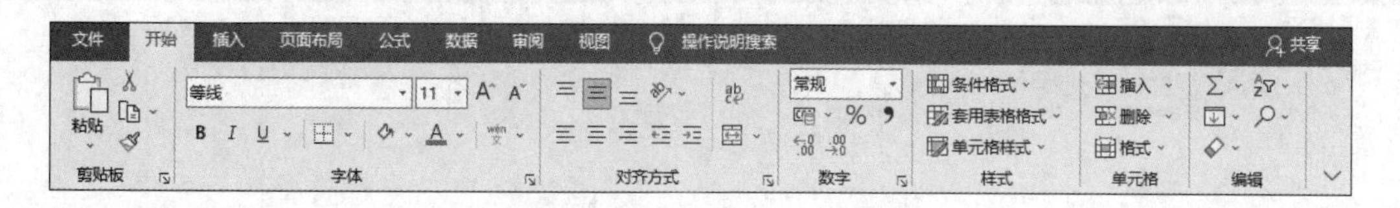

3.【插入】选项卡

【插入】选项卡如下图所示，它用于实现插入对象的操作，如插入表格、透视表、插图、图表、迷你图、文本框、符号等对象。

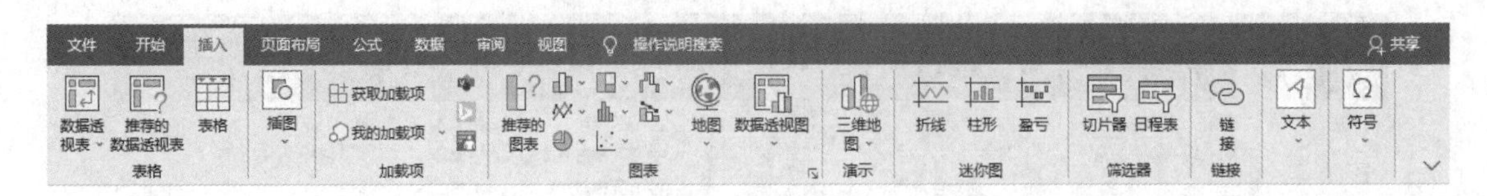

4.【页面布局】选项卡

【页面布局】选项卡如下图所示，它用于实现对外观界面的设置，如主题设置、页面设置、调整为合适大小、工作表选项设置，以及图形对象排列位置的设置等。

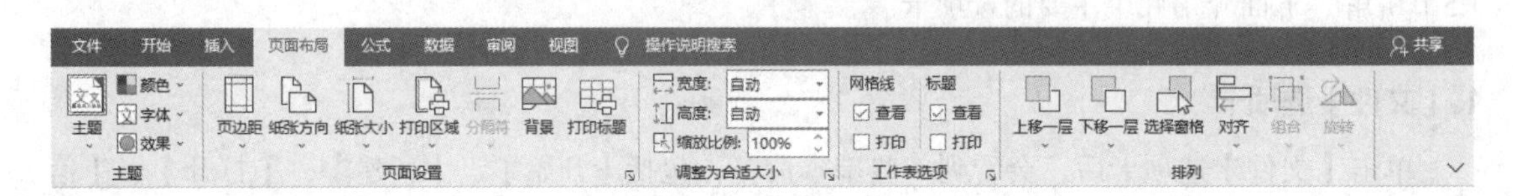

5.【公式】选项卡

【公式】选项卡如下图所示，它用于实现函数插入、公式计算等功能，如自动计算、定义名称、公式审核及计算等。

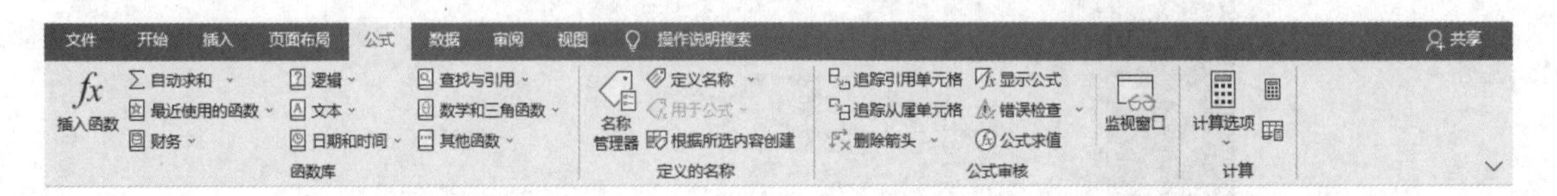

6.【数据】选项卡

【数据】选项卡如下图所示，它用于实现数据处理和分析的功能，如数据的获取和转换、数据的查询和连接、数据的排序和筛选、数据的验证、数据的预测和分级显示等。

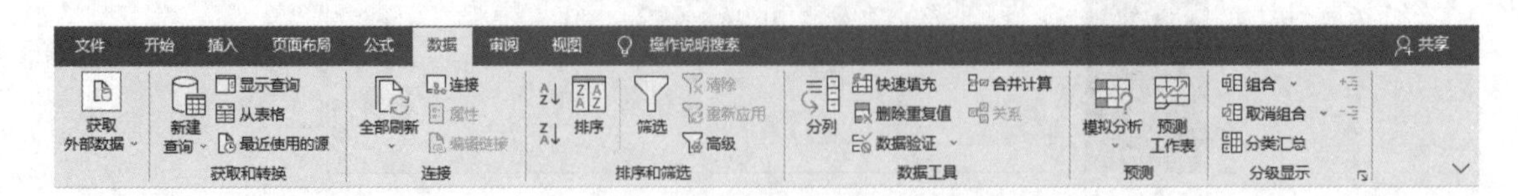

7.【审阅】选项卡

【审阅】选项卡如下图所示，它用于实现校对、中文简繁转换、智能查找、批注管理及工作表、保护和墨迹等功能。

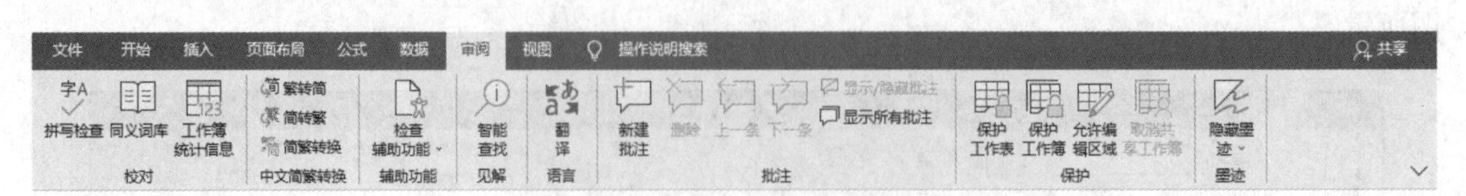

8.【视图】选项卡

【视图】选项卡如下图所示，它用于实现切换工作簿视图、调整显示比例、窗口的相关操作，以及查看和录制宏等功能。

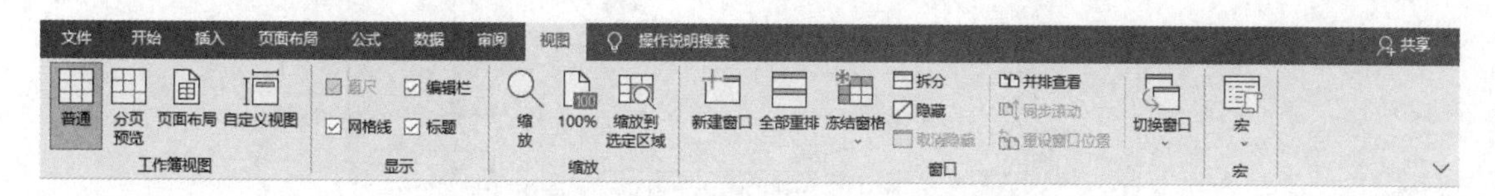

9.操作说明搜索

在【操作说明搜索】文本框中输入要搜索的操作关键词，如下图所示，无须通过选项卡进行查找即可搜索相关数据内容的操作，还可以通过网络查找更多的搜索结果，方便学习和操作。

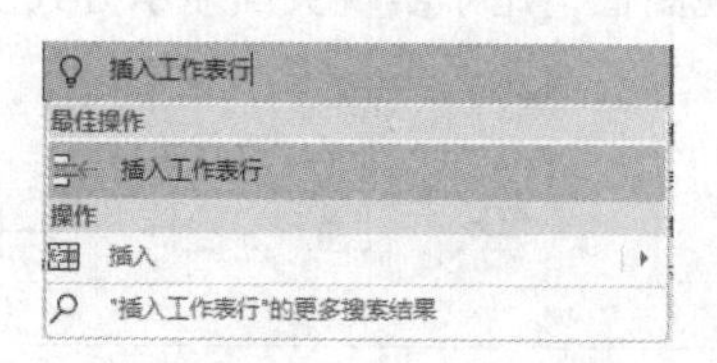

1.4.3 编辑栏

编辑栏位于功能区的下方、工作区的上方，用于显示和编辑当前活动单元格的名称、数据或公式，如下图所示。

名称框用于显示当前单元格的地址名称。当选择单元格或区域时，名称框中将出现相应的地址名称。使用名称框可以快速转到目标单元格中。例如，在名称框中输入“B3”，按【Enter】键即可将活动单元格定位为第B列第3行，如下图所示。

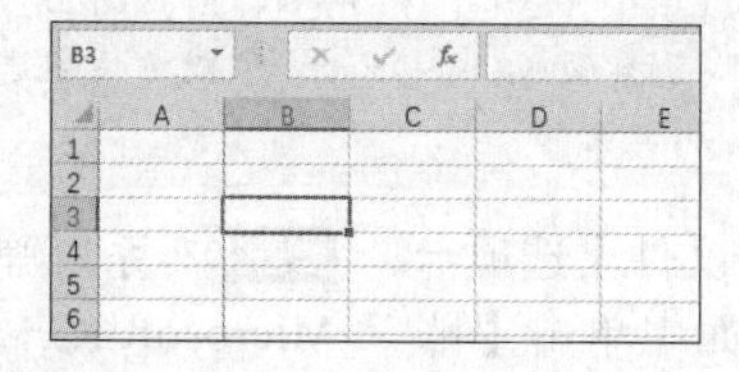

公式框主要用于向活动单元格中输入、修改数据或公式。当向单元格中输入数据或公式时，名称框和公式框之间出现两个按钮。单击✓按钮，确定输入或修改该单元格的内容，同时退出编辑状态；单击×按钮，取消对该单元格的编辑，如下图所示。

1.4.4 工作区

工作区是在Excel 2021操作界面中用于输入数据的区域，由单元格组成，用以输入和编辑不同的数据类型，如下图所示。

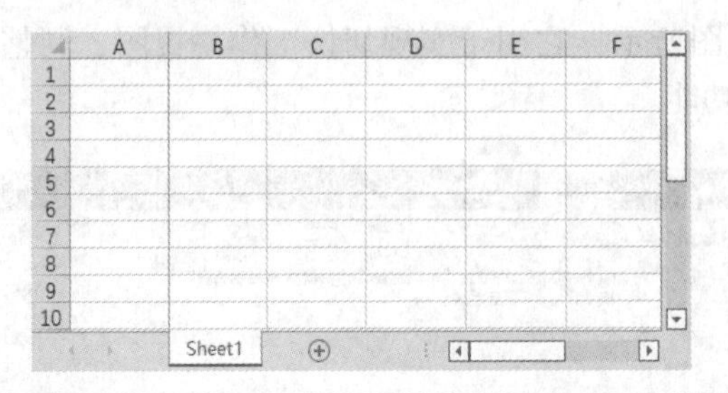

1.4.5 状态栏和视图栏

状态栏和视图栏位于操作界面的最下方。其中左侧为状态栏，用于显示当前数据的编辑状态、选定数据统计区等；右侧为视图栏，用于实现页面显示方式及调整页面显示比例等功能，如下图所示。

就绪 100%

1.5 使用Microsoft账户登录Excel 2021

从Office 2013开始，Office办公系列软件中就增加了Microsoft账户功能。用户登录账户后，可以将文档保存到OneDrive云存储中，从而可以在不同的平台或设备中打开保存的文档。

另外，用户还可以共享某个文档，并与其他人协同完成这个文档，具体操作步骤如下。

小提示

OneDrive是微软公司推出的一款个人文件存储工具，也叫网盘，支持计算机端、网页版和移动端用户访问网盘中存储的数据，还可以借助OneDrive for Business将用户的工作文件与其他人共享并与他们进行协作。Windows 10和Windows 11中集成了桌面版OneDrive，可以方便地进行上传、复制、粘贴、删除文件或文件夹等操作。

步骤 01 启动Excel 2021，选择【文件】选项卡中的【账户】命令，在右侧界面中单击【账户】区域下的【登录】按钮，如下图所示。

步骤 02 系统弹出【登录】对话框，如果已有Microsoft账户，则在对话框中输入，单击【下一步】按钮。如果没有Microsoft账户，则单击【创建一个！】超链接，如下图所示。

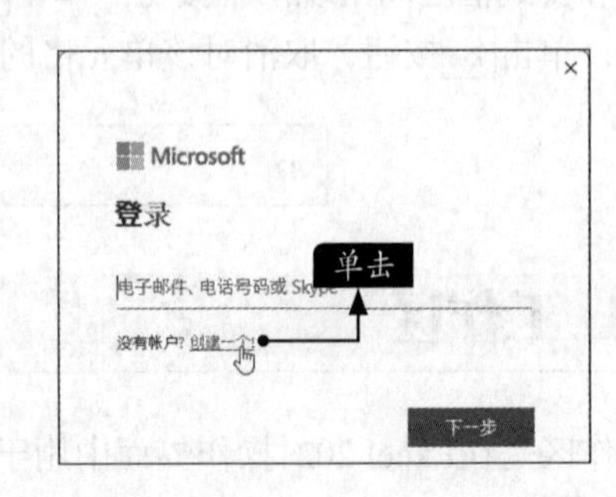

步骤03 进入【创建账户】界面，用户可以使用手机号码或电子邮件创建账户，然后单击【下一步】按钮，如下图所示。

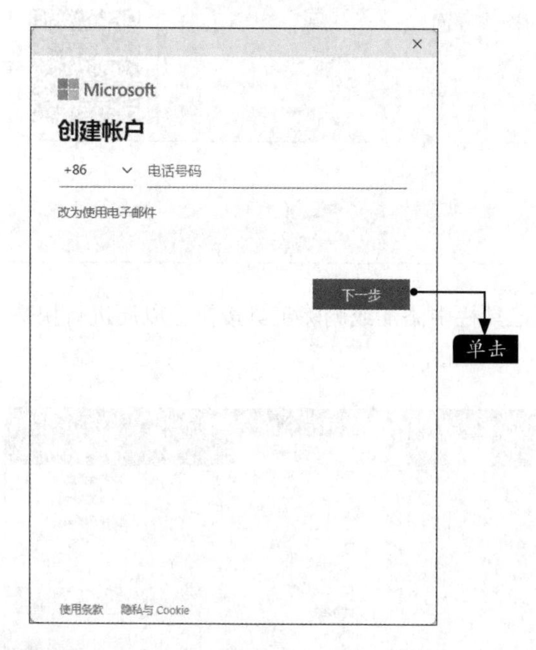

步骤04 进入【创建密码】界面，为账户输入密码，并单击【下一步】按钮，如下图所示。

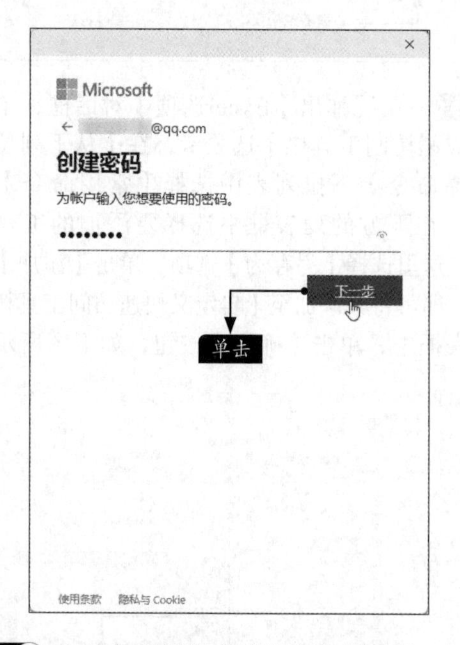

步骤05 此时会向邮箱或手机发送验证码，用户输入验证码后，单击【下一步】按钮，即可完成创建，如右上图所示。

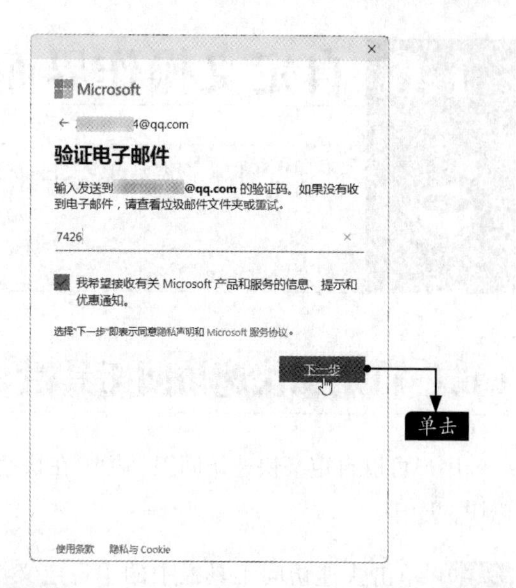

步骤06 成功创建账户后，会自动登录Excel 2021，如下图所示。

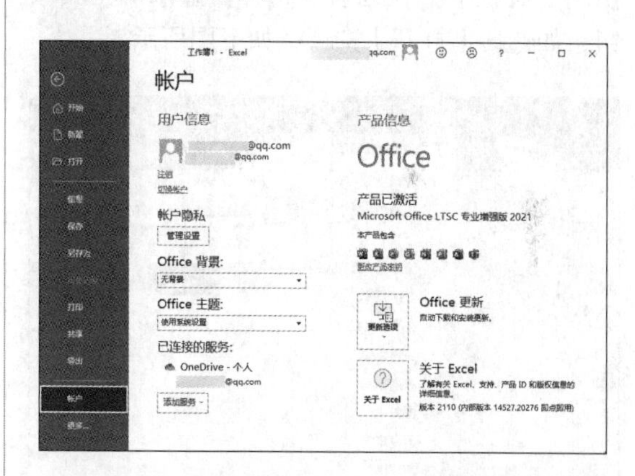

小提示

如果要管理账户，如添加头像、命名账户名称等，可单击标题栏中的账户按钮，在弹出的账户名片中单击【我的Microsoft账户】超链接，如下图所示。此时即可打开Microsoft账户设置页面，用户可登录账户，根据情况进行设置。

1.6 自定义操作界面

用户可以根据需要自定义Excel 2021的操作界面。

1.6.1 自定义快速访问工具栏

用户可以自定义快速访问工具栏，在快速访问工具栏中添加或删除工具按钮，以便进行快捷操作。

步骤 01 单击快速访问工具栏中的【自定义快速访问工具栏】按钮，在弹出的【自定义快速访问工具栏】下拉列表中选择要显示的工具按钮，如选择【打开】选项，如下图所示。

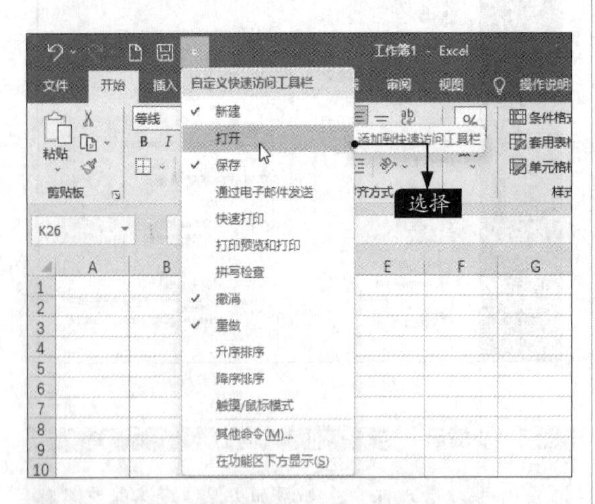

步骤 02 此时即可将【打开】工具按钮添加至快速访问工具栏，如下图所示。

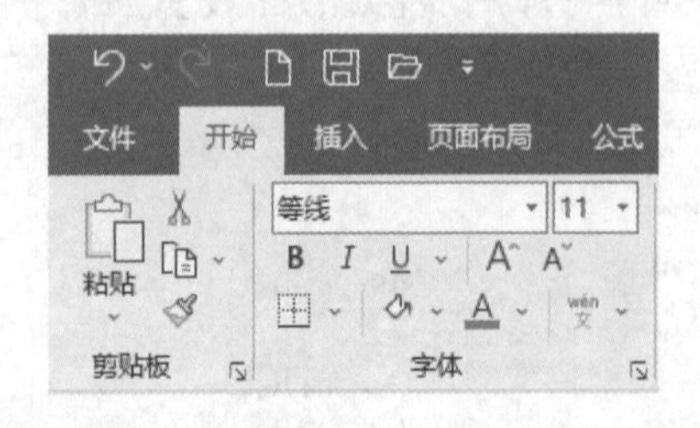

步骤 03 如果【自定义快速访问工具栏】下拉列表中没有需要的工具选项，选择【其他命令】选项，如右上图所示。

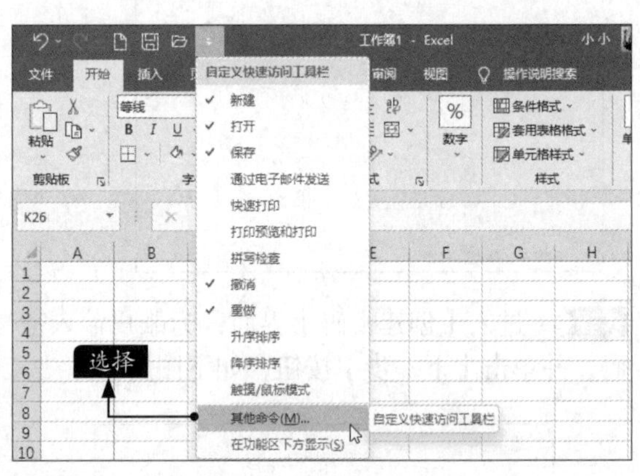

步骤 04 系统弹出【Excel选项】对话框，单击【快速访问工具栏】选项卡，在【从下列位置选择命令】下拉列表中选择【常用命令】选项，在下方的列表框中选择要添加的工具按钮，这里选择【另存为】选项，单击【添加】按钮，即可将其添加至【自定义快速访问工具栏】列表框中，单击【确定】按钮，如下图所示。

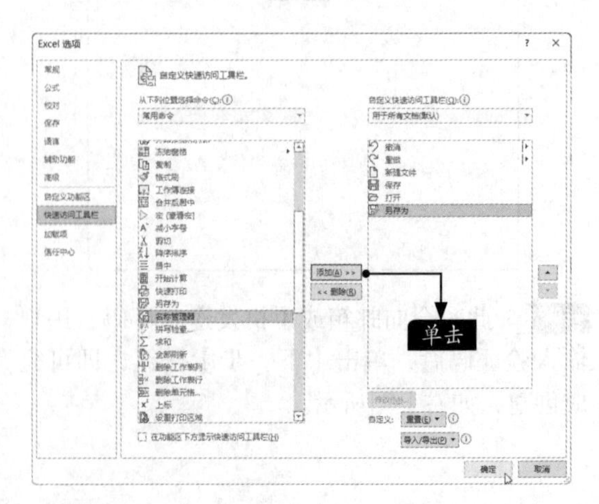

小提示

如果要删除右侧列表框中的选项，选择后单击【删除】按钮即可。

步骤05 此时即可看到快速访问工具栏中添加的工具按钮，如下图所示。

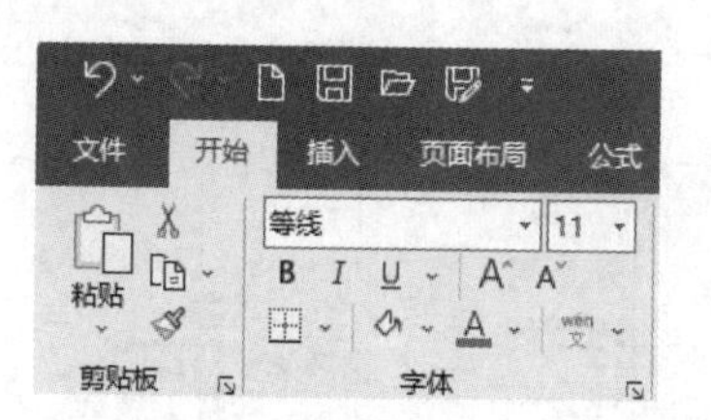

步骤06 如果要将工具按钮从快速访问工具栏中删除，可以在该按钮上单击鼠标右键，在弹出的快捷菜单中选择【从快速访问工具栏删除】命令，即可将其从快速访问工具栏中删除，如下图所示。

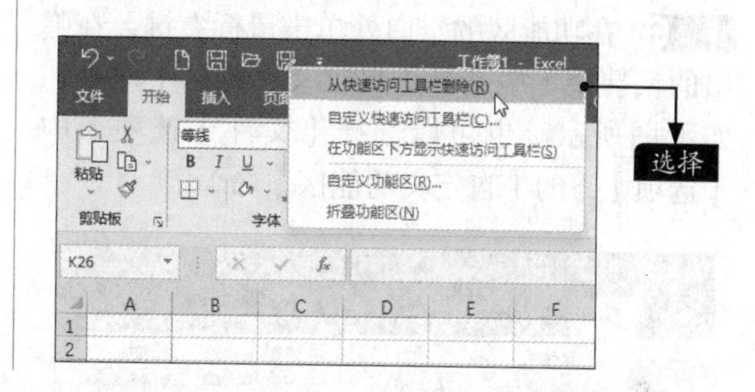

1.6.2 最小化功能区

为了获得更大的操作空间，可以最小化功能区，最小化功能区的具体操作步骤如下。

步骤01 在Excel 2021操作界面任意选项卡上单击鼠标右键，在弹出的快捷菜单中选择【折叠功能区】命令，如下图所示。

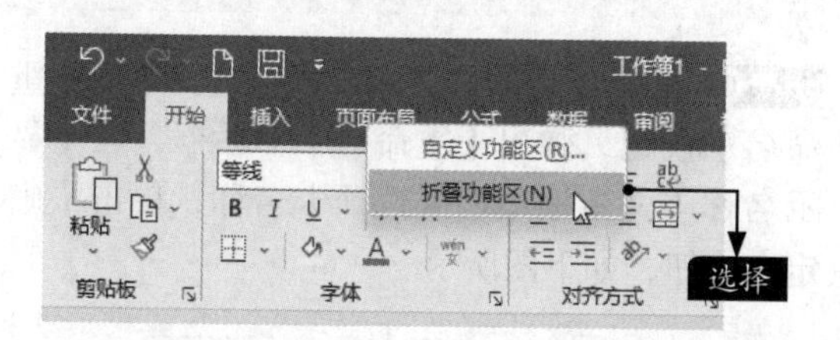

小提示

也可以按【Ctrl+F1】组合键，快速折叠或展开功能区。

步骤02 此时即可仅显示选项卡，折叠功能区。如下图所示。

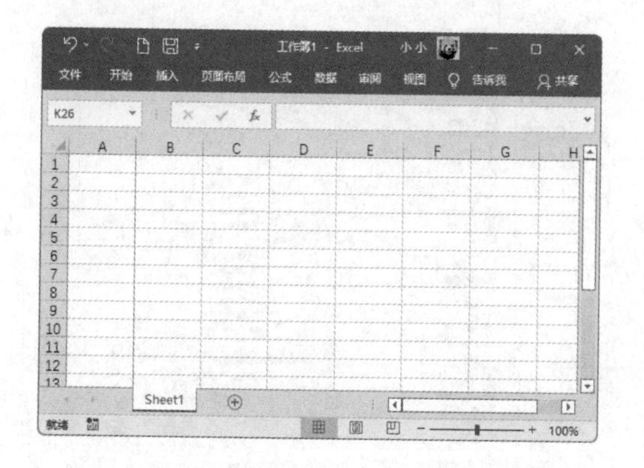

步骤03 如果要展开功能区，可以在任意选项卡上单击鼠标右键，在弹出快捷菜单中取消勾选【折叠功能区】命令，确定该命令为取消勾选状态，即可展开显示功能区，如下图所示。

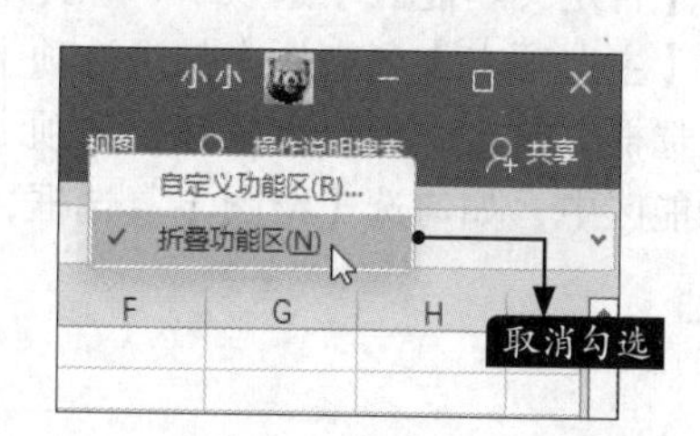

步骤04 另外，用户单击除【文件】选项卡外的任意选项卡下功能区最右侧的【功能区显示选项】按钮，如下图所示。在弹出的下拉列表中如果选择【仅显示选项卡】选项，则折叠功能区；如果选择【全屏模式】选项，则全屏显示工作区，不显示标题栏、选项卡及功能区。

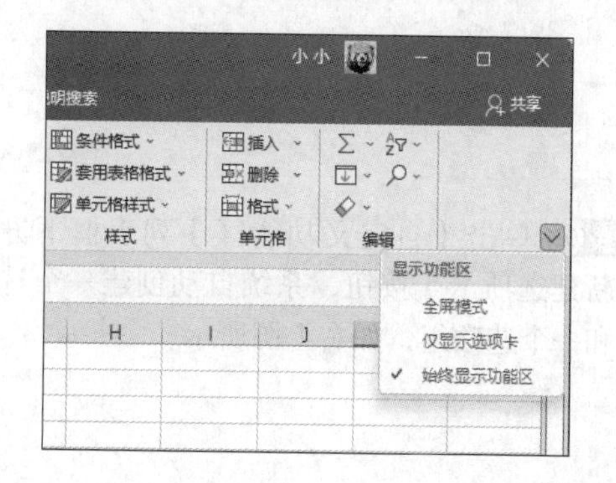

1.6.3 自定义功能区

功能区中的各选项卡可由用户自定义，包括功能区中选项卡、选项组、命令的添加、删除、重命名、次序调整等。自定义功能区的具体操作步骤如下。

步骤 01 在功能区的空白处单击鼠标右键，在弹出的快捷菜单中选择【自定义功能区】命令，如下图所示。也可以选择【文件】选项卡中【选项】下的【自定义功能区】命令。

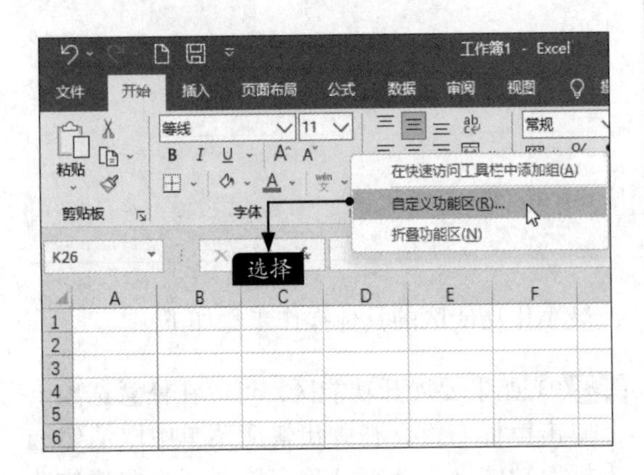

步骤 02 系统打开【Excel选项】对话框，并自动打开【自定义功能区】选项卡，在此对话框右侧的【主选项卡】列表框中勾选选项卡名称前的复选框，单击【确定】按钮，选项卡会显示在功能区中，如勾选【绘图】复选框，如下图所示。

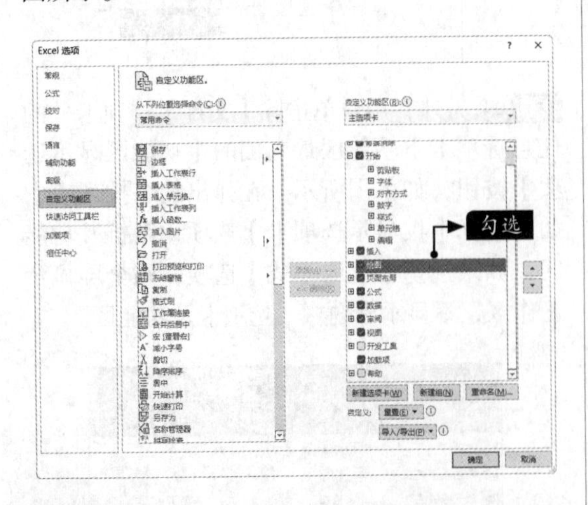

步骤 03 单击【自定义功能区】列表框下方的【新建选项卡】按钮，系统自动创建一个选项卡和一个选项组，如右上图所示。

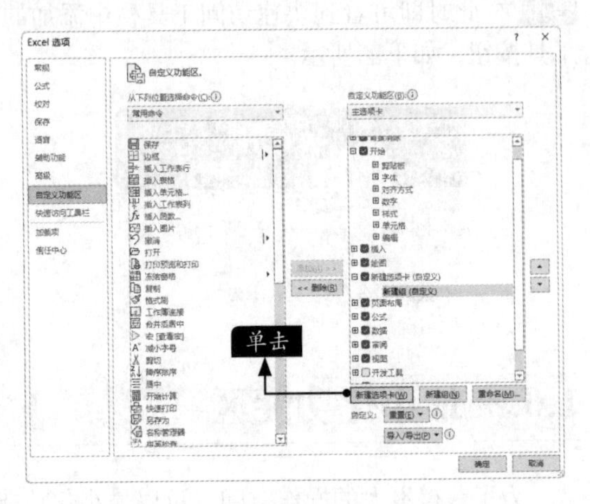

小提示

选择要删除的选项卡或选项组，单击【删除】按钮，即可删除不需要的选项卡或选项组。

步骤 04 选择新建的选项卡或选项组，单击【重命名】按钮，弹出【重命名】对话框，在【显示名称】文本框中输入选项卡名称，单击【确定】按钮，如下图所示。

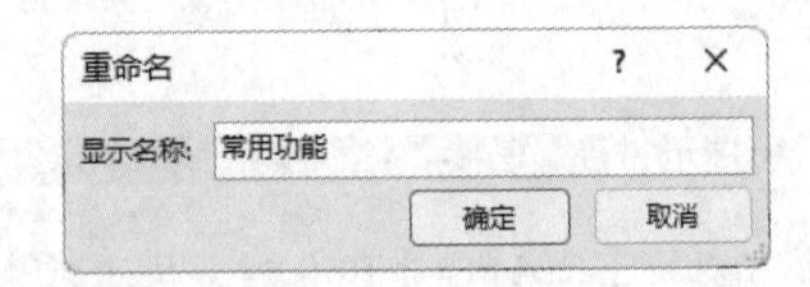

步骤 05 此时即可看到为选项卡和选项组重命名后的效果，如下图所示。

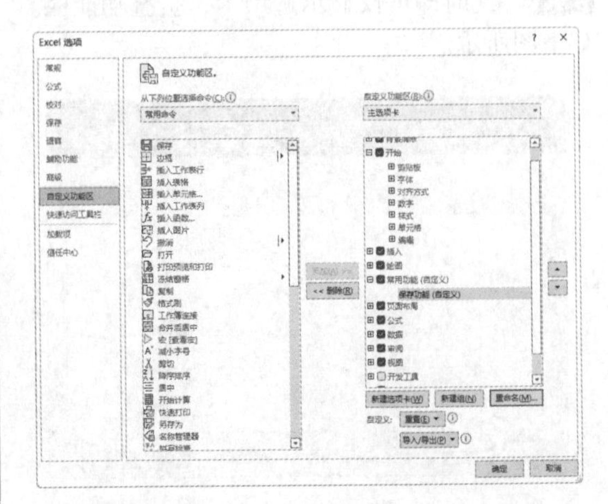

小提示

选择要改变位置的选项卡或选项组，单击后面的【上移】或【下移】按钮，或拖曳选项卡名称调整位置，即可调整它们的顺序。

步骤 06 选择【保存功能】选项组，在左侧列表框中选择要添加的命令，然后单击【添加】按钮，即可将此命令添加到指定组中，如下图所示。

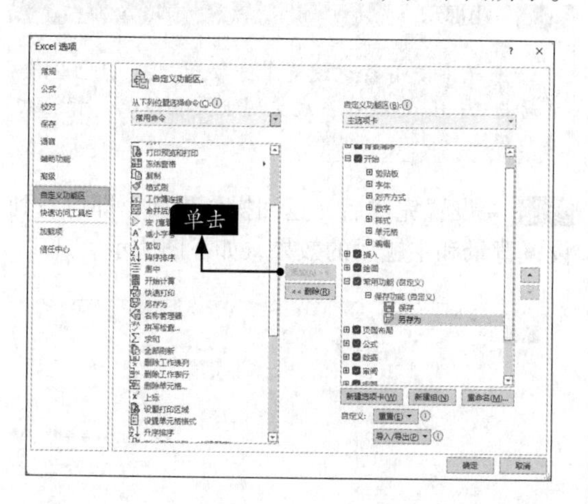

小提示

添加命令后，如果不需要该命令，可以选择要删除的命令，单击【删除】按钮将其删除。

步骤 07 使用同样的方法添加其他命令，添加完成后，单击【确定】按钮，即可看到新添加的选项卡和选项组，如下图所示。

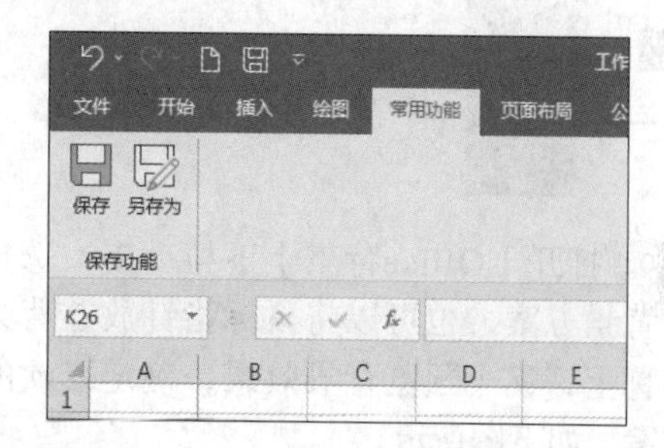

小提示

用户可以在【Excel选项】对话框中单击【重置】按钮，删除功能区和快速访问工具栏中自定义的内容，恢复到软件默认界面。

1.6.4 自定义状态栏

在状态栏上单击鼠标右键，在弹出的快捷菜单中，可以通过勾选或取消勾选命令，来实现在状态栏上显示或隐藏信息，命令前显示✓符号，则为选中状态，否则不会显示该命令，如右图所示。

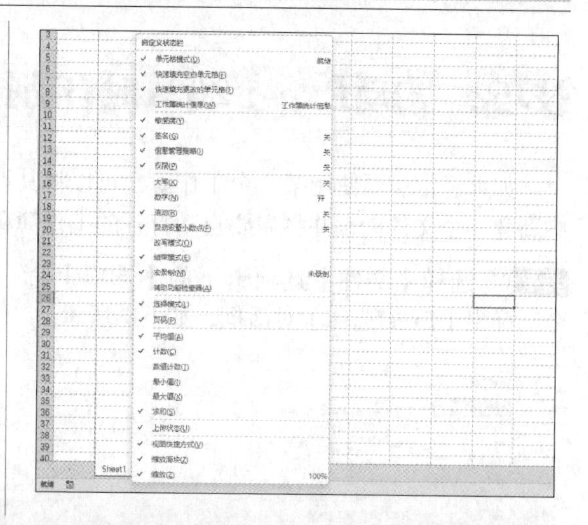

高手私房菜

技巧1：自定义Excel 2021的主题和背景

Excel 2021提供了多种背景和4种主题，方便用户根据喜好进行选择，设置背景和主题的具体操作步骤如下。

步骤01 选择【文件】选项卡下的【账户】命令，打开【账户】界面，如下图所示。

步骤02 打开【Office背景】下拉列表，选择喜欢的背景方案，也可以将鼠标指针放在背景方案名称上，逐个预览背景效果，确定喜欢的背景方案，如下图所示。

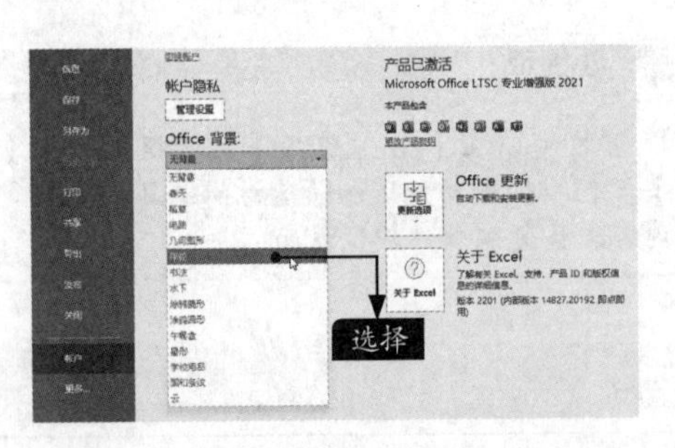

步骤03 打开【Office 主题】下拉列表，选择喜欢的主题，如下图所示。

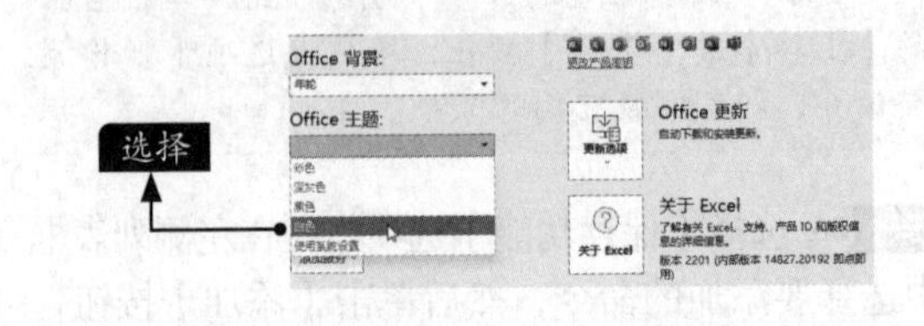

小提示

选择【使用系统设置】选项后，Excel 2021会自动与Windows操作系统主题设置相匹配，智能切换主题。

步骤04 设置完成后，返回操作界面，即可看到设置背景和主题后的效果，如下图所示。

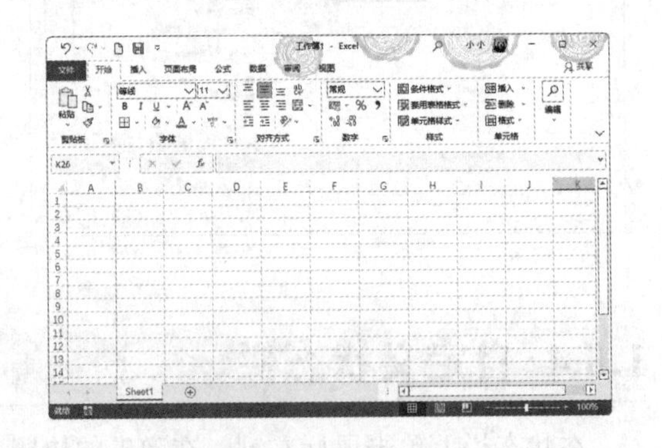

技巧2：启动Excel 2021时自动打开指定的工作簿

如果经常需要使用某一个工作簿，可以将其设置为启动Excel 2021时自动打开。可以在计算机中新建一个文件夹，并将需要自动打开的工作簿移动到该文件夹中，具体的操作步骤如下。

步骤01 选择【文件】选项卡下的【选项】命令，弹出【Excel选项】对话框，如下图所示。

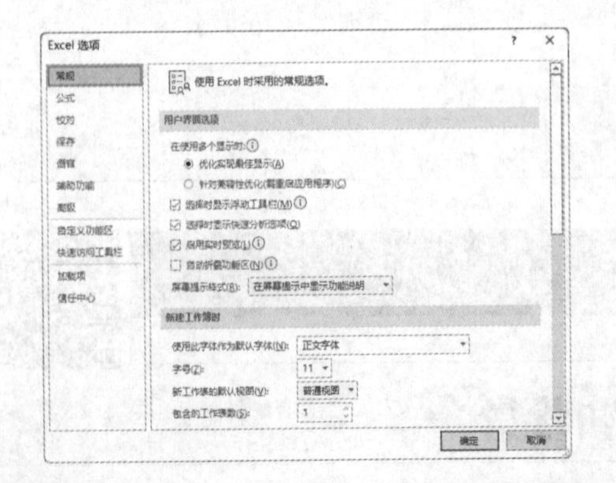

步骤02 单击【高级】选项卡，在右侧【常规】区域中的【启动时打开此目录中的所有文件】文本框中输入文件夹名称及路径，单击【确定】按钮，如下图所示。这样，启动Excel 2021时，位于上述文件夹中的所有工作簿都会被自动打开。

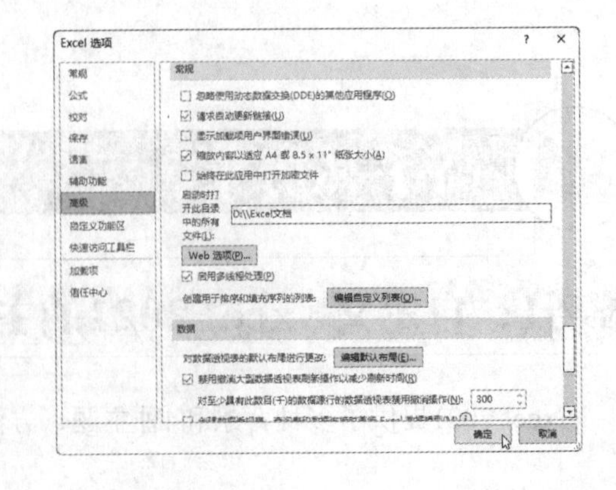

第2章

工作簿和工作表的基本操作

学习目标

Excel 2021主要用于电子表格的制作，它也可以进行复杂的数据运算。本章主要介绍工作簿和工作表的基本操作，如工作簿的创建、工作表的常用操作、工作簿的保存，以及单元格的基本操作等内容。

2.1 创建员工出勤跟踪表

本节通过创建员工出勤跟踪表介绍工作簿及工作表的基本操作。

2.1.1 创建空白工作簿

工作簿是指在Excel 2021中用来存储并处理工作数据的文件，其扩展名是.xlsx。通常所说的Excel表格指的就是工作簿文件。使用Excel 2021创建员工出勤跟踪表之前，首先要创建一个工作簿。

1. 启动Excel 2021时创建空白工作簿

启动Excel 2021时创建空白工作簿的具体操作步骤如下。

步骤 01 启动Excel 2021，在打开的界面中选择【空白工作簿】选项，如下图所示。

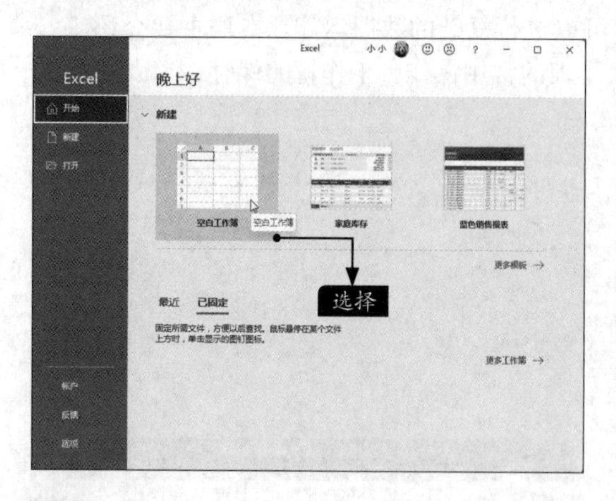

步骤 02 系统会自动创建一个名为“工作簿1”的工作簿，如下图所示。

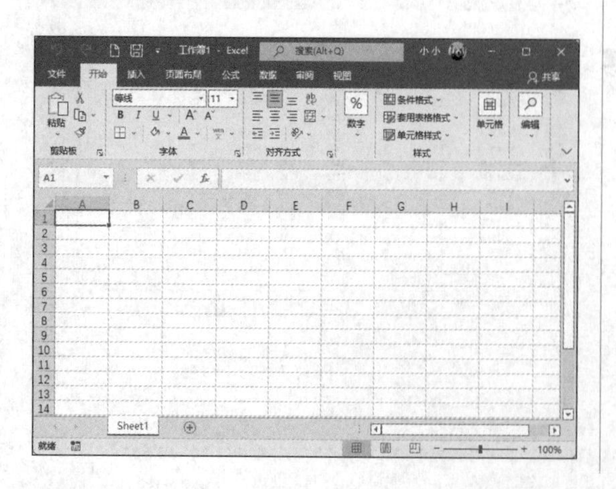

2. 启动Excel 2021后创建空白工作簿

启动Excel 2021后，可以通过以下3种方法创建空白工作簿。

方法1：启动Excel 2021，选择【文件】选项卡下【新建】下的【空白工作簿】命令，创建空白工作簿，如下图所示。

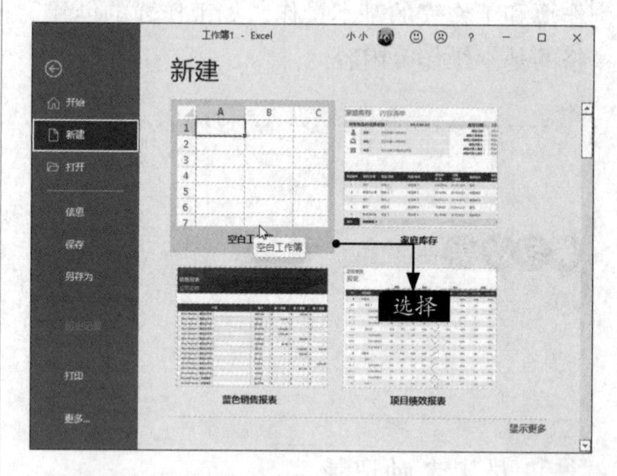

方法2：单击快速访问工具栏中的【新建】按钮，创建空白工作簿，如下图所示。

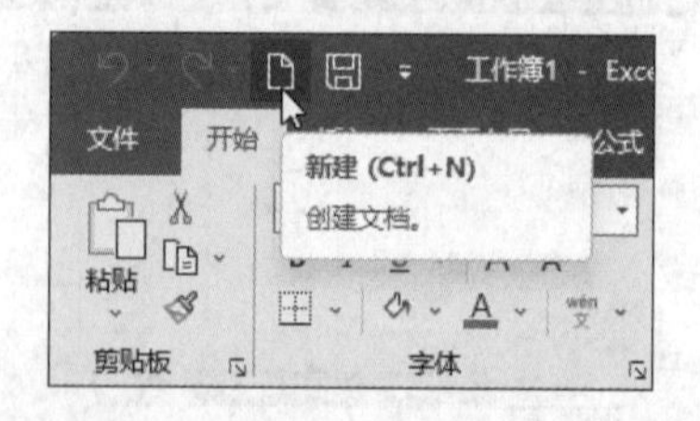

方法3：按【Ctrl+N】组合键也可以快速创建空白工作簿。

2.1.2 使用模板创建工作簿

用户可以使用系统自带的模板或搜索联机模板，在模板上进行修改以创建工作簿。例如，可以通过模板创建一个员工出勤跟踪表，具体操作步骤如下。

步骤01 选择【文件】选项卡下的【新建】命令，然后在【搜索联机模板】文本框中输入“员工出勤跟踪表”，单击【开始搜索】按钮，如下图所示。

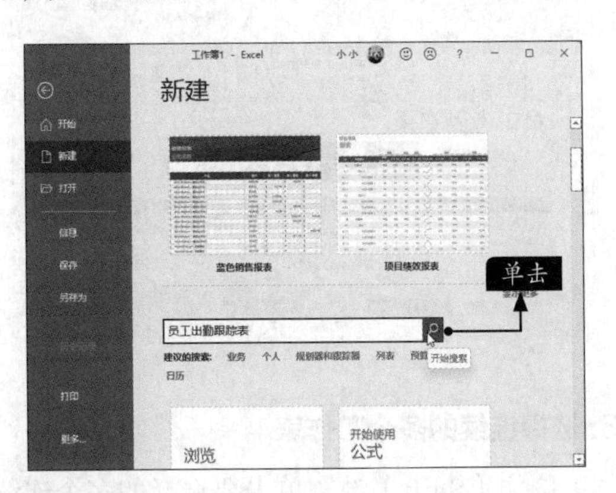

步骤02 在下方会显示搜索结果，选择搜索到的【员工出勤跟踪表】选项，如下图所示。

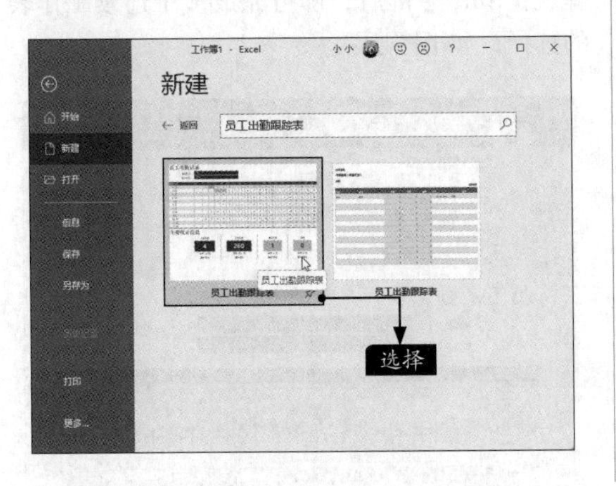

步骤03 弹出【员工出勤跟踪表】预览界面，单击【创建】按钮，即可下载该模板，如下图所示。

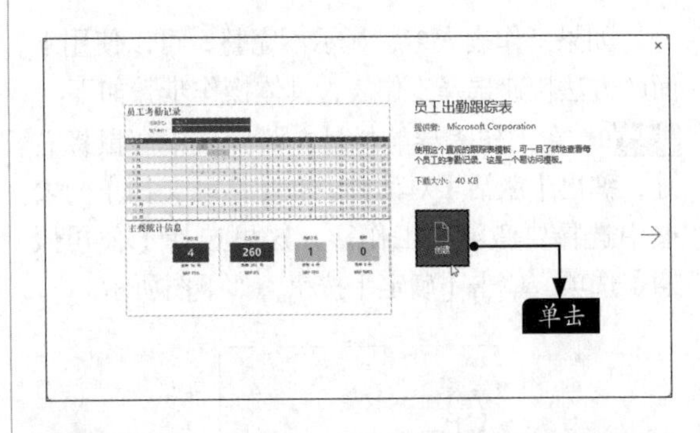

步骤04 下载完成后，系统会自动打开该模板，此时用户只需在表格中输入或修改相应的数据即可创建工作簿，如下图所示。

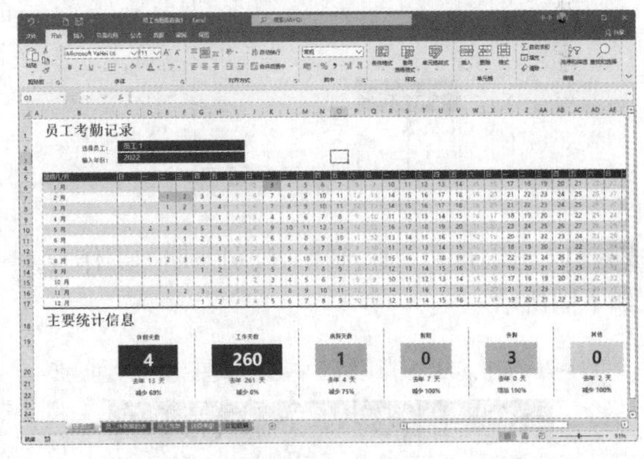

2.1.3 选择单个或多个工作表

在使用模板创建的工作簿中包含多个工作表，在编辑工作表之前首先要选择工作表，选择工作表有多种方法。

1. 选择单个工作表

要选择单个工作表，只需在要选择的工作表标签上单击即可。例如，在“员工休假跟踪表”工作表标签上单击，即可选择“员工休假跟踪表”工作表，如下页图所示。

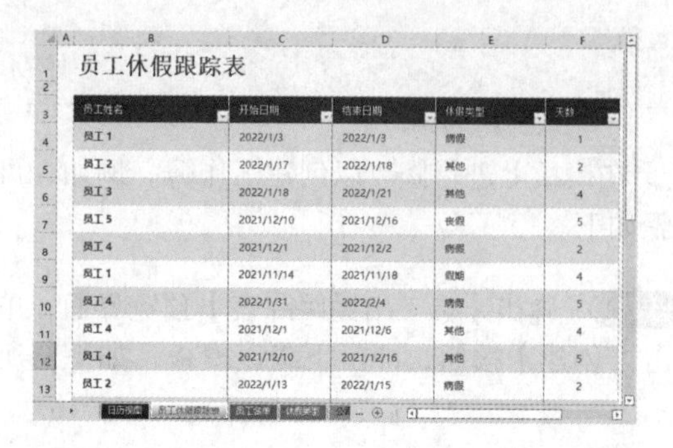

员工休假跟踪表

员工姓名	开始日期	结束日期	休假类型	天数
员工 1	2022/1/3	2022/1/3	病假	1
员工 2	2022/1/17	2022/1/18	其他	2
员工 3	2022/1/18	2022/1/21	其他	4
员工 5	2021/12/10	2021/12/16	丧假	5
员工 4	2021/12/1	2021/12/2	病假	2
员工 1	2021/11/14	2021/11/18	假期	4
员工 4	2022/1/31	2022/2/4	病假	5
员工 4	2021/12/1	2021/12/6	其他	4
员工 4	2021/12/10	2021/12/16	其他	5
员工 2	2022/1/13	2022/1/15	病假	2

如果工作表太多，显示不完整，可以使用下面的方法快速选择工作表，具体操作步骤如下。

步骤 01 在工作表导航栏最左侧区域单击鼠标右键，弹出【激活】对话框，在【活动文档】列表框中选择要激活的工作簿，这里选择【公司假期】选项，单击【确定】按钮，如下图所示。

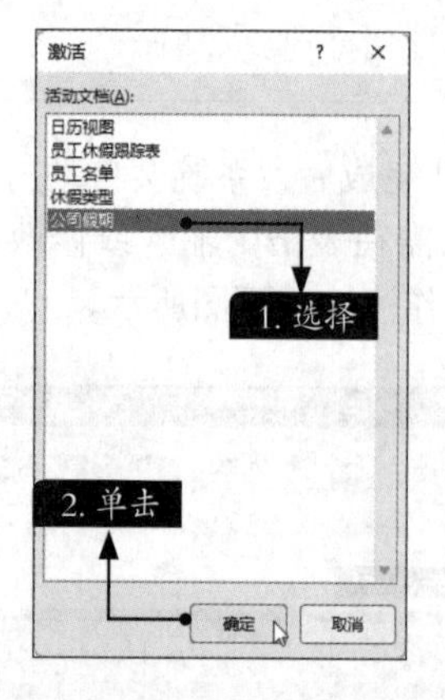

步骤 02 此时即可快速选择“公司假期”工作表，如下图所示。

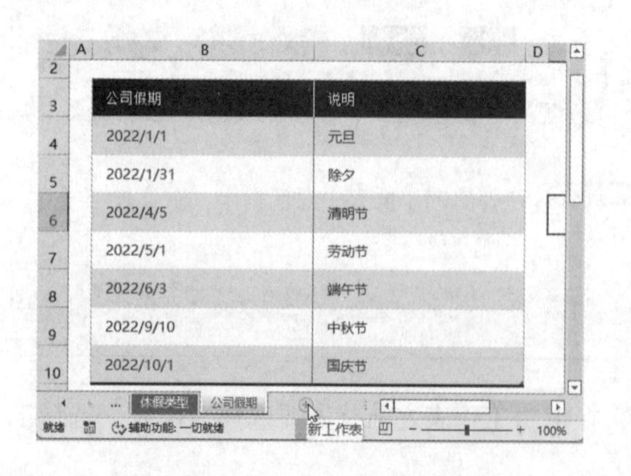

公司假期	说明
2022/1/1	元旦
2022/1/31	除夕
2022/4/5	清明节
2022/5/1	劳动节
2022/6/3	端午节
2022/9/10	中秋节
2022/10/1	国庆节

2. 选择不连续的多个工作表

如果要同时编辑多个不连续的工作表，可以按住【Ctrl】键，单击要选择的多个不连续工作表，释放【Ctrl】键后，即可完成多个不连续工作表的选择，标题栏中将显示“组”字样，如下图所示。

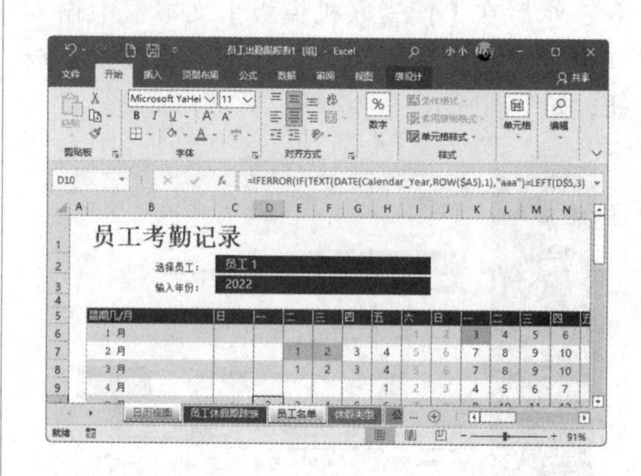

3. 选择连续的多个工作表

按住【Shift】键，单击要选择的多个连续工作表中的第一个工作表和最后一个工作表，释放【Shift】键后，即可完成多个连续工作表的选择，如下图所示。

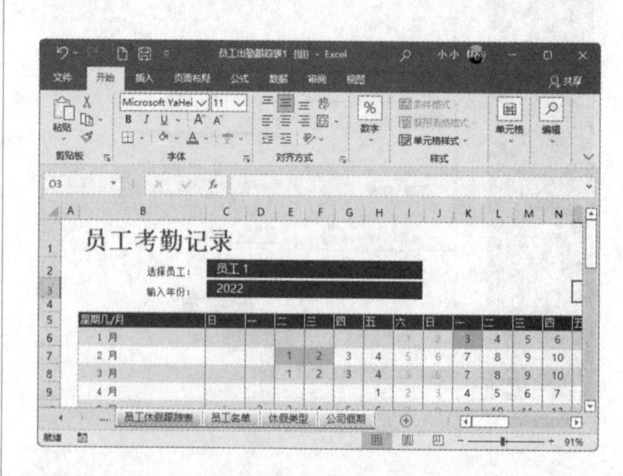

> **小提示**
>
> 按【Ctrl+Page UP/Page Down】组合键，也可以快速切换工作表。

2.1.4 重命名工作表

每个工作表都有自己的名称，默认情况下以“Sheet1”“Sheet2”“Sheet3”……命名工作表。但是这种命名方式不便于管理工作表，因此可以对工作表进行重命名操作，以便更好地管理工作表。

步骤01 双击要重命名的工作表的标签“日历视图”，进入可编辑状态，如下图所示。

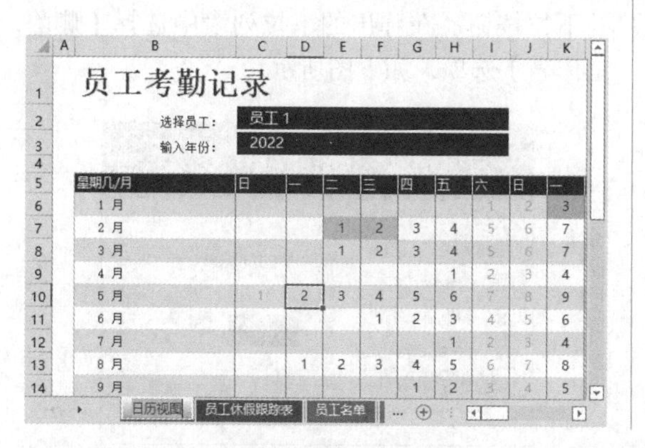

步骤02 输入新的标签名称后，按【Enter】键，即可完成该工作表标签的重命名操作，如下图所示。

2.1.5 新建和删除工作表

如果编辑Excel表格时需要使用更多的工作表，则需要新建工作表。对于不需要的工作表，也可以将其删除。本小节讲解新建和删除工作表的方法。

1. 新建工作表

新建工作表有以下3种方法。

方法1：通过【新工作表】按钮新建工作表，具体操作步骤如下。

步骤01 在打开的工作表中，单击【新工作表】按钮，如下图所示。

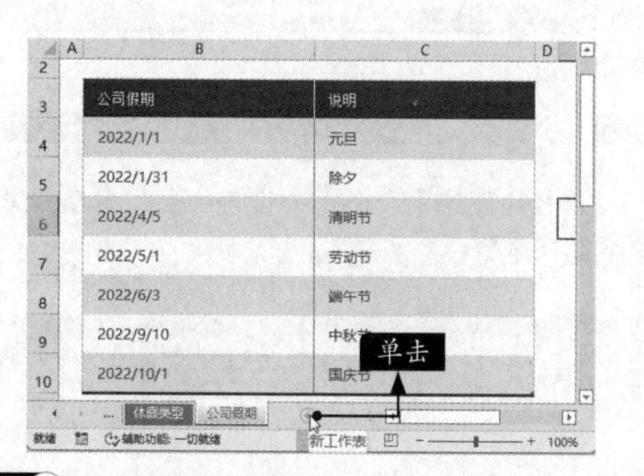

步骤02 此时即可创建一个名为“Sheet1”的新工作表，如下图所示。

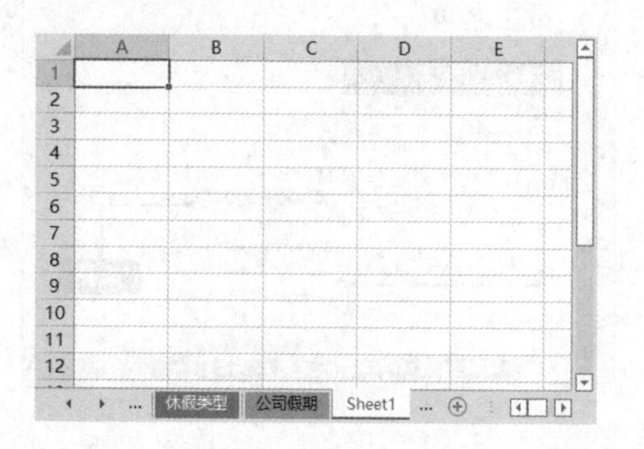

方法2：通过快捷菜单新建工作表，具体操作步骤如下。

步骤01 在工作表标签上单击鼠标右键，在弹出的快捷菜单中选择【插入】命令，如下图所示。

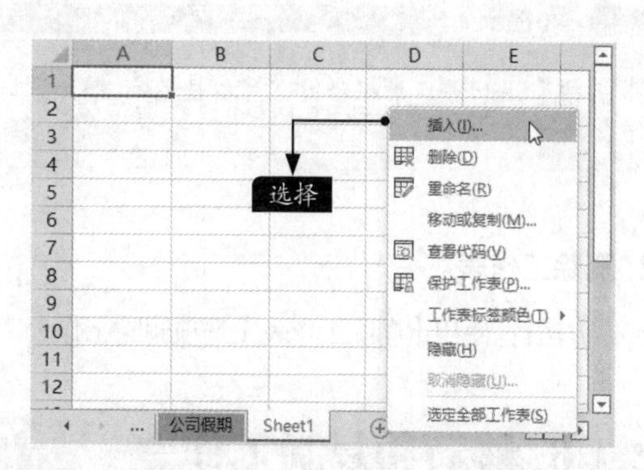

步骤02 在弹出的【插入】对话框中，默认选择【工作表】选项，单击【确定】按钮，如下图所示。

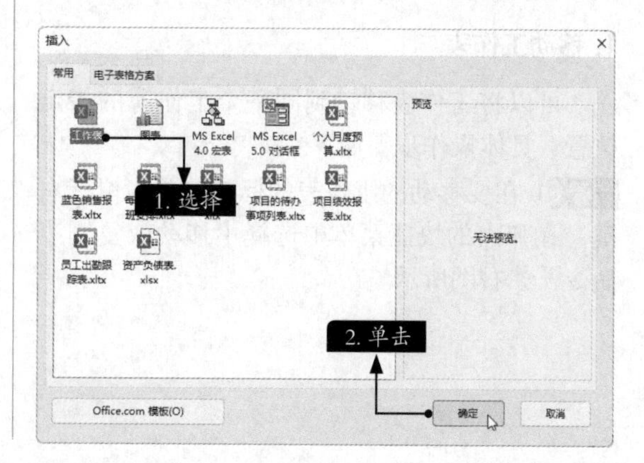

步骤03 此时即可创建新工作表，如下图所示。

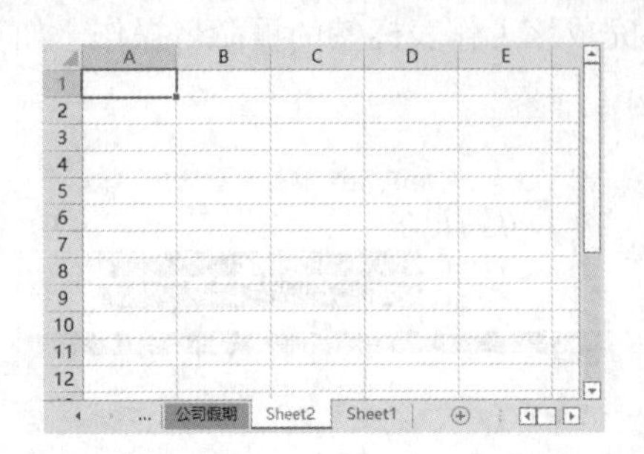

方法3：通过【插入工作表】选项新建工作表，具体操作步骤如下。

单击【开始】选项卡下【单元格】选项组中的【插入】按钮右侧的下拉按钮，在弹出的下拉列表中选择【插入工作表】选项，即可插入新工作表，如下图所示。

小提示

按【Shift+F11】组合键，可以快速新建一个工作表。

2. 删除工作表

方法1：使用【删除工作表】选项删除工作表。

选择要删除的工作表，单击【开始】选项卡下【单元格】选项组中的【删除】按钮右侧的下拉按钮，在弹出的下拉列表中选择【删除工作表】选项，如下图所示。

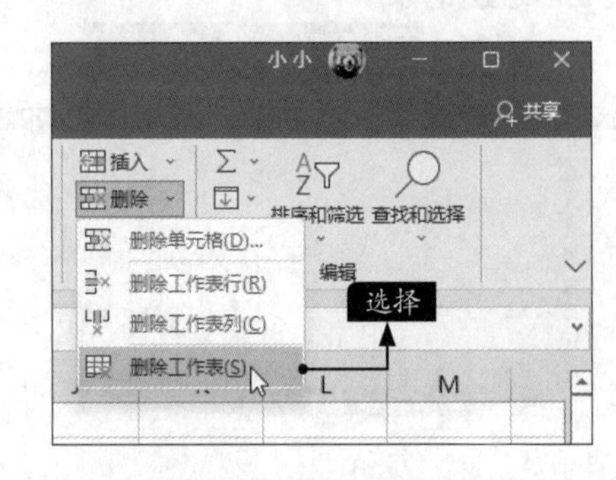

方法2：使用快捷菜单删除工作表。

在要删除的工作表的标签上单击鼠标右键，在弹出的快捷菜单中选择【删除】命令，即可将当前所选工作表删除，如下图所示。

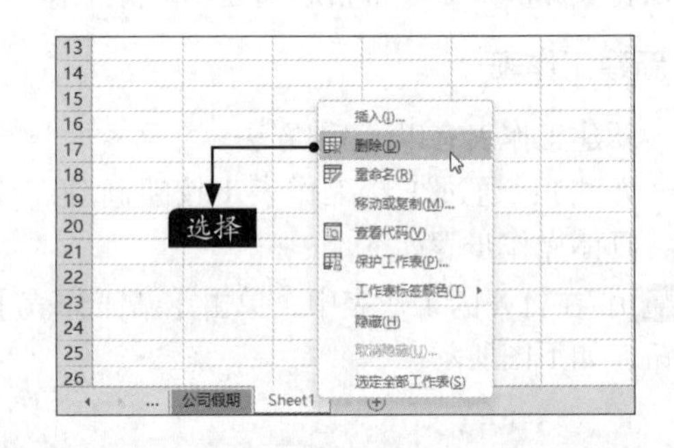

小提示

选择【删除】命令，工作表被永久删除，该命令不能被撤销。

2.1.6 移动和复制工作表

移动和复制工作表是编辑工作表时常用的操作。

1. 移动工作表

可以将工作表移动到同一个工作簿的指定位置，具体操作步骤如下。

步骤01 在要移动的工作表的标签上单击鼠标右键，在弹出的快捷菜单中选择【移动或复制】命令，如右图所示。

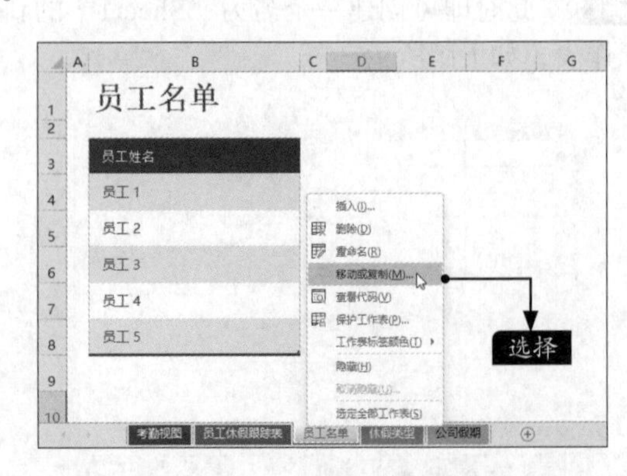

步骤02 在弹出的【移动或复制工作表】对话框中选择要移动的位置，单击【确定】按钮，如下图所示。

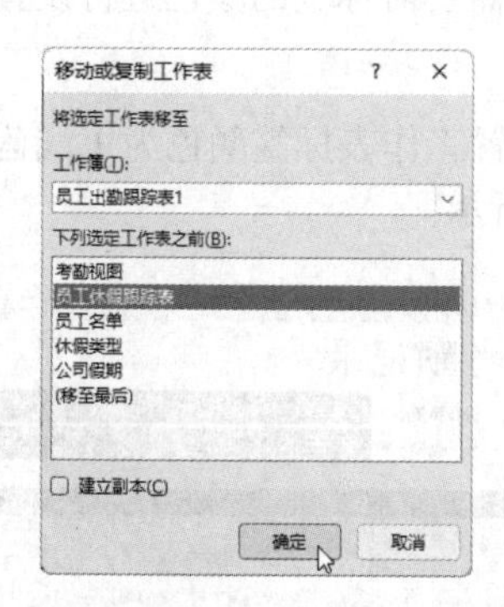

步骤03 将当前工作表移动到指定的位置，如下图所示。

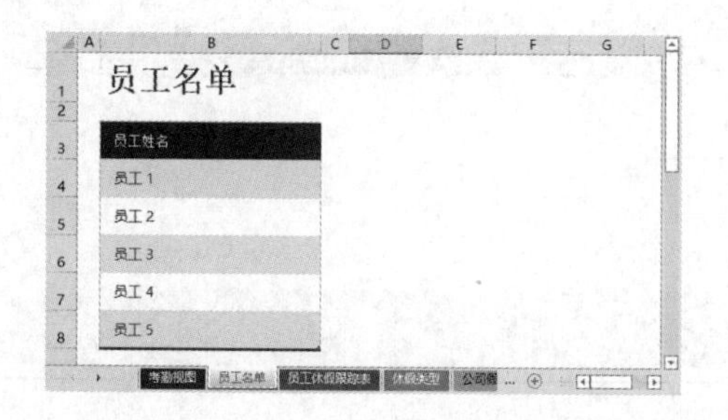

小提示

选择要移动的工作表的标签，按住鼠标左键不放，拖曳鼠标指针，可看到一个黑色倒三角随鼠标指针移动。移动黑色倒三角到目标位置，释放鼠标左键，工作表就被移动到新的位置，如下图所示。

2. 复制工作表

用户可以在一个或多个工作簿中复制工作表，有以下两种方法。

方法1：使用鼠标复制工作表。

用鼠标复制工作表的步骤与移动工作表的步骤相似，只是需要在拖曳鼠标指针的同时按住【Ctrl】键。

步骤01 选择要复制的工作表，按住【Ctrl】键和鼠标左键，如下图所示。

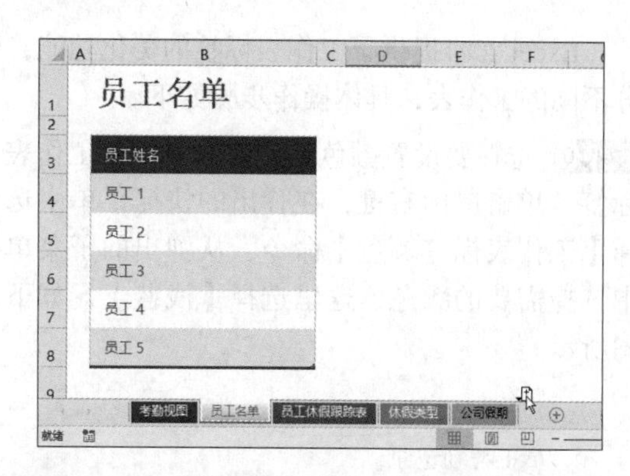

步骤02 拖曳鼠标指针到工作表的新位置，黑色倒三角会随鼠标指针移动，释放鼠标左键，工作表即被复制到新的位置，如下图所示。

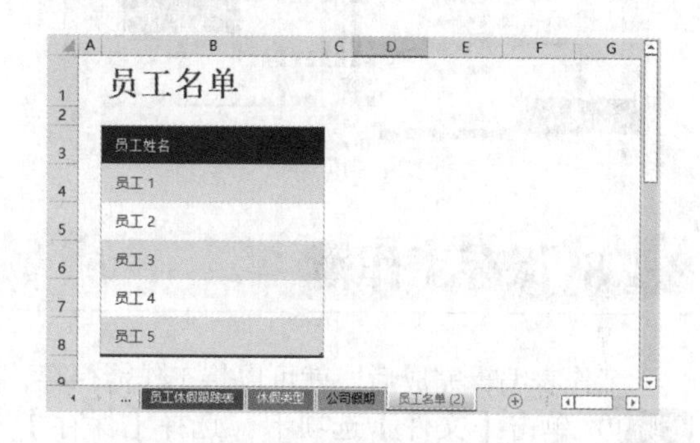

方法2：使用快捷菜单复制工作表。

选择要复制的工作表，在工作表标签上单击鼠标右键，在弹出的快捷菜单中选择【移动或复制】命令。在弹出的【移动或复制工作表】对话框中选择要复制的目标工作簿和插入的位置，然后勾选【建立副本】复选框。如果要复制到其他工作簿中，将该工作簿打开，在工作簿列表中选择该工作簿名称，勾选【建立副本】复选框，单击【确定】按钮，如下图所示。

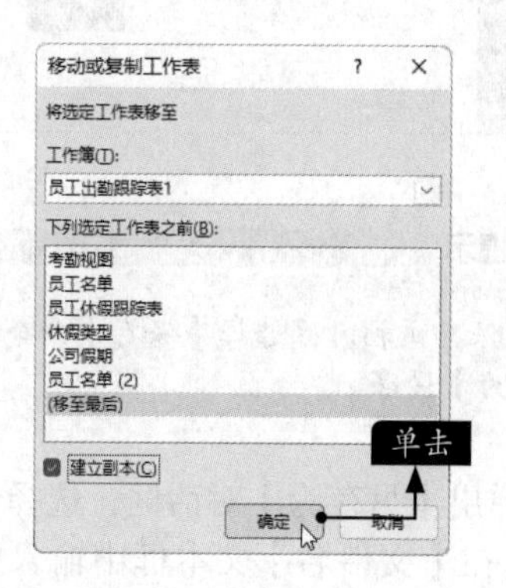

2.1.7 设置工作表标签颜色

Excel 2021提供了工作表标签的美化功能，用户可以根据需要对标签的颜色进行设置，以便区分不同的工作表，具体操作步骤如下。

步骤 01 选择要设置颜色的“考勤视图”工作表标签，单击鼠标右键，在弹出的快捷菜单中选择【工作表标签颜色】命令，从弹出的子菜单中选择需要的颜色，这里选择【浅蓝】，如下图所示。

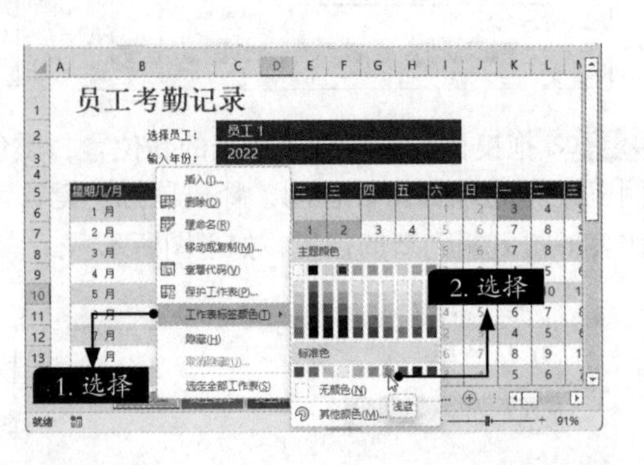

步骤 02 设置工作表标签颜色为【浅蓝】后的效果如下图所示。

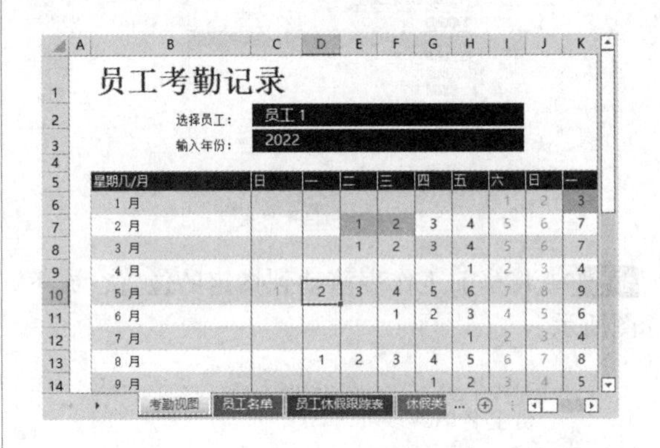

2.1.8 保存工作簿

工作表编辑完成后，就可以将工作簿保存，具体操作步骤如下。

步骤 01 单击【文件】选项卡，选择【保存】命令，在右侧【另存为】区域中单击【浏览】按钮，如下图所示。

> **小提示**
>
> 首次保存文档时，选择【保存】命令，将会打开【另存为】区域。

步骤 02 弹出【另存为】对话框，选择文件存储的位置，在【文件名】文本框中输入要保存的文件名称“员工出勤跟踪表.xlsx”，单击【保存】按钮，就完成了保存工作簿的操作，如下图所示。

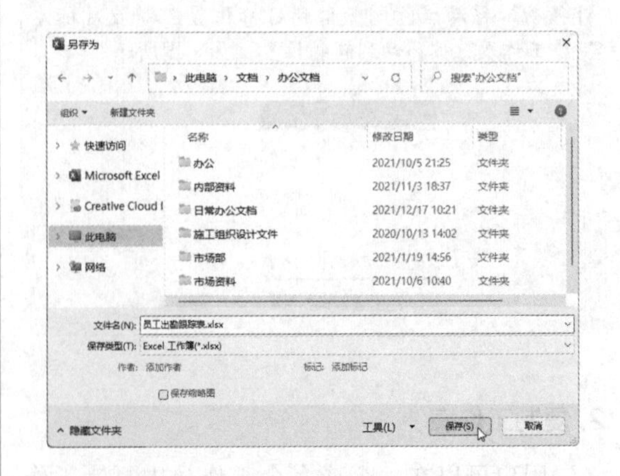

> **小提示**
>
> 对已保存过的工作簿再次编辑后，可以通过以下方法保存文档。
>
> 方法1：按【Ctrl+S】组合键。
>
> 方法2：单击快速访问工具栏中的【保存】按钮。
>
> 方法3：选择【文件】选项卡下的【保存】命令。

2.2 修改员工通信录

员工通信录主要记录了企业员工的基本通信信息，内容通常包括姓名、部门、电话、地址、QQ号及微信号等，是一种常用的办公信息类表格。

本节以修改员工通信录为例，介绍工作表中单元格、行、列的基本操作。

2.2.1 选择单元格或单元格区域

要对单元格进行编辑操作，首先要选择单元格或单元格区域。默认情况下，启动Excel 2021并创建新的工作簿时，单元格A1处于自动选中状态。

1. 选择单元格

打开“素材\ch02\员工通信录.xlsx”文件，单击某一单元格，若单元格的边框线变成绿色，则此单元格处于选中状态。当前单元格的地址显示在名称框中，在工作表格区域内，鼠标指针会呈✚形状，如下图所示。

	A	B	C	D	E	F
1	员工通信录					
2	部门	姓名	性别	内线电话	手机	办公室
3	市场部	张××	女	1100	139××××2000	101
4	市场部	王××	女	1101	139××××9652	101
5	市场部	李××	女	1102	133××××5527	101
6	市场部	赵××	男	1105	136××××2576	101
7	技术部	钱××	女	1106	132××××7328	105
8	服务部	孙××	男	1108	131××××5436	107
9	研发部	李××	女	1109	139××××1588	108
10	海外事业部	胡××	男	1110	138××××4678	109
11	海外事业部	马××	女	1111	139××××5628	109
12	技术部	刘××	女	1112	139××××4786	112
13	技术部	毛××	男	1114	139××××4787	112
14	人力资源部	周××	男	1115	139××××4788	113
15	人力资源部	冯××	男	1107	131××××7936	106
16	人力资源部	赖××	男	1113	139××××5786	113

员工信息表

在名称框中输入目标单元格的地址，如“B2”，按【Enter】键即可选择第B列和第2行交汇处的单元格。

2. 选择单元格区域

单元格区域是由多个单元格组成的区域。根据单元格组成区域的情况，单元格区域可分为连续区域和不连续区域。

（1）选择连续的单元格区域

在连续区域中，多个单元格之间是相互连续、紧密衔接的，连接的区域形状呈规则的矩形。连续区域的单元格地址标识一般使用“左上角单元格地址：右下角单元格地址”表示。右上图即为一个连续区域，单元格地址为A1:C5,包含了从A1单元格到C5单元格共15个单元格。

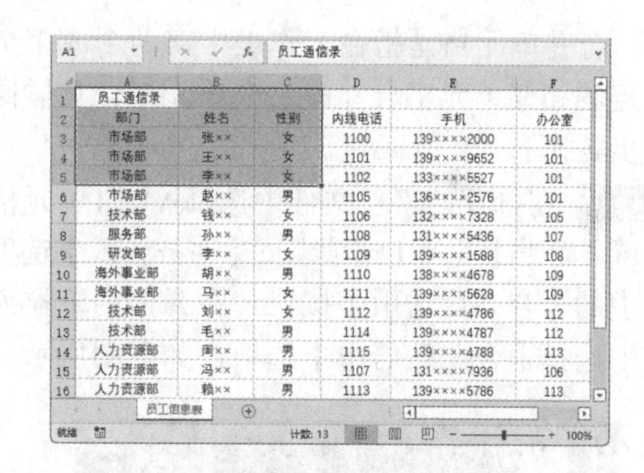

A1　员工通信录

	A	B	C	D	E	F
1	员工通信录					
2	部门	姓名	性别	内线电话	手机	办公室
3	市场部	张××	女	1100	139××××2000	101
4	市场部	王××	女	1101	139××××9652	101
5	市场部	李××	女	1102	133××××5527	101
6	市场部	赵××	男	1105	136××××2576	101
7	技术部	钱××	女	1106	132××××7328	105
8	服务部	孙××	男	1108	131××××5436	107
9	研发部	李××	女	1109	139××××1588	108
10	海外事业部	胡××	男	1110	138××××4678	109
11	海外事业部	马××	女	1111	139××××5628	109
12	技术部	刘××	女	1112	139××××4786	112
13	技术部	毛××	男	1114	139××××4787	112
14	人力资源部	周××	男	1115	139××××4788	113
15	人力资源部	冯××	男	1107	131××××7936	106
16	人力资源部	赖××	男	1113	139××××5786	113

员工信息表　就绪　计数: 13　100%

（2）选择不连续的单元格区域

不连续单元格区域是指不相邻的单元格或单元格区域。不连续区域的单元格地址主要由单元格或单元格区域的地址组成，以“,”分隔。例如，“A1:B4,C7:C9,F10”即为一个不连续区域的单元格地址，表示该不连续区域包含了A1:B4、C7:C9两个连续区域和一个F10单元格，如下图所示。

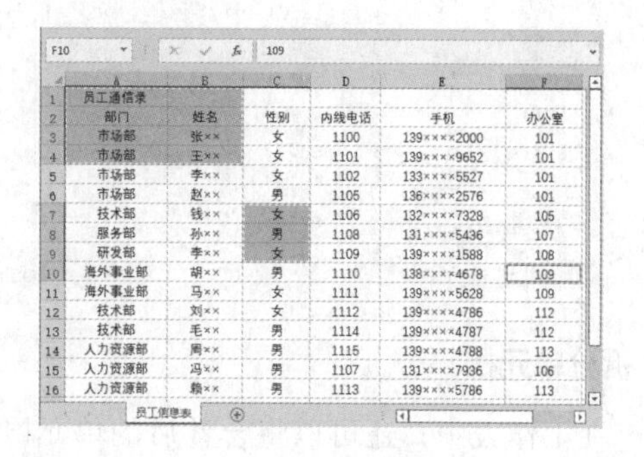

F10　109

	A	B	C	D	E	F
1	员工通信录					
2	部门	姓名	性别	内线电话	手机	办公室
3	市场部	张××	女	1100	139××××2000	101
4	市场部	王××	女	1101	139××××9652	101
5	市场部	李××	女	1102	133××××5527	101
6	市场部	赵××	男	1105	136××××2576	101
7	技术部	钱××	女	1106	132××××7328	105
8	服务部	孙××	男	1108	131××××5436	107
9	研发部	李××	女	1109	139××××1588	108
10	海外事业部	胡××	男	1110	138××××4678	109
11	海外事业部	马××	女	1111	139××××5628	109
12	技术部	刘××	女	1112	139××××4786	112
13	技术部	毛××	男	1114	139××××4787	112
14	人力资源部	周××	男	1115	139××××4788	113
15	人力资源部	冯××	男	1107	131××××7936	106
16	人力资源部	赖××	男	1113	139××××5786	113

员工信息表

除了选择连续和不连续单元格区域外，还可以选择所有单元格，即选中整个工作表，方法有以下两种。

方法1：单击工作表左上角行号与列标相交处的【选中全部】按钮，选中整个工作表。

方法2：按【Ctrl+A】组合键，也可以选中整个工作表，如右图所示。

	A	B	C	D	E	F
1	员工通信录					
2	部门	姓名	性别	内线电话	手机	办公室
3	市场部	张××	女	1100	139××××2000	101
4	市场部	王××	女	1101	139××××9652	101
5	市场部	李××	女	1102	133××××5527	101
6	市场部	赵××	男	1105	136××××2576	101
7	技术部	钱××	女	1106	132××××7328	105
8	服务部	孙××	男	1108	131××××5436	107
9	研发部	李××	女	1109	139××××1588	108
10	海外事业部	胡××	男	1110	138××××4678	109
11	海外事业部	马××	女	1111	139××××5628	109
12	技术部	刘××	女	1112	139××××4786	112
13	技术部	毛××	男	1114	139××××4787	112
14	人力资源部	周××	男	1115	139××××4788	113
15	人力资源部	冯××	男	1107	131××××7936	106
16	人力资源部	赖××	男	1113	139××××5786	113

员工信息表

就绪 平均值: 607.5357143 计数: 91 求和: 17011 100%

2.2.2 合并与拆分单元格

合并与拆分单元格是常用的单元格操作，它不仅可以满足用户编辑表格中数据的需求，也可以使工作表整体更加美观。

1. 合并单元格

合并单元格是指在工作表中将两个或多个选定的相邻单元格合并成一个单元格，具体操作步骤如下。

步骤 01 在打开的素材文件中选择A1:F1单元格区域。单击【开始】选项卡下【对齐方式】选项组中的【合并后居中】按钮，在弹出的下拉列表中选择【合并后居中】选项，如下图所示。

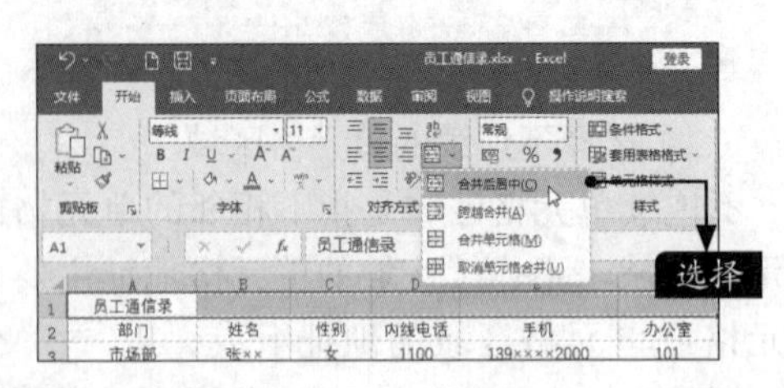

步骤 02 将选择的单元格区域合并，且居中显示单元格内的文本，如下图所示。

	A	B	C	D	E	F
1	员工通信录					
2	部门	姓名	性别	内线电话	手机	办公室
3	市场部	张××	女	1100	139××××2000	101
4	市场部	王××	女	1101	139××××9652	101
5	市场部	李××	女	1102	133××××5527	101
6	市场部	赵××	男	1105	136××××2576	101
7	技术部	钱××	女	1106	132××××7328	105
8	服务部	孙××	男	1108	131××××5436	107
9	研发部	李××	女	1109	139××××1588	108
10	海外事业部	胡××	男	1110	138××××4678	109
11	海外事业部	马××	女	1111	139××××5628	109
12	技术部	刘××	女	1112	139××××4786	112
13	技术部	毛××	男	1114	139××××4787	112
14	人力资源部	周××	男	1115	139××××4788	113
15	人力资源部	冯××	男	1107	131××××7936	106
16	人力资源部	赖××	男	1113	139××××5786	113

员工信息表

2. 拆分单元格

在工作表中，还可以将合并后的单元格拆分成多个单元格。

选择合并后的单元格，单击【开始】选项卡下【对齐方式】选项组中的【合并后居中】按钮，在弹出的下拉列表中选择【取消单元格合并】选项，如下图所示。该单元格即被取消合并，恢复成合并前的单元格。

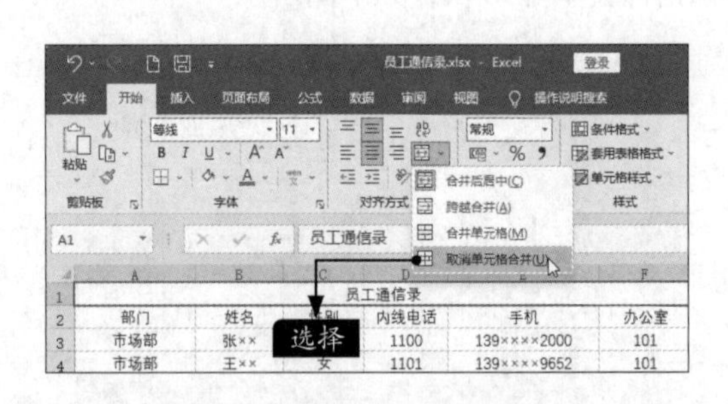

小提示

在合并后的单元格上单击鼠标右键，在弹出的快捷菜单中选择【设置单元格格式】命令，弹出【设置单元格格式】对话框。在【对齐】选项卡下取消勾选【合并单元格】复选框。然后单击【确定】按钮，也可拆分合并后的单元格，如下图所示。

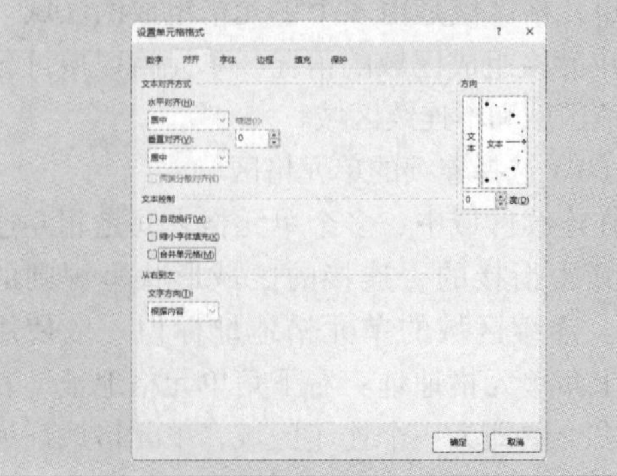

2.2.3 插入或删除行与列

在工作表中，用户可以根据需要插入或删除行和列，具体操作步骤如下。

1. 插入行与列

在工作表中插入新行，当前行则向下移动；插入新列，当前列则向右移动。选择某行或某列后，单击鼠标右键，在弹出的快捷菜单中选择【插入】命令，即可插入行或列，如下图所示。

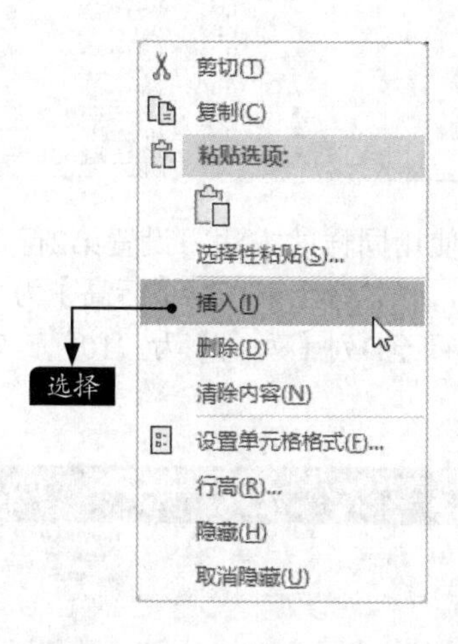

2. 删除行与列

工作表中如果有如果有多余的行或列，可以将其删除。删除行和列的方法有多种，最常用的有以下3种。

方法1：选择要删除的行或列，单击鼠标右键，在弹出的快捷菜单中选择【删除】命令，即可将其删除。

方法2：选择要删除的行或列，单击【开始】选项卡下【单元格】选项组中的【删除】按钮，在弹出的下拉列表中选择【删除单元格】选项，即可将选中的行或列删除。

方法3：选择要删除的行或列中的一个单元格，单击鼠标右键，在弹出的快捷菜单中选择【删除】命令，在弹出的【删除文档】对话框中选择【整行】或【整列】单选项，然后单击【确定】按钮即可将其删除，如下图所示。

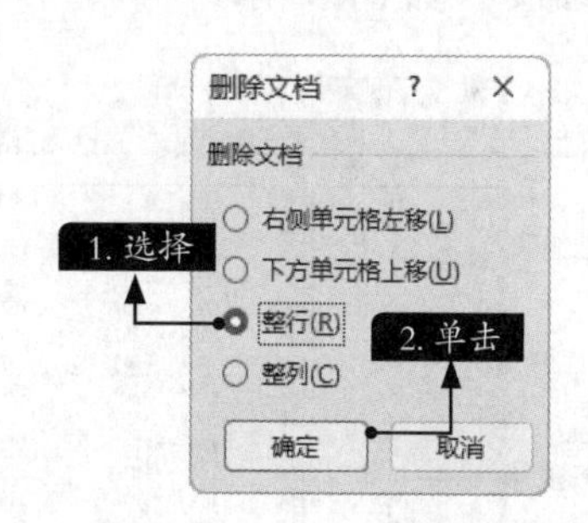

2.2.4 设置行高与列宽

在工作表中，当单元格的高度或宽度不足时，数据会显示不完整，这时就需要调整行高与列宽。

1. 手动调整行高与列宽

如果要调整行高，可以将鼠标指针移动到两行的行号之间，当鼠标指针变成✢形状时，按住鼠标左键向上拖曳可以使行变矮，向下拖曳则可使行变高。拖曳时将显示出以点和像素为单位的高度工具提示。如果要调整列宽，可以将鼠标指针移动到两列的列标之间，当鼠标指针变成✢形状时，按住鼠标左键向左拖曳可以使列变窄，向右拖曳则可使列变宽，如右图和下页图所示。

宽度: 16.50 (137 像素)

员工通信录					
部门	姓名	性别	内线电话	手机	办公室
市场部	张××	女	1100	139××××2000	101
市场部	王××	女	1101	139××××9652	101
市场部	李××	女	1102	133××××5527	101
市场部	赵××	男	1105	136××××2576	101
技术部	钱××	女	1106	132××××7328	105
服务部	孙××	男	1108	131××××5436	107
研发部	李××	女	1109	139××××1588	108
海外事业部	胡××	男	1110	138××××4678	109
海外事业部	马××	女	1111	139××××5628	109
技术部	刘××	女	1112	139××××4786	112
技术部	毛××	男	1114	139××××4787	112
人力资源部	周××	男	1115	139××××4788	113
人力资源部	冯××	男	1107	131××××7936	106
人力资源部	赖××	男	1113	139××××5786	113

员工信息表

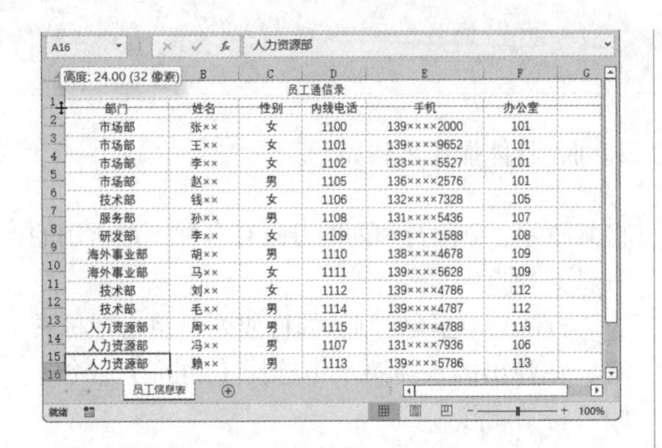

2. 精确调整行高与列宽

虽然使用鼠标可以快速调整行高或列宽，但是精确度不高。如果需要调整行高或列宽为固定值，那么就需要使用【行高】或【列宽】命令进行调整，具体操作步骤如下。

步骤 01 在打开的素材文件中选择第一行，在行号上单击鼠标右键，在弹出的快捷菜单中选择【行高】命令，如下图所示。

步骤 02 弹出【行高】对话框，在【行高】文本框中输入“28”，单击【确定】按钮，如右上图所示。

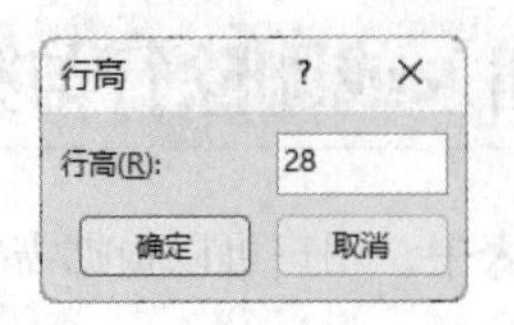

步骤 03 调整后，第一行的行高被精确调整为【28】，效果如下图所示。

步骤 04 使用同样的方法，设置第2行【行高】为“20”，第3行至第16行【行高】为“18”，并设置B列至D列【列宽】为“10”，效果如下图所示。

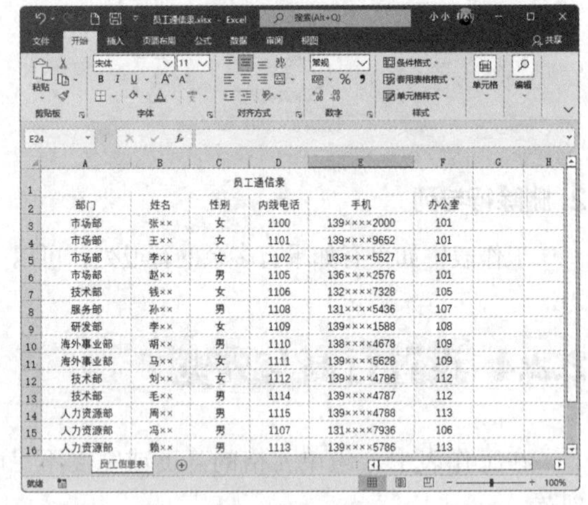

至此，就完成了修改员工通信录的操作。

高手私房菜

技巧1：单元格移动与复制技巧

单元格或单元格区域的复制（移动）方法有多种，常用的方法是组合键法和鼠标拖曳法。用户应熟练掌握以下3个组合键：剪切按【Ctrl+X】组合键，复制按【Ctrl+C】组合键，粘贴按

【Ctrl+V】组合键。使用鼠标拖曳的方法应注意以下两个原则。

（1）在不同的Excel表格之间拖曳单元格，可以复制单元格；在同一个Excel表格内拖曳单元格，可以移动单元格。

（2）拖曳鼠标指针的同时按住【Ctrl】键，可以实现复制操作；拖曳鼠标指针的同时按住【Shift】键，可以实现移动操作。

技巧2：隐藏工作表中的空白区域

在工作表中，为了方便地查看和处理表格数据，可以将数据区域外的空白区域隐藏。例如，当前数据区域为A1:G12，可以采用下面的方法将其余单元格隐藏。

步骤 01 选择H列整列，然后按【Ctrl+Shift+→】组合键，选择G列以后的所有列区域，并在选中区域单击鼠标右键，在弹出的快捷菜单中选择【隐藏】命名，如下图所示。

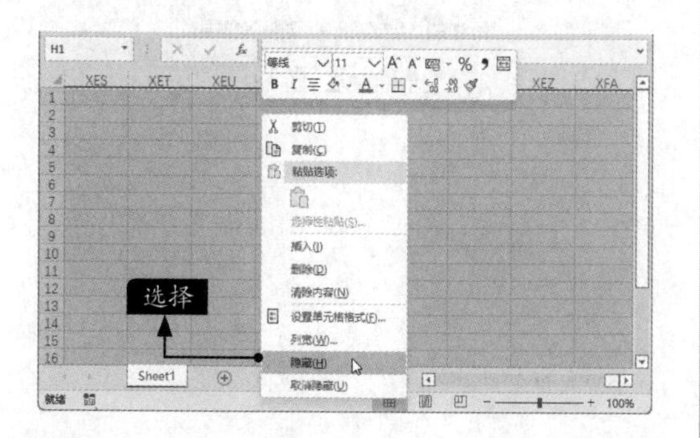

步骤 02 此时即可隐藏所选单元格区域，如下图所示。

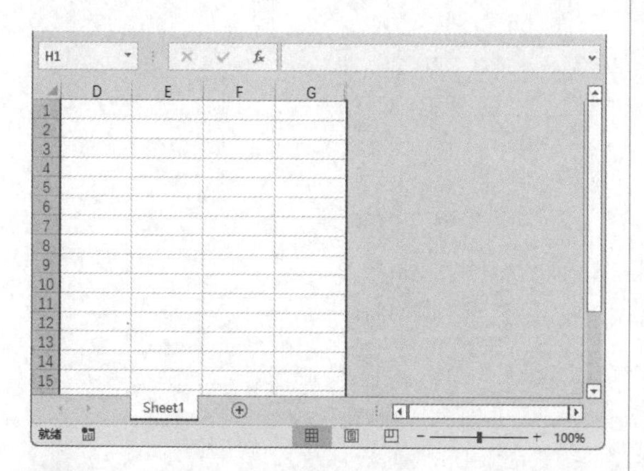

步骤 03 选择第13行整行，然后按【Ctrl+Shift+↓】组合键，选中第12行以后的所有行区域，并在选中区域单击鼠标右键，在弹出的快捷菜单中选择【隐藏】命令，如下图所示。

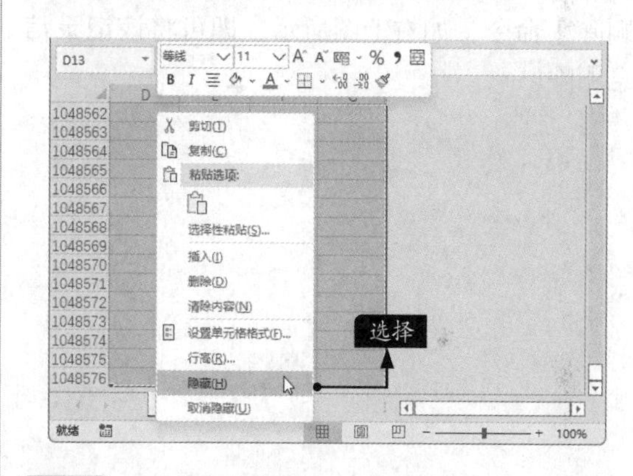

步骤 04 此时即可隐藏所选单元格区域。其余不用的单元格已被隐藏，如下图所示。

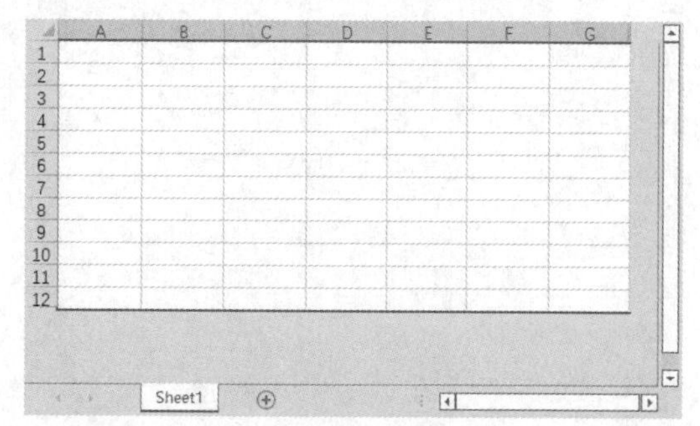

另外，用户也可以使用名称框快速选择单元格区域，例如本例中可以在名称框中分别输入“H:FXD”和“13:1048576”，按【Enter】键分别进行隐藏。

技巧3：删除最近使用过的工作簿记录

Excel 2021可以记录下最近使用过的工作簿，用户也可以将这些记录删除，具体操作步骤如下。

步骤 01 启动Excel 2021，选择【文件】选项卡下的【打开】命令，可以看到右侧【工作簿】列表中显示了最近打开的工作簿信息，如下图所示。

步骤 02 选择要删除的工作簿记录信息，单击鼠标右键，在弹出的快捷菜单中选择【从列表中删除】命令，如右上图所示，即可将该记录信息删除。

步骤 03 如果用户要删除全部最近使用的信息，可选择【清除已取消固定的项目】命令，在弹出的对话框中单击【是】按钮，如下图所示，即可快速删除全部最近使用的信息。

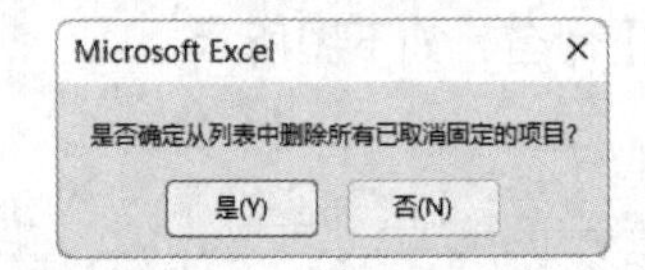

第3章

在Excel 2021中高效输入文本、数字及日期数据

学习目标

Excel 2021有着强大的数据处理功能，允许用户在使用时根据需要在单元格中输入文本、数值、日期和时间，以及计算公式等。本章首先帮助读者对数据类型有初步的认识，然后再详细介绍数据的输入和编辑方法。

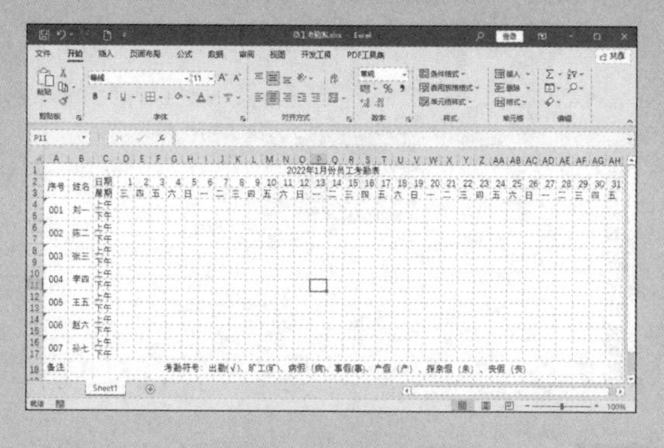

3.1 制作员工加班记录表

员工加班记录表是公司人力资源部门较为常用的基础表格，主要用于记录员工的加班情况。本节以制作员工加班记录表为例，介绍在Excel 2021中输入和编辑数据的技巧。

3.1.1 输入文本数据

新建一个空白工作簿，在单元格中输入数据，Excel 2021会针对这些输入的数据自动进行处理并显示出来。下面介绍如何输入文本数据，具体操作步骤如下。

步骤 01 新建一个工作簿，将其另存为“员工加班记录表.xlsx”。选择A1单元格，输入文本“员工加班记录表”，然后按【Enter】键确认输入。若单元格列宽容纳不下文本字符串，多余字符串会在相邻单元格中显示，如下图所示。不过，若相邻的单元格中已有数据，输入的文本就会被截断，显示不完全。

	A	B	C	D	E	F
1	员工加班记录表					
2						

> **小提示**
>
> 被截断不显示的部分仍然存在，改变列宽即可将其显示出来。

步骤 02 在A2单元格中输入“工号”，按向右方向键，确认当前输入并选择B2单元格，如下图所示。Excel 2021会自动识别数据类型，如果是文本数据类型，则默认为左对齐。

	A	B	C	D	E
1	员工加班记录表				
2	工号				
3					
4					

> **小提示**
>
> 确认输入数据的方法有3种：第1种，单击编辑栏中的【输入】按钮，确定输入数据后，将选择当前单元格；第2种，按【Enter】键或向下方向键，确定输入数据后，将选择当前单元格下方的单元格；第3种，按【Tab】键或向右方向键，确定输入数据后，将选择当前单元格右侧的单元格。

步骤 03 使用同样的方法在其他单元格中输入数据，如下图所示。

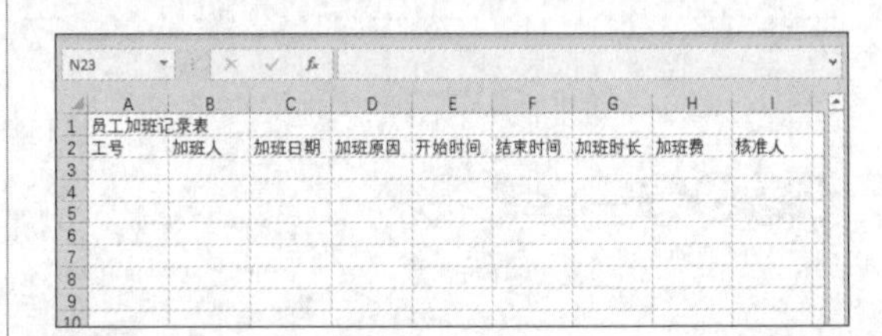

步骤 04 使用同样的方法在B列、D列及I列输入文本数据，如下图所示。

步骤 05 可以看到，由于D列的文本数据过长，会影响E列数据的显示效果。这种情况下，除了调整列宽完整显示数据外，还可以采用强制换行或自动换行的方法进行显示。在换行处按

【Alt+Enter】组合键，可以实现强制换行；在【开始】选项卡下【对齐方式】选项组中单击【自动换行】按钮，可以将选中的单元格设置为自动换行。换行后在一个单元格中将显示多行文本，行的高度也会自动增大，如下图所示。

步骤06 为了显示效果更美观，可以合并A1:I1单元格区域，适当调整第1~第2行的行高，最终效果如下图所示。

3.1.2 输入以“0”开头的数值数据

进行计算是Excel 2021最基本的功能之一。在输入数字时，数值将显示在活动单元格和编辑栏中。本小节通过输入员工工号的方式，了解输入数值数据的技巧。

步骤01 选择A3单元格，输入“01020”数据，如下图所示。

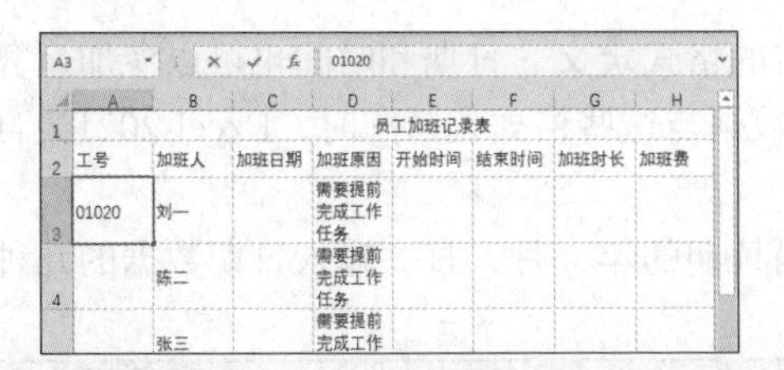

小提示

数值型数据可以是整数、小数或科学记数（如6.09E+13）。在数值中可以出现的数学符号包括负号（-）、百分号（%）、指数符号（E）和美元符号（$）等。

步骤02 按【Enter】键确认，可看到输入的数据，Excel 2021自动将数值的对齐方式设置为【右对齐】。另外，数据开头的“0”消失了，如下图所示。

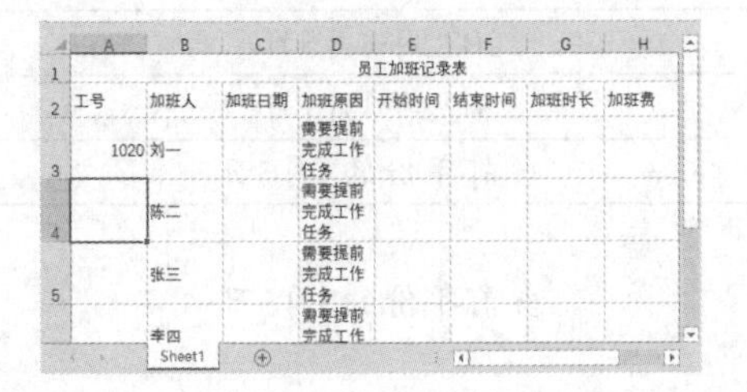

小提示

输入分数时，为了与日期型数据进行区分，需要在分数之前加一个“0”和一个空格。例如，在A1中输入“1/4”，则显示“1月4日”；在B1中输入“0 1/4”，则显示“1/4”，值为0.25。

步骤03 如果输入以数字“0”开头的数字串，将自动省略“0”。如果要保持输入的内容不变，可以先输入英文标点单引号（'），再输入“01020”，如下图所示。

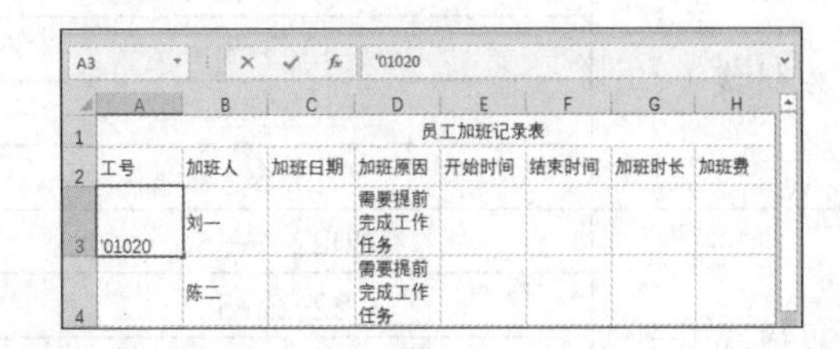

步骤04 按【Enter】键确认，即可看到输入的以“0”开头的工号。由于将其转成了文本类型数据，所以左对齐，如下图所示。

步骤 05 选择A4:A7单元格区域，单击【开始】选项卡下【数字】选项组中的【数字格式】按钮或直接按【Ctrl+1】组合键，打开【设置单元格格式】对话框，单击【数字】选项卡，在【分类】列表框中选择【文本】选项，单击【确定】按钮，如下图所示。

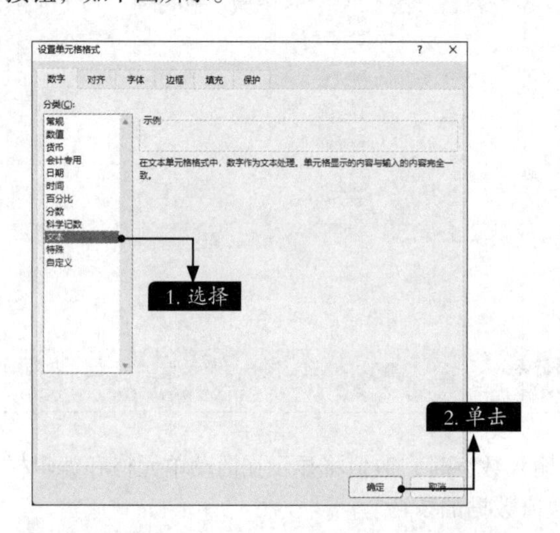

步骤 06 此时，在A4单元格中输入以“0”开头的数字“01021”，按【Enter】键确认，即可正常显示以“0”开头的数字。使用该方法，在其他单元格中输入数据，如下图所示。

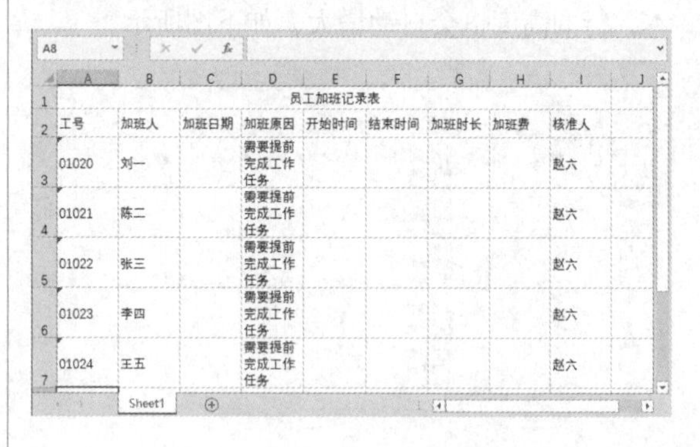

3.1.3 输入日期和时间数据

在工作表中输入日期或时间数据时，需要用特定的格式定义。日期和时间也可以参加运算。Excel 2021内置了一些日期和时间的格式。当输入的数据与这些格式相匹配时，Excel 2021会自动将它们识别为日期或时间。

在输入日期数据时，可以用左斜线或短横线分隔日期的年、月、日。输入日期数据的几种不同形式如下表所示。

形式	输入的数据	识别的日期
左斜线（/）	2022/3/5	2022年3月5日
	22/3/5	2022年3月5日
	2022/3	2022年3月1日
	3/5	当前年份的3月5日
短横线（–）	2022–3–5	2022年3月5日
	22–3–5	2022年3月5日
	22–3	2022年3月1日
	3–5	当前年份的3月5日
年月日	2022年3月5日	2022年3月5日
	22年3月5日	2022年3月5日
	2022年3月	2022年3月1日
	3月5日	当前年份的3月5日
英文月份	March 5、March /5、March –5	当前年份的3月5日
	Mar 5、Mar/5、Mar–5	
	5 Mar、5/Mar、5–Mar	

小提示

如果以分隔号“.”来输入日期数据，如2022.3.5，则Excel 2021会将其识别为文本格式，而不是日期格式，在日期运算中是无法识别的。

步骤01 选择C3单元格，输入加班日期“2021-12-1”，则返回日期为“2021/12/1”，如下图所示。

员工加班记录表

工号	加班人	加班日期	加班原因	开始时间	结束时间	加班时长	加班费	核准人
01020	刘一	2021/12/1	需要提前完成工作任务					赵六
01021	陈二		需要提前完成工作任务					赵六
01022	张三		需要提前完成工作任务					赵六
01023	李四		需要提前完成工作任务					赵六
01024	王五		需要提前完成工作任务					赵六

小提示

日期和时间数据在单元格中靠右对齐。如果Excel 2021不能识别输入的日期或时间格式，则输入的数据将被视为文本并在单元格中靠左对齐。

步骤02 如果要设置显示日期为“×年×月×日”的形式，除了直接输入日期“2021年12月1日”外，还可以通过设置单元格的数字格式来实现，提高输入效率。选择C3:C7单元格区域，按【Ctrl+1】组合键，打开【设置单元格格式】对话框，单击【数字】选项卡，在【分类】列表框中选择【日期】选项，在右侧【类型】列表框中选择一种日期类型，单击【确定】按钮，如下图所示。

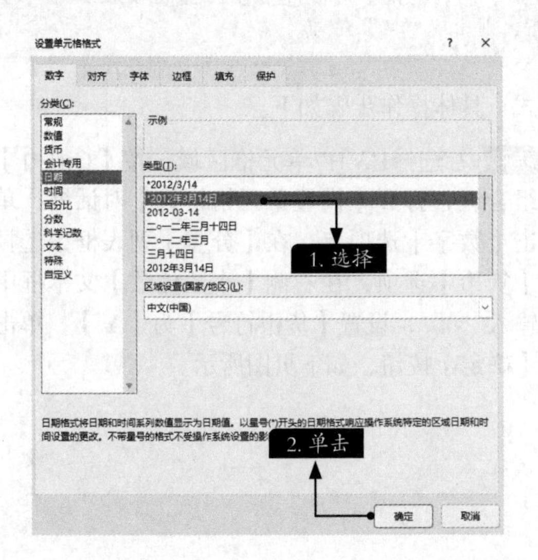

步骤03 单元格内的日期显示为指定类型，如下图所示。

员工加班记录表

工号	加班人	加班日期	加班原因	开始时间	结束时间	加班时长	加班费	核准人
01020	刘一	2019年2月1日	需要提前完成工作任务					赵六
01021	陈二		需要提前完成工作任务					赵六
01022	张三		需要提前完成工作任务					赵六
01023	李四		需要提前完成工作任务					赵六
01024	王五		需要提前完成工作任务					赵六

步骤04 在其他单元格中输入相应形式的数据，都可显示为“×年×月×日”的形式，如下图所示。

员工加班记录表

工号	加班人	加班日期	加班原因	开始时间	结束时间	加班时长	加班费	核准人
01020	刘一	2021年12月1日	需要提前完成工作任务					赵六
01021	陈二	2021年12月1日	需要提前完成工作任务					赵六
01022	张三	2021年12月1日	需要提前完成工作任务					赵六
01023	李四	2021年12月1日	需要提前完成工作任务					赵六
01024	王五	2021年12月1日	需要提前完成工作任务					赵六

小提示

在输入时间数据时，小时、分、秒之间用冒号“:”作为分隔符。如果按12小时制输入时间数据，需要在数据的后面空一个空格再输入字母“am”（上午）或“pm”（下午）。例如，输入“10:00 pm”，按【Enter】键后的时间结果是10:00 PM。如果要输入当前的时间数据，按【Ctrl+Shift+;】组合键即可。

步骤05 选择E3单元格，输入“18:30”，输入的数据右对齐显示，如下图所示。

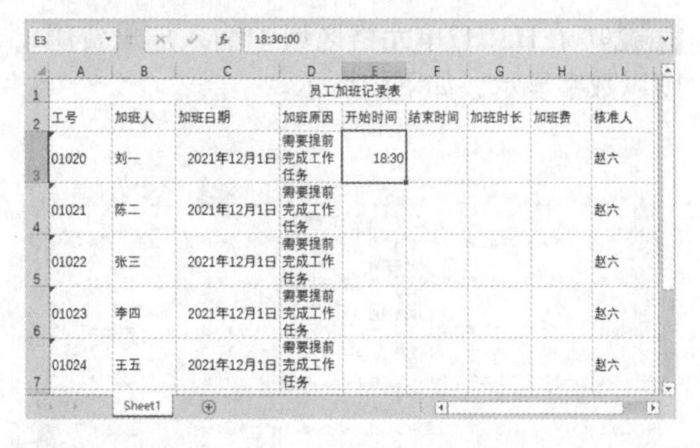

员工加班记录表

工号	加班人	加班日期	加班原因	开始时间	结束时间	加班时长	加班费	核准人
01020	刘一	2021年12月1日	需要提前完成工作任务	18:30				赵六
01021	陈二	2021年12月1日	需要提前完成工作任务					赵六
01022	张三	2021年12月1日	需要提前完成工作任务					赵六
01023	李四	2021年12月1日	需要提前完成工作任务					赵六
01024	王五	2021年12月1日	需要提前完成工作任务					赵六

步骤06 如果要以“×时×分”的形式或其他

形式显示输入的数据，则通过【设置单元格格式】对话框，选择【数字】选项卡下【分类】列表框中的【时间】选项，在右侧【类型】列表框中选择一种时间类型，单击【确定】按钮，如下图所示。

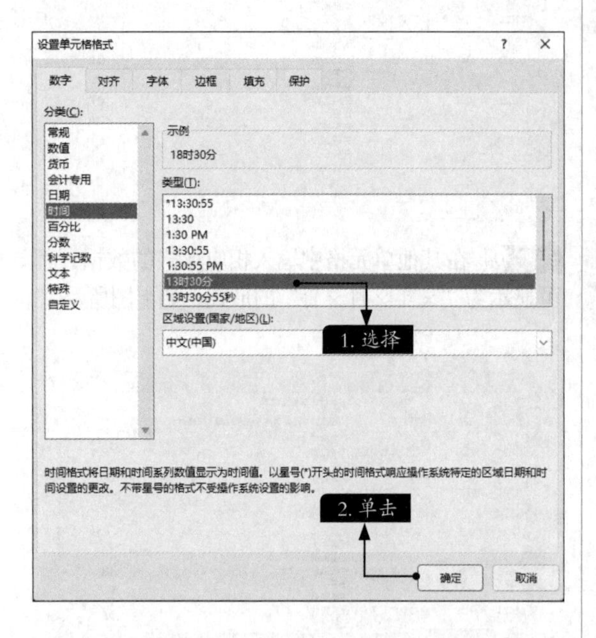

步骤07 返回工作表，可以看到当前的时间样式，如下图所示。

员工加班记录表								
工号	加班人	加班日期	加班原因	开始时间	结束时间	加班时长	加班费	核准人
01020	刘一	2021年12月1日	需要提前完成工作任务	18时30分				赵六
01021	陈二	2021年12月1日	需要提前完成工作任务					赵六
01022	张三	2021年12月1日	需要提前完成工作任务					赵六
01023	李四	2021年12月1日	需要提前完成工作任务					赵六
01024	王五	2021年12月1日	需要提前完成工作任务					赵六

步骤08 在E、F和G列输入相应的时间及时长，最终效果如下图所示。

员工加班记录表								
工号	加班人	加班日期	加班原因	开始时间	结束时间	加班时长	加班费	核准人
01020	刘一	2021年12月1日	需要提前完成工作任务	18时30分	21时30分	3小时		赵六
01021	陈二	2021年12月1日	需要提前完成工作任务	18时30分	21时30分	3小时		赵六
01022	张三	2021年12月1日	需要提前完成工作任务	18时30分	21时30分	3小时		赵六
01023	李四	2021年12月1日	需要提前完成工作任务	18时30分	21时30分	3小时		赵六
01024	王五	2021年12月1日	需要提前完成工作任务	18时30分	21时30分	3小时		赵六

3.1.4 设置单元格的货币格式

当输入的数据为金额时，需要设置单元格格式为【货币】，如果输入的数据不多，可以直接按【Shift+4】组合键在单元格中输入带货币符号的金额。

小提示

这里的数字“4”为键盘中字母上方的数字键，而并非小键盘中的数字键。在英文输入法下，按【Shift+4】组合键，会出现“$”符号；在中文输入法下，则出现“¥”符号。

此外，用户也可以将单元格格式设置为货币格式，具体操作步骤如下。

步骤01 在H3:H7单元格区域中输入加班费用，则以数字显示，如下图所示。

员工加班记录表								
工号	加班人	加班日期	加班原因	开始时间	结束时间	加班时长	加班费	核准人
01020	刘一	2021年12月1日	需要提前完成工作任务	18时30分	21时30分	3小时	200	赵六
01021	陈二	2021年12月1日	需要提前完成工作任务	18时30分	21时30分	3小时	200	赵六
01022	张三	2021年12月1日	需要提前完成工作任务	18时30分	21时30分	3小时	200	赵六
01023	李四	2021年12月1日	需要提前完成工作任务	18时30分	21时30分	3小时	150	赵六
01024	王五	2021年12月1日	需要提前完成工作任务	18时30分	21时30分	3小时	150	赵六

步骤02 选择H3:H7单元格区域，按【Ctrl+1】组合键，打开【设置单元格格式】对话框，单击【数字】选项卡，在【分类】列表框中选择【货币】选项，在右侧【小数位数】文本框中输入“0”，设置【货币符号】为【¥】，单击【确定】按钮，如下页图所示。

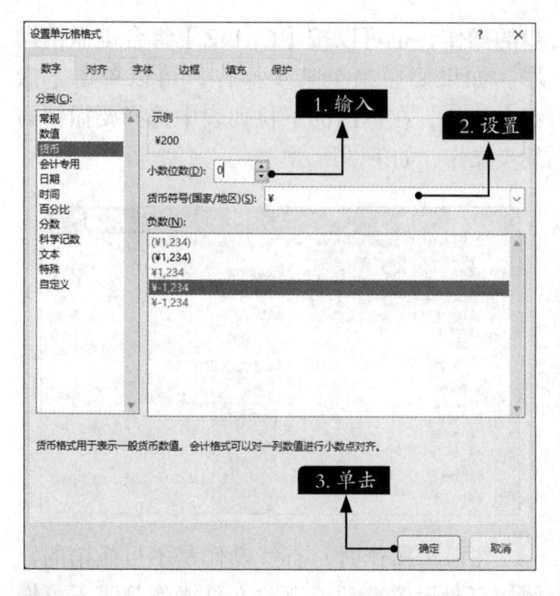

步骤 03 返回至工作表后，加班费则以货币形式显示，如右上图所示。

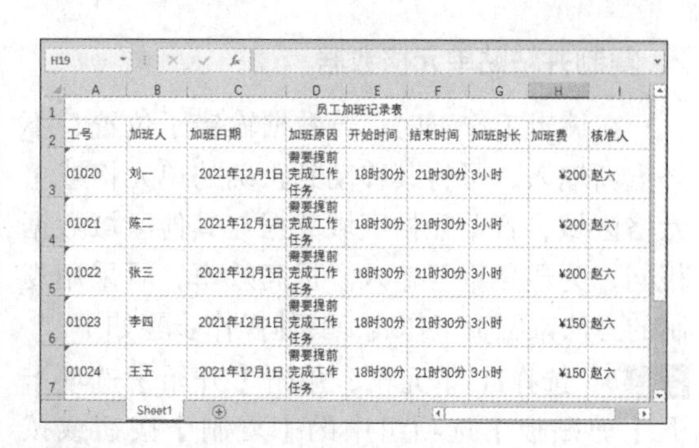

步骤 04 另外，单击【开始】选项卡下【数字】选项组中的▾按钮，在弹出的数字格式下拉列表中，可以快速应用数字格式，如下图所示。

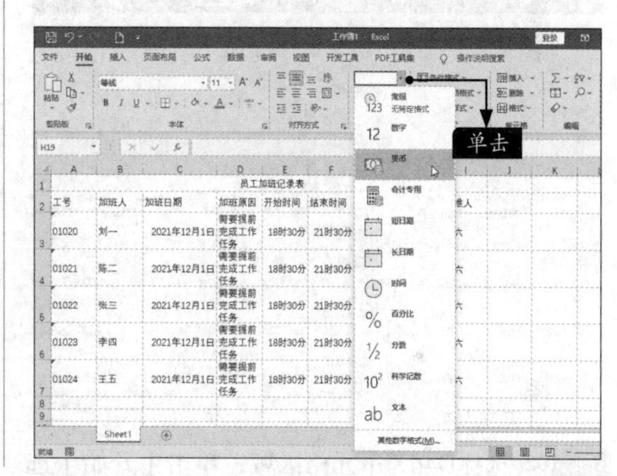

3.1.5 修改单元格中的数据

当输入的数据发生错误或者格式不正确时，就需要对数据进行编辑。

1. 修改数据

当数据输入错误时，单击需要修改数据的单元格，然后输入要修改的数据，则该单元格将自动更改数据，具体操作步骤如下。

步骤 01 选择需要修改数据的单元格，单击鼠标右键，在弹出的快捷菜单中选择【清除内容】命令，如下图所示。

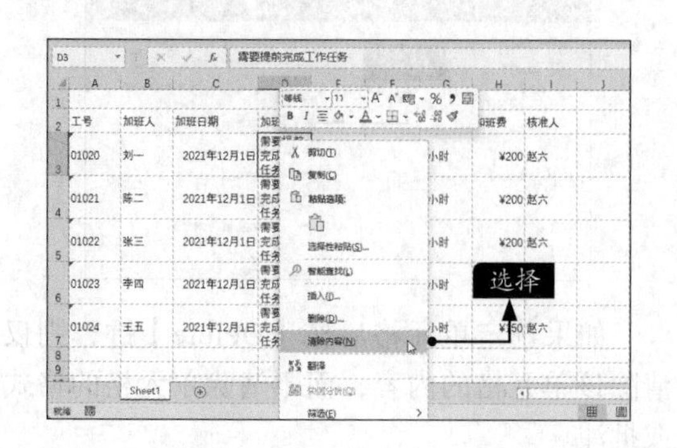

步骤 02 清除数据之后，在原单元格中重新输入数据，如下图所示。

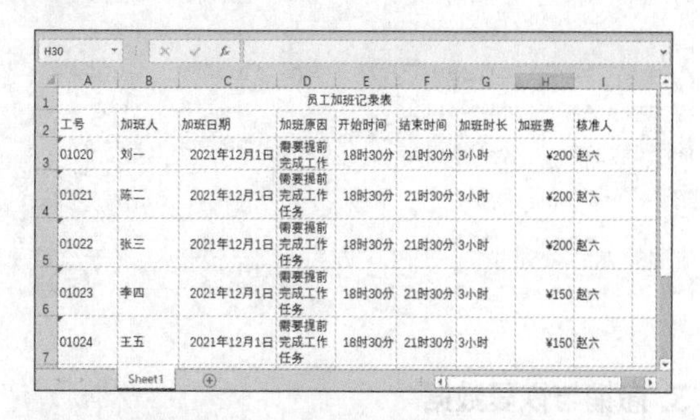

> **小提示**
>
> 选择单元格，按【Backspace】键或【Delete】键也可将数据清除。另外，单击【撤销】按钮（软件中显示为【撤消】按钮，本书统用“撤销”）或按【Ctrl+Z】组合键，可清除上一步输入的内容。

2. 复制并粘贴单元格数据

在编辑工作表时，若数据输错了位置，不必重新输入，可将其移动到正确的单元格或单元格区域；若单元格区域数据与其他区域数据相同，为避免重复输入、提高效率，可采用复制的方法来编辑工作表，具体操作步骤如下。

步骤 01 选择D3单元格，单击【开始】选项卡下【剪贴板】选项组中的【复制】按钮或按【Ctrl+C】组合键，执行【复制】命令，如下图所示。

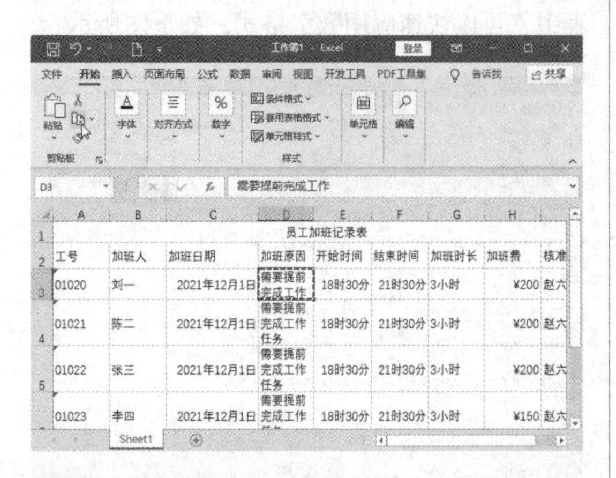

步骤 02 选择D4:D7单元格区域，单击【开始】选项卡下【剪贴板】选项组中的【粘贴】按钮或按【Ctrl+V】组合键，执行【粘贴】命令，快速替换目标数据，如下图所示。

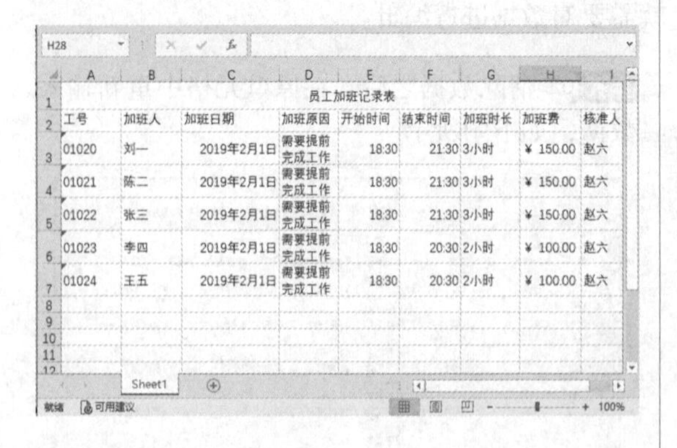

3. 撤销与恢复数据

（1）撤销

在进行输入、删除和更改等单元格操作时，Excel 2021会自动记录最新的操作和刚执行过的命令。所以当不小心错误地编辑了表格中的数据时，可以利用【撤销】按钮恢复上一步的操作，也可以按【Ctrl+Z】组合键撤销操作。如果要撤销至某步操作，可以单击【撤销】按钮，在弹出的下拉列表中选择要撤销的某步操作，如下图所示。

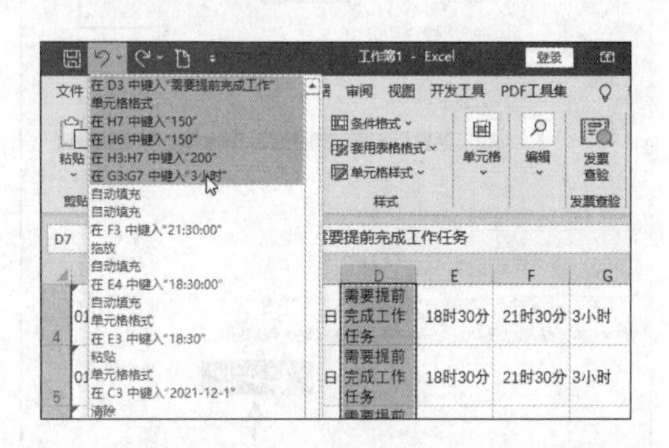

在撤销操作时，有些操作是不可撤销的，例如存盘设置选项或删除文件操作都是不可撤销的。因此，在执行文件的删除操作时要小心，以免破坏辛苦工作的成果。

（2）恢复

默认情况下，【撤销】按钮和【恢复】按钮均在快速访问工具栏中。未进行操作之前，【撤销】按钮和【恢复】按钮是灰色的，不可用。

在经过撤销操作后，【撤销】按钮右边的【恢复】按钮变为可用，这时按【恢复】按钮可以恢复已被撤销的操作，也可以按【Ctrl+Y】组合键恢复操作。

4. 清除数据

清除数据包括清除单元格中的内容（公式和数据）、格式（包括数字格式、条件格式和边框等）及任何附加的批注。

选择要清除数据的单元格，单击【开始】选项卡下【编辑】选项组中的【清除】按钮，在弹出的下拉列表中选择【全部清除】选项，如下图所示。

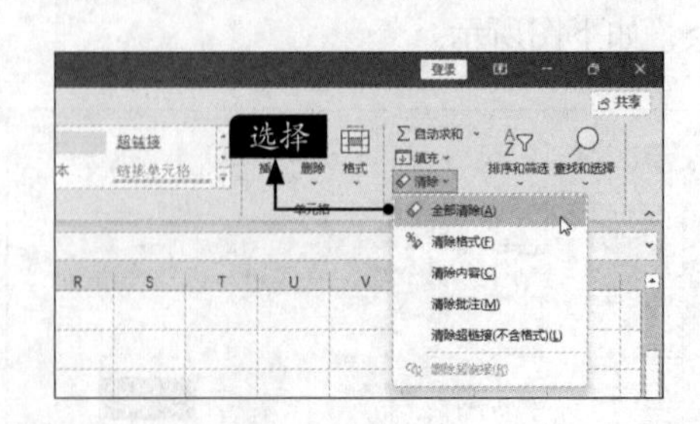

如果选定单元格后按【Delete】键，则仅清除该单元格的内容，而不清除单元格的格式或批注。

3.2 制作员工考勤表

员工考勤表是人力资源中最常用的基本表之一，主要用来统计员工的出勤情况，如迟到、请假、早退等，作为员工薪酬计算的凭证。本节以制作员工考勤表为例，介绍数据的填充技巧。

3.2.1 认识填充功能

在输入数据时，除了常规的输入外，如果要输入的数据本身有关联性或存在某种规律，用户可以使用填充功能批量输入数据，以提高输入效率。下面介绍Excel 2021的填充功能。

1. 使用方法

在单元格中进行数据填充通常有以下3种方法。

方法1：填充柄。选择有序的单元格区域，在该区域的单元格中填充一组数字或日期，或一组内置工作日、周末、月份或年份等，如下图所示。

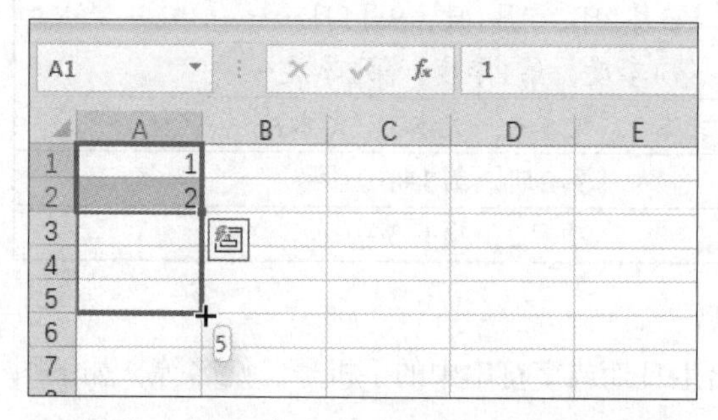

另外，单击【自动填充选项】按钮，在弹出的下拉列表中，可更改选定区域的填充方式，如下图所示。

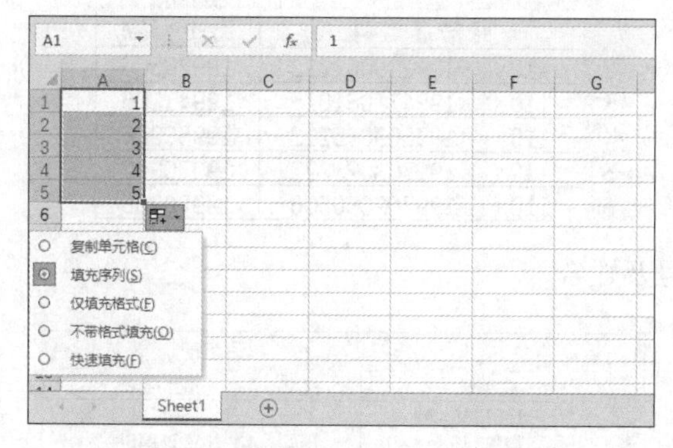

方法2：快捷键。按【Ctrl+E】组合键，可以实现快速填充。另外，要快速在单元格中填充相邻单元格的内容，可以按【Ctrl+D】组合键填充来自上方单元格的内容，或按【Ctrl+R】组合键填充来自左侧单元格的内容。

方法3：功能区。单击【开始】选项卡下【编辑】选项组中的【填充】按钮，在弹出的下拉列表中选择【向下】、【向右】、【向上】或【向左】选项进行填充，如下图所示。

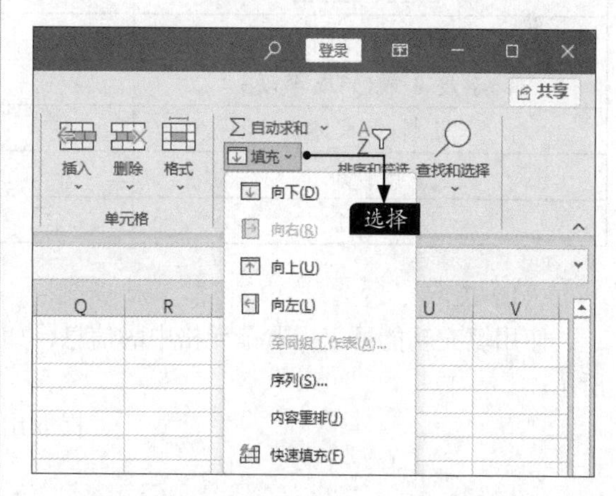

选择【序列】选项，在【类型】下可以选择不同的类型，如下页图所示。例如选择【等差序列】单选项，可以创建一个序列，其数值通过对每个单元格数值依次加上【步长值】文本框中的数值计算得到；选择【等比序列】单选项创建一个序列，其数值通过对每个单元格数值依次乘以【步长值】文本框中的数值计算得到；选择【日期】单选项创建一个序列，其填充日期递增值在【步长值】文本框中，并依赖于【日期单位】下指定的单位；选择【自动填充】单选项创建一个与拖曳填充柄产生相同结果的序列。

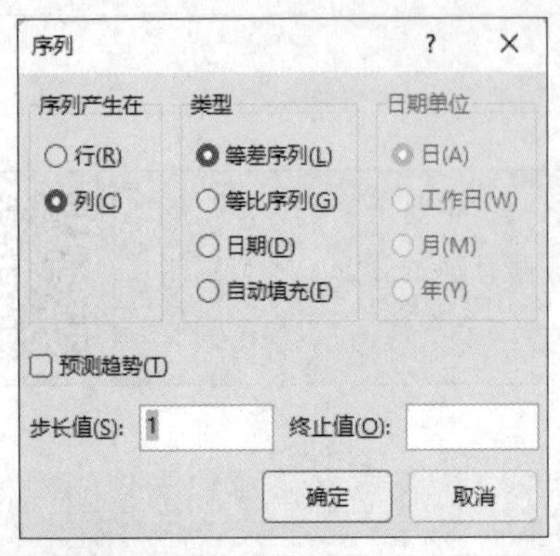

2. 应用场景

序列填充是最为常用的操作场景，输入起始数据，选择要填充的区域后，即可进行填充操作。

为了方便理解序列填充，下表汇总了一些序列填充实例。其中，用逗号隔开的项目包含在工作表的各个相邻单元格中。

初始选择	扩展序列
1，2，3	4，5，6……
9:00	10:00，11:00，12:00……
周一	周二，周三，周四……
星期一	星期二，星期三，星期四……
1月	2月，3月，4月……
1月，4月	7月，10月，1月……
2022年1月，2022年4月	2022年7月，2022年10月，2023年1月……
1月15日，4月15日	7月15日，10月15日……
2022，2023	2024，2025，2026……
1月1日，3月1日	5月1日，7月1日，9月1日……
第3季度（或Q3或季度3）	第4季度，第1季度，第2季度……
文本1，文本A	文本2，文本A；文本3，文本A……
第1期	第2期，第3期……
项目1	项目2，项目3……

（1）提取

使用填充功能可以提取单元格中的信息，如出生日期或字符串中的手机号、姓名等，如下图所示。

提取出生日期

	A	B
1	身份证号码	出生日期
2	110××199205061212	19920506
3	110××199411061015	
4	110××199509060212	
5	110××199703021222	
6	110××199702080506	

	A	B
1	身份证号码	出生日期
2	110××199205061212	19920506
3	110××199411061015	19941106
4	110××199509060212	19950906
5	110××199703021222	19970302
6	110××199702080506	19970208

提取手机号及姓名

	A	B	C
1	联系人	姓名	手机
2	刘一 1301235××××	刘一	1301235××××
3	陈二 1311246××××		
4	张三 1321257××××		
5	李四 1351268××××		
6	王五 1301239××××		

	A	B	C
1	联系人	姓名	手机
2	刘一 1301235××××	刘一	1301235××××
3	陈二 1311246××××	陈二	1311246××××
4	张三 1321257××××	张三	1321257××××
5	李四 1351268××××	李四	1351268××××
6	王五 1301239××××	王五	1301239××××

（2）单元格内容合并

使用填充功能可以合并单元格内容，如下图所示。

	A	B	C
1	姓	名	名字
2	刘	一	刘一
3	陈	二	
4	张	三	
5	李	四	
6	王	五	

	A	B	C
1	姓	名	名字
2	刘	一	刘一
3	陈	二	陈二
4	张	三	张三
5	李	四	李四
6	王	五	王五

（3）插入

使用填充功能可以插入指定内容，如下图所示。

	A	B	C
1	姓名	手机	手机号码三段显示
2	刘一	1301235××22	130-1235-××22
3	陈二	1311246××33	
4	张三	1321257××44	
5	李四	1351268××55	
6	王五	1301239××66	

	A	B	C
1	姓名	手机	手机号码三段显示
2	刘一	1301235××22	130-1235-××22
3	陈二	1311246××33	131-1246-××33
4	张三	1321257××44	132-1257-××44
5	李四	1351268××55	135-1268-××55
6	王五	1301239××66	130-1239-××66

（4）加密

使用填充功能可以加密指定内容，如下图所示。

	A	B	C
1	姓名	手机	手机号码三段显示
2	刘一	1301235××22	130-****-××22
3	陈二	1311246××33	
4	张三	1321257××44	
5	李四	1351268××55	
6	王五	1301239××66	

	A	B	C
1	姓名	手机	手机号码三段显示
2	刘一	1301235××22	130-****-××22
3	陈二	1311246××33	131-****-××33
4	张三	1321257××44	132-****-××44
5	李四	1351268××55	135-****-××55
6	王五	1301239××66	130-****-××66

（5）位置互换

使用填充功能可以进行位置互换，如下图所示。

	A	B	C
1	序号	参会名单	参会名单
2	1	小刘市场部	市场部小刘
3	2	小陈人力部	
4	3	小张技术部	
5	4	小李行政部	
6	5	小王网络部	

	A	B	C
1	序号	参会名单	参会名单
2	1	小刘市场部	市场部小刘
3	2	小陈人力部	人力部小陈
4	3	小张技术部	技术部小张
5	4	小李行政部	行政部小李
6	5	小王网络部	网络部小王

（6）大小写转换

使用填充功能可以进行大小写转换，如下图所示。

	A	B
1	小写	大写
2	excel	EXCEL
3	word	
4	ppt	
5	outlook	
6	onenote	

	A	B
1	小写	大写
2	excel	EXCEL
3	word	WORD
4	ppt	PPT
5	outlook	OUTLOOK
6	onenote	ONENOTE

除了上面列举的快速填充应用场景外，还有很多应用场景，在此不一一列举。对于有规律的序列，都可以尝试使用填充功能来输入，以提高效率。

3.2.2 快速填充日期

在制作考勤表时，日期是必不可少的数据，面对全年或全月的日期数据，快速填充是最有效率的输入方式，具体操作步骤如下。

步骤 01 启动Excel 2021，新建一个工作簿，在A1单元格中输入“2022年1月份员工考勤表”，如下图所示。

步骤 02 在工作表中输入下图所示的内容。

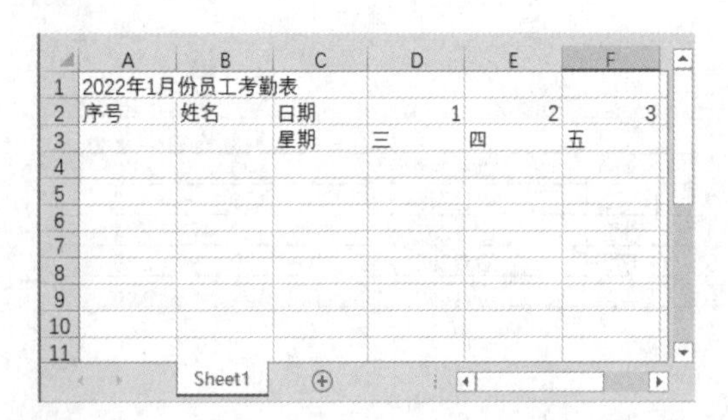

步骤 03 选择D2:F3单元格区域，将鼠标指针移至该单元格区域右下角的填充柄上，如下图所示。

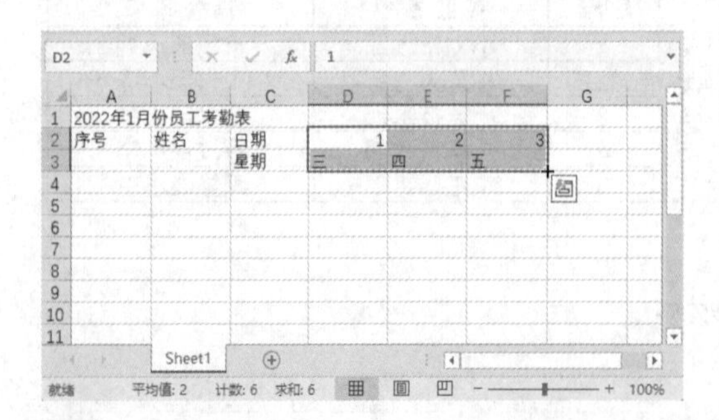

步骤 04 向右拖曳填充柄，填充至数字31，即AH列，如下图所示。

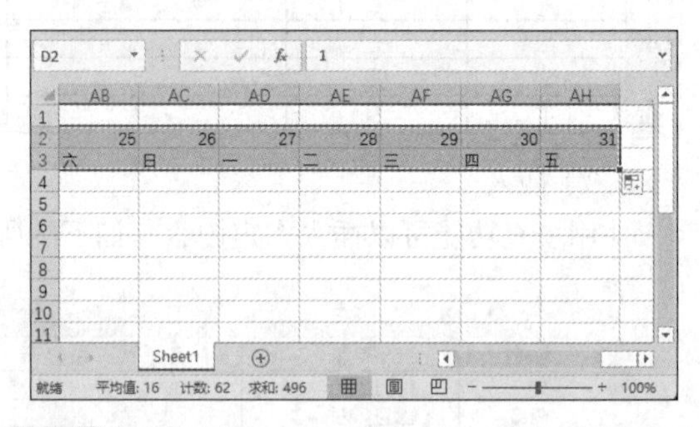

步骤 05 选择D2：AH3单元格区域，单击【开始】选项卡下【单元格】选项组中的【格式】按钮，在弹出的下拉列表中选择【自动调整列宽】选项，如下图所示。

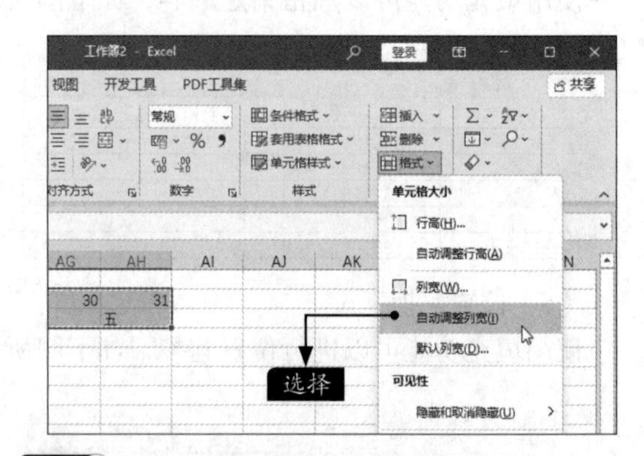

步骤 06 列宽调整后的效果如下图所示。

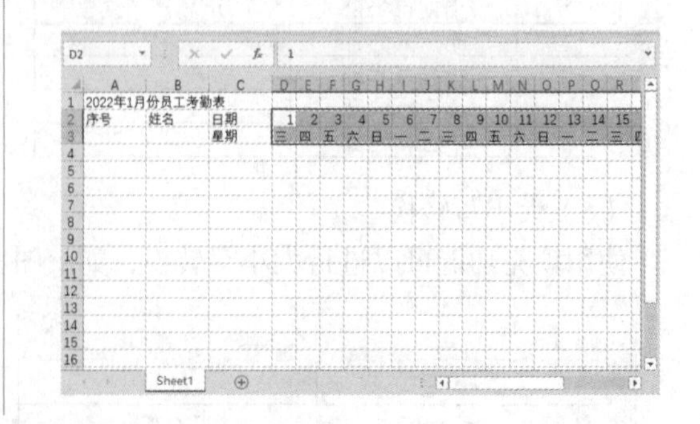

3.2.3 使用填充功能合并多列单元格

如果要批量合并单元格，一个个地合并效率会相当低，此时可以使用填充功能进行合并，具体操作步骤如下。

步骤 01 合并A4:A5和B4:B5单元格区域，选择A4:B5单元格区域，将鼠标指针移至该单元格区域右下角的填充柄上，如下图所示。

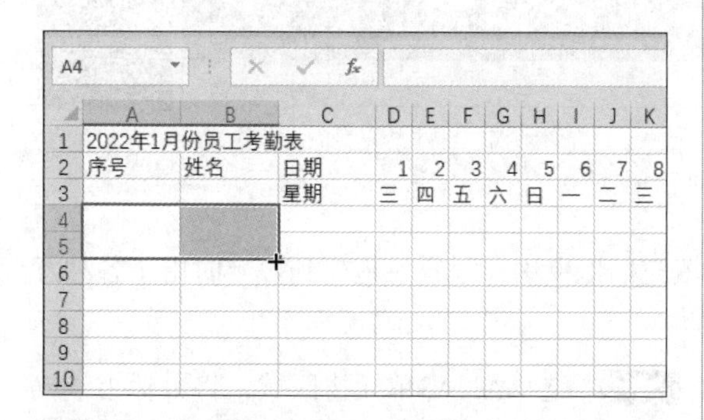

步骤02 向下拖曳填充柄，填充至第17行，如下图所示。

3.2.4 填充其他数据

考勤表的基本框架已经搭建好了，此时可以根据需要输入并填充数据，并完善表格，具体操作步骤如下。

步骤01 选择A列，将其设置为【文本】数字格式，在A4单元格中输入序号“001”，进行递增填充，如下图所示。

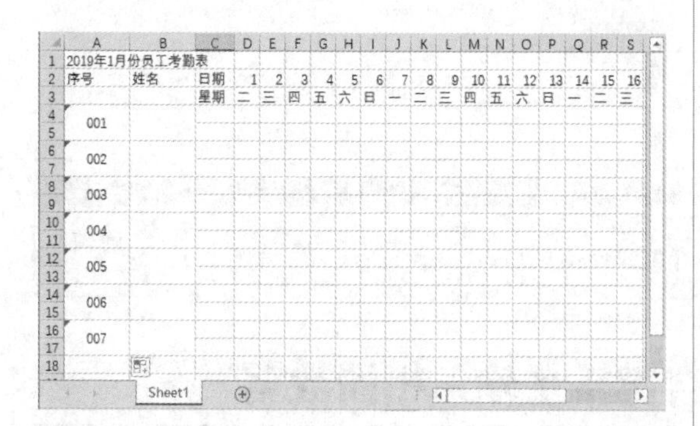

步骤02 在【姓名】列中输入员工姓名，如下图所示。

步骤03 分别在C4和C5单元格中输入“上午”和“下午”，并使用填充柄向下填充，如右上图所示。

步骤04 分别合并A1:AH1、A2:A3、B2:B3 及B18:AH18单元格区域，在第18行输入下图所示的备注内容，然后根据需要调整考勤表的行高和列宽，完成简单的员工考勤表的制作。按【F12】键，打开【另存为】对话框，将该工作簿命名为“员工考勤表”，最终效果如下图所示。

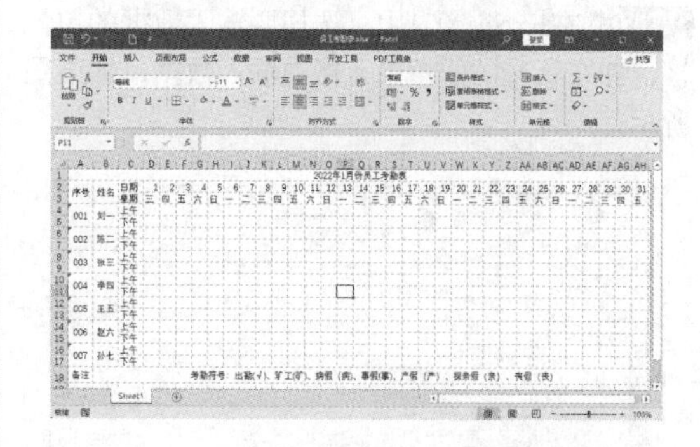

至此，一个简单的员工考勤表制作完成，通过后面的美化学习，用户可以为该表设置边框线、单元格格式、字体颜色大小、表格填充等。

高手私房菜

技巧1：如何快速填充海量数据

如果要对成百上千的单元格进行填充，使用填充柄拖曳法，很容易拖曳到一半时由于各种意外而功亏一篑，下面介绍一种更为高效的填充技巧。

步骤01 打开“素材\ch03\数据填充.xlsx”文件，可以看到B列的B2:B478单元格区域中有477行数据。在左侧【序号】列中输入初始数据，如下图所示。

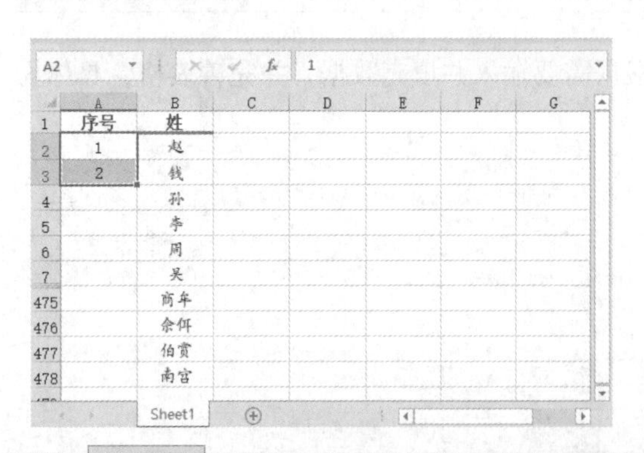

步骤02 选择A2:A3单元格区域，将鼠标指针放置在A3单元格右下角，双击鼠标左键，即可快速完成填充，如下图所示。

小提示

双击填充的方法适用于行数比较多，并且相邻列有内容的情况。

技巧2：使用【Ctrl+Enter】组合键批量输入相同数据

在Excel 2021中，如果要输入大量相同的数据，为了提高输入效率，除了使用填充功能外，还可以使用下面介绍的快捷键，一键快速输入多个单元格的数据。

步骤01 在Excel 2021中，选择要输入数据的单元格，并在所选的任意单元格中输入数据，如下图所示。

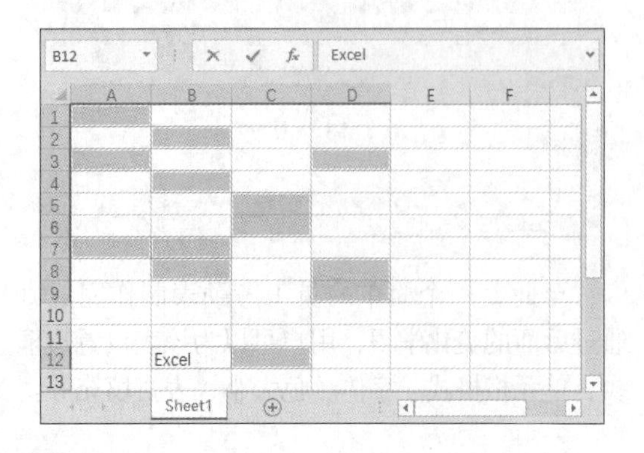

步骤02 按【Ctrl+Enter】组合键，即可在所选单元格中输入同一数据，如下图所示。

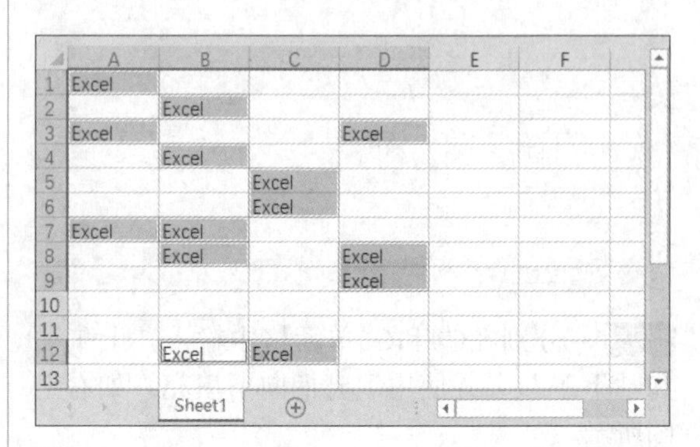

第4章

查看与打印工作表

学习目标

要学习Excel 2021，首先要学会查看工作表。掌握工作表的各种查看方式，可以快速找到自己想要的信息。通过打印，可以将电子表格以纸质的形式呈现，便于阅读和归档。

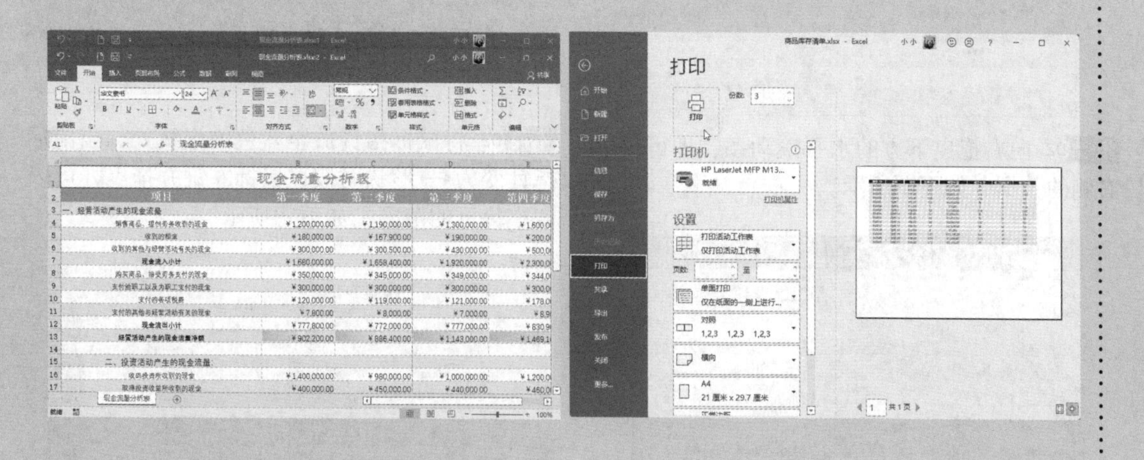

4.1 查看现金流量分析表

要学习Excel 2021，首先要学会查看工作表。掌握工作表的各种查看方式，可以快速地找到自己想要的信息。本节以查看现金流量分析表为例，介绍在Excel 2021中查看工作表的方法。

4.1.1 使用视图查看工作表

Excel 2021提供了4种视图来查看工作表，用户可以根据需求进行查看。

1.【普通】视图

【普通】视图是默认的显示方式，这种方式对工作表的视图不做任何修改。可以使用右侧的垂直滚动条和下方的水平滚动条来浏览当前窗口中显示不完全的数据，具体的操作步骤如下。

步骤 01 打开“素材\ch04\现金流量分析表.xlsx”文件，在当前窗口中即可浏览数据，向下拖曳右侧的垂直滚动条，即可浏览下面的数据，如下图所示。

步骤 02 向右拖曳下方的水平滚动条，即可浏览右侧的数据，如下图所示。

2.【分页预览】视图

使用【分页预览】视图可以查看打印文档时使用的分页符的位置。分页预览的操作步骤如下。

步骤 01 单击【视图】选项卡下【工作簿视图】选项组中的【分页预览】按钮，将视图切换为【分页预览】视图，如下图所示。

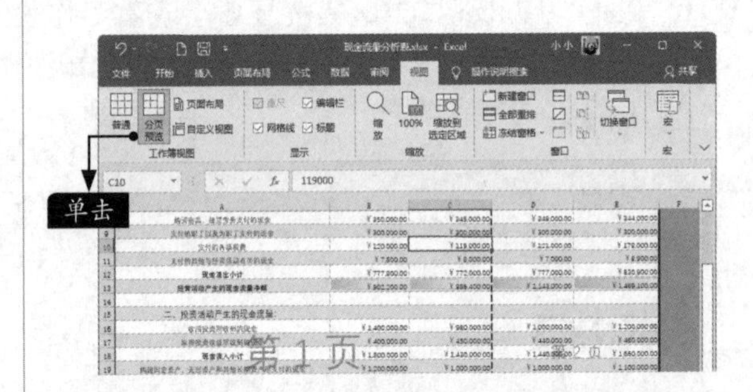

小提示

用户也可以单击视图栏中的【分页预览】按钮，进入【分页预览】视图。

步骤 02 将鼠标指针放至蓝色的虚线处，当鼠标指针变为↔形状时按住鼠标左键并拖曳，可以调整每页的范围，如下图所示。

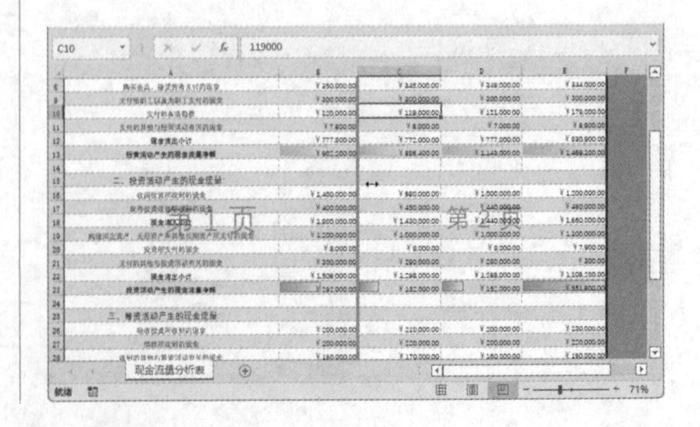

3.【页面布局】视图

可以使用【页面布局】视图查看工作表。Excel 2021提供了一个水平标尺和一个垂直标尺，因此用户可以精确测量单元格、区域、对象和页边距，而标尺可以帮助用户定位对象，并直接在工作表上查看或编辑页边距。

步骤01 单击【视图】选项卡下【工作簿视图】选项组中的【页面布局】按钮，进入【页面布局】视图，如下图所示。

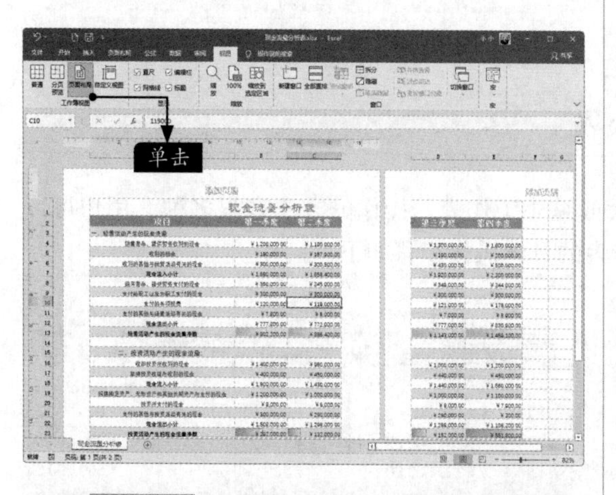

小提示

用户也可以单击视图栏中的【页面布局】按钮，进入【页面布局】视图。

步骤02 将鼠标指针移到页面的中缝处，当鼠标指针变成➕形状时单击，即可隐藏空白区域，只显示有数据的部分，如下图所示。单击【工作簿视图】选项组中的【普通】按钮，可返回【普通】视图。

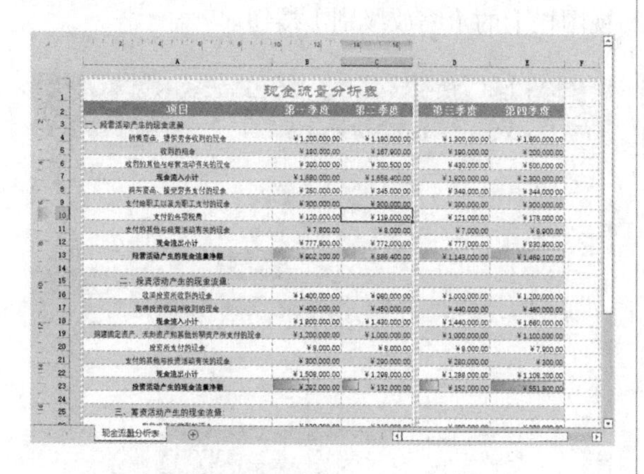

4.【自定义视图】视图

使用【自定义视图】视图可以将工作表中特定的显示设置和打印设置保存在特定的视图中。

步骤01 单击【视图】选项卡下【工作簿视图】选项组中的【自定义视图】按钮，如下图所示。

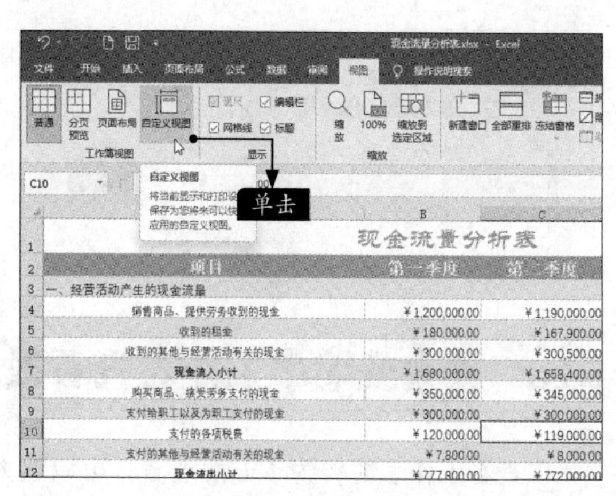

小提示

如果【自定义视图】按钮处于不可用状态，将表格转换为区域即可使用。

步骤02 在弹出的【视图管理器】对话框中单击【添加】按钮，如下图所示。

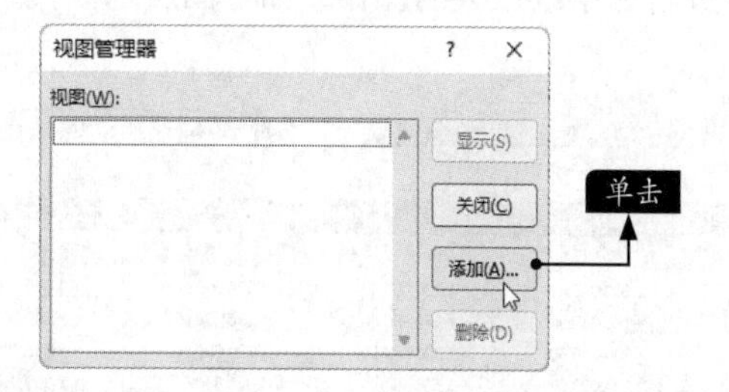

步骤03 弹出【添加视图】对话框，在【名称】文本框中输入自定义视图的名称，如“自定义视图”；【视图包括】区域中的【打印设置】和【隐藏行、列及筛选设置】复选框默认已勾选，如下图所示。单击【确定】按钮即可完成【自定义视图】的添加。

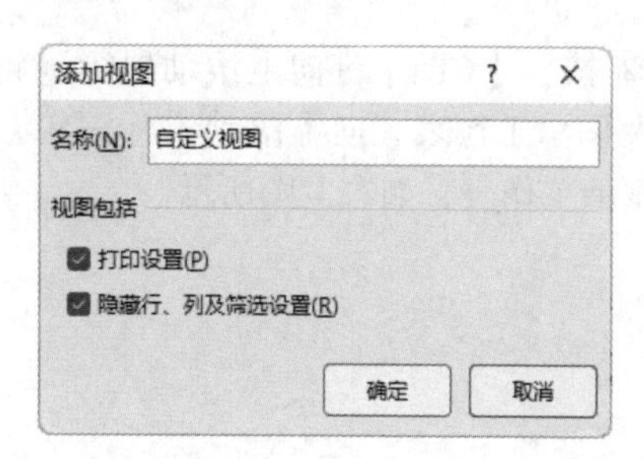

步骤 04 如果要将工作表显示，可单击【自定义视图】按钮，弹出【视图管理器】对话框，在其中选择需要打开的视图，单击【显示】按钮，如下图所示。

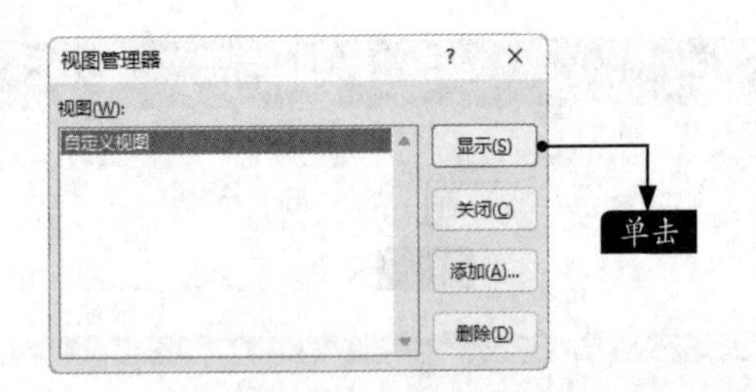

步骤 05 此时即可打开自定义该视图时所打开的工作表，如下图所示。

4.1.2 放大或缩小工作表查看数据

在查看工作表时，为了方便查看，可以放大或缩小工作表。操作的方法有很多种，用户可以根据使用习惯进行选择和操作。放大、缩小工作表的具体操作步骤如下。

步骤 01 通过视图栏调整。在打开的素材文件中，拖曳窗口右下角的【显示比例】滑块可改变工作表的显示比例。向左拖曳滑块，缩小显示工作表；向右拖曳滑块，放大显示工作表。另外，单击【缩小】按钮或【放大】按钮，也可进行缩小或放大的操作，如下图所示。

	B	C	D	E
1	现金流量分析表			
2	第一季度	第二季度	第三季度	第四季度
3				
4	¥1,200,000.00	¥1,190,000.00	¥1,300,000.00	¥1,600,000.0
5	¥180,000.00	¥167,900.00	¥190,000.00	¥200,000.0
6	¥300,000.00	¥300,500.00	¥430,000.00	¥500,000.0
7	¥1,680,000.00	¥1,658,400.00	¥1,920,000.00	¥2,300,000.0
8	¥350,000.00	¥345,000.00	¥349,000.00	¥344,000.0
9	¥300,000.00	¥300,000.00	¥300,000.00	¥300,000.0
10	¥120,000.00	¥119,000.00	¥121,000.00	¥178,000.0
11	¥7,800.00	¥8,000.00	¥7,000.00	¥8,900.0
12	¥777,800.00	¥772,000.00	¥777,000.00	¥830,900.0
13	¥902,200.00	¥886,400.00	¥1,143,000.00	¥1,469,100.0

拖曳

步骤 02 按住【Ctrl】键向上滚动鼠标滚轮，可以放大显示工作表；向下滚动鼠标滚轮，可以缩小显示工作表，如右上图所示。

	C	D	E
2	第二季度	第三季度	第四季度
3			
4	¥1,190,000.00	¥1,300,000.00	¥1,600,000.0
5	¥167,900.00	¥190,000.00	¥200,000.0
6	¥300,500.00	¥430,000.00	¥500,000.0
7	¥1,658,400.00	¥1,920,000.00	¥2,300,000.0
8	¥345,000.00	¥349,000.00	¥344,000.0
9	¥300,000.00	¥300,000.00	¥300,000.0
10	¥119,000.00	¥121,000.00	¥178,000.0
11	¥8,000.00	¥7,000.00	¥8,900.0
12	¥772,000.00	¥777,000.00	¥830,900.0

步骤 03 使用【缩放】对话框。如果要缩小或放大为精准的比例，则可以使用【缩放】对话框进行操作。单击【视图】选项卡下【缩放】选项组中的【缩放】按钮，如下图所示。或单击视图栏上的【缩放级别】按钮。

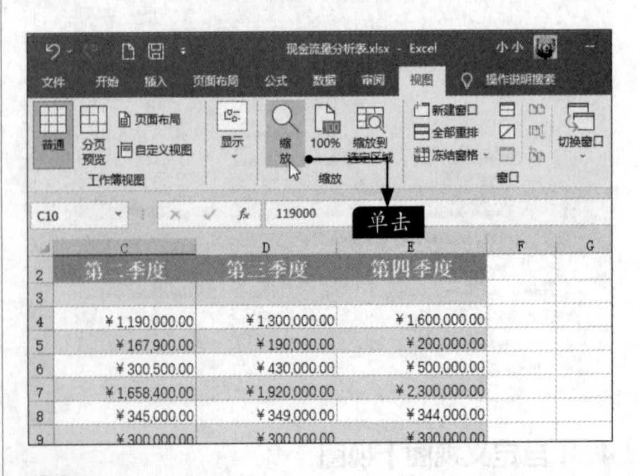

步骤 04 在【缩放】对话框中，可以选择显示比

例，也可以自定义显示比例，如下图所示。

步骤 05 单击【确定】按钮后即可完成调整，如下图所示。

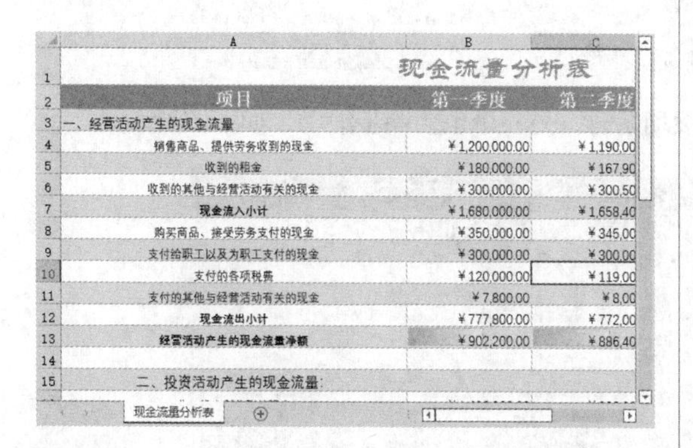

步骤 06 缩放到选定区域。用户可以使所选的单元格区域充满整个窗口，这样有助于关注重点数据。单击【视图】选项卡下【缩放】选项组中的【缩放到选定区域】按钮，如下图所示。

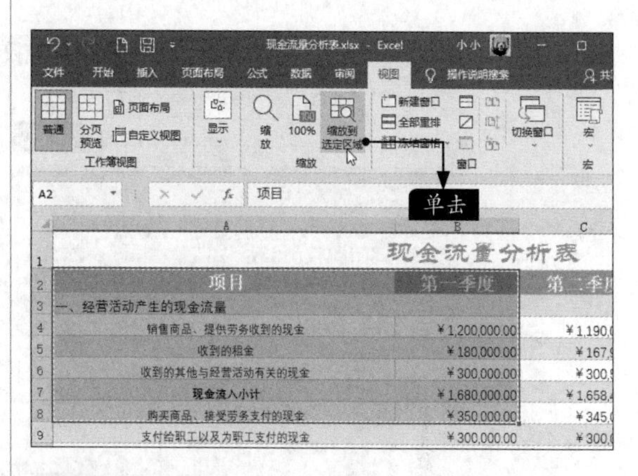

步骤 07 此时即可放大显示所选单元格区域，使其充满整个窗口，如下图所示。如果要恢复正常显示，单击【100%】按钮即可。

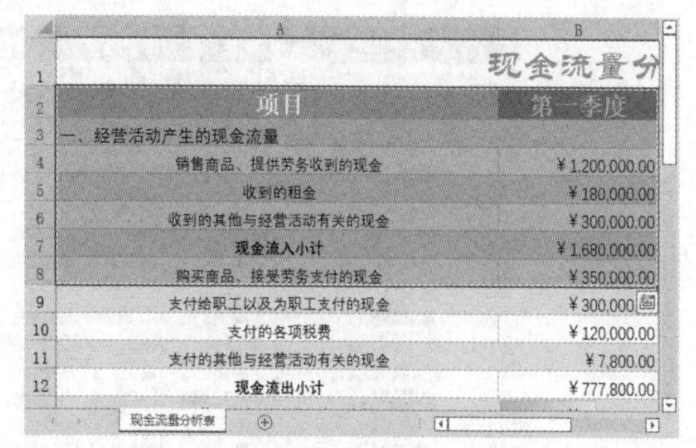

4.1.3 多窗口对比查看数据

如果需要在多窗口中对比不同区域的数据，可以使用以下方式来查看。

步骤 01 在打开的素材文件中，单击【视图】选项卡下【窗口】选项组中的【新建窗口】按钮，新建一个名为“现金流量分析表.xlsx:2”的同样的窗口，原窗口名称自动改为“现金流量分析表.xlsx:1”，如下图所示。

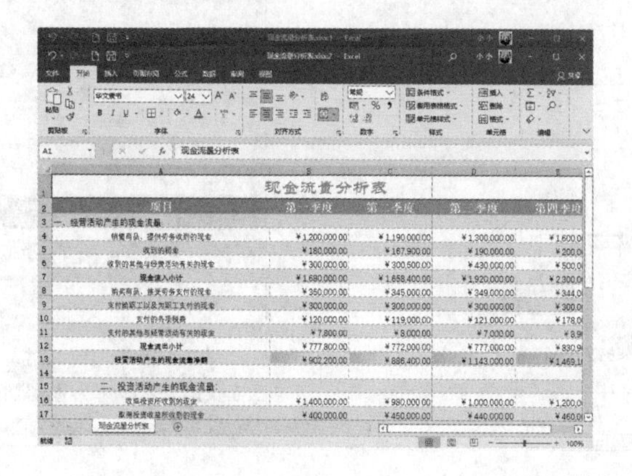

步骤 02 单击【视图】选项卡下【窗口】选项组中的【并排查看】按钮，将两个窗口并排放置，如下图所示。

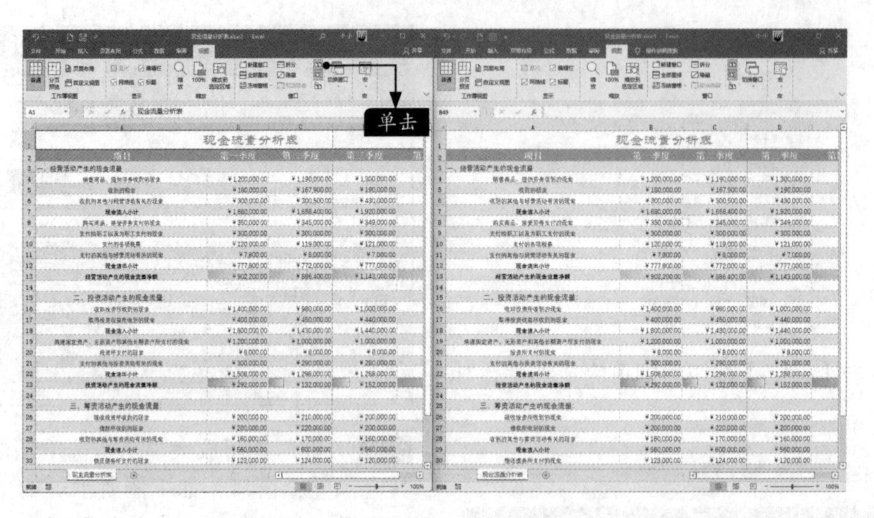

步骤 03 在同步滚动状态下，拖曳其中一个窗口的滚动条时，另一个也会同步滚动，如下图所示。

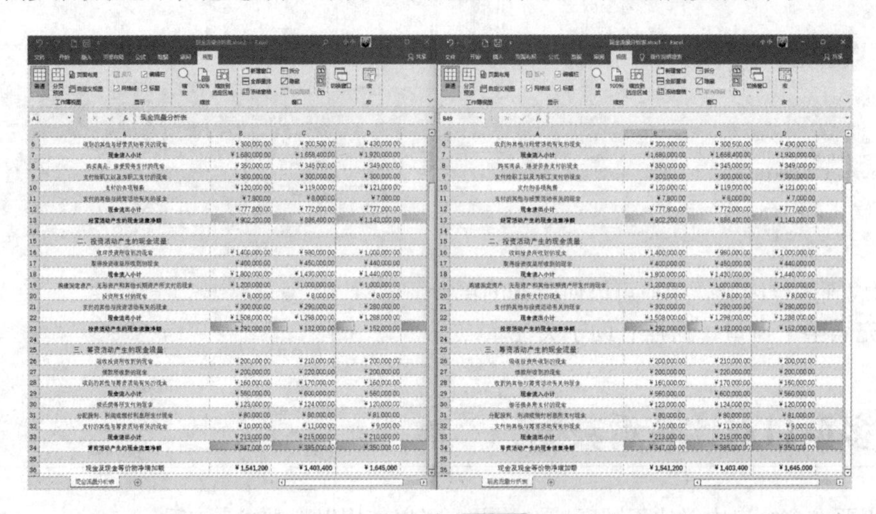

步骤 04 单击“现金流量分析表.xlsx:1”工作表【视图】选项卡下【窗口】选项组中的【全部重排】按钮，弹出【重排窗口】对话框，从中可以设置窗口的排列方式，选择【水平并排】单选项，如下图所示。

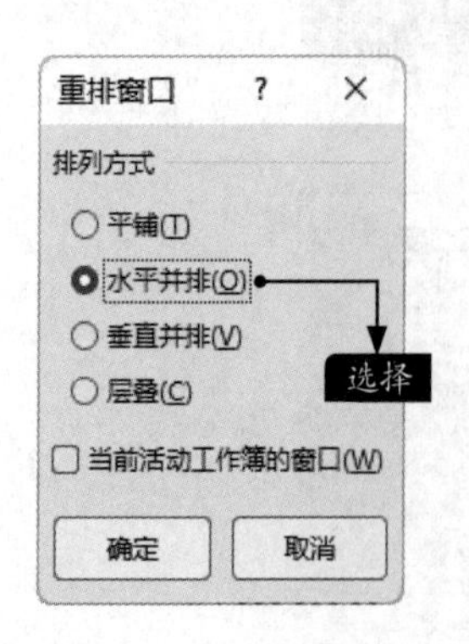

步骤 05 单击【确定】按钮后即可以水平并排方式排列窗口，如下图所示。

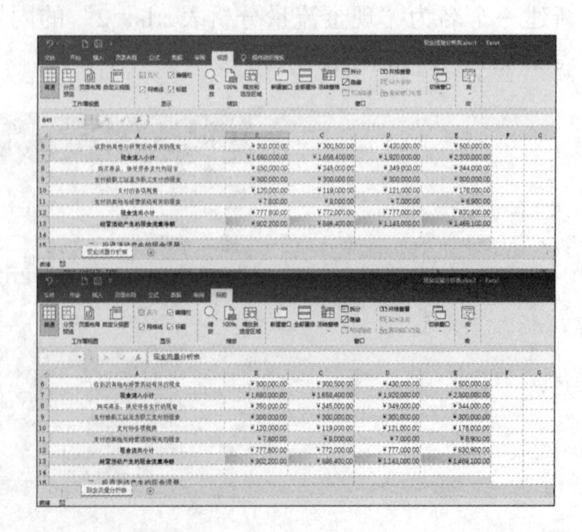

步骤 06 单击【关闭】按钮，即可恢复到【普通】视图状态，如右图所示。

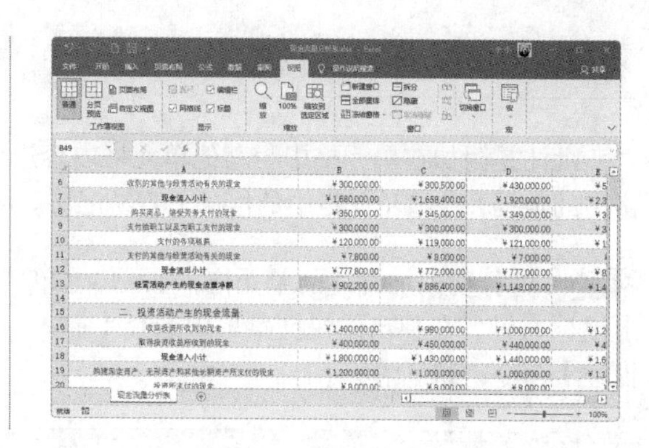

4.1.4 冻结窗格让标题始终可见

冻结查看指将指定区域冻结、固定，滚动条只对其他区域的数据起作用。下面冻结窗格让标题始终可见，具体操作步骤如下。

步骤 01 在打开的素材文件中，单击【视图】选项卡下【窗口】选项组中的【冻结窗格】按钮，在弹出的下拉列表中选择【冻结首行】选项，如下图所示。

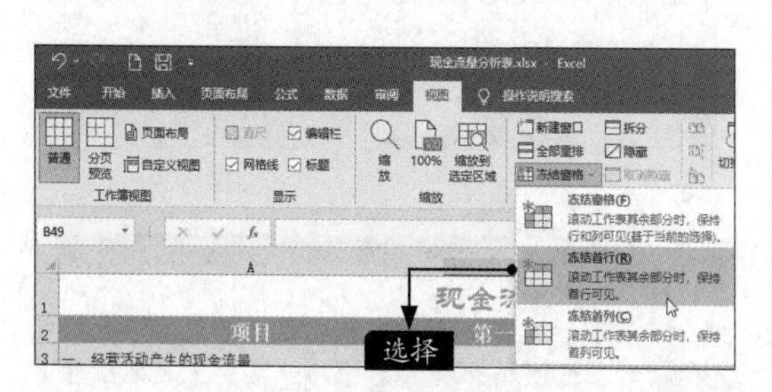

小提示

只能冻结工作表中的顶行和左侧的列，无法冻结工作表中间的行和列。当单元格处于编辑模式（即正在单元格中输入公式或数据）或工作表受保护时，【冻结窗格】选项不可用。如果要取消单元格编辑模式，按【Enter】键或【Esc】键即可。

步骤 02 首行下方会显示一条黑线，并固定首行，向下拖曳垂直滚动条，首行会一直显示在当前窗口中，如下图所示。

	A	B	C	D
1	现金流量分析表			
23	投资活动产生的现金流量净额	¥292,000.00	¥132,000.00	¥152,000.00
24				
25	三、筹资活动产生的现金流量：			
26	吸收投资所收到的现金	¥200,000.00	¥210,000.00	¥200,000.00
27	借款所收到的现金	¥200,000.00	¥220,000.00	¥200,000.00
28	收到的其他与筹资活动有关的现金	¥160,000.00	¥170,000.00	¥160,000.00
29	现金流入小计	¥560,000.00	¥600,000.00	¥560,000.00
30	偿还债务所支付的现金	¥123,000.00	¥124,000.00	¥120,000.00
31	分配股利、利润或偿付利息所支付现金	¥80,000.00	¥80,000.00	¥81,000.00
32	支付的其他与筹资活动有关的现金	¥10,000.00	¥11,000.00	¥9,000.00
33	现金流出小计	¥213,000.00	¥215,000.00	¥210,000.00
34	筹资活动产生的现金流量净额	¥347,000.00	¥385,000.00	¥350,000.00
35				
36	现金及现金等价物净增加额	¥1,541,200	¥1,403,400	¥1,645,000

步骤 03 在【冻结窗格】下拉列表中选择【冻结首列】选项，首列右侧会显示一条黑线，并固定首列，如下图所示。

	A	D	E
1			
2	项目	第三季度	第四季度
3	一、经营活动产生的现金流量		
4	销售商品、提供劳务收到的现金	¥1,300,000.00	¥1,600,000.00
5	收到的租金	¥190,000.00	¥200,000.00
6	收到的其他与经营活动有关的现金	¥430,000.00	¥500,000.00
7	现金流入小计	¥1,920,000.00	¥2,300,000.00
8	购买商品、接受劳务支付的现金	¥349,000.00	¥344,000.00
9	支付给职工以及为职工支付的现金	¥300,000.00	¥300,000.00
10	支付的各项税费	¥121,000.00	¥178,000.00
11	支付的其他与经营活动有关的现金	¥7,000.00	¥8,900.00
12	现金流出小计	¥777,000.00	¥830,900.00
13	经营活动产生的现金流量净额	¥1,143,000.00	¥1,469,100.00
14			

步骤 04 如果要取消冻结行和列，选择【冻结窗格】下拉列表中的【取消冻结窗格】选项即可，如下图所示。

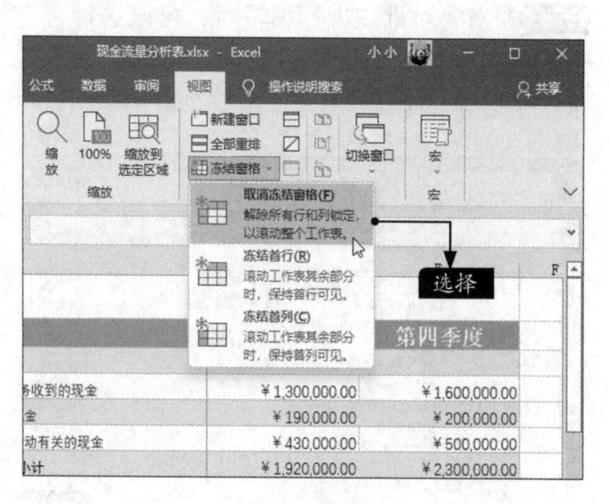

4.1.5 添加和编辑批注

批注是附加在单元格中与其他单元格内容进行区分的注释，给单元格添加批注可以突出单元格中的数据，使该单元格中的信息更容易记忆。添加和编辑批注的具体操作步骤如下。

步骤 01 选择要添加批注的单元格，如A15，单击鼠标右键，在弹出的快捷菜单中选择【插入批注】命令，如下图所示。

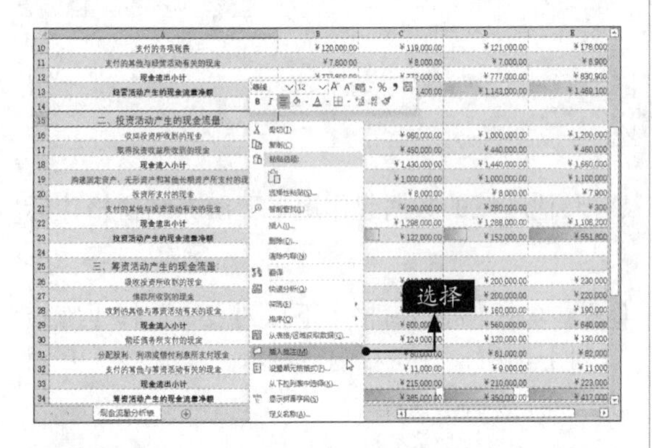

步骤 02 在弹出的【批注】文本框中输入注释文本，如"格式有误"，结果如下图所示。

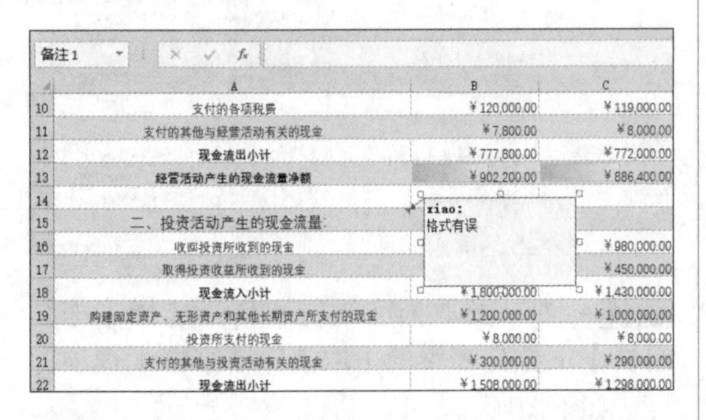

步骤 03 当要对批注进行编辑时，可以选择含有批注的单元格，单击鼠标右键，在弹出的快捷菜单中选择【编辑批注】命令，如下图所示。

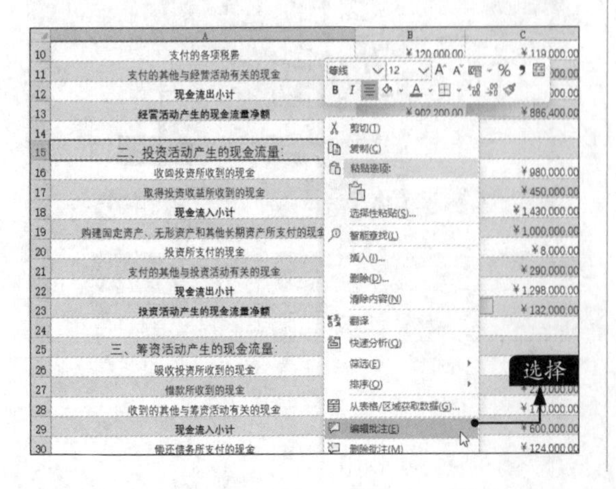

小提示

已添加批注的单元格的右上角会出现一个红色的三角符号，当鼠标指针移到该单元格上时，将显示批注的内容。

步骤 04 此时即可对批注内容进行编辑，编辑结束之后，单击批注框外的其他单元格即可退出编辑状态，如下图所示。

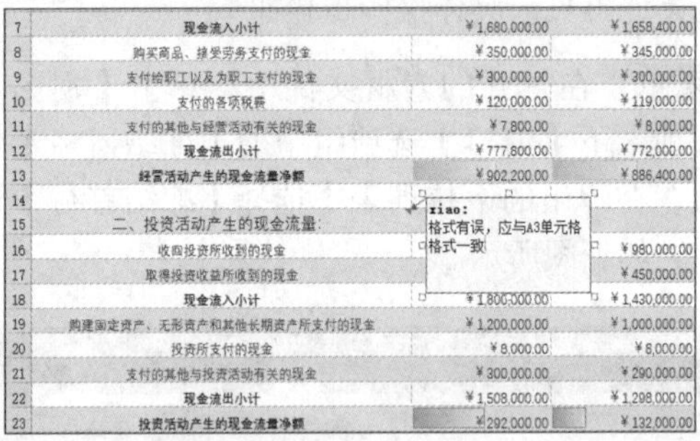

小提示

选择批注文本框，当鼠标指针变为✥形状时拖曳鼠标指针，可调整批注文本框的位置；当鼠标指针变为↘形状时拖曳鼠标指针，可调整批注文本框的大小。

步骤 05 在单元格上单击鼠标右键，在弹出的快捷菜单中选择【显示/隐藏批注】命令，如下图所示，可以一直在工作表中显示批注。如果要隐藏批注，可以再打开快捷菜单选择【隐藏批注】命令。

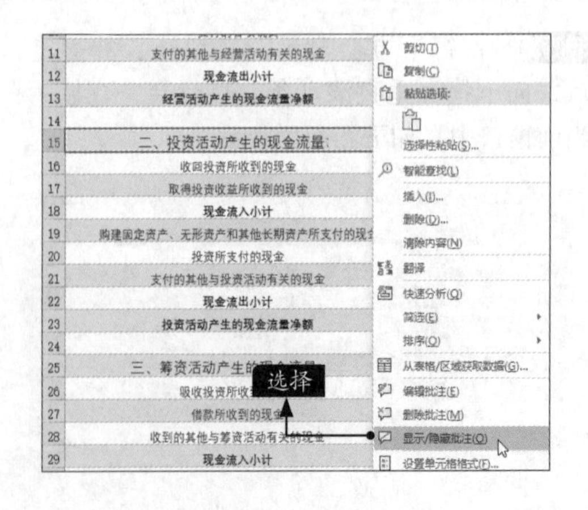

步骤06 将鼠标指针定位在包含批注的单元格中，单击鼠标右键，在弹出的快捷菜单中选择【删除批注】命令，可以删除当前批注，如右图所示。

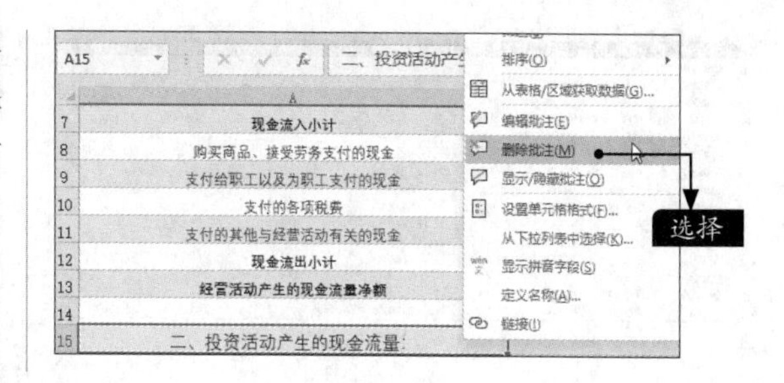

4.2 打印商品库存清单

打印工作表时，用户也可以根据需要设置打印方式，如在同一页面打印不连续的区域、打印行号和列标或者每页都打印标题行等。

4.2.1 打印整张工作表

打印Excel表格的方法与打印Word文档类似，需要选择打印机并设置打印份数，具体的操作步骤如下。

步骤01 打开“素材\ch04\商品库存清单.xlsx”文件，选择【文件】选项卡下的【打印】命令，在打印设置区域的【打印机】下拉列表中选择要使用的打印机，如下图所示。

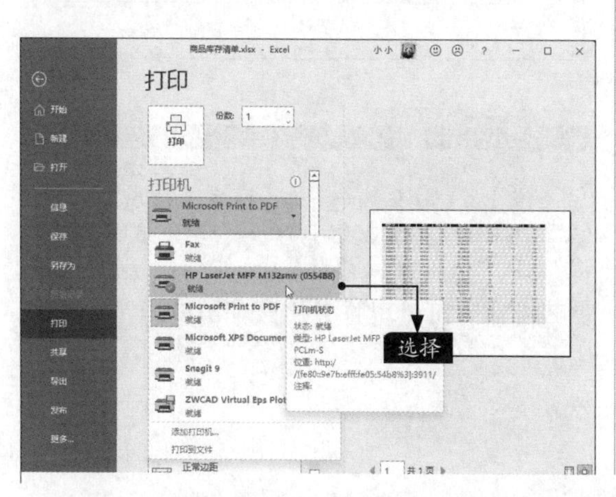

步骤02 在【份数】文本框中输入“3”，打印3份，单击【打印】按钮，开始打印Excel表格，如下图所示。

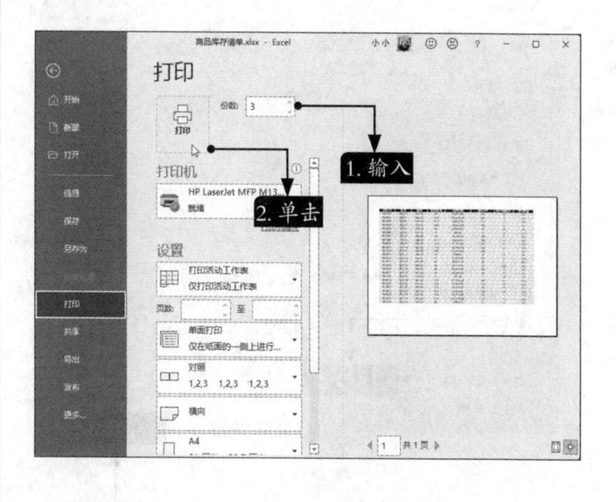

4.2.2 在同一页上打印不连续区域

如果要打印不连续的单元格区域，在打印输出时会将每个区域单独显示在不同的纸张页面。借助隐藏功能，可以将不连续的打印区域显示在一张纸上。

步骤01 打开素材文件，工作簿中包含两个工作表，如果希望将工作表中的A1:H8和A15:H22单元格区域打印在同一张纸上，可以将其他区域进行隐藏，如将A9:H14和A23:H26单元格区域进行隐藏，如下页图所示。

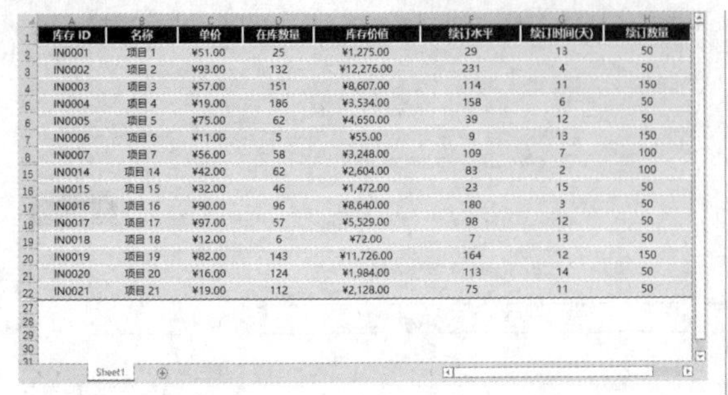

库存 ID	名称	单价	在库数量	库存价值	续订水平	续订时间(天)	续订数量
IN0001	项目 1	¥51.00	25	¥1,275.00	29	13	50
IN0002	项目 2	¥93.00	132	¥12,276.00	231	4	50
IN0003	项目 3	¥57.00	151	¥8,607.00	114	11	150
IN0004	项目 4	¥19.00	186	¥3,534.00	158	6	50
IN0005	项目 5	¥75.00	62	¥4,650.00	39	12	50
IN0006	项目 6	¥11.00	5	¥55.00	9	13	150
IN0007	项目 7	¥56.00	58	¥3,248.00	109	7	100
IN0014	项目 14	¥42.00	62	¥2,604.00	83	2	100
IN0015	项目 15	¥32.00	46	¥1,472.00	23	15	50
IN0016	项目 16	¥90.00	96	¥8,640.00	180	3	50
IN0017	项目 17	¥97.00	57	¥5,529.00	98	12	50
IN0018	项目 18	¥12.00	6	¥72.00	7	13	50
IN0019	项目 19	¥82.00	143	¥11,726.00	164	12	150
IN0020	项目 20	¥16.00	124	¥1,984.00	113	14	50
IN0021	项目 21	¥19.00	112	¥2,128.00	75	11	50

步骤 02 选择【文件】选项下的【打印】命令，单击【打印】按钮，即可进行打印，如右图所示。

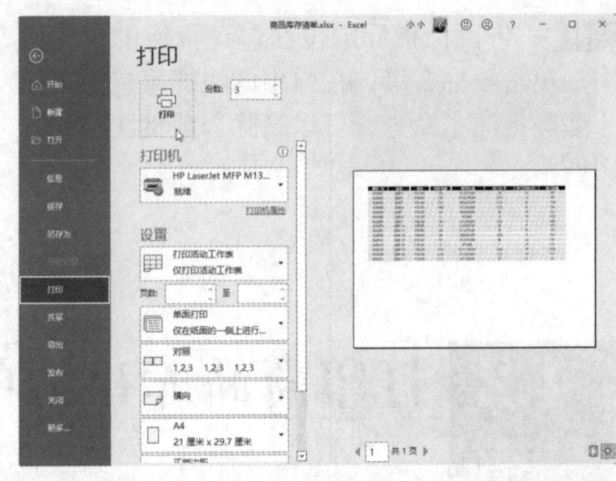

4.2.3 打印行号、列标

在打印Excel表格时，可以根据需要将行号和列标打印出来，具体操作步骤如下。

步骤 01 打开素材文件，单击【页面布局】选项卡下【页面设置】选项组中的【打印标题】按钮，弹出【页面设置】对话框。在【工作表】选项卡下【打印】区域中勾选【行和列标题】复选框，单击【打印预览】按钮，如下图所示。

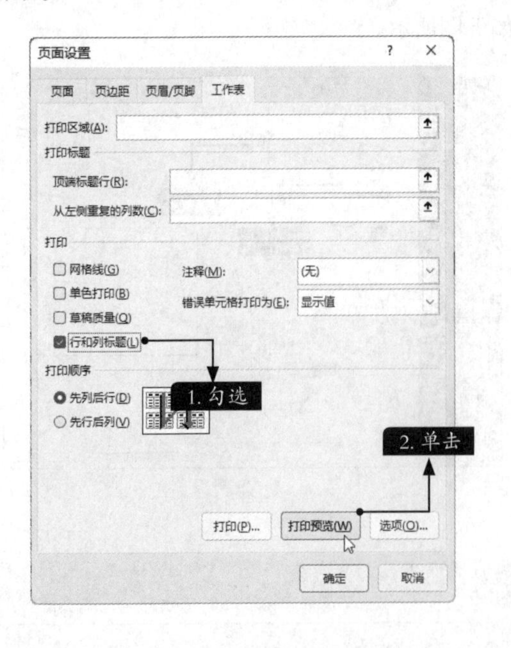

步骤 02 此时即可查看显示行号和列标后的打印预览效果，如下图所示。

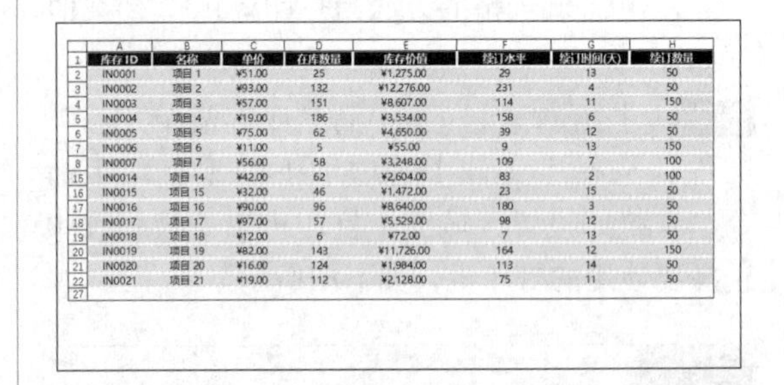

	A	B	C	D	E	F	G	H
1	库存 ID	名称	单价	在库数量	库存价值	续订水平	续订时间(天)	续订数量
2	IN0001	项目 1	¥51.00	25	¥1,275.00	29	13	50
3	IN0002	项目 2	¥93.00	132	¥12,276.00	231	4	50
4	IN0003	项目 3	¥57.00	151	¥8,607.00	114	11	150
5	IN0004	项目 4	¥19.00	186	¥3,534.00	158	6	50
6	IN0005	项目 5	¥75.00	62	¥4,650.00	39	12	50
7	IN0006	项目 6	¥11.00	5	¥55.00	9	13	150
8	IN0007	项目 7	¥56.00	58	¥3,248.00	109	7	100
15	IN0014	项目 14	¥42.00	62	¥2,604.00	83	2	100
16	IN0015	项目 15	¥32.00	46	¥1,472.00	23	15	50
17	IN0016	项目 16	¥90.00	96	¥8,640.00	180	3	50
18	IN0017	项目 17	¥97.00	57	¥5,529.00	98	12	50
19	IN0018	项目 18	¥12.00	6	¥72.00	7	13	50
20	IN0019	项目 19	¥82.00	143	¥11,726.00	164	12	150
21	IN0020	项目 20	¥16.00	124	¥1,984.00	113	14	50
22	IN0021	项目 21	¥19.00	112	¥2,128.00	75	11	50
27								

小提示

在【打印】区域中勾选【网格线】复选框，可以在打印预览界面查看网格线；勾选【单色打印】复选框，可以以灰度的形式打印工作表；【草稿质量】复选框，可以节约耗材、提高打印速度，但打印质量会降低。

4.2.4 打印网格线

在打印Excel表格时，一般都会打印没有网格线的工作表，如果需要将网格线打印出来，可以通过设置实现。

步骤01 在打开的素材文件中，单击【页面布局】选项卡下【页面设置】选项组中的【页面设置】按钮，在弹出的【页面设置】对话框中单击【工作表】选项卡，勾选【网格线】复选框，如下图所示。

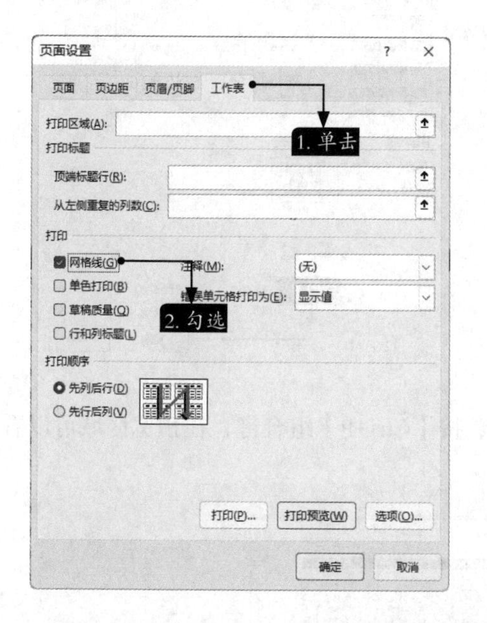

步骤02 单击【打印预览】按钮，进入【打印】界面，在其右侧区域中即可看到带有网格线的工作表，如下图所示。

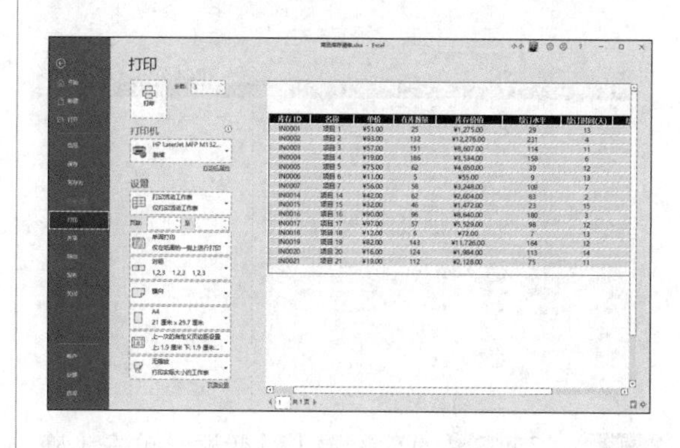

高手私房菜

技巧1：让打印出的每页都有表头标题

在编辑Excel表格时，可能会遇到表格超长，但是表头只有一个的情况。为了更好地打印查阅，就需要每页都能打印表头标题，可以使用以下方法。

步骤01 单击【页面布局】选项卡下【页面设置】选项组中的【打印标题】按钮，弹出【页面设置】对话框，单击【工作表】选项卡下【打印标题】区域中【顶端标题行】右侧的按钮，如右图所示。

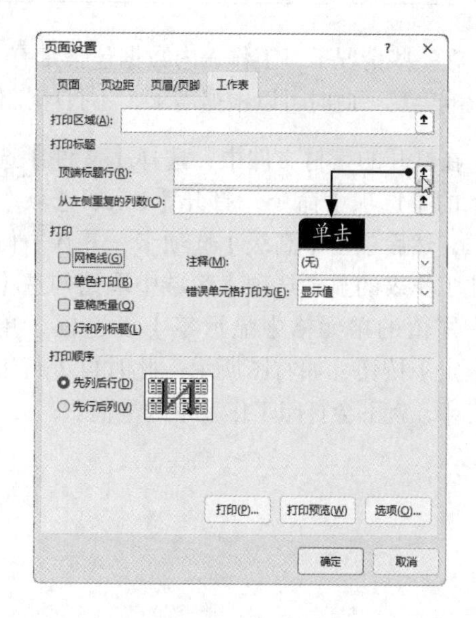

步骤 02 选择要打印的表头标题，单击【页面设置-顶端标题行】对话框中的 按钮，如下图所示。

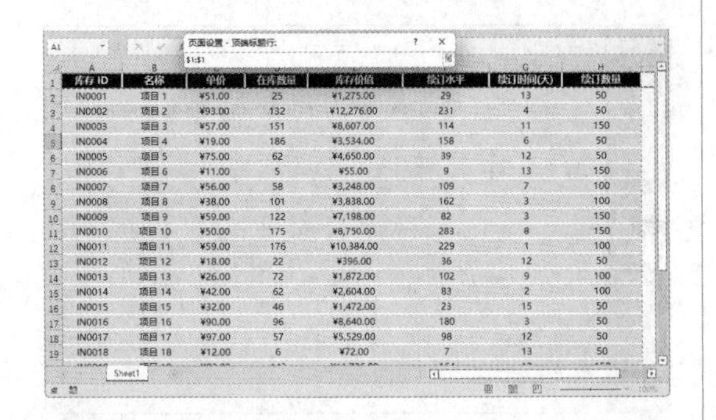

步骤 03 返回到【页面设置】对话框，单击【确定】按钮，如右图所示。

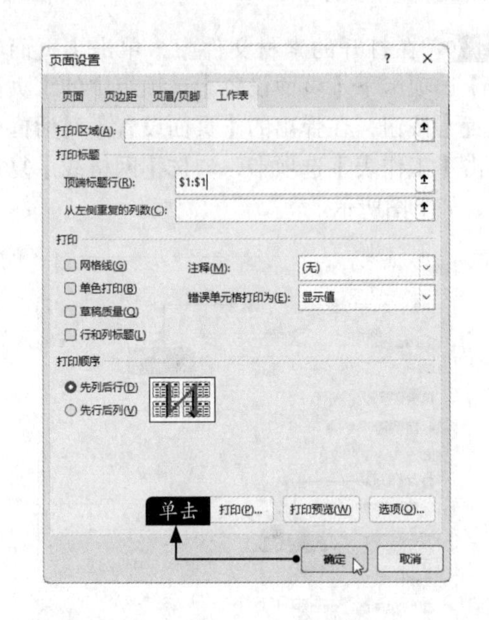

步骤 04 例如本表，选择要打印的两部分工作表区域，按【Ctrl+P】组合键，在预览区域可以看到要打印的效果，如下图所示。

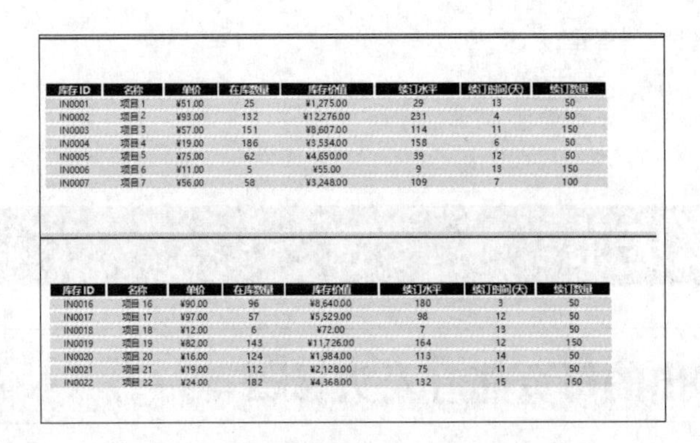

技巧2：不打印工作表中的零值

在一些情况下，工作表内数据包含带有“0”的零值，这样的数据打印出来不仅没有价值，而且影响美观。此时可以根据需求，不打印工作表中的零值。

在打开的素材文件中，选择【文件】选项卡下的【选项】命令，打开【Excel选项】对话框，然后单击【高级】选项卡，并在右侧的【此工作表的显示选项】区域中取消勾选【在具有零值的单元格中显示零】复选框，单击【确定】按钮，如右图所示。此时再进行工作表打印，就不会打印工作表中的零值。

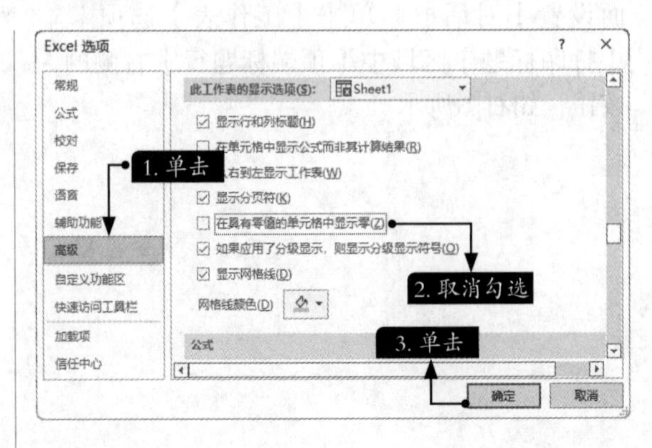

第5章

美化工作表

在Excel 2021中，对工作表进行管理和美化操作并设置表格文本的样式，可以使表格层次分明、结构清晰、重点突出。本章介绍字体、对齐方式、边框、表格样式等的设置，以及套用单元格样式等的操作。

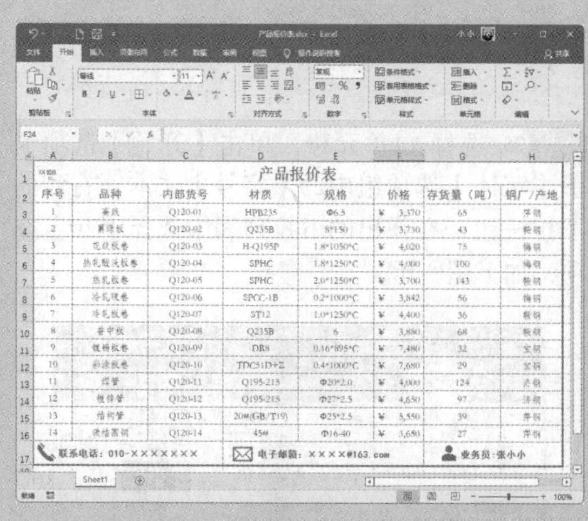

产品报价表

序号	品种	内部货号	材质	规格	价格	存货量（吨）	钢厂/产地
1	高线	Q120-01	HPB235	Φ6.5	¥ 3,370	65	萍钢
2	普碳板	Q120-02	Q235B	8*150	¥ 3,730	43	鞍钢
3	花纹板卷	Q120-03	H-Q195P	1.8*1050*C	¥ 4,020	75	梅钢
4	热轧酸洗板卷	Q120-04	SPHC	1.8*1250*C	¥ 4,000	100	梅钢
5	热轧板卷	Q120-05	SPHC	2.0*1250*C	¥ 3,700	143	鞍钢
6	冷轧硬卷	Q120-06	SPCC-1B	0.2*1000*C	¥ 3,842	56	梅钢
7	冷轧板卷	Q120-07	ST12	1.0*1250*C	¥ 4,400	36	鞍钢
8	普中板	Q120-08	Q235B	6	¥ 3,880	68	鞍钢
9	镀锡板卷	Q120-09	DR8	0.16*895*C	¥ 7,480	32	宝钢
10	彩涂板卷	Q120-10	TDC51D+Z	0.4*1000*C	¥ 7,680	29	宝钢
11	焊管	Q120-11	Q195-215	Φ20*2.0	¥ 4,000	124	赤钢
12	镀锌管	Q120-12	Q195-215	Φ27*2.5	¥ 4,650	97	济钢
13	结构管	Q120-13	20#(GB/T19)	Φ25*2.5	¥ 5,550	39	萍钢
14	优结圆钢	Q120-14	45#	Φ16-40	¥ 3,650	27	萍钢

联系电话：010-×××××××　电子邮箱：××××@163.com　业务员：张小小

员工工资表

工号	姓名	基本工资	生活补贴	交通补助	扣除工资	应得工资
1001	王××	¥3,500.00	¥200.00	¥80.00	¥115.60	¥3,664.40
1002	付××	¥3,600.00	¥300.00	¥80.00	¥114.80	¥3,865.20
1003	刘××	¥3,750.00	¥340.00	¥80.00	¥119.40	¥4,050.60
1004	李××	¥3,790.00	¥450.00	¥80.00	¥120.60	¥4,199.40
1005	张××	¥3,800.00	¥260.00	¥80.00	¥127.10	¥4,012.90
1006	康××	¥3,940.00	¥290.00	¥80.00	¥125.30	¥4,184.70
1007	郝××	¥3,980.00	¥320.00	¥80.00	¥184.10	¥4,195.90
1008	翟××	¥4,600.00	¥410.00	¥80.00	¥201.40	¥4,888.60

5.1 美化产品报价表

在Excel 2021中，可以通过设置字体格式、设置对齐方式、添加边框及插入图片等操作来美化工作表。本节以美化产品报价表为例，介绍工作表的美化方法。

5.1.1 设置字体

在Excel 2021中，用户可以根据需要设置输入内容的字体、字号等，具体操作步骤如下。

步骤 01 打开“素材\ch05\产品报价表.xlsx”文件，选择A1:H1单元格区域，单击【开始】选项卡下【对齐方式】选项组中的【合并后居中】按钮，如下图所示。

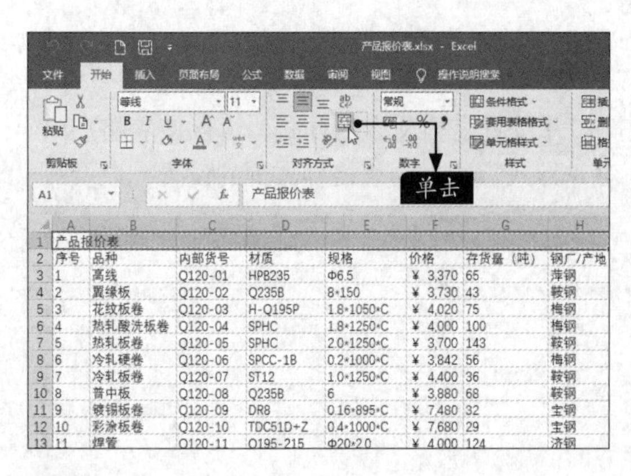

步骤 02 此时即可将选择的单元格区域合并，如下图所示。

步骤 03 选择A1单元格，单击【开始】选项卡下【字体】选项组中的【字体】文本框右侧的下拉按钮，在弹出的下拉列表中选择需要的字体，这里选择【华文中宋】选项，如右上图所示。

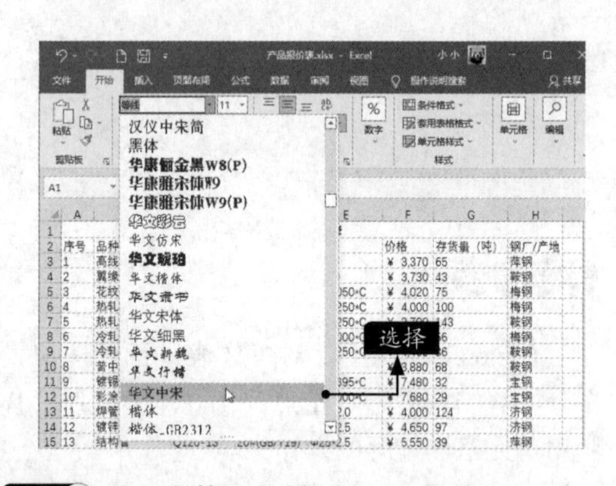

步骤 04 设置字体后的效果如下图所示。

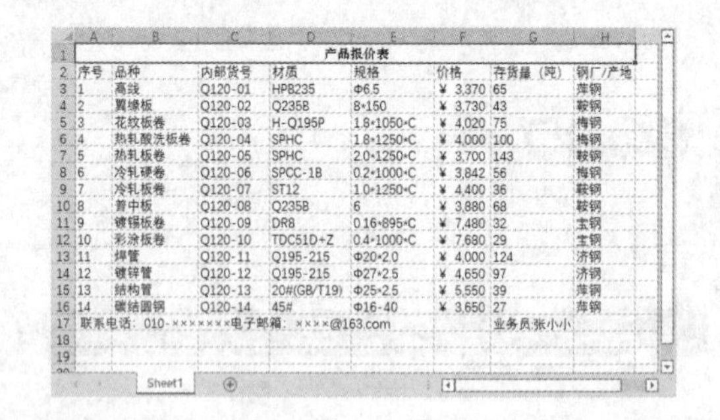

步骤 05 选择A1单元格，单击【开始】选项卡下【字体】选项组中的【字号】文本框右侧的下拉按钮，在弹出的下拉列表中选择【20】选项，如下图所示。

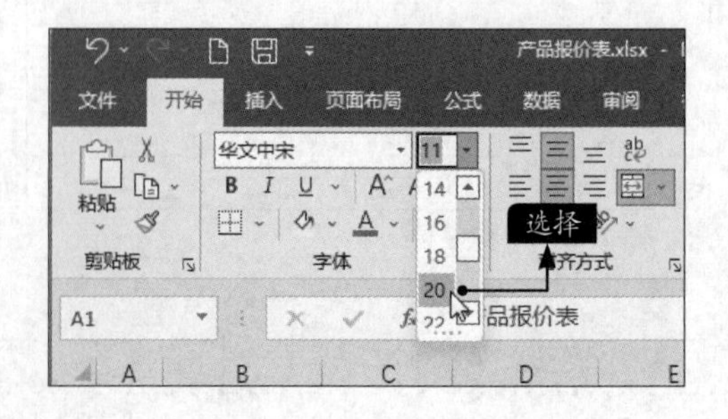

步骤 06 完成字号的设置，效果如下图所示。

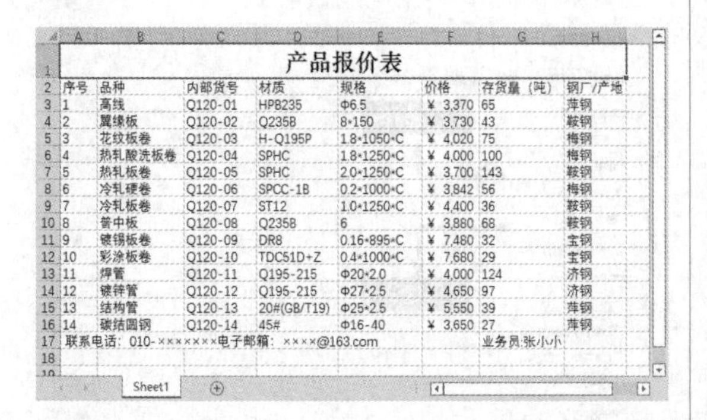

序号	品种	内部货号	材质	规格	价格	存货量（吨）	钢厂/产地
1	高线	Q120-01	HPB235	Φ6.5	¥ 3,370	65	萍钢
2	翼缘板	Q120-02	Q235B	8*150	¥ 3,730	43	鞍钢
3	花纹板卷	Q120-03	H-Q195P	1.8*1050*C	¥ 4,020	75	梅钢
4	热轧酸洗板卷	Q120-04	SPHC	1.8*1250*C	¥ 4,000	100	梅钢
5	热轧板卷	Q120-05	SPHC	2.0*1250*C	¥ 3,700	143	鞍钢
6	冷轧硬卷	Q120-06	SPCC-1B	0.2*1000*C	¥ 3,842	56	梅钢
7	冷轧板卷	Q120-07	ST12	1.0*1250*C	¥ 4,400	36	鞍钢
8	普中板	Q120-08	Q235B	6	¥ 3,880	68	鞍钢
9	镀锡板卷	Q120-09	DR8	0.16*895*C	¥ 7,480	32	宝钢
10	彩涂板卷	Q120-10	TDC51D+Z	0.4*1000*C	¥ 7,680	29	宝钢
11	焊管	Q120-11	Q195-215	Φ20*2.0	¥ 4,000	124	济钢
12	镀锌管	Q120-12	Q195-215	Φ27*2.5	¥ 4,650	97	济钢
13	结构管	Q120-13	20#(GB/T19)	Φ25*2.5	¥ 5,550	39	萍钢
14	碳结圆钢	Q120-14	45#	Φ16-40	¥ 3,650	27	萍钢

步骤 07 单击【字体】选项组中的【字体颜色】按钮，在弹出的颜色下拉列表中选择颜色，这里选择【蓝色，个性色1】选项，如下图所示。

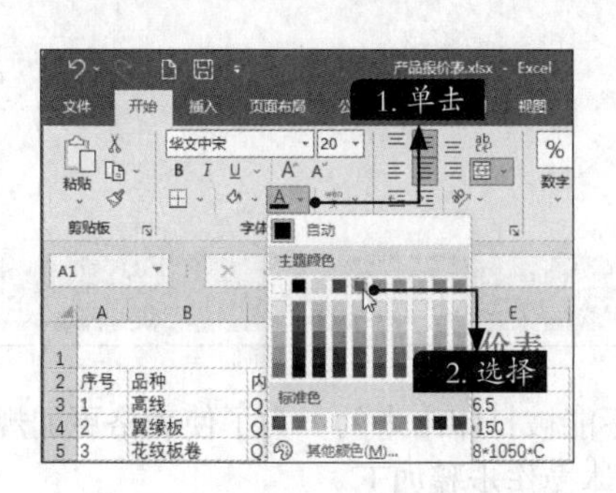

步骤 08 设置颜色后的最终效果如下图所示。

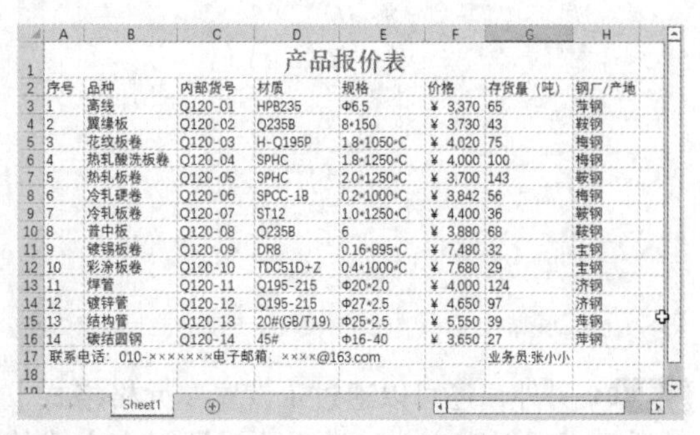

步骤 09 使用同样的方法，设置其他内容的字体及颜色，根据需要调整工作表的行高和列宽，更好地显示表格内容，效果如下图所示。

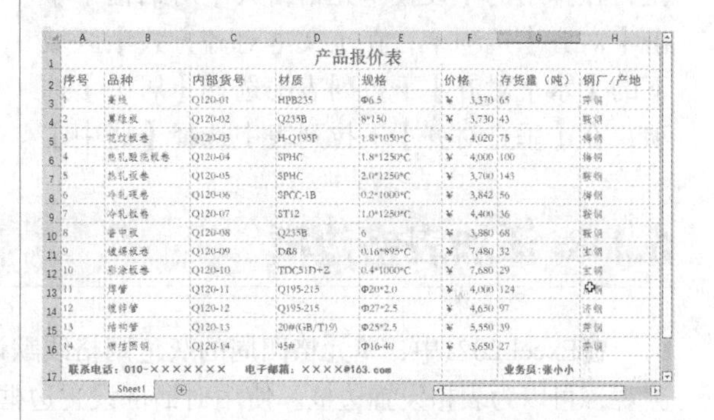

5.1.2 设置对齐方式

Excel 2021允许将单元格数据设置为左对齐、右对齐和合并居中对齐等。使用功能区中的按钮设置数据对齐方式的具体操作步骤如下。

步骤 01 在打开的素材文件中，选择A2:H16单元格区域，单击【开始】选项卡下【对齐方式】选项组中的【垂直居中】按钮和【居中】按钮，如下图所示。

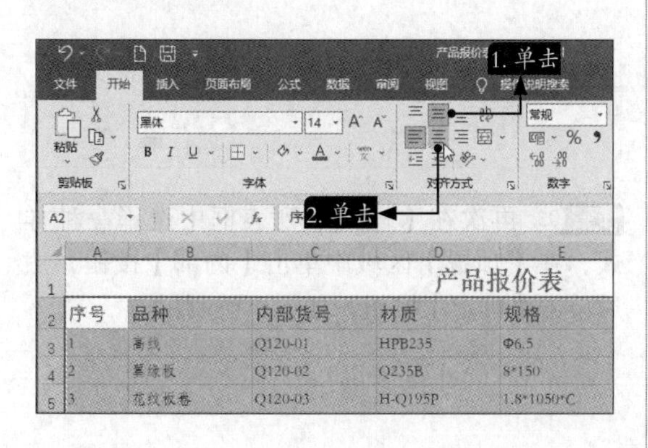

步骤 02 选择的区域中的数据将被居中显示，如下图所示。

步骤 03 分别选择A17:C17、D17:F17、G17:H17单元格区域，单击【合并后居中】按钮，使内容居中显示，效果如下页图所示。

序号	品种	内部货号	材质	规格	价格	存货量（吨）	钢厂/产地
1	高线	Q120-01	HPB235	Φ6.5	¥ 3,370	65	莱钢
2	翼缘板	Q120-02	Q235B	8*150	¥ 3,730	43	鞍钢
3	花纹板卷	Q120-03	H-Q195P	1.8*1050*C	¥ 4,020	75	梅钢
4	热轧酸洗板卷	Q120-04	SPHC	1.8*1250*C	¥ 4,000	100	梅钢
5	热轧板卷	Q120-05	SPHC	2.0*1250*C	¥ 3,700	143	鞍钢
6	冷轧硬卷	Q120-06	SPCC-1B	0.2*1000*C	¥ 3,842	56	梅钢
7	冷轧板卷	Q120-07	ST12	1.0*1250*C	¥ 4,400	36	鞍钢
8	普中板	Q120-08	Q235B	6	¥ 3,880	68	鞍钢
9	镀锌板卷	Q120-09	DR8	0.18*895*C	¥ 7,480	32	宝钢
10	彩涂板卷	Q120-10	TDC51D+Z	0.4*1000*C	¥ 7,680	29	宝钢
11	焊管	Q120-11	Q195-215	Φ20*2.0	¥ 4,000	124	唐钢
12	镀锌管	Q120-12	Q195-215	Φ27*2.5	¥ 4,650	97	唐钢
13	结构管	Q120-13	20#(GB/T19)	Φ25*2.5	¥ 5,550	39	莱钢
14	优结圆钢	Q120-14	45#	Φ16-40	¥ 3,650	27	莱钢

联系电话：010-××××××× 电子邮箱：××××@163.com 业务员：张小小

步骤04 另外，还可以通过【设置单元格格式】对话框设置对齐方式。选择要设置对齐方式的其他单元格区域，在【开始】选项卡中单击【对齐方式】选项组右下角的【对齐设置】按钮，在弹出的【设置单元格格式】对话框中单击【对齐】选项卡，在【文本对齐方式】区域下的【水平对齐】下拉列表中选择【居中】选项，在【垂直对齐】下拉列表中选择【居中】选项，单击【确定】按钮，如下图所示。

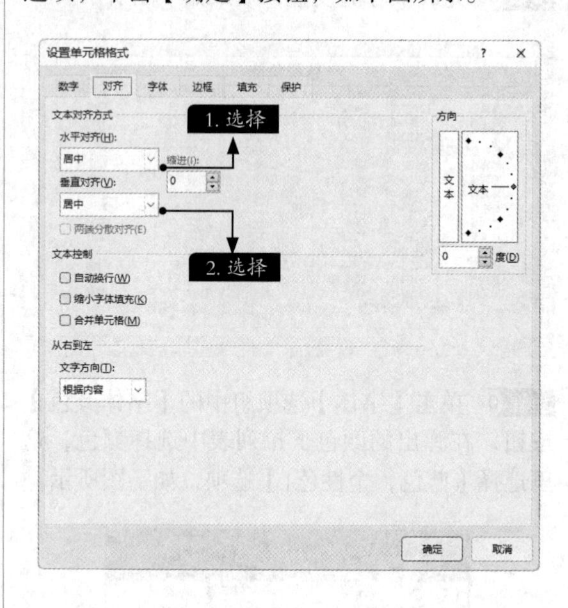

5.1.3 添加表格边框

在Excel 2021中，单元格四周的灰色网格线默认是不能被打印出来的。为了使表格更加规范、美观，可以为表格设置边框。使用对话框设置边框的具体操作步骤如下。

步骤01 选择要添加边框的A1:H17单元格区域，单击【开始】选项卡下【字体】选项组右下角的【字体设置】按钮，如下图所示。

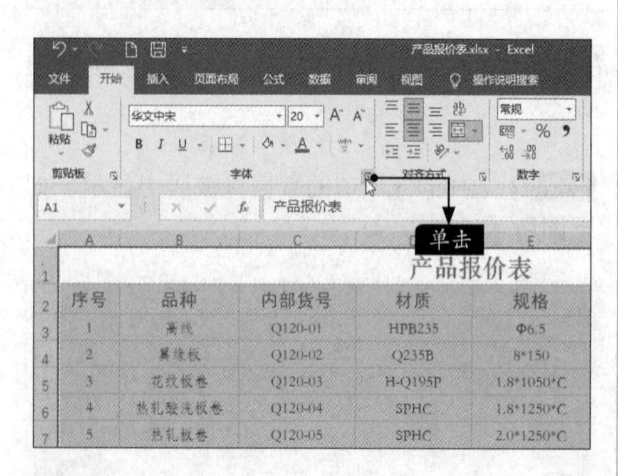

步骤02 弹出【设置单元格格式】对话框，单击【边框】选项卡，在【样式】列表框中选择一种样式，然后在【颜色】下拉列表中选择【蓝色，个性色1】，在【预置】区域中单击【外边框】按钮，如右图所示。

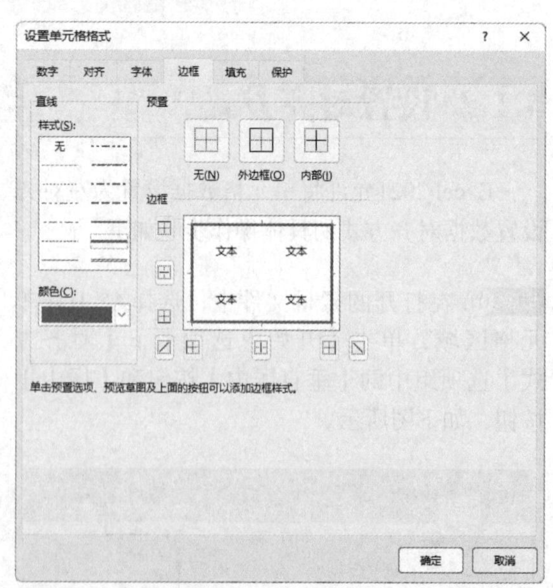

步骤03 再次在【样式】列表框中选择一种样式，在【预置】区域中单击【内部】按钮，然后单击【确定】按钮，如下页图所示。

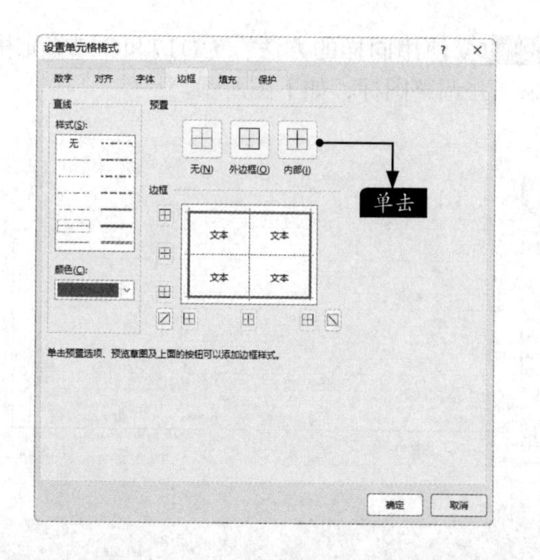

步骤 04 添加边框后，最终效果如下图所示。

产品报价表							
序号	品种	内部货号	材质	规格	价格	存货量（吨）	钢厂/产地
1	盘线	Q120-01	HPB235	Φ6.5	¥ 3,370	65	萍钢
2	翼缘板	Q120-02	Q235B	8*150	¥ 3,730	43	鞍钢
3	花纹板卷	Q120-03	H-Q195P	1.8*1050*C	¥ 4,020	75	梅钢
4	热轧酸洗板卷	Q120-04	SPHC	1.8*1250*C	¥ 4,000	100	梅钢
5	热轧板卷	Q120-05	SPHC	2.0*1250*C	¥ 3,700	143	鞍钢
6	冷轧硬卷	Q120-06	SPCC-1B	0.2*1000*C	¥ 3,842	56	梅钢
7	冷轧板卷	Q120-07	ST12	1.0*1250*C	¥ 4,400	36	鞍钢
8	普中板	Q120-08	Q235B	6	¥ 3,880	68	鞍钢
9	镀锌板卷	Q120-09	DR8	0.16*895*C	¥ 7,480	32	宝钢
10	彩涂板卷	Q120-10	TDC51D+Z	0.4*1000*C	¥ 7,680	29	宝钢
11	焊管	Q120-11	Q195-215	Φ20*2.0	¥ 4,000	124	济钢
12	镀锌管	Q120-12	Q195-215	Φ27*2.5	¥ 4,650	97	济钢
13	结构管	Q120-13	20#(GB/T19)	Φ25*2.5	¥ 5,550	39	萍钢
14	碳结圆钢	Q120-14	45#	Φ16-40	¥ 3,650	27	萍钢
联系电话：010-×××××××			电子邮箱：×××××@163.com			业务员：张小小	

5.1.4 在Excel 2021中插入图标

在Excel 2021中，用户可以根据需要，在工作表中插入系统自带的图标，美化表格，具体操作步骤如下。

步骤 01 将光标定位在要添加图标的位置，并单击【插入】选项卡下【插图】选项组中的【图标】按钮，如下图所示。

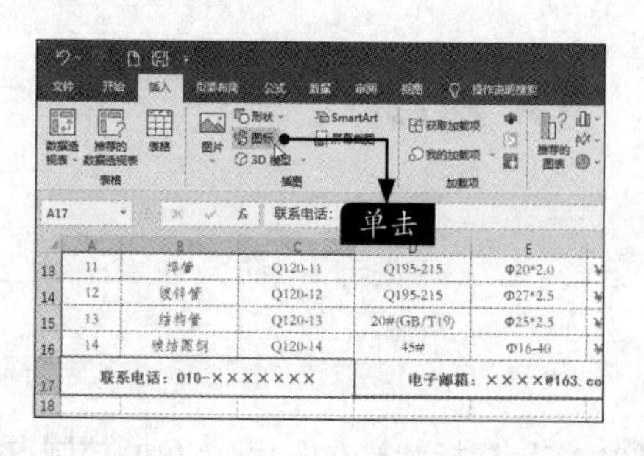

步骤 02 弹出对话框，可以选择图标的分类，下方则显示了对应的图标。这里选择【通信】类别下的图标，然后单击【插入】按钮，如下图所示。

步骤 03 将鼠标指针放在图片4个角的控制点上，当鼠标指针变为⤡形状时，按住鼠标左键并拖曳，调整图标至合适大小后释放鼠标左键，即可调整图标的大小，如下图所示。

步骤 04 选择图标，单击【图形工具-图形格式】选项卡下【图形样式】选项组中的【图形填充】按钮，在弹出的颜色下拉列表中选择【蓝色，个性色1】颜色，如下图所示。

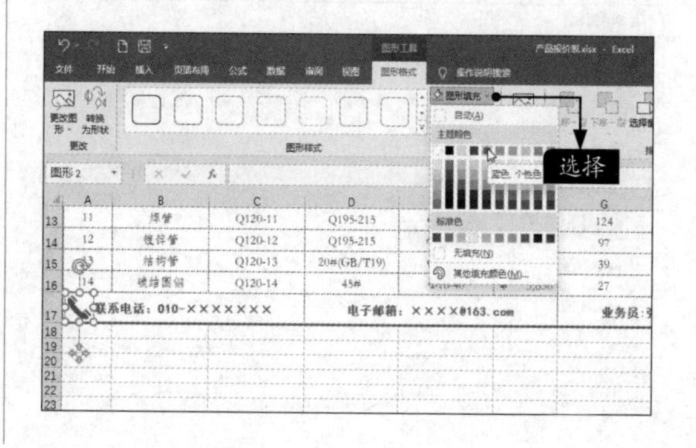

步骤05 返回工作表，即可看到调整后的效果，如下图所示。

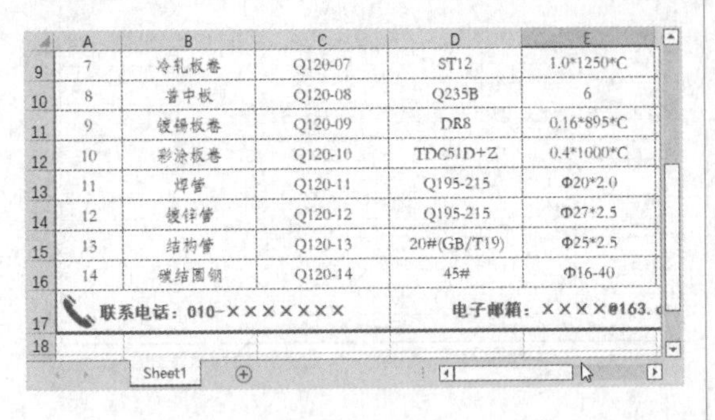

	A	B	C	D	E
9	7	冷轧板卷	Q120-07	ST12	1.0*1250*C
10	8	普中板	Q120-08	Q235B	6
11	9	镀锡板卷	Q120-09	DR8	0.16*895*C
12	10	彩涂板卷	Q120-10	TDC51D+Z	0.4*1000*C
13	11	焊管	Q120-11	Q195-215	Φ20*2.0
14	12	镀锌管	Q120-12	Q195-215	Φ27*2.5
15	13	结构管	Q120-13	20#(GB/T19)	Φ25*2.5
16	14	碳结圆钢	Q120-14	45#	Φ16-40
17	联系电话：010-×××××××			电子邮箱：××××@163.c	
18					

步骤06 使用同样的方法，为D17和G17单元格添加并调整图标，如下图所示。

5.1.5 在工作表中插入公司Logo

在工作表中插入图片可以使工作表更美观。下面以插入公司Logo为例，介绍插入图片的方法，具体操作步骤如下。

步骤01 在打开的素材文件中，单击【插入】选项卡下【插图】选项组中的【图片】按钮，在弹出的下拉列表中，选择【此设备】选项，如下图所示。

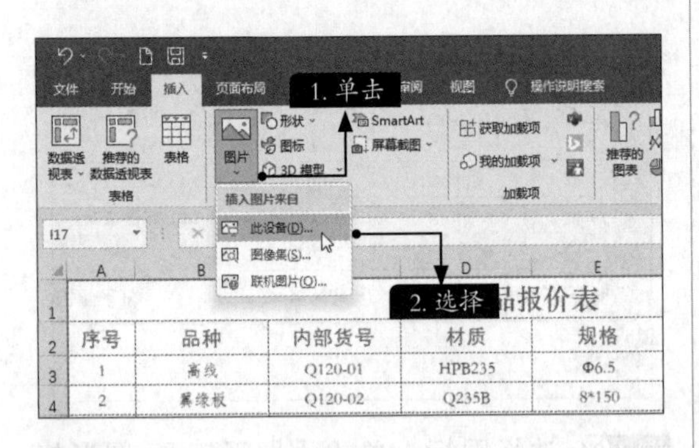

步骤02 弹出【插入图片】对话框，选择插入图片存储的位置，并选择要插入的公司Logo图片，单击【插入】按钮，如下图所示。

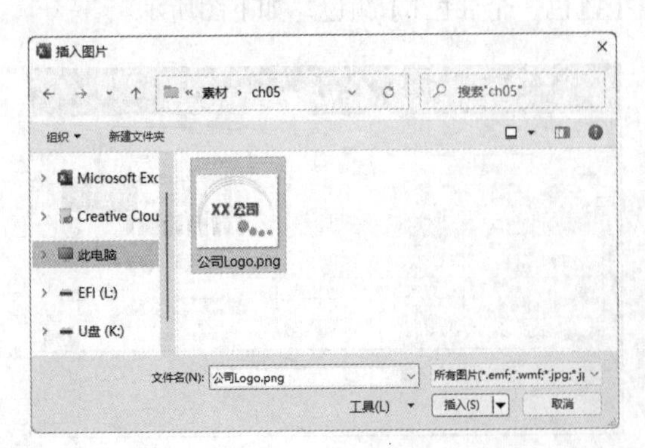

步骤03 将选择的图片插入工作表中，如下图所示。

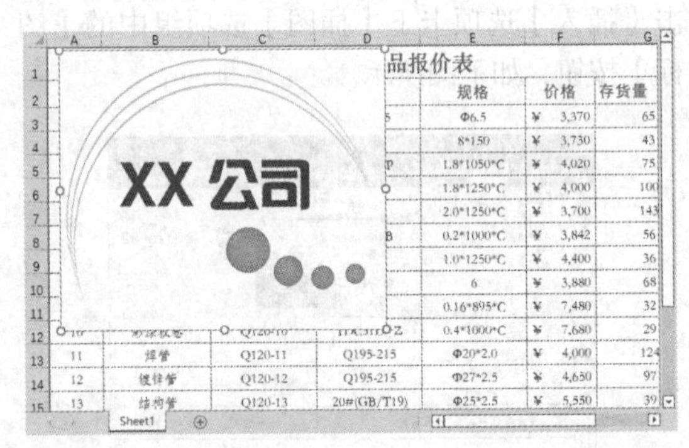

步骤04 将鼠标指针放在图片4个角的控制点上，当鼠标指针变为↘形状时，按住鼠标左键并拖曳，调整图片至合适大小后释放鼠标左键，即可调整插入的公司Logo图片的大小，如下图所示。

步骤05 将鼠标指针放置到图片上，当鼠标指针变为✥形状时，按住鼠标左键并拖曳，调整图标至合适位置处释放鼠标左键，就可以调整图片的位置，如下图所示。

序号	品种	内部货号	材质
1	高线	Q120-01	HPB235
2	翼缘板	Q120-02	Q235B
3	花纹板卷	Q120-03	H-Q195P
4	热轧酸洗板卷	Q120-04	SPHC
5	热轧板卷	Q120-05	SPHC
6	冷轧硬卷	Q120-06	SPCC-1B

步骤06 选择插入的图片，在【图片工具-图片格式】选项卡下【调整】和【图片样式】选项组中还可以根据需要调整图片的样式，最终效果如右图所示。

产品报价表

序号	品种	内部货号	材质	规格	价格	存货量（吨）	钢厂/产地
1	高线	Q120-01	HPB235	Φ6.5	¥ 3,370	65	萍钢
2	翼缘板	Q120-02	Q235B	8*150	¥ 3,730	43	韶钢
3	花纹板卷	Q120-03	H-Q195P	1.8*1050*C	¥ 4,020	75	梅钢
4	热轧酸洗板卷	Q120-04	SPHC	1.8*1250*C	¥ 4,000	100	梅钢
5	热轧板卷	Q120-05	SPHC	2.0*1250*C	¥ 3,700	143	韶钢
6	冷轧硬卷	Q120-06	SPCC-1B	0.2*1000*C	¥ 3,842	56	梅钢
7	冷轧板卷	Q120-07	ST12	1.0*1250*C	¥ 4,400	36	鞍钢
8	普中板	Q120-08	Q235B	6	¥ 3,880	68	鞍钢
9	镀锡板卷	Q120-09	DR8	0.16*895*C	¥ 7,480	32	宝钢
10	彩涂板卷	Q120-10	TDC51D+Z	0.4*1000*C	¥ 7,680	29	宝钢
11	焊管	Q120-11	Q195-215	Φ20*2.0	¥ 4,000	124	济钢
12	镀锌管	Q120-12	Q195-215	Φ27*2.5	¥ 4,650	97	济钢
13	结构管	Q120-13	20#(GB/T19)	Φ25*2.5	¥ 5,550	39	萍钢
14	碳结圆钢	Q120-14	45#	Φ16-40	¥ 3,650	27	萍钢

联系电话：010-×××××××　　电子邮箱：××××@163.com　　业务员:张小小

至此，就完成了产品报价表的美化操作。

5.2 美化员工工资表

Excel 2021提供自动套用表格样式和单元格样式的功能，便于用户从众多预设的表格样式和单元格样式中选择一种样式，快速地套用到某一个工作表或单元格中。

本节以美化员工工资表为例，介绍套用表格样式和单元格样式的操作。

5.2.1 快速设置表格样式

Excel 2021内置了60多种常用的样式，并将这些样式分为浅色、中等色和深色3组。用户可以自动套用这些预先定义好的样式，以提高工作的效率。套用中等色表格样式的具体操作步骤如下。

步骤01 打开“素材\ch05\员工工资表.xlsx”文件，选择A2:G10单元格区域，如下图所示。

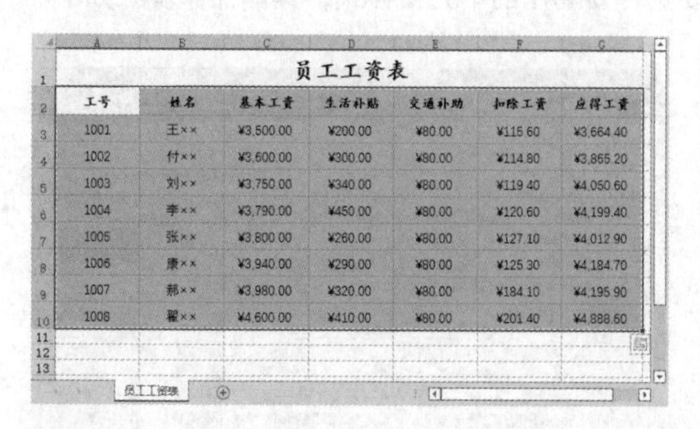

员工工资表

工号	姓名	基本工资	生活补贴	交通补助	扣除工资	应得工资
1001	王××	¥3,500.00	¥200.00	¥80.00	¥115.60	¥3,664.40
1002	付××	¥3,600.00	¥300.00	¥80.00	¥114.80	¥3,865.20
1003	刘××	¥3,750.00	¥340.00	¥80.00	¥119.40	¥4,050.60
1004	李××	¥3,790.00	¥450.00	¥80.00	¥120.60	¥4,199.40
1005	张××	¥3,800.00	¥260.00	¥80.00	¥127.10	¥4,012.90
1006	康××	¥3,940.00	¥290.00	¥80.00	¥125.30	¥4,184.70
1007	郝××	¥3,980.00	¥320.00	¥80.00	¥184.10	¥4,195.90
1008	翟××	¥4,600.00	¥410.00	¥80.00	¥201.40	¥4,888.60

步骤02 单击【开始】选项卡下【样式】选项组中的【套用表格格式】按钮，在弹出的下拉列表中选择要套用的表格样式。这里选择【中等色】区域中的【蓝色,表样式中等深浅9】选项，如下图所示。

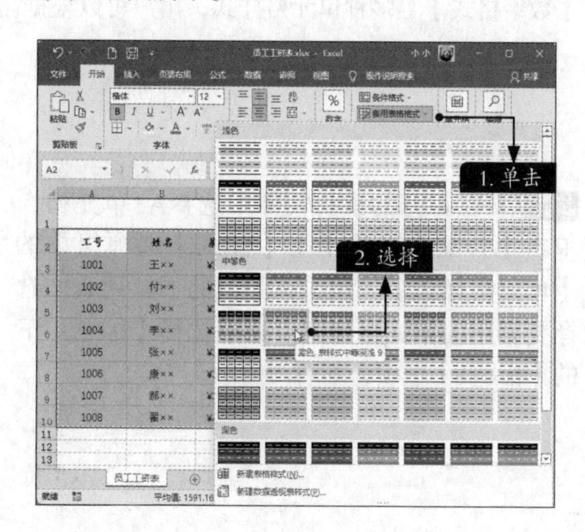

步骤 03 弹出【创建表】对话框，单击【确定】按钮，如下图所示。

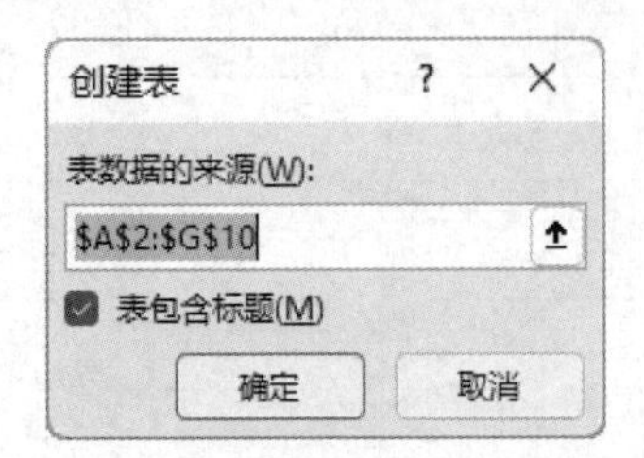

步骤 04 套用表格样式，效果如下图所示。

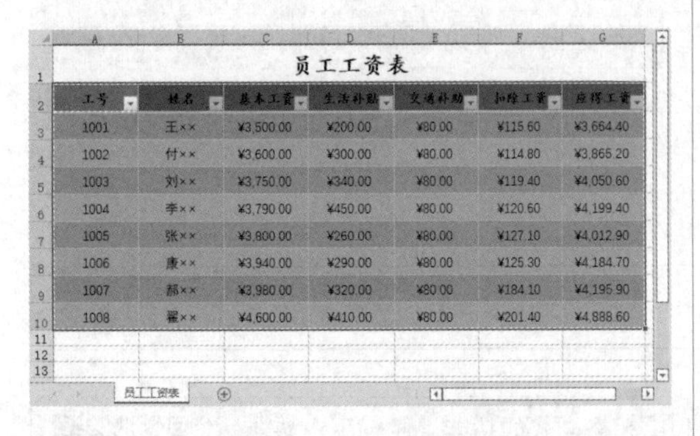

步骤 05 选择表格样式区域中的任意单元格，单击鼠标右键，在弹出的快捷菜单中选择【表格】下的【转换为区域】命令，如右上图所示。

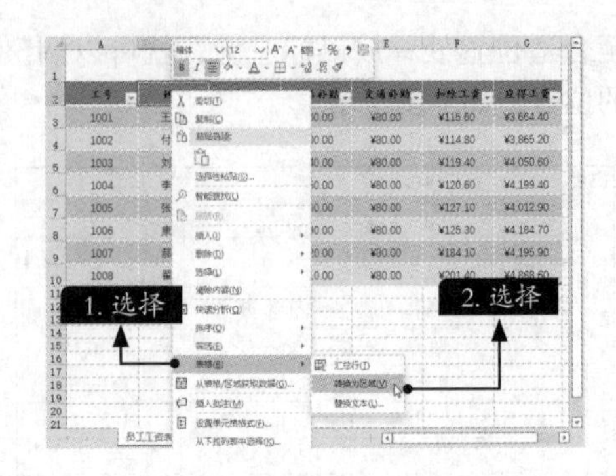

步骤 06 在弹出的对话框中单击【是】按钮，如下图所示。

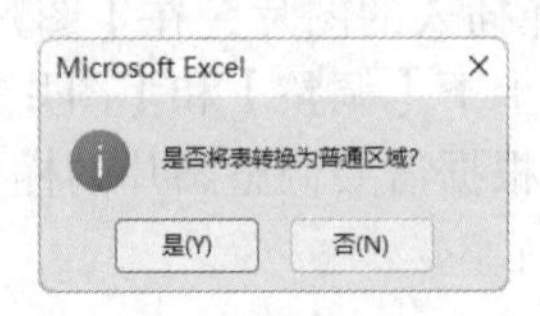

步骤 07 此时即可取消表格的筛选状态，最终效果如下图所示。

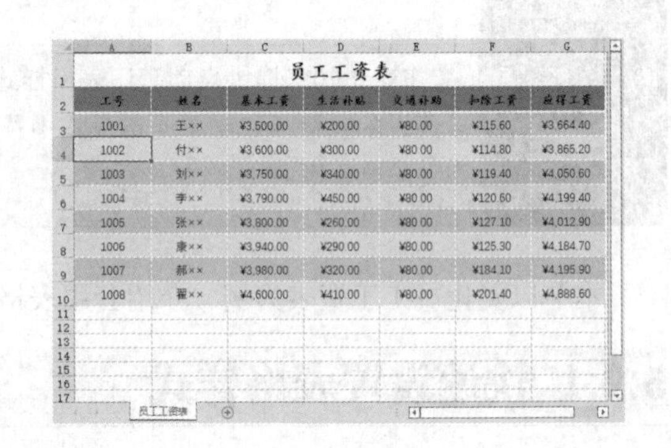

5.2.2 套用单元格样式

Excel 2021中内置了【好、差和适中】、【数据和模型】、【标题】、【主题单元格样式】、【数字格式】等多种单元格样式，用户可以根据需要选择要套用的单元格样式，具体操作步骤如下。

步骤 01 在打开的素材文件中选择A1单元格，单击【开始】选项卡下【样式】选项组中的【单元格样式】按钮，在弹出的下拉列表中选择要套用的单元格样式。这里选择【标题】下的【标题1】选项，如右图所示。

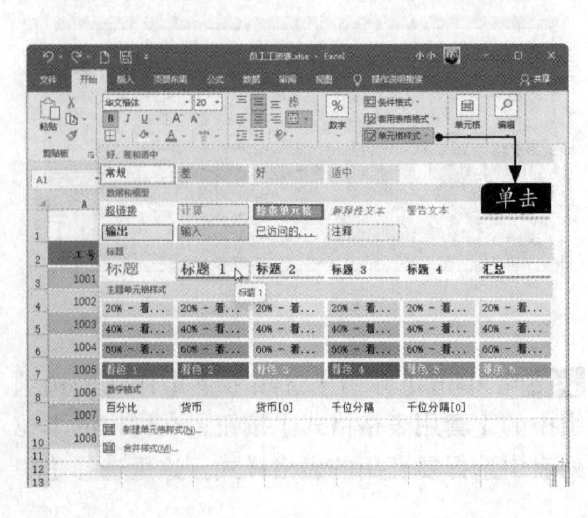

步骤02 套用单元格样式后，效果如下图所示。

员工工资表						
工号	姓名	基本工资	生活补贴	交通补助	扣除工资	应得工资
1001	王××	¥3,500.00	¥200.00	¥80.00	¥115.60	¥3,664.40
1002	付××	¥3,600.00	¥300.00	¥80.00	¥114.80	¥3,865.20
1003	刘××	¥3,750.00	¥340.00	¥80.00	¥119.40	¥4,050.60
1004	李××	¥3,790.00	¥450.00	¥80.00	¥120.60	¥4,199.40
1005	张××	¥3,800.00	¥260.00	¥80.00	¥127.10	¥4,012.90
1006	康××	¥3,940.00	¥290.00	¥80.00	¥125.30	¥4,184.70
1007	郝××	¥3,980.00	¥320.00	¥80.00	¥184.10	¥4,195.90
1008	翟××	¥4,600.00	¥410.00	¥80.00	¥201.40	¥4,888.60

步骤03 选择A2:G2单元格区域，打开【单元格样式】下拉列表，选择要套用的单元格样式，如这里选择【主题单元格样式】下的【着色1】选项，如右上图所示。

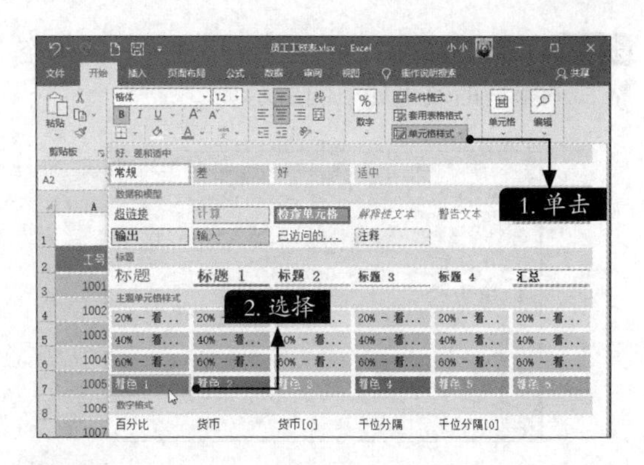

步骤04 最终效果如下图所示。

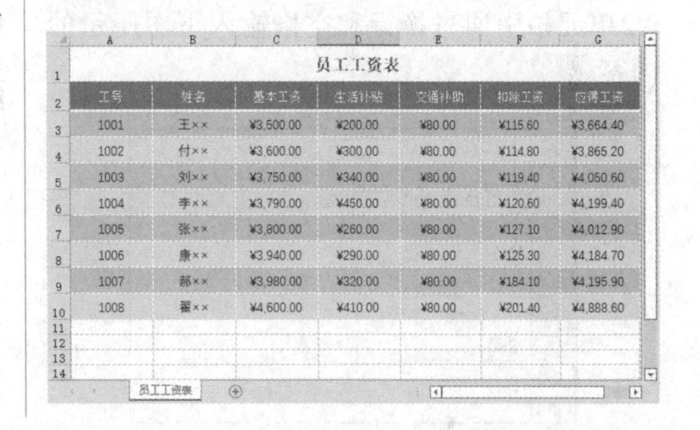

员工工资表						
工号	姓名	基本工资	生活补贴	交通补助	扣除工资	应得工资
1001	王××	¥3,500.00	¥200.00	¥80.00	¥115.60	¥3,664.40
1002	付××	¥3,600.00	¥300.00	¥80.00	¥114.80	¥3,865.20
1003	刘××	¥3,750.00	¥340.00	¥80.00	¥119.40	¥4,050.60
1004	李××	¥3,790.00	¥450.00	¥80.00	¥120.60	¥4,199.40
1005	张××	¥3,800.00	¥260.00	¥80.00	¥127.10	¥4,012.90
1006	康××	¥3,940.00	¥290.00	¥80.00	¥125.30	¥4,184.70
1007	郝××	¥3,980.00	¥320.00	¥80.00	¥184.10	¥4,195.90
1008	翟××	¥4,600.00	¥410.00	¥80.00	¥201.40	¥4,888.60

至此，就完成了美化员工工资表的操作。

高手私房菜

技巧1：在工作表中绘制斜线表头

在制作工作表时，往往需要制作斜线表头来表示表格中的不同内容，下面介绍斜线表头的制作技巧，具体操作步骤如下。

步骤01 在A1单元格中输入“项目”，接着按【Alt+Enter】组合键换行，然后输入“编号”，并设置内容为【左对齐】，如下图所示。

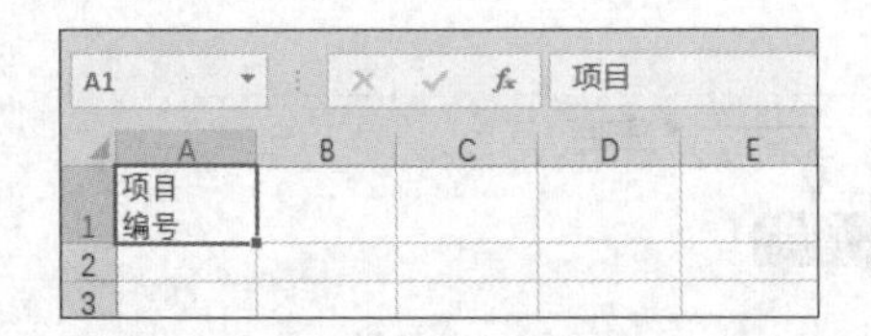

步骤02 选择A1单元格，按【Ctrl+1】组合键，打开【设置单元格格式】对话框，单击【边框】选项卡，单击右下角的【斜线】按钮，然后单击【确定】按钮，如右图所示。

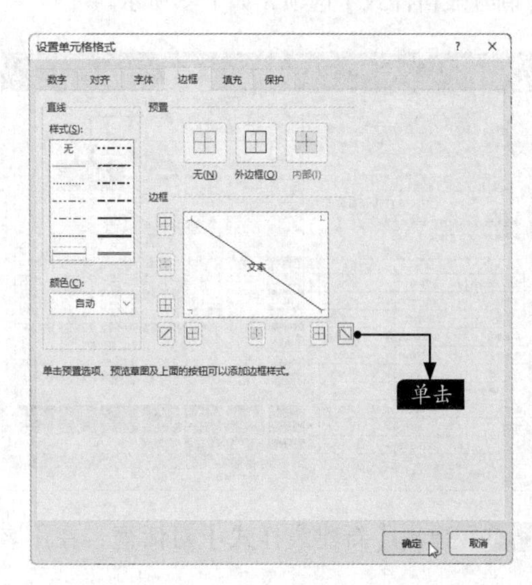

步骤03 将光标放在“项目”文字前面，添加空格，调整后的效果如下图所示。

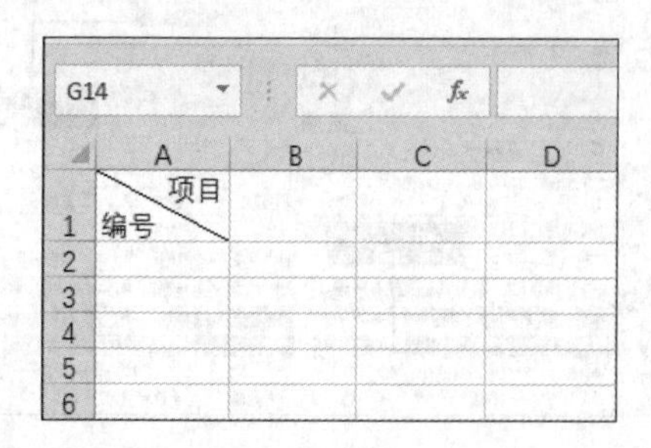

步骤04 如果要添加三栏斜线表头，可以在A2单元格中通过换行和空格输入下图所示的内容。

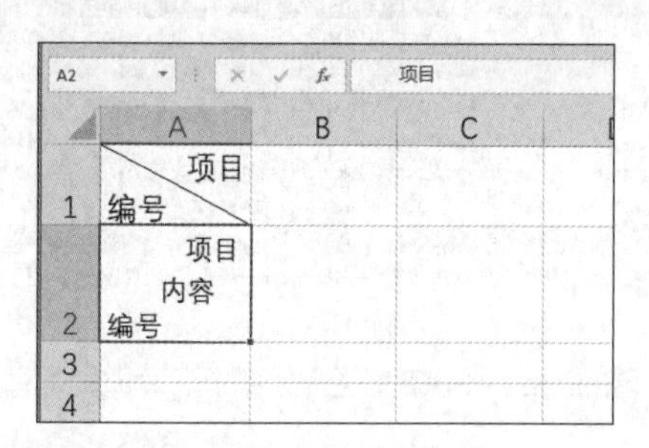

步骤05 单击【插入】选项卡下【插图】选项组中的【形状】按钮，在弹出的下拉列表中选择【直线】选项，如下图所示。

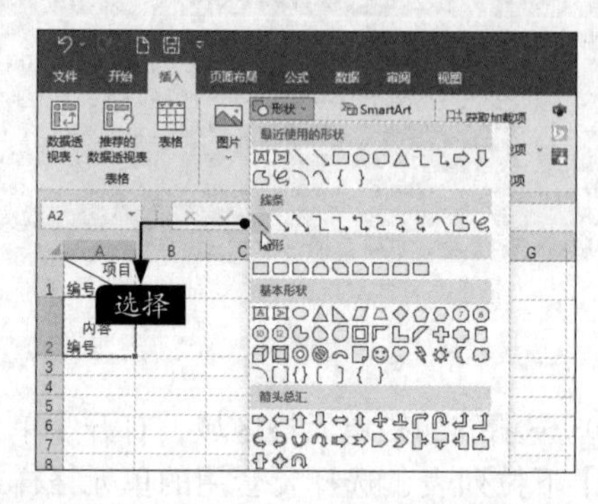

步骤06 从单元格左上角开始用鼠标绘制两条直线，即可完成三栏斜线表头的绘制，如下图所示。

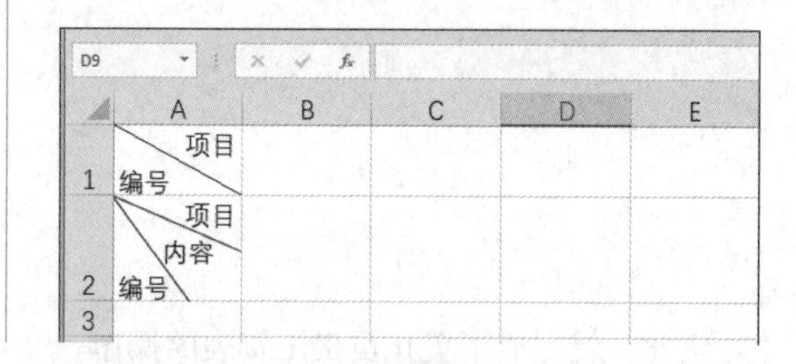

技巧2：自定义表格样式

除了可以使用Excel 2021内置的表格样式外，用户还可以新建表格样式，具体操作步骤如下。

步骤01 打开 “素材\ch05\技巧.xlsx”文件，单击【开始】选项卡下【样式】选项组中的【套用表格格式】按钮，在弹出的下拉列表中选择【新建表格样式】选项，如下图所示。

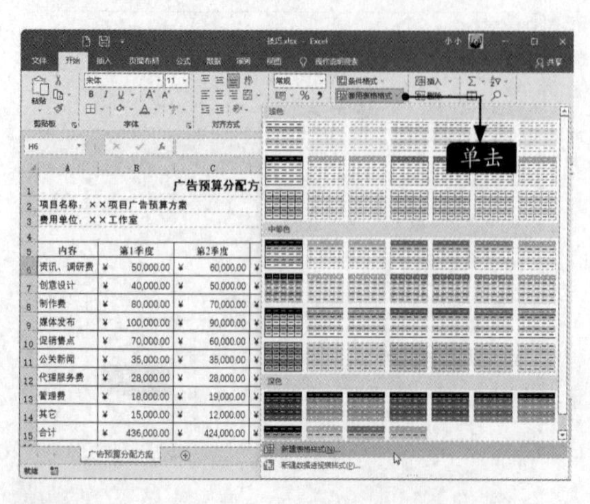

步骤02 弹出【新建表样式】对话框，在【名称】文本框中输入名称，然后选择表元素，这里选择【整个表】选项，单击【格式】按钮，如下图所示。

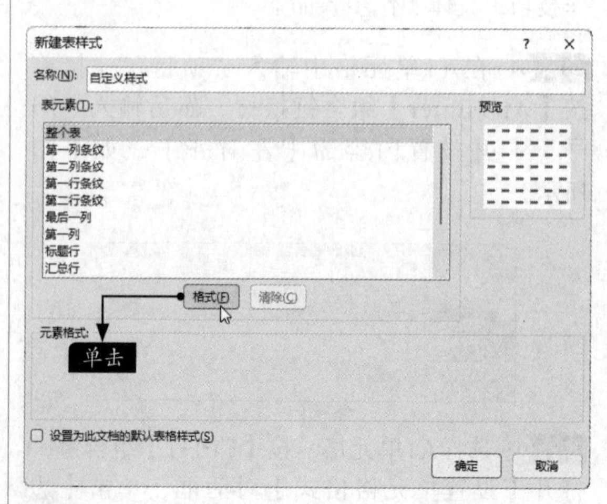

步骤03 弹出【设置单元格格式】对话框，单击【字体】选项卡，可以设置字形、下划线、字

体颜色等。这里将字体颜色设置为【黑色】，如下图所示。

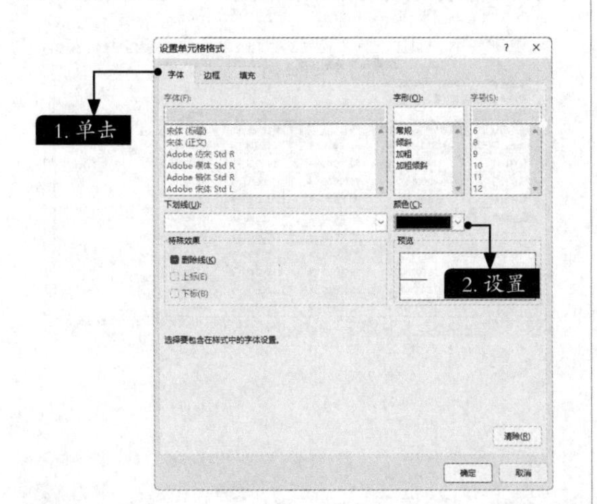

步骤 04 单击【边框】选项卡，可以设置边框的样式、颜色等，如下图所示。

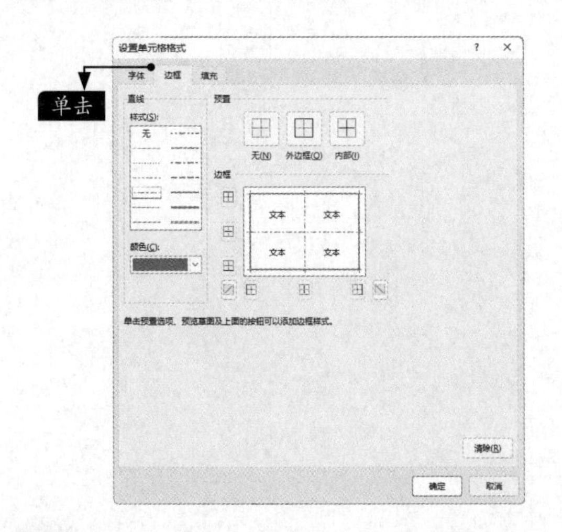

步骤 05 单击【确定】按钮，返回【修改表样式】对话框，在【表元素】列表框中选择其他元素。这里选择【第一行条纹】选项，然后单击【格式】按钮，如下图所示。

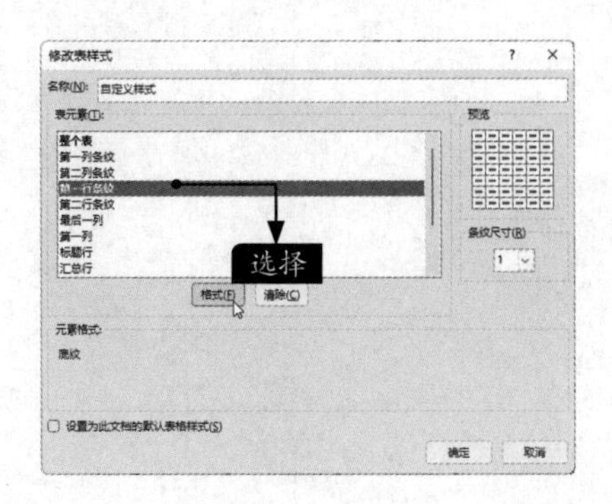

步骤 06 弹出【设置单元格格式】对话框，单击【填充】选项卡，为条纹设置填充颜色或图案，设置完毕后，单击【确定】按钮，如下图所示。

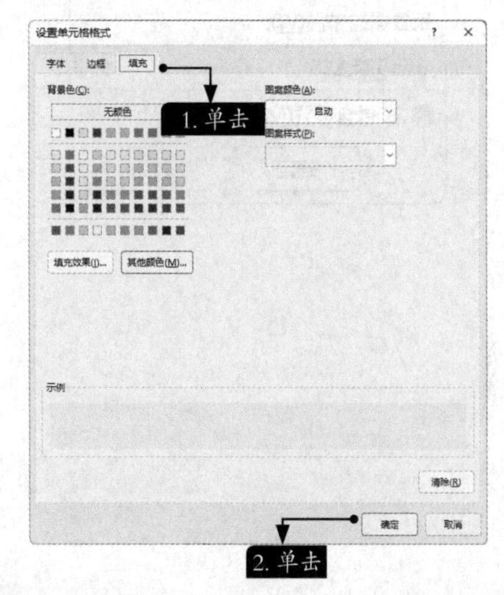

步骤 07 使用同样的方法，为其他元素设置格式。设置完成后，返回【修改表样式】对话框，单击【确定】按钮，如下图所示。

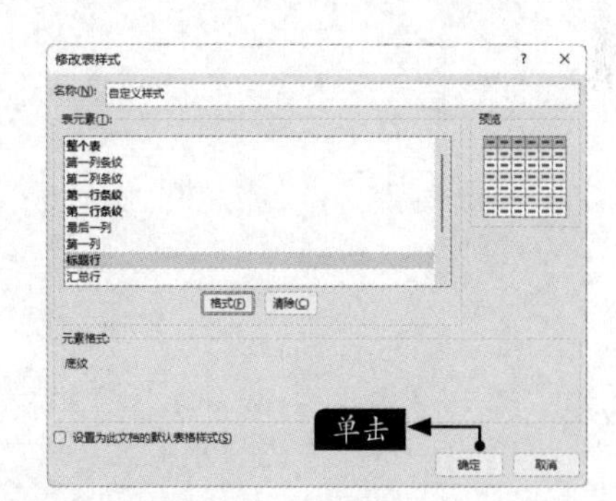

步骤 08 选择要套用表格样式的A5:E15单元格区域，单击【套用表格格式】按钮，在弹出的下拉列表中选择【自定义】区域下的新建的表格样式，如下图所示。

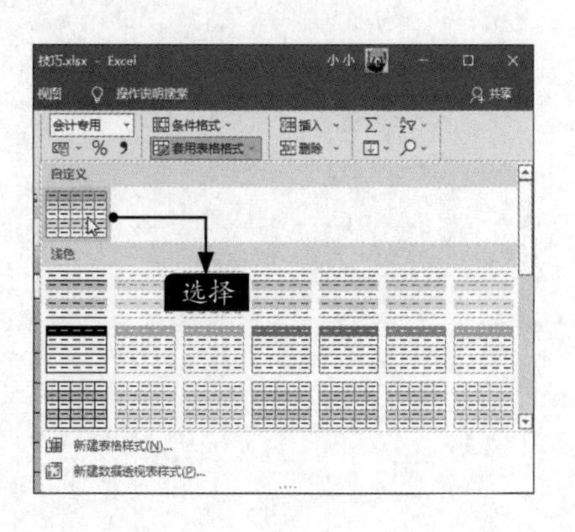

步骤 09 弹出【创建表】对话框，单击【确定】按钮，如下图所示。

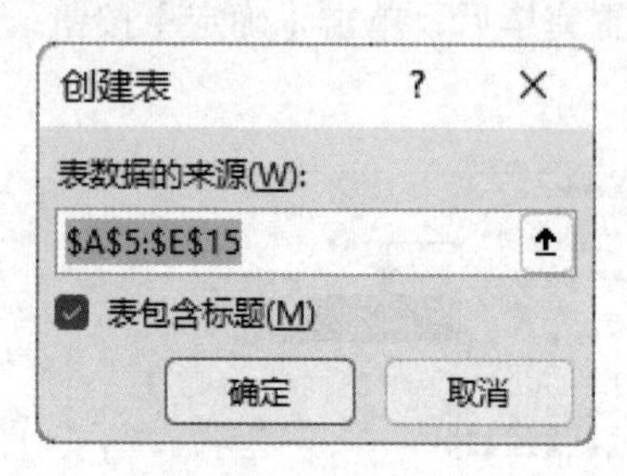

步骤 10 设置好套用的表数据，即可应用新的表格样式，最终效果如下图所示。

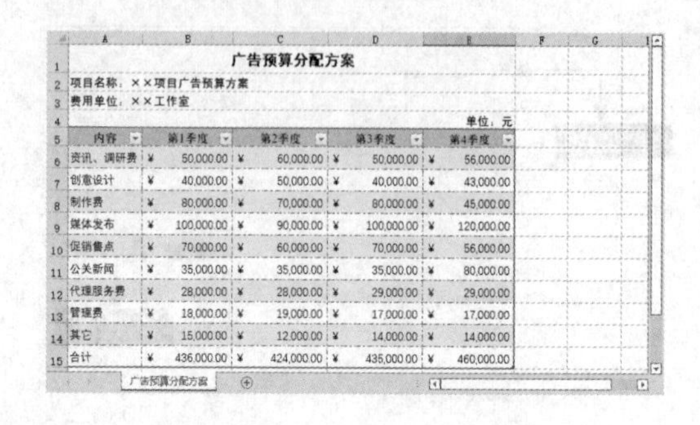

广告预算分配方案

项目名称：××项目广告预算方案

费用单位：××工作室

单位：元

内容	第1季度	第2季度	第3季度	第4季度
资讯、调研费	¥ 50,000.00	¥ 60,000.00	¥ 50,000.00	¥ 56,000.00
创意设计	¥ 40,000.00	¥ 50,000.00	¥ 40,000.00	¥ 43,000.00
制作费	¥ 80,000.00	¥ 70,000.00	¥ 80,000.00	¥ 45,000.00
媒体发布	¥ 100,000.00	¥ 90,000.00	¥ 100,000.00	¥ 120,000.00
促销售点	¥ 70,000.00	¥ 60,000.00	¥ 70,000.00	¥ 56,000.00
公关新闻	¥ 35,000.00	¥ 35,000.00	¥ 35,000.00	¥ 80,000.00
代理服务费	¥ 28,000.00	¥ 28,000.00	¥ 29,000.00	¥ 29,000.00
管理费	¥ 18,000.00	¥ 19,000.00	¥ 17,000.00	¥ 17,000.00
其它	¥ 15,000.00	¥ 12,000.00	¥ 14,000.00	¥ 14,000.00
合计	¥ 436,000.00	¥ 424,000.00	¥ 435,000.00	¥ 460,000.00

第6章

公式和函数

学习目标

公式和函数是Excel 2021的重要组成部分，它们使Excel 2021拥有了强大的计算能力，为用户分析和处理工作表中的数据提供了很大的方便。使用公式和函数可以节省处理数据的时间，降低在处理大量数据时的出错率。用好公式和函数是高效、便捷地处理数据的保证。

E12　=C12-D12+奖励扣除表!E12

员工薪资管理系统

员工编号	员工姓名	应发工资	个人所得税	实发工资
101001	刘一	¥10,520.0	¥849.0	¥10,021.0
101002	陈二	¥7,764.0	¥321.4	¥7,862.6
101003	张三	¥13,404.0	¥1,471.0	¥11,813.0
101004	李四	¥8,900.0	¥525.0	¥8,315.0
101005	王五	¥8,724.0	¥489.8	¥9,334.2
101006	赵六	¥13,496.0	¥1,494.0	¥12,247.0
101007	孙七	¥5,620.0	¥107.0	¥5,728.0
101008	周八	¥5,724.0	¥117.4	¥6,386.6
101009	吴九	¥3,888.0	¥11.6	¥4,026.4
101010	郑十	¥2,816.0	¥0.0	¥3,086.0

工资表　员工基本信息　销售奖金表 ...

D4　=IF((COUNTIF($C$3:$C$10,C4))>1,"重复","")

电话来访记录表

开始时间	结束时间	电话来电	重复
8:00	8:30	123456	
9:00	9:30	456123	重复
10:00	10:30	456321	
11:00	11:30	456123	重复
12:00	12:30	123789	
13:00	13:30	987654	
14:00	14:30	456789	
15:00	15:38	321789	

Sheet1

6.1 制作公司利润表

公司利润表通常需要计算公司的季度或年利润，旨在反映公司在一定时间段内的经营情况和获利能力，是公司财务部门最常用的报表之一。公司利润表通常需要提供给公司决策层，以供他们参考和做出决策。

在Excel 2021中，公式可以帮助用户分析工作表中的数据，例如对数值进行加、减、乘、除等运算。本节以制作公司利润表为例，介绍公式的使用方法。

6.1.1 认识公式

在Excel 2021中，使用公式是数据计算的重要方式，它可以使各类数据处理工作变得方便。在使用公式之前，需要先了解公式的基本概念、运算符，以及公式中括号的优先级使用规则。

1. 公式的基本概念

首先看下图，要计算总支出金额，需将各项支出金额相加。如果手动计算，或者使用计算器计算的话，效率是非常低的，也无法确保准确率。

	A	B	C	D
1	支出项目	支出金额		
2	水电费	¥345.15		
3	燃气费	¥79.62		
4	电话费	¥214.20		
5				
6	总支出			
7				

Sheet1

在Excel 2021中，用单元格表示就是B2+B3+ B4，这是一个表达式。如果使用“=”作为开头连接这个表达式，就形成了一个公式。在使用公式时，必须以等号“=”开头，后面紧接数据和运算符。为方便理解，下面举几个应用公式的例子。

```
=2018+1
=SUM（A1:A9）
= 现金收入 – 支出
```

上面的例子体现了Excel 2021中公式的语法，公式以等号“=”开头，后面紧接着运算数和运算符，运算数可以是常数、单元格引用、单元格名称和工作表函数等。

在单元格中输入公式就可以进行计算，然后返回结果。公式使用数学运算符来处理数值、文本、工作表函数及其他函数，在一个单元格中计算出一个数值。数值和文本可以位于其他的单元格中，这样可以方便地更改数据，赋予工作表动态的特征。在更改工作表中数据的同时让公式来做这个工作，用户可以快速地查看多种结果。

单元格中的数据由下列几个元素组成。

（1）运算符，如“+”（相加）或“*”（相乘）。

（2）单元格引用（包含了定义名称的单元格和区域）。

（3）数值和文本。

（4）工作表函数（如SUM函数或AVERAGE函数）。

在单元格中输入公式后，单元格中会显示公式计算的结果。当选中单元格的时候，公式本身会出现在编辑栏里。下表给出了几个公式的例子。

示例	说明
=2022*0.5	公式只使用了数值且不是很有用，建议使用单元格与单元格相乘

续表

示例	说明
=A1+A2	把单元格A1和A2中的值相加
=Income−Expenses	用单元格Income（收入）的值减去单元格Expenses（支出）的值
=SUM(A1:A12)	将从A1到A12的所有单元格中的数值相加
=A1=C12	比较单元格A1和C12。如果相等，公式返回值为TRUE；反之则为FALSE

2. 公式中的运算符

在Excel 2021中，运算符分为4种类型，分别是算术运算符、比较运算符、引用运算符和文本运算符。

（1）算术运算符

算术运算符主要用于数学计算，其组成和含义如下表所示。

算术运算符名称	功能说明	实例
+（加号）	加	6+8
−（减号）	减及负数	6−2或−5
/（斜杠）	除	8/2
*（星号）	乘	2*3
%（百分号）	百分比	45%

（2）比较运算符

比较运算符主要用于数值比较，其组成和含义如下表所示。

比较运算符名称	含义	实例
=（等号）	等于	A1=B2
>（大于号）	大于	A1>B2
<（小于号）	小于	A1<B2
>=（大于等于号）	大于等于	A1>=B2
<=（小于等于号）	小于等于	A1<=B2

（3）引用运算符

引用运算符主要用于合并单元格区域，其组成和含义如下表所示。

引用运算符名称	功能说明	实例
：（比号）	区域运算符，对两个引用之间包括这两个引用在内的所有单元格进行引用	A1:E1（引用从A1到E1的所有单元格）
，（逗号）	联合运算符，将多个单元格或范围引用合并为一个引用	A1:E1,B2:F2（引用A1:E1和B2:F2这两个单元格区域的数据）
（空格）	交叉运算符，生成对两个引用中共有单元格的引用	A1:F1 B1:B3（引用两个单元格区域的交叉单元格，即引用B1单元格中的数据）

（4）文本运算符

文本运算符只有一个文本串连字符“&”，用于将两个或多个字符串连接起来，如下表所示。

文本运算符名称	功能说明	实例
&（连字符）	将两个文本连接起来产生连续的文本	“足球”&“世界杯”产生“足球世界杯”

3. 运算符优先级

如果一个公式中包含多种类型的运算符号，Excel 2021则按表中的先后顺序进行运算。如果想改变公式中的运算优先级，可以使用括号“()”实现。

运算符（优先级从高到低）	功能说明
：（比号）、,（逗号）、（空格）	引用运算符：比号、逗号和单个空格
–（负号）	算术运算符：负号
%（百分号）	算术运算符：百分比
^（脱字符）	算术运算符：乘幂
*和/	算术运算符：乘和除
+和–	算术运算符：加和减
&	文本运算符：连接文本
=、<、>、>=、<=、<>	比较运算符：比较两个值

4. 公式中括号的优先级使用规则

如果要改变运算的顺序，可以使用括号“（ ）”把公式中优先级低的运算括起来。请不要用括号把数值的负号单独括起来，而应该把负号放在数值的前面。

在下面的例子中，在公式中使用了括号以控制运算的顺序，即用单元格A2中的值减去单元格A3的值，然后与单元格A4中的值相乘。

有括号的公式如下。

```
=(A2-A3)*A4
```

如果输入时没有括号，Excel 2021将会计算出错误的结果。因为乘号拥有较高的优先级，所以单元格A3会首先与单元格A4相乘，然后单元格A2才去减它们相乘的结果。这不是所需要的结果。

没有括号的公式如下。

```
=A2-A3*A4
```

括号在公式中还可以嵌套使用，也就是在括号的内部还可以有括号。这样Excel 2021会首先计算最里面括号中的内容。下面是一个使用嵌套括号的公式。

```
=((A2*C2)+(A3*C3)+(A4*C4))*A6
```

公式中总共有4组括号——前3组括号嵌套在第4组括号里面。Excel 2021会首先计算最里面括号中的内容，再把它们3个的结果相加，然后将这一结果再乘以单元格A6的值。

尽管公式中使用了4组括号，但只有最外边的括号才有必要。如果理解了运算符的优先级，这个公式可以被重新为如下形式。

=(A2*C2+A3*C3+A4*C4)*A6

使用额外的括号并不会使计算更加清晰。

在Excel 2021中，每一个左括号都应该匹配一个相应的右括号。如果有多层嵌套括号，看起来就不够直观。如果括号不匹配，Excel 2021会显示一个错误信息说明问题，并且不允许用户输入公式。在某些情况下，如果公式中含有不对称的括号，Excel 2021会建议对公式进行更正，单击【是】按钮，即可接受更正，如下图所示。

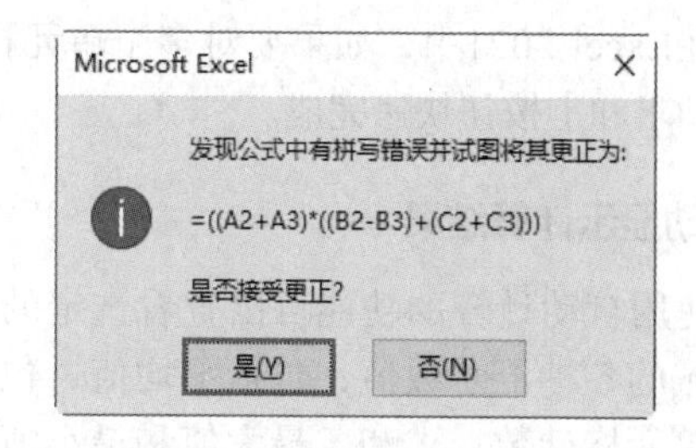

6.1.2 输入公式

要在Excel 2021中进行数据计算，需要先在单元格或编辑栏中输入相应的公式。在输入公式时，首先需要输入等号“=”作为开头，然后再输入公式的表达式。例如，在单元格F3中输入公式“=B3+C3+D3+E3”，可以按照以下步骤进行输入。

步骤 01 打开“素材\ch06\公司利润表.xlsx”文件，选择F3单元格，输入“=”，如下图所示。

2021年年度总利润统计表

季度/项目	第1季度	第2季度	第3季度	第4季度	总利润
图书	¥231,000	¥36,520	¥74,100	¥95,100	=
电器	¥523,300	¥165,200	¥185,200	¥175,300	
汽车	¥962,300	¥668,400	¥696,300	¥586,100	
总计					

步骤 02 单击单元格B3，单元格周围会显示一个活动虚线框，同时单元格引用会出现在单元格F3和编辑栏中，如下图所示。

2021年年度总利润统计表

季度/项目	第1季度	第2季度	第3季度	第4季度	总利润
图书	¥231,000	¥36,520	¥74,100	¥95,100	=B3
电器	¥523,300	¥165,200	¥185,200	¥175,300	
汽车	¥962,300	¥668,400	¥696,300	¥586,100	
总计					

步骤 03 输入“+”，单击单元格C3。单元格B3的虚线框会变为实线框，如右上图所示。

2021年年度总利润统计表

季度/项目	第1季度	第2季度	第3季度	第4季度	总利润
图书	¥231,000	¥36,520	¥74,100	¥95,100	=B3+C3
电器	¥523,300	¥165,200	¥185,200	¥175,300	
汽车	¥962,300	¥668,400	¥696,300	¥586,100	
总计					

步骤 04 重复上一步，依次单击D3和E3单元格，如下图所示。

2021年年度总利润统计表

季度/项目	第1季度	第2季度	第3季度	第4季度	总利润
图书	¥231,000	¥36,520	¥74,100	¥95,100	=B3+C3+D3+E3
电器	¥523,300	¥165,200	¥185,200	¥175,300	
汽车	¥962,300	¥668,400	¥696,300	¥586,100	
总计					

步骤 05 按【Enter】键或单击✔按钮，即可计算出结果，如下图所示。

2021年年度总利润统计表

季度/项目	第1季度	第2季度	第3季度	第4季度	总利润
图书	¥231,000	¥36,520	¥74,100	¥95,100	¥436,720
电器	¥523,300	¥165,200	¥185,200	¥175,300	
汽车	¥962,300	¥668,400	¥696,300	¥586,100	
总计					

6.1.3 自动求和

在Excel 2021中，如果要对多个单元格或区域进行求和，可以使用状态栏的自动计算功能和【自动求和】按钮快速完成。

1. 自动显示计算结果

使用自动计算的功能可以查看选定的单元格区域的各种汇总数值，包括平均值、包含数据的单元格计数、求和、最大值和最小值等。例如在打开的素材文件中，选择B4:B5单元格区域，在状态栏中即可看到计算结果，如下图所示。

如果未显示计算结果，则可在状态栏上单击鼠标右键，在弹出的快捷菜单中选择对应的命令，如【求和】、【平均值】等，如下图所示。

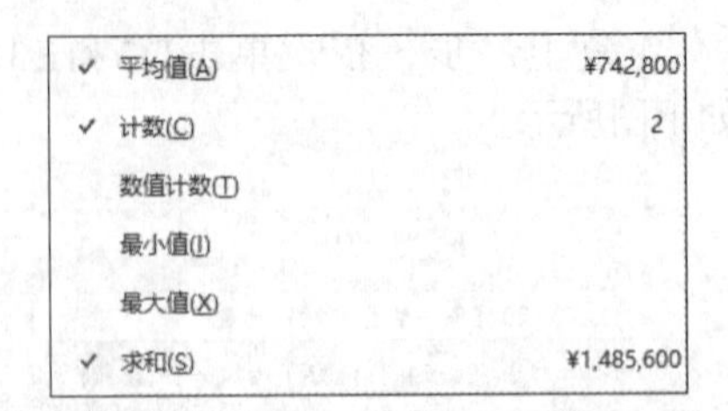

2. 自动求和

在日常工作中，较常用的计算是求和，Excel 2021将它设定成工具按钮，位于【开始】选项卡的【编辑】选项组中，该按钮可以自动设定对应的单元格区域的引用地址。另外，在【公式】选项卡下的【函数库】选项组中，也集成了【自动求和】按钮。自动求和的具体操作步骤如下。

步骤01 在打开的素材文件中选择单元格F4，在【公式】选项卡中，单击【函数库】选项组中的【自动求和】按钮，如右上图所示。

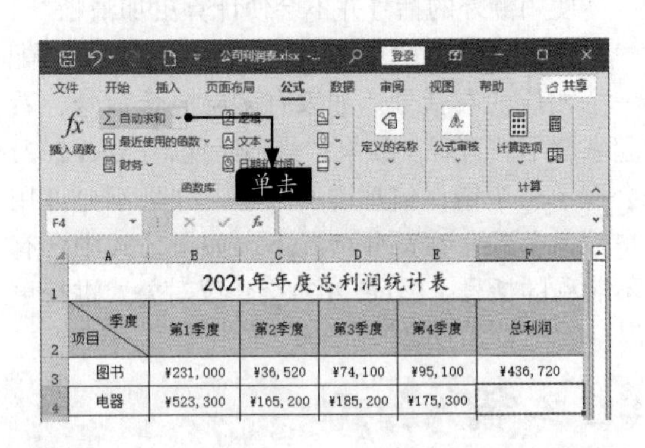

步骤02 此时，求和函数SUM会出现在单元格F4中，如下图所示。

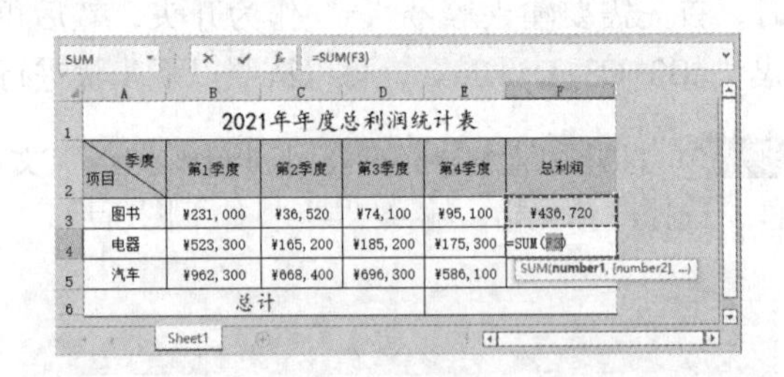

步骤03 更改括号中的参数为要计算的单元格区域B4:E4，B4:E4单元格区域被闪烁的虚线框包围，在此函数的下方会自动显示有关该函数的格式及参数，如下图所示。

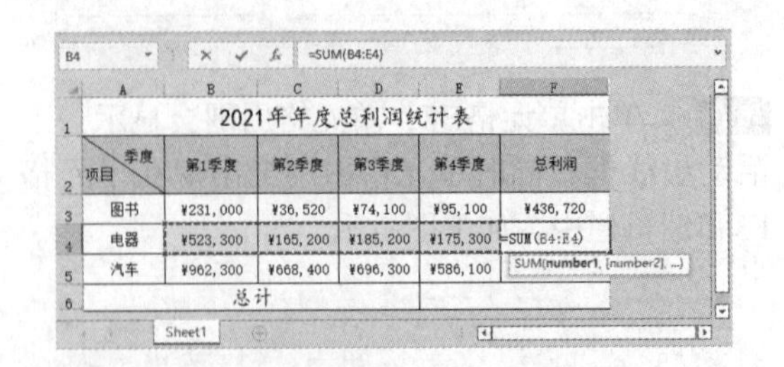

步骤04 单击编辑栏上的✓按钮，或者按【Enter】键，即可在单元格F4中计算出B4:E4单元格区域中数值的和，如下图所示。

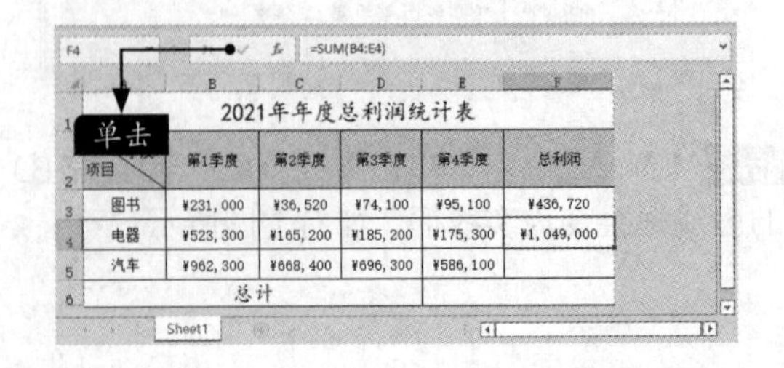

6.1.4 使用单元格引用计算公司利润

单元格的引用是指引用单元格的地址，即把单元格的数据和公式联系起来。

1. 单元格引用与引用样式

单元格引用有不同的表示方法，既可以直接使用相应的地址表示，也可以用单元格的名字表示。用地址来表示单元格引用有两种样式，一种是A1引用样式，另一种是R1C1引用样式，如下图所示。

（1）A1引用样式

① A1引用样式是Excel 2021的默认引用样式。这种样式的引用是用字母表示列（从A到XFD，共16384列），用数字表示行（从1到1 048576）。引用的时候先写列字母，再写行数字。若要引用单元格，输入列标和行号即可。例如，B2引用了B列和第2行交叉处的单元格，如下图所示。

② 如果要引用单元格区域，可以输入该区域左上角单元格的地址、比号（:）和该区域右下角单元格的地址。例如在“公司利润表.xlsx”文件中，在单元格F4的公式中引用了B4:E4单元格区域，如右上图所示。

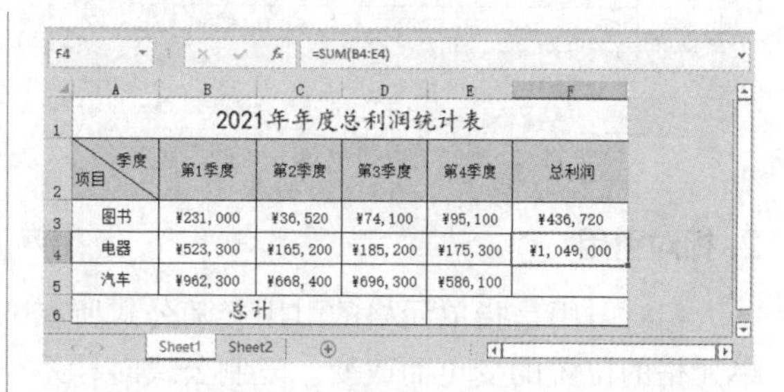

2021年年度总利润统计表					
季度 项目	第1季度	第2季度	第3季度	第4季度	总利润
图书	¥231,000	¥36,520	¥74,100	¥95,100	¥436,720
电器	¥523,300	¥165,200	¥185,200	¥175,300	¥1,049,000
汽车	¥962,300	¥668,400	¥696,300	¥586,100	
总计					

（2）R1C1引用样式

在R1C1引用样式中，用R加行数字和C加列数字来表示单元格的位置。若表示相对引用，行数字和列数字都用中括号“[]”括起来；如果不加中括号，则表示绝对引用。例如当前单元格是A1，则单元格引用为R1C1；加中括号R[1]C[1]则表示引用下面一行和右边一列的单元格，即B2，而如果不加“[]”，如R，则表示对当前行的绝对引用。

启用R1C1引用样式的具体操作步骤如下。

步骤01 在Excel 2021中选择【文件】选项卡下的【选项】命令。在弹出的【Excel选项】对话框的左侧单击【公式】选项卡，在右侧的【使用公式】区域中勾选【R1C1引用样式】复选框，单击【确定】按钮，如下图所示。

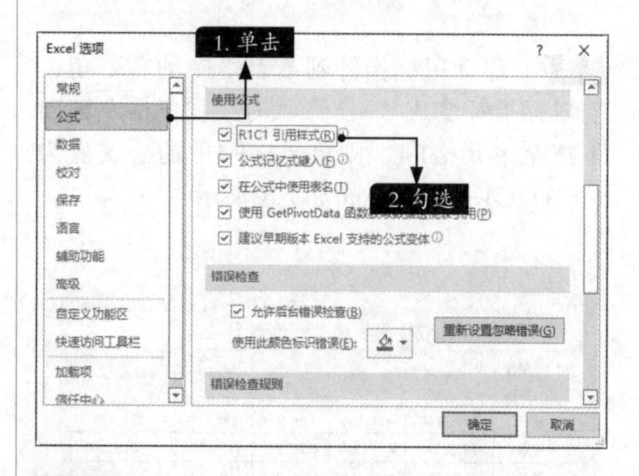

步骤02 在打开的素材文件中，单元格R4C6的公式中引用的单元格区域表示为“RC[-4]:RC[-1]”，如下页图所示。

R4C6　=SUM(RC[-4]:RC[-1])

2021年年度总利润统计表					
季度 项目	第1季度	第2季度	第3季度	第4季度	总利润
图书	¥231,000	¥36,520	¥74,100	¥95,100	¥436,720
电器	¥523,300	¥165,200	¥185,200	¥175,300	¥1,049,000
汽车	¥962,300	¥668,400	¥696,300	¥586,100	
总计					

Sheet1　Sheet2

2. 相对引用

相对引用是指单元格的引用会随公式所在单元格的位置的变更而改变。复制公式时，系统不是把原来的单元格地址原样照搬，而是根据公式原来的位置和复制的目标位置来推算出公式中单元格地址相对原来位置的变化。默认的情况下，公式使用的是相对引用。相对引用的具体操作步骤如下。

步骤01 在打开的素材文件中，删除F4单元格中的值，选择单元格F3，可以看到公式为“=B3+C3+D3+E3”，如下图所示。

F3　=B3+C3+D3+E3

2021年年度总利润统计表					
季度 项目	第1季度	第2季度	第3季度	第4季度	总利润
图书	¥231,000	¥36,520	¥74,100	¥95,100	¥436,720
电器	¥523,300	¥165,200	¥185,200	¥175,300	
汽车	¥962,300	¥668,400	¥696,300	¥586,100	
总计					

Sheet1

步骤02 移动鼠标指针到单元格F3的右下角，当鼠标指针变成“+”形状时按住鼠标左键向下拖至单元格F4，则单元格F4中的公式变为“=B4+C4+D4+E4”，如下图所示。

F4　=B4+C4+D4+E4

2021年年度总利润统计表					
季度 项目	第1季度	第2季度	第3季度	第4季度	总利润
图书	¥231,000	¥36,520	¥74,100	¥95,100	¥436,720
电器	¥523,300	¥165,200	¥185,200	¥175,300	¥1,049,000
汽车	¥962,300	¥668,400	¥696,300	¥586,100	
总计					

Sheet1

3. 绝对引用

绝对引用是指在复制公式时，无论如何改变公式的位置，其引用单元格的地址都不会改变。绝对引用的表示形式是在普通地址的前面加“$”，如C1单元格的绝对引用形式是$C$1。

4. 混合引用

除了相对引用和绝对引用，还有混合引用，也就是同时使用相对引用和绝对引用。当需要固定行引用而改变列引用，或者固定列引用而改变行引用时，就要用到混合引用。混合引用中相对引用部分会发生改变，绝对引用部分不会发生改变。例如$B5、B$5都是混合引用。混合引用的具体操作步骤如下。

步骤01 在打开的素材文件中，选择单元格F4，修改公式为“=$B4+$C4+$D4+$E4”，按【Enter】键，如下图所示。

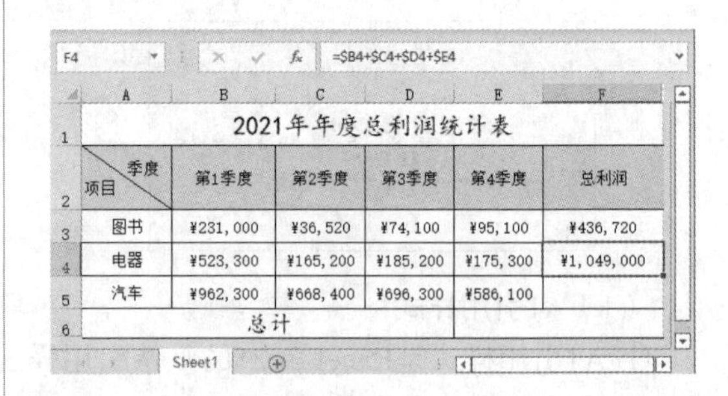
F4　=$B4+$C4+$D4+$E4

2021年年度总利润统计表					
季度 项目	第1季度	第2季度	第3季度	第4季度	总利润
图书	¥231,000	¥36,520	¥74,100	¥95,100	¥436,720
电器	¥523,300	¥165,200	¥185,200	¥175,300	¥1,049,000
汽车	¥962,300	¥668,400	¥696,300	¥586,100	
总计					

Sheet1

步骤02 填充至F5单元格，即可看到公式显示为“=$B5+$C5+$D5+$E5”，此时的引用即为混合引用，如下图所示。

F5　=$B5+$C5+$D5+$E5

2021年年度总利润统计表					
季度 项目	第1季度	第2季度	第3季度	第4季度	总利润
图书	¥231,000	¥36,520	¥74,100	¥95,100	¥436,720
电器	¥523,300	¥165,200	¥185,200	¥175,300	¥1,049,000
汽车	¥962,300	¥668,400	¥696,300	¥586,100	¥2,913,100
总计					

Sheet1

5. 三维引用

三维引用是指对跨工作表的，或同一工作簿中两个工作表或多个工作表中的单元格或单元格区域的引用。三维引用的形式为“【工作簿名】工作表名!单元格地址”。

6. 循环引用

当一个单元格内的公式直接或间接地引用了这个公式本身所在的单元格，这种情况就称为循环引用。在工作簿中使用循环引用时，状态栏中会显示“循环引用”字样，并显示循环引用的单元格地址。

下面就使用单元格引用计算公司利润，具体操作步骤如下。

步骤01 在打开的素材文件中选择单元格E6，在编辑栏中输入函数公式“=SUM(F3:F5)”，如下图所示。

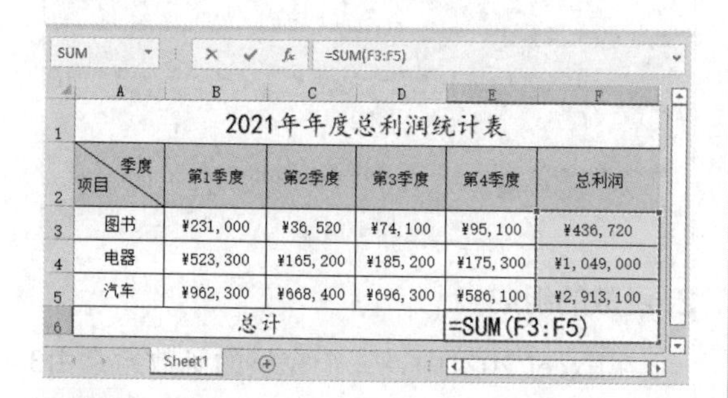

2021年年度总利润统计表					
季度 项目	第1季度	第2季度	第3季度	第4季度	总利润
图书	¥231, 000	¥36, 520	¥74, 100	¥95, 100	¥436, 720
电器	¥523, 300	¥165, 200	¥185, 200	¥175, 300	¥1, 049, 000
汽车	¥962, 300	¥668, 400	¥696, 300	¥586, 100	¥2, 913, 100
总计				=SUM(F3:F5)	

步骤02 单击【输入】按钮或者按【Enter】键，即可使用相对引用的方法计算出总利润，如下图所示。

2021年年度总利润统计表					
季度 项目	第1季度	第2季度	第3季度	第4季度	总利润
图书	¥231, 000	¥36, 520	¥74, 100	¥95, 100	¥436, 720
电器	¥523, 300	¥165, 200	¥185, 200	¥175, 300	¥1, 049, 000
汽车	¥962, 300	¥668, 400	¥696, 300	¥586, 100	¥2, 913, 100
总计				¥4, 398, 820. 00	

步骤03 选择单元格E6，在编辑栏中修改函数公式为“=SUM($F$3:$F$5)”后按【Enter】键，也可计算出结果，如下图所示，此时的引用方式为绝对引用。

2021年年度总利润统计表					
季度 项目	第1季度	第2季度	第3季度	第4季度	总利润
图书	¥231, 000	¥36, 520	¥74, 100	¥95, 100	¥436, 720
电器	¥523, 300	¥165, 200	¥185, 200	¥175, 300	¥1, 049, 000
汽车	¥962, 300	¥668, 400	¥696, 300	¥586, 100	¥2, 913, 100
总计				¥4, 398, 820. 00	

步骤04 再次选择单元格E6，在编辑栏中修改函数公式为“=$F$3+F4+$F5”后按【Enter】键，即可计算出总利润，如下图所示，此时的引用方式为混合引用。

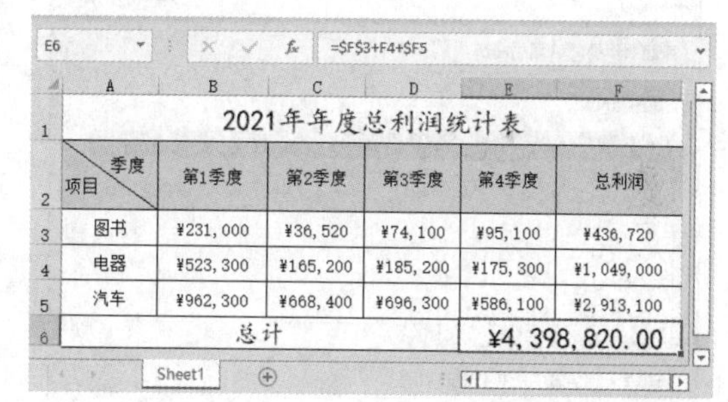

2021年年度总利润统计表					
季度 项目	第1季度	第2季度	第3季度	第4季度	总利润
图书	¥231, 000	¥36, 520	¥74, 100	¥95, 100	¥436, 720
电器	¥523, 300	¥165, 200	¥185, 200	¥175, 300	¥1, 049, 000
汽车	¥962, 300	¥668, 400	¥696, 300	¥586, 100	¥2, 913, 100
总计				¥4, 398, 820. 00	

6.2 制作员工薪资管理系统

员工薪资管理系统由工资表、销售奖金表、业绩奖金标准和税率表等组成，每个工作表里的数据都需要经过大量的运算，各个工作表之间也需要使用函数相互调用，最后共同组成员工薪资管理系统。

6.2.1 函数的应用基础

函数是Excel 2021的重要组成部分，有着非常强大的计算功能，为用户分析和处理工作表中的数据提供了很大的方便。

1. 函数的基本概念

Excel 2021中所提到的函数其实是一些预定义的公式，它们使用一些被称为参数的特定数值按特定的顺序或结构进行计算。每个函数描述都包括一个语法行，它是一种特殊的公式。所有的函数必须以等号“=”开始，它是预定义的内置公式，必须按语法的特定顺序进行计算。

【插入函数】对话框为用户提供了一个使用半自动方式输入函数及其参数的方法。使用【插入函数】对话框可以保证正确的函数拼写，以及顺序正确且确切的参数个数。下图所示为【插入函数】对话框。

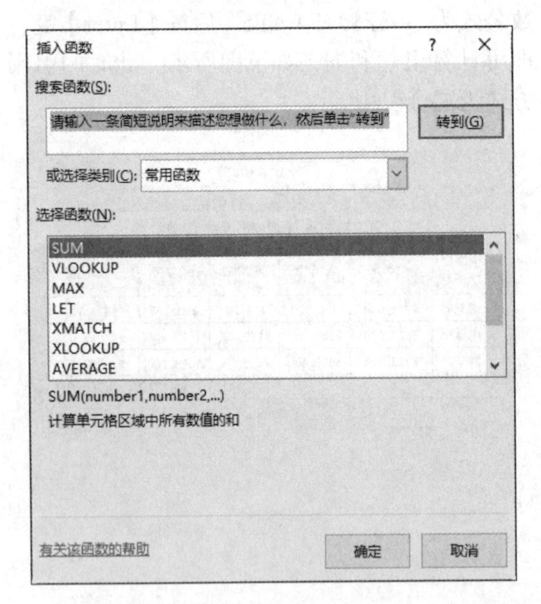

打开【插入函数】对话框有以下3种方法。

方法1：在【公式】选项卡中，单击【函数库】选项组中的【插入函数】按钮。

方法2：单击编辑栏中的【插入函数】按钮。

方法3：按【Shift+F3】组合键。

如果要使用内置函数，【插入函数】对话框中有一个函数类别的下拉列表，从中选择一种类别，该类别中所有的函数就会出现在【选择函数】列表框中。

如果不确定需要哪一类函数，可以使用对话框顶部的【搜索函数】文本框搜索相应的函数。输入搜索项，单击【转到】按钮，就会得到一个相关函数的列表。

选择函数后单击【确定】按钮，Excel 2021会显示【函数参数】对话框。使用【函数参数】对话框可以为函数设定参数，参数根据插入函数的不同而不同。要使用单元格或区域引用作为参数，可以手动输入地址，或单击参数选择框选择单元格或区域。在设定了所有的函数参数后，单击【确定】按钮应用函数，如下图所示。

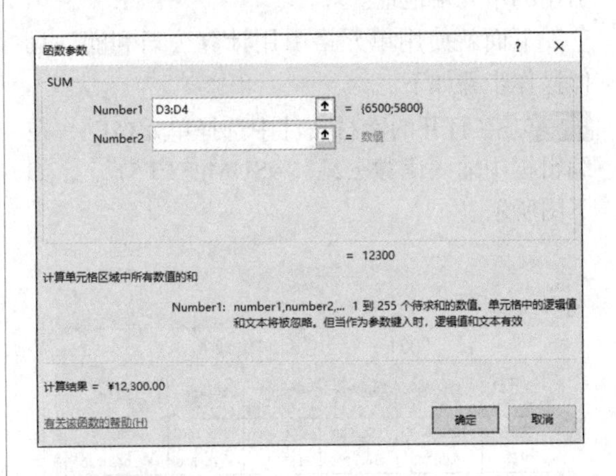

2. 函数的组成

在Excel 2021中，一个完整的函数通常由3部分构成，分别是标识符、函数名称、函数参数，其格式如下图所示。

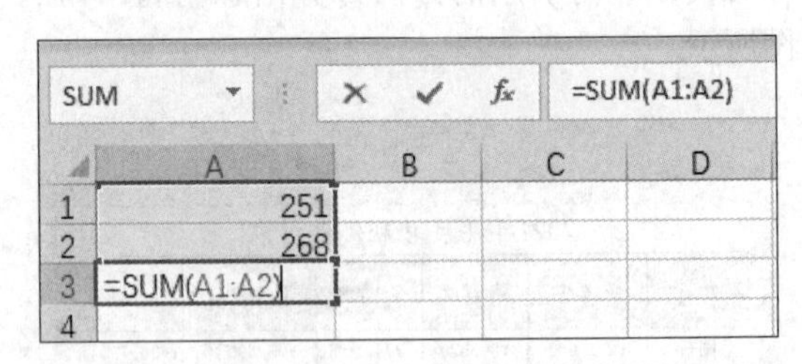

（1）标识符

在单元格中输入计算函数时，必须先输入“=”，这个“=”称为函数的标识符。

小提示

如果不输入“=”，Excel 2021通常将输入的函数作为文本处理，不返回运算结果。如果输入“+”或“-”，Excel 2021也可以返回函数的结果，确认输入后，Excel 2021在函数的前面会自动添加标识符“=”。

（2）函数名称

函数标识符后面的英文是函数名称。

（3）函数参数

函数参数主要有以下几种类型。

① 常量。常量参数主要包括数值（如

“123.45”）、文本（如“计算机”）和日期（如“2022-1-1”）等。

② 逻辑值。逻辑值参数主要包括逻辑真（TRUE）、逻辑假（FALSE）及逻辑判断表达式（例如单元格A3不等于空表示为“A3<>()”）的结果等。

③ 单元格引用。单元格引用参数主要包括单个单元格的引用和单元格区域的引用等。

④ 名称。在工作簿的各个工作表中自定义的名称，可以作为本工作簿内的函数参数直接引用。

⑤ 其他函数。用户可以用一个函数的返回结果作为另一个函数的参数。这种形式的函数通常称为函数嵌套。

⑥ 数组参数。数组参数可以是一组常量（如2、4、6），也可以是单元格区域的引用。

3. 函数的分类

Excel 2021提供了丰富的内置函数，其按照功能可以分为财务函数、时间与日期函数、数学与三角函数、统计函数、查找与引用函数、数据库函数、文本函数、逻辑函数、信息函数、工程函数、多维数据集函数、兼容性函数和Web函数等13类。用户可以在【插入函数】对话框中查看13类函数，如下图所示。

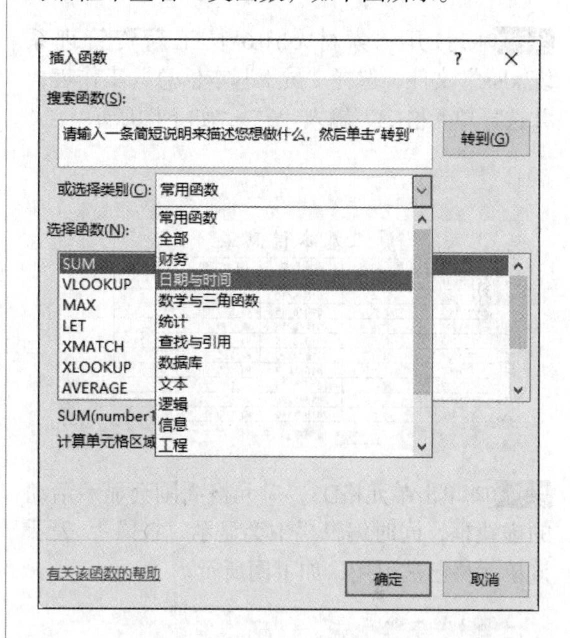

各函数类型的作用如下表所示。

函数类型	作用
财务函数	进行一般的财务计算
日期与时间函数	分析和处理日期及时间
数学与三角函数	在工作表中进行简单的计算
统计函数	对数据区域进行统计分析
查找与引用函数	在数据清单中查找特定数据或查找一个单元格引用
数据库函数	分析数据清单中的数值是否符合特定条件
文本函数	在公式中处理字符串
逻辑函数	进行逻辑判断或者复合检验
信息函数	确定存储在单元格中的数据的类型
工程函数	进行工程分析
多维数据集函数	从多维数据库中提取数据集和数值
兼容函数	这些函数已由新函数替换，新函数可以提供更好的精确度，且名称更好地反映其用法
Web函数	通过网页链接直接用公式获取数据

6.2.2 输入函数

输入函数的方法有很多，可以根据需要进行选择，但要做到输入准确快速。具体操作步骤如下。

步骤01 打开“素材\ch06\员工薪资管理系统.xlsx”文件，选择“员工基本信息”工作表，并选择单元格E3，输入“=”，如下图所示。

员工基本信息表

员工编号	员工姓名	入职日期	基本工资	五险一金
101001	刘一	2009/1/20	¥6,500.00	=
101002	陈二	2010/5/10	¥5,800.00	
101003	张三	2010/6/25	¥5,800.00	
101004	李四	2011/2/13	¥5,000.00	
101005	王五	2013/8/15	¥4,800.00	
101006	赵六	2015/4/20	¥4,200.00	
101007	孙七	2016/10/2	¥4,000.00	
101008	周八	2017/6/15	¥3,800.00	
101009	吴九	2018/5/20	¥3,600.00	
101010	郑十	2018/11/2	¥3,200.00	

步骤02 单击单元格D3，单元格周围会显示活动的虚线框，同时编辑栏中会显示“D3”，表示该单元格已被引用，如下图所示。

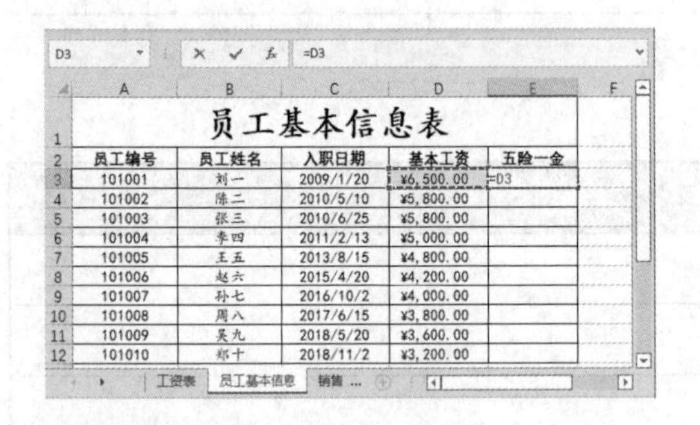

员工基本信息表

员工编号	员工姓名	入职日期	基本工资	五险一金
101001	刘一	2009/1/20	¥6,500.00	=D3
101002	陈二	2010/5/10	¥5,800.00	
101003	张三	2010/6/25	¥5,800.00	
101004	李四	2011/2/13	¥5,000.00	
101005	王五	2013/8/15	¥4,800.00	
101006	赵六	2015/4/20	¥4,200.00	
101007	孙七	2016/10/2	¥4,000.00	
101008	周八	2017/6/15	¥3,800.00	
101009	吴九	2018/5/20	¥3,600.00	
101010	郑十	2018/11/2	¥3,200.00	

步骤03 输入乘号“*”，并输入“12%”。按【Enter】键确认，完成公式的输入并得到结果，如下图所示。

员工基本信息表

员工编号	员工姓名	入职日期	基本工资	五险一金
101001	刘一	2009/1/20	¥6,500.00	¥780.00
101002	陈二	2010/5/10	¥5,800.00	
101003	张三	2010/6/25	¥5,800.00	
101004	李四	2011/2/13	¥5,000.00	
101005	王五	2013/8/15	¥4,800.00	
101006	赵六	2015/4/20	¥4,200.00	
101007	孙七	2016/10/2	¥4,000.00	
101008	周八	2017/6/15	¥3,800.00	
101009	吴九	2018/5/20	¥3,600.00	
101010	郑十	2018/11/2	¥3,200.00	

步骤04 使用填充功能填充至E12单元格，计算出所有员工的【五险一金】列的金额，如下图所示。

员工基本信息表

员工编号	员工姓名	入职日期	基本工资	五险一金
101001	刘一	2009/1/20	¥6,500.00	¥780.00
101002	陈二	2010/5/10	¥5,800.00	¥696.00
101003	张三	2010/6/25	¥5,800.00	¥696.00
101004	李四	2011/2/13	¥5,000.00	¥600.00
101005	王五	2013/8/15	¥4,800.00	¥576.00
101006	赵六	2015/4/20	¥4,200.00	¥504.00
101007	孙七	2016/10/2	¥4,000.00	¥480.00
101008	周八	2017/6/15	¥3,800.00	¥456.00
101009	吴九	2018/5/20	¥3,600.00	¥432.00
101010	郑十	2018/11/2	¥3,200.00	¥384.00

6.2.3 自动更新员工基本信息

员工薪资管理系统中的最终数据都将显示在“工资表”中，如果“员工基本信息”工作表中的基本信息发生改变，则“工资表”中的相应数据也要随之改变。自动更新员工基本信息的具体操作步骤如下。

步骤01 选择“工资表”，选择单元格A3。在编辑栏中输入公式“=TEXT(员工基本信息!A3,0)”，如右图所示。

步骤02 按【Enter】键确认，即可将“员工基本信息”工作表相应单元格的工号引用在A3单元格中，如下图所示。

A3 =TEXT(员工基本信息!A3,0)

员工薪资管理系统				
员工编号	员工姓名	应发工资	个人所得税	实发工资
101001				

工资表 员工基本信息 销售 ...

步骤03 使用快速填充功能可以将公式填充在A4至A12单元格中，效果如下图所示。

A12 =TEXT(员工基本信息!A12,0)

员工薪资管理系统				
员工编号	员工姓名	应发工资	个人所得税	实发工资
101001				
101002				
101003				
101004				
101005				
101006				
101007				
101008				
101009				
101010				

工资表 员工基本信息 销售 ...

步骤04 选择B3单元格，在编辑栏中输入“=TEXT(员工基本信息!B3,0)”。按【Enter】键确认，即可在B3单元格中显示员工姓名，如下图所示。

B3 =TEXT(员工基本信息!B3,0)

员工薪资管理系统				
员工编号	员工姓名	应发工资	个人所得税	实发工资
101001	刘一			
101002				
101003				
101004				
101005				
101006				
101007				
101008				
101009				
101010				

工资表 员工基本信息 销售 ...

小提示

公式“=TEXT(员工基本信息!B3,0)”用于显示“员工基本信息”工作表中B3单元格中的员工姓名。

步骤05 使用快速填充功能可以将公式填充在B4至B12单元格中，效果如下图所示。

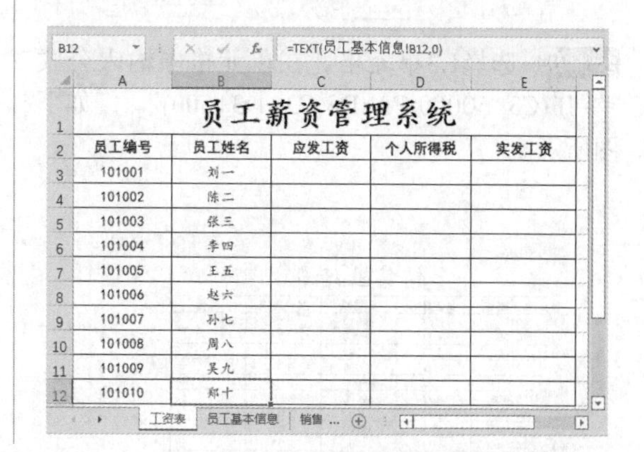

B12 =TEXT(员工基本信息!B12,0)

员工薪资管理系统				
员工编号	员工姓名	应发工资	个人所得税	实发工资
101001	刘一			
101002	陈二			
101003	张三			
101004	李四			
101005	王五			
101006	赵六			
101007	孙七			
101008	周八			
101009	吴九			
101010	郑十			

工资表 员工基本信息 销售 ...

6.2.4 计算奖金及扣款数据

业绩奖金是企业员工工资的重要构成部分，业绩奖金根据员工的业绩划分为几个等级，每个等级的奖金比例也不同。

1. 计算奖金

计算奖金的具体操作步骤如下。

步骤01 切换至“销售奖金表”工作表，选择D3单元格，在单元格中输入公式“=HLOOKUP(C3,业绩奖金标准!$B$2:$F$3,2)”，如右图所示。

SUM =HLOOKUP(C3,业绩奖金标准!$B$2:$F$3,2)

销售业绩表				
员工编号	员工姓名	销售额	奖金比例	奖金
101001	张XX	48000	$F$3, 2)	
101002	王XX	38000		
101003	李XX	52000		
101004	赵XX	45000		
101005	钱XX	45000		
101006	孙XX	62000		
101007	李XX	30000		
101008	胡XX	34000		
101009	马XX	24000		
101010	刘XX	8000		

员工基本信息 销售奖金表 ...

步骤 02 按【Enter】键确认，得出奖金比例，如下图所示。

D3 =HLOOKUP(C3,业绩奖金标准!$B$2:$F$3,2)

销售业绩表				
员工编号	员工姓名	销售额	奖金比例	奖金
101001	张XX	48000	0.1	
101002	王XX	38000		
101003	李XX	52000		
101004	赵XX	45000		
101005	钱XX	45000		
101006	孙XX	62000		
101007	李XX	30000		
101008	胡XX	34000		
101009	马XX	24000		
101010	刘XX	8000		

步骤 03 使用填充柄将公式填充进其余单元格，如下图所示。

D12 =HLOOKUP(C12,业绩奖金标准!$B$2:$F$3,2)

销售业绩表				
员工编号	员工姓名	销售额	奖金比例	奖金
101001	张XX	48000	0.1	
101002	王XX	38000	0.07	
101003	李XX	52000	0.15	
101004	赵XX	45000	0.1	
101005	钱XX	45000	0.1	
101006	孙XX	62000	0.15	
101007	李XX	30000	0.07	
101008	胡XX	34000	0.07	
101009	马XX	24000	0.03	
101010	刘XX	8000	0	

步骤 04 选择E3单元格，在单元格中输入公式“=IF(C3<50000,C3*D3,C3*D3+500)”，如下图所示。

SUM =IF(C3<50000,C3*D3,C3*D3+500)

销售业绩表				
员工编号	员工姓名	销售额	奖金比例	奖金
101001	张XX	48000	0.1	500)
101002	王XX	38000	0.07	
101003	李XX	52000	0.15	
101004	赵XX	45000	0.1	
101005	钱XX	45000	0.1	
101006	孙XX	62000	0.15	
101007	李XX	30000	0.07	
101008	胡XX	34000	0.07	
101009	马XX	24000	0.03	
101010	刘XX	8000	0	

步骤 05 按【Enter】键确认，计算出该员工【奖金】列 的数据，如下图所示。

E3 =IF(C3<50000,C3*D3,C3*D3+500)

销售业绩表				
员工编号	员工姓名	销售额	奖金比例	奖金
101001	张XX	48000	0.1	4800
101002	王XX	38000	0.07	
101003	李XX	52000	0.15	
101004	赵XX	45000	0.1	
101005	钱XX	45000	0.1	
101006	孙XX	62000	0.15	
101007	李XX	30000	0.07	
101008	胡XX	34000	0.07	
101009	马XX	24000	0.03	
101010	刘XX	8000	0	

步骤 06 使用快速填充功能得出其余员工【奖金】列的数据，效果如右上图所示。

E12 =IF(C12<50000,C12*D12,C12*D12+500)

销售业绩表				
员工编号	员工姓名	销售额	奖金比例	奖金
101001	张XX	48000	0.1	4800
101002	王XX	38000	0.07	2660
101003	李XX	52000	0.15	8300
101004	赵XX	45000	0.1	4500
101005	钱XX	45000	0.1	4500
101006	孙XX	62000	0.15	9800
101007	李XX	30000	0.07	2100
101008	胡XX	34000	0.07	2380
101009	马XX	24000	0.03	720
101010	刘XX	8000	0	0

2. 计算扣款数据

公司对加班会有相应的奖励，而迟到、请假，则会扣除部分工资，下面在“奖励扣除表”工作表中计算奖励和扣除数据，具体操作步骤如下。

步骤 01 切换至“奖励扣除表”工作表，选择E3单元格，在单元格中输入公式“=C3-D3”，如下图所示。

SUM =C3-D3

奖励扣除表				
员工编号	员工姓名	加班奖励	迟到、请假扣除	总计
101001	刘一	¥450.00	¥100.00	=C3-D3
101002	陈二	¥420.00	¥0.00	
101003	张三	¥0.00	¥120.00	
101004	李四	¥180.00	¥240.00	
101005	王五	¥1,200.00	¥100.00	
101006	赵六	¥305.00	¥60.00	
101007	孙七	¥215.00	¥0.00	
101008	周八	¥780.00	¥0.00	
101009	吴九	¥150.00	¥0.00	
101010	郑十	¥270.00	¥0.00	

步骤 02 按【Enter】键确认，得出员工“刘一”的奖励或扣除数据，如下图所示。

E3 =C3-D3

奖励扣除表				
员工编号	员工姓名	加班奖励	迟到、请假扣除	总计
101001	刘一	¥450.00	¥100.00	¥350.00
101002	陈二	¥420.00	¥0.00	
101003	张三	¥0.00	¥120.00	
101004	李四	¥180.00	¥240.00	
101005	王五	¥1,200.00	¥100.00	
101006	赵六	¥305.00	¥60.00	
101007	孙七	¥215.00	¥0.00	
101008	周八	¥780.00	¥0.00	
101009	吴九	¥150.00	¥0.00	
101010	郑十	¥270.00	¥0.00	

步骤 03 使用快速填充功能计算出每位员工的奖励或扣除数据，如果结果中用括号包括数值，则表示为负值，应扣除，如下图所示。

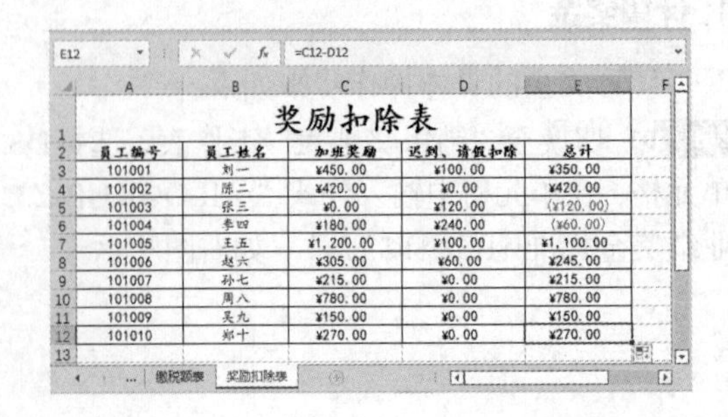

E12 =C12-D12

奖励扣除表				
员工编号	员工姓名	加班奖励	迟到、请假扣除	总计
101001	刘一	¥450.00	¥100.00	¥350.00
101002	陈二	¥420.00	¥0.00	¥420.00
101003	张三	¥0.00	¥120.00	(¥120.00)
101004	李四	¥180.00	¥240.00	(¥60.00)
101005	王五	¥1,200.00	¥100.00	¥1,100.00
101006	赵六	¥305.00	¥60.00	¥245.00
101007	孙七	¥215.00	¥0.00	¥215.00
101008	周八	¥780.00	¥0.00	¥780.00
101009	吴九	¥150.00	¥0.00	¥150.00
101010	郑十	¥270.00	¥0.00	¥270.00

6.2.5 计算个人所得税

个人所得税根据个人收入的不同，实行阶梯形式的征收税率，因此直接计算起来比较复杂。下面直接给出了当月应缴税额，直接使用函数引用即可，具体操作步骤如下。

1. 计算应发工资

步骤01 切换至“工资表”工作表，选择C3单元格，如下图所示。

员工薪资管理系统				
员工编号	员工姓名	应发工资	个人所得税	实发工资
101001	刘一			
101002	陈二			
101003	张三			
101004	李四			
101005	王五			
101006	赵六			
101007	孙七			
101008	周八			
101009	吴九			
101010	郑十			

步骤02 在单元格中输入公式“=员工基本信息!D3-员工基本信息!E3+销售奖金表!E3”，如下图所示。

=员工基本信息!D3-员工基本信息!E3+销售奖金表!E3

员工薪资管理系统				
员工编号	员工姓名	应发工资	个人所得税	实发工资
101001	刘一	售奖金表!E3		
101002	陈二			
101003	张三			
101004	李四			
101005	王五			
101006	赵六			
101007	孙七			
101008	周八			
101009	吴九			
101010	郑十			

步骤03 按【Enter】键确认，计算出【应发工资】列的数据，如下图所示。

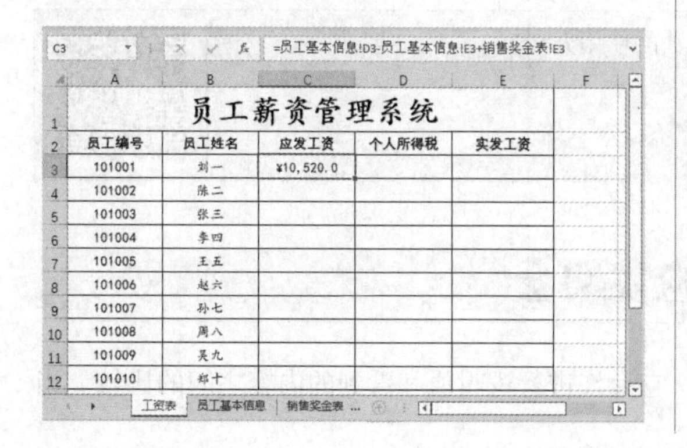

=员工基本信息!D3-员工基本信息!E3+销售奖金表!E3

员工薪资管理系统				
员工编号	员工姓名	应发工资	个人所得税	实发工资
101001	刘一	¥10,520.0		
101002	陈二			
101003	张三			
101004	李四			
101005	王五			
101006	赵六			
101007	孙七			
101008	周八			
101009	吴九			
101010	郑十			

步骤04 使用快速填充功能得出其余员工【应发工资】列的数据，效果如下图所示。

=员工基本信息!D12-员工基本信息!E12+销售奖金表!E12

员工薪资管理系统				
员工编号	员工姓名	应发工资	个人所得税	实发工资
101001	刘一	¥10,520.0		
101002	陈二	¥7,764.0		
101003	张三	¥13,404.0		
101004	李四	¥8,900.0		
101005	王五	¥8,724.0		
101006	赵六	¥13,496.0		
101007	孙七	¥5,620.0		
101008	周八	¥5,724.0		
101009	吴九	¥3,888.0		
101010	郑十	¥2,816.0		

2. 计算个人所得税数额

步骤01 计算员工“刘一”的个人所得税数据。在“工资表”工作表中选择D3单元格，输入公式“=VLOOKUP(A3,缴税额表!$A$3:$B$12,2,0)”，如下图所示。

=VLOOKUP(A3,缴税额表!$A$3:$B$12,2,0)

员工薪资管理系统				
员工编号	员工姓名	应发工资	个人所得税	实发工资
101001	刘一	¥10,520.0	0)	
101002	陈二	¥7,764.0		
101003	张三	¥13,404.0		
101004	李四	¥8,900.0		
101005	王五	¥8,724.0		
101006	赵六	¥13,496.0		
101007	孙七	¥5,620.0		
101008	周八	¥5,724.0		
101009	吴九	¥3,888.0		
101010	郑十	¥2,816.0		

小提示

公式“=VLOOKUP(A3,缴税额表!$A$3:$B$12,2,0)”是指在“缴税额表”工作表的A3:B12单元格区域中查找与A3单元格相同的值，并返回第2列数据，0表示精确查找。

步骤02 按【Enter】键确认，得出员工“刘一”应缴纳的【个人所得税】数据，如下页图所示。

D3 =VLOOKUP(A3,缴税额表!$A$3:$B$12,2,0)

员工薪资管理系统

员工编号	员工姓名	应发工资	个人所得税	实发工资
101001	刘一	¥10, 520. 0	¥849. 0	
101002	陈二	¥7, 764. 0		
101003	张三	¥13, 404. 0		
101004	李四	¥8, 900. 0		
101005	王五	¥8, 724. 0		
101006	赵六	¥13, 496. 0		
101007	孙七	¥5, 620. 0		
101008	周八	¥5, 724. 0		
101009	吴九	¥3, 888. 0		
101010	郑十	¥2, 816. 0		

工资表 员工基本信息 销售奖金表 ...

步骤 03 使用快速填充功能填充其余单元格，计算出其余员工应缴纳的【个人所得税】数据，效果如下图所示。

D12 =VLOOKUP(A12,缴税额表!$A$3:$B$12,2,0)

员工薪资管理系统

员工编号	员工姓名	应发工资	个人所得税	实发工资
101001	刘一	¥10, 520. 0	¥849. 0	
101002	陈二	¥7, 764. 0	¥321. 4	
101003	张三	¥13, 404. 0	¥1, 471. 0	
101004	李四	¥8, 900. 0	¥525. 0	
101005	王五	¥8, 724. 0	¥489. 8	
101006	赵六	¥13, 496. 0	¥1, 494. 0	
101007	孙七	¥5, 620. 0	¥107. 0	
101008	周八	¥5, 724. 0	¥117. 4	
101009	吴九	¥3, 888. 0	¥11. 6	
101010	郑十	¥2, 816. 0	¥0. 0	

工资表 员工基本信息 销售奖金表 ...

6.2.6 计算个人实发工资

实发工资由基本工资、五险一金扣除、绩效奖金、加班奖励、其他扣除等组成。在“工资表”中计算实发工资的具体操作步骤如下。

步骤 01 在“工资表”中，选择E3单元格，输入公式“=C3-D3+奖励扣除表!E3”。按【Enter】键确认，得出员工“刘一”的【实发工资】数据，如下图所示。

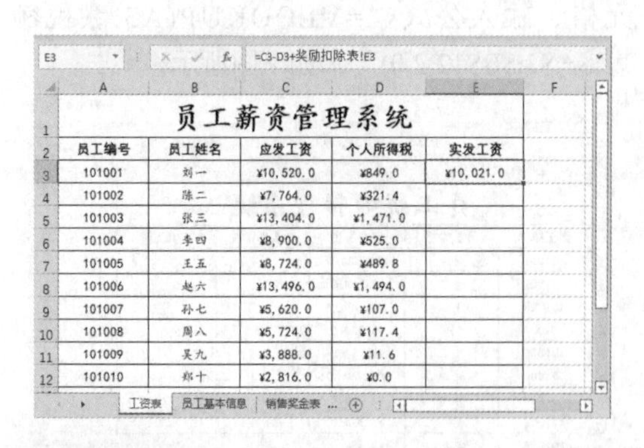
E3 =C3-D3+奖励扣除表!E3

员工薪资管理系统

员工编号	员工姓名	应发工资	个人所得税	实发工资
101001	刘一	¥10, 520. 0	¥849. 0	¥10, 021. 0
101002	陈二	¥7, 764. 0	¥321. 4	
101003	张三	¥13, 404. 0	¥1, 471. 0	
101004	李四	¥8, 900. 0	¥525. 0	
101005	王五	¥8, 724. 0	¥489. 8	
101006	赵六	¥13, 496. 0	¥1, 494. 0	
101007	孙七	¥5, 620. 0	¥107. 0	
101008	周八	¥5, 724. 0	¥117. 4	
101009	吴九	¥3, 888. 0	¥11. 6	
101010	郑十	¥2, 816. 0	¥0. 0	

工资表 员工基本信息 销售奖金表 ...

步骤 02 使用填充柄将公式填充进其余单元格，得出其余员工的【实发工资】数据，如下图所示。

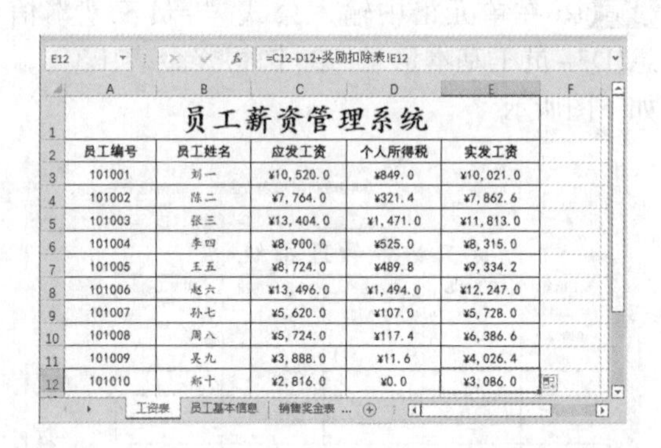
E12 =C12-D12+奖励扣除表!E12

员工薪资管理系统

员工编号	员工姓名	应发工资	个人所得税	实发工资
101001	刘一	¥10, 520. 0	¥849. 0	¥10, 021. 0
101002	陈二	¥7, 764. 0	¥321. 4	¥7, 862. 6
101003	张三	¥13, 404. 0	¥1, 471. 0	¥11, 813. 0
101004	李四	¥8, 900. 0	¥525. 0	¥8, 315. 0
101005	王五	¥8, 724. 0	¥489. 8	¥9, 334. 2
101006	赵六	¥13, 496. 0	¥1, 494. 0	¥12, 247. 0
101007	孙七	¥5, 620. 0	¥107. 0	¥5, 728. 0
101008	周八	¥5, 724. 0	¥117. 4	¥6, 386. 6
101009	吴九	¥3, 888. 0	¥11. 6	¥4, 026. 4
101010	郑十	¥2, 816. 0	¥0. 0	¥3, 086. 0

工资表 员工基本信息 销售奖金表 ...

至此，就完成了员工薪资管理系统的制作。

6.3 其他常用函数的应用

本节介绍Excel 2021中几种常用函数的使用方法。

6.3.1 使用IF函数根据绩效判断应发奖金

IF函数是在Excel 2021中最常用的函数之一，它允许进行逻辑值和看到的内容之间的比较。当内容为TRUE时，执行某些操作，否则执行其他操作。

IF函数具体的功能、格式和参数如下表所示。

IF函数	
功能说明	IF函数根据指定的条件来判断其真（TRUE）、假（FALSE），从而返回相对应的内容
格式	IF(logical_test,value_if_true,[value_if_false])
参数	logical_test：必选参数，表示逻辑判断要测试的条件
	value_if_true：必选参数，表示当判断条件为逻辑真（TRUE）时，显示该处给定的内容，如果忽略，返回TRUE
	value_if_false：可选参数。表示当判断条件为逻辑假（FALSE）时，显示该处给定的内容，如果忽略，返回FALSE

IF函数可以嵌套64层关系式，用参数value_if_true和value_if_false构造复杂的判断条件进行综合评测。不过，在实际工作中不建议这样做，因为多个IF语句要求大量的条件，不容易确保逻辑完全正确。

在对员工进行绩效考核评定时，可以根据员工的业绩来分配奖金。例如当业绩大于或等于10 000时，给予奖金2000元，否则给予奖金1000元，具体操作步骤如下。

步骤01 打开“素材\ch06\员工业绩表.xlsx”文件，在单元格C2中输入公式“=IF(B2>=10000,2000,1000)”，按【Enter】键计算出该员工的奖金，如下图所示。

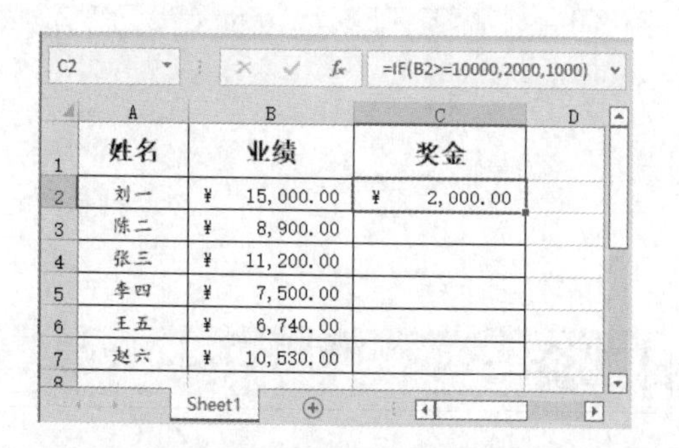

C2 =IF(B2>=10000,2000,1000)

	A	B	C	D
1	姓名	业绩	奖金	
2	刘一	¥ 15,000.00	¥ 2,000.00	
3	陈二	¥ 8,900.00		
4	张三	¥ 11,200.00		
5	李四	¥ 7,500.00		
6	王五	¥ 6,740.00		
7	赵六	¥ 10,530.00		

步骤02 利用快速填充功能填充其他单元格，计算其他员工的奖金，如下图所示。

C7 =IF(B7>=10000,2000,1000)

	A	B	C	D
1	姓名	业绩	奖金	
2	刘一	¥ 15,000.00	¥ 2,000.00	
3	陈二	¥ 8,900.00	¥ 1,000.00	
4	张三	¥ 11,200.00	¥ 2,000.00	
5	李四	¥ 7,500.00	¥ 1,000.00	
6	王五	¥ 6,740.00	¥ 1,000.00	
7	赵六	¥ 10,530.00	¥ 2,000.00	

6.3.2 使用OR函数根据员工性别和职位判断员工是否退休

OR函数是较为常用的逻辑函数，表示“或”的逻辑关系。当一个参数的逻辑值为真时，返回TRUE；当所有参数的逻辑值都为假时，则返回FALSE。

OR函数具体的功能、格式、参数和说明如下表所示。

OR函数	
功能说明	OR函数用于其参数组中，参数的逻辑值为 TRUE，则返回 TRUE；参数的逻辑值为FALSE，则返回FALSE
格式	OR(logical1, [logical2], ...)

续表

OR函数	
参数	logical1, logical2,...：logical1是必选的，后续逻辑值是可选的。这些是1~255个需要进行测试的条件，测试结果可以为TRUE或FALSE
备注	参数必须计算为逻辑值，如 TRUE 或 FALSE，或者为包含逻辑值的数组或引用； 如果数组或引用参数中包含文本或空白单元格，则这些值将被忽略； 如果指定的区域中不包含逻辑值，则OR返回错误值 #VALUE!； 可以使用OR数组公式查看数组中是否出现了某个值，若要输入数组公式，请按【Ctrl+Shift+Enter】组合键

例如，对员工信息进行统计记录后，需要根据年龄判断职工退休与否，这里可以使用OR函数结合AND函数来实现。根据相关规定设定退休条件为男员工60岁，女员工55岁，具体操作步骤如下。

步骤01 打开“素材\ch06\员工退休统计表.xlsx”文件，选择D2单元格，在公式编辑栏中输入公式“=OR(AND(B2="男",C2>60),AND(B2="女",C2>55))”，按【Enter】键即可根据该员工的年龄判断其是否退休。如果是，显示TRUE；反之，则显示FALSE，如下图所示。

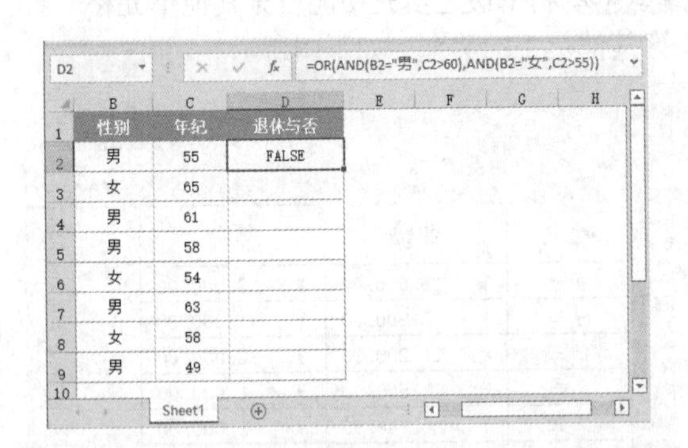

步骤02 利用快速填充功能填充其他单元格，判断其他职工是否退休，如下图所示。

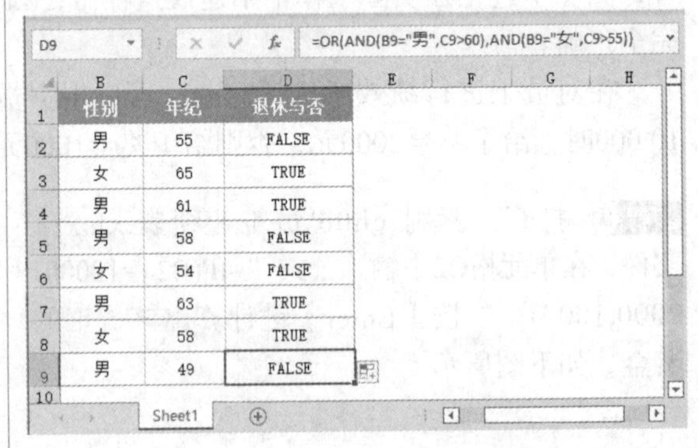

6.3.3 使用HOUR函数计算员工当日工资

HOUR函数用于返回时间值的小时数，其具体的功能说明、格式和参数如下表所示。

HOUR函数	
功能说明	HOUR函数是返回时间值的小时数的函数，用于计算某个时间值或者代表时间的序列编号对应的小时数，该值的取值范围为0~23（包括0和23）的整数（表示一天中的某个小时）
格式	=HOUR(serial_number)
参数	serial_number：表示需要计算小时数的时间。这个参数的数据格式是所有Excel 2021可以识别的时间格式

例如，员工上班的工时工资是15元/小时，可以使用HOUR函数计算员工一天的工资，具体操作步骤如下。

步骤01 打开"素材\ch06\当日工资表.xlsx"文件，设置D2:D7单元格区域格式为【常规】，在D2单元格中输入公式"=HOUR(C2-B2)*25"，按【Enter】键得出计算结果，如下图所示。

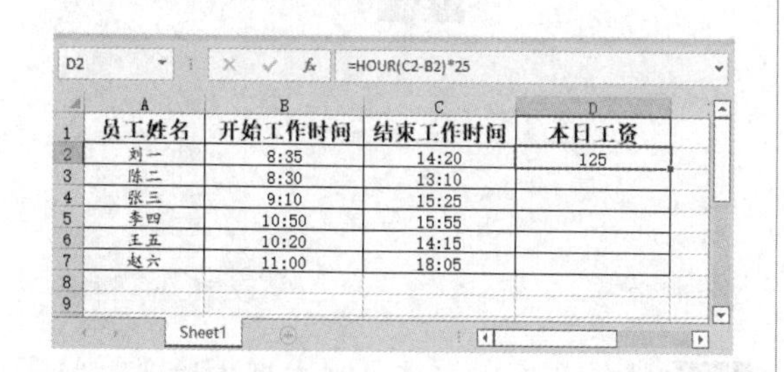

D2 =HOUR(C2-B2)*25

	A	B	C	D
1	员工姓名	开始工作时间	结束工作时间	本日工资
2	刘一	8:35	14:20	125
3	陈二	8:30	13:10	
4	张三	9:10	15:25	
5	李四	10:50	15:55	
6	王五	10:20	14:15	
7	赵六	11:00	18:05	

步骤02 利用快速填充功能完成其他员工的工时工资计算，如下图所示。

D7 =HOUR(C7-B7)*25

	A	B	C	D
1	员工姓名	开始工作时间	结束工作时间	本日工资
2	刘一	8:35	14:20	125
3	陈二	8:30	13:10	100
4	张三	9:10	15:25	150
5	李四	10:50	15:55	125
6	王五	10:20	14:15	75
7	赵六	11:00	18:05	175

6.3.4 使用SUMIFS函数统计某日期区域的销售金额

SUMIF函数仅用于对满足一个条件的值相加，而SUMIFS函数可以用于计算满足多个条件的全部参数的总和。SUMIFS函数具体的功能说明、格式和参数如下表所示。

SUMIFS函数	
功能说明	对一组给定条件指定的单元格求和
格式	SUMIFS(sum_range, criteria_range1, criteria1, [criteria_range2, criteria2], ...)
参数	sum_range：必选参数，表示对一个或多个单元格求和，包括数字或包含数字的名称、名称、区域或单元格引用，空值和文本值将被忽略
	criteria_range1：必选参数，表示在其中计算关联条件的第一个区域
	criteria1：必选参数，表示条件的形式为数字、表达式、单元格引用或文本，可用来定义对criteria_range参数中的哪些单元格求和
	criteria_range2, criteria2, ...：可选参数，表示附加的区域及其关联条件，最多可以输入127个区域及条件对

例如，如果需要对A1:A20单元格区域中的单元格的数值求和，且需满足：B1:B20单元格区域中的相应数值大于零（0）且C1:C20单元格区域中的相应数值小于10，就可以采用如下公式。

=SUMIFS(A1:A20,B1:B20,">0",C1:C20,"<10")

如果想要在销售统计表中统计出一定日期区域内的销售金额，可以使用SUMIFS函数来实现。下面用SUMIFS函数计算2022年2月1日到2022年2月10日期间的销售金额，具体操作步骤如下。

步骤01 打开"素材\ch06\统计某日期区域的销售金额.xlsx"文件。选择B10单元格，单击【插入函数】按钮，如下图所示。

	A	B	C	D	E
1	日期	产品名称	产品类别	销售量	销售金额
2	2022/2/2	洗衣机	[illegible]	15	12000
3	2022/2/22	冰箱	电器	3	15000
4	2022/2/3	衣柜	家居	8	7200
5	2022/2/24	跑步机	健身器材	2	4600
6	2022/2/5	双人床	家居	5	4500
7	2022/2/26	空调	电器	7	21000
8	2022/2/10	收腹机	健身器材	16	3200

单击

步骤02 弹出【插入函数】对话框，单击【或选择类别】文本框右侧的下拉按钮，在弹出的下拉列表中选择【数学与三角函数】选项，在【选择函数】列表框中选择【SUMIFS】函数，单击【确定】按钮，如下页图所示。

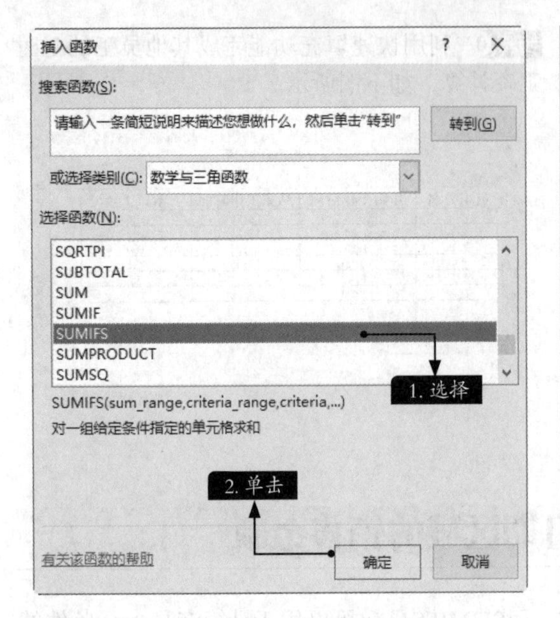

步骤03 弹出【函数参数】对话框，单击【Sum_range】文本框右侧的按钮，如下图所示。

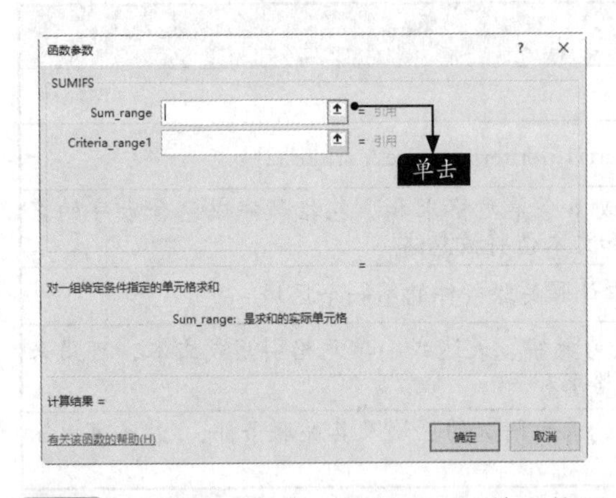

步骤04 返回到工作表，选择E2:E8单元格区域，单击【函数参数】对话框右侧的按钮，如下图所示。

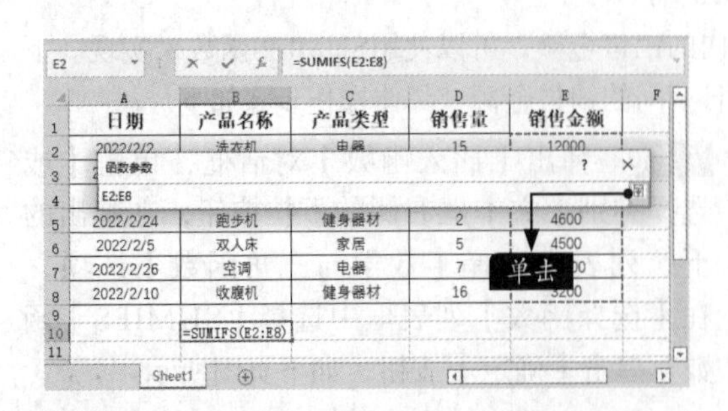

步骤05 返回【函数参数】对话框，使用同样的方法设置参数【Criteria_range1】的数据区域为【A2:A8】，如右上图所示。

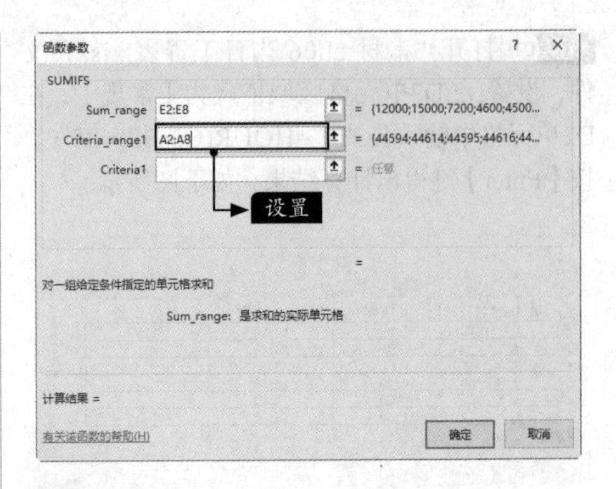

步骤06 在【Criteria1】文本框中输入"">2022-2-1""，设置区域1的条件参数，如下图所示。

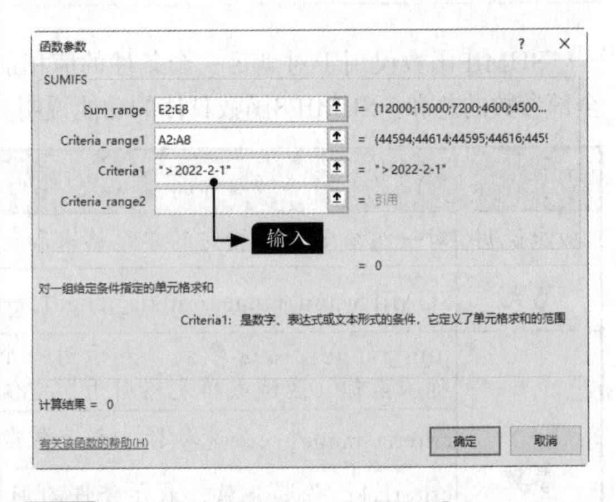

步骤07 使用同样的方法设置【Criteria_range2】为【A2:A8】，【Criteria2】为【"<2022-2-10"】，单击【确定】按钮，如下图所示。

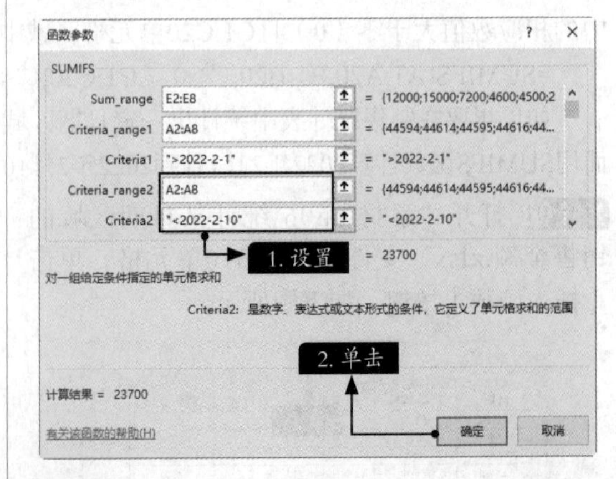

步骤08 返回到工作表，即可计算出2022年2月1日到2022年2月10日期间的【销售金额】数据，在公式编辑栏中显示出计算公式

“=SUMIFS(E2:E8,A2:A8,">2022-2-1",A2:A8,"<2022-2-10")”，如下图所示。

B10 =SUMIFS(E2:E8,A2:A8,">2022-2-1",A2:A8,"<2022-2-10")

	A	B	C	D	E
1	日期	产品名称	产品类型	销售量	销售金额
2	2022/2/2	洗衣机	电器	15	12000
3	2022/2/22	冰箱	电器	3	15000
4	2022/2/3	衣柜	家居	8	7200
5	2022/2/24	跑步机	健身器材	2	4600
6	2022/2/5	双人床	家居	5	4500
7	2022/2/26	空调	电器	7	21000
8	2022/2/10	收腹机	健身器材	16	3200
9					
10		23700			
11					

6.3.5 使用PRODUCT函数计算每件商品的金额

PRODUCT函数用来计算给出数字的乘积，其具体的功能说明、格式和参数如下表所示。

PRODUCT函数	
功能说明	使所有以参数形式给出的数字相乘并返回乘积
格式	PRODUCT(number1,[number2],...)
参数	number1：必选参数，其表示要相乘的第一个数字或单元格区域
	number2,...：可选参数，其表示要相乘的其他数字或单元格区域，最多可以使用255个参数

例如，如果单元格A1和A2中包含数字，则可以使用公式“=PRODUCT(A1,A2)”将这两个数字相乘，也可以通过使用乘号“*”（如“=A1*A2”）执行相同的操作。

当需要对多个单元格中的数字进行相乘时，PRODUCT函数很有用。例如，公式“=PRODUCT(A1:A3, C1:C3)”等价于“=A1*A2*A3*C1*C2*C3”。

如果要在乘积结果后乘以某个数值，如公式“=PRODUCT(A1:A2,2)”，则等价于“=A1*A2*2”。

例如，一些公司的商品会不定时做促销活动，需要根据商品的单价、数量及折扣来计算每件商品的金额，使用PRODUCT函数可以实现这一操作，具体操作步骤如下。

步骤01 打开“素材\ch06\计算每件商品的金额.xlsx”文件，选择单元格E2，在编辑栏中输入公式“=PRODUCT(B2,C2,D2)”，按【Enter】键，计算出该产品的【金额】数据，如下图所示。

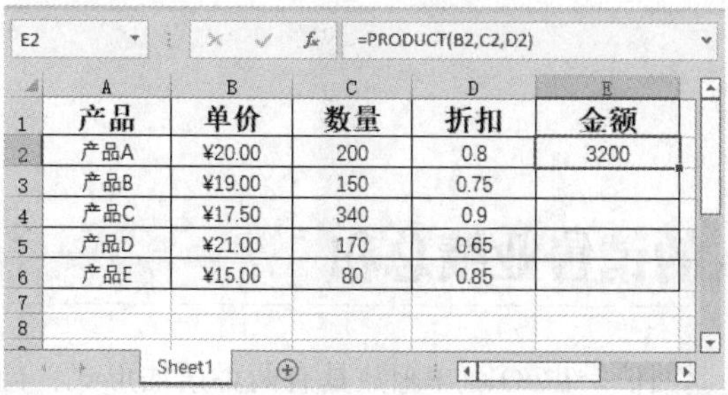

E2 =PRODUCT(B2,C2,D2)

	A	B	C	D	E
1	产品	单价	数量	折扣	金额
2	产品A	¥20.00	200	0.8	3200
3	产品B	¥19.00	150	0.75	
4	产品C	¥17.50	340	0.9	
5	产品D	¥21.00	170	0.65	
6	产品E	¥15.00	80	0.85	

步骤02 利用快速填充功能完成其他产品【金额】数据的计算，如下图所示。

E6 =PRODUCT(B6,C6,D6)

	A	B	C	D	E
1	产品	单价	数量	折扣	金额
2	产品A	¥20.00	200	0.8	3200
3	产品B	¥19.00	150	0.75	2137.5
4	产品C	¥17.50	340	0.9	5355
5	产品D	¥21.00	170	0.65	2320.5
6	产品E	¥15.00	80	0.85	1020

6.3.6 使用FIND函数判断商品的类型

FIND函数是用于查找文本字符串的函数，具体的功能说明、格式、参数和备注如下表所示。

FIND函数	
功能说明	FIND函数是用于查找文本字符串的函数，以字符为单位，查找一个文本字符串在另一个字符串中出现的起始位置编号
格式	FIND(find_text, within_text, start_num)
参数	find_text：必选参数，表示要查找的文本或文本所在的单元格，输入要查找的文本需要用双引号引起来，find_text不允许包含通配符，否则返回错误值#VALUE!
	within_text：必选参数，包含要查找的文本或文本所在的单元格，within_text中没有find_text，FIND函数则返回错误值#VALUE!
	start_num：必选参数，指定开始搜索的字符，如果省略start_num则其值为1，如果start_num不大于0，FIND函数则返回错误值#VALUE!
备注	如果find_text为空文本("")，则FIND函数会匹配搜索字符串中的首字符（即编号为start_num或1的字符）； find_text不能包含任何通配符； 如果within_text中没有find_text，则FIND和FINDB函数返回错误值#VALUE!； 如果start_num不大于0，则FIND和FINDB函数返回错误值#VALUE!； 如果start_num大于within_text的长度，则FIND和FINDB函数返回错误值#VALUE!

例如，仓库中有两种商品，假设商品编号以A开头的为生活用品，以B开头的为办公用品，使用FIND函数可以判断商品的类型，商品编号以A开头的商品显示为“生活用品”，否则显示为“办公用品”。下面通过FIND函数来判断商品的类型，具体操作步骤如下。

步骤01 打开“素材\ch06\判断商品的类型.xlsx”文件，选择单元格B2，在其中输入公式“=IF(ISERROR(FIND("A",A2)),IF(ISERROR(FIND("B",A2)),"","办公用品"),"生活用品")”，按【Enter】键，即可显示该商品的类型，如下图所示。

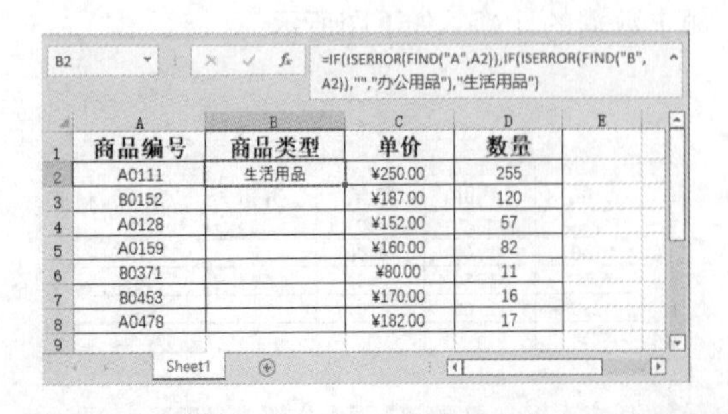

商品编号	商品类型	单价	数量
A0111	生活用品	¥250.00	255
B0152		¥187.00	120
A0128		¥152.00	57
A0159		¥160.00	82
B0371		¥80.00	11
B0453		¥170.00	16
A0478		¥182.00	17

步骤02 利用快速填充功能完成其他单元格的操作，如下图所示。

B8 =IF(ISERROR(FIND("A",A8)),IF(ISERROR(FIND("B",A8)),"","办公用品"),"生活用品")

商品编号	商品类型	单价	数量
A0111	生活用品	¥250.00	255
B0152	办公用品	¥187.00	120
A0128	生活用品	¥152.00	57
A0159	生活用品	¥160.00	82
B0371	办公用品	¥80.00	11
B0453	办公用品	¥170.00	16
A0478	生活用品	¥182.00	17

Sheet1

6.3.7 使用LOOKUP函数计算多人的销售业绩总和

LOOKUP函数可以从单行或单列区域或者数组返回值。LOOKUP函数具有两种语法形式：向量形式和数组形式，如下表所示。

语法形式	功能说明	用法
向量形式	在单行区域或单列区域（称为向量）中查找值，然后返回第二个单行区域或单列区域中相同位置的值	当要查询的值列表较大或者值可能会随时间而改变时，使用该向量形式
数组形式	在数组的第一行或第一列中查找指定的值，然后返回数组的最后一行或最后一列中相同位置的值	当要查询的值列表较小或者值在一段时间内保持不变时，使用该数组形式

1. 向量形式

向量是只含一行或一列的区域。LOOKUP函数的向量形式在单行区域或单列区域（称为向量）中查找值，然后返回第二个单行区域或单列区域中相同位置的值。当用户要指定包含要匹配的值的区域时，请使用LOOKUP函数的这种形式。LOOKUP函数的另一种形式将自动在第一行或第一列中进行查找。向量形式的LOOKUP 函数具体的功能说明、格式、参数和备注如下表所示。

LOOKUP函数：向量形式	
功能说明	LOOKUP函数可从单行或单列区域或者从一个数组返回值
格式	LOOKUP(lookup_value, lookup_vector, [result_vector])
参数	lookup_value：必选参数，LOOKUP函数在第一个向量中搜索的值，lookup_value可以是数字、文本、逻辑值、名称或对值的引用
	lookup_vector：必选参数，只包含一行或一列的区域，lookup_vector的值可以是文本、数字或逻辑值
	result_vector：可选参数，只包含一行或一列的区域，result_vector参数必须与lookup_vector参数大小相同
备注	如果LOOKUP函数找不到lookup_value，则该函数会与lookup_vector中小于或等于lookup_value的最大值进行匹配； 如果lookup_value小于lookup_vector中的最小值，则LOOKUP函数会返回#N/A错误值

2. 数组形式

LOOKUP函数的数组形式在数组的第一行或第一列中查找指定的值，并返回数组最后一行或最后一列中同一位置的值。当要匹配的值位于数组的第一行或第一列中时，请使用LOOKUP函数的这种形式。当要指定列或行的位置时，请使用LOOKUP函数的另一种形式。

LOOKUP函数的数组形式与HLOOKUP和VLOOKUP函数非常相似。两者的区别在于：HLOOKUP函数在第一行中搜索lookup_value的值，VLOOKUP函数在第一列中搜索，而LOOKUP函数根据数组维度进行搜索。一般情况下，最好使用HLOOKUP或VLOOKUP函数，而不是LOOKUP函数的数组形式。LOOKUP函数的这种形式是为了与其他电子表格程序兼容而提供的。数组形式的LOOKUP函数具体的功能说明、格式、参数和备注如下表所示。

LOOKUP函数：数组形式	
功能说明	LOOKUP函数的数组形式在数组的第一行或第一列中查找指定的值，并返回数组最后一行或最后一列中同一位置的值
格式	LOOKUP(lookup_value,array)
参数	lookup_value：必选参数，为LOOKUP函数在数组中搜索的值，lookup_value可以是数字、文本、逻辑值、名称或对值的引用
	array：必选参数，包含要与lookup_value进行比较的数字、文本或逻辑值的单元格区域
备注	如果数组包含宽度比高度大的区域（列数多于行数），LOOKUP函数会在第一行中搜索lookup_value的值； 如果数组是正方的或者高度大于宽度（行数多于列数），LOOKUP函数会在第一列中进行搜索； 使用HLOOKUP和VLOOKUP函数，可以通过索引以向下或遍历的方式搜索，但是LOOKUP函数始终选择行或列中的最后一个值

使用LOOKUP函数，在选中区域处于升序条件下可查找多个值，具体操作步骤如下。

步骤 01 打开“素材\ch06\销售业绩总和.xlsx”文件，选择A3:A8单元格区域，单击【数据】选项卡下【排序和筛选】选项组中的【升序】按钮进行排序，如下图所示。

步骤 02 弹出【排序提醒】对话框，选择【扩展选定区域】单选项，单击【排序】按钮，如下图所示。

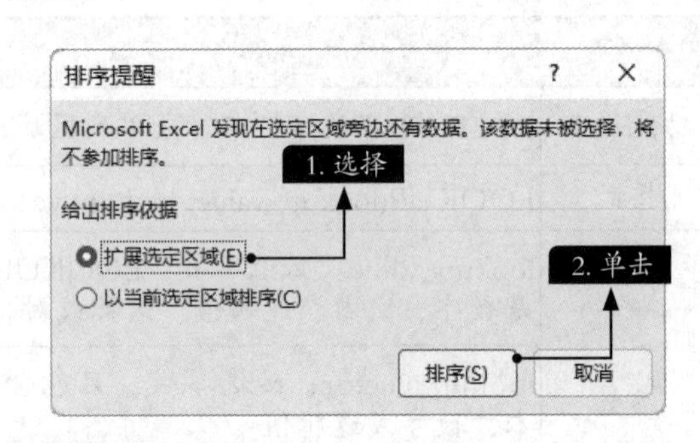

步骤 03 排序结果如下图所示。

	A	B	C	D	E	F
1		表1			表2	
2	姓名	地区	销售业绩		条件区域	
3	陈二	南区	3154		陈二	
4	李四	西区	1587		李四	
5	刘一	东区	4512		王五	
6	王五	东区	3254			
7	张三	北区	7523			
8	赵六	西区	9541		计算结果	

步骤 04 选择单元格F8，输入公式“=SUM(LOOKUP(E3:E5,A3:C8))”，按【Ctrl+Shift+Enter】组合键，计算出结果，如下图所示。

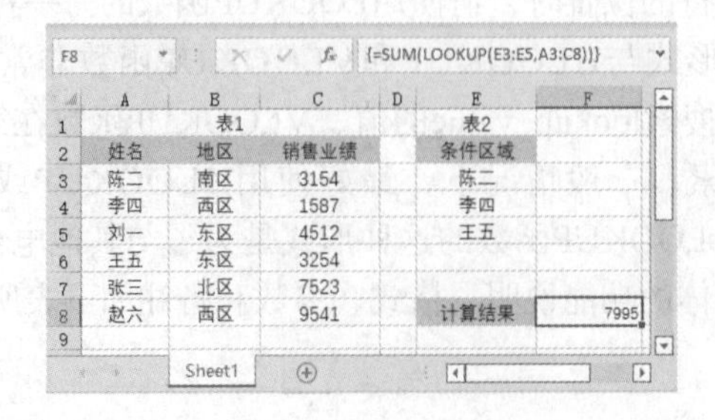

6.3.8 使用COUNTIF函数查询重复的电话记录

COUNTIF函数是一个统计函数，用于统计满足某个条件的单元格的数量。COUNTIF函数具体的功能说明、格式及参数如下表所示。

COUNTIF函数	
功能说明	对区域中满足单个指定条件的单元格进行计数
格式	COTNTIF（range,criteria）
参数	range：必选参数，该参数表示要对其进行计数的一个或多个单元格，其中包括数字或名称、数组或包含数字的引用，空值或文本值将被忽略
	criteria：必选参数，用来确定将对哪些单元格进行计数，可以是数字、表达式、单元格引用或文本字符串

使用IF函数和COUNTIF函数，可以轻松统计出重复数据，具体的操作步骤如下。

步骤01 打开 “素材\ch06\来电记录表.xlsx”文件，在D3单元格中输入公式“=IF((COUNTIF($C$3:$C$10,C3))>1,"重复","")”，按【Enter】键，计算出是否存在重复，如下图所示。

D3 =IF((COUNTIF($C$3:$C$10,C3))>1,"重复","")

	A	B	C	D
1	电话来访记录表			
2	开始时间	结束时间	电话来电	重复
3	8:00	8:30	123456	
4	9:00	9:30	456123	
5	10:00	10:30	456321	
6	11:00	11:30	456123	
7	12:00	12:30	123789	
8	13:00	13:30	987654	
9	14:00	14:30	456789	
10	15:00	15:38	321789	

步骤02 使用填充柄快速填充D3:D10单元格区域，最终计算结果如下图所示。

D4 =IF((COUNTIF($C$3:$C$10,C4))>1,"重复","")

	A	B	C	D
1	电话来访记录表			
2	开始时间	结束时间	电话来电	重复
3	8:00	8:30	123456	
4	9:00	9:30	456123	重复
5	10:00	10:30	456321	
6	11:00	11:30	456123	重复
7	12:00	12:30	123789	
8	13:00	13:30	987654	
9	14:00	14:30	456789	
10	15:00	15:38	321789	

高手私房菜

技巧1：使用XMATCH函数返回项目在数组中的位置

使用XMATCH函数可以在数组或单元格区域中搜索指定项，然后返回该项的相对位置，该函数语法如下。

=XMATCH (lookup_value、lookup_array、[match_mode]、[search_mode])

XMATCH函数的参数及功能说明如下页表所示。

参数	功能说明
lookup_value 必选	查找值
lookup_array 必选	要搜索的数组或区域
[match_mode] 可选	指定匹配类型： 0：完全匹配（默认值）； -1：完全匹配或下一个最小项； 1：完全匹配或下一个最大项； 2：通配符匹配，其中*、？和～有特殊含义
[search_mode] 可选	指定搜索类型： 1：顺序搜索（默认值）； -1：倒序搜索； 2：执行依赖于lookup_array按升序排列的二进制搜索，如果未排序，将返回无效结果； 2：执行依赖于lookup_array按降序排列的二进制搜索，如果未排序，将返回无效结果

员工销售表中记录了每位员工的月销售额，只有月销售额大于100000元的员工才能获得奖励，现在要统计能够获得奖励的员工数量，具体操作步骤如下。

步骤01 打开“素材\ch06\XMATCH函数.xlsx”文件，选择G4单元格，如下图所示。

	A	B	C	D	E	F	G
1	员工编号	姓名	所属部门	月销售额		奖励起始销售额	¥100,000.00
2	001	陈一	市场部	¥490,000.00			
3	002	王二	研发部	¥160,000.00			
4	003	张三	研发部	¥41,000.00		获得奖励员工数量	
5	004	李四	研发部	¥100,000.00			
6	005	钱五	研发部	¥40,000.00			
7	006	赵六	研发部	¥190,000.00			
8	007	钱七	研发部	¥40,000.00			
9	008	张八	办公室	¥40,000.00			
10	009	周九	办公室	¥160,000.00			
11							

步骤02 输入公式“=XMATCH(G1,D2:D10,1)”，如下图所示。

XMATCH　=XMATCH(G1,D2:D10,1)

	A	B	C	D	E	F	G	H
1	员工编号	姓名	所属部门	月销售额		奖励起始销售额	¥100,000.00	
2	001	陈一	市场部	¥490,000.00				
3	002	王二	研发部	¥160,000.00				
4	003	张三	研发部	¥41,000.00		获得奖励员工数量	=XMATCH(G1,D2:D10,1)	
5	004	李四	研发部	¥100,000.00				
6	005	钱五	研发部	¥40,000.00				
7	006	赵六	研发部	¥190,000.00				
8	007	钱七	研发部	¥40,000.00				
9	008	张八	办公室	¥40,000.00				
10	009	周九	办公室	¥160,000.00				
11								

步骤03 按【Enter】键，计算出月销售额大于100000元的员工数量，如下图所示。

G4 =XMATCH(G1,D2:D10,1)

	A	B	C	D	E	F	G
1	员工编号	姓名	所属部门	月销售额		奖励起始销售额	¥100,000.00
2	001	陈一	市场部	¥490,000.00			
3	002	王二	研发部	¥160,000.00			
4	003	张三	研发部	¥41,000.00		获得奖励员工数量	4
5	004	李四	研发部	¥100,000.00			
6	005	钱五	研发部	¥40,000.00			
7	006	赵六	研发部	¥190,000.00			
8	007	钱七	研发部	¥40,000.00			
9	008	张八	办公室	¥40,000.00			
10	009	周九	办公室	¥160,000.00			
11							

技巧2：使用LET函数将计算结果分配给名称

LET 函数能够将计算结果分配给名称，这样可以存储中间计算、值或定义公式中的名称。若要在 Excel 2021中使用 LET 函数，需先定义名称及关联值对，再定义一个使用所有这些项的计算。需要注意的是，必须至少定义一对名称及关联值对（变量），LET函数最多支持定义 126 对。

=LET(name1,name_value1,calculation_or_name2,[name_value2, calculation_or_name3...])

LET函数的参数及功能说明如下表所示。

参数	功能说明
name1 必选	要分配的第一个名称，必须以字母开头
name_value1 必选	分配给 name1 的值
calculation_or_name2 必选	下列任一项： 使用 LET 函数中的所有名称的计算，必须是 LET 函数中的最后一个参数； 分配给第二个 name_value 的第二个名称，如果指定了名称，则 name_value2 和 calculation_or_name3 是必选的
name_value2 可选	分配给 calculation_or_name2 的值
calculation_or_name3 可选	下列任一项： 使用 LET 函数中的所有名称的计算，LET函数中的最后一个参数必须是一个计算； 分配给第三个 name_value 的第三个名称，如果指定了名称，则 name_value3 和 calculation_or_name4 是必选的

使用LET函数将计算结果分配给名称的具体操作步骤如下。

步骤01 选择A1单元格，输入公式“=LET(x,2,y,3,x*y)”，如下页图所示。

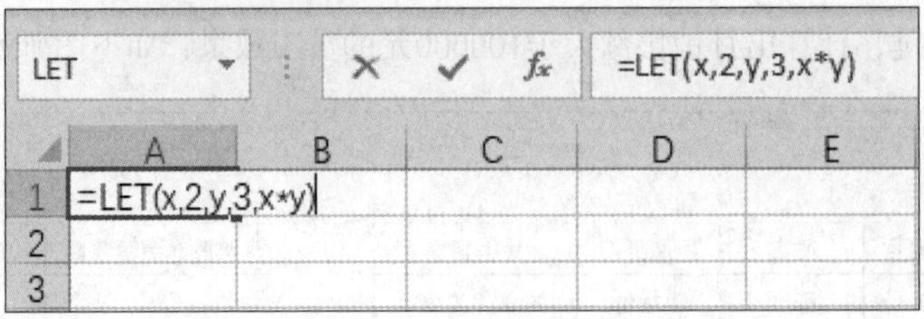

LET | =LET(x,2,y,3,x*y)

	A	B	C	D	E
1	=LET(x,2,y,3,x*y)				
2					
3					

步骤 02 按【Enter】键，显示计算结果为【6】，如下图所示。

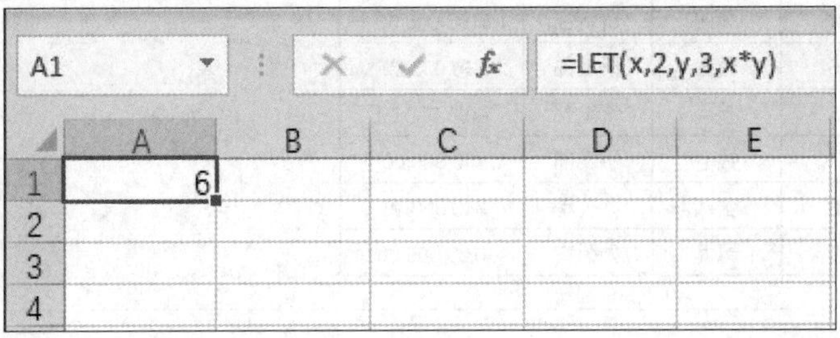

A1 | =LET(x,2,y,3,x*y)

	A	B	C	D	E
1	6				
2					
3					
4					

第 7 章

数据的基本分析

数据分析是 Excel 2021的重要功能。通过Excel 2021的排序功能可以将数据表中的数据按照特定的规则排序，便于用户观察数据之间的规律；通过筛选功能可以对数据进行“过滤”，将满足用户条件的数据单独显示出来；通过分类显示和分类汇总功能可以对数据进行分类；通过合并计算功能可以汇总单独区域中的数据，在单个输出区域中合并计算结果等。

学习效果

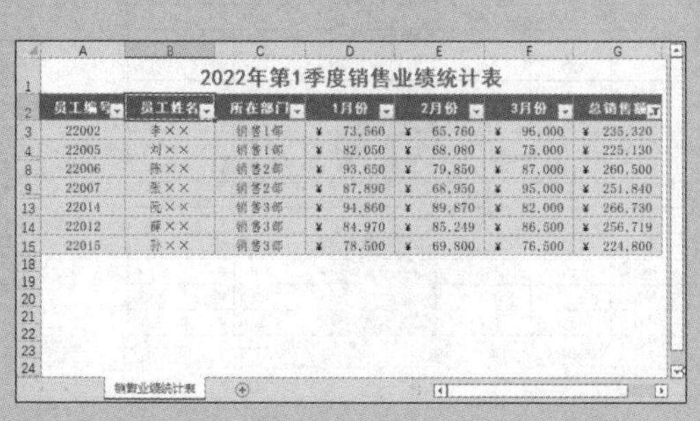

2022年第1季度销售业绩统计表

员工编号	员工姓名	所在部门	1月份	2月份	3月份	总销售额
22002	李××	销售1部	¥ 73,560	¥ 65,760	¥ 96,000	¥ 235,320
22005	刘××	销售1部	¥ 82,050	¥ 68,080	¥ 75,000	¥ 225,130
22006	陈××	销售2部	¥ 93,650	¥ 79,850	¥ 87,000	¥ 260,500
22007	张××	销售2部	¥ 87,890	¥ 68,950	¥ 95,000	¥ 251,840
22014	阮××	销售3部	¥ 94,860	¥ 89,870	¥ 82,000	¥ 266,730
22012	薛××	销售3部	¥ 84,970	¥ 85,249	¥ 86,500	¥ 256,719
22015	孙××	销售3部	¥ 78,500	¥ 69,800	¥ 76,500	¥ 224,800

销售业绩统计表

销售情况表

销售日期	购货单位	产品	数量	单价	合计
2022/3/25	XX数码店	AI音箱	260	¥ 199.00	¥ 51,740.00
2022/3/5	XX数码店	VR眼镜	100	¥ 213.00	¥ 21,300.00
2022/3/15	XX数码店	VR眼镜	50	¥ 213.00	¥ 10,650.00
2022/3/15	XX数码店	蓝牙音箱	60	¥ 78.00	¥ 4,680.00
2022/3/30	XX数码店	平衡车	30	¥ 999.00	¥ 29,970.00
2022/3/16	XX数码店	智能手表	60	¥ 399.00	¥ 23,940.00
2022/3/15	YY数码店	AI音箱	300	¥ 199.00	¥ 59,700.00
2022/3/25	YY数码店	VR眼镜	200	¥ 213.00	¥ 42,600.00
2022/3/4	YY数码店	蓝牙音箱	50	¥ 78.00	¥ 3,900.00
2022/3/30	YY数码店	智能手表	200	¥ 399.00	¥ 79,800.00
2022/3/8	YY数码店	智能手表	150	¥ 399.00	¥ 59,850.00

销售情况表

7.1 分析产品销售表

条件格式是指当条件为真时，自动应用于所选单元格的格式（如单元格的底纹或字体颜色）。设置条件格式是指在所选的单元格中符合条件的单元格以一种格式显示，不符合条件的单元格以另一种格式显示。

下面就以产品销售表为例，介绍条件格式的使用方法。

7.1.1 突出显示单元格效果

在表格文件中可以突出显示大于、小于、介于、等于、文本包含和发生日期为某一值或者在某个值区间的单元格，也可以突出显示重复值。在产品销售表中突出显示【销售数量】列数据大于10的单元格的具体操作步骤如下。

步骤01 打开“素材\ch07\分析产品销售表.xlsx”文件，选择D3:D17单元格区域，如下图所示。

产品销售表					
月份	日期	产品名称	销售数量	单价	销售额
1月份	3	产品A	6	¥ 1,050	¥ 6,300
1月份	11	产品B	18	¥ 900	¥ 16,200
1月份	15	产品C	5	¥ 1,100	¥ 5,500
1月份	23	产品D	10	¥ 1,200	¥ 12,000
1月份	26	产品E	7	¥ 1,500	¥ 10,500
2月份	3	产品A	15	¥ 1,050	¥ 15,750
2月份	9	产品B	7	¥ 900	¥ 6,300
2月份	15	产品C	8	¥ 1,100	¥ 8,800
2月份	21	产品D	8	¥ 1,200	¥ 9,600
2月份	27	产品E	9	¥ 1,500	¥ 13,500
3月份	3	产品A	5	¥ 1,050	¥ 5,250
3月份	9	产品B	9	¥ 900	¥ 8,100
3月份	15	产品C	11	¥ 1,100	¥ 12,100
3月份	21	产品D	7	¥ 1,200	¥ 8,400
3月份	27	产品E	8	¥ 1,500	¥ 12,000

步骤02 单击【开始】选项卡下【样式】选项组中的【条件格式】按钮，在弹出的下拉列表中选择【突出显示单元格规则】下的【大于】选项，如下图所示。

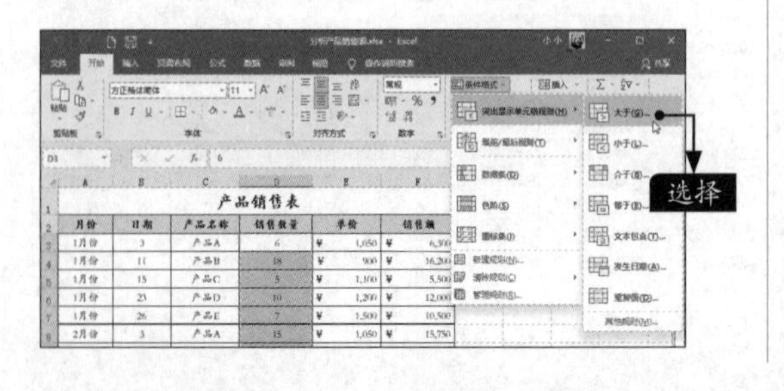

步骤03 在弹出的【大于】对话框的文本框中输入“10”，在【设置为】下拉列表中选择【绿填充色深绿色文本】选项，单击【确定】按钮，如下图所示。

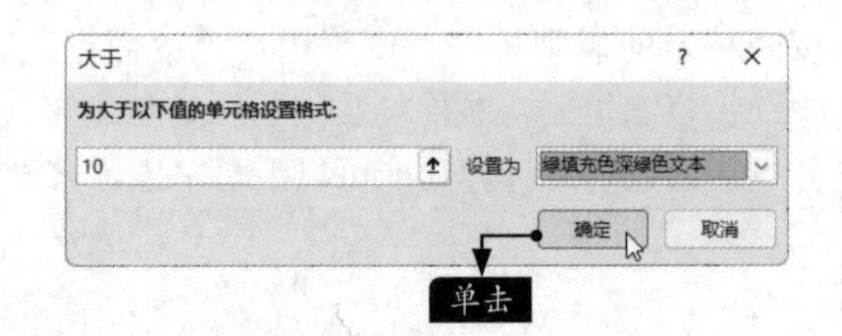

步骤04 突出显示【销售数量】大于10的单元格，效果如下图所示。

产品销售表					
月份	日期	产品名称	销售数量	单价	销售额
1月份	3	产品A	6	¥ 1,050	¥ 6,300
1月份	11	产品B	18	¥ 900	¥ 16,200
1月份	15	产品C	5	¥ 1,100	¥ 5,500
1月份	23	产品D	10	¥ 1,200	¥ 12,000
1月份	26	产品E	7	¥ 1,500	¥ 10,500
2月份	3	产品A	15	¥ 1,050	¥ 15,750
2月份	9	产品B	7	¥ 900	¥ 6,300
2月份	15	产品C	8	¥ 1,100	¥ 8,800
2月份	21	产品D	8	¥ 1,200	¥ 9,600
2月份	27	产品E	9	¥ 1,500	¥ 13,500
3月份	3	产品A	5	¥ 1,050	¥ 5,250
3月份	9	产品B	9	¥ 900	¥ 8,100
3月份	15	产品C	11	¥ 1,100	¥ 12,100
3月份	21	产品D	7	¥ 1,200	¥ 8,400
3月份	27	产品E	8	¥ 1,500	¥ 12,000

7.1.2 使用小图标显示销售业绩

使用图标集，可以对数据进行注释，并且可以按阈值将数据分为3到5个类别。每个图标代表一个值的范围。使用五向箭头显示销售额的具体操作步骤如下。

步骤01 在打开的素材文件中，选择F3:F17单元格区域。单击【开始】选项卡下【样式】选项组中的【条件格式】按钮，在弹出的下拉列表中选择【图标集】中【方向】下的【五向箭头（彩色）】选项，如下图所示。

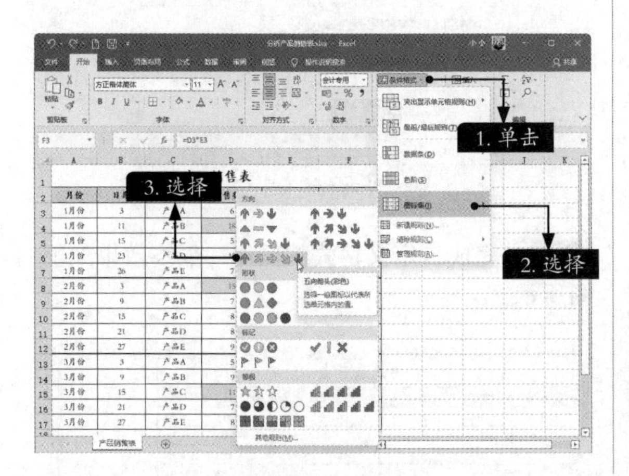

步骤02 使用小图标显示销售业绩，效果如下图所示。

产品销售表

月份	日期	产品名称	销售数量	单价	销售额
1月份	3	产品A	6	¥ 1,050	¥ 6,300
1月份	11	产品B	18	¥ 900	¥ 16,200
1月份	15	产品C	5	¥ 1,100	¥ 5,500
1月份	23	产品D	10	¥ 1,200	¥ 12,000
1月份	26	产品E	7	¥ 1,500	¥ 10,500
2月份	3	产品A	15	¥ 1,050	¥ 15,750
2月份	9	产品B	7	¥ 900	¥ 6,300
2月份	15	产品C	8	¥ 1,100	¥ 8,800
2月份	21	产品D	8	¥ 1,200	¥ 9,600
2月份	27	产品E	9	¥ 1,500	¥ 13,500
3月份	3	产品A	5	¥ 1,050	¥ 5,250
3月份	9	产品B	9	¥ 900	¥ 8,100
3月份	15	产品C	11	¥ 1,100	¥ 12,100
3月份	21	产品D	7	¥ 1,200	¥ 8,400
3月份	27	产品E	8	¥ 1,500	¥ 12,000

产品销售表

小提示

此外，还可以使用项目选取规则、数据条和色阶等突出显示数据，操作方法类似，这里就不再赘述了。

7.1.3 使用自定义格式

用自定义格式分析产品销售表的具体操作步骤如下。

步骤01 在打开的素材文件中，选择E3:E17单元格区域，如下图所示。

产品销售表

月份	日期	产品名称	销售数量	单价	销售额
1月份	3	产品A	6	¥ 1,050	¥ 6,300
1月份	11	产品B	18	¥ 900	¥ 16,200
1月份	15	产品C	5	¥ 1,100	¥ 5,500
1月份	23	产品D	10	¥ 1,200	¥ 12,000
1月份	26	产品E	7	¥ 1,500	¥ 10,500
2月份	3	产品A	15	¥ 1,050	¥ 15,750
2月份	9	产品B	7	¥ 900	¥ 6,300
2月份	15	产品C	8	¥ 1,100	¥ 8,800
2月份	21	产品D	8	¥ 1,200	¥ 9,600
2月份	27	产品E	9	¥ 1,500	¥ 13,500
3月份	3	产品A	5	¥ 1,050	¥ 5,250
3月份	9	产品B	9	¥ 900	¥ 8,100
3月份	15	产品C	11	¥ 1,100	¥ 12,100
3月份	21	产品D	7	¥ 1,200	¥ 8,400
3月份	27	产品E	8	¥ 1,500	¥ 12,000

产品销售表

步骤02 单击【开始】选项卡下【样式】选项组中的【条件格式】按钮，在弹出的下拉列表中选择【新建规则】选项，如下图所示。

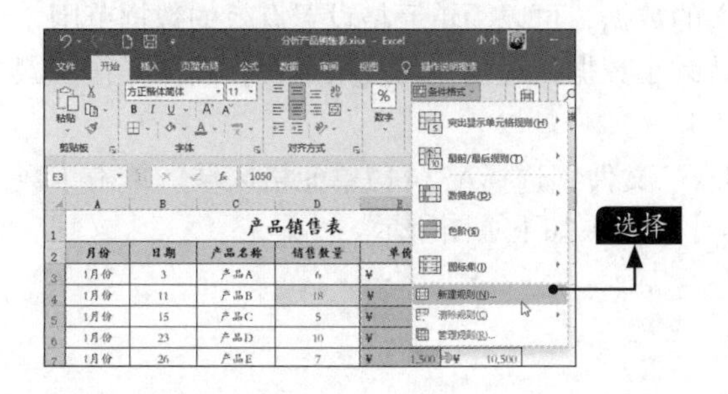

步骤03 弹出【新建格式规则】对话框，在【选择规则类型】列表框中选择【仅对高于或低于平均值的数值设置格式】选项，在下方【编辑规则说明】区域的【为满足以下条件的值设置格式】下拉列表中选择【高于】选项，单击【格式】按钮，如下图所示。

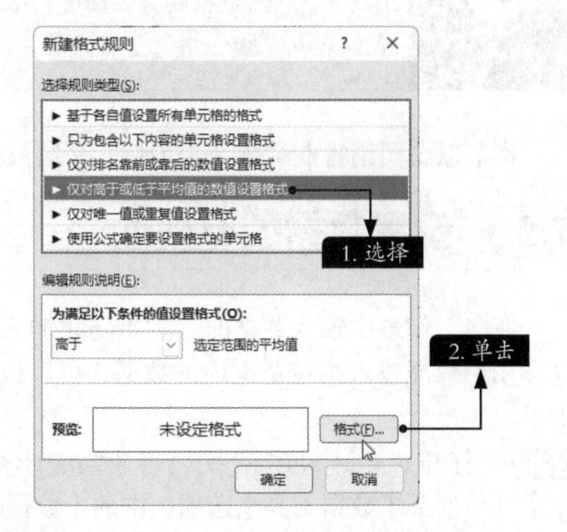

步骤04 弹出【设置单元格格式】对话框，单击【字体】选项卡，设置【字体颜色】为【红

色】。单击【填充】选项卡，选择一种背景颜色，单击【确定】按钮，如下图所示。

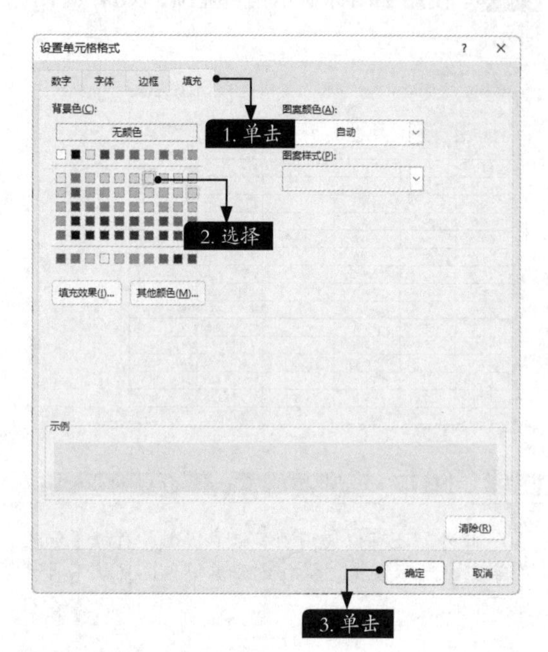

步骤 05 返回至【新建格式规则】对话框，在【预览】区域即可看到预览效果，单击【确定】按钮，如右上图所示。

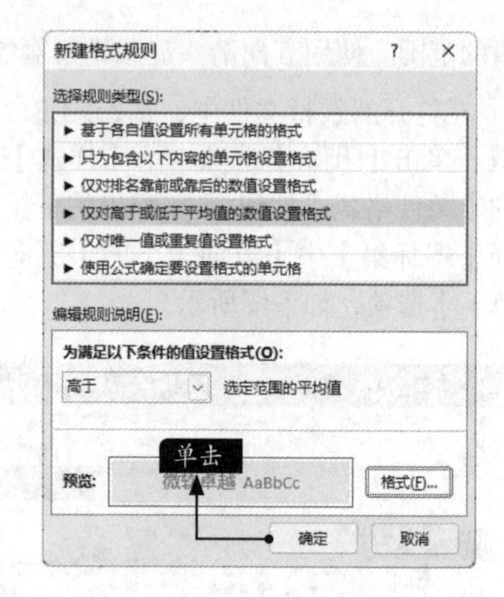

步骤 06 完成自定义格式的操作，最终效果如下图所示。

产品销售表

月份	日期	产品名称	销售数量	单价	销售额
1月份	3	产品A	6	¥ 1,050	¥ 6,300
1月份	11	产品B	18	¥ 900	¥ 16,200
1月份	15	产品C	5	¥ 1,100	¥ 5,500
1月份	23	产品D	10	¥ 1,200	¥ 12,000
1月份	26	产品E	7	¥ 1,500	¥ 10,500
2月份	3	产品A	15	¥ 1,050	¥ 15,750
2月份	9	产品B	7	¥ 900	¥ 6,300
2月份	15	产品C	8	¥ 1,100	¥ 8,800
2月份	21	产品D	8	¥ 1,200	¥ 9,600
2月份	27	产品E	9	¥ 1,500	¥ 13,500
3月份	3	产品A	5	¥ 1,050	¥ 5,250
3月份	9	产品B	9	¥ 900	¥ 8,100
3月份	15	产品C	11	¥ 1,100	¥ 12,100
3月份	21	产品D	7	¥ 1,200	¥ 8,400
3月份	27	产品E	8	¥ 1,500	¥ 12,000

产品销售表

7.2 分析公司销售业绩统计表

公司通常需要使用Excel表格计算公司员工的销售业绩情况。在Excel 2021中，设置数据的有效性可以帮助分析工作表中的数据，例如对数值进行有效性的设置、排序、筛选等。

本节以公司销售业绩统计表为例，介绍数据的基本分析方法。

7.2.1 设置数据的有效性

在向工作表中输入数据时，为了防止输入错误的数据，可以为单元格设置有效的数据范围，这样用户只能输入指定范围内的数据，可以极大地减小数据处理操作的复杂程度，具体操作步骤如下。

步骤 01 打开“素材\ch07\公司销售业绩统计表.xlsx”文件，选择A3:A17单元格区域。单击【数据】选项卡下【数据工具】选项组中的【数据验证】按钮，如下页图所示。

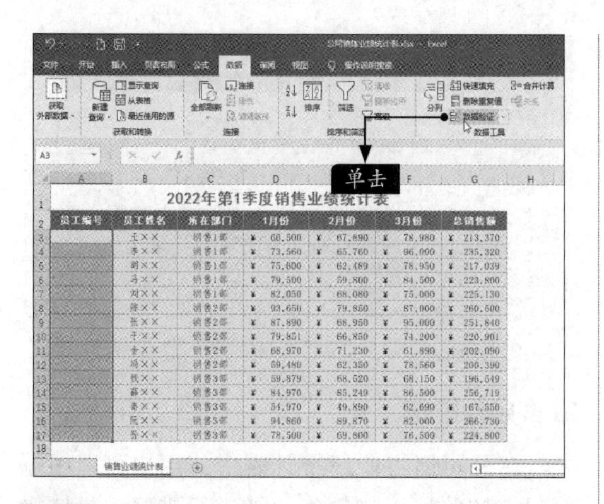

步骤 02 弹出【数据验证】对话框，单击【设置】选项卡，在【允许】下拉列表中选择【文本长度】选项，在【数据】下拉列表中选择【等于】选项，在【长度】文本框中输入“5”，如下图所示。

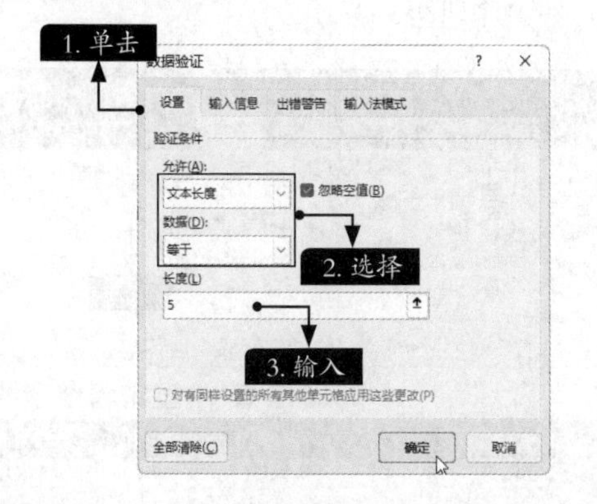

步骤 03 单击【出错警告】选项卡，在【样式】下拉列表中选择【警告】选项，在【标题】和【错误信息】文本框中输入警告信息，如下图所示。

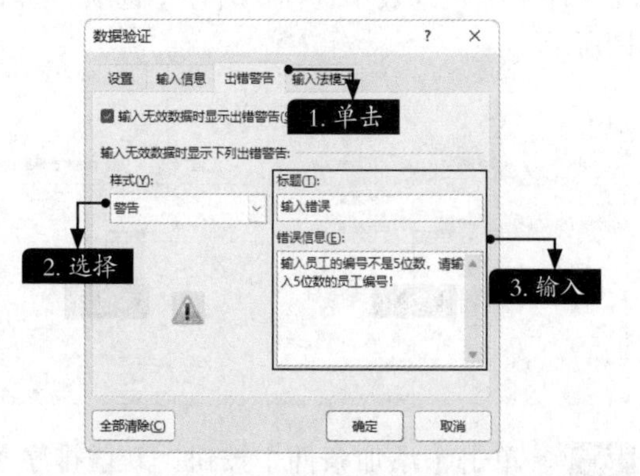

步骤 04 单击【确定】按钮，返回到工作表，在A3:A17单元格区域中输入不符合要求的数字时，会提示如下警告信息，如下图所示。

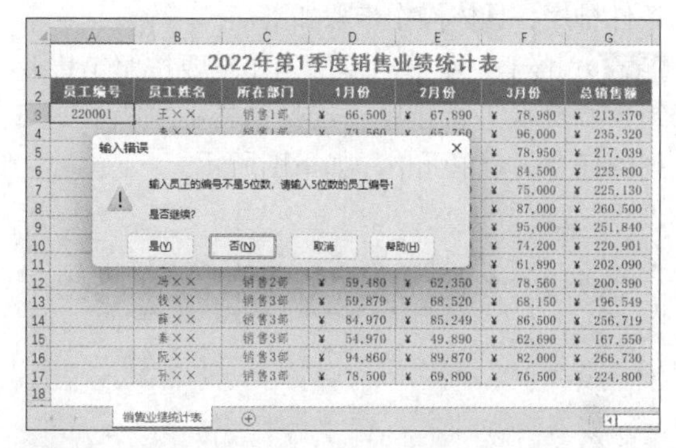

步骤 05 单击【否】按钮，返回到工作表中，并输入正确的员工编号，如下图所示。

步骤 06 在A列的其他单元格中输入员工编号，效果如下图所示。

7.2.2 对销售业绩进行排序

用户可以对销售业绩进行排序，下面介绍自动排序和自定义排序的操作。

1. 自动排序

Excel 2021提供了多种排序方法，用户可以在公司销售业绩统计表中根据销售业绩进行单条件排序，具体操作步骤如下。

步骤01 接上一小节的操作，如果要按照销售业绩由高到低进行排序，选择销售业绩所在的G列的任意一个单元格，如下图所示。

2022年第1季度销售业绩统计表

员工编号	员工姓名	所在部门	1月份	2月份	3月份	总销售额
22001	王××	销售1部	¥ 66,500	¥ 67,890	¥ 78,980	¥ 213,370
22002	李××	销售1部	¥ 73,560	¥ 65,760	¥ 96,000	¥ 235,320
22003	胡××	销售1部	¥ 75,600	¥ 62,489	¥ 78,950	¥ 217,039
22004	马××	销售1部	¥ 79,500	¥ 59,800	¥ 84,500	¥ 223,800
22005	刘××	销售1部	¥ 82,050	¥ 68,080	¥ 75,000	¥ 225,130
22006	陈××	销售2部	¥ 93,650	¥ 79,850	¥ 87,000	¥ 260,500
22007	张××	销售2部	¥ 87,890	¥ 68,950	¥ 95,000	¥ 251,840
22008	于××	销售2部	¥ 79,851	¥ 66,850	¥ 74,200	¥ 220,901
22009	金××	销售2部	¥ 68,970	¥ 71,230	¥ 61,890	¥ 202,090
22010	冯××	销售2部	¥ 59,480	¥ 62,350	¥ 78,560	¥ 200,390
22011	钱××	销售3部	¥ 59,879	¥ 68,520	¥ 68,150	¥ 196,549
22012	薛××	销售3部	¥ 84,970	¥ 85,249	¥ 86,500	¥ 256,719
22013	秦××	销售3部	¥ 54,970	¥ 49,890	¥ 62,690	¥ 167,550
22014	阮××	销售3部	¥ 94,860	¥ 89,870	¥ 82,000	¥ 266,730
22015	孙××	销售3部	¥ 78,500	¥ 69,800	¥ 76,500	¥ 224,800

销售业绩统计表

步骤02 单击【数据】选项卡下【排序和筛选】选项组中的【升序】按钮，如下图所示。

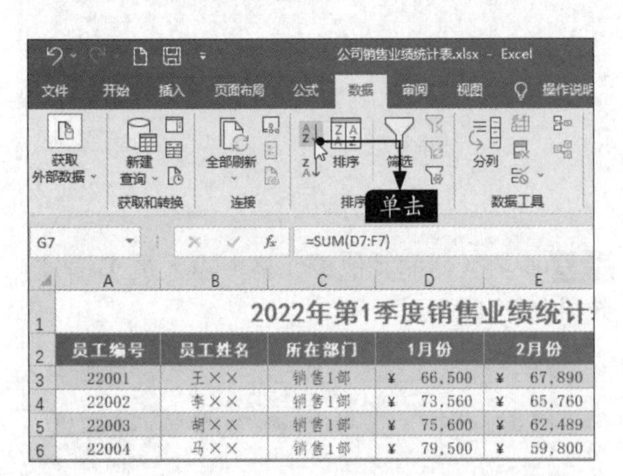

步骤03 按照员工销售业绩由低到高的顺序显示数据，如下图所示。

2022年第1季度销售业绩统计表

员工编号	员工姓名	所在部门	1月份	2月份	3月份	总销售额
22013	秦××	销售3部	¥ 54,970	¥ 49,890	¥ 62,690	¥ 167,550
22011	钱××	销售3部	¥ 59,879	¥ 68,520	¥ 68,150	¥ 196,549
22010	冯××	销售2部	¥ 59,480	¥ 62,350	¥ 78,560	¥ 200,390
22009	金××	销售2部	¥ 68,970	¥ 71,230	¥ 61,890	¥ 202,090
22001	王××	销售1部	¥ 66,500	¥ 67,890	¥ 78,980	¥ 213,370
22003	胡××	销售1部	¥ 75,600	¥ 62,489	¥ 78,950	¥ 217,039
22008	于××	销售2部	¥ 79,851	¥ 66,850	¥ 74,200	¥ 220,901
22004	马××	销售1部	¥ 79,500	¥ 59,800	¥ 84,500	¥ 223,800
22015	孙××	销售3部	¥ 78,500	¥ 69,800	¥ 76,500	¥ 224,800
22005	刘××	销售1部	¥ 82,050	¥ 68,080	¥ 75,000	¥ 225,130
22002	李××	销售1部	¥ 73,560	¥ 65,760	¥ 96,000	¥ 235,320
22007	张××	销售2部	¥ 87,890	¥ 68,950	¥ 95,000	¥ 251,840
22012	薛××	销售3部	¥ 84,970	¥ 85,249	¥ 86,500	¥ 256,719
22006	陈××	销售2部	¥ 93,650	¥ 79,850	¥ 87,000	¥ 260,500
22014	阮××	销售3部	¥ 94,860	¥ 89,870	¥ 82,000	¥ 266,730

步骤04 单击【数据】选项卡下【排序和筛选】选项组中的【降序】按钮，即可按照员工销售业绩由高到低的顺序显示数据，如右上图所示。

2022年第1季度销售业绩统计表

员工编号	员工姓名	所在部门	1月份	2月份	3月份	总销售额
22014	阮××	销售3部	¥ 94,860	¥ 89,870	¥ 82,000	¥ 266,730
22006	陈××	销售2部	¥ 93,650	¥ 79,850	¥ 87,000	¥ 260,500
22012	薛××	销售3部	¥ 84,970	¥ 85,249	¥ 86,500	¥ 256,719
22007	张××	销售2部	¥ 87,890	¥ 68,950	¥ 95,000	¥ 251,840
22002	李××	销售1部	¥ 73,560	¥ 65,760	¥ 96,000	¥ 235,320
22005	刘××	销售1部	¥ 82,050	¥ 68,080	¥ 75,000	¥ 225,130
22015	孙××	销售3部	¥ 78,500	¥ 69,800	¥ 76,500	¥ 224,800
22004	马××	销售1部	¥ 79,500	¥ 59,800	¥ 84,500	¥ 223,800
22008	于××	销售2部	¥ 79,851	¥ 66,850	¥ 74,200	¥ 220,901
22003	胡××	销售1部	¥ 75,600	¥ 62,489	¥ 78,950	¥ 217,039
22001	王××	销售1部	¥ 66,500	¥ 67,890	¥ 78,980	¥ 213,370
22009	金××	销售2部	¥ 68,970	¥ 71,230	¥ 61,890	¥ 202,090
22010	冯××	销售2部	¥ 59,480	¥ 62,350	¥ 78,560	¥ 200,390
22011	钱××	销售3部	¥ 59,879	¥ 68,520	¥ 68,150	¥ 196,549
22013	秦××	销售3部	¥ 54,970	¥ 49,890	¥ 62,690	¥ 167,550

2. 多条件排序

在公司销售业绩统计表中，用户可以根据部门，按照员工的销售业绩进行排序，具体操作步骤如下。

步骤01 在打开的素材文件中，单击【数据】选项卡下【排序和筛选】选项组中的【排序】按钮，如下图所示。

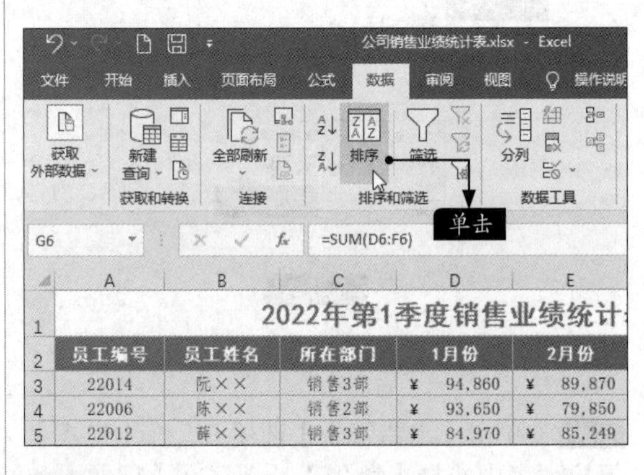

步骤02 弹出【排序】对话框，在【主要关键字】下拉列表中选择【所在部门】选项，在【次序】下拉列表中选择【升序】选项，如下图所示。

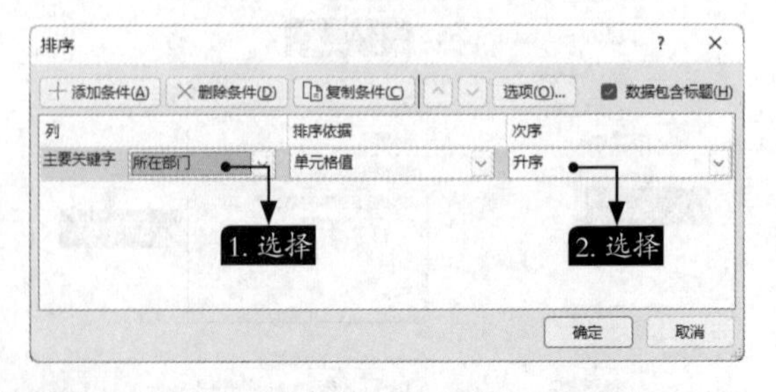

步骤03 单击【添加条件】按钮，新增排序条件，单击【次要关键字】后的下拉按钮，在打开的下拉列表中选择【总销售额】选项，在【次序】下拉列表中选择【降序】选项，单击【确定】按钮，如下页图所示。

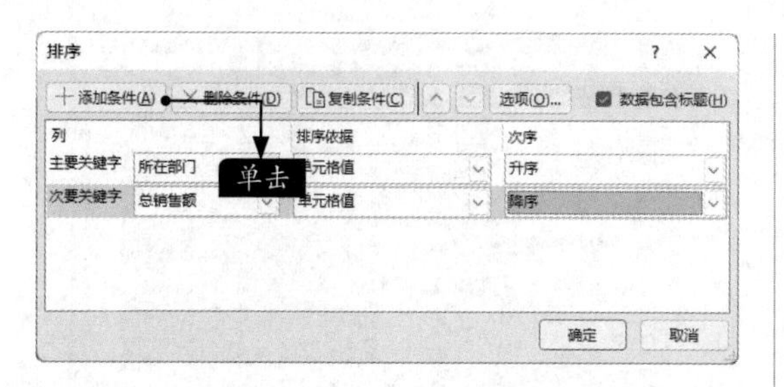

步骤 04 可查看到按照自定义顺序排序后的结果，如右图所示。

7.2.3 对数据进行筛选

Excel 2021提供了对数据进行筛选的功能，可以准确、方便地找出符合要求的数据。

1. 单条件筛选

Excel 2021中的单条件筛选就是将符合一种条件的数据筛选出来。具体操作步骤如下。

步骤 01 在打开的工作簿中，选择【总销售额】列中的任一单元格，如下图所示。

步骤 02 在【数据】选项卡中，单击【排序和筛选】选项组中的【筛选】按钮，进入【自动筛选】状态，如下图所示。

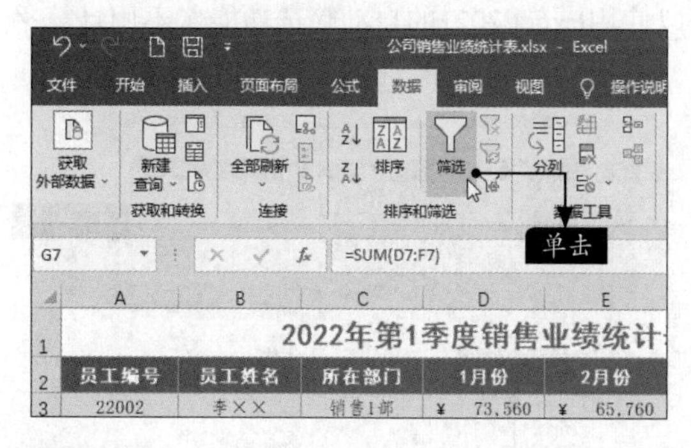

步骤 03 此时在标题行每列的右侧出现一个下拉按钮，单击【员工姓名】列右侧的下拉按钮，在弹出的下拉列表中取消勾选【全选】复选框，勾选【李××】和【秦××】复选框，单击【确定】按钮，如下图所示。

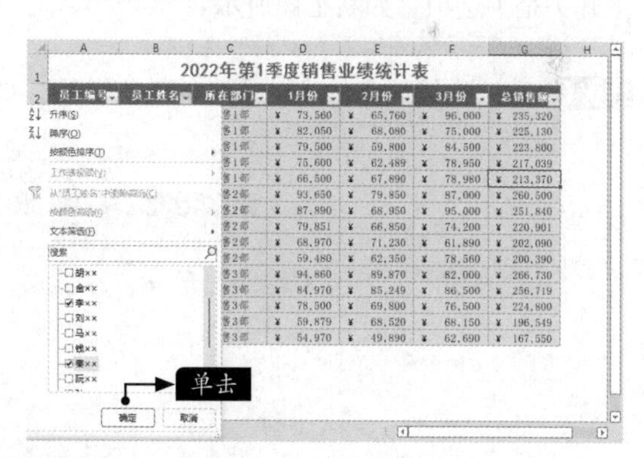

步骤 04 经过筛选后的数据清单如下图所示，可以看出仅显示了【李××】和【秦××】的销售情况，其他记录被隐藏。

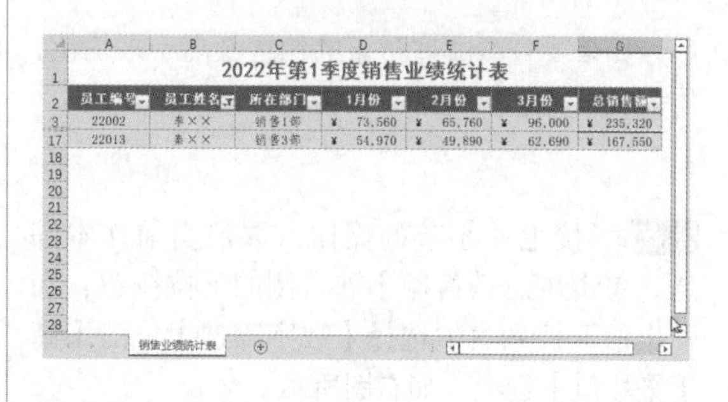

2. 按文本筛选

在工作簿中，可以根据文本进行筛选，如

在上面的工作簿中筛选出姓冯和姓金的员工的销售业绩，具体操作步骤如下。

步骤 01 接上面的操作，单击【员工姓名】列右侧的筛选按钮，在弹出的下拉列表中勾选【全选】复选框，单击【确定】按钮，使所有员工的销售业绩显示出来，如下图所示。

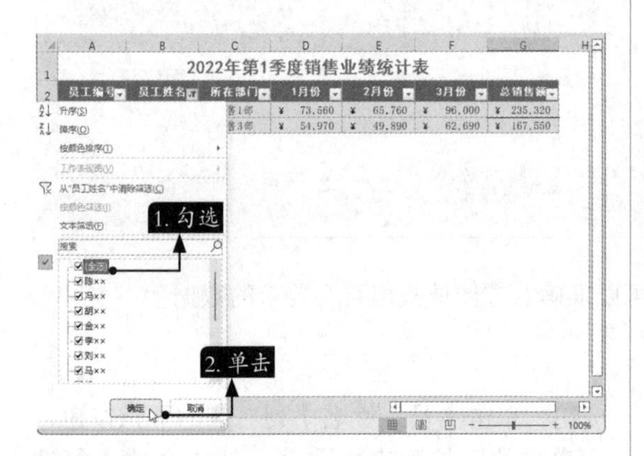

步骤 02 单击【员工姓名】列右侧的下拉按钮，在弹出的下拉列表中选择【文本筛选】下的【开头是】选项，如右上图所示。

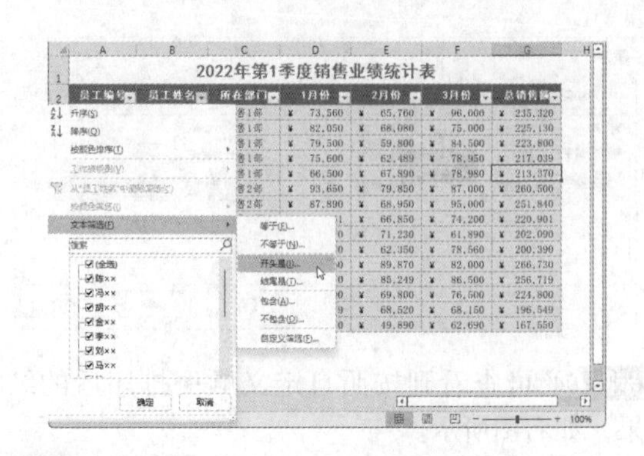

步骤 03 弹出【自定义自动筛选方式】对话框，在【开头是】后面的文本框中输入"冯"，选择【或】单选项，并在下方的下拉列表中选择【开头是】选项，在其后面的文本框中输入"金"，单击【确定】按钮，如下图所示。

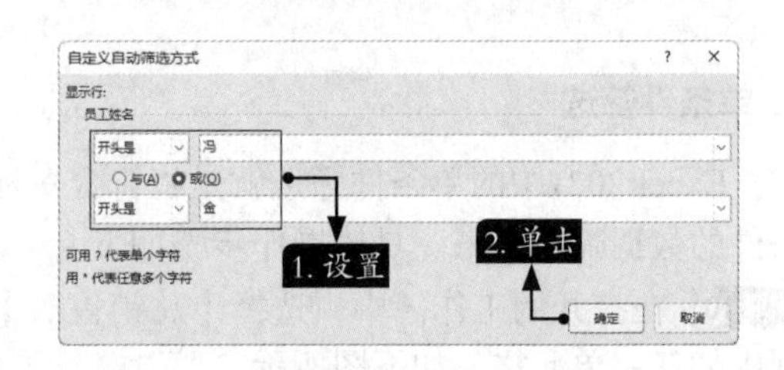

步骤 04 筛选出姓冯和姓金的员工的销售业绩，如下图所示。

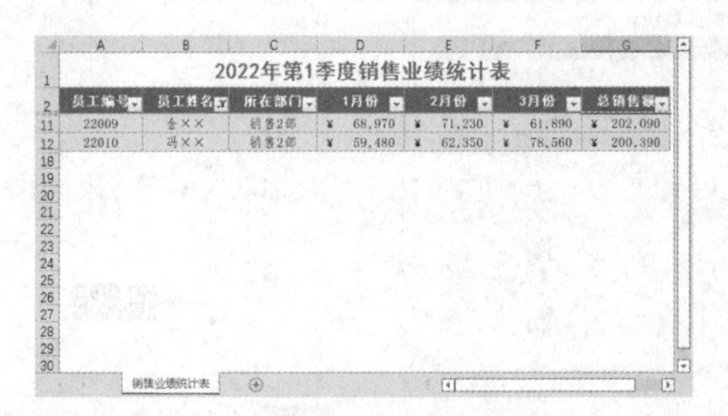

7.2.4 筛选销售业绩高于平均销售额的员工

如果要查看哪些员工的销售额高于平均值，可以使用Excel 2021的自动筛选功能，不用计算平均值就可筛选出高于平均销售额的员工。

步骤 01 接上一小节的操作，取消当前文本筛选，单击【总销售额】列右侧的下拉按钮，在弹出的下拉列表中选择【数字筛选】下的【高于平均值】选项，如右图所示。

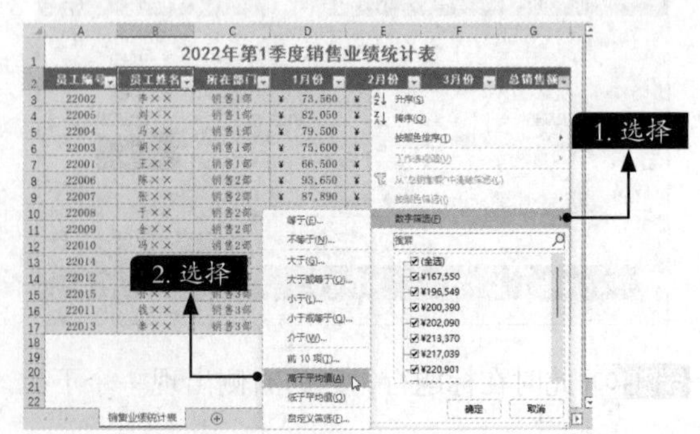

步骤02 筛选出高于平均销售额的员工，如右图所示。

2022年第1季度销售业绩统计表						
员工编号	员工姓名	所在部门	1月份	2月份	3月份	总销售额
22002	李××	销售1部	¥ 73,560	¥ 65,760	¥ 96,000	¥ 235,320
22005	刘××	销售1部	¥ 82,050	¥ 68,080	¥ 75,000	¥ 225,130
22006	陈××	销售2部	¥ 93,650	¥ 79,850	¥ 87,000	¥ 260,500
22007	张××	销售2部	¥ 87,890	¥ 68,950	¥ 95,000	¥ 251,840
22014	阮××	销售3部	¥ 94,860	¥ 89,870	¥ 82,000	¥ 266,730
22012	薛××	销售3部	¥ 84,970	¥ 85,249	¥ 86,500	¥ 256,719
22015	孙××	销售3部	¥ 78,500	¥ 69,800	¥ 76,500	¥ 224,800

7.3 制作汇总销售记录表

汇总销售记录表主要是使用分类汇总功能，将大量的数据分类后进行汇总计算，并显示各级别的汇总信息。本节以制作汇总销售记录表为例，介绍汇总功能的使用方法。

7.3.1 建立分类显示

为了便于管理工作表中的数据，可以建立分类显示，分级最多设8个级别，每组1级。每个内部级别在分级显示符号中由较大的数字表示，它们分别显示其前一外部级别的明细数据，这些外部级别在分级显示符号中均由较小的数字表示。使用分级显示可以对数据分组并快速显示汇总行或汇总列，或者显示每组的明细数据。可创建行的分级显示（如本小节示例所示）、列的分级显示或者行和列的分级显示，具体操作步骤如下。

步骤01 打开“素材\ch07\汇总销售记录表.xlsx”文件，选择A1:F2单元格区域，如下图所示。

销售情况表					
销售日期	购货单位	产品	数量	单价	合计
2022/3/5	XX数码店	VR眼镜	100	¥ 213.00	¥ 21,300.00
2022/3/15	XX数码店	VR眼镜	50	¥ 213.00	¥ 10,650.00
2022/3/16	XX数码店	智能手表	60	¥ 399.00	¥ 23,940.00
2022/3/30	XX数码店	平衡车	30	¥ 999.00	¥ 29,970.00
2022/3/15	XX数码店	蓝牙音箱	60	¥ 78.00	¥ 4,680.00
2022/3/25	XX数码店	AI音箱	260	¥ 199.00	¥ 51,740.00
2022/3/25	YY数码店	VR眼镜	200	¥ 213.00	¥ 42,600.00
2022/3/30	YY数码店	智能手表	200	¥ 399.00	¥ 79,800.00
2022/3/15	YY数码店	AI音箱	300	¥ 199.00	¥ 59,700.00
2022/3/4	YY数码店	蓝牙音箱	50	¥ 78.00	¥ 3,900.00
2022/3/8	YY数码店	智能手表	150	¥ 399.00	¥ 59,850.00

步骤02 单击【数据】选项卡下【分级显示】选项组中的【组合】按钮，在弹出的下拉列表中选择【组合】选项，如下图所示。

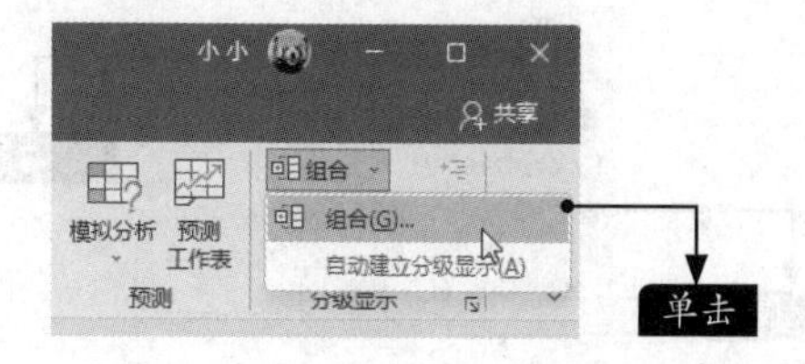

步骤03 弹出【组合】对话框，选择【行】单选项，单击【确定】按钮，如下图所示。

步骤04 将A1:F2单元格区域设置为一个组类，如下图所示。

销售情况表					
销售日期	购货单位	产品	数量	单价	合计
2019-9-5	XX数码店	VR眼镜	100	¥ 213.00	¥ 21,300.00
2019-9-15	XX数码店	VR眼镜	50	¥ 213.00	¥ 10,650.00
2019-9-16	XX数码店	智能手表	60	¥ 399.00	¥ 23,940.00
2019-9-30	XX数码店	平衡车	30	¥ 999.00	¥ 29,970.00
2019-9-15	XX数码店	蓝牙音箱	60	¥ 78.00	¥ 4,680.00
2019-9-25	XX数码店	AI音箱	260	¥ 199.00	¥ 51,740.00
2019-9-25	YY数码店	VR眼镜	200	¥ 213.00	¥ 42,600.00
2019-9-30	YY数码店	智能手表	200	¥ 399.00	¥ 79,800.00
2019-9-15	YY数码店	AI音箱	300	¥ 199.00	¥ 59,700.00
2019-9-1	YY数码店	蓝牙音箱	50	¥ 78.00	¥ 3,900.00
2019-9-8	YY数码店	智能手表	150	¥ 399.00	¥ 59,850.00

步骤05 使用同样的方法设置A3:F13单元格区域，如下图所示。

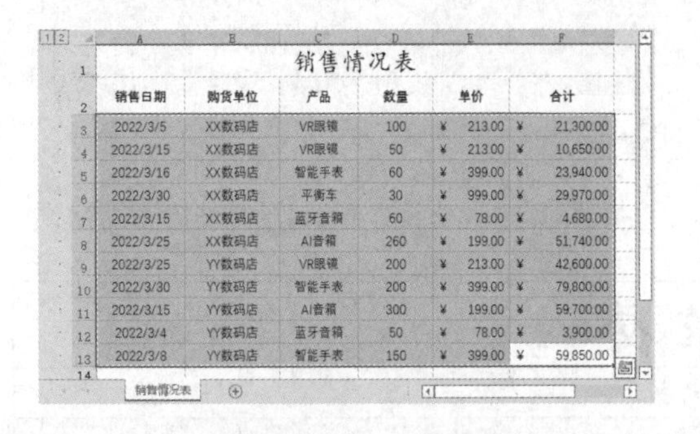

销售日期	购货单位	产品	数量	单价	合计
2022/3/5	XX数码店	VR眼镜	100	¥ 213.00	¥ 21,300.00
2022/3/15	XX数码店	VR眼镜	50	¥ 213.00	¥ 10,650.00
2022/3/16	XX数码店	智能手表	60	¥ 399.00	¥ 23,940.00
2022/3/30	XX数码店	平衡车	30	¥ 999.00	¥ 29,970.00
2022/3/15	XX数码店	蓝牙音箱	60	¥ 78.00	¥ 4,680.00
2022/3/25	XX数码店	AI音箱	260	¥ 199.00	¥ 51,740.00
2022/3/25	YY数码店	VR眼镜	200	¥ 213.00	¥ 42,600.00
2022/3/30	YY数码店	智能手表	200	¥ 399.00	¥ 79,800.00
2022/3/15	YY数码店	AI音箱	300	¥ 199.00	¥ 59,700.00
2022/3/4	YY数码店	蓝牙音箱	50	¥ 78.00	¥ 3,900.00
2022/3/8	YY数码店	智能手表	150	¥ 399.00	59,850.00

步骤06 单击1按钮，将分组后的区域折叠显示，如下图所示。

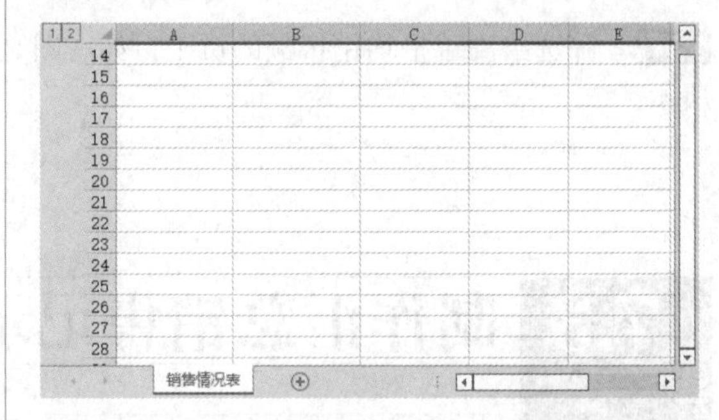

7.3.2 创建简单分类汇总

使用分类汇总的数据列表，每一列数据都要有列标题。Excel 2021使用列标题来决定如何创建数据组以及如何计算总和。在汇总销售记录表中，创建简单分类汇总的具体操作步骤如下。

步骤01 打开"素材\ch07\汇总销售记录表.xlsx"文件，选择F列数据区域内任一单元格，单击【数据】选项卡下【排序和筛选】选项组中的【降序】按钮，如下图所示。

单击

销售日期	购货单位	产品	数量	单价	合计
2022/3/5	XX数码店	VR眼镜	100	¥ 213.00	¥ 21,300.00
2022/3/15	XX数码店	VR眼镜	50	¥ 213.00	¥ 10,650.00
2022/3/16	XX数码店	智能手表	60	¥ 399.00	¥ 23,940.00
2022/3/30	XX数码店	平衡车	30	¥ 999.00	¥ 29,970.00
2022/3/15	XX数码店	蓝牙音箱	60	¥ 78.00	¥ 4,680.00
2022/3/25	XX数码店	AI音箱	260	¥ 199.00	¥ 51,740.00
2022/3/25	YY数码店	VR眼镜	200	¥ 213.00	¥ 42,600.00
2022/3/30	YY数码店	智能手表	200	¥ 399.00	¥ 79,800.00

步骤02 此时即可进行排序，如下图所示。

销售情况表

销售日期	购货单位	产品	数量	单价	合计
2022/3/30	YY数码店	智能手表	200	¥ 399.00	¥ 79,800.00
2022/3/8	YY数码店	智能手表	150	¥ 399.00	¥ 59,850.00
2022/3/15	YY数码店	AI音箱	300	¥ 199.00	¥ 59,700.00
2022/3/25	XX数码店	AI音箱	260	¥ 199.00	¥ 51,740.00
2022/3/25	YY数码店	VR眼镜	200	¥ 213.00	¥ 42,600.00
2022/3/30	XX数码店	平衡车	30	¥ 999.00	¥ 29,970.00
2022/3/16	XX数码店	智能手表	60	¥ 399.00	¥ 23,940.00
2022/3/5	XX数码店	VR眼镜	100	¥ 213.00	¥ 21,300.00
2022/3/15	XX数码店	VR眼镜	50	¥ 213.00	¥ 10,650.00
2022/3/15	XX数码店	蓝牙音箱	60	¥ 78.00	¥ 4,680.00
2022/3/4	YY数码店	蓝牙音箱	50	¥ 78.00	¥ 3,900.00

步骤03 在【数据】选项卡中，单击【分级显示】选项组中的【分类汇总】按钮，如下图所示，弹出【分类汇总】对话框。

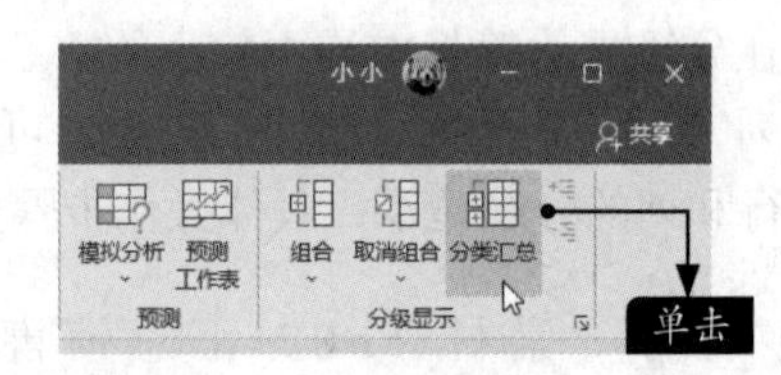

步骤04 在【分类字段】下拉列表中选择【产品】选项，表示以【产品】字段进行分类汇总，在【汇总方式】下拉列表中选择【求和】选项，在【选定汇总项】列表框中勾选【合计】复选框，并勾选【汇总结果显示在数据下方】复选框，如下图所示。

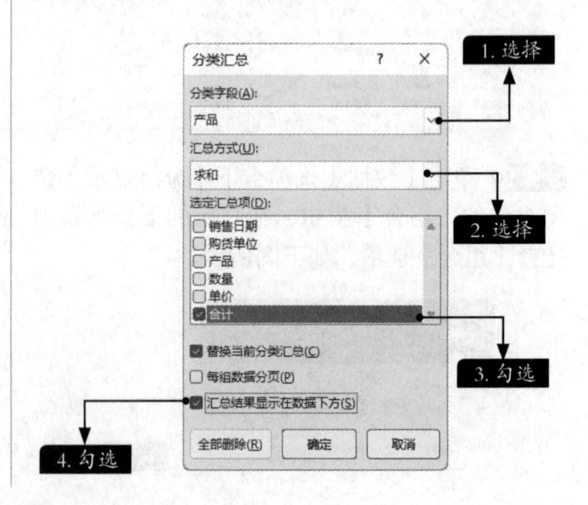

步骤05 单击【确定】按钮，分类汇总后的效果如下图所示。

	销售情况表					
2	销售日期	购货单位	产品	数量	单价	合计
3	2022/3/30	YY数码店	智能手表	200	¥ 399.00	¥ 79,800.00
4	2022/3/8	YY数码店	智能手表	150	¥ 399.00	¥ 59,850.00
5			智能手表 汇总			¥ 139,650.00
6	2022/3/15	YY数码店	AI音箱	300	¥ 199.00	¥ 59,700.00
7	2022/3/25	XX数码店	AI音箱	260	¥ 199.00	¥ 51,740.00
8			AI音箱 汇总			¥ 111,440.00
9	2022/3/25	YY数码店	VR眼镜	200	¥ 213.00	¥ 42,600.00
10			VR眼镜 汇总			¥ 42,600.00
11	2022/3/30	XX数码店	平衡车	30	¥ 999.00	¥ 29,970.00
12			平衡车 汇总			¥ 29,970.00
13	2022/3/16	XX数码店	智能手表	60	¥ 399.00	¥ 23,940.00
14			智能手表 汇总			¥ 23,940.00
15	2022/3/5	XX数码店	VR眼镜	100	¥ 213.00	¥ 21,300.00
16	2022/3/15	XX数码店	VR眼镜	50	¥ 213.00	¥ 10,650.00
17			VR眼镜 汇总			¥ 31,950.00
18	2022/3/15	XX数码店	蓝牙音箱	60	¥ 78.00	¥ 4,680.00
19	2022/3/4	YY数码店	蓝牙音箱	50	¥ 78.00	¥ 3,900.00
20			蓝牙音箱 汇总			¥ 8,580.00
21			总计			¥ 388,130.00

7.3.3 创建多重分类汇总

在Excel 2021中，要根据两个或更多个分类项对工作表中的数据进行分类汇总，可以使用以下方法。

（1）先按分类项的优先级对相关字段排序。

（2）再按分类项的优先级多次执行分类汇总，后面执行分类汇总时，需取消勾选对话框中的【替换当前分类汇总】复选框。

创建多重分类汇总的具体操作步骤如下。

步骤01 打开“素材\ch07\汇总销售记录表.xlsx”文件，选择数据区域中的任意单元格，单击【数据】选项卡下【排序和筛选】选项组中的【排序】按钮，如下图所示。

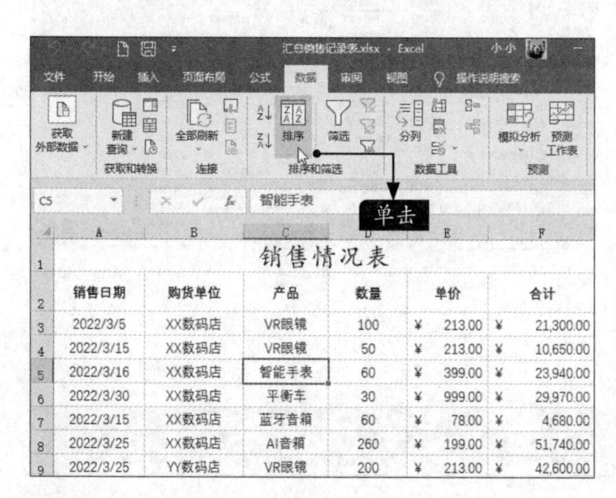

步骤02 弹出【排序】对话框，设置【主要关键字】为【购货单位】，【次序】为【升序】，然后单击【添加条件】按钮，如右上图所示。

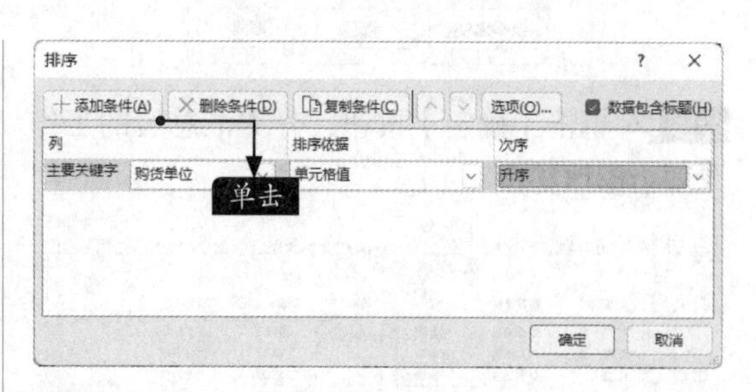

步骤03 设置【次要关键字】为【产品】，【次序】为【升序】，单击【确定】按钮，如下图所示。

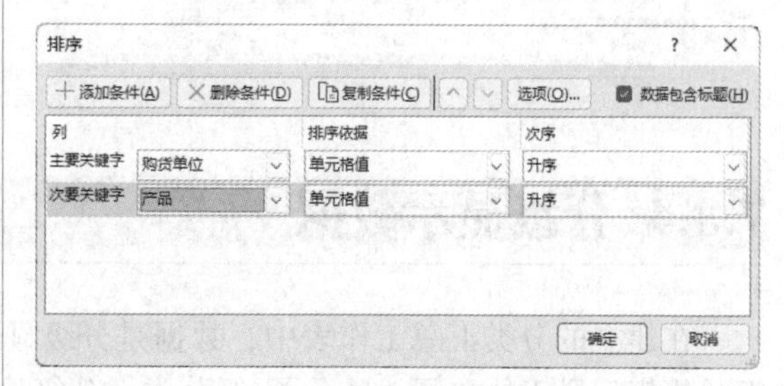

步骤04 单击【分级显示】选项组中的【分类汇总】按钮，如下页图所示。

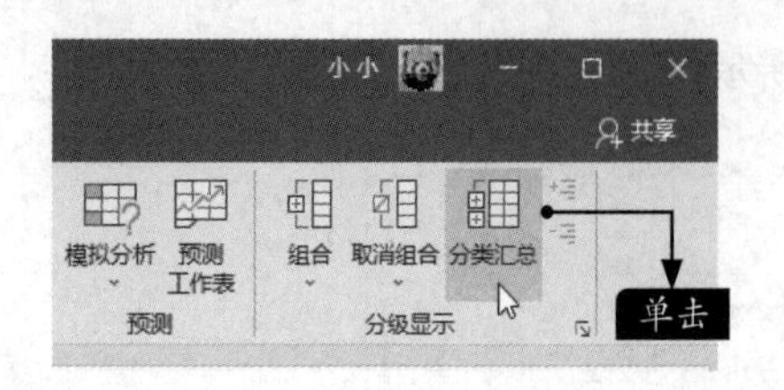

步骤05 弹出【分类汇总】对话框，在【分类字段】下拉列表中选择【购货单位】选项，在【汇总方式】下拉列表中选择【求和】选项，在【选定汇总项】列表框中勾选【合计】复选框，并勾选【汇总结果显示在数据下方】复选框，如下图所示。

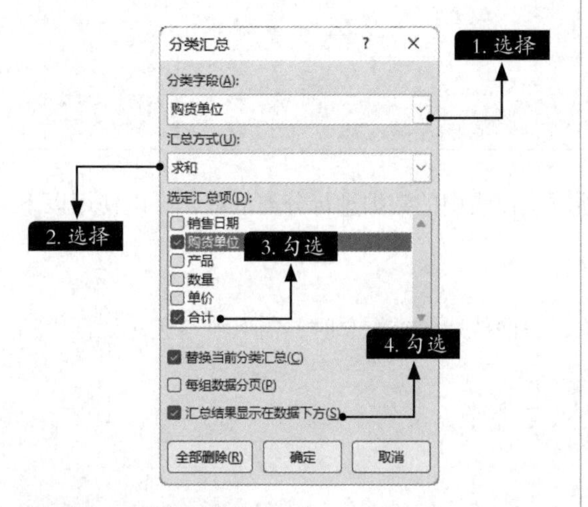

步骤06 单击【确定】按钮，分类汇总后的工作表如下图所示。

销售情况表

销售日期	购货单位	产品	数量	单价	合计
2022/3/25	XX数码店	AI音箱	260	¥ 199.00	¥ 51,740.00
2022/3/5	XX数码店	VR眼镜	100	¥ 213.00	¥ 21,300.00
2022/3/15	XX数码店	VR眼镜	50	¥ 213.00	¥ 10,650.00
2022/3/15	XX数码店	蓝牙音箱	60	¥ 78.00	¥ 4,680.00
2022/3/30	XX数码店	平衡车	30	¥ 999.00	¥ 29,970.00
2022/3/16	XX数码店	智能手表	60	¥ 399.00	¥ 23,940.00
XX数码店 汇总	0				¥ 142,280.00
2022/3/15	YY数码店	AI音箱	300	¥ 199.00	¥ 59,700.00
2022/3/25	YY数码店	VR眼镜	200	¥ 213.00	¥ 42,600.00
2022/3/4	YY数码店	蓝牙音箱	50	¥ 78.00	¥ 3,900.00
2022/3/30	YY数码店	智能手表	200	¥ 399.00	¥ 79,800.00
2022/3/8	YY数码店	智能手表	150	¥ 399.00	¥ 59,850.00
YY数码店 汇总	0				¥ 245,850.00
总计	0				¥ 388,130.00

步骤07 再次单击【分类汇总】按钮，在【分类字段】下拉列表中选择【产品】选项，在【汇总方式】下拉列表中选择【求和】选项，在【选定汇总项】列表框中勾选【合计】复选框，取消勾选【替换当前分类汇总】复选框，单击【确定】按钮，如下图所示。

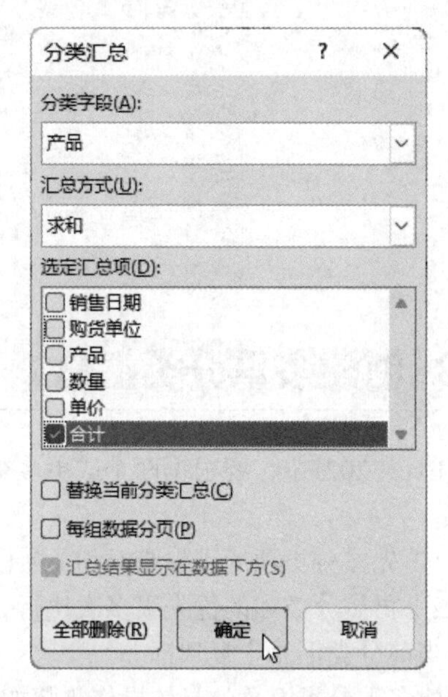

步骤08 此时即建立了两重分类汇总，如下图所示。

销售情况表

销售日期	购货单位	产品	数量	单价	合计
2022/3/25	XX数码店	AI音箱	260	¥ 199.00	¥ 51,740.00
		AI音箱 汇总			¥ 51,740.00
2022/3/5	XX数码店	VR眼镜	100	¥ 213.00	¥ 21,300.00
2022/3/15	XX数码店	VR眼镜	50	¥ 213.00	¥ 10,650.00
		VR眼镜 汇总			¥ 31,950.00
2022/3/15	XX数码店	蓝牙音箱	60	¥ 78.00	¥ 4,680.00
		蓝牙音箱 汇总			¥ 4,680.00
2022/3/30	XX数码店	平衡车	30	¥ 999.00	¥ 29,970.00
		平衡车 汇总			¥ 29,970.00
2022/3/16	XX数码店	智能手表	60	¥ 399.00	¥ 23,940.00
		智能手表 汇总			¥ 23,940.00
XX数码店 汇总	0				¥ 142,280.00
2022/3/15	YY数码店	AI音箱	300	¥ 199.00	¥ 59,700.00
		AI音箱 汇总			¥ 59,700.00
2022/3/25	YY数码店	VR眼镜	200	¥ 213.00	¥ 42,600.00
		VR眼镜 汇总			¥ 42,600.00

7.3.4 分级显示数据

在建立的分类汇总工作表中，数据是分级显示的，并在左侧显示级别，如多重分类汇总后的汇总销售记录表的左侧就显示了4级分类。分级显示数据的具体操作步骤如下。

步骤01 单击1按钮，则显示一级数据，即汇总项的总和，如下页图所示。

单击

	A	B	C	D	E	F
1	销售情况表					
2	销售日期	购货单位	产品	数量	单价	合计
25	总计	0				¥ 388,130.00

步骤02 单击2按钮，则显示一级和二级数据，即总计和购货单位汇总，如下图所示。

单击

	A	B	C	D	E	F
1	销售情况表					
2	期	购货单位	产品	数量	单价	合计
14	XX数码店 汇总	0				¥ 142,280.00
24	YY数码店 汇总	0				¥ 245,850.00
25	总计	0				¥ 388,130.00

步骤03 单击3按钮，则显示一、二、三级数据，即总计、购货单位和产品汇总，如下图所示。

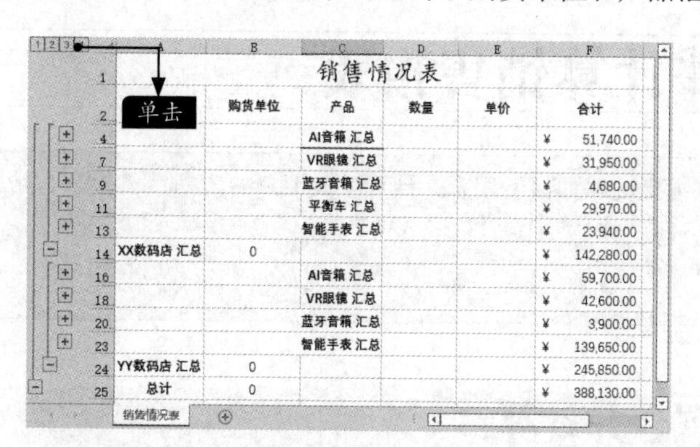

	A	B	C	D	E	F
1	销售情况表					
2		购货单位	产品	数量	单价	合计
4			AI音箱 汇总			¥ 51,740.00
7			VR眼镜 汇总			¥ 31,950.00
9			蓝牙音箱 汇总			¥ 4,680.00
11			平衡车 汇总			¥ 29,970.00
13			智能手表 汇总			¥ 23,940.00
14	XX数码店 汇总	0				¥ 142,280.00
16			AI音箱 汇总			¥ 59,700.00
18			VR眼镜 汇总			¥ 42,600.00
20			蓝牙音箱 汇总			¥ 3,900.00
23			智能手表 汇总			¥ 139,650.00
24	YY数码店 汇总	0				¥ 245,850.00
25	总计	0				¥ 388,130.00

步骤04 单击4按钮，则显示所有汇总的详细信息，如下图所示。

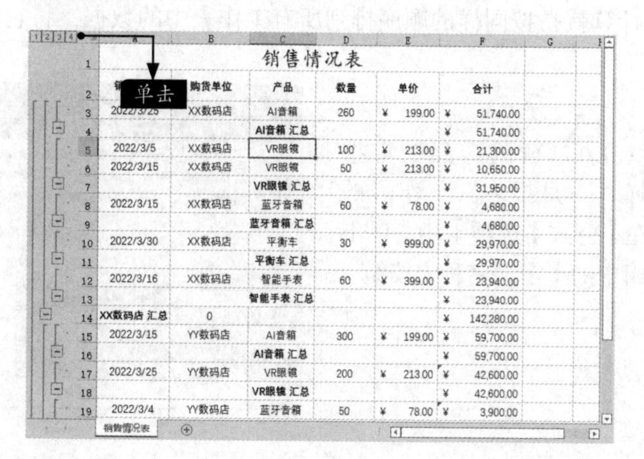

	A	B	C	D	E	F
1	销售情况表					
2		购货单位	产品	数量	单价	合计
3	2022/3/25	XX数码店	AI音箱	260	¥ 199.00	¥ 51,740.00
4			AI音箱 汇总			¥ 51,740.00
5	2022/3/5	XX数码店	VR眼镜	100	¥ 213.00	¥ 21,300.00
6	2022/3/15	XX数码店	VR眼镜	50	¥ 213.00	¥ 10,650.00
7			VR眼镜 汇总			¥ 31,950.00
8	2022/3/15	XX数码店	蓝牙音箱	60	¥ 78.00	¥ 4,680.00
9			蓝牙音箱 汇总			¥ 4,680.00
10	2022/3/30	XX数码店	平衡车	30	¥ 999.00	¥ 29,970.00
11			平衡车 汇总			¥ 29,970.00
12	2022/3/16	XX数码店	智能手表	60	¥ 399.00	¥ 23,940.00
13			智能手表 汇总			¥ 23,940.00
14	XX数码店 汇总	0				¥ 142,280.00
15	2022/3/15	YY数码店	AI音箱	300	¥ 199.00	¥ 59,700.00
16			AI音箱 汇总			¥ 59,700.00
17	2022/3/25	YY数码店	VR眼镜	200	¥ 213.00	¥ 42,600.00
18			VR眼镜 汇总			¥ 42,600.00
19	2022/3/4	YY数码店	蓝牙音箱	50	¥ 78.00	¥ 3,900.00

7.3.5 清除分类汇总

如果不再需要分类汇总，可以将其清除，具体操作步骤如下。

步骤01 接上一小节的操作，选择分类汇总后工作表数据区域内的任一单元格。在【数据】选项卡中，单击【分级显示】选项组中的【分类汇总】按钮，弹出【分类汇总】对话框，如下图所示。

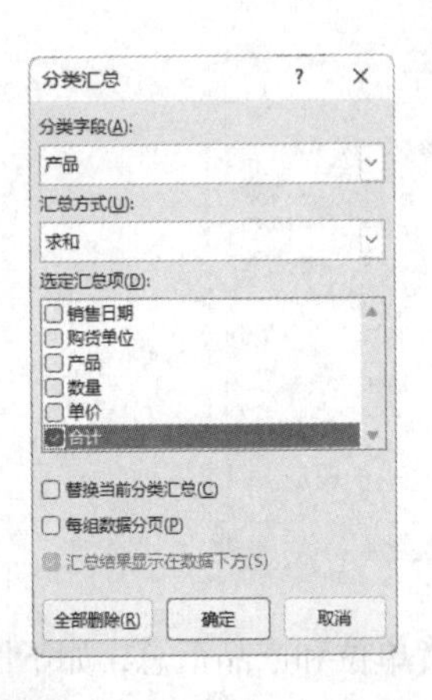

步骤02 在【分类汇总】对话框中，单击【全部删除】按钮即可清除分类汇总，如下图所示。

销售情况表					
销售日期	购货单位	产品	数量	单价	合计
2022/3/25	XX数码店	AI音箱	260	¥ 199.00	¥ 51,740.00
2022/3/5	XX数码店	VR眼镜	100	¥ 213.00	¥ 21,300.00
2022/3/15	XX数码店	VR眼镜	50	¥ 213.00	¥ 10,650.00
2022/3/15	XX数码店	蓝牙音箱	60	¥ 78.00	¥ 4,680.00
2022/3/30	XX数码店	平衡车	30	¥ 999.00	¥ 29,970.00
2022/3/16	XX数码店	智能手表	60	¥ 399.00	¥ 23,940.00
2022/3/15	YY数码店	AI音箱	300	¥ 199.00	¥ 59,700.00
2022/3/25	YY数码店	VR眼镜	200	¥ 213.00	¥ 42,600.00
2022/3/4	YY数码店	蓝牙音箱	50	¥ 78.00	¥ 3,900.00
2022/3/30	YY数码店	智能手表	200	¥ 399.00	¥ 79,800.00
2022/3/8	YY数码店	智能手表	150	¥ 399.00	¥ 59,850.00

7.4 合并计算销售报表

本节主要讲解如何使用合并计算生成汇总的产品销售报表，帮助用户了解合并计算的用法。

7.4.1 按照位置合并计算

按位置进行合并计算就是按同样的顺序排列所有工作表中的数据，将它们放在同一位置中，具体操作步骤如下。

步骤01 打开“素材\ch07\数码产品销售报表.xlsx”文件。选择“一月报表”工作表的A1:C5单元格区域，在【公式】选项卡中，单击【定义的名称】选项组中的【定义名称】按钮，如右图所示。

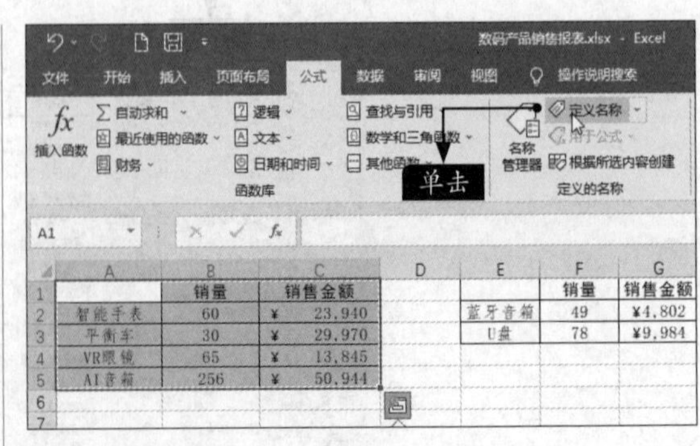

	A	B	C	D	E	F	G
1		销量	销售金额			销量	销售金额
2	智能手表	60	¥ 23,940		蓝牙音箱	49	¥4,802
3	平衡车	30	¥ 29,970		U盘	78	¥9,984
4	VR眼镜	65	¥ 13,845				
5	AI音箱	256	¥ 50,944				

步骤02 弹出【新建名称】对话框，在【名称】文本框中输入“一月报表1”，单击【确定】按钮，如下图所示。

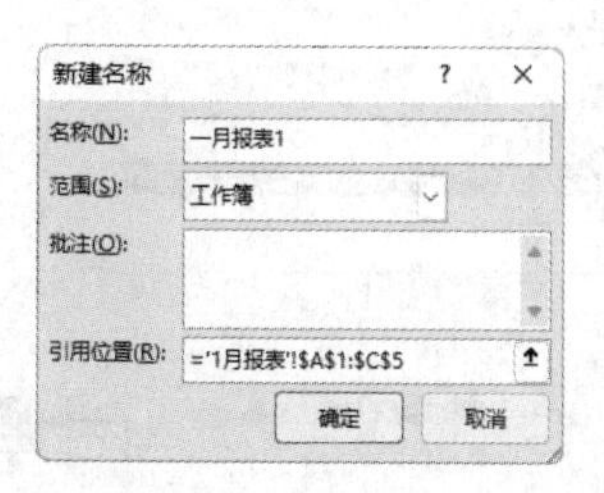

步骤03 选择当前工作表的E1:G3单元格区域，使用同样的方法打开【新建名称】对话框，在【名称】文本框中输入“一月报表2”，单击【确定】按钮，如下图所示。

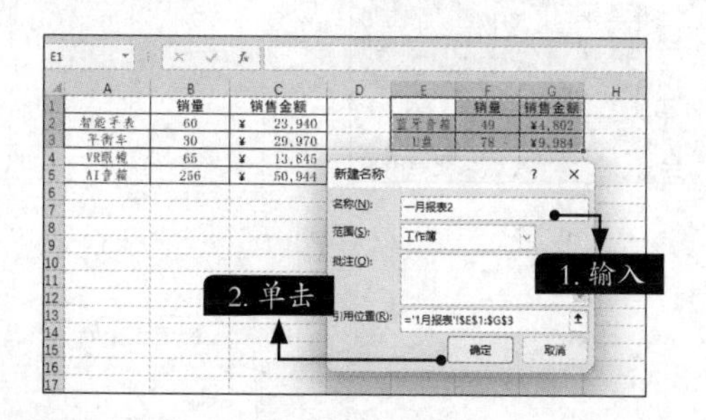

步骤04 选择工作表中的单元格A6，在【数据】选项卡中，单击【数据工具】选项组中的【合并计算】按钮，如下图所示。

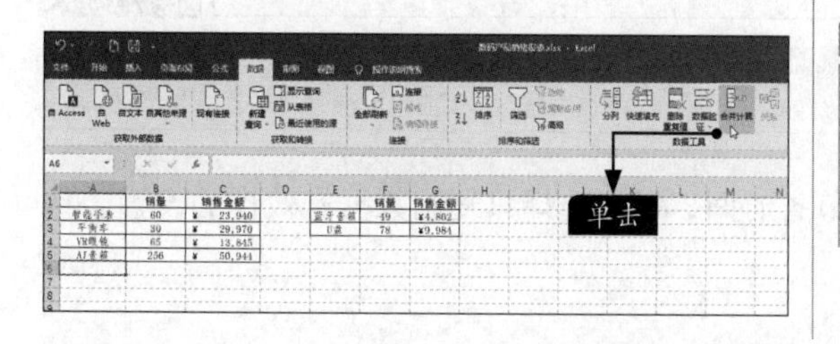

步骤05 在弹出的【合并计算】对话框的【引用位置】文本框中输入“一月报表2”，单击【添加】按钮，把“一月报表2”添加到【所有引用位置】列表框中，勾选【最左列】复选框，单击【确定】按钮，如下图所示。

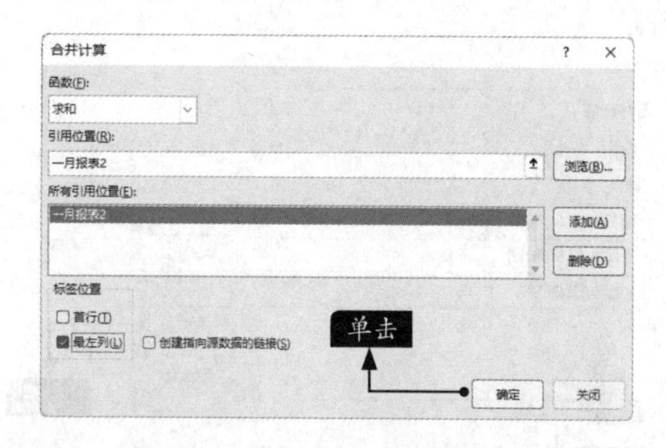

步骤06 此时即可将【一月报表2】区域合并到【一月报表1】区域中，如下图所示。

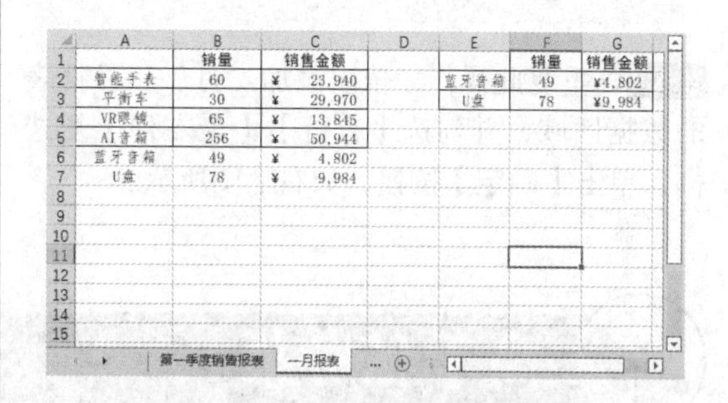

	A	B	C	D	E	F	G
1		销量	销售金额			销量	销售金额
2	智能手表	60	¥ 23,940		蓝牙音箱	49	¥4,802
3	平衡车	30	¥ 29,970		U盘	78	¥9,984
4	VR眼镜	65	¥ 13,845				
5	AI音箱	256	¥ 50,944				
6	蓝牙音箱	49	¥ 4,802				
7	U盘	78	¥ 9,984				

小提示

合并前要确保每个数据区域都采用列表的格式，第一行中的每列都具有标签，同一列中包含相似的数据，并且列表中没有空行或空列。

7.4.2 由多个明细表快速生成汇总表

如果数据分散在各个明细表中，需要将这些数据汇总到一个总表中，也可以使用合并计算，具体操作步骤如下。

步骤01 接上一小节的操作，选择“第一季度销售报表”工作表中的A1单元格，如右图所示。

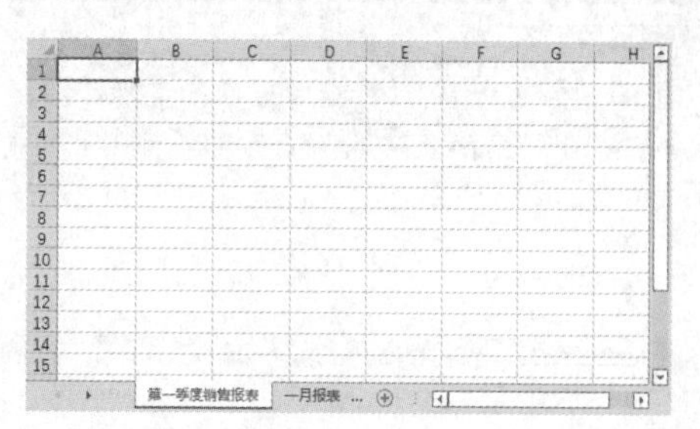

步骤02 在【数据】选项卡中，单击【数据工具】选项组中的【合并计算】按钮，弹出【合并计算】对话框，将光标定位在“引用位置”文本框中，然后选择“一月报表”工作表中的A1:C7单元格区域，单击【添加】按钮，如下图所示。

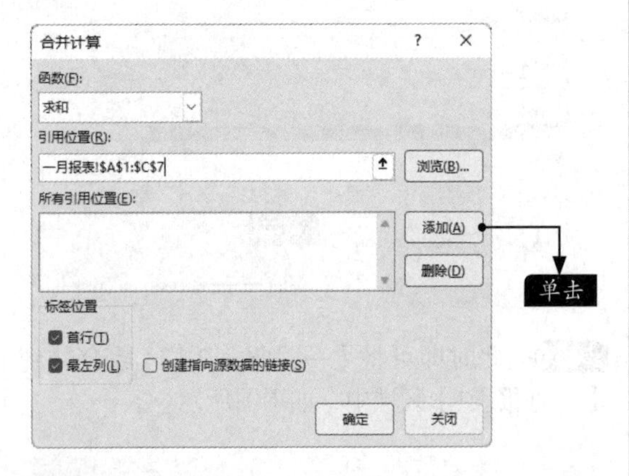

步骤03 重复此操作，依次添加二月、三月报表的数据区域，并勾选【首行】【最左列】复选框，单击【确定】按钮，如右上图所示。

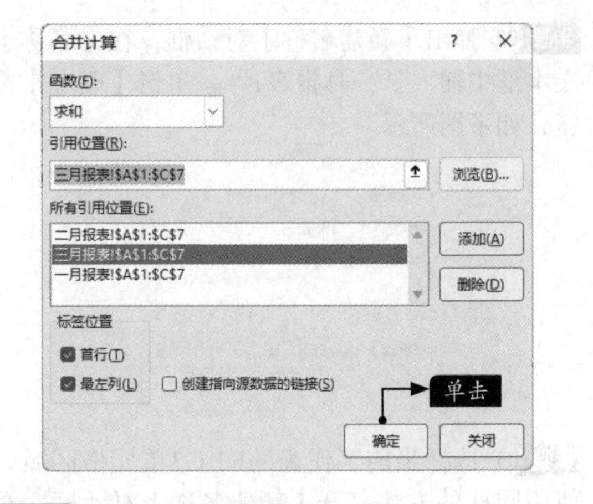

步骤04 合并计算后的数据如下图所示。

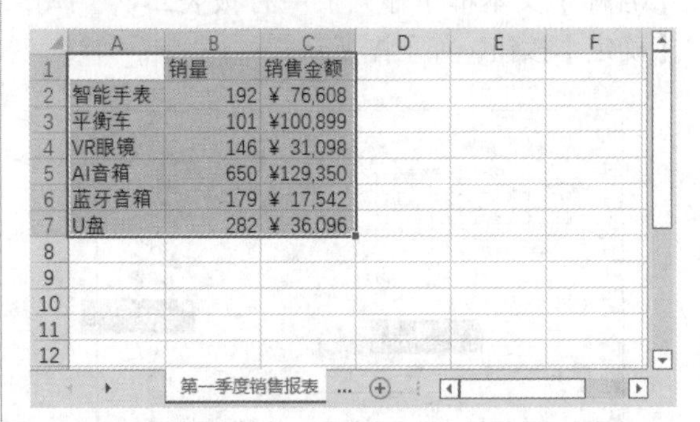

	销量	销售金额
智能手表	192	¥ 76,608
平衡车	101	¥100,899
VR眼镜	146	¥ 31,098
AI音箱	650	¥129,350
蓝牙音箱	179	¥ 17,542
U盘	282	¥ 36,096

高手私房菜

技巧1：复制数据有效性

反复设置数据有效性不免有些麻烦，为了节省时间，可以选择只复制数据有效性的设置，具体操作步骤如下。

步骤01 选择设置有数据有效性的单元格或单元格区域，按【Ctrl+C】组合键进行复制，如下图所示。

2022年第1季度销售业绩统计表

员工编号	员工姓名	所在部门	1月份	2月份	3月份	总销售额
22002	李××	销售1部	¥ 73,560	¥ 65,760	¥ 96,000	¥ 235,320
22005	刘××	销售1部	¥ 82,050	¥ 68,080	¥ 75,000	¥ 225,130
22006	陈××	销售2部	¥ 93,650	¥ 79,850	¥ 87,000	¥ 260,500
22007	张××	销售2部	¥ 87,890	¥ 68,950	¥ 95,000	¥ 251,840
22014	阮××	销售3部	¥ 94,860	¥ 89,870	¥ 82,000	¥ 266,730
22012	薛××	销售3部	¥ 84,970	¥ 85,249	¥ 86,500	¥ 256,719
22015	孙××	销售3部	¥ 78,500	¥ 69,800	¥ 76,500	¥ 224,800

步骤02 选择需要设置数据有效性的目标单元格或单元格区域，单击鼠标右键，在弹出的快捷菜单中选择【选择性粘贴】命令，如下图所示。

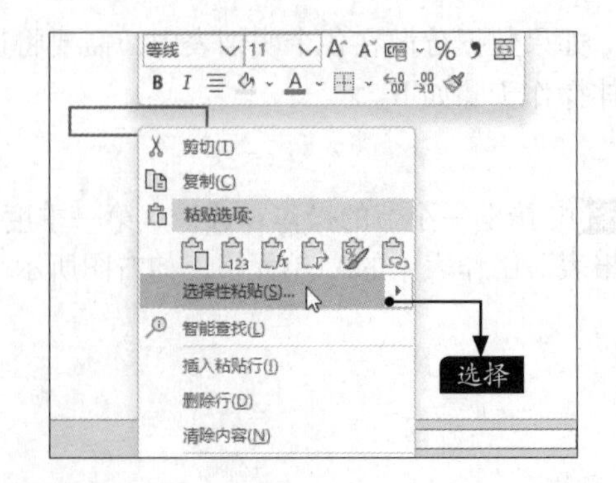

步骤03 弹出【选择性粘贴】对话框，在【粘贴】区域选择【验证】单选项，单击【确定】按钮，如下图所示。

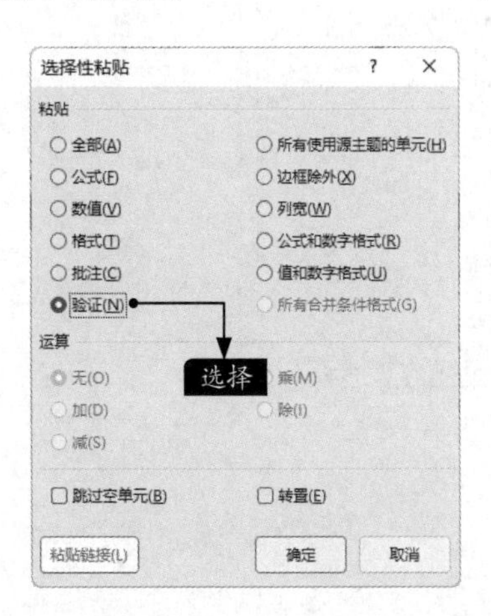

步骤04 此时即可将数据有效性设置复制至选择的单元格或单元格区域中，如下图所示。

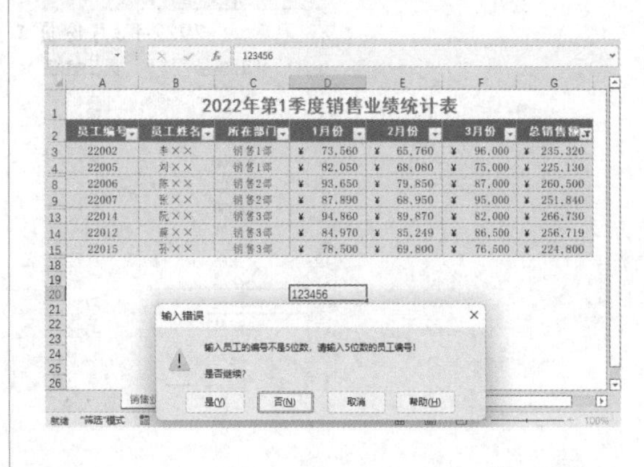

2022年第1季度销售业绩统计表

员工编号	员工姓名	所在部门	1月份	2月份	3月份	总销售额
22002	李××	销售1部	¥ 73,560	¥ 65,760	¥ 96,000	¥ 235,320
22005	刘××	销售1部	¥ 82,050	¥ 68,080	¥ 75,000	¥ 225,130
22006	陈××	销售2部	¥ 93,650	¥ 79,850	¥ 87,000	¥ 260,500
22007	张××	销售2部	¥ 87,890	¥ 68,950	¥ 95,000	¥ 251,840
22014	阮××	销售3部	¥ 94,860	¥ 89,870	¥ 82,000	¥ 266,730
22012	薛××	销售3部	¥ 84,970	¥ 85,249	¥ 86,500	¥ 256,719
22015	孙××	销售3部	¥ 78,500	¥ 69,800	¥ 76,500	¥ 224,800

技巧2：对同时包含字母和数字的文本进行排序

如果表格中既有字母也有数字，需要对该表格区域进行排序，用户可以先按数字排序，再按字母排序，达到最终排序的效果，具体操作步骤如下。

步骤01 打开“素材\ch07\员工业绩销售表.xlsx”文件。在A列单元格中填写带字母的编号，选择A列任一单元格，单击【数据】选项卡下【排序和筛选】选项组中的【排序】按钮，如下图所示。

2022年3月份员工销售业绩表

员工编号	员工姓名	销售额（单位：万元）
A1001	王××	87
A2221	李××	158
A1002	胡××	58
A1003	马××	224
A2441	刘××	86
A1004	陈××	90
A1005	张××	110
A3241	于××	342
A1006	金××	69
A1007	冯××	174
A2022	钱××	82

步骤02 在弹出的【排序】对话框中，单击【主要关键字】后的下拉按钮，在打开的下拉列表中选择【员工编号】选项，设置【排序依据】为【单元格值】，设置【次序】为【升序】，如右上图所示。

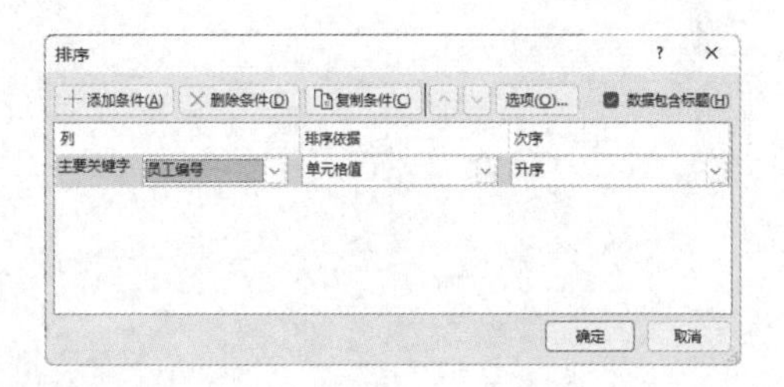

步骤03 在【排序】对话框中，单击【选项】按钮，打开【排序选项】对话框，选择【字母排序】单选项，然后单击【确定】按钮，如下图所示，返回【排序】对话框，再单击【确定】按钮，即可对【员工编号】列进行排序。

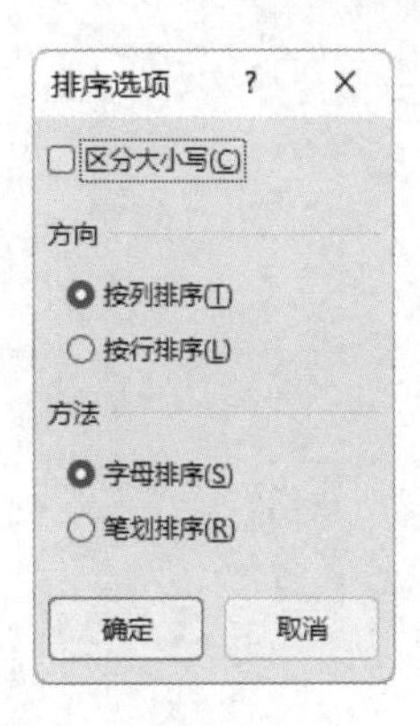

步骤 04 最终排序后的效果如下图所示。

	A	B	C	D
1	2022年3月份员工销售业绩表			
2	员工编号	员工姓名	销售额（单位：万元）	
3	A1001	王××	87	
4	A1002	胡××	58	
5	A1003	马××	224	
6	A1004	陈××	90	
7	A1005	张××	110	
8	A1006	金××	69	
9	A1007	冯××	174	
10	A2022	钱××	82	
11	A2221	李××	158	
12	A2441	刘××	86	
13	A3241	于××	342	
14				

Sheet1

第8章

数据图表

学习目标

图表作为一种形象、直观的表达形式，可以表示各种数据的数量的多少、数量增减变化的情况，以及部分数量与总数量的关系等，方便用户理解，使用户印象深刻，并帮助用户发现隐藏在数据背后的数据变化的趋势和规律。

学习效果

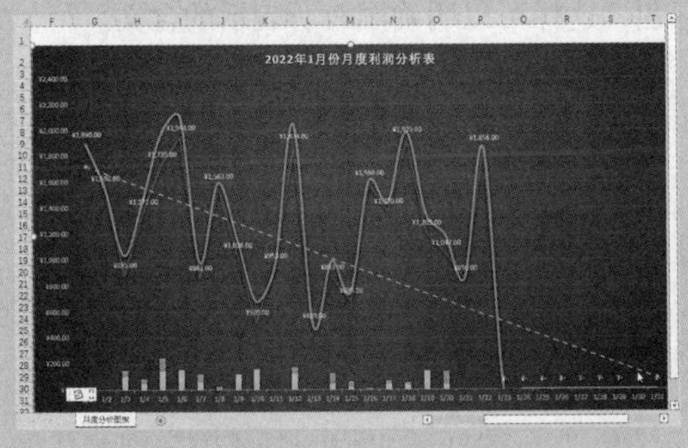

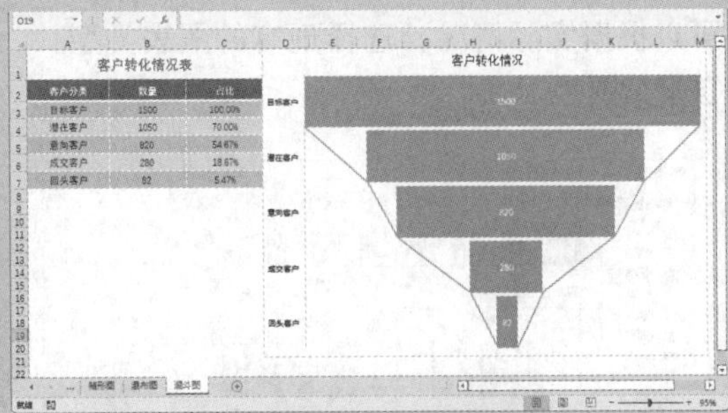

8.1 制作年度销售情况统计表

年度销售情况统计表主要用于计算公司的年利润。在Excel 2021中，创建图表可以帮助分析工作表中的数据。本节以制作年度销售情况统计表为例，介绍图表的创建方法。

8.1.1 认识图表的特点及其构成

图表可以非常直观地反映工作表中数据之间的关系，从而方便用户对比与分析数据。用图表表达数据，可以使表达效果更加清晰、直观、易懂，为用户使用数据提供了便利。

1. 图表的特点

在Excel 2021中，图表具有以下4种特点。

（1）直观形象

利用图表可以非常直观地显示全国各省城镇和农村收入的对比，如下图所示。

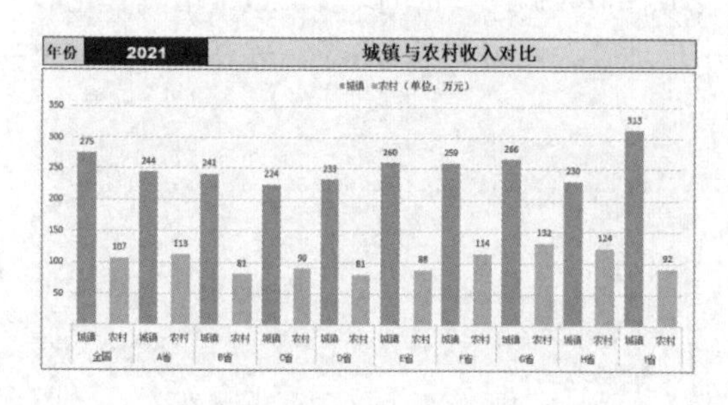

（2）种类丰富

Excel 2021提供有多种模板和16种图表类型，每一种图表类型又有多种子类型，还可以使用组合图表自定义图表组合，如下图所示。用户可以根据实际情况，选择现有的图表类型或者自定义图表。

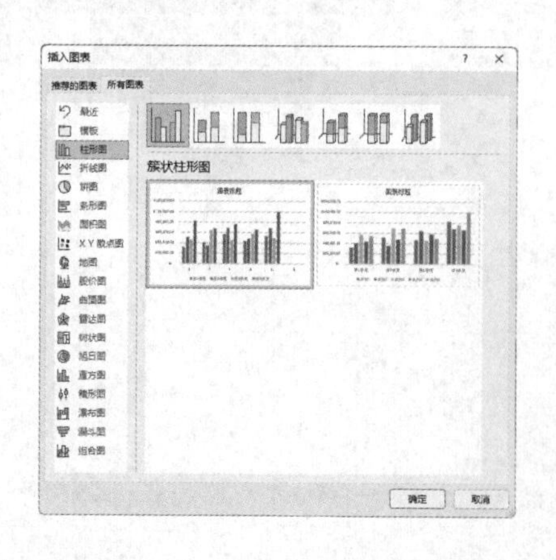

（3）双向联动

在图表上可以增加数据源，使图表和表格双向结合，更直观地表达丰富的含义，如下图所示。

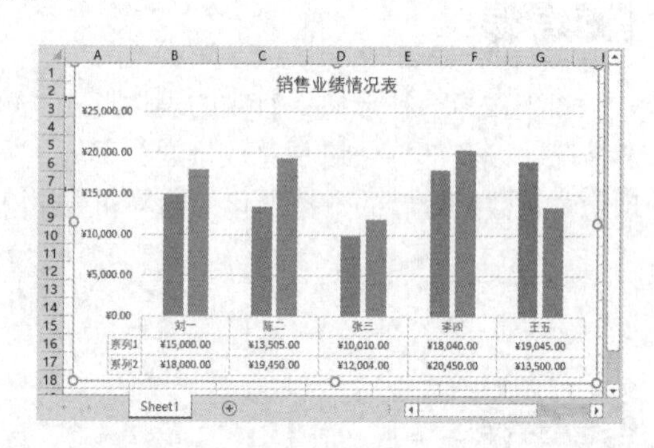

（4）二维坐标

一般情况下，图表上有两个用于对数据进行分类和度量的坐标轴，即分类（x）轴和数值（y）轴，如下图所示。在x轴、y轴上可以添加标题，这样可以明确图表所表示的含义。

2. 认识图表的构成元素

图表主要由图表区、绘图区、图表标题、数据标签、坐标轴、图例、数据表和背景组成，如下图所示。

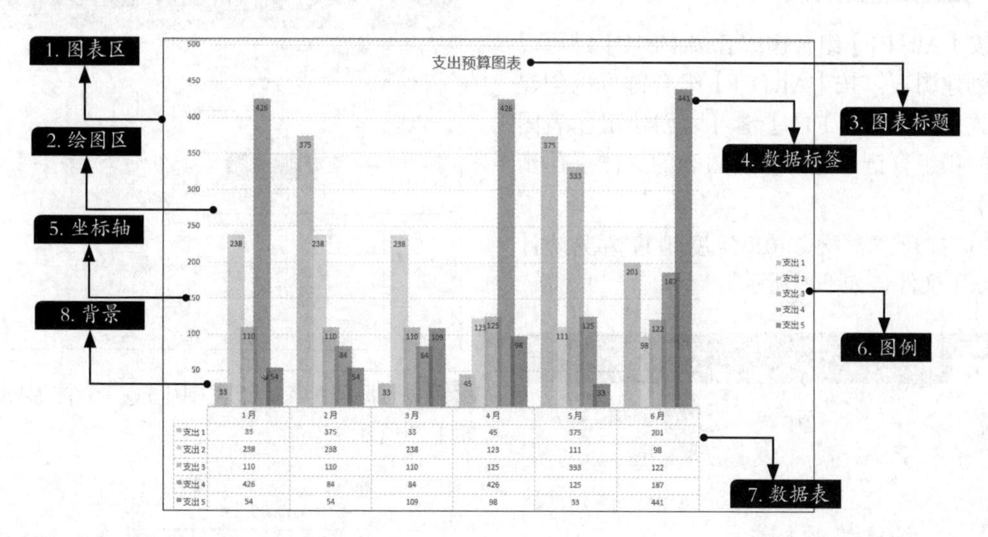

（1）图表区

整个图表以及图表中的数据称为图表区。在图表区中，当鼠标指针停留在图表元素上方时，Excel 2021会显示元素的名称，从而方便用户查找图表元素。

（2）绘图区

绘图区主要显示数据表中的数据，数据随着工作表中数据的更新而更新。

（3）图表标题

创建图表完成后，图表中会自动创建标题文本框，只需在文本框中输入标题即可。

（4）数据标签

图表中绘制的相关数据点的数据来自数据的行和列。如果要快速标识图表中的数据，可以为图表的数据添加数据标签，在数据标签中可以显示系列名称、类别名称和百分比。

（5）坐标轴

默认情况下，Excel 2021会自动确定图表坐标轴中图表的刻度值，也可以自定义刻度，以满足使用需要。当在图表中绘制的数值涵盖范围较大时，可以将垂直坐标轴改为对数刻度。

（6）图例

图例用方框表示，用于标识图表中的数据系列所指定的颜色或图案。创建图表后，图例以默认的颜色来显示图表中的数据系列。

（7）数据表

数据表是反映图表中源数据的表格，默认的图表一般都不显示数据表。单击【图表工具-图表设计】选项卡下【图表布局】选项组中的【添加图表元素】按钮，在弹出的下拉列表中选择【数据表】选项，在其子列表中选择相应的选项即可显示数据表。

（8）背景

背景主要用于衬托图表，可以使图表更加美观。

8.1.2 创建图表的3种方法

在Excel 2021中创建图表的方法有3种，分别是使用组合键创建图表、使用功能区创建图表和使用图表向导创建图表。

1. 使用组合键创建图表

按【Alt+F1】组合键或者按【F11】键可以快速创建图表。按【Alt+F1】组合键可以创建嵌入式图表，按【F11】键可以创建工作表图表。使用组合键创建工作表图表的具体操作步骤如下。

步骤 01 打开“素材\ch08\年度销售情况统计表.xlsx”文件，如下图所示。

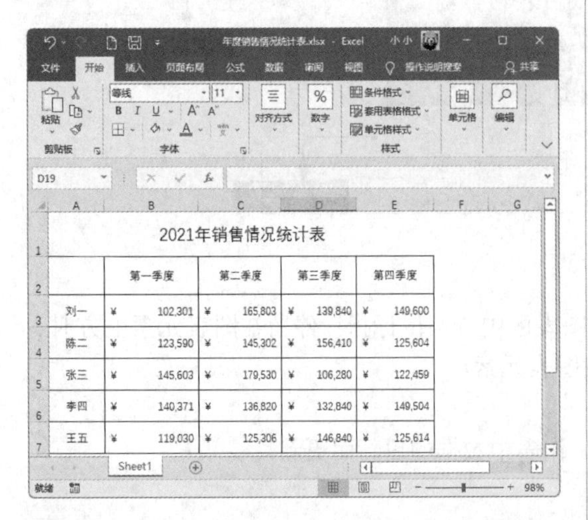

步骤 02 选择A2:E7单元格区域，按【F11】键，即可插入一个名为“Chart1”的工作表图表，并根据所选区域的数据创建图表，如下图所示。

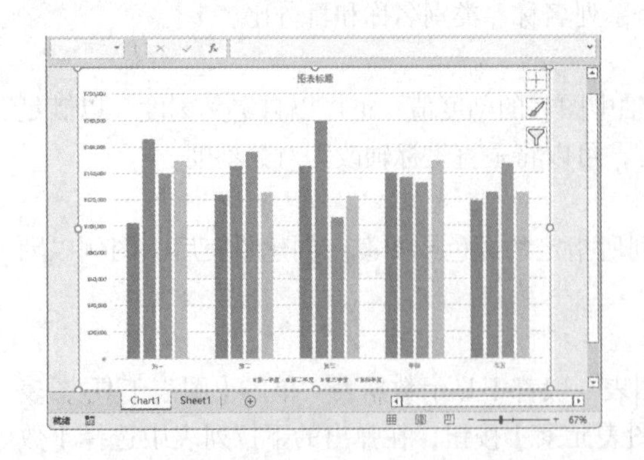

2. 使用功能区创建图表

使用功能区创建图表的具体操作步骤如下。

步骤 01 打开素材文件，选择A2:E7单元格区域，单击【插入】选项卡下【图表】选项组中的【插入柱形图或条形图】按钮，从弹出的下拉列表中选择【二维柱形图】区域内的【簇状柱形图】选项，如右上图所示。

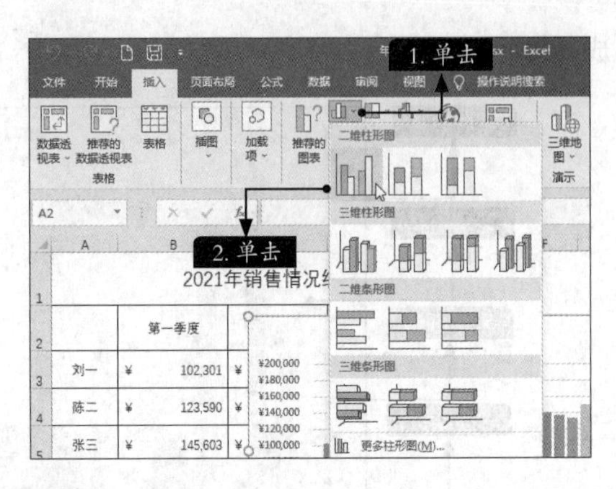

步骤 02 即可在该工作表中生成一个柱形图表，如下图所示。

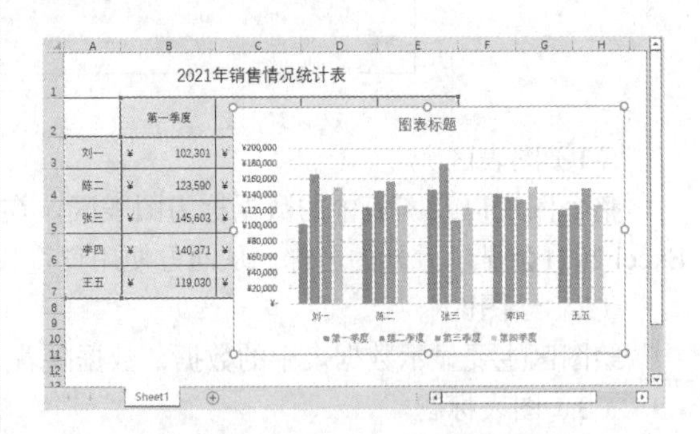

3. 使用图表向导创建图表

使用图表向导也可以创建图表，具体操作步骤如下。

步骤 01 打开素材文件，单击【插入】选项卡下【图表】选项组中的【查看所有图表】按钮，如下图所示。

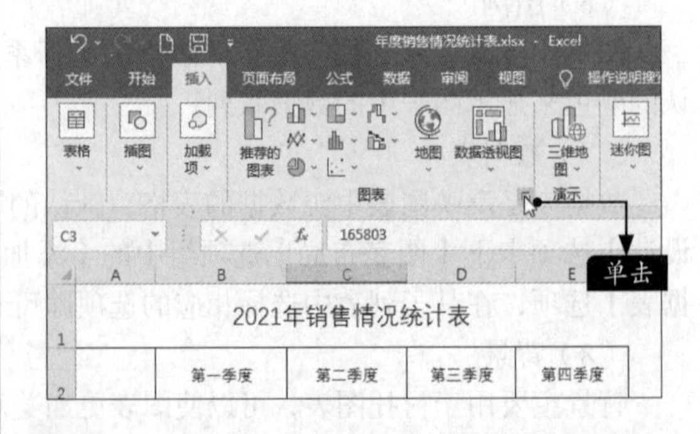

步骤 02 打开【插入图表】对话框，默认显示为【推荐的图表】选项卡，单击【所有图表】选项卡，选择一种图表类型，如这里选择【柱形图】选项，并在右侧选择一种样式，单击【确定】按钮，如下页图所示。

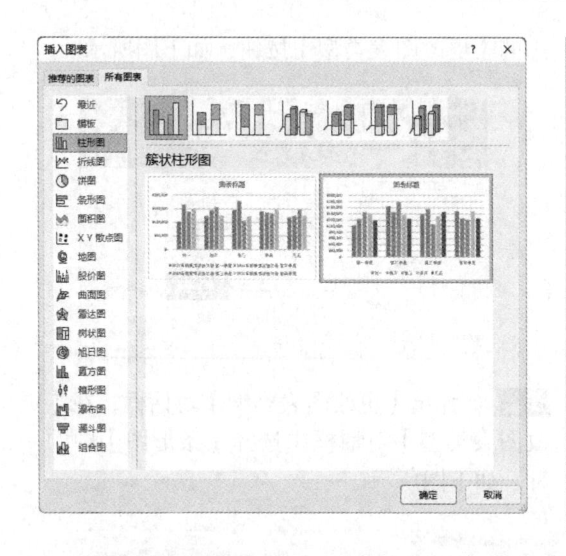

步骤03 此时即可完成图表的创建，如下图所示。

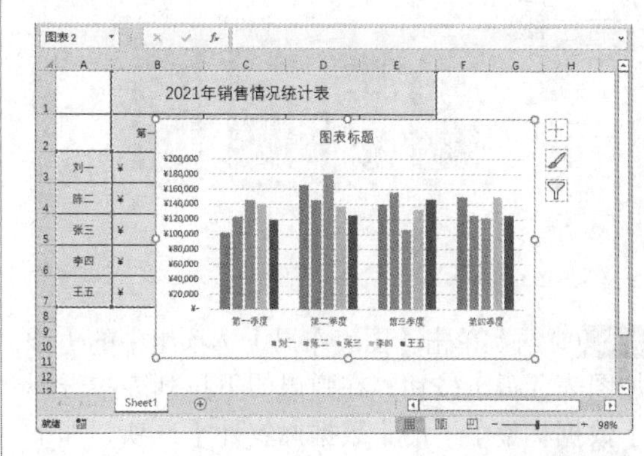

8.1.3 编辑图表

如果用户对创建的图表不满意，在Excel 2021中还可以对图表进行相应的修改。本小节介绍编辑图表的方法。

1. 在图表中插入对象

为创建的图表添加标题或数据系列，具体操作步骤如下。

步骤01 打开“素材\ch08\年度销售情况统计表.xlsx”文件，选择A2:E7单元格区域，创建柱形图，如下图所示。

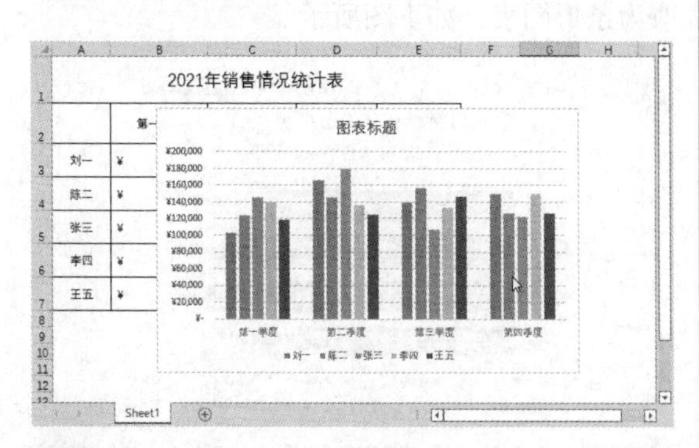

步骤02 选择图表，在【图表工具-图表设计】选项卡中，单击【图表布局】选项组中的【添加图表元素】按钮，在弹出的下拉列表中选择【网格线】下的【主轴主要垂直网格线】选项，如右上图所示。

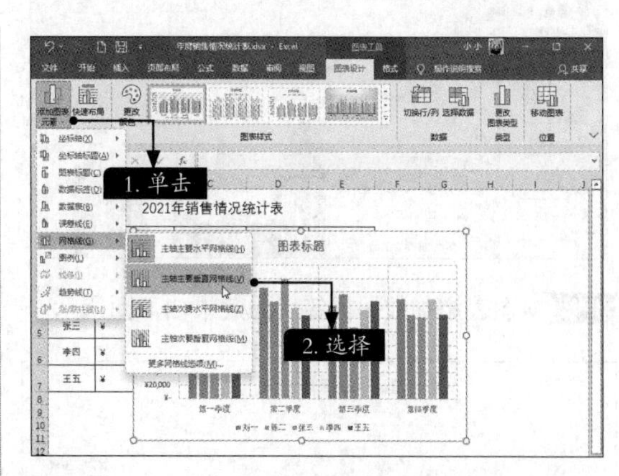

步骤03 在图表中插入网格线，在“图表标题”文本处输入标题为“2021年销售情况统计表”，如下图所示。

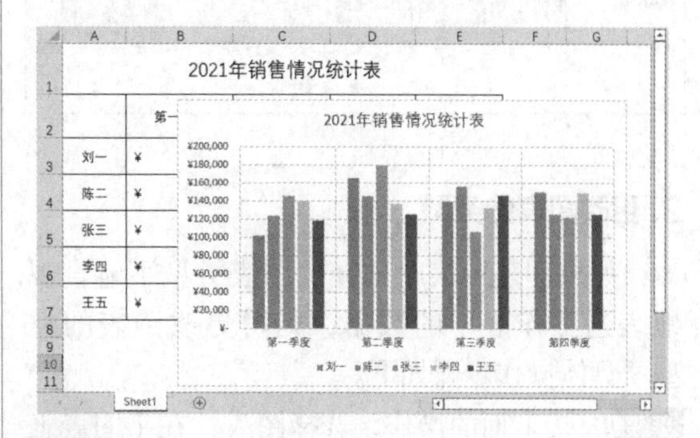

步骤04 单击柱形图中的【李四】系列，如下页图所示。

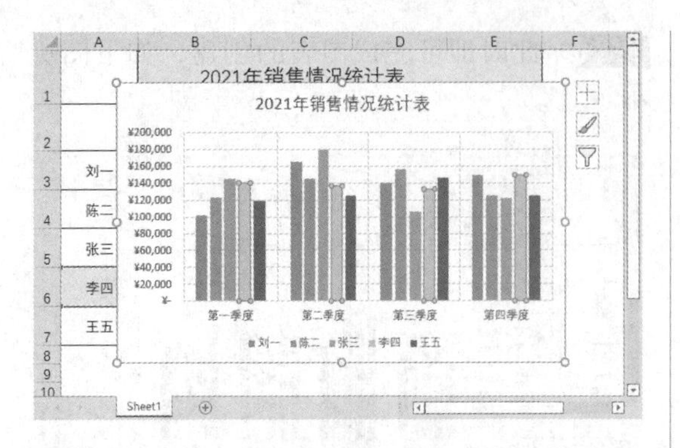

步骤05 再次单击【图表布局】选项组中的【添加图表元素】按钮，在弹出的下拉列表中选择【数据标签】下的【数据标签外】选项，如下图所示。

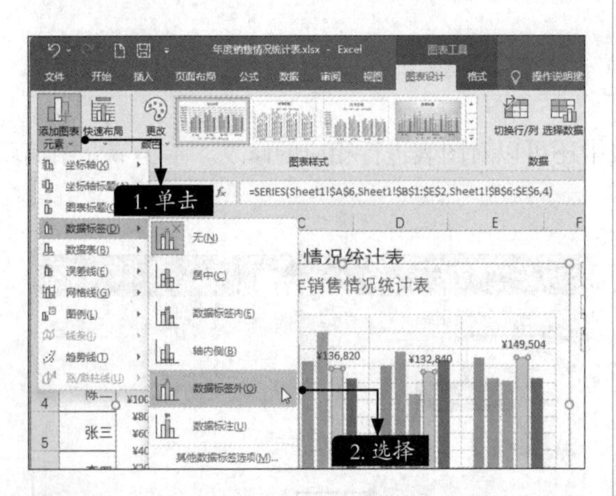

步骤06 图表添加数据标签后的效果如下图所示。

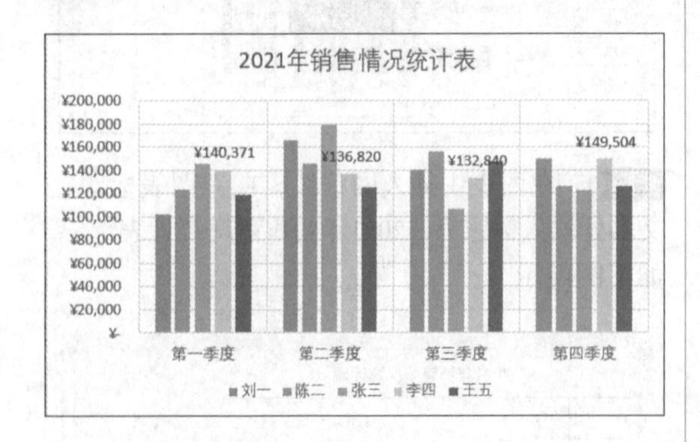

2. 更改图表的类型

如果创建图表时选择的图表类型不能直观地表达工作表中的数据，则可更改图表的类型。具体操作步骤如下。

步骤01 接上面的操作，选择图表，在【图表工具-图表设计】选项卡中，单击【类型】选项组中的【更改图表类型】按钮，如下图所示。

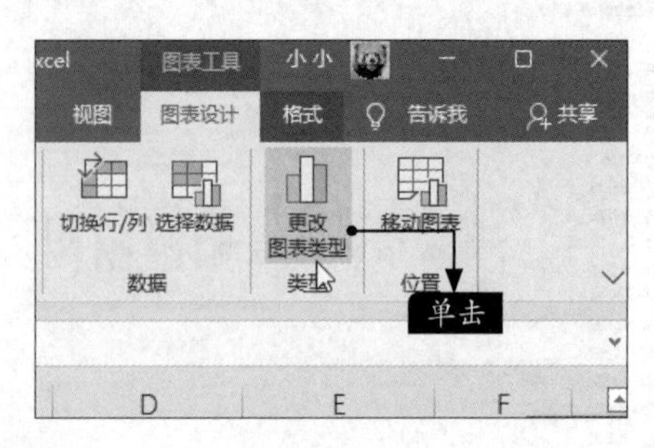

步骤02 弹出【更改图表类型】对话框，在【更改图表类型】对话框中选择【条形图】中的一种，如下图所示。

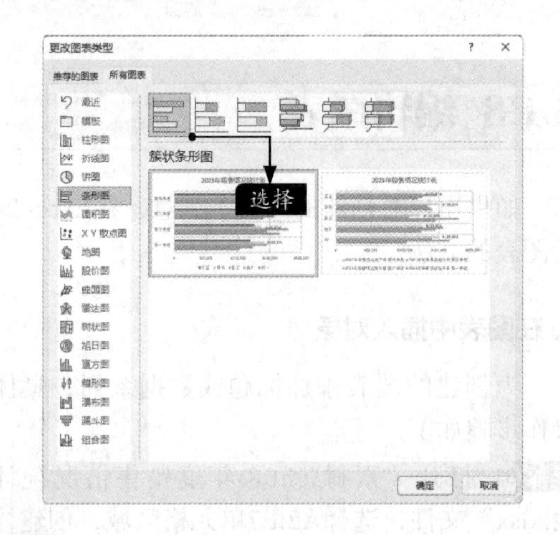

步骤03 单击【确定】按钮，即可将柱形图表更改为条形图表，如下图所示。

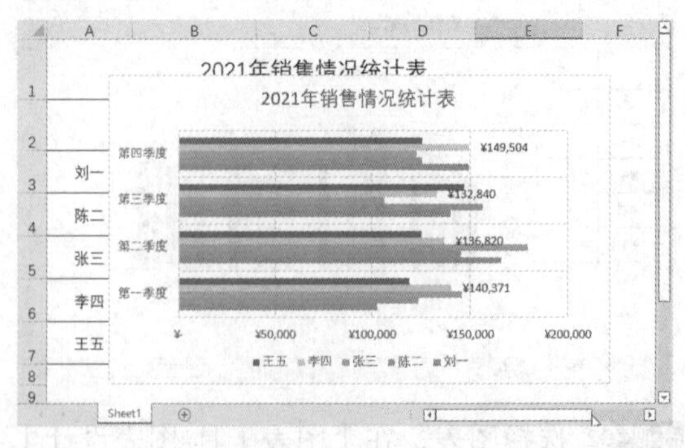

小提示

在需要更改类型的图表上单击鼠标右键，在弹出的快捷菜单中选择【更改图表类型】命令，在弹出的【更改图表类型】对话框中也可以更改图表的类型。

3. 调整图表的大小

用户可以对已创建的图表根据不同的需求进行调整，具体操作步骤如下。

步骤01 选择图表，图表周围会显示浅绿色边框，同时出现8个控制点，将鼠标指针放在图标右下角，当鼠标指针变成↘形状时拖曳控制点，可以调整图表的大小，如下图所示。

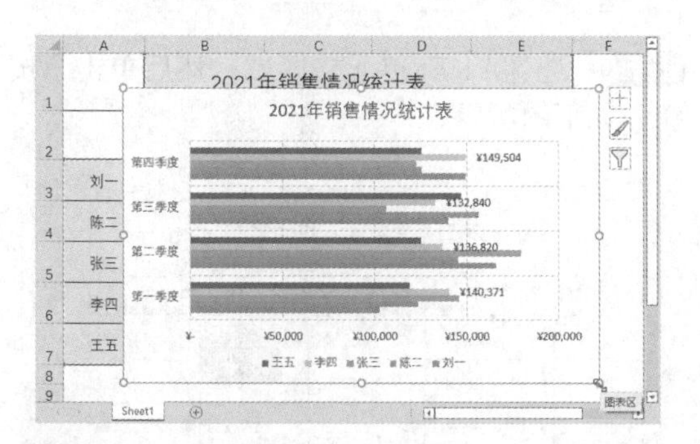

步骤02 如要精确地调整图表的大小，在【图表工具-格式】选项卡下【大小】选项组中的【形状高度】和【形状宽度】文本框中输入图表的高度和宽度值，按【Enter】键确认即可，如下图所示。

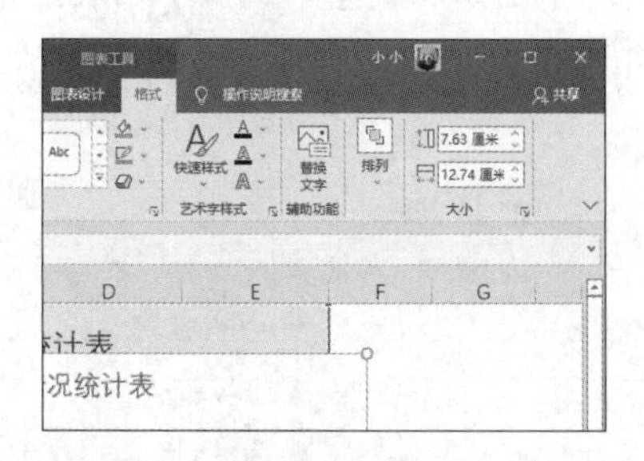

> **小提示**
>
> 单击【图表工具-格式】选项卡中【大小】选项组右下角的【大小和属性】按钮，在弹出的【设置图表区格式】窗格的【大小与属性】选项卡下，可以设置图表的大小或缩放百分比。

4. 移动和复制图表

可以通过移动图表，来改变图表的位置；可以通过复制图表，将图表添加到其他工作表中或其他文件中。

（1）移动图表

如果创建的嵌入式图表不符合工作表的布局要求，例如位置不合适、遮住了工作表的数据等，可以通过移动图表来解决。

① 在同一工作表中移动。选择图表，将鼠标指针放在图表的边缘，当鼠标指针变成✥形状时，按住鼠标左键拖曳到合适的位置后释放即可，如下图所示。

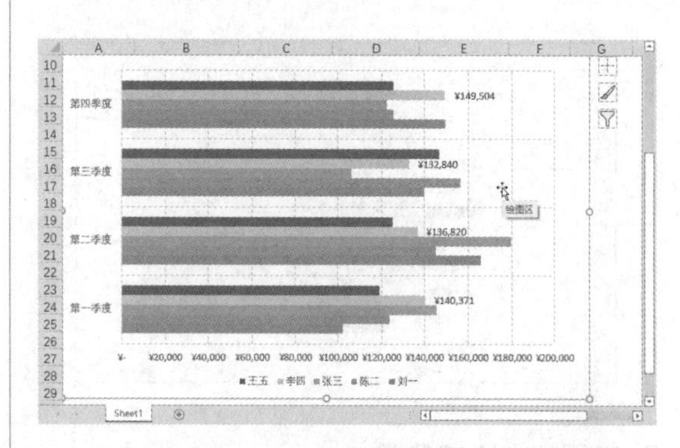

② 移动图表到其他工作表中。选择图表，在【图表工具-图表设计】选项卡中，单击【位置】选项组中的【移动图表】按钮，在弹出的【移动图表】对话框中选择图表移动的位置，如选择【新工作表】单选项，在文本框中输入新工作表名称，单击【确定】按钮，如下图所示。

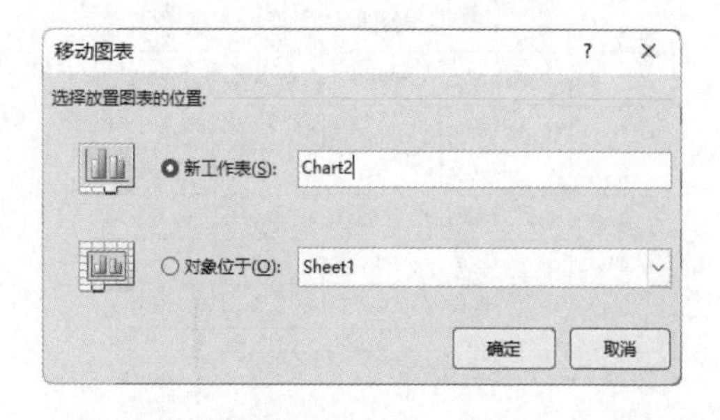

（2）复制图表

将图表复制到另外的工作表中，具体操作步骤如下。

步骤01 在要复制的图表上单击鼠标右键，在弹出的快捷菜单中选择【复制】命令，如下图所示。

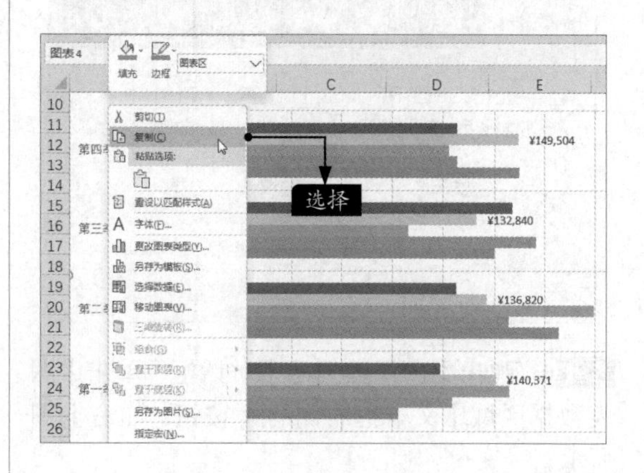

步骤 02 在新的工作表中单击鼠标右键，在弹出的快捷菜单中单击【粘贴选项】下的【保留源格式】按钮，即可将图表复制到新的工作表中，如下图所示。

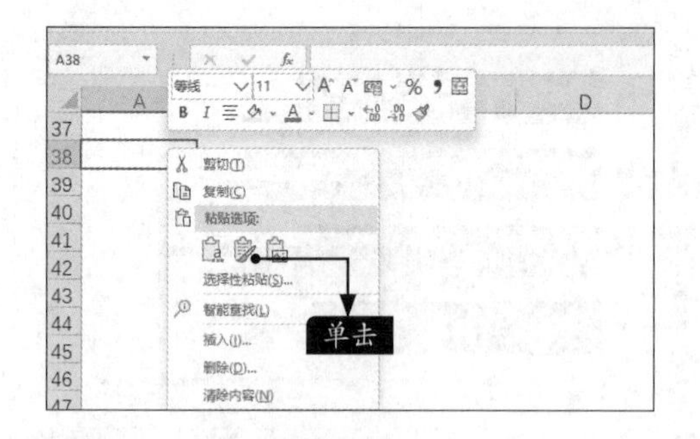

5. 在图表中添加数据

在使用图表的过程中，可以对其中的数据进行修改，具体操作步骤如下。

步骤 01 在A8:E8单元格区域中输入下图所示的内容。

2021年销售情况统计表

	第一季度	第二季度	第三季度	第四季度
刘一	¥ 102,301	¥ 165,803	¥ 139,840	¥ 149,600
陈二	¥ 123,590	¥ 145,302	¥ 156,410	¥ 125,604
张三	¥ 145,603	¥ 179,530	¥ 106,280	¥ 122,459
李四	¥ 140,371	¥ 136,820	¥ 132,840	¥ 149,504
王五	¥ 119,030	¥ 125,306	¥ 146,840	¥ 125,614
赵六	¥ 120,950	¥ 14,780	¥ 167,400	¥ 186,500

步骤 02 选择图表，在【图表工具-图表设计】选项卡中，单击【数据】选项组中的【选择数据】按钮，如下图所示。

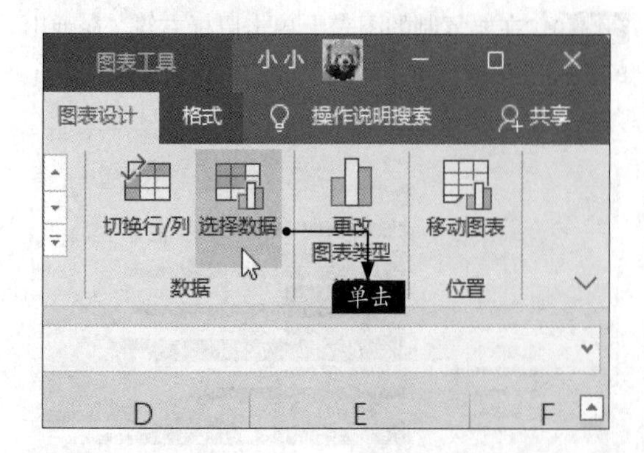

步骤 03 弹出【选择数据源】对话框，单击【图表数据区域】文本框右侧的 按钮，如右上图所示。

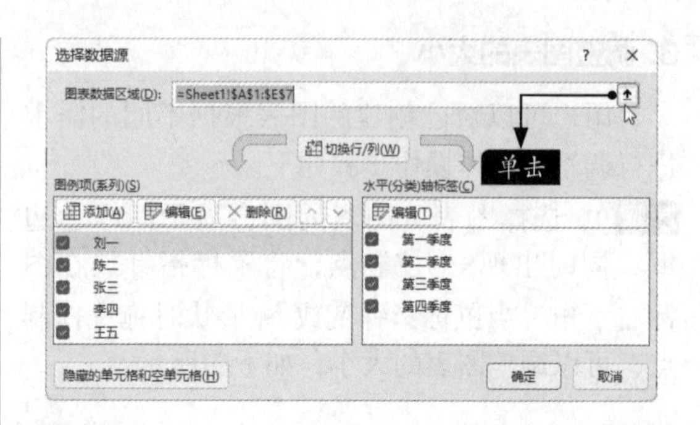

步骤 04 选择A1:E8单元格区域，然后单击 按钮，如下图所示。

步骤 05 返回到【选择数据源】对话框，可以看到【赵六】已添加到【图例项】列表框中了，如下图所示。

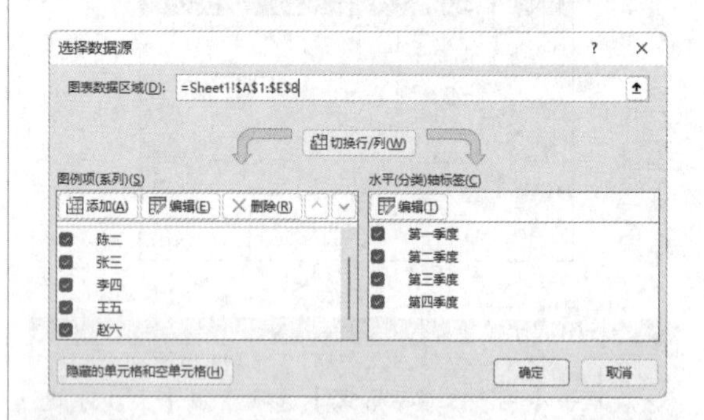

步骤 06 单击【确定】按钮，【赵六】数据系列就会添加到图表中，如下图所示。

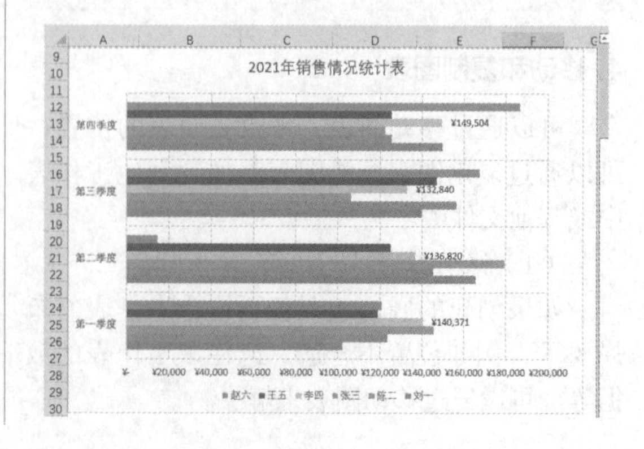

6. 设置和隐藏网格线

如果对默认的网格线不满意，可以自定义网格线，具体操作步骤如下。

步骤01 选择图表，单击【图表工具-格式】选项卡下【当前所选内容】选项组中的【图表区】按钮，在弹出的下拉列表中选择【垂直（类别）轴主要网格线】选项，如下图所示。

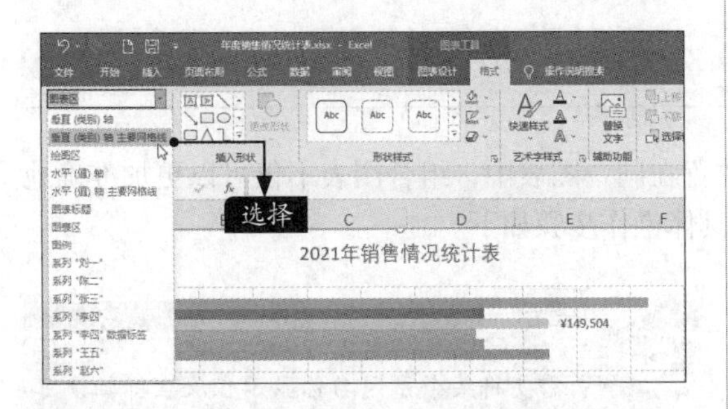

步骤02 单击【设置所选内容格式】按钮，弹出【设置主要网格线格式】窗格，如下图所示。

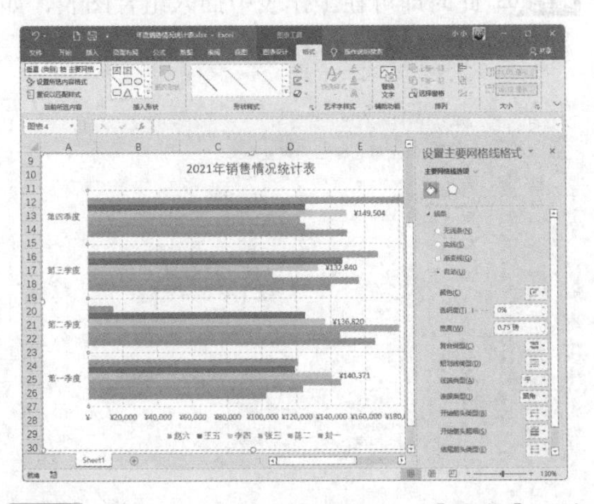

步骤03 在【填充与线条】选项卡下【线条】区域中的【颜色】下拉列表中设置颜色为【红色】，在【宽度】微调框中设置宽度为【0.75磅】，设置【短划线类型】为【短划线】，设置后的效果如下图所示。

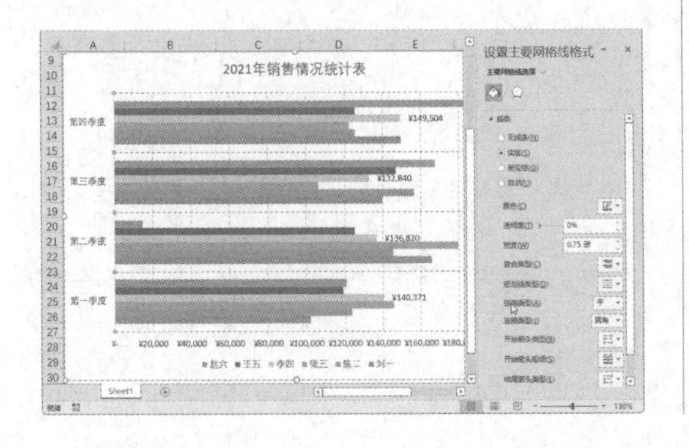

步骤04 选择【线条】区域下的【无线条】单选项，即可隐藏所有的网格线，如下图所示。

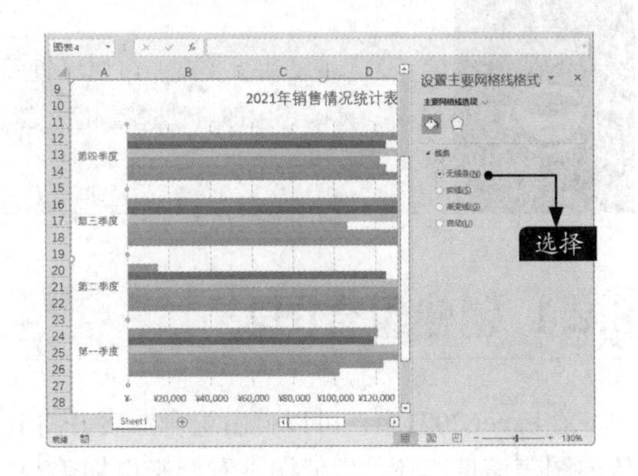

7. 显示与隐藏图表

如果在工作表中已创建了嵌入式图表，当只需显示原始数据时，可把图表隐藏起来，具体操作步骤如下。

步骤01 选择图表，在【图表工具-格式】选项卡中，单击【排列】选项组中的【选择窗格】按钮，弹出【选择】窗格，在【选择】窗格中单击【图表1】右侧的按钮，如下图所示。

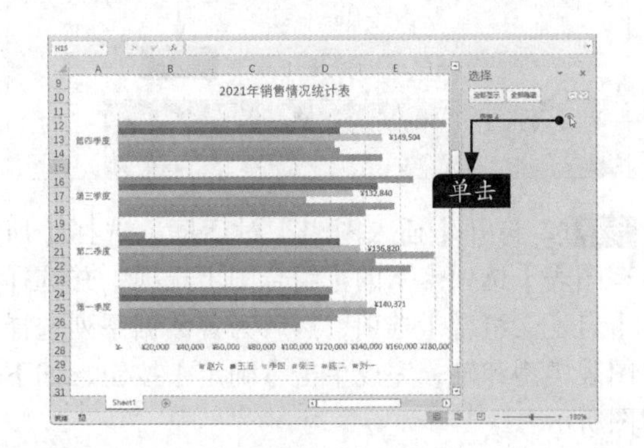

步骤02 单击即可隐藏图表，且按钮变为按钮，单击按钮，图表就会显示出来，如下图所示。

8.2 美化月度分析图表

为了使图表更美观，可以设置图表的格式。Excel 2021提供了多种图表格式，直接套用即可快速美化图表。本节以月度分析图表为例，介绍美化图表的技巧。

8.2.1 创建组合图表

在Excel 2021中，可以自由组合图表并将其放置在同一图表中，组合图表不仅可以更加准确地传递图表信息，还可以使图表看起来更加美观，具体操作步骤如下。

步骤 01 打开“素材\ch08\月度分析图表.xlsx”文件，选择A2:E33单元格区域，并单击【插入】选项卡下【图表】选项组中的【查看所有图表】按钮，如下图所示。

步骤 02 打开【插入图表】对话框，选择【所有图表】选项卡下的【组合图】选项，并选择【自定义组合】选项，然后为各数据系列选择图表类型和轴，完成单击【确定】按钮，如下图所示。

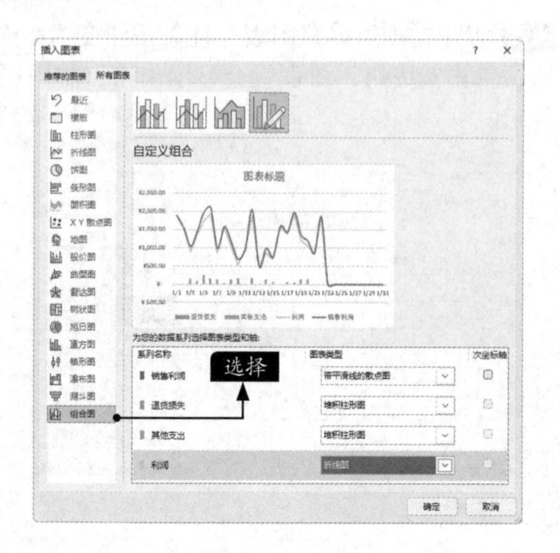

> **小提示**
>
> 如果需要将某个系列名称显示在次坐标轴，可以勾选对应系列名称后的复选框。

步骤 03 此时即可在工作表中插入组合图表，如下图所示。

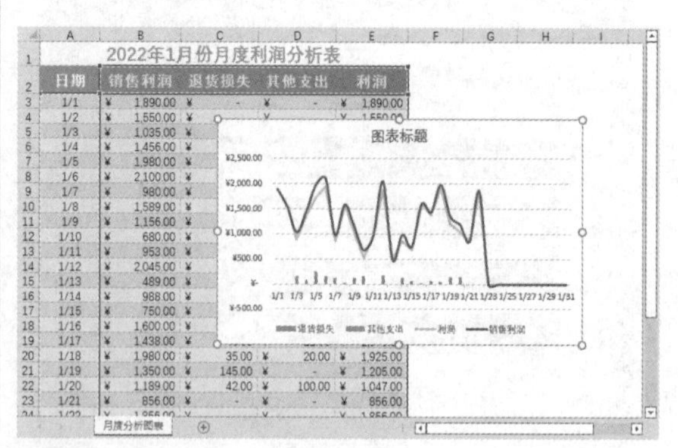

步骤 04 为图表添加标题，并调整图表大小及位置，最终效果如下图所示。

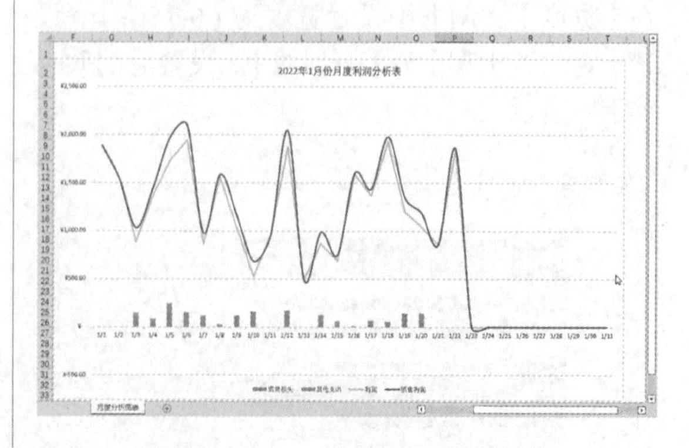

8.2.2 设置图表的填充效果

用户可以根据需要对图表区进行背景填充，设置填充效果的具体操作步骤如下。

步骤01 选择绘图区，单击鼠标右键，在弹出的快捷菜单中选择【设置绘图区格式】命令，如下图所示。

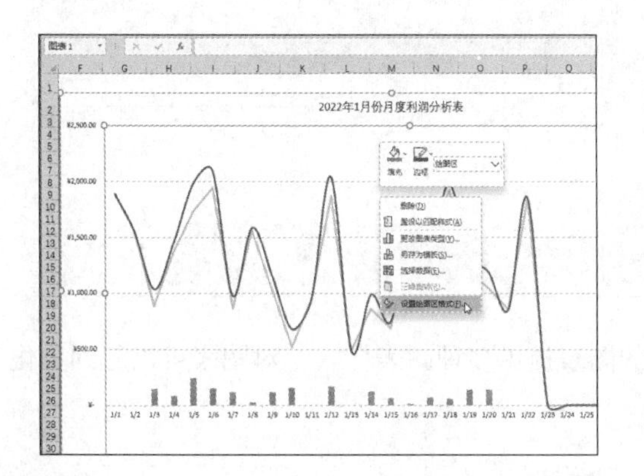

步骤02 在窗口右侧弹出【设置绘图区格式】窗格，在【填充与线条】选项卡下【填充】区域中选择【图案填充】单选项，并在【图案填充】区域中单击【背景】按钮，在弹出的颜色下拉列表中选择一种颜色，如下图所示。

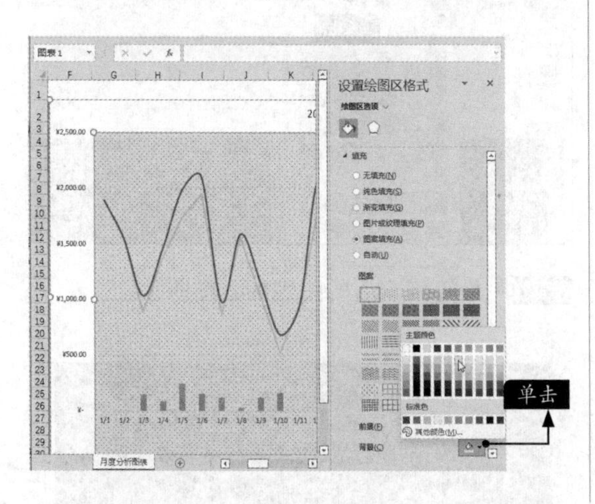

步骤03 单击【图案填充】区域下的【前景】按钮，在弹出的颜色下拉列表中选择一种颜色，如下图所示。

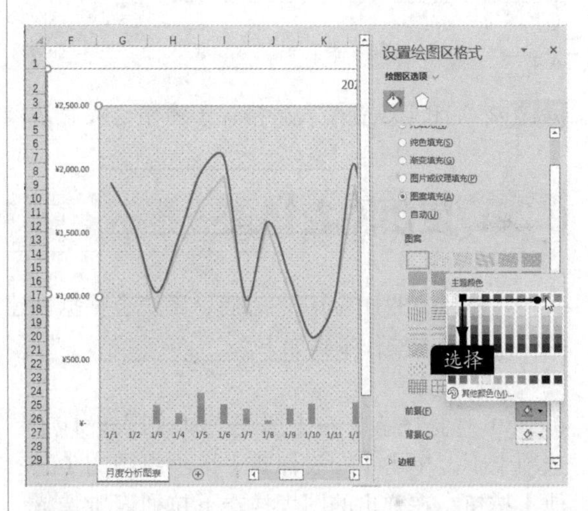

步骤04 关闭【设置绘图区格式】窗格，图表最终效果如下图所示。

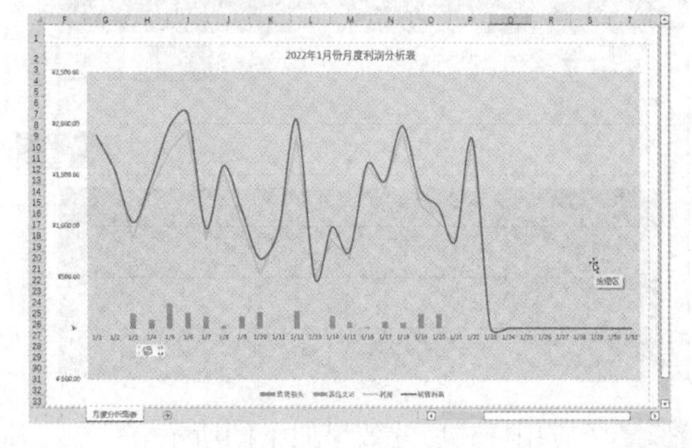

8.2.3 设置边框效果

设置边框效果的具体操作步骤如下。

步骤01 选择图表，单击鼠标右键，在弹出的快捷菜单中选择【设置图表区域格式】命令，弹出【设置图表区格式】窗格。在【填充与线条】选项卡下【边框】区域中选择【实线】单选项，在【颜色】下拉列表中选择【蓝色，个性色1】选项，设置【宽度】为【2磅】，如下页图所示。

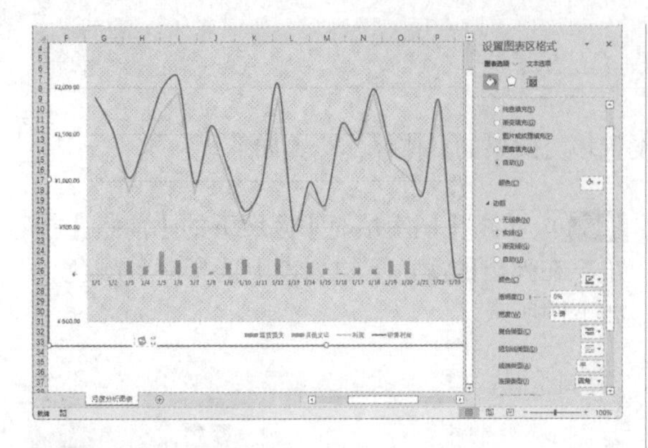

步骤 02 关闭【设置图表区格式】窗格，设置边框后的效果如下图所示。

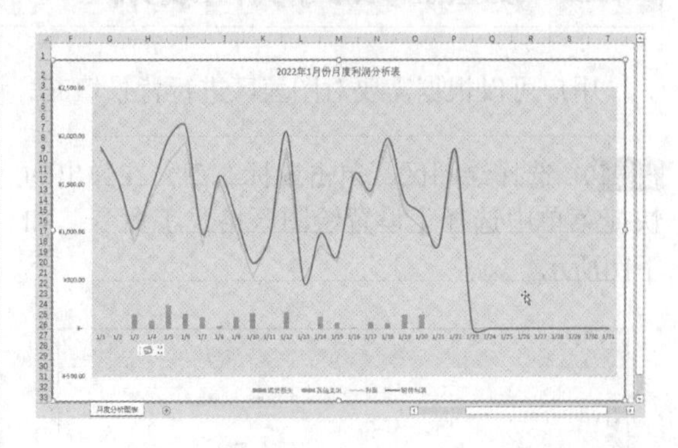

8.2.4 使用图表样式

在Excel 2021中创建图表后，系统会根据创建的图表提供多种图表样式，对图表可以起到美化的作用，具体操作步骤如下。

步骤 01 选择图表，在【图表工具-图表设计】选项卡下，单击【图表样式】选项组中的【其他】按钮，在弹出的图表样式下拉列表中选择任意一个样式进行套用，如下图所示。

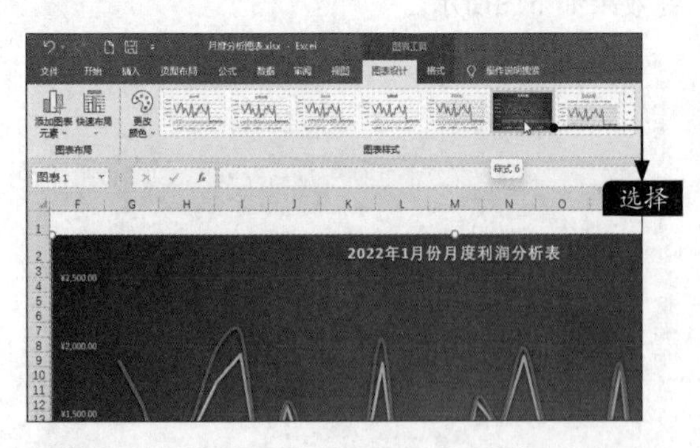

步骤 02 应用样式后的效果如下图所示。

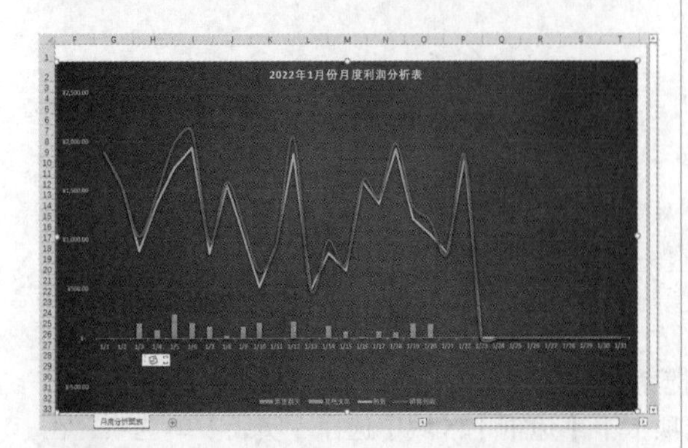

步骤 03 单击【更改颜色】按钮，可以为图表应用不同的颜色，如这里选择【彩色调色板3】选项，如下图所示。

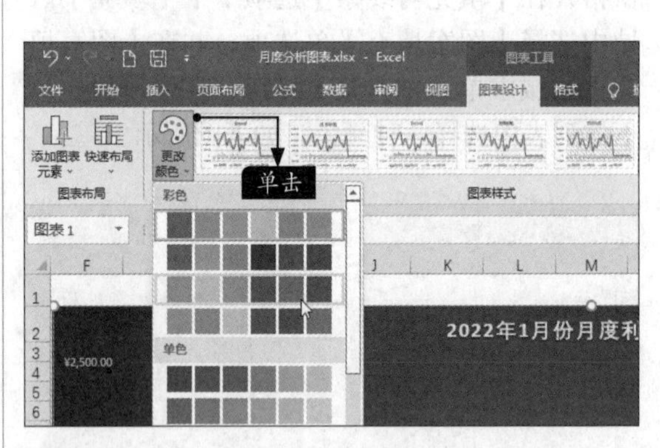

步骤 04 最终修改后的图表如下图所示。

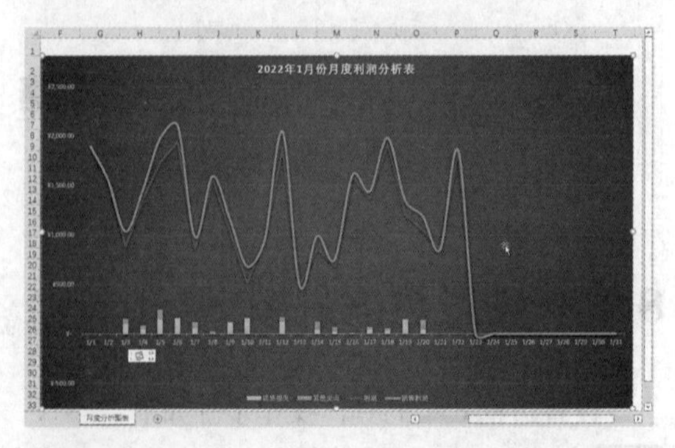

步骤 05 内置样式的布局有时不能满足所有用户，此时用户可以添加图表元素。为了使图表更清楚地表现数据，可以为数据系列项添加数

据标签，如这里为【利润】趋势线添加右侧标签，并设置字体颜色为【白色】，如下图所示。

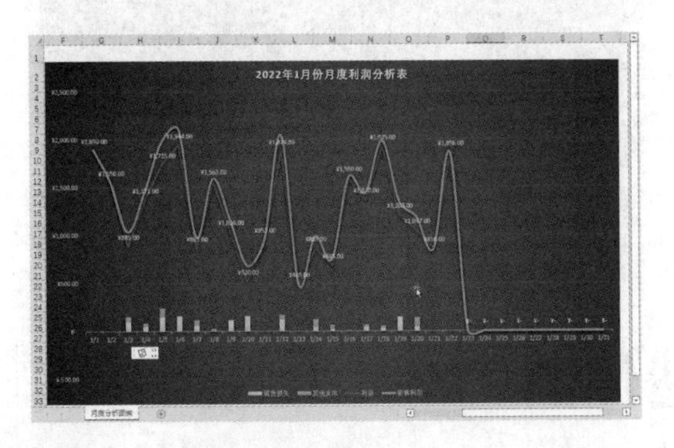

步骤 06 由于本图表中数轴单位过大，用户可以设置数值单位以便更好地进行查看。例如这里将【边界】的最小值设置为【0.0】，最大值设置为【2400.0】，再将【单位】的【大】设置为【200.0】，最终图表效果如下图所示。

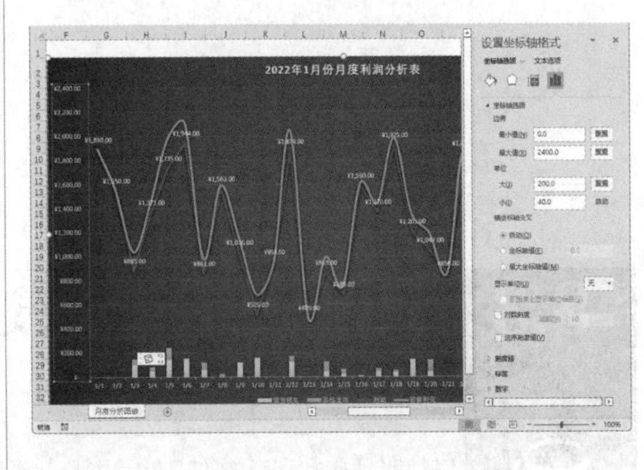

8.2.5 添加趋势线

在图表中，绘制趋势线可以指出数据的发展趋势。在一些情况下，还可以通过趋势线预测出其他的数据。单个数据系列可以有多条趋势线。添加趋势线的具体操作步骤如下。

步骤 01 选择图表中的【利润】趋势线，单击【图表工具-图表设计】选项卡下【图表布局】选项组中的【添加图表元素】按钮，在弹出的下拉列表中选择【趋势线】下的【线性】选项，如下图所示。

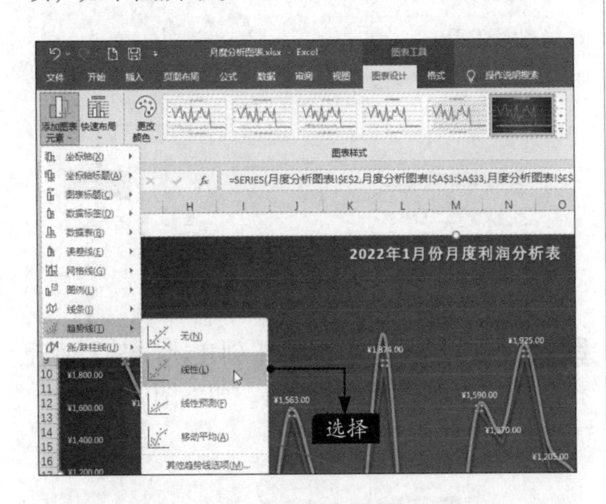

小提示

可向非堆积二维图表（面积图、条形图、柱形图、折线图、股价图、散点图或气泡图）添加趋势线。不能向堆积图或三维图表添加趋势线，如雷达图、饼图、曲面图和圆环图。

步骤 02 此时即可看到图表中添加了趋势线，如下图所示。

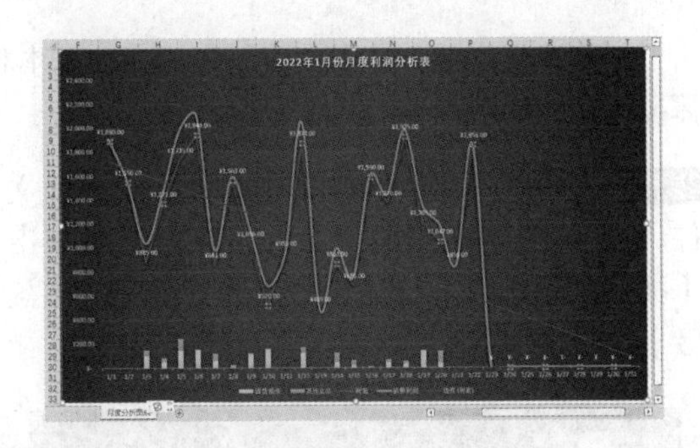

步骤 03 双击趋势线线条，在右侧弹出的【设置趋势线格式】窗格中为线条设置颜色、宽度、线型等，如下图所示。

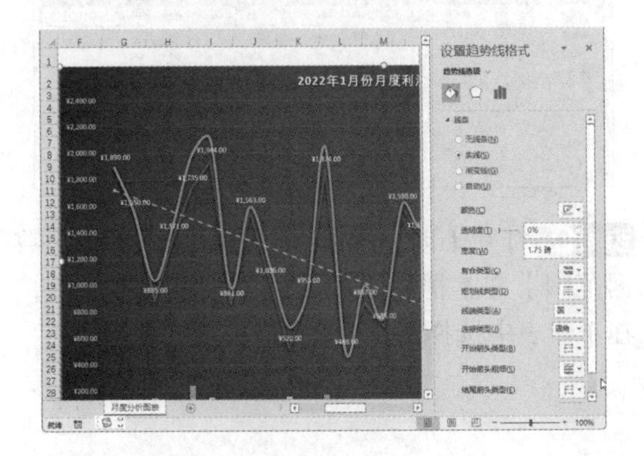

步骤 04 关闭【设置趋势线格式】窗格，即可看到设置的效果，如右图所示。

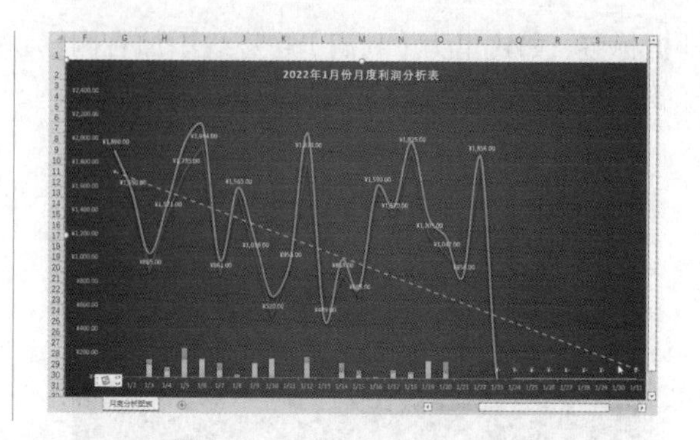

8.3 制作销售盈亏表迷你图

迷你图是一种微型图表，可放在工作表的单个单元格中。迷你图能够以简明且非常直观的方式显示大量数据集所反映出的趋势。

使用迷你图可以显示一系列数值的趋势，可以通过不同颜色区分重要的项目，如季节性增长或降低、经济周期、突出显示最大值和最小值。将迷你图放在它所表示的数据附近时会产生非常好的效果。若要创建迷你图，必须先选择要分析的数据区域，然后选择要放置迷你图的位置。

8.3.1 创建单个迷你图

创建迷你图的方法和创建图表的方法基本相同，下面介绍销售盈亏表迷你图的创建方法，具体操作步骤如下。

步骤 01 打开“素材\ch08\销售盈亏表.xlsx”文件，选择要插入迷你图的单元格N3，然后单击【插入】选项卡下【迷你图】选项组中的【盈亏】按钮，如下图所示。

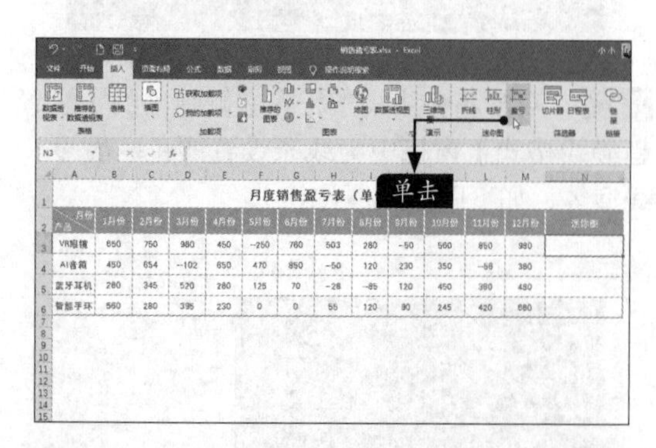

步骤 02 打开【创建迷你图】对话框，单击【数据范围】文本框后的⬆按钮，如右上图所示，在工作表中选择B3:M3单元格区域。

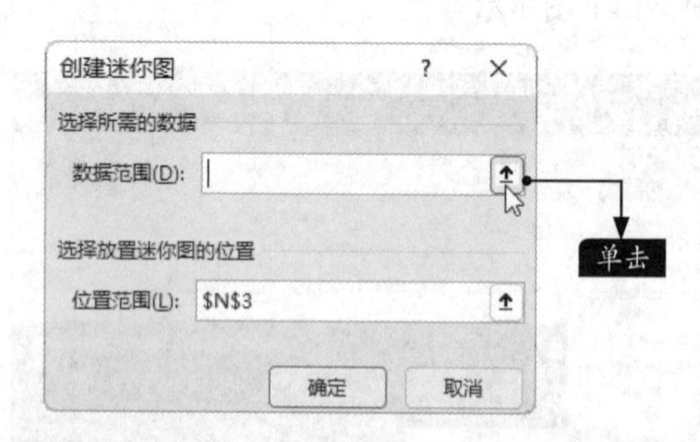

步骤 03 选择区域后，返回【创建迷你图】对话框，然后单击【确定】按钮，如下图所示。

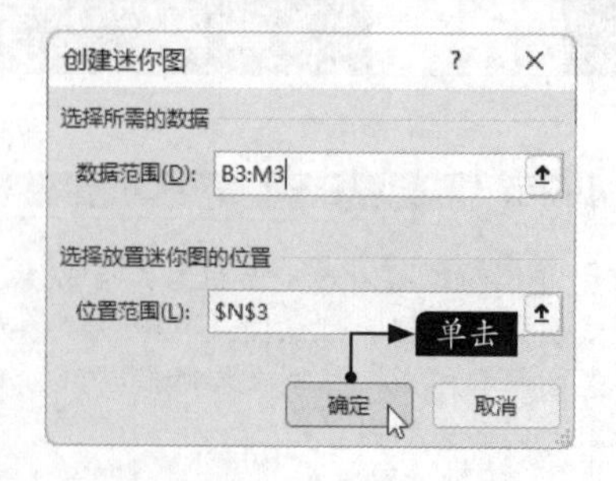

步骤04 此时即可为所选单元格区域创建对应的迷你图，如下图所示。

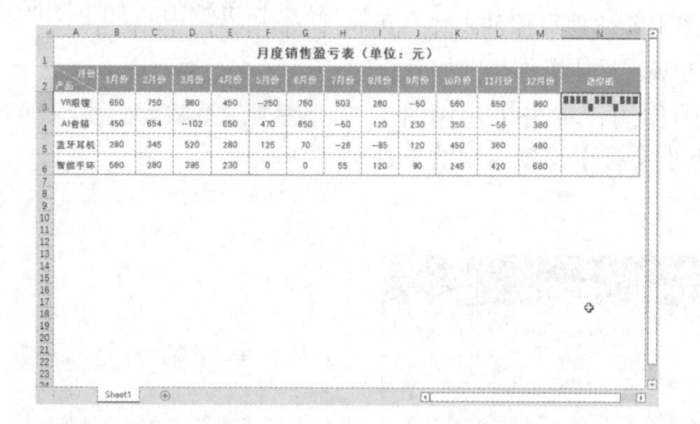

月度销售盈亏表（单位：元）

产品 \ 月份	1月份	2月份	3月份	4月份	5月份	6月份	7月份	8月份	9月份	10月份	11月份	12月份	迷你图
VR眼镜	650	750	980	450	-250	760	503	280	-50	560	850	980	
AI音箱	450	654	-102	650	470	850	-50	120	230	350	-56	380	
蓝牙耳机	280	345	520	280	125	70	-28	-85	120	450	360	480	
智能手环	560	280	395	230	0	0	55	120	90	245	420	680	

8.3.2 创建多个迷你图

在创建迷你图时，可以为多行或多列创建多个迷你图，具体操作步骤如下。

步骤01 选择要存放迷你图的N4:N6单元格区域，然后单击【插入】选项卡下【迷你图】选项组中的【盈亏】按钮，如下图所示。

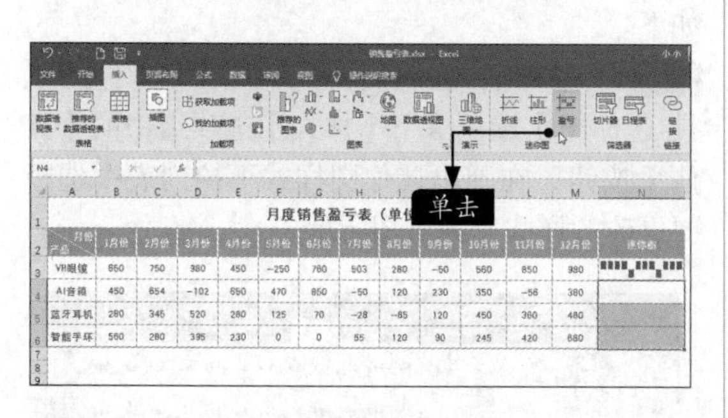

月度销售盈亏表（单位：元）

产品 \ 月份	1月份	2月份	3月份	4月份	5月份	6月份	7月份	8月份	9月份	10月份	11月份	12月份	迷你图
VR眼镜	650	750	980	450	-250	760	503	280	-50	560	850	980	
AI音箱	450	654	-102	650	470	850	-50	120	230	350	-56	380	
蓝牙耳机	280	345	520	280	125	70	-28	-85	120	450	360	480	
智能手环	560	280	395	230	0	0	55	120	90	245	420	680	

步骤02 打开【创建迷你图】对话框，在【数据范围】文本框中选择要创建迷你图的B4:M6单元格区域，单击【确定】按钮，如下图所示。

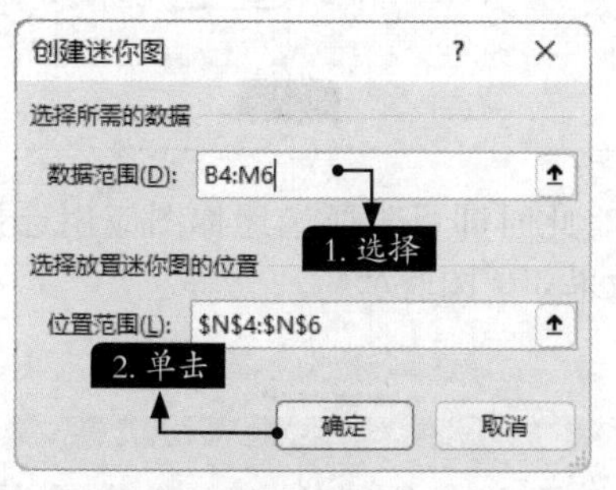

步骤03 此时即可创建多个迷你图，如下图所示。

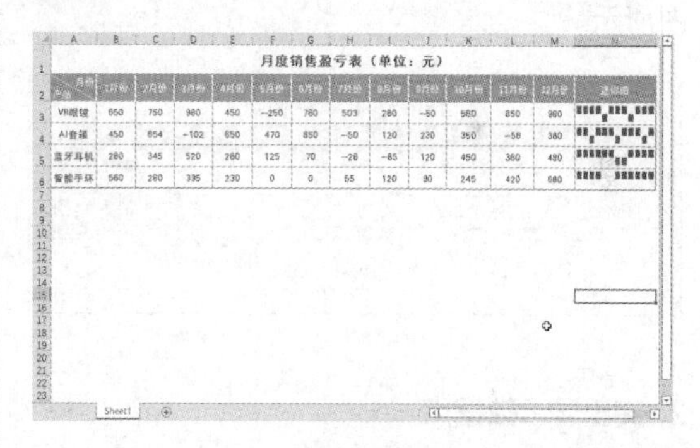

月度销售盈亏表（单位：元）

产品 \ 月份	1月份	2月份	3月份	4月份	5月份	6月份	7月份	8月份	9月份	10月份	11月份	12月份	迷你图
VR眼镜	650	750	980	450	-250	760	503	280	-50	560	850	980	
AI音箱	450	654	-102	650	470	850	-50	120	230	350	-56	380	
蓝牙耳机	280	345	520	280	125	70	-28	-85	120	450	360	480	
智能手环	560	280	395	230	0	0	55	120	90	245	420	680	

另外，用户也可以使用填充的方式创建多个迷你图。拖曳鼠标指针或使用向下填充（按【Ctrl+D】组合键）可将迷你图复制到列或行中的其他单元格。

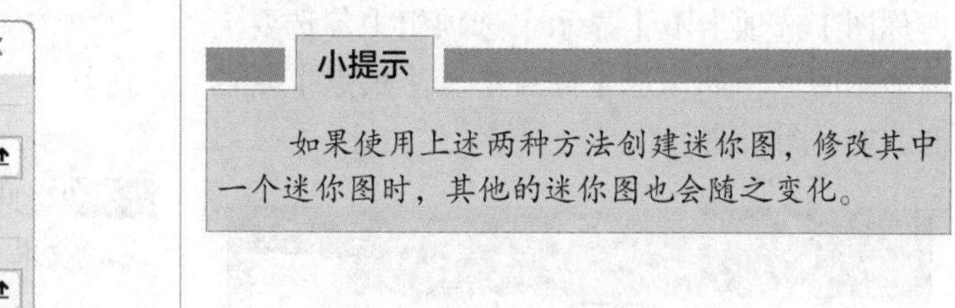

小提示

如果使用上述两种方法创建迷你图，修改其中一个迷你图时，其他的迷你图也会随之变化。

8.3.3 编辑迷你图

当插入的迷你图不合适时，可以对其进行编辑修改。本小节主要介绍编辑迷你图的方法。

1. 更改迷你图的类型

如果创建的迷你图不能体现数据的走势，用户可以更改迷你图的类型，具体操作步骤如下。

步骤 01 选择插入的迷你图，单击【迷你图工具-迷你图】选项卡下【类型】选项组中的【柱形】按钮，如下图所示。

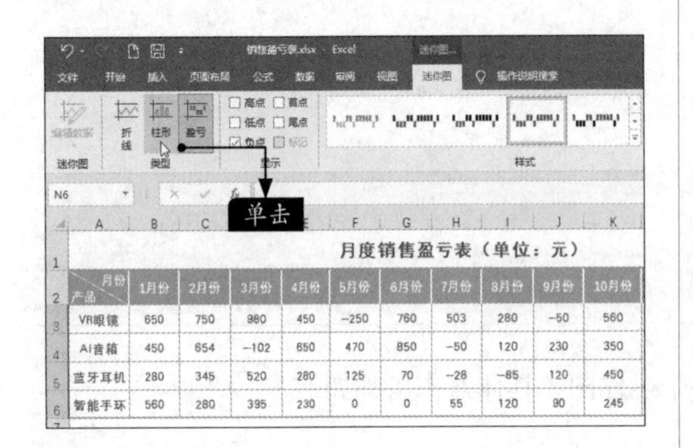

步骤 02 此时即可快速更改为柱形迷你图，如下图所示。

2. 突出显示数据点

创建了迷你图之后，可以使用【高点】、【低点】、【负点】等显示功能，突出显示迷你图中的数据点，具体操作步骤如下。

步骤 01 选择插入的迷你图，在【迷你图工具-迷你图】选项卡下【显示】选项组中勾选要突出显示的点，如勾选【高点】和【负点】复选框，如下图所示。

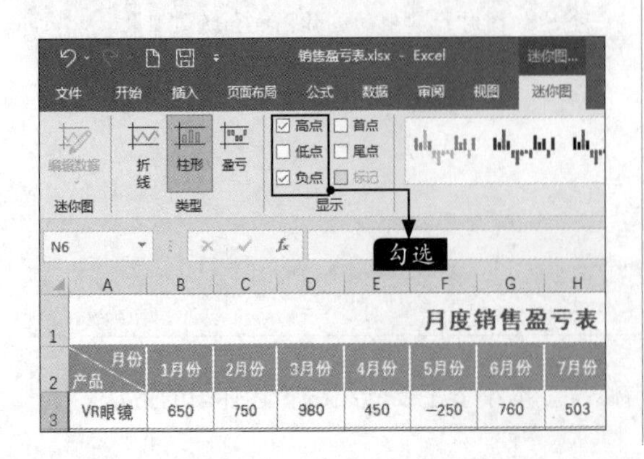

步骤 02 此时即可以红色突出显示迷你图中的最高点和负数值，如下图所示。

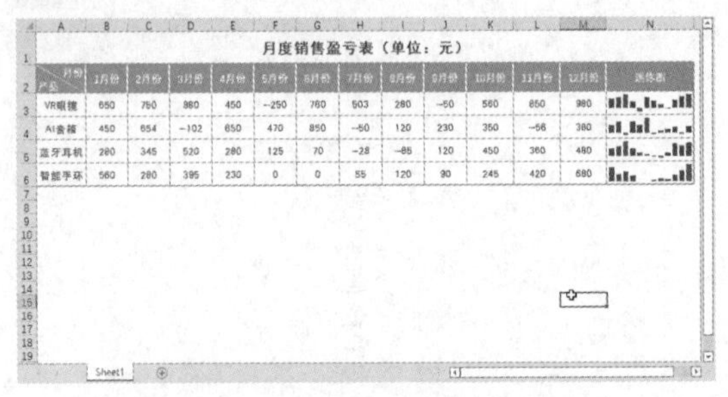

小提示

用户也可以单击【标记颜色】按钮，在弹出的下拉列表中设置标记的颜色。

3. 更改迷你图的样式

用户可以根据需要，对插入的迷你图的样式进行更改，让迷你图更美观，具体操作步骤如下。

步骤 01 选择插入的迷你图，单击【迷你图工具-迷你图】选项卡下【样式】选项组中的【其他】按钮，在弹出迷你图样式下拉列表中选择要更改的样式，如下图所示。

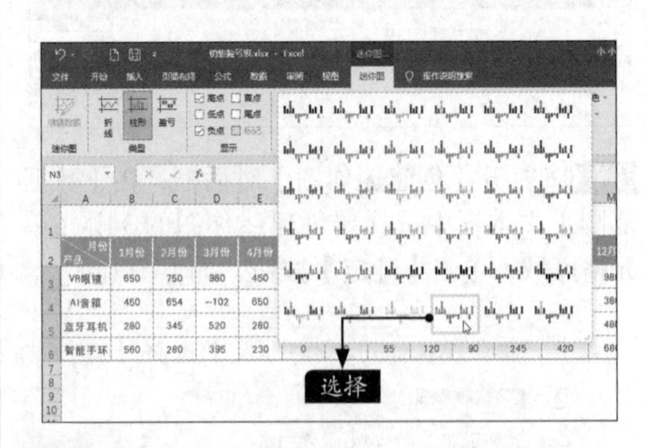

步骤 02 此时即可为所选迷你图应用选择的样式，效果如下图所示。

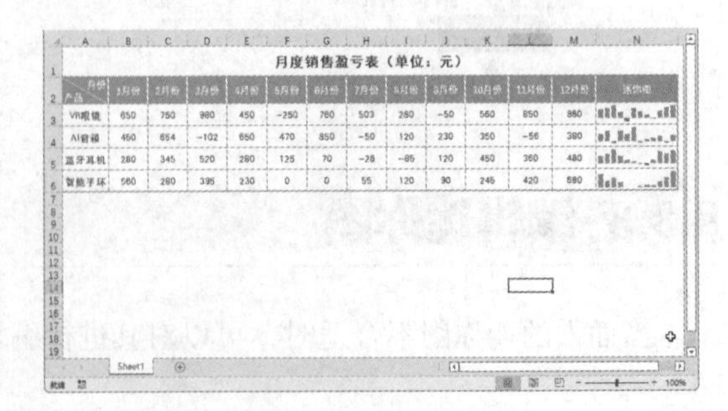

4. 设置迷你图的坐标轴

通过设置迷你图的坐标轴，可以更好地体现数据点之间的差异量和趋势，具体操作步骤如下。

步骤 01 选择插入的迷你图，单击【迷你图工具-迷你图】选项卡下【组合】选项组中的【坐标轴】按钮，在打开的下拉列表中选择【纵坐标轴的最小值选项】区域下的【自定义值】选项，如下图所示。

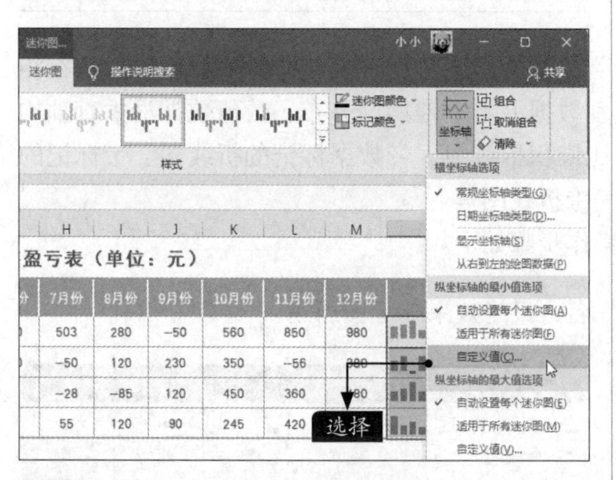

步骤 02 打开【迷你图垂直轴设置】对话框，在文本框中输入最小值“−300.0”，并单击【确定】按钮，如右上图所示。

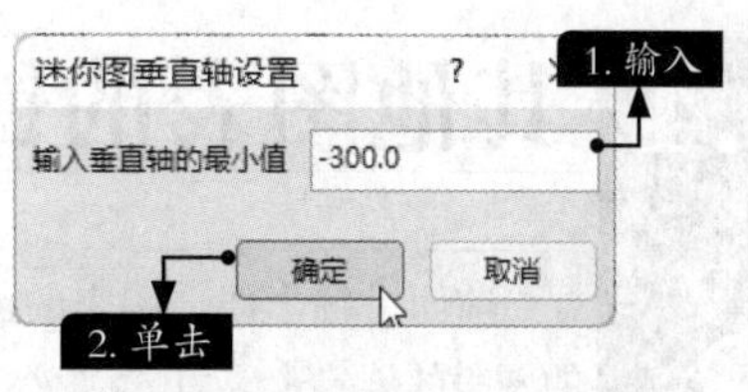

步骤 03 选择【纵坐标轴的最大值选项】区域下的【自定义值】选项，打开【迷你图垂直轴设置】对话框，在文本框中输入最大值“1000”，并单击【确定】按钮，如下图所示。

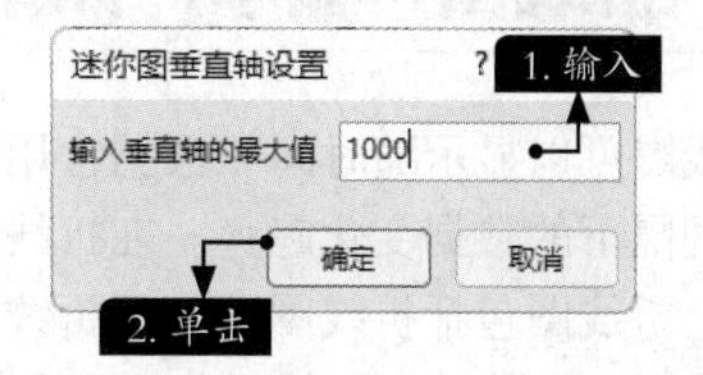

步骤 04 返回到工作表中，即可看到设置迷你图坐标轴后的效果，如下图所示。

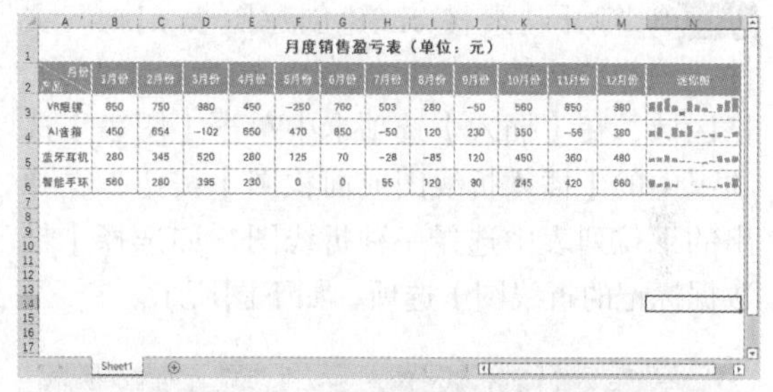

8.3.4 清除迷你图

将插入的迷你图清除的具体操作步骤如下。

步骤 01 选择插入的迷你图，单击【迷你图工具-迷你图】选项卡下【组合】选项组中的【清除】按钮，在弹出的下拉列表中选择【清除所选的迷你图】选项，如下图所示。

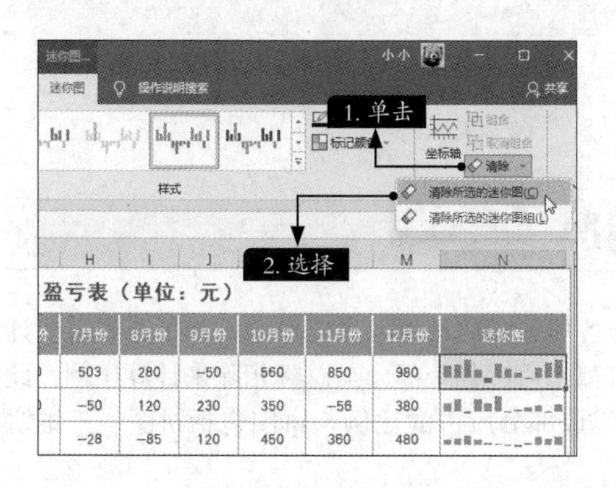

步骤 02 此时即可将选中的迷你图清除，如下图所示。

8.4 其他图表的创建与使用

前面讲解了部分图表的创建、编辑及美化方法，接下来讲解其他类型的图表的创建及应用。

8.4.1 折线图：显示产品销量变化

折线图可以显示随时间（根据常用比例设置）变化的连续数据，因此非常适合用来显示在相等时间间隔下的数据变化趋势。在折线图中，类别数据沿水平轴均匀分布，数值数据沿垂直轴均匀分布。折线图包括折线图、堆积折线图、百分比堆积折线图、带数据标记的折线图、带标记的堆积折线图、带数据标记的百分比堆积折线图和三维折线图等。

下面以折线图描绘食品销量波动情况，具体操作步骤如下。

步骤 01 打开“素材\ch08\创建图表.xlsx”文件，选择“折线图”工作表，选择A2:C8单元格区域，在【插入】选项卡中单击【图表】选项组中的【插入折线图或面积图】按钮，在弹出的下拉列表中选择一种折线图，如选择【带数据标记的折线图】选项，如下图所示。

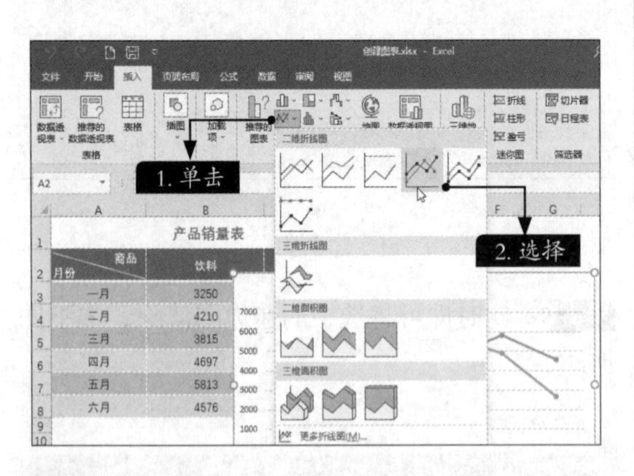

步骤 02 此时即可在当前工作表中创建一个折线图图表，调整图表的大小及位置，并为图表命名，最终效果如下图所示。

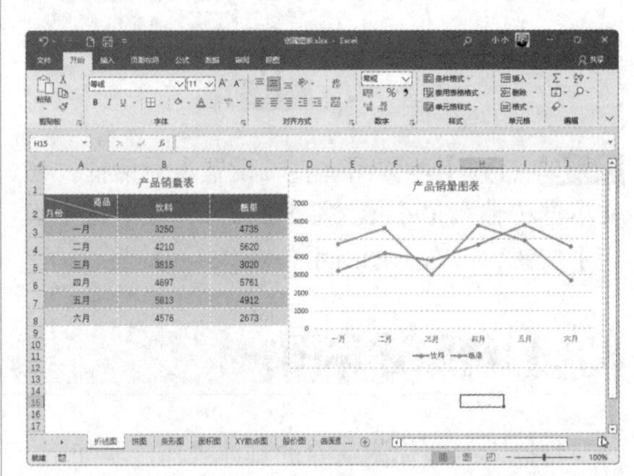

小提示

从图表上可以看出，折线图不仅能显示每个月份各品种的销量差距，而且可以显示各个月份的销量变化。

8.4.2 饼图：显示公司费用支出情况

饼图常用来显示一个数据系列中各项的大小与各项总和的比例。在工作中，如果遇到需要计算总费用或金额的各个部分比例构成的情况，一般都是通过各个部分与总额相除来计算比例，此时就可以使用饼图，直接以图形的方式显示各个组成部分所占的比例。饼图包括饼图、三维饼图、子母饼图、复合条饼图和圆环图等。

下面以饼图来显示公司费用支出情况，具体操作步骤如下。

步骤 01 在打开的工作簿中选择“饼图”工作表，并选择A2:B10单元格区域，在【插入】选项卡中，单击【图表】选项组中的【插入饼图或圆环图】按钮，在弹出的下拉列表中选择一种饼图，如选择【三维饼图】选项，如下图所示。

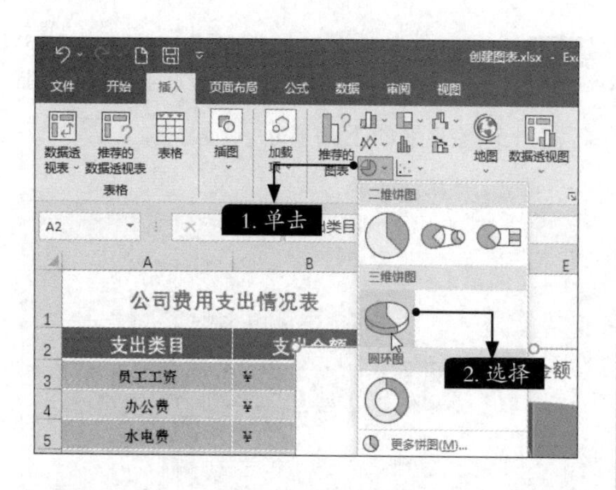

步骤 02 此时即可在当前工作表中创建一个三维饼图图表，调整图表的大小及位置，并命名图表名称，最终效果如下图所示。

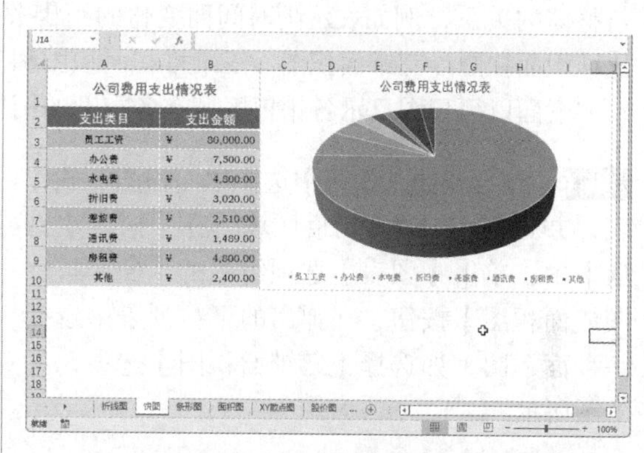

小提示

可以看出，饼图中显示了各元素所占的比例，以及各元素和整体之间、元素和元素之间的对比情况。

8.4.3 条形图：显示销售业绩情况

条形图常用来显示各个项目之间的比较情况，它与柱形图相似，但又有所不同，条形图显示为水平方向，柱形图显示为垂直方向。条形图包括簇状条形图、堆积条形图、百分比堆积条形图、三维簇状条形图、三维堆积条形图和三维百分比堆积条形图等。

下面以销售业绩表为例，创建一个条形图，具体操作步骤如下。

步骤 01 在打开的工作簿中选择“条形图”工作表，并选择A2:E7单元格区域，在【插入】选项卡中，单击【图表】选项组中的【插入柱形图或条形图】按钮，在弹出的下拉列表中选择一种条形图，如选择【簇状条形图】选项，如下图所示。

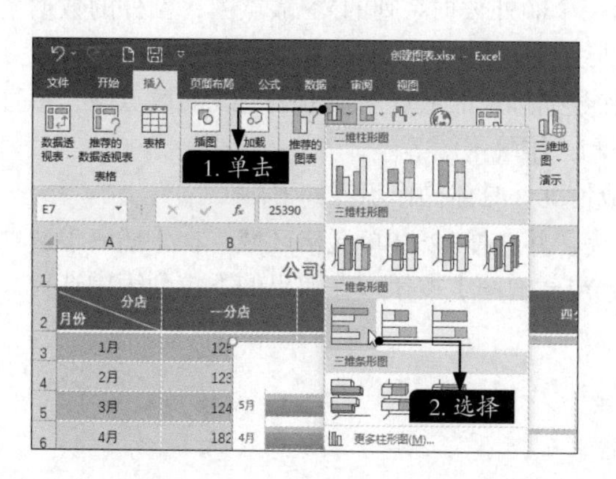

步骤 02 此时即可在当前工作表中创建一个条形图图表，调整图表的大小及位置，并命名图表名称，最终效果如下图所示。

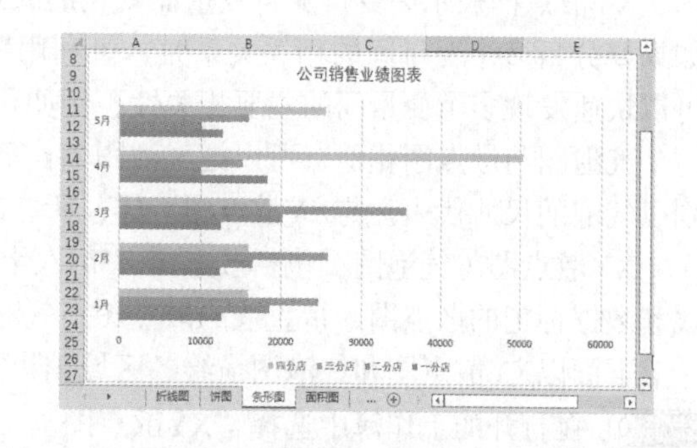

小提示

从条形图中可以清晰地看到每个月份各分店的销量差距情况。

8.4.4 面积图：显示各区域在各季度的销售情况

在工作表中以列或行的形式排列的数据可以绘制为面积图。面积图可用于绘制随时间发生的变化量，用于引起人们对总值趋势的关注。通过显示所绘制的值的总和，面积图还可以显示部分与整体的关系，例如表示随时间而变化的销售数据。面积图包括普通面积图、堆积面积图、百分比堆积面积图、三维面积图、三维堆积面积图和三维百分比堆积面积图等。

下面以面积图显示各销售区域在各季度的销售情况，具体操作步骤如下。

步骤 01 在打开的工作簿中选择“面积图”工作表，并选择A2:E7单元格区域，在【插入】选项卡中，单击【图表】选项组中的【插入折线图或面积图】按钮，在弹出的下拉列表中选择一种面积图，如选择【三维面积图】选项，如下图所示。

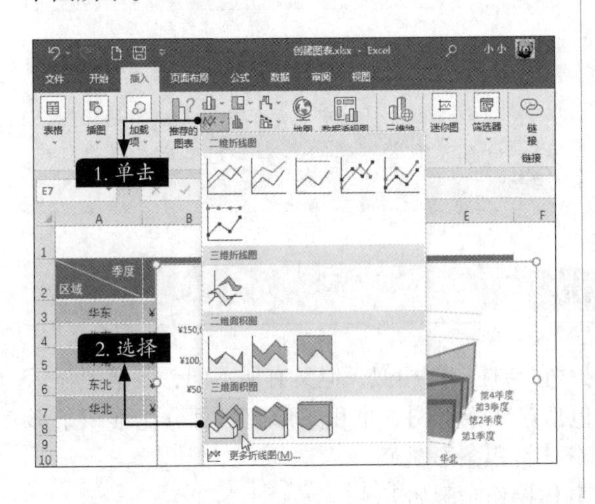

步骤 02 此时即可在当前工作表中创建一个面积图图表，调整图表的大小及位置，并命名图表名称，最终效果如下图所示。

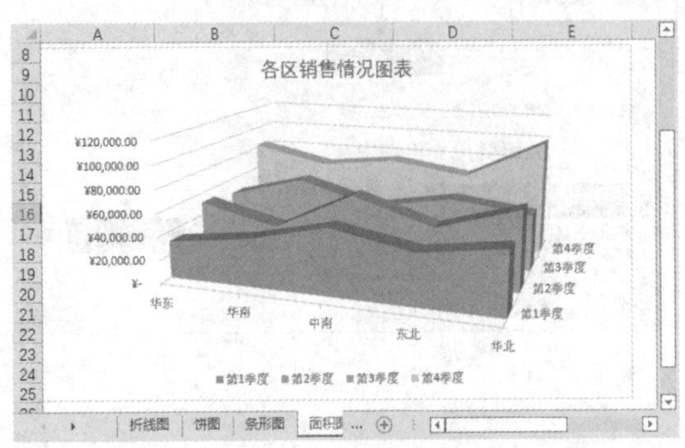

> **小提示**
>
> 从面积图中可以清晰地看到，面积图强调幅度随时间的变化，通过显示所绘数据的总和，体现出部分与整体的关系。

8.4.5 XY散点图（气泡图）：显示各区域销售完成情况

XY散点图表示因变量随自变量而变化的大致趋势，可以选择合适的函数对数据点进行拟合。如果要分析多个变量间的相关关系时，可利用散点图矩阵来同时绘制各自变量间的散点图，这样可以快速发现多个变量间的主要相关性，例如科学数据、统计数据和工程数据。

气泡图与散点图相似，可以把气泡图当作显示一个额外数据系列的XY散点图，额外的数据系列以气泡的尺寸代表。与XY散点图一样，所有的轴线都是数值轴线，没有分类轴线。

XY散点图（气泡图）包括散点图、带平滑线和数据标记的散点图、带平滑线的散点图、带直线和数据标记的散点图、带直线的散点图、气泡图和三维气泡图等。

下面以XY散点图和气泡图描绘各区域销售完成情况，具体操作步骤如下。

步骤 01 在打开的工作簿中选择“XY散点图”工作表，并选择B2:C8单元格区域，在【插入】选项卡中，单击【图表】选项组中的【插入散点图(X、Y)或气泡图】按钮，在弹出的下拉列表中选择一种散点图，如选择【散点图】选项，如下页图所示。

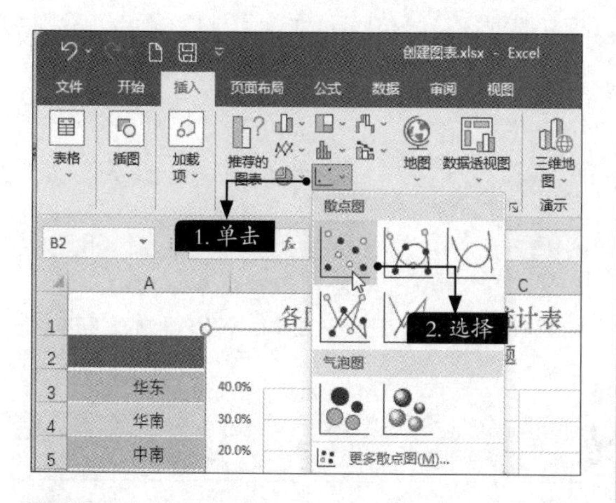

步骤02 此时即可在当前工作表中创建一个散点图图表，如下图所示。

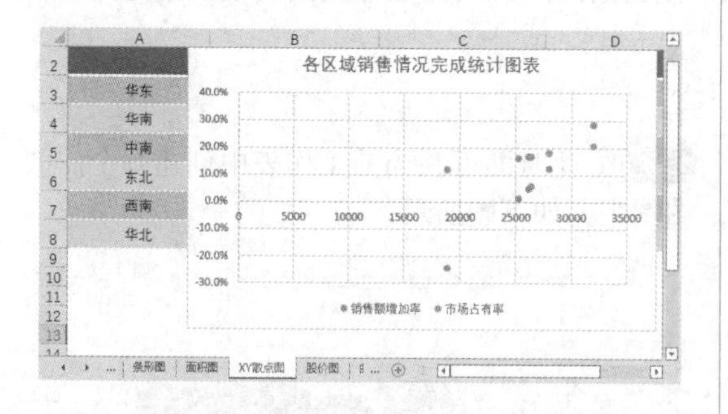

小提示

从XY散点图中可以看到图表以销售额为x轴，以销售额增长率为y轴，XY散点图通常用来显示成组的两个变量之间的关系。

步骤03 如果要创建气泡图，可以以市场占有率作为气泡的大小，选择B2:D8单元格区域。在【插入】选项卡中，单击【图表】选项组中的【插入散点图(X、Y)或气泡图】按钮，在弹出的下拉列表中选择一种气泡图，如选择【三维气泡图】选项，如下图所示。

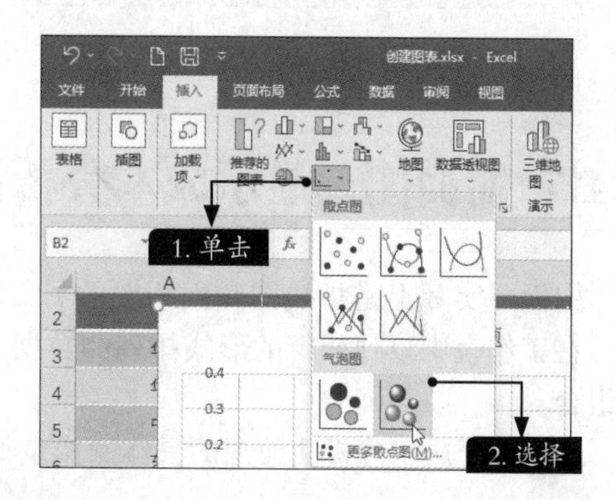

步骤04 此时即可在当前工作表中创建一个气泡图图表，如下图所示。

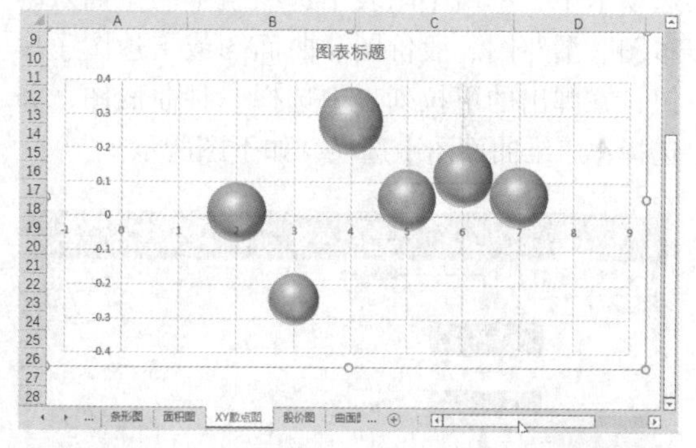

8.4.6 股价图：显示股价的涨跌情况

股价图常用来显示股价的波动。以特定顺序排列在工作表的列或行中的数据可以绘制为股价图，不过这种图表也可以显示其他数据（如日降雨量和每年温度）的波动，因此必须按正确的顺序组织数据才能创建股价图。股价图包括盘高-盘低-收盘图、开盘-盘高-盘低-收盘图、成交量-盘高-盘低-收盘图、成交量-开盘-盘高-盘低-收盘图等。

使用股价图显示股价涨跌的具体操作步骤如下。

步骤01 在打开的工作簿中选择“股价图”工作表，并选择数据区域的任一单元格，在【插入】选项卡中，单击【图表】选项组中的【插入瀑布图、漏斗图、股价图、曲面图或雷达图】按钮，在弹出的下拉列表中选择【开盘-盘高-盘低-收盘图】选项，如右图所示。

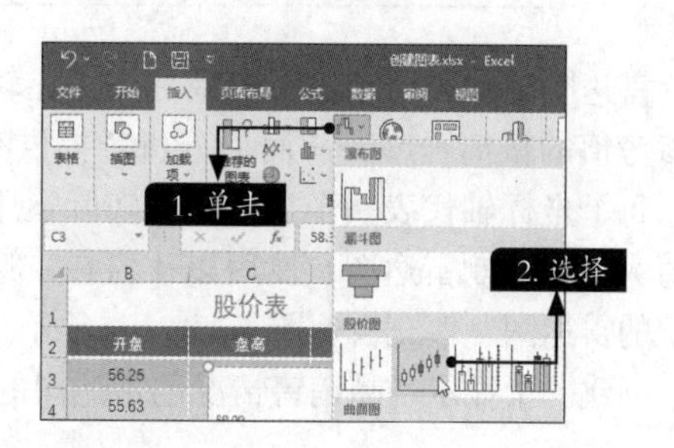

步骤 02 此时即可在当前工作表中创建一个股价图图表，如右图所示。

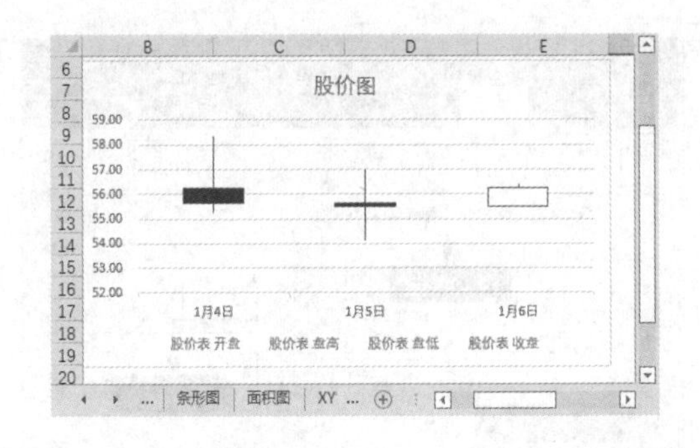

小提示

从股价图中可以清晰地看到股票的价格走势，股价图对于显示股票市场信息很有用。

8.4.7 曲面图：显示成本分析情况

曲面图实际上是折线图和面积图的另一种形式。曲面图有3个轴，分别代表分类、系列和数值。在工作表中以列或行的形式排列的数据可以绘制为曲面图，从而便于找到两组数据之间的最佳组合。

创建一个成本分析曲面图的具体操作步骤如下。

步骤 01 在打开的工作簿中选择“曲面图”工作表，并选择A2:I8单元格区域，在【插入】选项卡中，单击【图表】选项组中的【插入瀑布图、漏斗图、股价图、曲面图或雷达图】按钮，在弹出的下拉列表中选择一种曲面图，如选择【三维曲面图】选项，如下图所示。

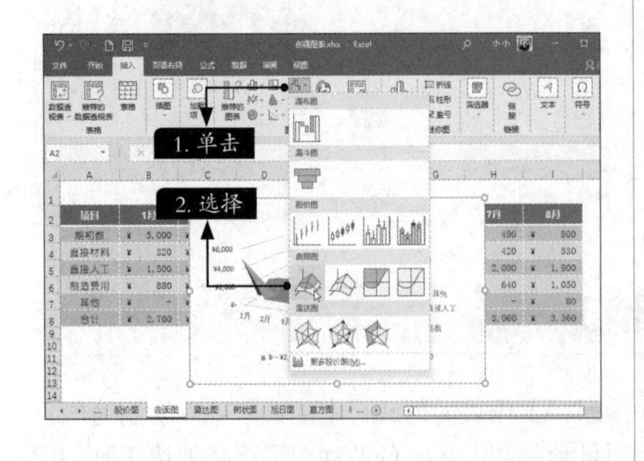

步骤 02 此时即可在当前工作表中创建一个曲面图图表，如下图所示。

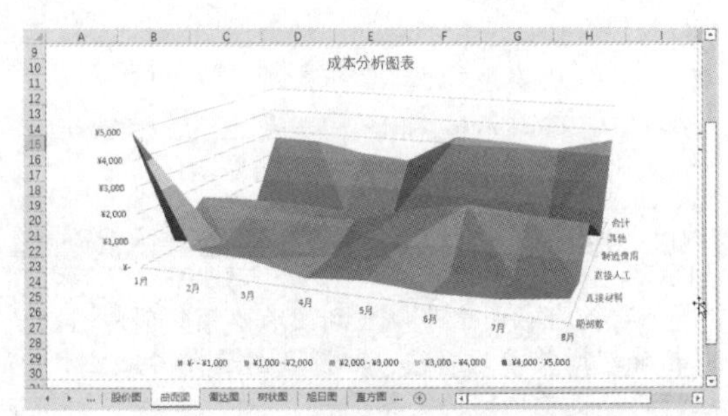

小提示

从曲面图中可以看到每种成本在不同时期内的支出情况。曲面中的颜色和图案用来指示在同一取值范围内的区域。

8.4.8 雷达图：显示产品销售情况

雷达图是专门用来进行多指标体系比较分析的专业图表。从雷达图中可以看出指标的实际值与参考值的偏离程度，从而为分析者提供有益的信息。雷达图通常由一组坐标轴和3个同心圆构成，每个坐标轴代表一个指标。在实际运用中，可以将实际值与参考的标准值进行比值计算，以比值大小来绘制雷达图，然后以比值在雷达图的位置进行分析评价。雷达图包括雷达图、带数据标记的雷达图、填充雷达图等。

创建一个显示产品销售情况的雷达图的具体操作步骤如下。

步骤01 在打开的工作簿中选择“雷达图”工作表，并选择A3:D15单元格区域，在【插入】选项卡中，单击【图表】选项组中的【插入瀑布图、漏斗图、股价图、曲面图或雷达图】按钮，在弹出的下拉列表中选择一种雷达图，如选择【填充雷达图】选项，如下图所示。

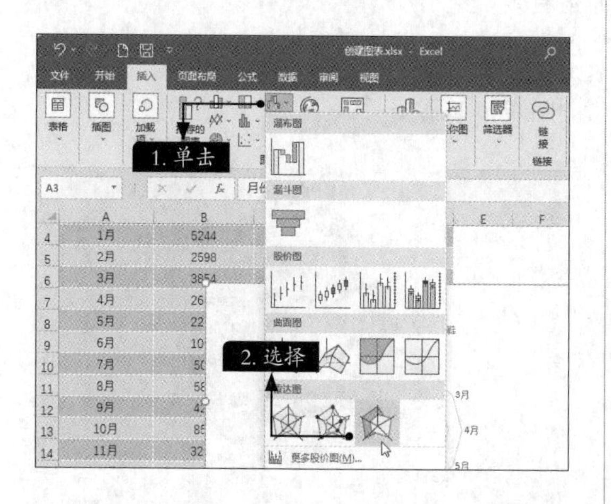

步骤02 此时即可在当前工作表中创建一个雷达图表，如下图所示。

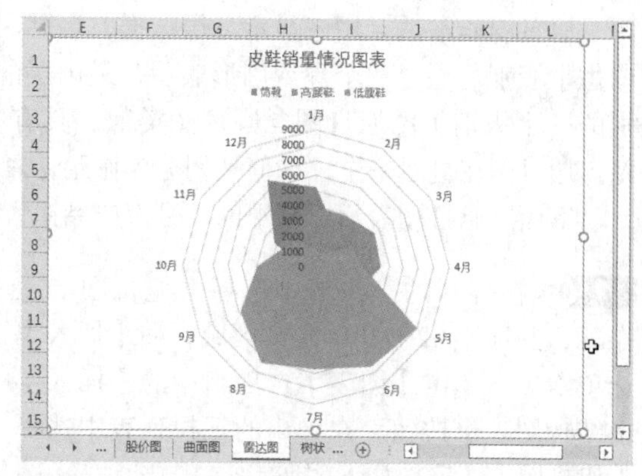

小提示

从雷达图中可以看出，每个分类都有一个单独的轴线，轴线从图表的中心向外伸展，并且每个数据点的值均被绘制在相应的轴线上。

8.4.9 树状图：显示产品的销售情况

树状图提供数据的分层视图，方便比较分类的不同级别。树状图可以按颜色和接近度显示类别，并可以轻松显示大量数据，而其他图表类型难以做到这一点。当层次结构内存在空白单元格时，也可以绘制树状图。树状图非常适合用来比较层次结构内的比例。

下面以树状图表示产品销售情况，具体操作步骤如下。

步骤01 在打开的工作簿中选择“树状图”工作表，并选择A2:E12单元格区域，在【插入】选项卡中，单击【图表】选项组中的【插入层次结构图表】按钮，在弹出的下拉列表中选择【树状图】选项，如下图所示。

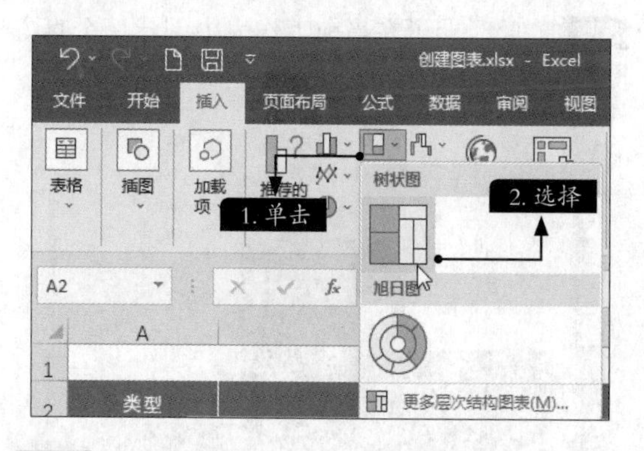

步骤02 此时即可在当前工作表中创建一个树状图图表，如右图所示。

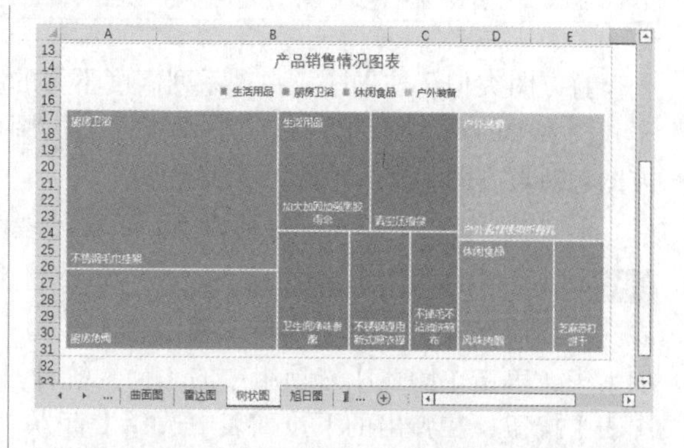

小提示

从树状图中可以看出【生活用品】、【厨房卫浴】、【休闲食品】和【户外装备】这些不同层次结构所占的比例。

8.4.10 旭日图：分析不同季度、月份产品销售额所占比例

旭日图非常适合用来显示分层数据，当层次结构内存在空白单元格时也可以绘制。层次结构的每个级别均通过一个环或圆形表示，最内层的圆表示层次结构的顶级，不含任何分层数据（类别的一个级别）的旭日图与圆环图类似，具有多个级别的类别的旭日图则显示外环与内环的关系。旭日图在显示一个环如何被划分为作用片段时最有效。

下面以旭日图表示不同季度、月份产品销售额所占的比例，具体操作步骤如下。

步骤 01 在打开的工作簿中选择“旭日图”工作表，并选择A2:D20单元格区域，在【插入】选项卡中，单击【图表】选项组中的【插入层次结构图表】按钮，在弹出的下拉列表中选择【旭日图】选项，如下图所示。

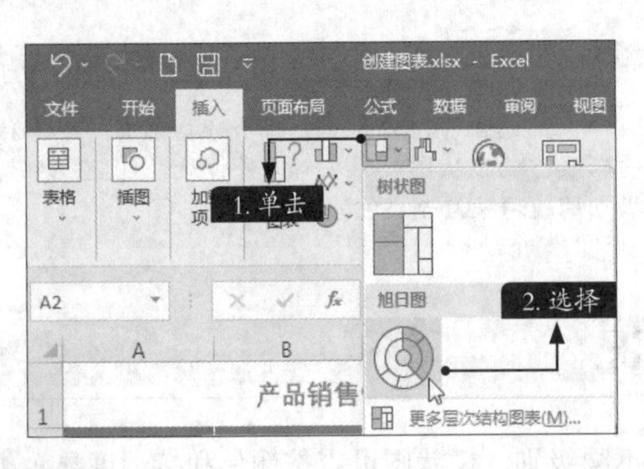

步骤 02 此时即可在当前工作表中创建一个旭日图图表，如下图所示。

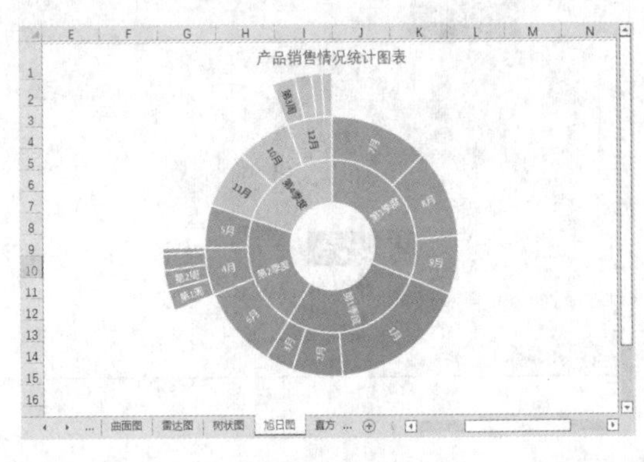

小提示

从旭日图中可以看出不同季度、月份、周产品的销售情况，以及销量占总销量的比例。

8.4.11 直方图：显示员工培训成绩分布情况

直方图类似于柱形图，由一系列高度不等的纵向条纹或线段组成，绘制数据显示分布内的频率，图表中的每一列称为箱，表示频数，直方图可以清楚地显示各组频数分布的情况及差别。直方图包括直方图和排列图两种图表类型。

下面以直方图显示员工培训成绩分布情况，具体操作步骤如下。

步骤 01 在打开的工作簿中选择“直方图”工作表，并选择A2:B12单元格区域，在【插入】选项卡中，单击【图表】选项组中的【插入统计图表】按钮，在弹出的下拉列表中选择【直方图】选项，如下图所示。

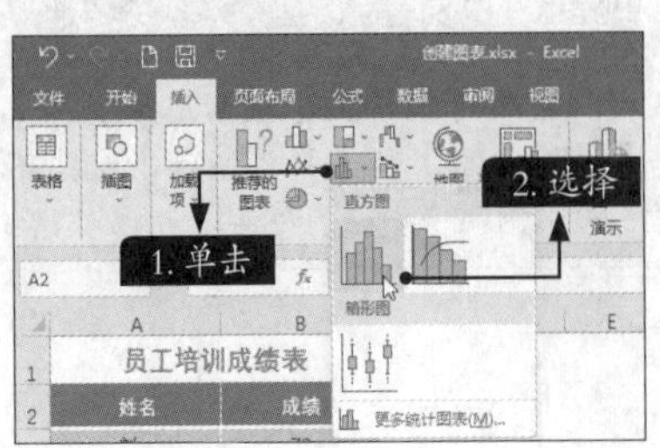

步骤 02 此时即可在当前工作表中创建一个直方图图表，如下图所示。

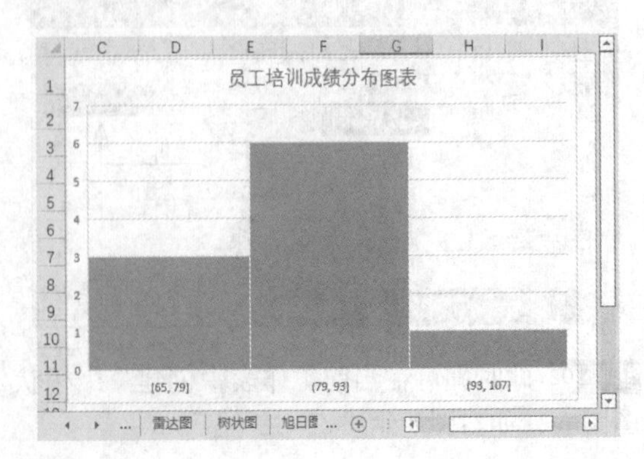

小提示

从直方图中可以看出，横坐标轴是每列考试成绩的值域区间，纵坐标轴显示了每个值域区间的人数情况。

步骤 03 如果值域区间范围过大，用户可以自定义值域区间。用鼠标右键单击横坐标轴，在弹出的快捷菜单中选择【设置坐标轴格式】命令，弹出【设置坐标轴格式】窗格，在【箱】区域中，将【自动】改为【箱宽度】，如设置为【5.0】，如下图所示。

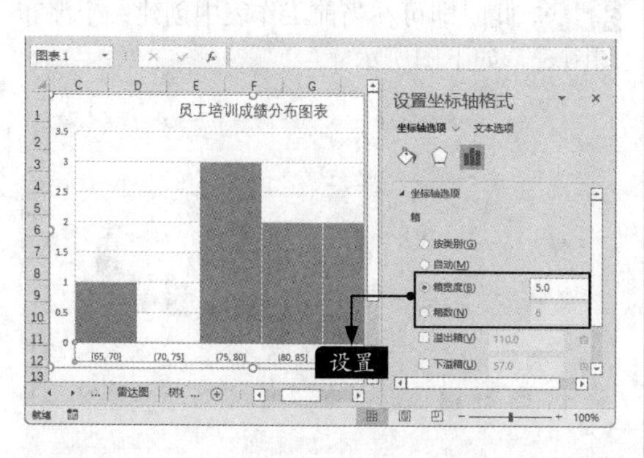

小提示

也可以直接修改箱数，如设置为【5】，这样一来直方图则会分为5个区间。

步骤 04 关闭【设置坐标轴格式】窗格，即可看到直方图以5为箱宽度，分为6个区间，如下图所示。

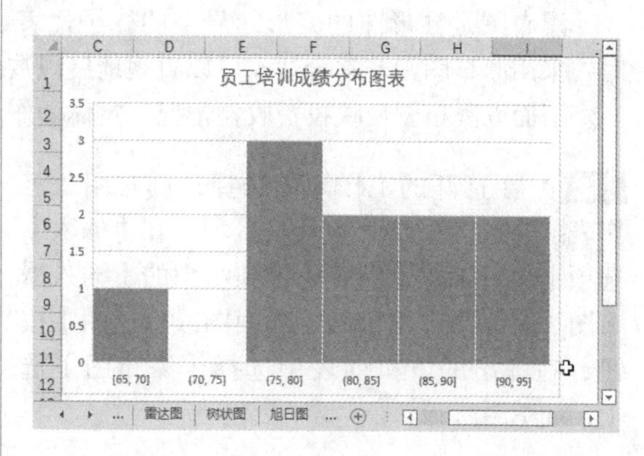

8.4.12 箱形图：显示销售情况的平均值和离群值

箱形图又称为盒须图、盒式图或箱线图，其显示了数据到四分位点的分布，并突出显示平均值和离群值。箱形可能具有可垂直延长的名为“须线”的线条，这些线条指示超出四分位点上限和下限的变化程度，处于这些线条或须线之外的任何点都被视为离群值。当有多个数据集以某种方式彼此相关时，就可以使用箱形图来表示。制作箱形图的具体操作步骤如下。

步骤 01 在打开的工作簿中选择“箱形图”工作表，并选择A2:B14单元格区域，在【插入】选项卡中，单击【图表】选项组中的【插入统计图表】按钮，在弹出的下拉列表中选择【箱形图】选项，如下图所示。

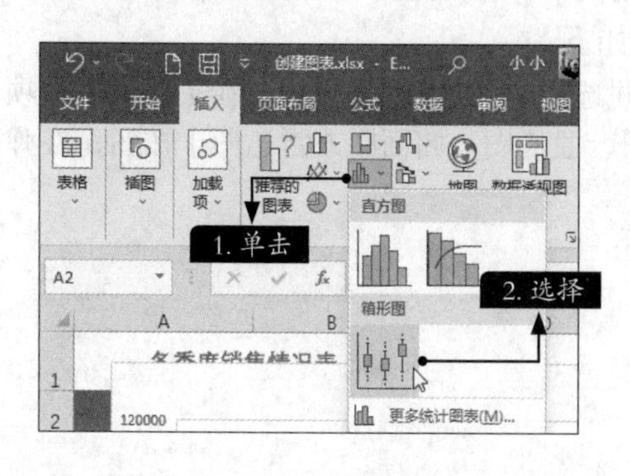

步骤 02 此时即可在当前工作表中创建一个箱形图图表，如下图所示。

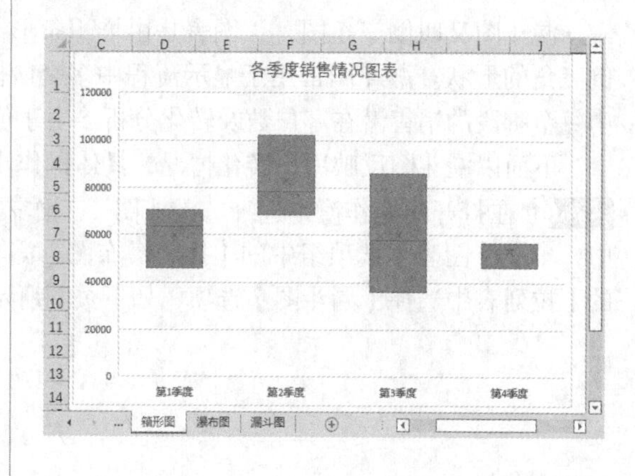

小提示

从箱形图中可以看到各季度销售情况的最高值、最低值、平均值和中间值等。

8.4.13 瀑布图：显示投资收益情况

瀑布图是柱形图的变形，悬空的柱子代表数据的增减。在处理正值和负值对初始值的影响时，采用瀑布图则非常合适，可以直观地展现数据的增加变化。

下面以瀑布图反映投资收益情况，具体操作步骤如下。

步骤 01 在打开的工作簿中选择“瀑布图”工作表，并选择A2:B15单元格区域，在【插入】选项卡中，单击【图表】选项组中的【插入瀑布图、漏斗图、股价图、曲面图或雷达图】按钮，在弹出的下拉列表中选择【瀑布图】选项，如下图所示。

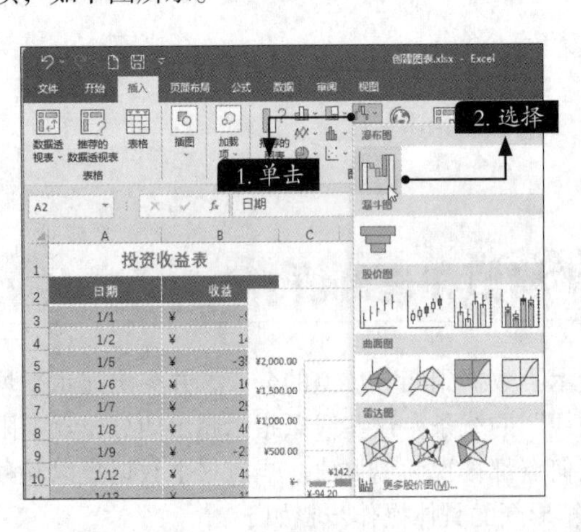

步骤 02 此时即可在当前工作表中创建一个瀑布图图表，如下图所示。

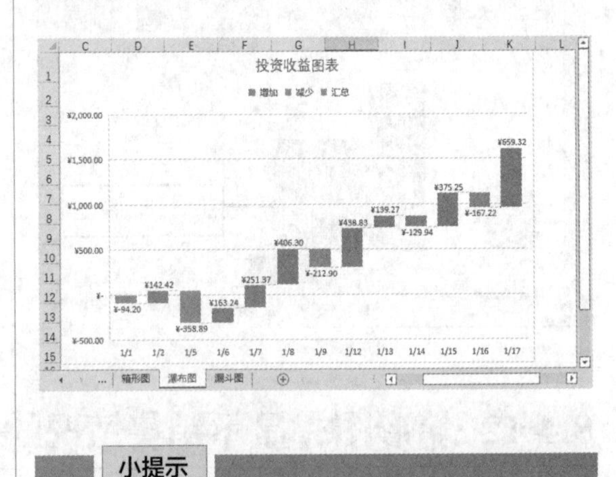

小提示

从瀑布图中可以清晰地看到每个时间段的收益情况，并采用不同的颜色区分正数和负数。

8.4.14 漏斗图：显示用户转化情况

漏斗图又叫倒三角图，该图表是由堆积条形图演变而来的，就是由占位数把条形图挤成一个倒三角的形状。漏斗图常用于显示流程中多个阶段的值。例如，可以使用漏斗图来显示销售渠道中每个阶段的销售潜在客户数及转化分析。由于值逐渐减小，从而使条形图呈现出漏斗形状。

下面以漏斗图反映用户转化情况，具体操作步骤如下。

步骤 01 在打开的工作簿中选择“漏斗图”工作表，并选择A2:C7单元格区域，在【插入】选项卡中，单击【图表】选项组中的【插入瀑布图、漏斗图、股价图、曲面图或雷达图】按钮，在弹出的下拉列表中选择【漏斗图】选项，如下页图所示。

步骤02 此时即可在当前工作表中创建一个漏斗图，如下图所示。

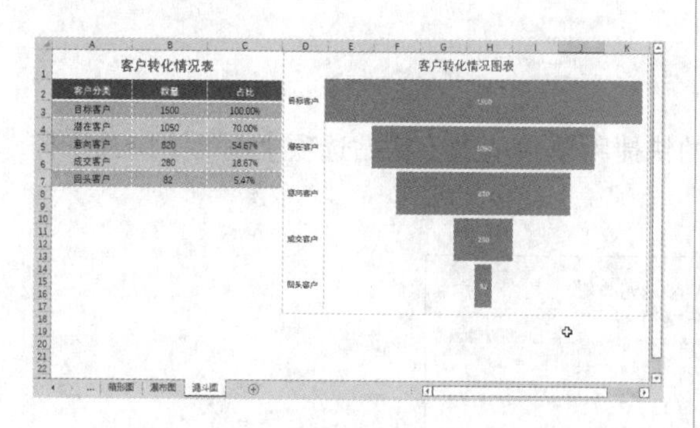

步骤03 在【图表工具-图表设计】选项卡下，更改漏斗图的颜色及数据标签的颜色，如下图所示。

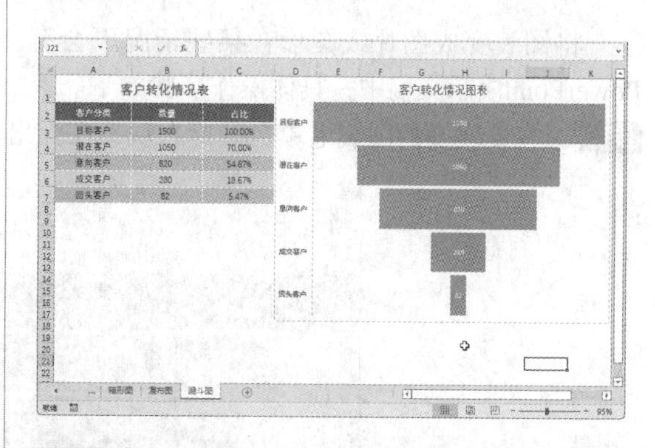

步骤04 单击【插入】选项卡下【插图】选项组中的【形状】按钮，在弹出的下拉列表中选择【直线】选项，绘制漏斗图的图形，最终效果如下图所示。

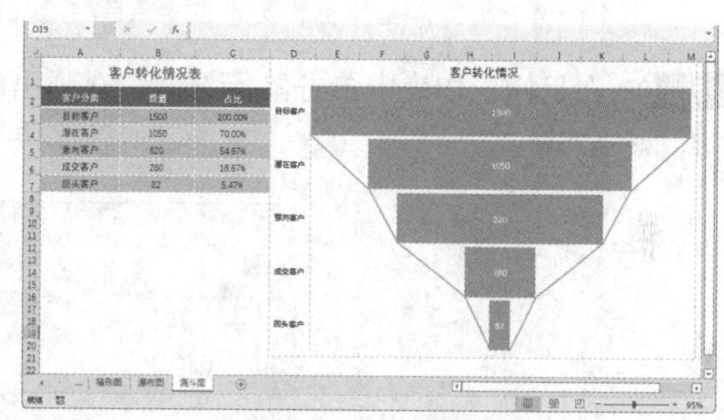

高手私房菜

技巧1：打印工作表时不打印图表

在打印工作表时，用户可以通过设置不打印工作表中的图表，具体操作步骤如下。

双击图表区的空白处，弹出【设置图表区格式】窗格。在【图表选项】下的【属性】区域中取消勾选【打印对象】复选框，如下图所示。选择【文件】选项卡下的【打印】命令，进入【打印】界面，单击【打印】按钮，打印该工作表时将不会打印图表。

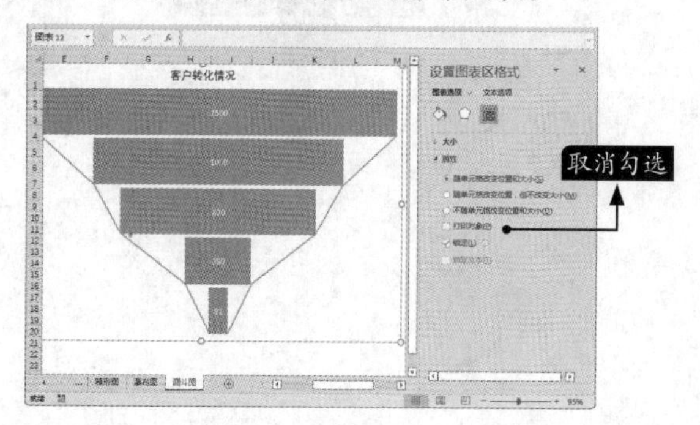

技巧2：将图表变为图片

将图表变成图片或图形在某些情况下会有一定的作用，例如将其发布到网页上或者粘贴到PowerPoint演示文稿中，具体操作步骤如下。

步骤 01 在要转换的图表上单击鼠标右键，在弹出的快捷菜单中选择【复制】命令，如下图所示。

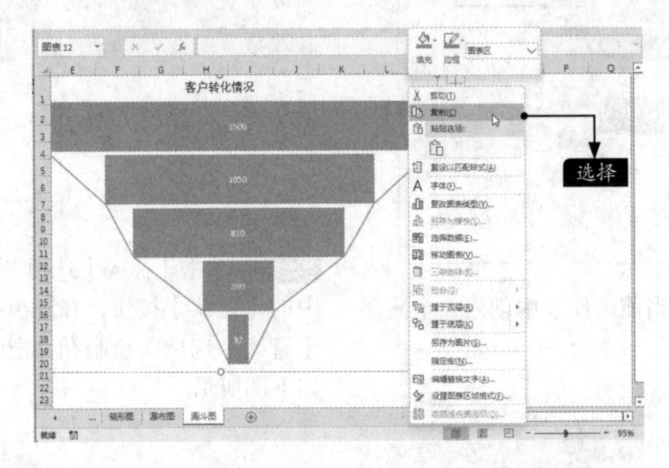

步骤 02 在目标工作表中单击鼠标右键，在弹出的快捷菜单中单击【粘贴选项】下的【图片】按钮，如下图所示。

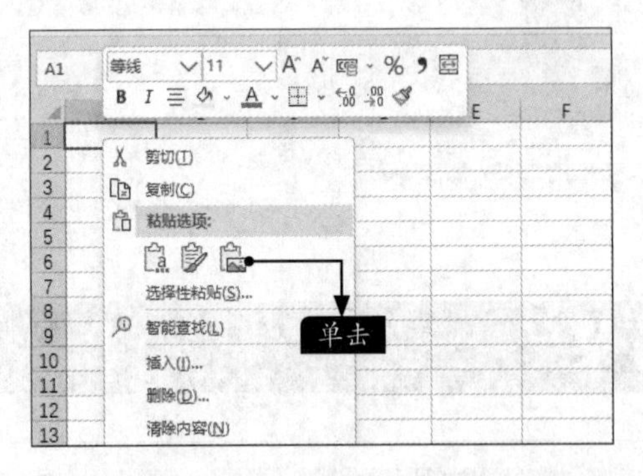

步骤 03 此时即可将图表以图片的形式粘贴到工作表中，如下图所示。

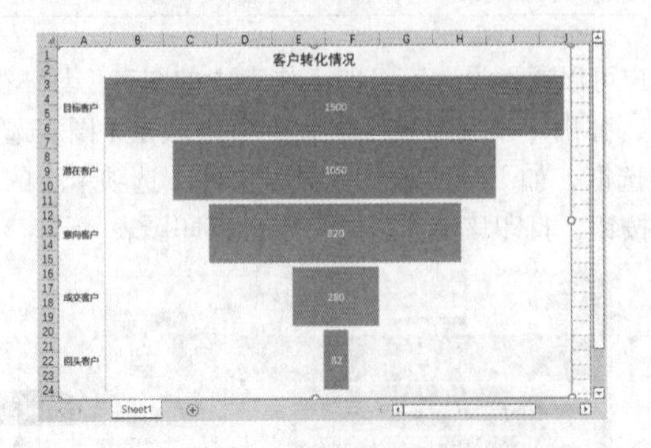

第9章

数据透视表和数据透视图

学习目标

使用数据透视表和数据透视图可以清晰地展示出数据的汇总情况，这对数据的分析、决策起到至关重要的作用。

学习效果

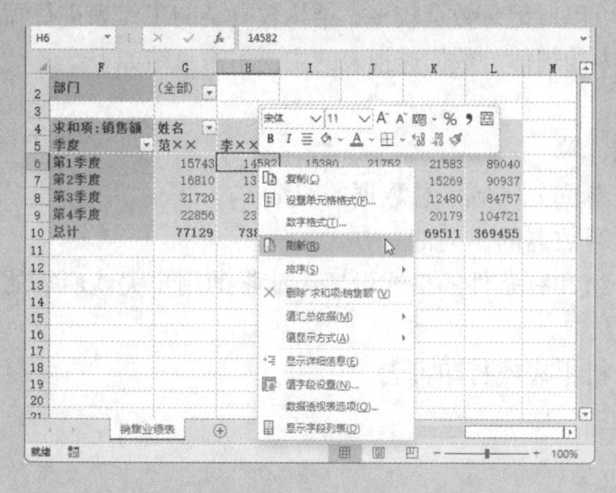

9.1 制作销售业绩透视表

使用销售业绩透视表可以清晰地展示出数据的汇总情况，这对数据的分析、决策起到至关重要的作用。

在Excel 2021中，使用数据透视表可以深入分析数值数据。创建数据透视表以后，就可以对它进行编辑了，对数据透视表的编辑包括修改布局、添加或删除字段、格式化表中的数据，以及对透视表进行复制和删除等操作。本节以制作销售业绩透视表为例介绍数据透视表的相关操作。

9.1.1 认识数据透视表

数据透视表是一种用于对大量数据快速汇总和建立交叉列表的交互式动态表格，能帮助用户分析、组织既有数据，是Excel 2021中的数据分析利器。常见的数据透视表如下图所示。

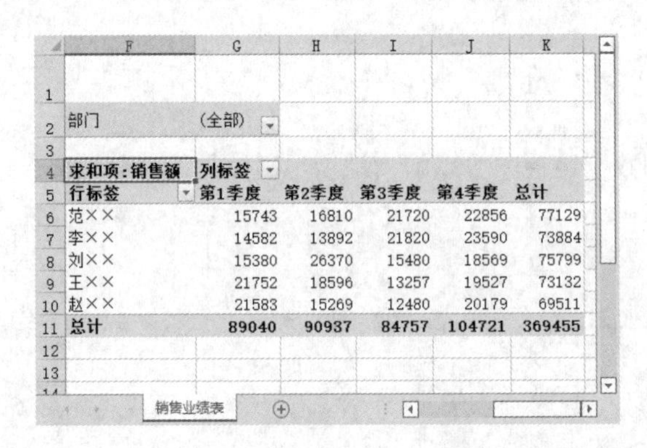

部门	(全部)				
求和项:销售额	列标签				
行标签	第1季度	第2季度	第3季度	第4季度	总计
范××	15743	16810	21720	22856	77129
李××	14582	13892	21820	23590	73884
刘××	15380	26370	15480	18569	75799
王××	21752	18596	13257	19527	73132
赵××	21583	15269	12480	20179	69511
总计	89040	90937	84757	104721	369455

1. 数据透视表的用途

数据透视表的主要用途是从数据库的大量数据中生成动态的数据报告，对数据进行分类汇总和聚合，帮助用户分析和组织数据。使用数据透视表还可以对记录数量较多、结构较复杂的工作表进行筛选、排序、分组和有条件的格式设置，以显示数据中的规律。数据透视表的主要用途总结如下。

（1）可以使用多种方式查询大量数据。

（2）按分类和子分类对数据进行分类汇总和计算。

（3）展开或折叠要关注结果的数据级别，查看部分区域汇总数据的明细。

（4）将行移动到列或将列移动到行，以查看源数据的不同汇总方式。

（5）对需要的数据子集进行筛选、排序、分组和有条件的格式设置，能帮助用户关注所需的信息。

（6）提供简明、有吸引力并且带有批注的联机报表或打印报表。

2. 数据透视表的有效数据源

用户可以从以下4种类型的数据源中组织和创建数据透视表。

（1）Excel数据列表。Excel数据列表是最常用的数据源之一。如果以Excel数据列表作为数据源，则标题行不能有空白单元格或者合并的单元格，否则不能生成数据透视表，还会出现下页图所示的错误提示。

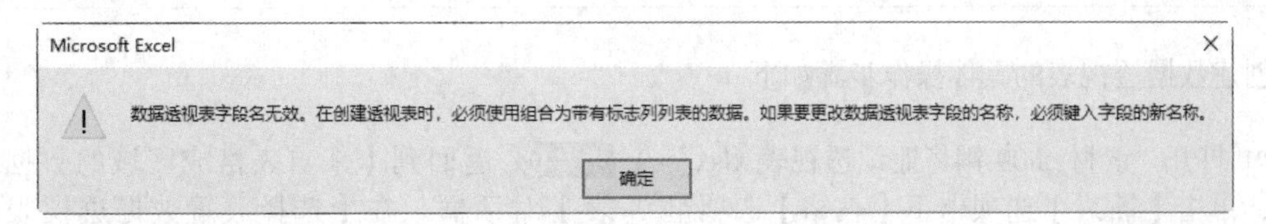

（2）外部数据源。文本文件、Microsoft SQL Server数据库、Microsoft Access数据库、dBase数据库等均可作为数据源。Excel 2000及以上版本还可以利用Microsoft OLAP多维数据集创建数据透视表。

（3）多个独立的Excel数据列表。数据透视表可以将多个独立Excel数据列表中的数据汇总到一起。

（4）其他数据透视表。创建完成的数据透视表也可以作为数据源，用于创建另外一个数据透视表。

9.1.2 数据透视表的结构

对于任何一个数据透视表来说，可以将其整体结构划分为四大区域，分别是行区域、列区域、值区域和筛选器，如下图所示。

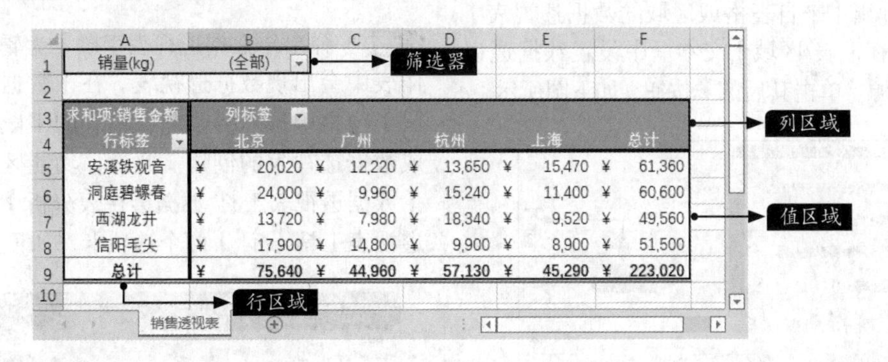

	A	B	C	D	E	F
1	销量(kg)	(全部)				
2						
3	求和项:销售金额	列标签				
4	行标签	北京	广州	杭州	上海	总计
5	安溪铁观音	¥ 20,020	¥ 12,220	¥ 13,650	¥ 15,470	¥ 61,360
6	洞庭碧螺春	¥ 24,000	¥ 9,960	¥ 15,240	¥ 11,400	¥ 60,600
7	西湖龙井	¥ 13,720	¥ 7,980	¥ 18,340	¥ 9,520	¥ 49,560
8	信阳毛尖	¥ 17,900	¥ 14,800	¥ 9,900	¥ 8,900	¥ 51,500
9	总计	¥ 75,640	¥ 44,960	¥ 57,130	¥ 45,290	¥ 223,020
10						

（1）行区域

行区域位于数据透视表的左侧，它是拥有行方向的字段，此字段中的每项占据一行。如上图中，“安溪铁观音”“洞庭碧螺春”等位于行区域。通常在行区域中放置一些可用于进行分组或分类的内容，如产品、名称和地点等。

（2）列区域

列区域位于数据透视表的顶部，它是具有列方向的字段，此字段中的每个项占用一列。如上图中，北京、广州、杭州及上海的项（元素）水平放置在列区域，从而形成透视表中的列字段。放在列区域的字段常见的是显示趋势的日期时间字段类型，如月份、季度、年份、周期等，也可以存放分组或分类的字段。

（3）值区域

在数据透视表中，包含数值的大面积区域就是值区域。值区域中的数据是对数据透视表中行字段和列字段数据的计算和汇总，该区域中的数据一般都可以进行运算。默认情况下，Excel 2021对数值区域中的数值型数据进行求和，对文本型数据进行计数。

（4）筛选器

筛选器位于数据透视表的左上方，由一个或多个下拉列表组成，通过选择下拉列表中的选项，可以一次性对整个数据透视表中的数据进行筛选。

9.1.3 创建数据透视表

创建数据透视表的具体操作步骤如下。

步骤 01 打开“素材\ch09\销售业绩透视表.xlsx”文件，单击【插入】选项卡下【表格】选项组中的【数据透视表】按钮，如下图所示。

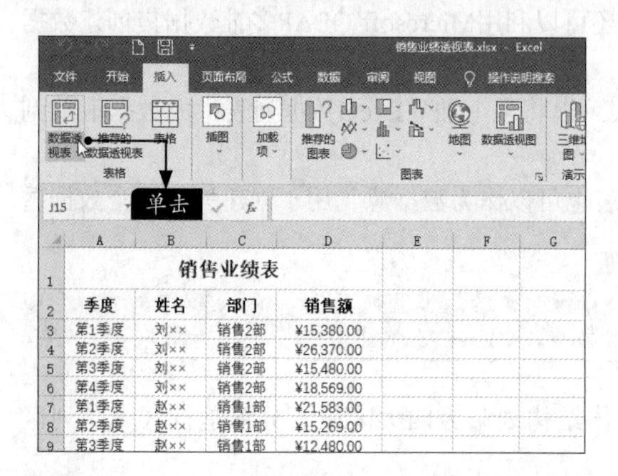

步骤 02 弹出【来自表格或区域的数据透视表】对话框，在【表/区域】文本框中设置数据透视表的数据源。单击其后的按钮，如下图所示。

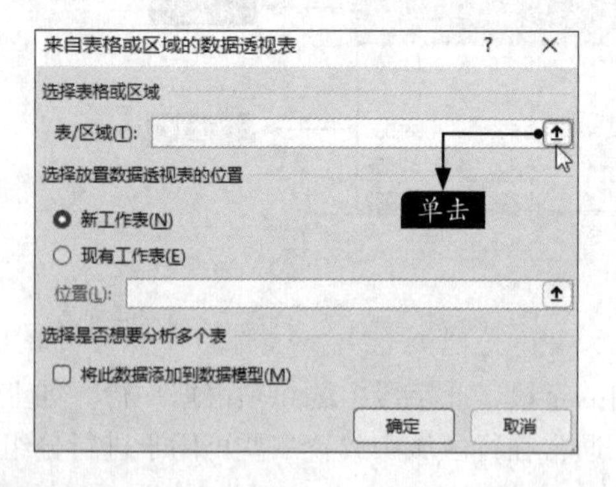

步骤 03 用鼠标指针拖曳选择A2:D22单元格区域，单击按钮，如下图所示。

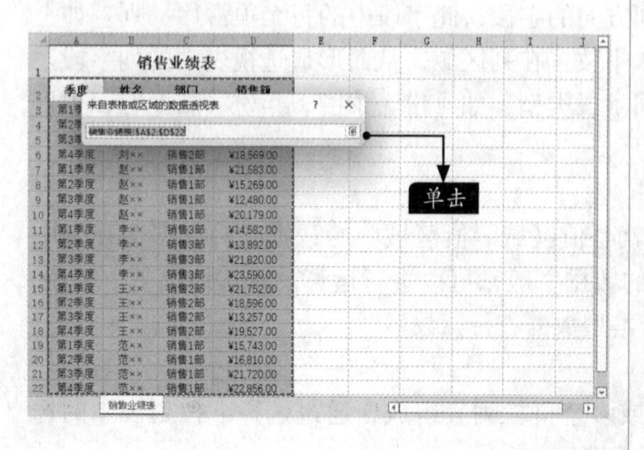

步骤 04 返回到【来自表格或区域的数据透视表】对话框，在【选择放置数据透视表的位置】区域下选择【现有工作表】单选项，并选择一个单元格，单击【确定】按钮，如下图所示。

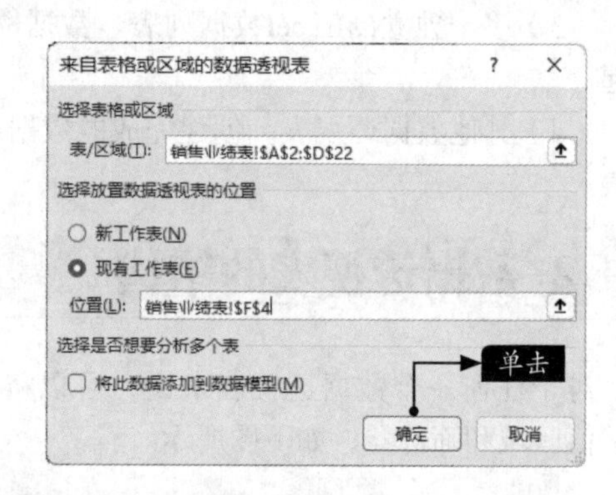

步骤 05 弹出【数据透视表字段】编辑窗格，工作表中会出现数据透视表。在【数据透视表字段】窗格中选择要添加到报表的字段，即可完成数据透视表的创建。此外，功能区中会出现【数据透视表工具-数据透视表分析】和【数据透视表工具-设计】两个选项卡，如下图所示。

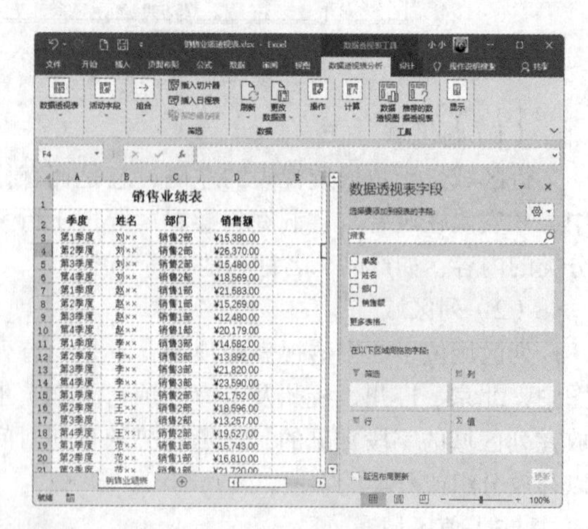

步骤 06 将【销售额】字段拖曳到【Σ值】区域中，将【季度】字段拖曳至【列】区域中，将【姓名】字段拖曳至【行】区域中，将【部门】字段拖曳至【筛选】区域中，如下页图所示。

	季度	姓名	部门	销售额
1	销售业绩表			
2	季度	姓名	部门	销售额
3	第1季度	刘××	销售2部	¥15,380.00
4	第2季度	刘××	销售2部	¥26,370.00
5	第3季度	刘××	销售2部	¥15,480.00
6	第4季度	刘××	销售2部	¥18,569.00
7	第1季度	赵××	销售1部	¥21,583.00
8	第2季度	赵××	销售1部	¥15,269.00
9	第3季度	赵××	销售1部	¥12,480.00
10	第4季度	赵××	销售1部	¥20,179.00
11	第1季度	李××	销售3部	¥14,582.00
12	第2季度	李××	销售3部	¥13,892.00
13	第3季度	李××	销售3部	¥21,820.00
14	第4季度	李××	销售3部	¥23,590.00
15	第1季度	王××	销售2部	¥21,752.00
16	第2季度	王××	销售2部	¥18,596.00
17	第3季度	王××	销售2部	¥13,257.00
18	第4季度	王××	销售2部	¥19,527.00
19	第1季度	范××	销售1部	¥15,743.00
20	第2季度	范××	销售1部	¥16,810.00

步骤07 创建的数据透视表如下图所示。

	D	E	F	G	H	I	J	K
2	销售额		部门	(全部)				
3	¥15,380.00							
4	¥26,370.00		求和项:销售额	列标签				
5	¥15,480.00		行标签	第1季度	第2季度	第3季度	第4季度	总计
6	¥18,569.00		范××	15743	16810	21720	22856	77129
7	¥21,583.00		李××	14582	13892	21820	23590	73884
8	¥15,269.00		刘××	15380	26370	15480	18569	75799
9	¥12,480.00		王××	21752	18596	13257	19527	73132
10	¥20,179.00		赵××	21583	15269	12480	20179	69511
11	¥14,582.00		总计	89040	90937	84757	104721	369455
12	¥13,892.00							
13	¥21,820.00							
14	¥23,590.00							
15	¥21,752.00							
16	¥18,596.00							
17	¥13,257.00							
18	¥19,527.00							
19	¥15,743.00							
20	¥16,810.00							

销售业绩表

9.1.4 修改数据透视表

创建数据透视表后，还可以对数据透视表的行和列进行互换，从而修改数据透视表的布局，重组数据透视表，具体操作步骤如下。

步骤01 打开【数据透视表字段】窗格，在右侧的【列】区域中单击【季度】并将其拖曳到【行】区域中，如下图所示。

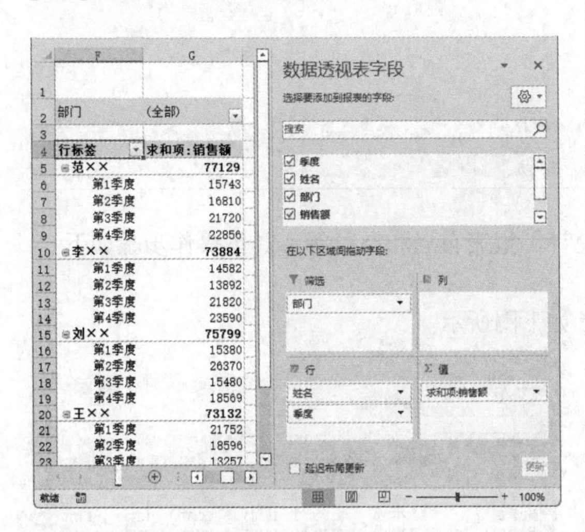

小提示

如果【数据透视表字段】窗格关闭，可通过单击【数据透视表工具-数据透视表分析】选项卡下【显示】选项组中的【字段列表】按钮，打开该窗格。

步骤02 此时左侧的数据透视表如右上图所示。

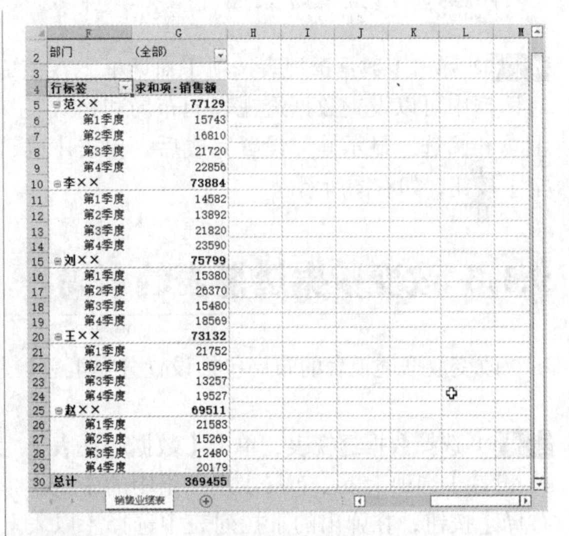

	F	G
2	部门	(全部)
4	行标签	求和项:销售额
5	范××	77129
6	第1季度	15743
7	第2季度	16810
8	第3季度	21720
9	第4季度	22856
10	李××	73884
11	第1季度	14582
12	第2季度	13892
13	第3季度	21820
14	第4季度	23590
15	刘××	75799
16	第1季度	15380
17	第2季度	26370
18	第3季度	15480
19	第4季度	18569
20	王××	73132
21	第1季度	21752
22	第2季度	18596
23	第3季度	13257
24	第4季度	19527
25	赵××	69511
26	第1季度	21583
27	第2季度	15269
28	第3季度	12480
29	第4季度	20179
30	总计	369455

步骤03 将【姓名】字段拖曳到【列】区域中，此时左侧的数据透视表如下图所示。

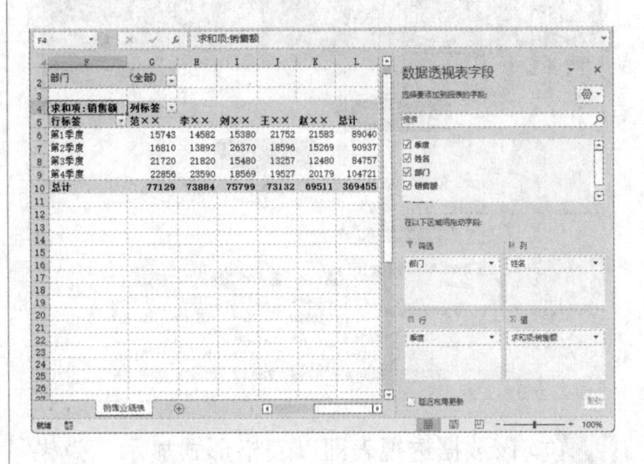

	F	G	H	I	J	K	L
2	部门	(全部)					
4	求和项:销售额	列标签					
5	行标签	范××	李××	刘××	王××	赵××	总计
6	第1季度	15743	14582	15380	21752	21583	89040
7	第2季度	16810	13892	26370	18596	15269	90937
8	第3季度	21720	21820	15480	13257	12480	84757
9	第4季度	22856	23590	18569	19527	20179	104721
10	总计	77129	73884	75799	73132	69511	369455

9.1.5 设置数据透视表选项

选择创建的数据透视表，Excel 2021在功能区中将自动激活【数据透视表工具-数据透视表分析】选项卡，用户可以在该选项卡中设置数据透视表选项，具体操作步骤如下。

步骤 01 接上一小节的操作，单击【数据透视表工具-数据透视表分析】选项卡下【数据透视表】选项组中的【选项】按钮，在弹出的下拉列表中选择【选项】选项，如下图所示。

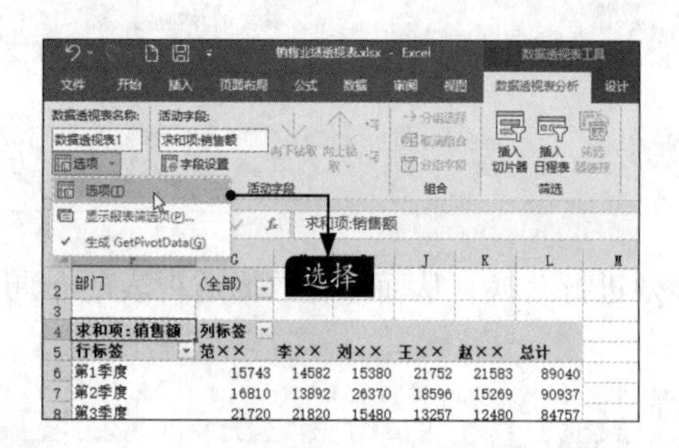

步骤 02 弹出【数据透视表选项】对话框，在该对话框中可以设置数据透视表的布局和格式、汇总和筛选、显示等。设置完成后，单击【确定】按钮，如右图所示。

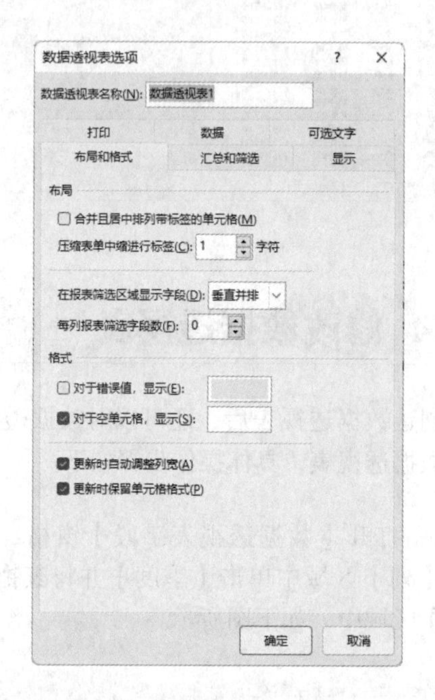

9.1.6 改变数据透视表的布局

改变数据透视表的布局包括设置分类汇总、总计、报表布局和空行等，具体操作步骤如下。

步骤 01 选择数据透视表，单击【数据透视表工具-设计】选项卡下【布局】选项组中的【报表布局】按钮，在弹出的下拉列表中选择【以表格形式显示】选项，如下图所示。

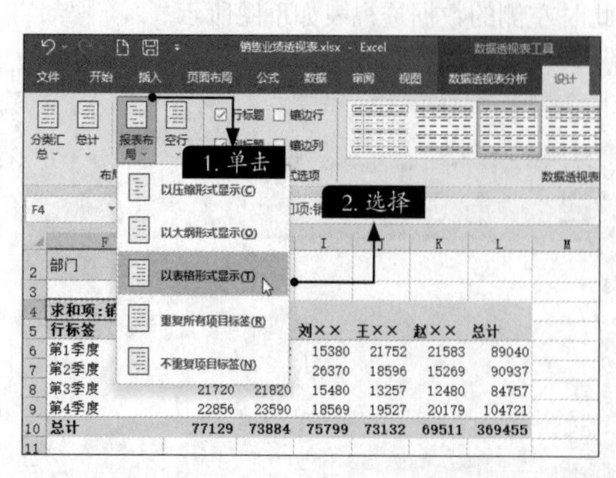

步骤 02 该数据透视表即以表格形式显示，效果如下图所示。

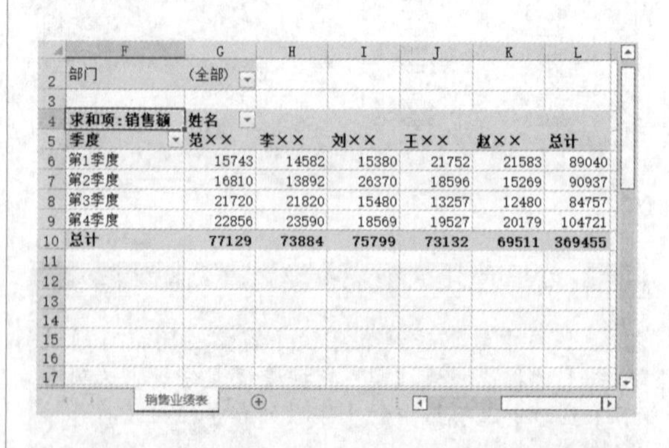

小提示

此外，还可以在下拉列表中选择【以压缩形式显示】、【以大纲形式显示】、【重复所有项目标签】和【不重复项目标签】等选项。

9.1.7 设置数据透视表的格式

创建数据透视表后，还可以对其格式进行设置，使数据透视表更加美观，具体操作步骤如下。

步骤01 接上一小节的操作，选择透视表区域，单击【数据透视表工具-设计】选项卡下【数据透视表样式】选项组中的【其他】按钮，在弹出的下拉列表中选择一种样式，如下图所示。

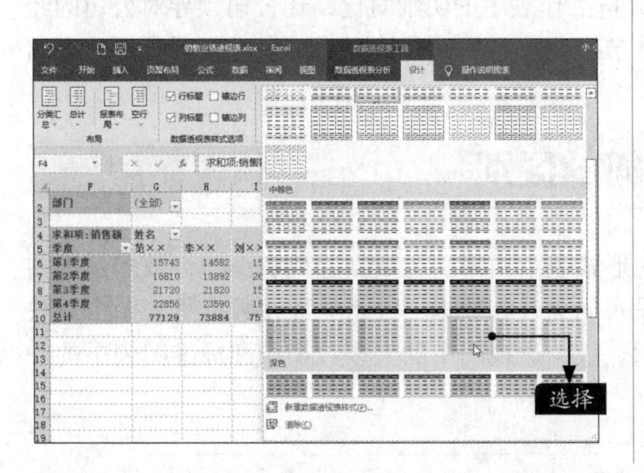

步骤02 数据透视表的样式更改为所选的样式，如下图所示。

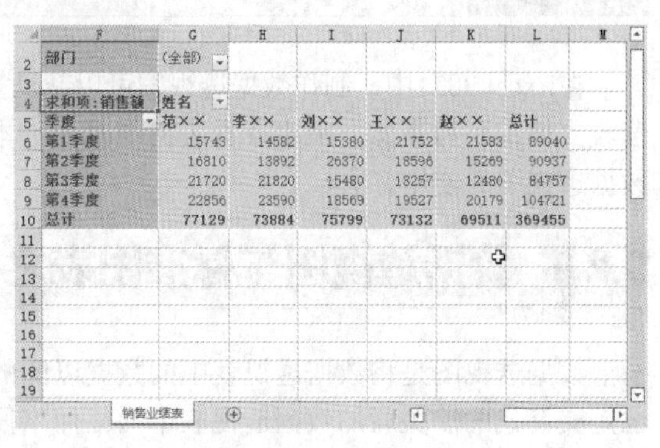

9.1.8 数据透视表中的数据操作

用户修改数据源中的数据时，数据透视表不会自动更新，用户需要执行数据操作才能刷新数据透视表。刷新数据透视表有两种方法。

方法1：单击【数据透视表工具-数据透视表分析】选项卡下【数据】选项组中的【刷新】按钮，或单击其下方的下拉按钮，在弹出的下拉列表中选择【刷新】或【全部刷新】选项，如下图所示。

方法2：在数据透视表数据区域中的任意一个单元格上单击鼠标右键，在弹出的快捷菜单中选择【刷新】命令，如下图所示。

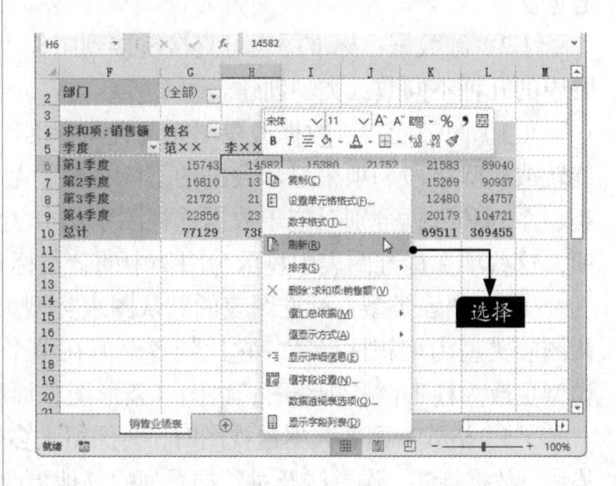

9.2 制作公司经营情况明细表透视图

公司经营情况明细表主要用于列举公司详细的经营情况。

在Excel 2021中，制作数据透视图可以帮助分析工作表中的明细对比，让公司领导对公司的经营收支情况一目了然，减少查看表格的时间。本节以制作公司经营情况明细表透视图为例，介绍数据透视图的使用方法。

9.2.1 数据透视图与标准图表之间的区别

数据透视图是将数据透视表中的数据以图的形式表示出来。与数据透视表一样，数据透视图也是交互式的。关联的数据透视表中的任何字段布局更改和数据更改将立即在数据透视图中反映出来。常见的标准图表和数据透视图如下图所示。数据透视图中的大多数操作和标准图表中的一样，但是二者之间也存在以下差别。

标准图表

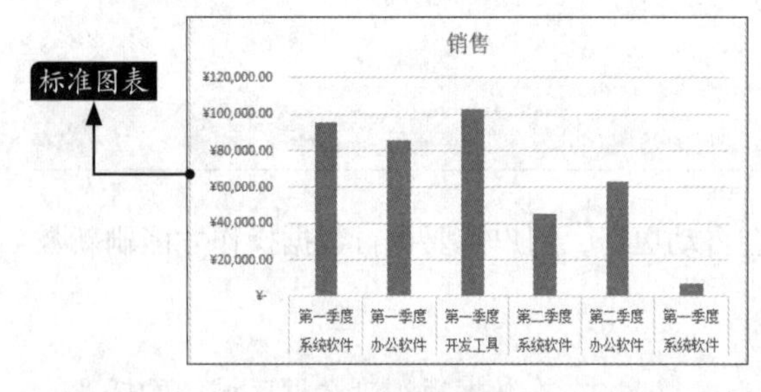

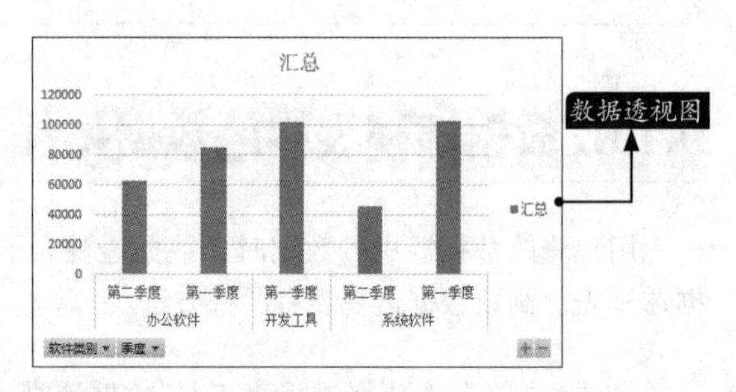

数据透视图

（1）交互：对于标准图表，需要为查看的每个数据视图创建一张图表，它们不交互；而对于数据透视图，只要创建单张图表就可通过更改报表布局或显示的明细数据以不同的方式交互查看数据。

（2）源数据：标准图表可直接链接到工作表单元格中，数据透视图可以基于关联的数据透视表中的几种不同数据类型创建。

（3）图表元素：数据透视图除包含与标准图表相同的元素外，还包括字段和项，可以添加、旋转或删除字段和项来显示数据的不同视图，数据透视图中还可包含报表筛选；标准图表中的分类、系列和数据分别对应于数据透视图中的分类字段、系列字段和值字段，而这些字段中都包含项，这些项在标准图表中显示为图例中的分类标签或系列名称。

（4）图表类型：标准图表的默认图表类型为簇状柱形图，它按分类比较值；数据透视图的默认图表类型为堆积柱形图，它比较各个值在整个分类总计中所占的比例，用户可以将数据透视图类型更改为柱形图、折线图、饼图、条形图、面积图和雷达图。

（5）格式：刷新数据透视图时，会保留大多数格式（包括元素、布局和样式），但是不保留趋势线、数据标签、误差线及对数据系列的其他更改；标准图表只要应用了这些格式，就不会消失。

（6）移动位置或调整项的大小：在数据透视图中，即使可为图例选择一个预设位置并可更改标题的字体大小，也无法移动位置或重新调整绘图区、图例、图表标题或坐标轴标题的大小；而在标准图表中，可移动位置并重新调整这些元素的大小。

（7）图表位置：默认情况下，标准图表是嵌入在工作表中的；而数据透视图默认情况下是创建在工作表上的，数据透视图创建后，还可将其重新定位到工作表上。

9.2.2 创建数据透视图

在工作簿中，用户可以使用两种方法创建数据透视图：一种是直接通过数据表中的数据创建数据透视图，另一种是通过已有的数据透视表创建数据透视图。

1. 通过数据区域创建数据透视图

在工作表中，通过数据区域创建数据透视图的具体操作步骤如下。

步骤01 打开“素材\ch09\公司经营情况明细表.xlsx”文件，选择数据区域中的一个单元格，单击【插入】选项卡下【图表】选项组中的【数据透视图】按钮，在弹出的下拉列表中选择【数据透视图】选项，如下图所示。

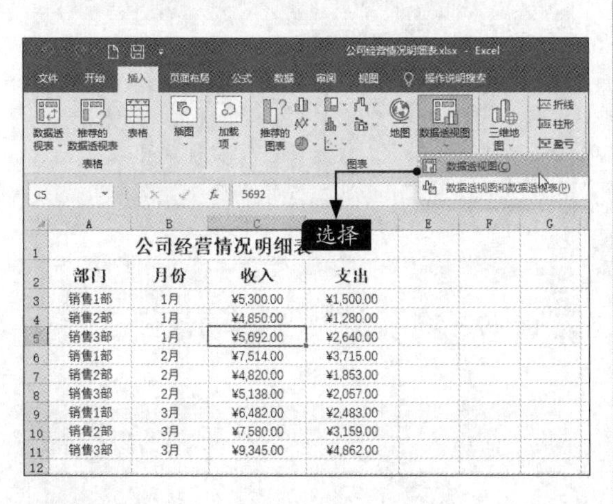

步骤02 弹出【创建数据透视图】对话框，选择数据区域和图表位置，单击【确定】按钮，如下图所示。

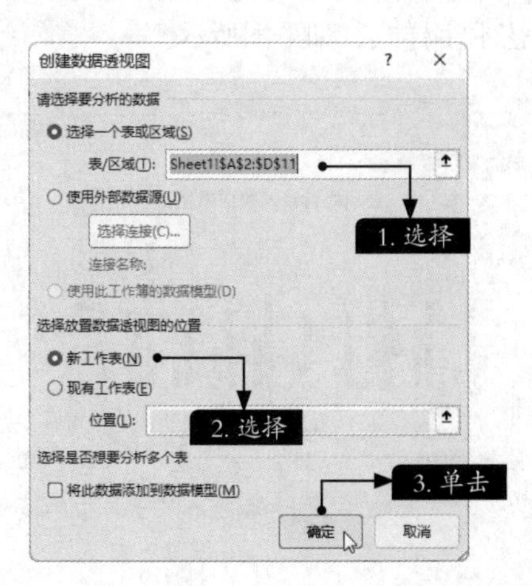

步骤03 弹出【数据透视图字段】编辑窗格，工作表中会出现数据透视表和图表，如下图所示。

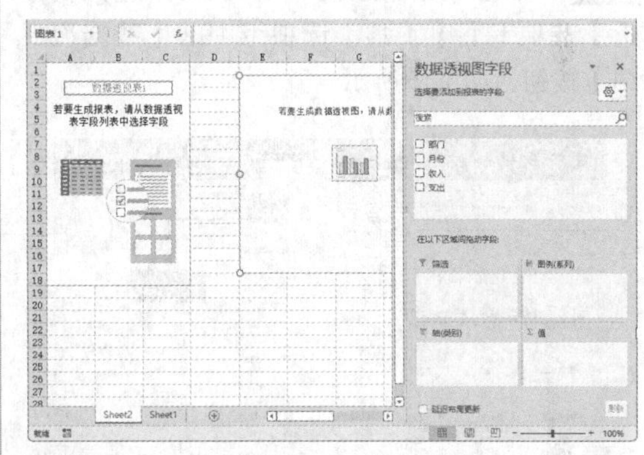

步骤04 在【数据透视图字段】窗格中选择要添加到视图中的字段，即可完成数据透视图的创建，如下图所示。

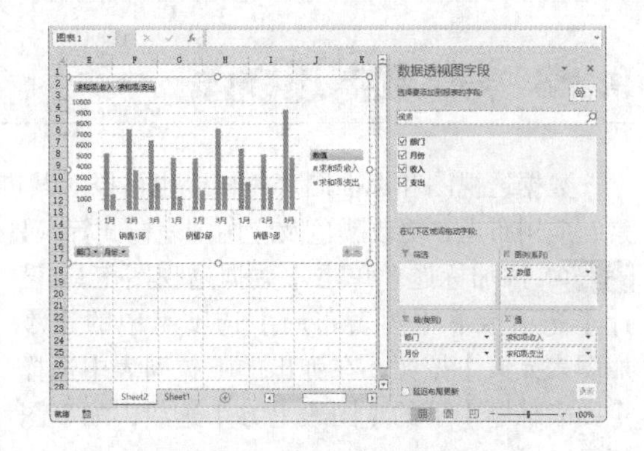

2. 通过数据透视表创建数据透视图

在工作簿中，用户可以先创建数据透视表，再根据数据透视表创建数据透视图，具体操作步骤如下。

步骤01 打开“素材\ch09\公司经营情况明细表.xlsx”文件，并根据9.1.3小节的内容创建一个数据透视表，如下页图所示。

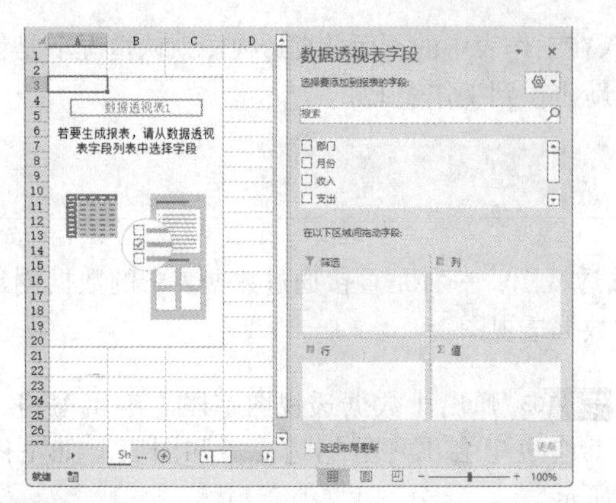

步骤 02 单击【数据透视表工具-数据透视表分析】选项卡下【工具】选项组中的【数据透视图】按钮，如下图所示。

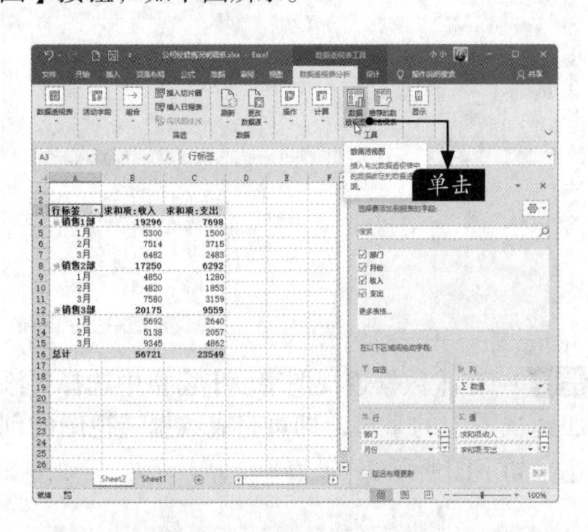

步骤 03 弹出【插入图表】对话框，选择一种图表类型，单击【确定】按钮，如下图所示。

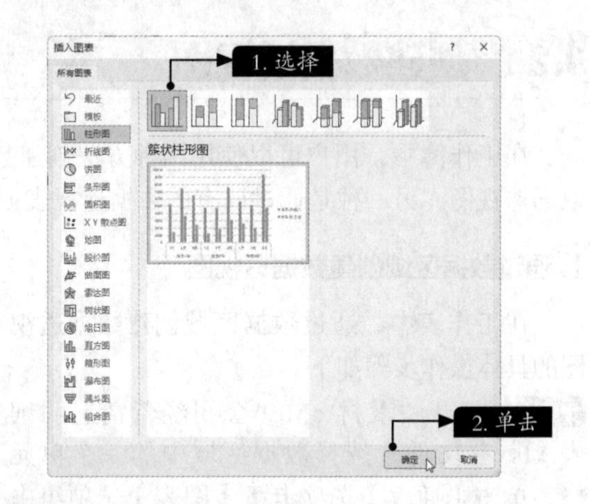

步骤 04 完成数据透视图的创建，如下图所示。

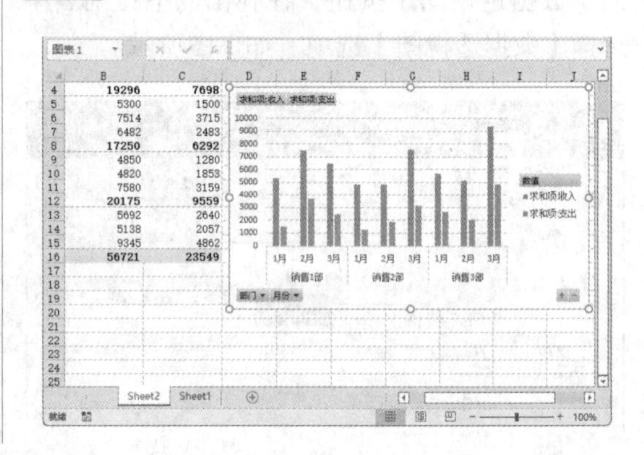

9.2.3 美化数据透视图

数据透视图和标准图表一样，也可以对其进行美化操作，使其呈现出更好的效果，如添加元素、应用布局、更改颜色及应用图表样式等，具体操作步骤如下。

步骤 01 添加标题。单击【数据透视图工具-设计】选项卡下【图表布局】选项组中的【添加图表元素】按钮，在弹出的下拉列表中选择【图表标题】下的【图表上方】选项，如下图所示。

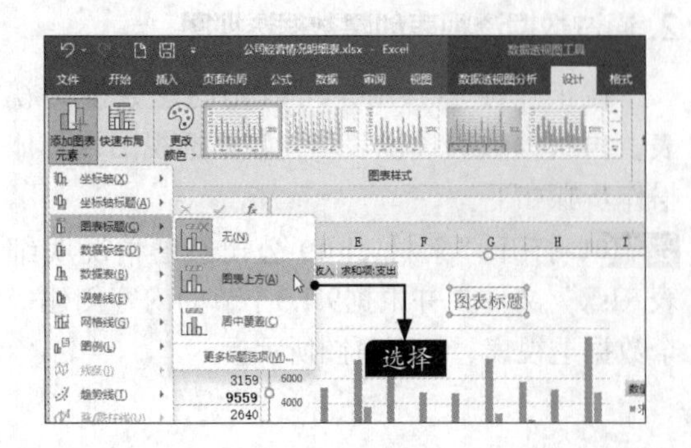

步骤 02 此时即可添加标题，另外也可以对字体设置艺术字样式，如下图所示。

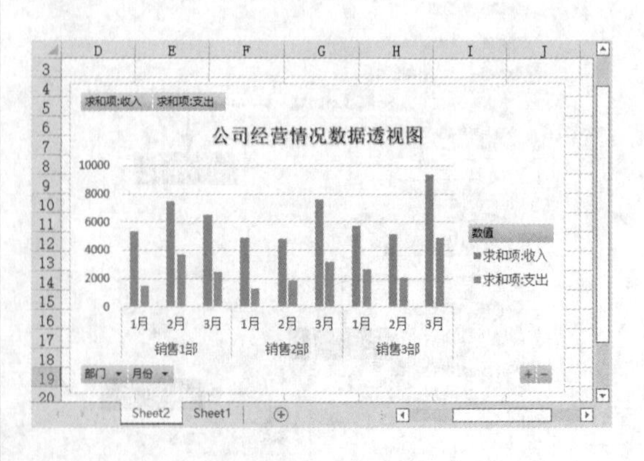

步骤 03 更改图表颜色。单击【数据透视图工具-设计】选项卡下【图表样式】选项组中的【更改颜色】按钮，在弹出的下拉列表中选择要应用的颜色，如下图所示。

步骤 04 此时即可更改图表的颜色，如下图所示。

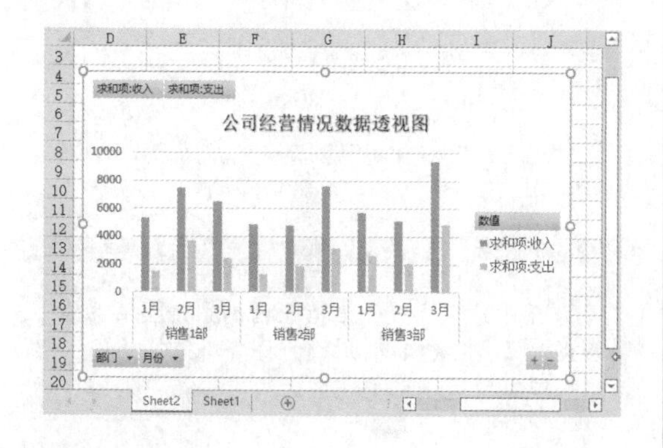

步骤 05 更改图表样式。单击【数据透视图工具-设计】选项卡下【图表样式】选项组中的【其他】按钮，在弹出的样式下拉列表中选择一种样式，如下图所示。

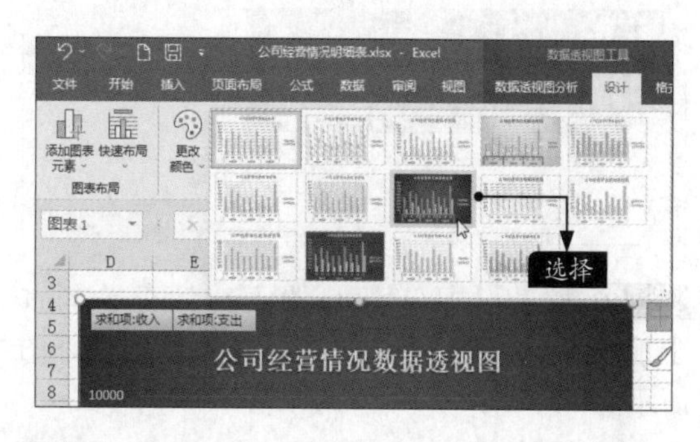

步骤 06 此时即可为数据透视图应用新样式，效果如下图所示。

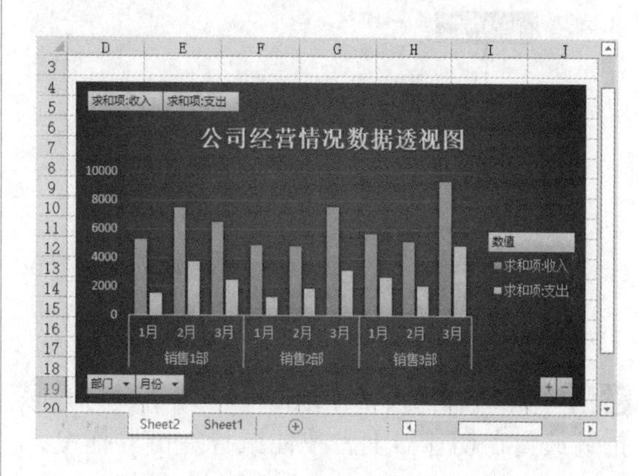

9.3 为产品销售透视表添加切片器

使用切片器能够直观地筛选标准图表、数据透视表、数据透视图和多维数据集函数中的数据。

9.3.1 创建切片器

使用切片器筛选数据首先需要创建切片器。创建切片器的具体操作步骤如下。

步骤 01 打开 “素材\ch09\产品销售透视表.xlsx” 文件，选择数据区域中的任意一个单元格，单击【插入】选项卡下【筛选器】选项组中的【切片器】按钮，如下页图所示。

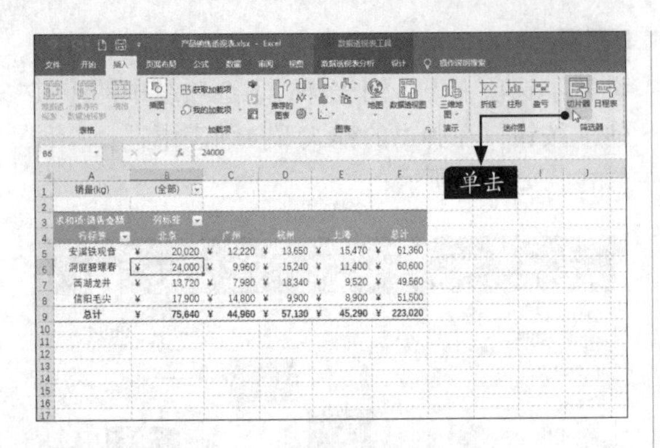

步骤 02 弹出【插入切片器】对话框，勾选【地区】复选框，单击【确定】按钮，如下图所示。

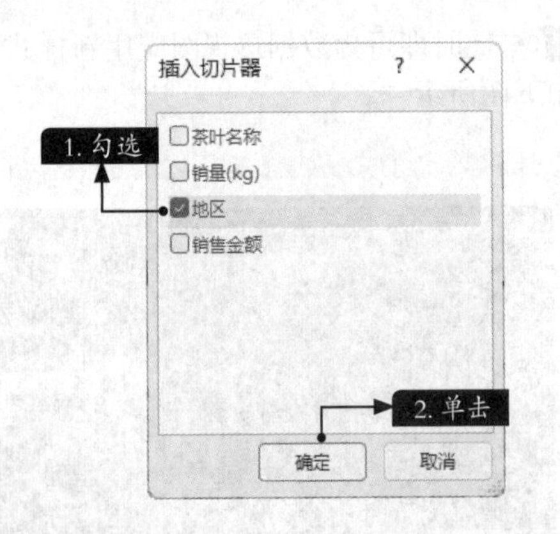

步骤 03 此时就插入了【地区】切片器，将鼠标指针放置在切片器上，按住鼠标左键并拖曳，可改变切片器的位置，如右上图所示。

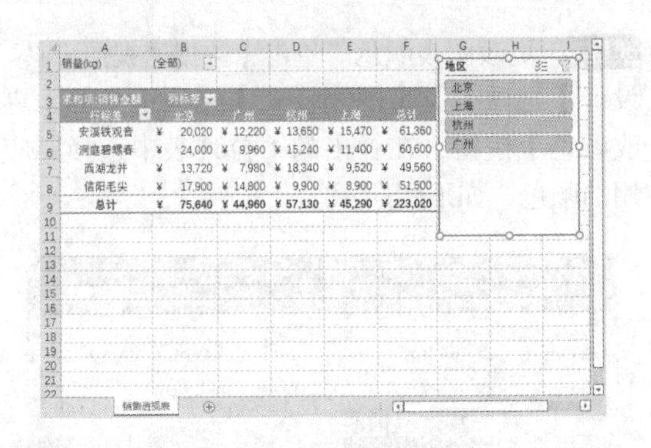

步骤 04 在【地区】切片器中选择【广州】选项，则在透视表中仅显示广州地区各类茶叶的销售金额，如下图所示。

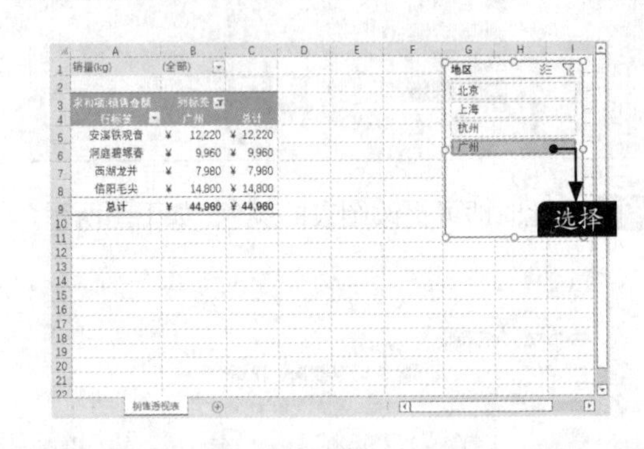

小提示

单击【地区】切片器右上角的【清除筛选器】按钮或按【Alt+C】组合键，将清除地区筛选，在数据透视表中显示所有地区的销售金额。

9.3.2 删除切片器

在Excel 2021中，有以下两种方法可以删除不需要的切片器。

1. 按【Delete】键删除

选择要删除的切片器，按【Delete】键，即可将切片器删除。

小提示

使用切片器筛选数据后，按【Delete】键删除切片器，数据表中将仅显示筛选后的数据。

2. 使用【删除】命令删除

选择要删除的切片器（如【地区】切片器）并单击鼠标右键，在弹出的快捷菜单中选择【删除“地区”】命令，即可将【地区】切片器删除，如下图所示。

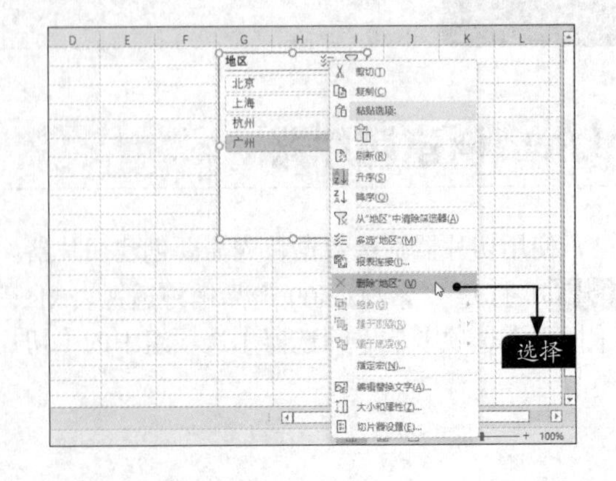

9.3.3 隐藏切片器

如果添加的切片器较多，可以将暂时不使用的切片器隐藏起来，等到使用时再显示，具体操作步骤如下。

步骤 01 选择要隐藏的切片器，单击【切片器】选项卡下【排列】选项组中的【选择窗格】按钮，如下图所示。

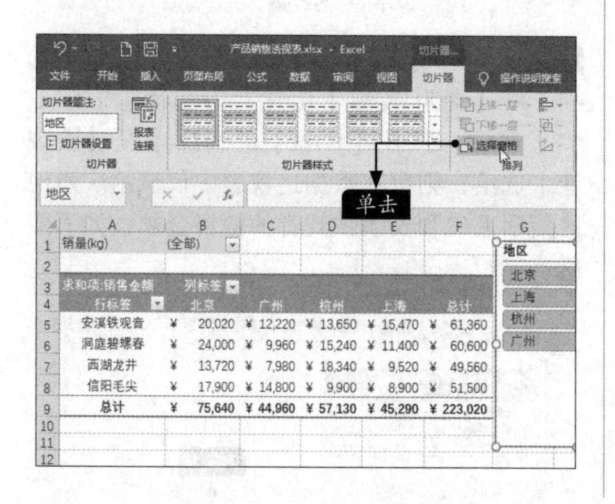

步骤 02 打开【选择】窗格，单击切片器名称后的按钮，即可隐藏切片器，此时按钮显示为按钮，再次单击按钮即可取消隐藏。此外，单击【全部隐藏】和【全部显示】按钮可隐藏和显示所有切片器，如下图所示。

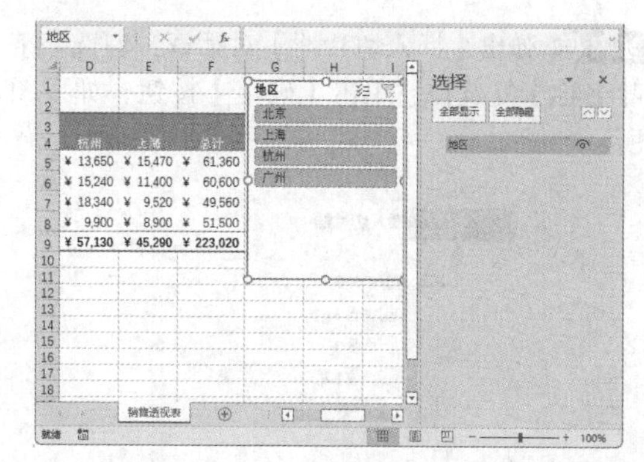

9.3.4 设置切片器的样式

用户可以根据需要使用内置的切片器样式，美化切片器，具体操作步骤如下。

步骤 01 选择要设置字体格式的切片器，单击【切片器】选项卡下【切片器样式】选项组中的【其他】按钮，在弹出的样式下拉列表中即可看到内置的样式，如下图所示。

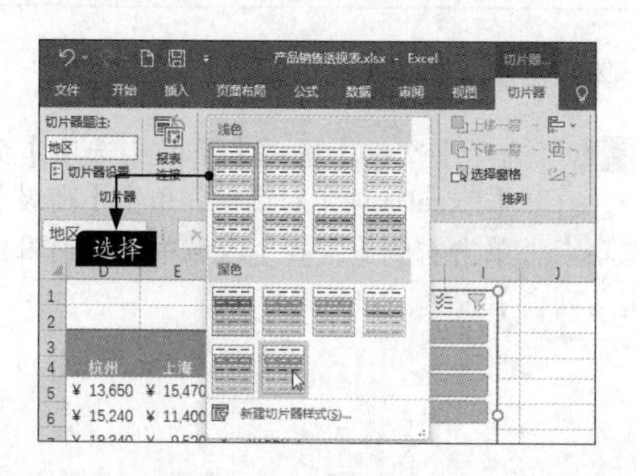

步骤 02 选择样式即可应用该切片器样式，如下图所示。

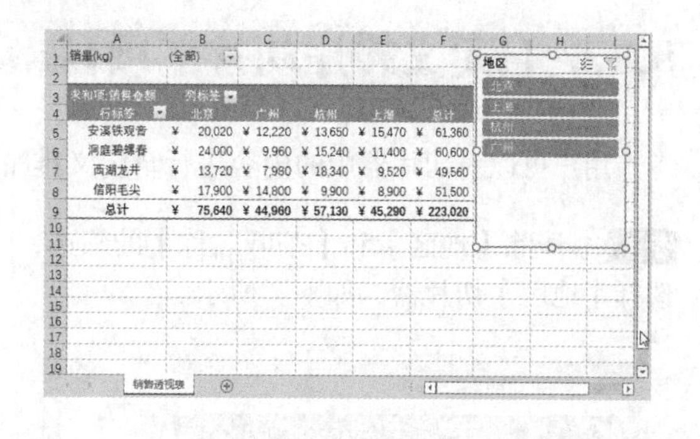

9.3.5 筛选多个项目

使用切片器不但能筛选单个项目，还可以筛选多个项目，具体操作步骤如下。

步骤 01 选择透视表数据区域中的任意一个单元格，单击【插入】选项卡下【筛选器】选项组中的【切片器】按钮，如下页图所示。

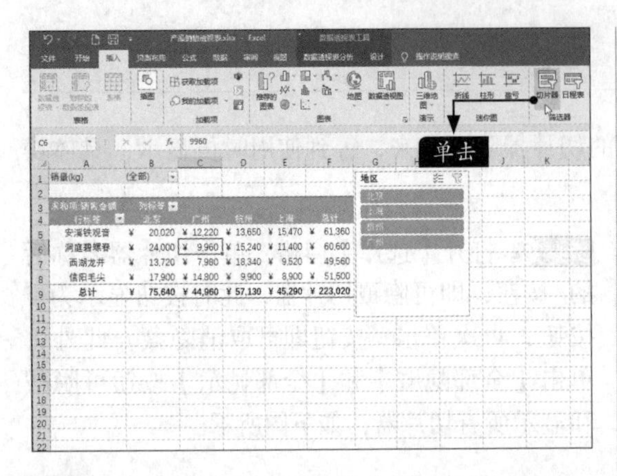

步骤 02 弹出【插入切片器】对话框，勾选【茶叶名称】复选框，单击【确定】按钮，如下图所示。

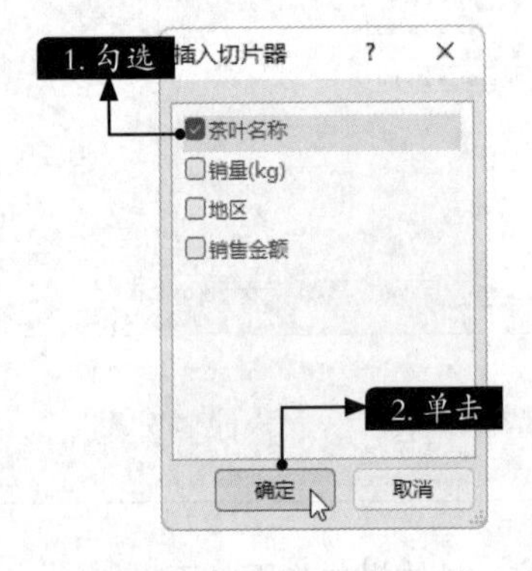

步骤 03 此时就插入了【茶叶名称】切片器，调整切片器的位置，如右上图所示。

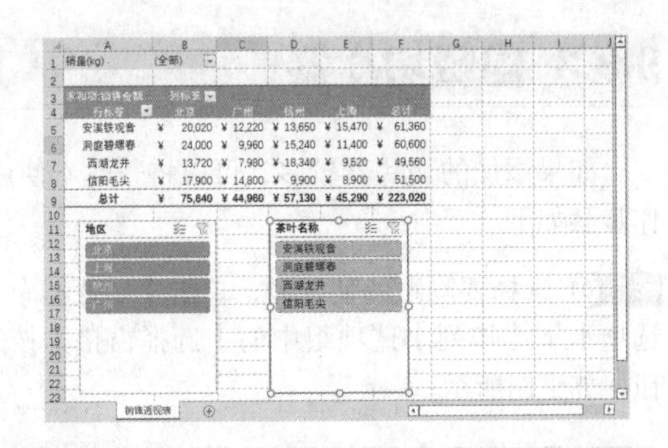

步骤 04 在【地区】切片器中选择【广州】选项，在【茶叶名称】切片器中选择【信阳毛尖】选项，按住【Ctrl】键选择【安溪铁观音】选项，则可在数据透视表中仅显示广州地区信阳毛尖和安溪铁观音的销售金额，如下图所示。

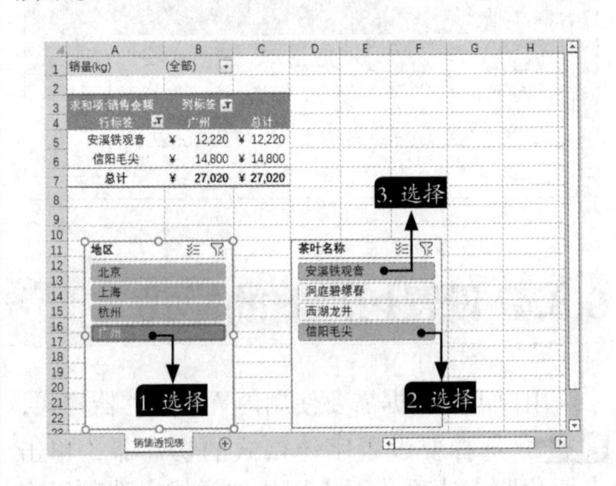

9.3.6 自定义排序切片器项目

用户可以对切片器中的内容进行自定义排序，具体操作步骤如下。

步骤 01 清除【地区】和【茶叶名称】的筛选，选择【地区】切片器，如下图所示。

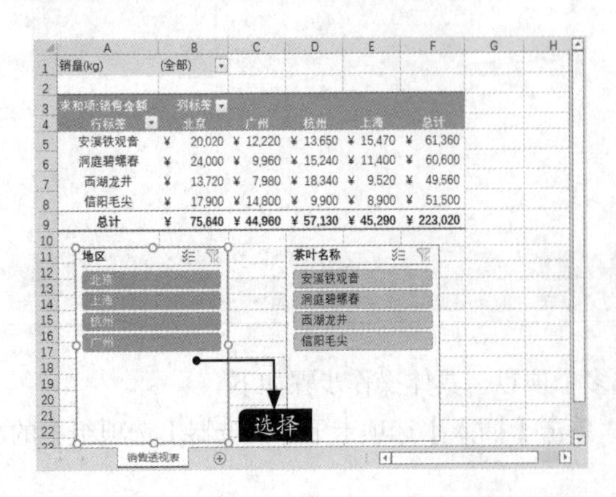

步骤 02 选择【文件】选项卡下的【选项】命令，打开【Excel选项】对话框，单击【高级】选项卡，单击右侧【常规】区域中的【编辑自定义列表】按钮，如下图所示。

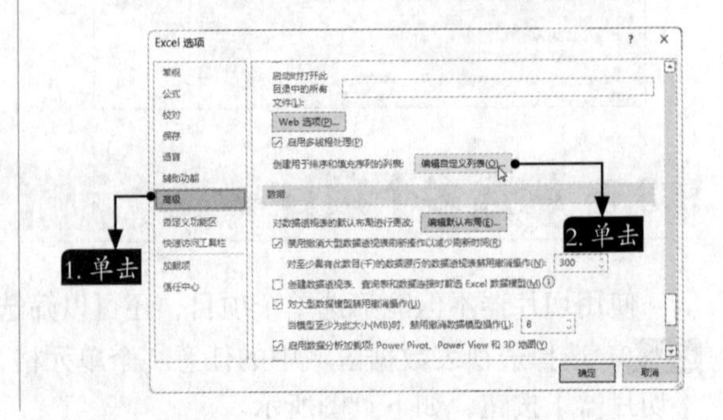

步骤 03 弹出【自定义序列】对话框，在【输入序列】文本框中输入自定义序列，输入完成后单击【添加】按钮，然后单击【确定】按钮，如下图所示。

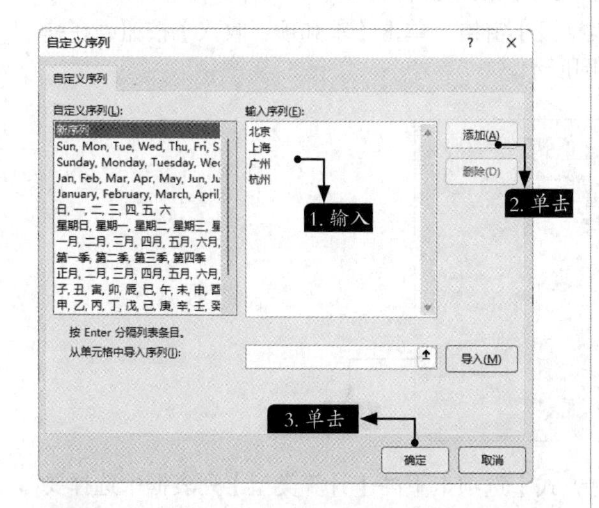

步骤 04 返回【Excel选项】对话框，单击【确定】按钮。在【地区】切片器上单击鼠标右键，在弹出的快捷菜单中选择【降序】命令，如右上图所示。

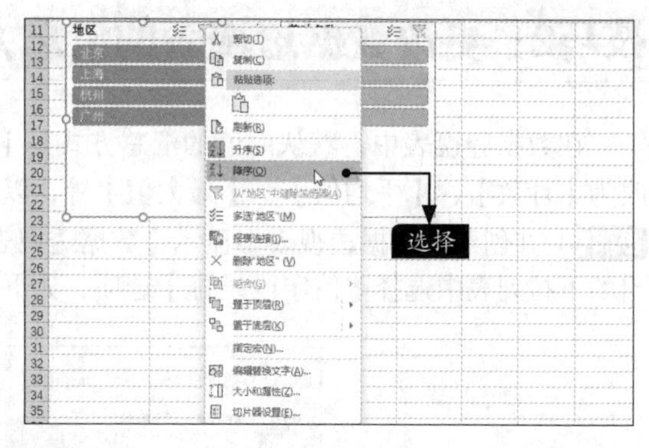

步骤 05 切片器即按照自定义降序的方式显示，如下图所示。

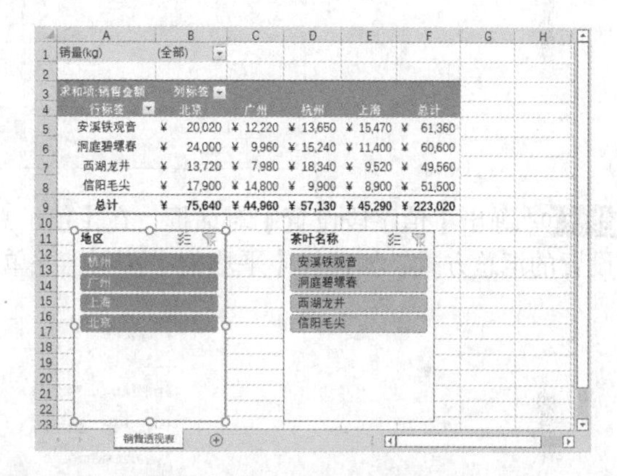

销量(kg)	(全部)				
求和项:销售金额	列标签				
行标签	北京	广州	杭州	上海	总计
安溪铁观音	¥ 20,020	¥ 12,220	¥ 13,650	¥ 15,470	¥ 61,360
洞庭碧螺春	¥ 24,000	¥ 9,960	¥ 15,240	¥ 11,400	¥ 60,600
西湖龙井	¥ 13,720	¥ 7,980	¥ 18,340	¥ 9,520	¥ 49,560
信阳毛尖	¥ 17,900	¥ 14,800	¥ 9,900	¥ 8,900	¥ 51,500
总计	¥ 75,640	¥ 44,960	¥ 57,130	¥ 45,290	¥ 223,020

高手私房菜

技巧1：将数据透视表转换为静态图片

将数据透视表变为图片，在某些情况下可以发挥特有的作用，例如将其发布到网页上或者粘贴到PowerPoint演示文稿中，具体操作步骤如下。

步骤 01 选择整个数据透视表，单击鼠标右键，在弹出的快捷菜单中选择【复制】命令，如下图所示。

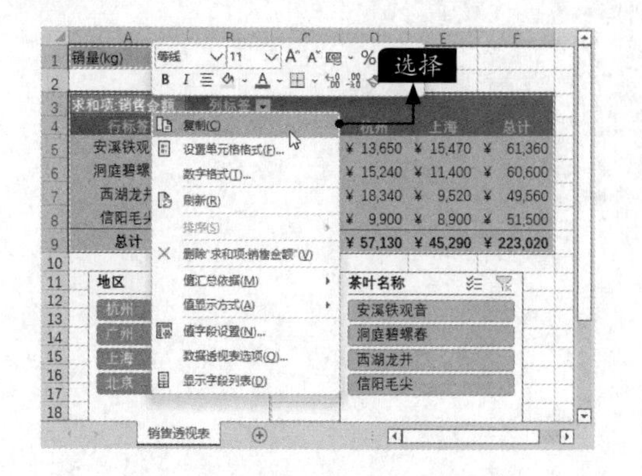

步骤 02 在目标区域，单击【开始】选项卡下【剪贴板】选项组中的【粘贴】按钮，在弹出的下拉列表中选择【图片】选项，将图表以图片的形式粘贴到工作表中，如下图所示。

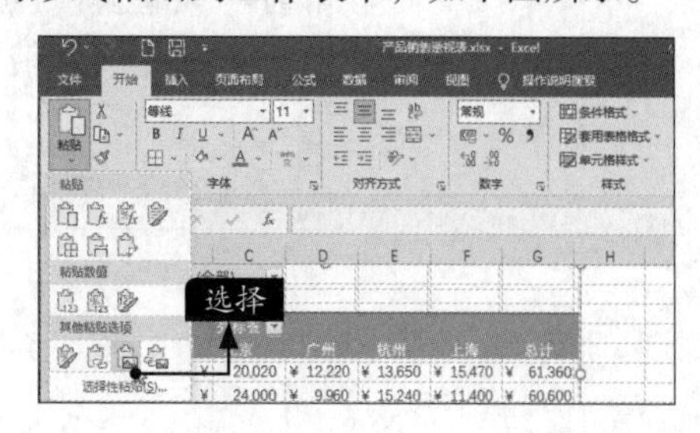

技巧2：更改数据透视表的汇总方式

在数据透视表中，默认的值的汇总方式是【求和】，用户可以根据需要，将值的汇总方式修改为【计数】、【平均值】、【最大值】等，以满足不同的数据分析要求，具体操作步骤如下。

步骤 01 在创建的数据透视表中显示【数据透视表字段】窗格，单击【求和项：收入】按钮，在弹出的下拉列表中选择【值字段设置】选项，如下图所示。

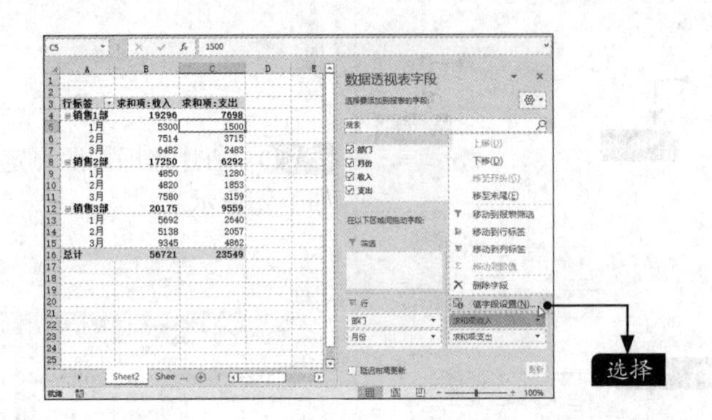

步骤 02 弹出【值字段设置】对话框，在【值汇总方式】选项卡下的【计算类型】列表框中选择要设置的汇总方式，如选择【平均值】选项，并单击【确定】按钮，如下图所示。

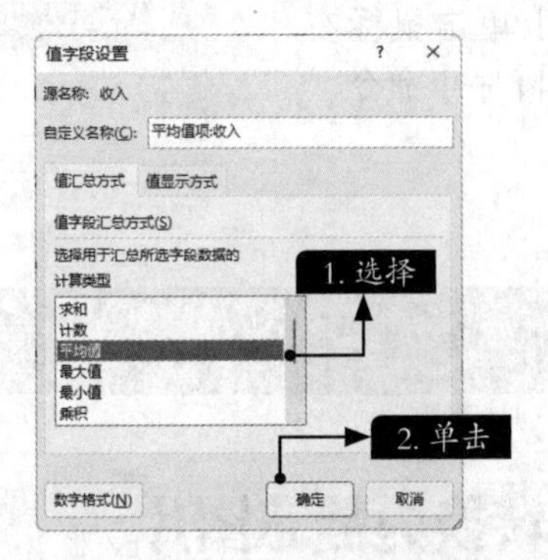

步骤 03 此时即可更改数据透视表值的汇总方式，效果如下图所示。

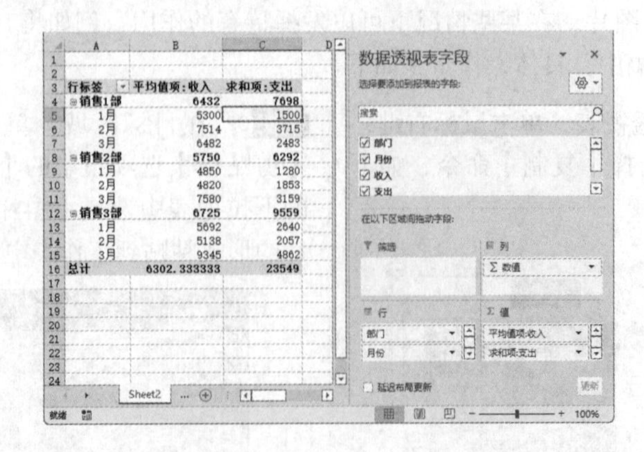

第10章

Excel 2021的行业应用——人力资源

学习目标

在人力资源管理中，经常会遇到各种表格，如常见的登记表、工资表、信息表等，利用Excel 2021完成这些工作可以达到事半功倍的效果。本章主要介绍客户访问接洽表、员工基本资料表、员工年度考核表的制作方法。

学习效果

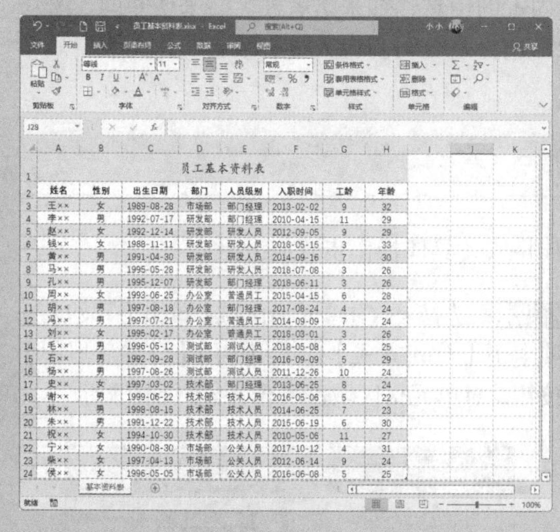

员工基本资料表

姓名	性别	出生日期	部门	人员级别	入职时间	工龄	年龄
王××	女	1989-08-28	市场部	部门经理	2013-02-02	9	32
李××	男	1992-07-17	研发部	部门经理	2010-04-15	11	29
赵××	女	1992-12-14	研发部	研发人员	2012-09-05	9	29
钱××	女	1988-11-11	研发部	研发人员	2018-05-15	3	33
黄××	男	1991-04-30	研发部	研发人员	2014-09-16	7	30
马××	男	1995-05-28	研发部	研发人员	2018-07-08	3	26
孔××	男	1995-12-07	研发部	部门经理	2018-06-11	3	26
周××	女	1993-06-25	办公室	普通员工	2015-04-15	6	28
胡××	男	1997-08-18	办公室	部门经理	2017-08-24	4	24
冯××	男	1997-07-21	办公室	普通员工	2014-09-09	7	24
刘××	女	1995-02-17	办公室	普通员工	2018-03-01	3	26
毛××	男	1996-05-12	测试部	测试人员	2018-05-08	3	25
石××	男	1992-09-28	测试部	部门经理	2016-09-09	5	29
杨××	男	1997-08-26	测试部	测试人员	2011-12-26	10	24
史××	女	1997-03-02	技术部	部门经理	2013-06-25	8	24
谢××	男	1999-06-22	技术部	技术人员	2016-05-06	5	22
林××	男	1998-08-15	技术部	技术人员	2014-06-25	7	23
朱××	男	1991-12-22	技术部	技术人员	2015-06-19	6	30
祝××	女	1994-10-30	技术部	技术人员	2010-05-06	11	27
宁××	女	1990-08-30	市场部	公关人员	2017-10-12	4	31
柴××	女	1997-04-13	市场部	公关人员	2012-06-14	9	24
侯××	女	1996-05-05	市场部	公关人员	2016-06-08	5	25

员工编号	姓名	所属部门	出勤考核	工作态度	工作能力	业绩考核	综合考核	排名	年度奖金
001	陈一	市场部	6	5	4	3	18	2	7000
002	王二	研发部	2	4	4	3	13	5	4000
003	张三	研发部	2	3	2	1	8	7	2000
004	李四	研发部	5	6	6	5	22	1	10000
005	钱五	研发部	3	2	1	1	7	8	2000
006	赵六	研发部	3	4	4	6	17	3	7000
007	钱七	研发部	1	1	3	2	7	8	2000
008	张八	办公室	4	3	1	4	12	6	2000
009	周九	办公室	5	2	2	5	14	4	4000

10.1 Excel 2021在人力资源管理中的应用法则

通过对本章的学习，用户可以熟练掌握人力资源管理工作中常用的人力资源招聘流程图、员工基本情况登记表、人事变更统计表、员工培训成绩分析表等表格的设计和建立的方法。

用户可以利用Excel图表、其他函数和条件格式的应用，在通信、制造、教育等行业及政府部门中使人力资源工作变得更加简单。

制作人力资源应用类表格的通用法则如下。

（1）插入艺术字。

（2）使用函数。

（3）插入图表。

（4）插入图形。

（5）使用条件格式、表格样式以及单元格样式。

当然，在人力资源管理工作中，也会用到其他一些类型的表格，如职务免除通知书、员工退休申请表、面试结果推荐表等，这些表格的建立方法和本章所讲述的内容基本相同，读者可以自己试着创建。

10.2 制作客户访问接洽表

客户访问接洽表与来客登记表、来电登记表等相比要正式一些，但基本形式并没有太大差别，这类表格的主要作用是行政人员对客户的来访信息进行记录。

不管是哪种来访或来电记录表，都会包含一些固定的信息，如来访者姓名、来访时间、来访事由、接洽人、处理结果等，方便领导进行查看和筛选，是公司前台人员必须会制作的表格。本节主要介绍客户访问接洽表的制作方法。

10.2.1 设置字体格式

在制作客户访问接洽表时，应先设置表头的字体格式，具体操作步骤如下。

步骤01 启动Excel 2021，新建一个工作簿，在单元格A1中输入“客户访问接洽表”，如下图所示。

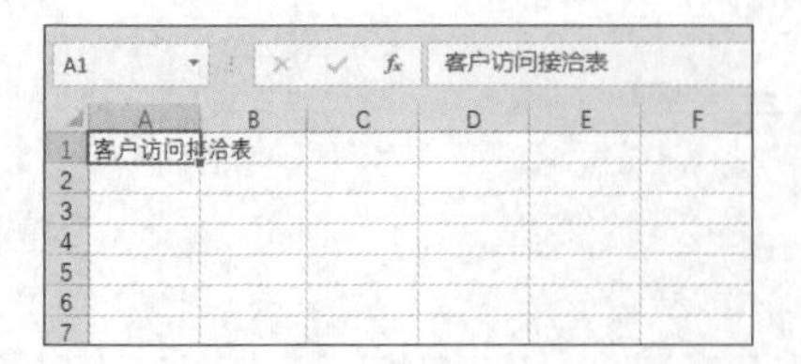

步骤02 选择A1:G1单元格区域，单击【开始】选项卡下【对齐方式】选项组中的【合并后居中】按钮，对单元格区域进行合并，如下图所示。

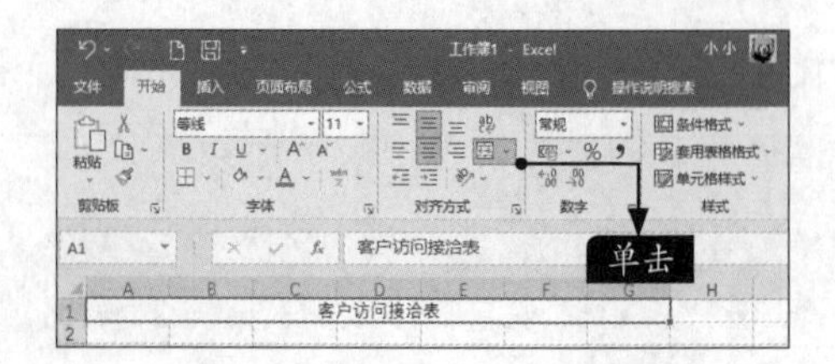

步骤03 在A2:G2单元格区域中分别输入文本内容，如下图所示。

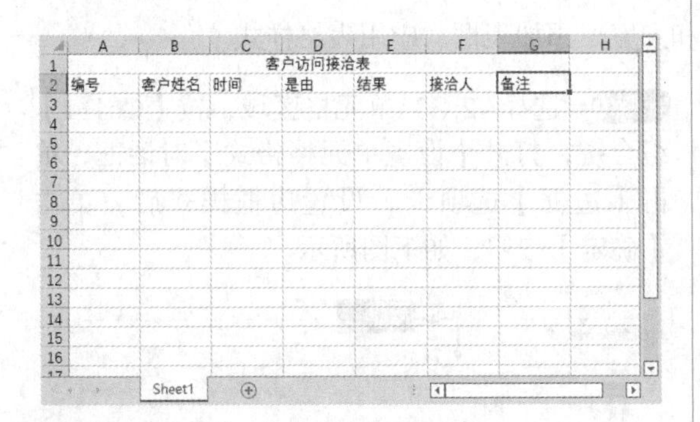

步骤04 将A1单元格字体设置为【华文楷体】，字号设置为【22】。设置A2:G2单元格区域的字体为【汉仪中宋简】，字号为【12】，如下图所示。

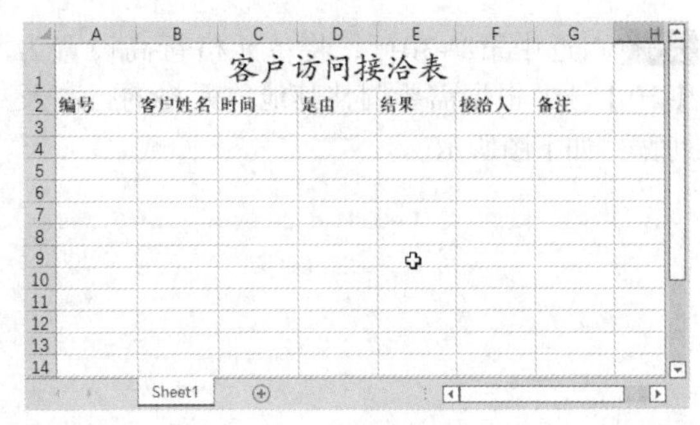

10.2.2 输入接洽表内容

输入接洽表内容的具体步骤如下。

步骤01 在单元格A3中输入数字“1”，如下图所示。

步骤02 选择A3单元格，按住【Ctrl】键和鼠标左键，拖曳鼠标指针向下填充到A27单元格，如下图所示。

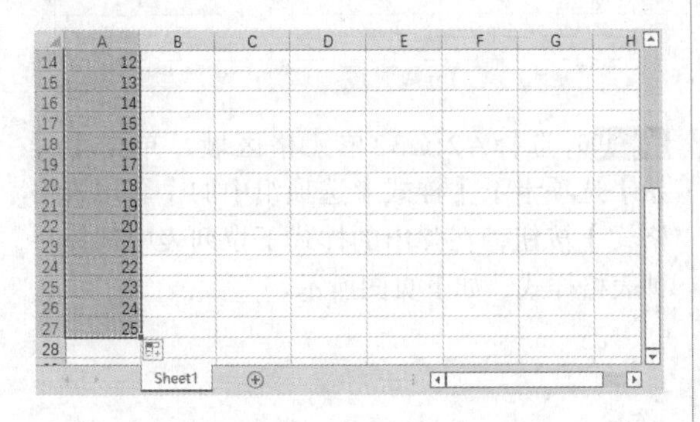

步骤03 在A28:E33单元格区域中输入文本内容，如下图所示。

步骤04 分别合并A28:B30、D28:G28、D29:G29、D30:G30、A31:B31、C31:G31、A32:B32、C32:G32、A33:B33、C33:D33、F33:G33单元格区域，效果如下图所示。

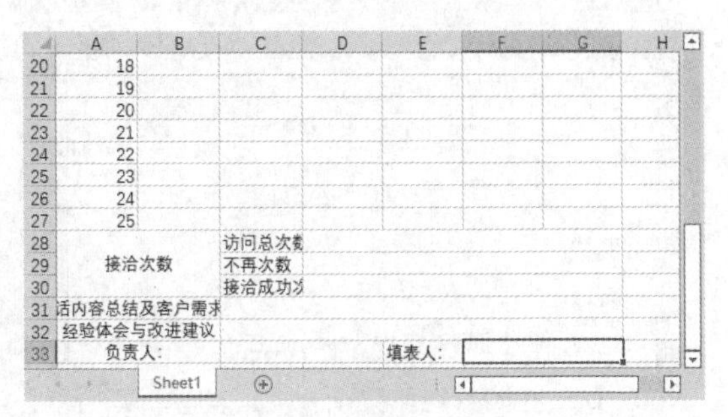

10.2.3 美化接洽表

表格内容输入完成后，下面调整单元格行高和列宽、添加表框、应用表格样式。

步骤 01 选中第3~30行，将单元格行高设置为【20】，并根据需要调整其他单元格的行高及列宽，如下图所示。

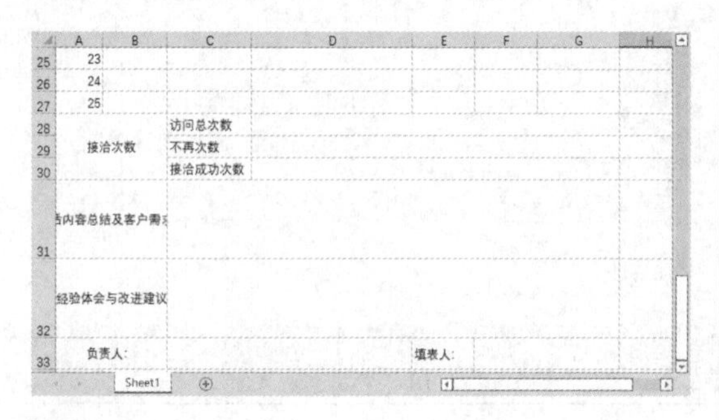

步骤 02 将表格文本内容居中显示，并将A31和A32单元格的文本内容在适当处换行，如下图所示。

步骤 03 设置A28:G33单元格区域的字体，如下图所示。

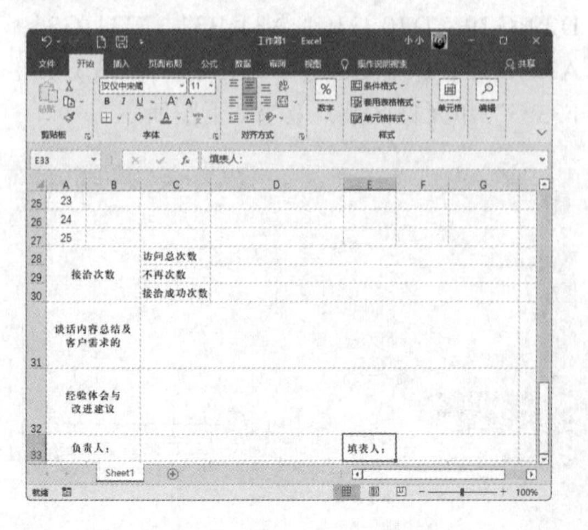

步骤 04 选择A2:G33单元格区域，按【Ctrl+1】组合键，打开【设置单元格格式】对话框，单击【边框】选项卡，设置边框样式后，单击【确定】按钮，如下图所示。

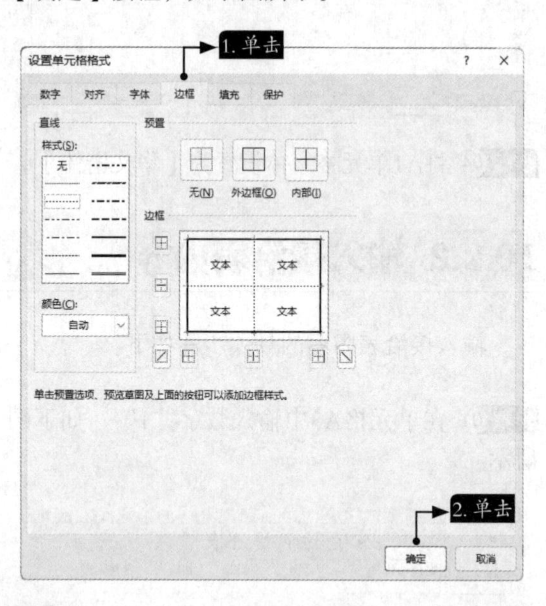

步骤 05 此时即可为表格添加边框，如下图所示。

步骤 06 选择A2:G33单元格区域，单击【开始】选项卡下【样式】选项组中的【套用表格格式】按钮，在弹出的样式下拉列表中选择一种表格样式，如下页图所示。

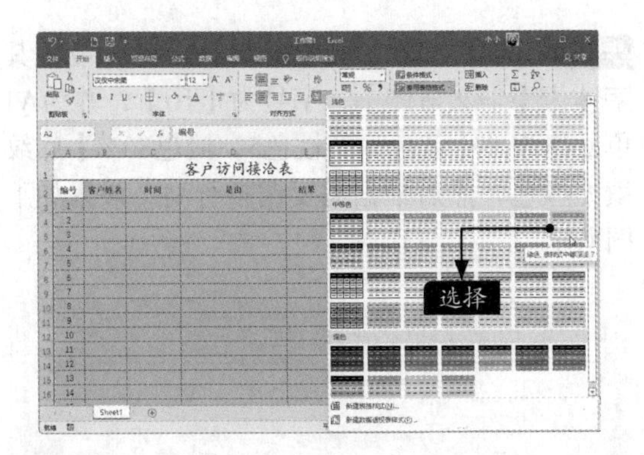

步骤07 应用表格样式后，单击【表格工具-表设计】选项卡下【工具】选项组中的【转换为区域】按钮，将表格转换为普通区域，如下图所示。

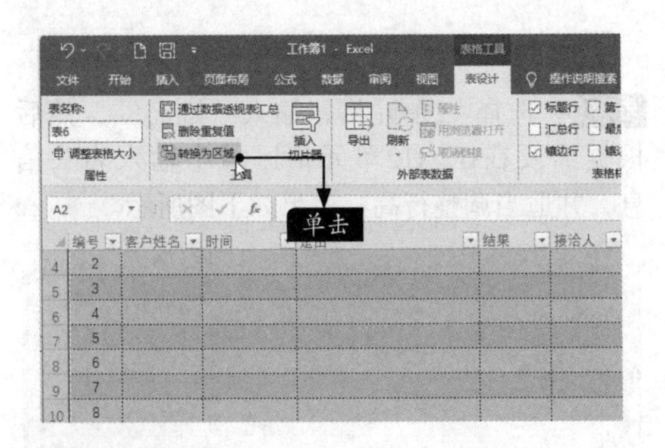

步骤08 应用表格后，对部分合并单元格重新做出调整，即可完成表格的制作，将其保存，如下图所示。

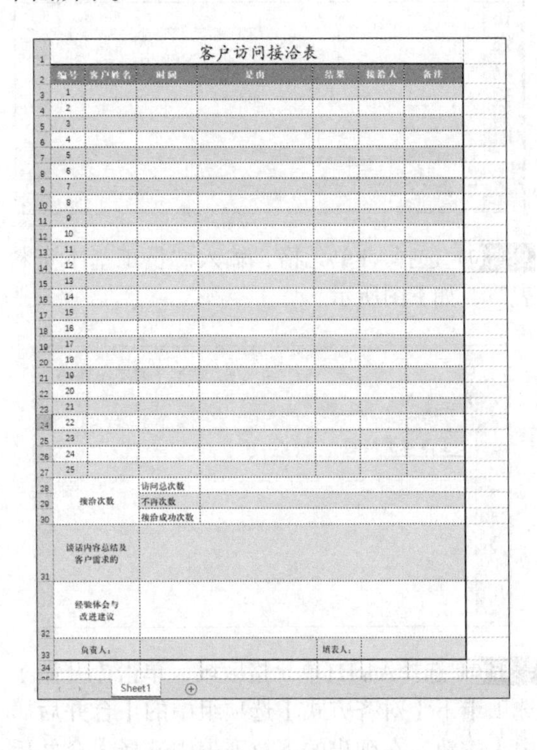

10.3 制作员工基本资料表

员工基本资料表是记录公司员工基本资料的表格，可以根据公司的需要记录员工基本信息。

10.3.1 设计员工基本资料表表头

要制作员工基本资料表，首先需要设计表头，表头中需要添加完整的员工信息标题，具体操作步骤如下。

步骤01 新建空白Excel 2021工作簿，并将其命名为“员工基本资料表.xlsx”。在“Sheet1”工作表标签上单击鼠标右键，在弹出的快捷菜单中选择【重命名】命令，如右图所示。

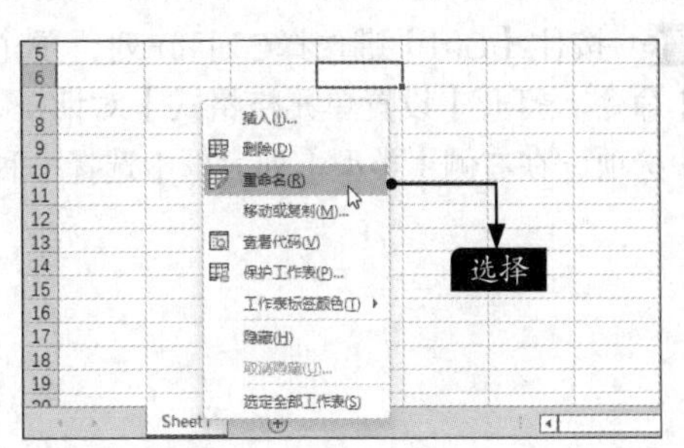

步骤 02 输入“基本资料表”，按【Enter】键确认，完成工作表重命名操作，如下图所示。

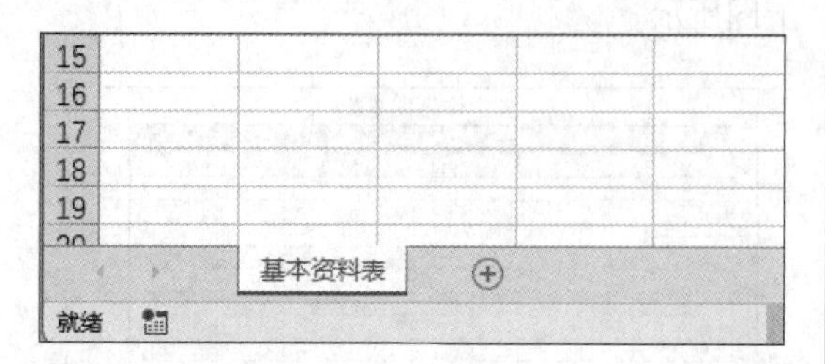

步骤 03 选择A1单元格，输入“员工基本资料表”，如下图所示。

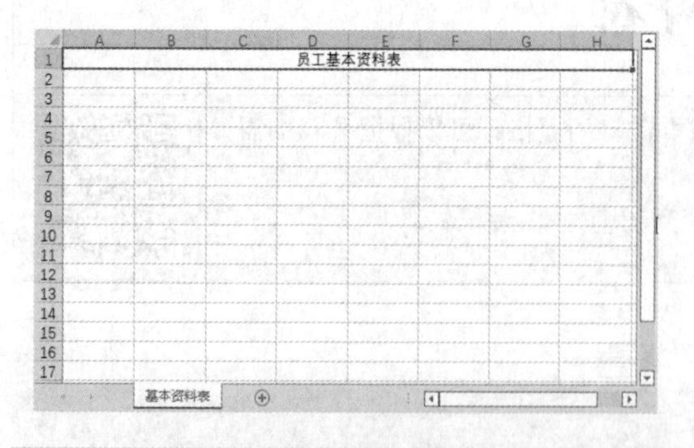

步骤 04 选择A1:H1单元格区域，单击【开始】选项卡下【对齐方式】选项组中的【合并后居中】按钮，在弹出的下拉列表中选择【合并后居中】选项，效果如下图所示。

步骤 05 选择A1单元格中的文本内容，设置其字体为【华文楷体】，字号为【16】，并为A1单元格添加【蓝色，个性色5，淡色80%】底纹填充颜色，然后根据需要调整行高，效果如下图所示。

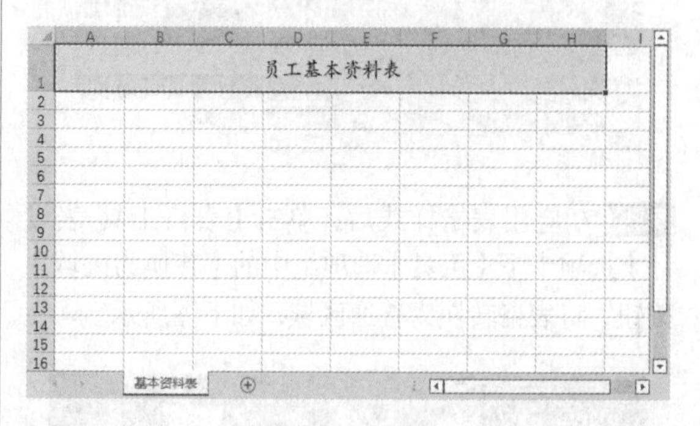

步骤 06 选择A2单元格，输入“姓名”，然后根据需要在B2:H2单元格区域中输入表头信息，并适当调整行高，效果如下图所示。

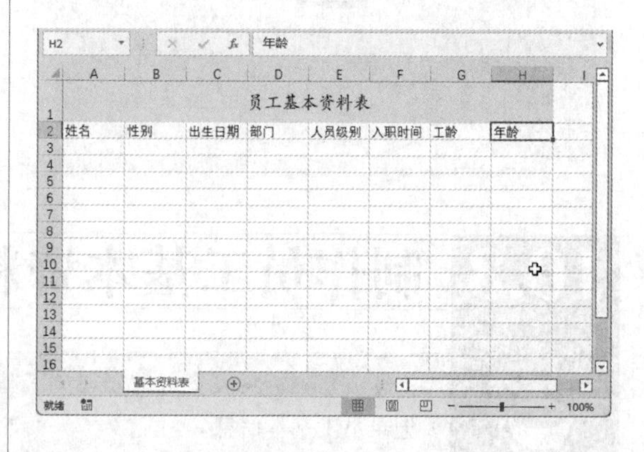

10.3.2 输入员工基本信息

表头创建完成后，就可以根据需要输入员工的基本信息了，具体操作步骤如下。

步骤 01 按住【Ctrl】键选择C列和F列，单击鼠标右键，在弹出的快捷菜单中选择【设置单元格格式】命令。打开【设置单元格格式】对话框，单击【数字】选项卡，在【分类】列表框中选择【日期】选项，在右侧【类型】列表框中选择一种日期类型，单击【确定】按钮，如下页图所示。

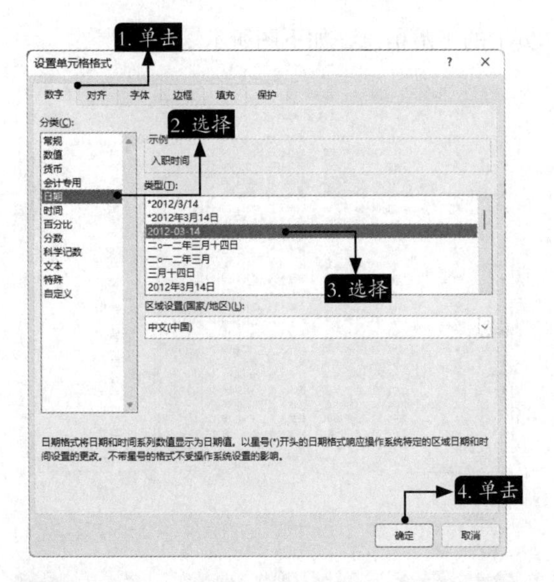

步骤 02 打开 “素材\ch10\员工基本资料.xlsx” 文件，复制A2:F23单元格区域中的内容，将其粘贴至“员工基本资料表.xlsx”工作簿中，然后根据需要调整列宽，显示出所有内容，如下图所示。

员工基本资料表							
姓名	性别	出生日期	部门	人员级别	入职时间	工龄	年龄
王××	女	1989-08-28	市场部	部门经理	2013-02-02		
李××	男	1992-07-17	研发部	部门经理	2010-04-15		
赵××	女	1992-12-14	研发部	研发人员	2012-09-05		
钱××	女	1988-11-11	研发部	研发人员	2018-05-15		
黄××	男	1991-04-30	研发部	研发人员	2014-09-16		
马××	男	1995-05-28	研发部	研发人员	2018-07-08		
孔××	男	1995-12-07	研发部	部门经理	2018-06-11		
周××	女	1993-06-25	办公室	普通员工	2015-04-15		
胡××	男	1997-08-18	办公室	部门经理	2017-08-24		
冯××	男	1997-07-21	办公室	普通员工	2014-09-09		
刘××	女	1995-02-17	办公室	普通员工	2018-03-01		
毛××	男	1996-05-12	测试部	测试人员	2018-05-08		
石××	男	1992-09-28	测试部	部门经理	2016-09-09		
杨××	男	1997-08-26	测试部	测试人员	2011-12-26		
史××	女	1997-03-02	技术部	部门经理	2013-06-25		
谢××	男	1999-06-22	技术部	技术人员	2016-05-06		
林××	男	1998-08-15	技术部	技术人员	2014-06-25		
朱××	男	1991-12-22	技术部	技术人员	2015-06-19		
祝××	女	1994-10-30	技术部	技术人员	2010-05-06		
宁××	女	1990-08-30	市场部	公关人员	2017-10-12		
柴××	女	1997-04-13	市场部	公关人员	2012-06-14		
侯××	女	1996-05-05	市场部	公关人员	2016-06-08		

10.3.3 计算员工年龄信息

在员工基本资料表中可以使用公式计算员工的年龄，每次使用该工作表时都将显示当前员工的年龄信息，具体操作步骤如下。

步骤 01 选择H3:H24单元格区域，输入公式“=DATEDIF(C3,TODAY(),"y")”，如下图所示。

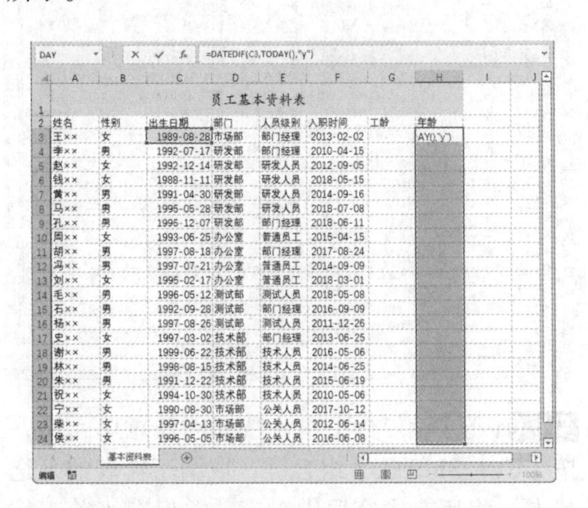

员工基本资料表							
姓名	性别	出生日期	部门	人员级别	入职时间	工龄	年龄
王××	女	1989-08-28	市场部	部门经理	2013-02-02		AY(),"y")
李××	男	1992-07-17	研发部	部门经理	2010-04-15		
赵××	女	1992-12-14	研发部	研发人员	2012-09-05		
钱××	女	1988-11-11	研发部	研发人员	2018-05-15		
黄××	男	1991-04-30	研发部	研发人员	2014-09-16		
马××	男	1995-05-28	研发部	研发人员	2018-07-08		
孔××	男	1995-12-07	研发部	部门经理	2018-06-11		
周××	女	1993-06-25	办公室	普通员工	2015-04-15		
胡××	男	1997-08-18	办公室	部门经理	2017-08-24		
冯××	男	1997-07-21	办公室	普通员工	2014-09-09		
刘××	女	1995-02-17	办公室	普通员工	2018-03-01		
毛××	男	1996-05-12	测试部	测试人员	2018-05-08		
石××	男	1992-09-28	测试部	部门经理	2016-09-09		
杨××	男	1997-08-26	测试部	测试人员	2011-12-26		
史××	女	1997-03-02	技术部	部门经理	2013-06-25		
谢××	男	1999-06-22	技术部	技术人员	2016-05-06		
林××	男	1998-08-15	技术部	技术人员	2014-06-25		
朱××	男	1991-12-22	技术部	技术人员	2015-06-19		
祝××	女	1994-10-30	技术部	技术人员	2010-05-06		
宁××	女	1990-08-30	市场部	公关人员	2017-10-12		
柴××	女	1997-04-13	市场部	公关人员	2012-06-14		
侯××	女	1996-05-05	市场部	公关人员	2016-06-08		

步骤 02 按【Ctrl+Enter】组合键，计算出所有员工的年龄信息，如下图所示。

员工基本资料表							
姓名	性别	出生日期	部门	人员级别	入职时间	工龄	年龄
王××	女	1989-08-28	市场部	部门经理	2013-02-02		32
李××	男	1992-07-17	研发部	部门经理	2010-04-15		29
赵××	女	1992-12-14	研发部	研发人员	2012-09-05		29
钱××	女	1988-11-11	研发部	研发人员	2018-05-15		33
黄××	男	1991-04-30	研发部	研发人员	2014-09-16		30
马××	男	1995-05-28	研发部	研发人员	2018-07-08		26
孔××	男	1995-12-07	研发部	部门经理	2018-06-11		26
周××	女	1993-06-25	办公室	普通员工	2015-04-15		28
胡××	男	1997-08-18	办公室	部门经理	2017-08-24		24
冯××	男	1997-07-21	办公室	普通员工	2014-09-09		24
刘××	女	1995-02-17	办公室	普通员工	2018-03-01		26
毛××	男	1996-05-12	测试部	测试人员	2018-05-08		25
石××	男	1992-09-28	测试部	部门经理	2016-09-09		29
杨××	男	1997-08-26	测试部	测试人员	2011-12-26		24
史××	女	1997-03-02	技术部	部门经理	2013-06-25		24
谢××	男	1999-06-22	技术部	技术人员	2016-05-06		22
林××	男	1998-08-15	技术部	技术人员	2014-06-25		23
朱××	男	1991-12-22	技术部	技术人员	2015-06-19		30
祝××	女	1994-10-30	技术部	技术人员	2010-05-06		27
宁××	女	1990-08-30	市场部	公关人员	2017-10-12		31
柴××	女	1997-04-13	市场部	公关人员	2012-06-14		24
侯××	女	1996-05-05	市场部	公关人员	2016-06-08		25

10.3.4 计算员工工龄信息

计算员工工龄信息的具体操作步骤如下。

步骤 01 选择G3:G24单元格区域，输入公式“=DATEDIF(F3,TODAY(),"y")”，如下页图所示。

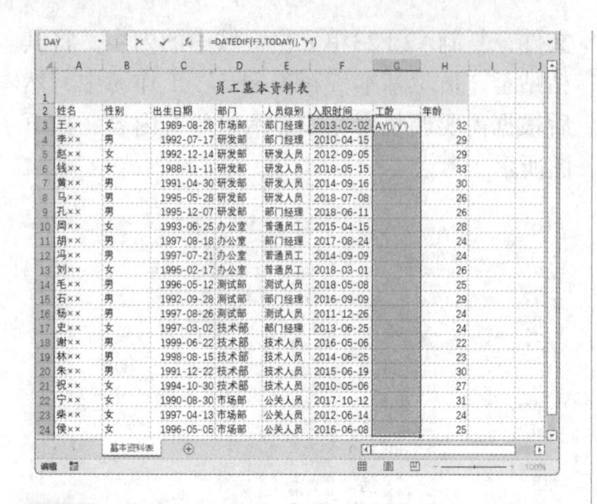

DAY =DATEDIF(F3,TODAY(),"y")

员工基本资料表							
姓名	性别	出生日期	部门	人员级别	入职时间	工龄	年龄
王××	女	1989-08-28	市场部	部门经理	2013-02-02	AY(,"y")	32
李××	男	1992-07-17	研发部	部门经理	2010-04-15		29
赵××	女	1992-12-14	研发部	研发人员	2012-09-05		29
钱××	女	1988-11-11	研发部	研发人员	2018-05-15		33
黄××	男	1991-04-30	研发部	研发人员	2014-09-16		30
马××	男	1995-05-28	研发部	研发人员	2018-07-08		26
孔××	男	1995-12-07	研发部	部门经理	2018-06-11		26
周××	女	1993-06-25	办公室	普通员工	2015-04-15		28
胡××	男	1997-08-18	办公室	部门经理	2017-08-24		24
冯××	男	1997-07-21	办公室	普通员工	2014-09-09		24
刘××	女	1995-02-17	办公室	普通员工	2018-03-01		26
毛××	男	1996-05-12	测试部	测试人员	2018-05-08		25
石××	男	1992-09-28	测试部	部门经理	2016-09-09		29
杨××	男	1997-08-26	测试部	测试人员	2011-12-26		24
史××	女	1997-03-02	技术部	部门经理	2013-06-25		24
谢××	男	1999-06-22	技术部	技术人员	2016-05-06		22
林××	男	1998-08-15	技术部	技术人员	2014-06-25		23
朱××	男	1991-12-22	技术部	技术人员	2015-06-19		30
祝××	女	1994-10-30	技术部	技术人员	2010-05-06		27
宁××	女	1990-08-30	市场部	公关人员	2017-10-12		31
柴××	女	1997-04-13	市场部	公关人员	2012-06-14		24
侯××	女	1996-05-05	市场部	公关人员	2016-06-08		25

基本资料表

步骤 02 按【Ctrl+Enter】组合键，计算出所有员工的工龄信息，如下图所示。

员工基本资料表							
姓名	性别	出生日期	部门	人员级别	入职时间	工龄	年龄
王××	女	1989-08-28	市场部	部门经理	2013-02-02	9	32
李××	男	1992-07-17	研发部	部门经理	2010-04-15	11	29
赵××	女	1992-12-14	研发部	研发人员	2012-09-05	9	29
钱××	女	1988-11-11	研发部	研发人员	2018-05-15	3	33
黄××	男	1991-04-30	研发部	研发人员	2014-09-16	7	30
马××	男	1995-05-28	研发部	研发人员	2018-07-08	3	26
孔××	男	1995-12-07	研发部	部门经理	2018-06-11	3	26
周××	女	1993-06-25	办公室	普通员工	2015-04-15	6	28
胡××	男	1997-08-18	办公室	部门经理	2017-08-24	4	24
冯××	男	1997-07-21	办公室	普通员工	2014-09-09	7	24
刘××	女	1995-02-17	办公室	普通员工	2018-03-01	3	26
毛××	男	1996-05-12	测试部	测试人员	2018-05-08	3	25
石××	男	1992-09-28	测试部	部门经理	2016-09-09	5	29
杨××	男	1997-08-26	测试部	测试人员	2011-12-26	10	24
史××	女	1997-03-02	技术部	部门经理	2013-06-25	8	24
谢××	男	1999-06-22	技术部	技术人员	2016-05-06	5	22
林××	男	1998-08-15	技术部	技术人员	2014-06-25	7	23
朱××	男	1991-12-22	技术部	技术人员	2015-06-19	6	30
祝××	女	1994-10-30	技术部	技术人员	2010-05-06	11	27
宁××	女	1990-08-30	市场部	公关人员	2017-10-12	4	31
柴××	女	1997-04-13	市场部	公关人员	2012-06-14	9	24
侯××	女	1996-05-05	市场部	公关人员	2016-06-08	5	25

基本资料表

10.3.5 美化员工基本资料表

输入员工基本信息并进行相关计算后，可以进一步美化员工基本资料表，具体操作步骤如下。

步骤 01 选择A2:H24单元格区域，单击【开始】选项卡下【样式】选项组中的【套用表格格式】按钮，在弹出的下拉列表中选择一种表格样式，如下图所示。

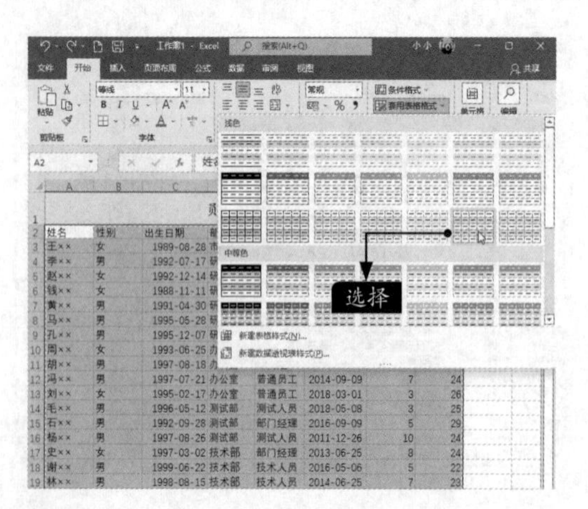

步骤 02 弹出【创建表】对话框，单击【确定】按钮，如下图所示。

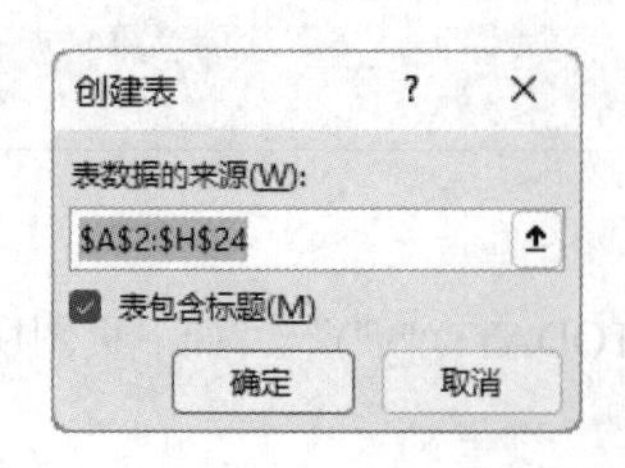

步骤 03 套用表格格式后的效果如下图所示。

员工基本资料表							
姓名	性别	出生日期	部门	人员级别	入职时间	工龄	年龄
王××	女	1989-08-28	市场部	部门经理	2013-02-02	9	32
李××	男	1992-07-17	研发部	部门经理	2010-04-15	11	29
赵××	女	1992-12-14	研发部	研发人员	2012-09-05	9	29
钱××	女	1988-11-11	研发部	研发人员	2018-05-15	3	33
黄××	男	1991-04-30	研发部	研发人员	2014-09-16	7	30
马××	男	1995-05-28	研发部	研发人员	2018-07-08	3	26
孔××	男	1995-12-07	研发部	部门经理	2018-06-11	3	26
周××	女	1993-06-25	办公室	普通员工	2015-04-15	6	28
胡××	男	1997-08-18	办公室	部门经理	2017-08-24	4	24
冯××	男	1997-07-21	办公室	普通员工	2014-09-09	7	24
刘××	女	1995-02-17	办公室	普通员工	2018-03-01	3	26
毛××	男	1996-05-12	测试部	测试人员	2018-05-08	3	25
石××	男	1992-09-28	测试部	部门经理	2016-09-09	5	29
杨××	男	1997-08-26	测试部	测试人员	2011-12-26	10	24
史××	女	1997-03-02	技术部	部门经理	2013-06-25	8	24
谢××	男	1999-06-22	技术部	技术人员	2016-05-06	5	22
林××	男	1998-08-15	技术部	技术人员	2014-06-25	7	23
朱××	男	1991-12-22	技术部	技术人员	2015-06-19	6	30
祝××	女	1994-10-30	技术部	技术人员	2010-05-06	11	27
宁××	女	1990-08-30	市场部	公关人员	2017-10-12	4	31
柴××	女	1997-04-13	市场部	公关人员	2012-06-14	9	24
侯××	女	1996-05-05	市场部	公关人员	2016-06-08	5	25

基本资料表

步骤 04 选择第2行中包含数据的任意单元格，按【Ctrl+Shift+L】组合键，取消工作表的筛选状态。将所有内容居中对齐，并保存当前工作簿，就完成了员工基本资料表的美化操作，最终效果如下页图所示。

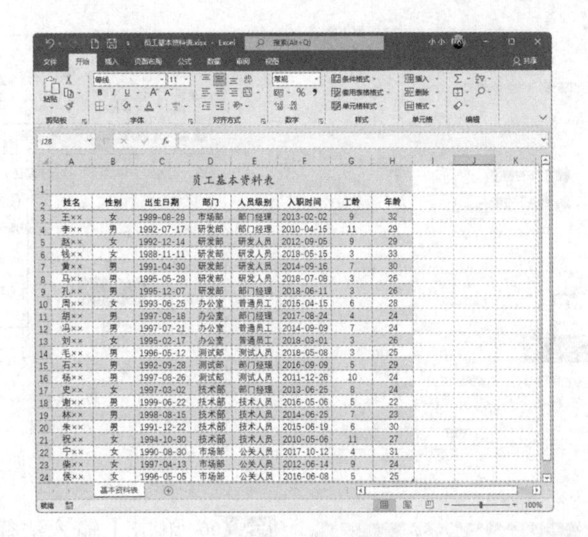

员工基本资料表

姓名	性别	出生日期	部门	人员级别	入职时间	工龄	年龄
王××	女	1989-08-28	市场部	部门经理	2013-02-02	9	32
李××	男	1992-07-17	研发部	部门经理	2010-04-15	11	29
赵××	女	1992-12-14	研发部	研发人员	2012-09-05	9	29
钱××	女	1988-11-11	研发部	研发人员	2018-05-15	3	33
黄××	男	1991-04-30	研发部	研发人员	2014-09-16	7	30
马××	男	1995-05-28	研发部	研发人员	2018-07-08	3	26
孔××	男	1995-12-07	研发部	部门经理	2018-06-11	3	26
周××	女	1993-06-25	办公室	普通员工	2015-04-15	6	28
胡××	男	1997-08-18	办公室	部门经理	2017-08-24	4	24
冯××	男	1997-07-21	办公室	普通员工	2014-09-09	7	24
刘××	女	1995-02-17	办公室	普通员工	2018-03-01	3	26
毛××	男	1996-05-12	测试部	测试人员	2018-05-08	3	25
石××	男	1992-09-28	测试部	部门经理	2016-09-09	5	29
杨××	男	1997-06-26	测试部	测试人员	2011-12-26	10	24
史××	女	1997-03-02	技术部	部门经理	2013-06-25	8	24
谢××	男	1999-06-22	技术部	技术人员	2016-05-06	5	22
林××	男	1998-08-15	技术部	技术人员	2014-06-25	7	23
朱××	男	1991-12-22	技术部	技术人员	2015-06-19	6	30
祝××	女	1994-10-30	技术部	技术人员	2010-05-06	11	27
宁××	女	1990-08-30	市场部	公关人员	2017-10-12	4	31
柴××	女	1997-04-13	市场部	公关人员	2012-06-14	9	24
侯××	女	1996-05-05	市场部	公关人员	2016-06-08	5	25

10.4 制作员工年度考核表

人事部门一般都会在年终或季度末对员工的表现进行考核，这不但可以对员工的工作进行督促和检查，还可以为年终和季度奖金的发放提供依据。

10.4.1 设置数据验证

设置数据验证的具体操作步骤如下。

步骤01 打开“素材\ch10\员工年度考核.xlsx”文件，其中包含两个工作表，分别为“年度考核表”和“年度考核奖金标准”，如下图所示。

员工编号	姓名	所属部门	出勤考核	工作态度	工作能力	业绩考核	综合考核	排名	年度奖金
001	陈一	市场部							
002	王二	研发部							
003	张三	研发部							
004	李四	研发部							
005	钱五	研发部							
006	赵六	研发部							
007	钱七	研发部							
008	张八	办公室							
009	周九	办公室							

步骤02 选择“年度考核表”工作表中的D2:D10单元格区域，单击【数据】选项卡下【数据工具】选项组中的【数据验证】按钮，在弹出的下拉列表中选择【数据验证】选项，如下图所示。

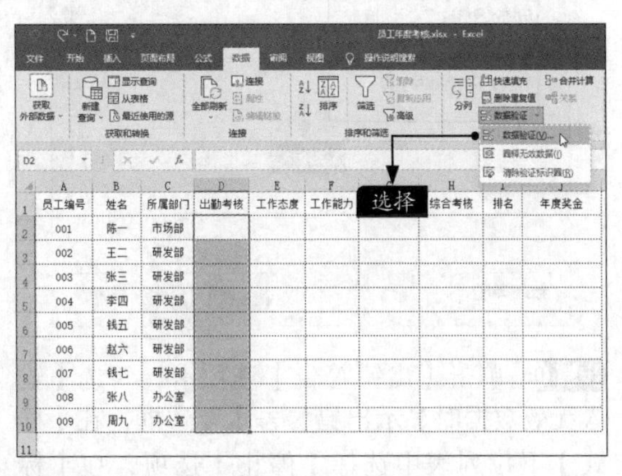

步骤03 弹出【数据验证】对话框，单击【设置】选项卡，在【允许】下拉列表中选择【序列】选项，在【来源】文本框中输入“6,5,4,3,2,1”，如下页图所示。

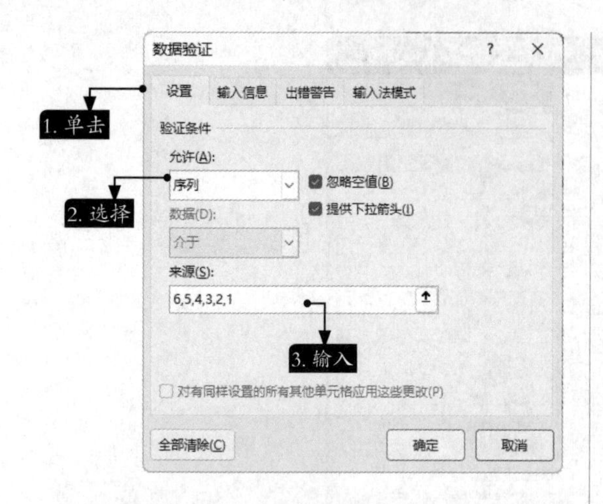

小提示

假设企业对员工的考核成绩分为6、5、4、3、2和1共6个等级，从6到1依次降低。在输入“6,5,4,3,2,1”时，中间的逗号要在英文状态下输入。

步骤04 单击【输入信息】选项卡，勾选【选定单元格时显示输入信息】复选框，在【标题】文本框中输入“请输入考核成绩”，在【输入信息】文本框中输入“可以在下拉列表中选择”，如下图所示。

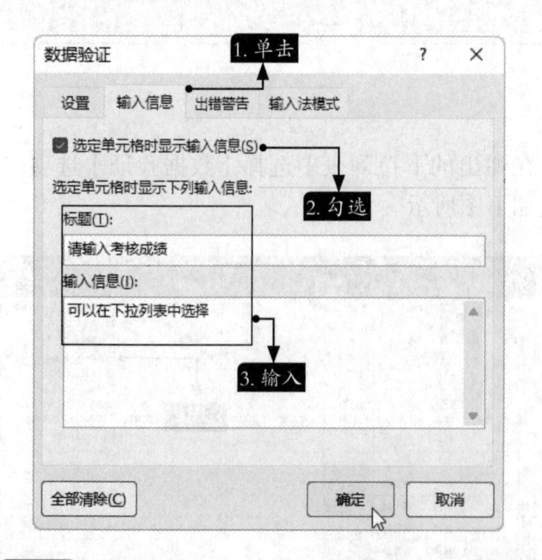

步骤05 单击【出错警告】选项卡，勾选【输入无效数据时显示出错警告】复选框，在【样式】下拉列表中选择【停止】选项，在【标题】文本框中输入“考核成绩错误”，在【错误信息】文本框中输入“请到下拉列表中选择！”，如右上图所示。

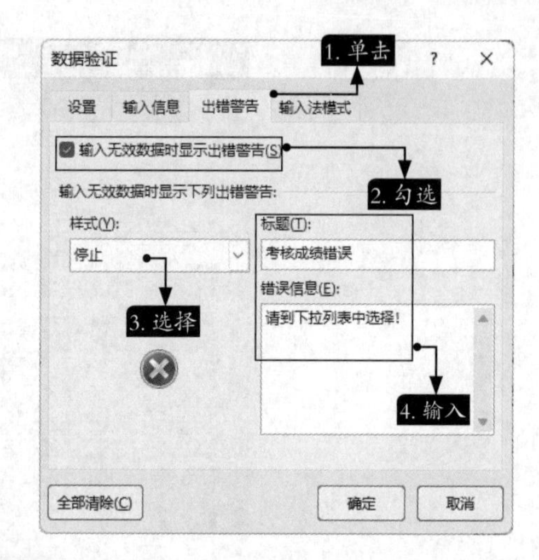

步骤06 单击【输入法模式】选项卡，在【模式】下拉列表中选择【关闭(英文模式)】选项，以保证在该列输入内容时始终不是英文输入法，单击【确定】按钮，如下图所示。

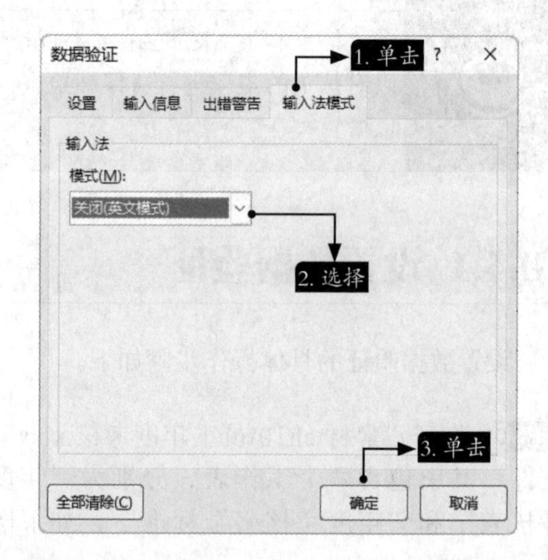

步骤07 完成数据验证的设置。选择单元格D2，将会显示黄色的信息框，如下图所示。

步骤08 在单元格D2中输入“8”，按【Enter】键，会弹出【考核成绩错误】对话框。如果单击【重试】按钮，则可重新输入，如下页图所示。

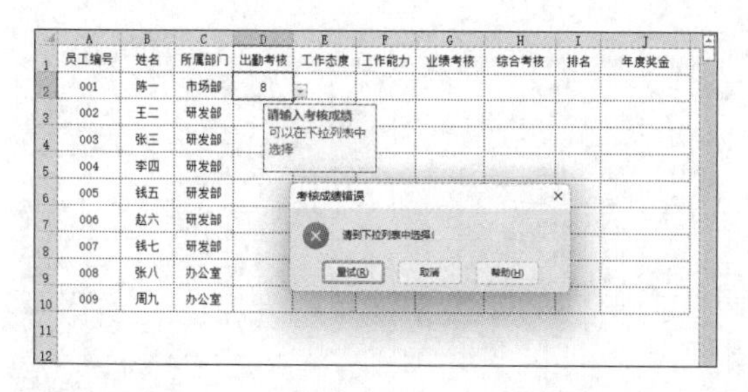

步骤09 参照步骤02～07，设置E、F、G等列的数据有效性，并依次输入员工的成绩，如下图所示。

员工编号	姓名	所属部门	出勤考核	工作态度	工作能力	业绩考核	综合考核	排名	年度奖金
001	陈一	市场部	6	5	4	3			
002	王二	研发部	2	4	4	3			
003	张三	研发部	2	3	2	1			
004	李四	研发部	5	6	6	5			
005	钱五	研发部	3	2	1	1			
006	赵六	研发部	3	4	4	6			
007	钱七	研发部	1	1	3	2			
008	张八	办公室	4	3	1	4			
009	周九	办公室	5	2	2	5			

步骤10 计算综合考核成绩。选择H2:H10单元格区域，输入公式“=SUM(D2:G2)”，按【Ctrl+Enter】组合键确认，计算出员工的综合考核成绩，如下图所示。

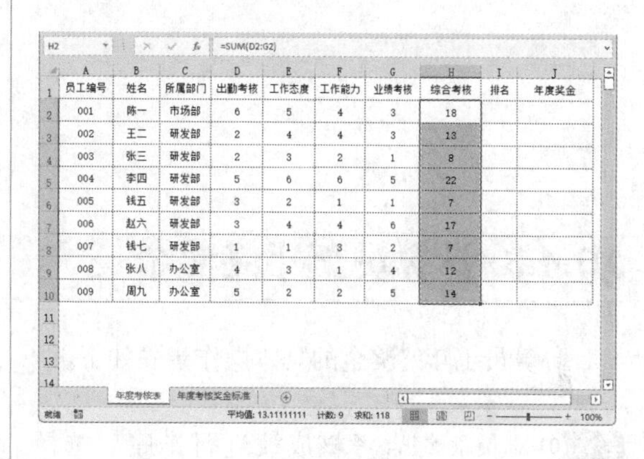

员工编号	姓名	所属部门	出勤考核	工作态度	工作能力	业绩考核	综合考核	排名	年度奖金
001	陈一	市场部	6	5	4	3	18		
002	王二	研发部	2	4	4	3	13		
003	张三	研发部	2	3	2	1	8		
004	李四	研发部	5	6	6	5	22		
005	钱五	研发部	3	2	1	1	7		
006	赵六	研发部	3	4	4	6	17		
007	钱七	研发部	1	1	3	2	7		
008	张八	办公室	4	3	1	4	12		
009	周九	办公室	5	2	2	5	14		

10.4.2 设置条件格式

设置条件格式的具体操作步骤如下。

步骤01 选择H2:H10单元格区域，单击【开始】选项卡下【样式】选项组中的【条件格式】按钮，在弹出的下拉列表中选择【新建规则】选项，如下图所示。

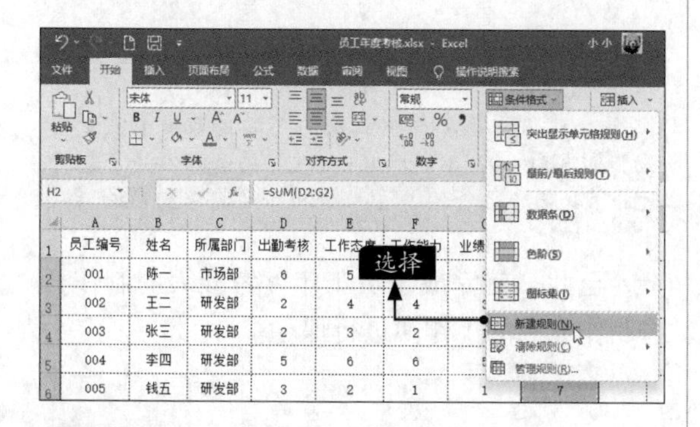

步骤02 弹出【新建格式规则】对话框，在【选择规则类型】列表框中选择【只为包含以下内容的单元格设置格式】选项，在【编辑规则说明】区域的第1个下拉列表中选择【单元格值】选项，在第2个下拉列表中选择【大于或等于】选项，在右侧的文本框中输入“18”。然后单击【格式】按钮，如右上图所示。

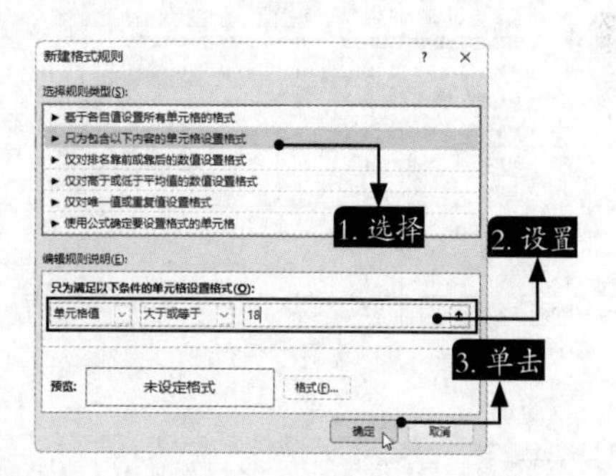

步骤03 打开【设置单元格格式】对话框，单击【填充】选项卡，在【背景色】列表框中选择一种颜色，在【示例】区域中可以预览颜色效果，单击【确定】按钮，如下图所示。

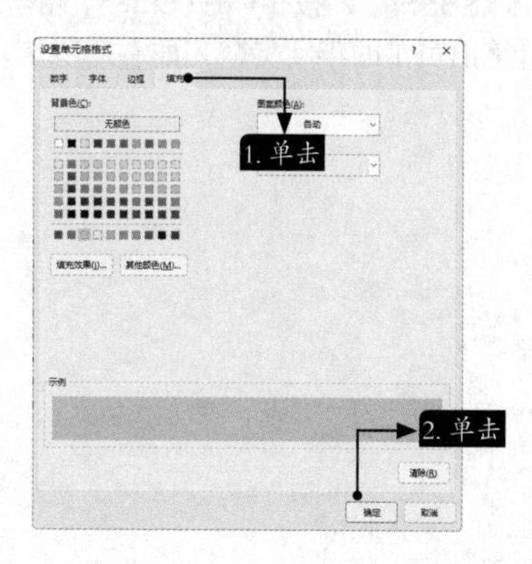

步骤 04 返回【新建格式规则】对话框，单击【确定】按钮。可以看到18分及18分以上的员工的【综合考核】列数据将会以设置的背景色显示，如右图所示。

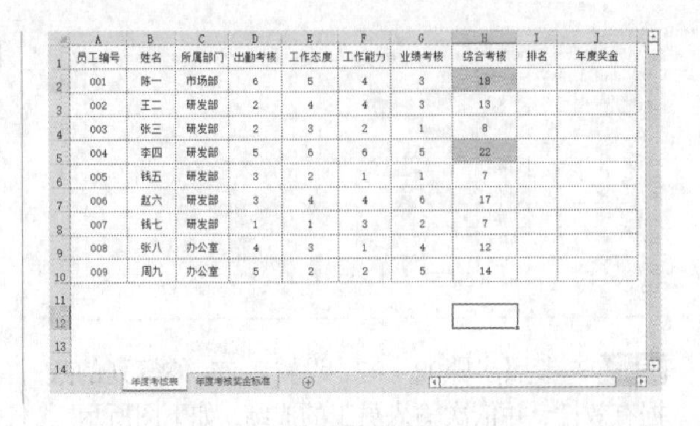

员工编号	姓名	所属部门	出勤考核	工作态度	工作能力	业绩考核	综合考核	排名	年度奖金
001	陈一	市场部	6	5	4	3	18		
002	王二	研发部	2	4	4	3	13		
003	张三	研发部	2	3	2	1	8		
004	李四	研发部	5	6	6	5	22		
005	钱五	研发部	3	2	1	1	7		
006	赵六	研发部	3	4	4	6	17		
007	钱七	研发部	1	1	3	2	7		
008	张八	办公室	4	3	1	4	12		
009	周九	办公室	5	2	2	5	14		

10.4.3 计算员工年终奖金

计算员工年终奖金的具体操作步骤如下。

步骤 01 对员工综合考核成绩进行排序。选择I2:I10单元格区域，输入公式“=RANK(H2,$H$2:$H$10,0)”，按【Ctrl+Enter】组合键确认，可以看到在I2：I10单元格区域中显示出排名顺序，如下图所示。

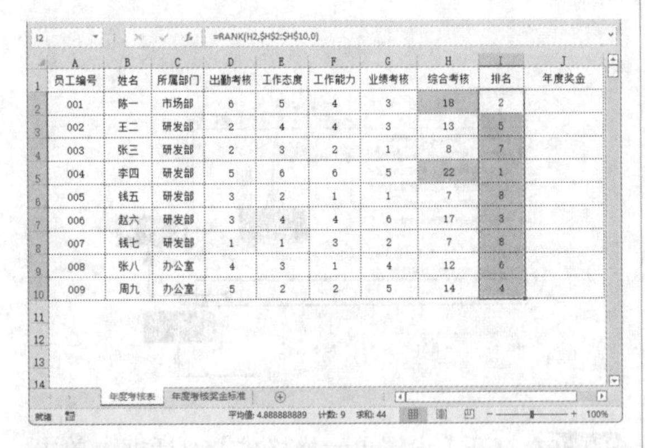

员工编号	姓名	所属部门	出勤考核	工作态度	工作能力	业绩考核	综合考核	排名	年度奖金
001	陈一	市场部	6	5	4	3	18	2	
002	王二	研发部	2	4	4	3	13	5	
003	张三	研发部	2	3	2	1	8	7	
004	李四	研发部	5	6	6	5	22	1	
005	钱五	研发部	3	2	1	1	7	8	
006	赵六	研发部	3	4	4	6	17	3	
007	钱七	研发部	1	1	3	2	7	8	
008	张八	办公室	4	3	1	4	12	6	
009	周九	办公室	5	2	2	5	14	4	

步骤 02 有了员工的排名顺序，就可以计算出【年度奖金】列的数据。选择J2:J10单元格区域，输入公式“=LOOKUP(I2,年度考核奖金标准!$A$2:$B$5)”，按【Ctrl+Enter】组合键确认，计算出员工的年度奖金，如右图所示。

员工编号	姓名	所属部门	出勤考核	工作态度	工作能力	业绩考核	综合考核	排名	年度奖金
001	陈一	市场部	6	5	4	3	18	2	7000
002	王二	研发部	2	4	4	3	13	5	4000
003	张三	研发部	2	3	2	1	8	7	2000
004	李四	研发部	5	6	6	5	22	1	10000
005	钱五	研发部	3	2	1	1	7	8	2000
006	赵六	研发部	3	4	4	6	17	3	7000
007	钱七	研发部	1	1	3	2	7	8	2000
008	张八	办公室	4	3	1	4	12	6	2000
009	周九	办公室	5	2	2	5	14	4	4000

小提示

企业对年度考核排在前几名的员工给予奖金奖励，标准为：第1名奖金10000元；第2、3名奖金7000元；第4、5名奖金4000元；第6~10名奖金2000元。

至此，就完成了员工年度考核表的制作，将制作完成的工作簿进行保存。

第11章 Excel 2021的行业应用——行政管理

学习目标

在行政管理的过程中，会遇到大量类似资源归档、日程安排、客户管理这种烦琐的工作。如果能充分利用Excel 2021，则一切都会变得井井有条。本章主要介绍会议议程记录表、工作日程安排表、公司客户接洽表、员工差旅报销单等的制作方法。

学习效果

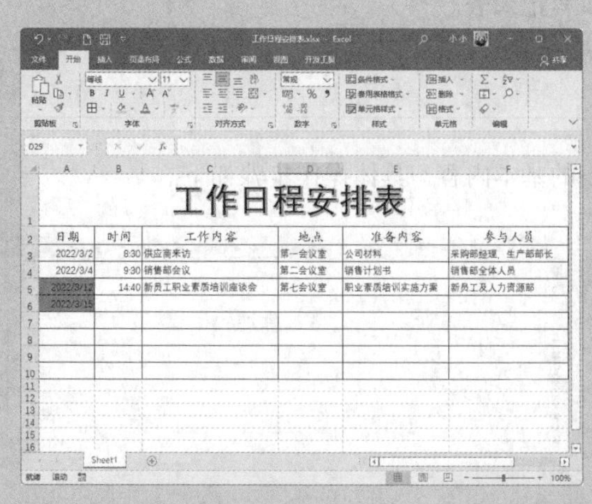

工作日程安排表

日期	时间	工作内容	地点	准备内容	参与人员
2022/3/2	8:30	供应商来访	第一会议室	公司材料	采购部经理、生产部部长
2022/3/4	9:30	销售部会议	第二会议室	销售计划书	销售部全体人员
2022/3/12	14:40	新员工职业素质培训座谈会	第七会议室	职业素质培训实施方案	新员工及人力资源部
2022/3/15					

员工差旅报销单

员工姓名		所属部门		职务		事由及备注
起始时间			结束时间			
序号	费用种类	大写		小写		
公司预支金额						
应退回金额						
经办人				审核人		

11.1 Excel 2021在行政管理中的应用法则

设计科学、规范的Excel管理工作表，是实现高效化行政管理的基础。在行政管理工作中，用户经常会遇到制作类似员工资料登记表、领导日程安排表等表格的情况。

在制作过程中，可以通过输入数据、使用艺术字和图表、设置表格格式和条件格式等，使表格更加清晰、美观和实用。

制作行政管理类表格的通用法则如下。

（1）新建工作簿，输入表头信息，设置表头格式。

（2）插入艺术字、图表以及形状。

（3）输入工作表的相关内容，设置字体格式、数据有效性等。

（4）使用函数提取数据。

（5）筛选和排序数据。

（6）设置表格的边框。

（7）保存制作好的工作簿。

11.2 制作会议议程记录表

在日常的行政管理工作中，经常会举行不同内容的会议。例如，通过会议来进行某项工作的分配、某个文件精神的传达或某个议题的讨论等，这时就需要通过会议记录来记录会议的主要内容和通过的决议等内容。

会议议程记录表用于将会议的内容（如会议名称、会议时间、记录人、参与人、缺席者、发言人）记录下来。本节将重点介绍如何设计会议议程记录表。

11.2.1 填写表格基本内容

在制作会议议程记录表时，首先要填写记录表的基本内容，具体操作步骤如下。

步骤 01 启动Excel 2021，新建一个工作簿，在工作表标签“Sheet1”上单击鼠标右键，在弹出的快捷菜单中选择【重命名】命令，将工作表命名为“会议议程记录表”，如右图所示。

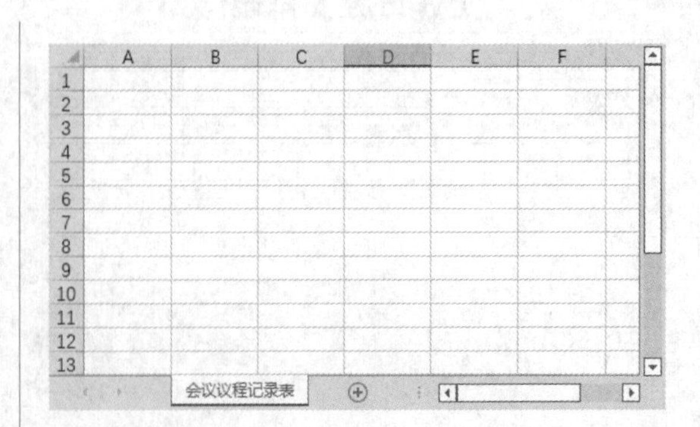

步骤 02 选择A1:A7单元格区域，分别输入表头“会议议程记录表”“召开时间”“记录人”“会议主题”“参加者”“缺席者”“发言人”，如下图所示。

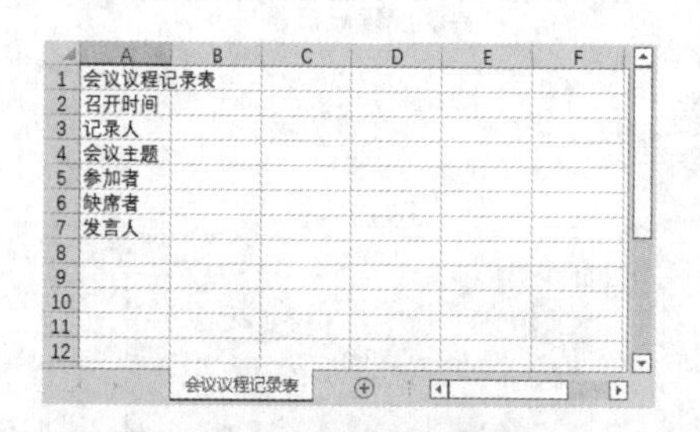

步骤 03 分别选择E2、E3、B7和F7单元格，分别输入“召开地点”“主持人”“内容提要”“备注”，如下图所示。

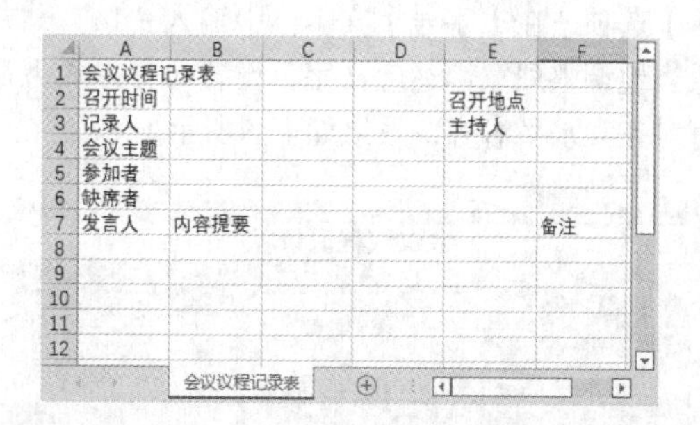

11.2.2 设置单元格格式

设置会议议程记录表单元格格式的具体步骤如下。

步骤 01 选择A1:F1单元格区域，按【Ctrl+1】组合键，打开【设置单元格格式】对话框，如下图所示。

步骤 02 单击【对齐】选项卡，在【水平对齐】和【垂直对齐】下拉列表中选择【居中】选项，在【文本控制】区域勾选【合并单元格】复选框，如下图所示。

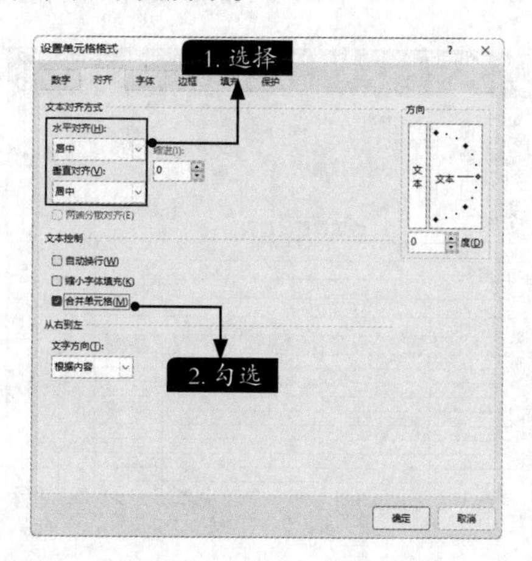

步骤 03 切换到【字体】选项卡，在【字体】列表框中选择【方正正中黑简体】选项，在【字形】列表框中选择【加粗】选项，在【字号】列表框中选择【18】选项，单击【确定】按钮，如下图所示。

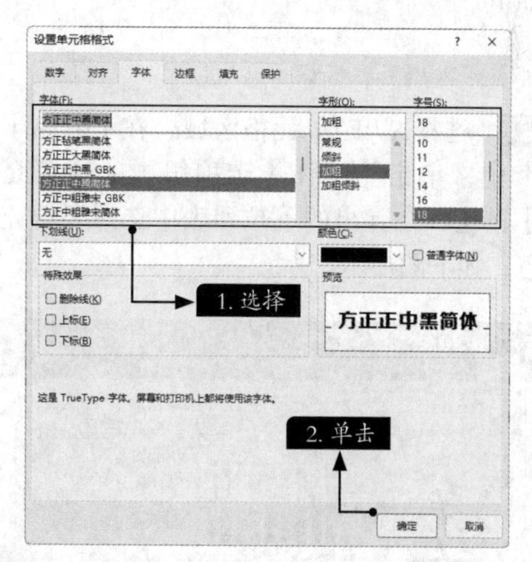

步骤 04 依次合并B2:D2、B3:D3、B4:F4、B5:F5、B6:F6、B7:E7、B8:E8单元格区域，如下图所示。

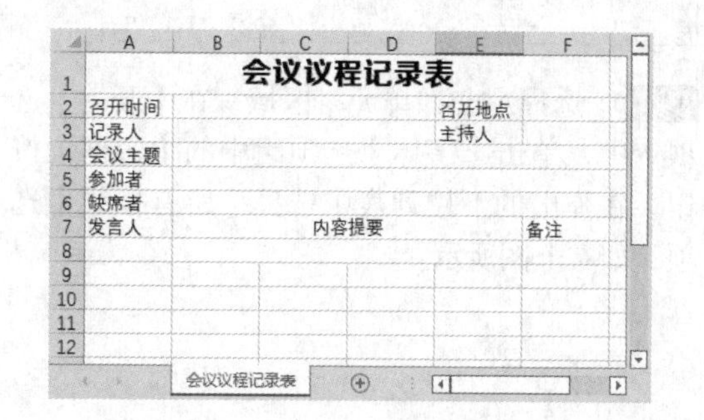

步骤 05 选择A2:F7单元格区域，在【开始】选项卡中，单击【字体】选项组中的【字体】文本框右侧的下拉按钮，在弹出的下拉列表中选择【楷体】选项，在【字号】文本框中输入“14”，并适当地调整列宽以适应文字，设置对齐方式为垂直对齐和水平对齐，效果如下图所示。

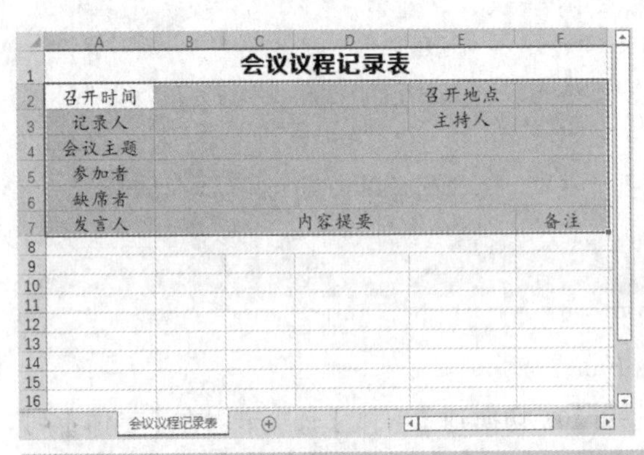

步骤 06 选择B8单元格，拖曳鼠标指针向下填充至B9:E17单元格区域，该区域中单元格的样式会变得和B8单元格一样，如下图所示。

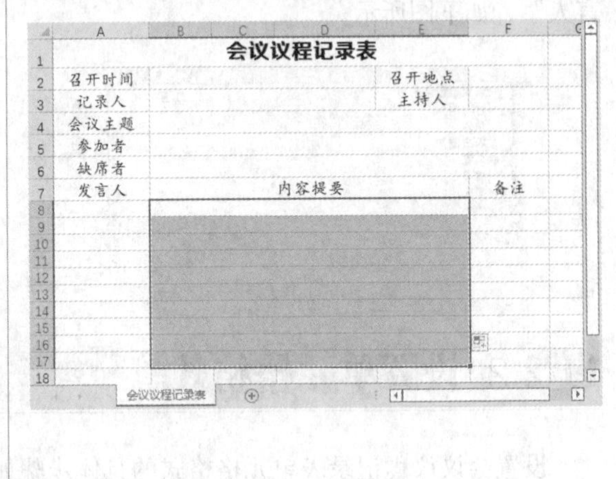

11.2.3 美化表格

用户可以根据需求对记录表进行美化，如对单元格进行颜色填充、添加边框等，具体操作步骤如下。

步骤 01 选择A7:F7单元格区域，在【开始】选项卡中，单击【字体】选项组中的【填充颜色】按钮，在弹出的下拉列表中选择要填充的颜色，如下图所示。

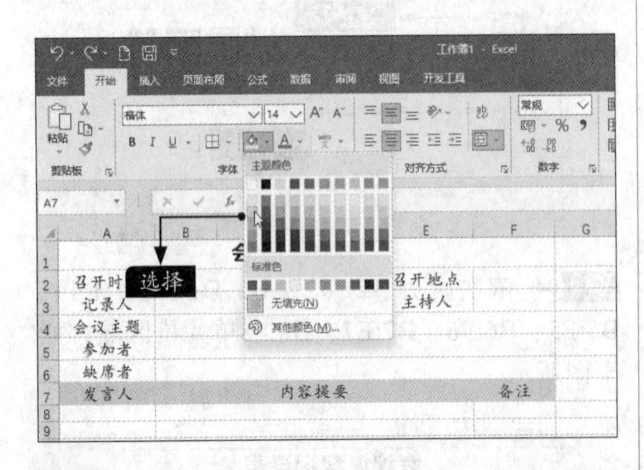

步骤 02 选择A1:F17单元格区域，在【开始】选项卡中，单击【字体】选项组中的【边框】按钮，在弹出的下拉列表中选择【所有框线】选项，如右上图所示。

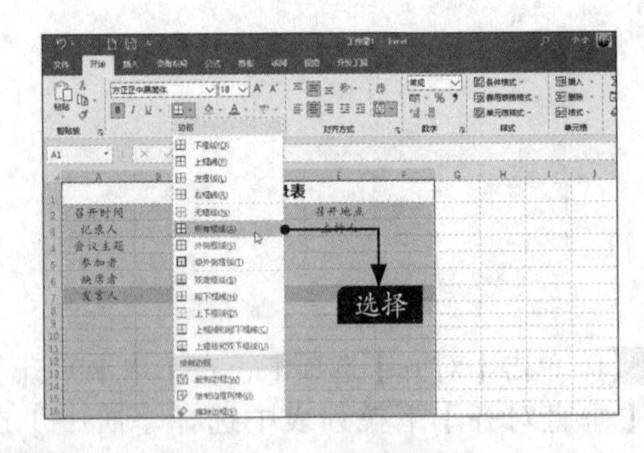

步骤 03 制作完成后，将其保存为“会议议程记录表.xlsx”，最终效果如下图所示。

11.3 制作工作日程安排表

日程表用于根据时间安排活动顺序及内容，是行政工作中较常见的表格。本节主要讲述如何制作工作日程安排表。

工作日程安排表主要包括时间、工作内容、地点、准备内容及参与人员等内容。当然，用户在设计过程中，也可以根据实际工作需要增加一些其他事项及内容。

11.3.1 使用艺术字设置标题

使用艺术字设置工作日程安排表的标题的具体操作步骤如下。

步骤01 启动Excel 2021，新建一个工作簿，在A2:F2单元格区域中分别输入表头“日期”“时间”“工作内容”“地点”“准备内容”“参与人员”，如下图所示。

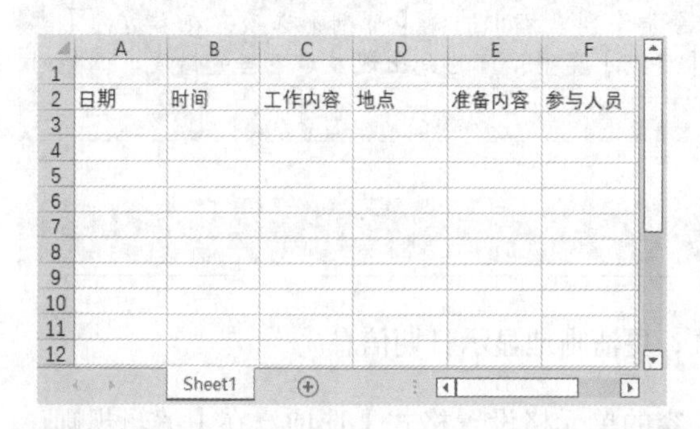

步骤02 选择A1:F1单元格区域，在【开始】选项卡中，单击【对齐方式】选项组中的【合并后居中】按钮。选择A2:F2单元格区域，在【开始】选项卡中，设置字体为【华文楷体】，字号为【16】，对齐方式为【居中对齐】，然后调整列宽，如下图所示。

步骤03 单击【插入】选项卡下【文本】选项组中的【艺术字】按钮，在弹出的下拉列表中选择一种艺术字，如下图所示。

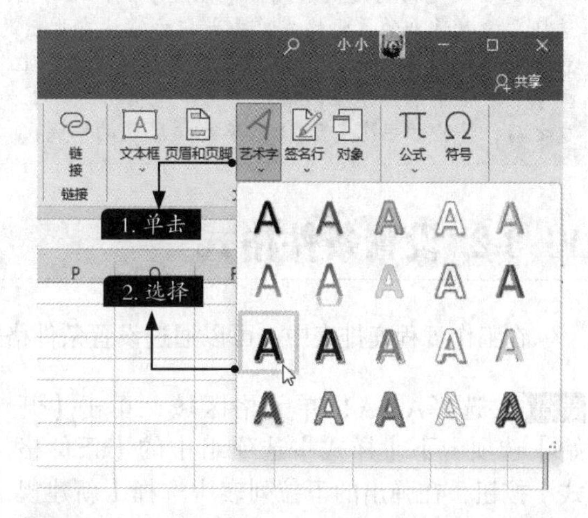

步骤04 工作表中即可出现文本框，其中为艺术字体的“请在此放置您的文字”文本，输入“工作日程安排表”文本，并设置字体大小为【40】，如下图所示。

步骤05 适当调整第1行的行高，将艺术字拖曳至A1:F1单元格区域位置处，如下页图所示。

小提示

使用艺术字可以让表格显得美观、活泼，但稍显不够庄重，因此在正式的表格中一般应避免使用艺术字。

步骤06 在A3:F5单元格区域内，依次输入日程信息，并适当调整行高和列宽，如下图所示。

小提示

通常单元格的默认格式为【常规】，输入时间后都能正确显示，往往会显示一个5位数字。这时可以选择要输入日期的单元格并单击鼠标右键，在弹出的快捷菜单中选择【设置单元格格式】命令，弹出【设置单元格格式】对话框。单击【数字】选项卡，在【分类】列表框中选择【日期】选项，在右边的【类型】列表框中选择适当的格式。将单元格格式设置为【日期】类型，可避免出现显示不当的错误。调整列宽之后，将艺术字拖曳至A1:F1单元格区域的中间。

11.3.2 设置条件格式

在工作日程安排表中，可以通过设置条件格式，更清晰地显示日期信息。

步骤01 选择A3:A10单元格区域，单击【开始】选项卡下【样式】选项组中的【条件格式】按钮，在弹出的下拉列表中选择【新建规则】选项，如下图所示。

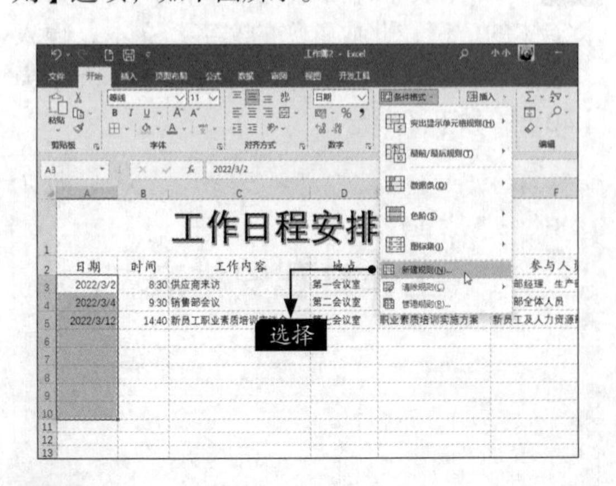

步骤02 弹出【新建格式规则】对话框，在【选择规则类型】列表框中选择【只为包含以下内容的单元格设置格式】选项，在【编辑规则说明】区域的第1个下拉列表中选择【单元格值】选项、第2个下拉列表中选择【大于】选项，在右侧的文本框中输入“=TODAY()”，然后单击【格式】按钮，如下图所示。

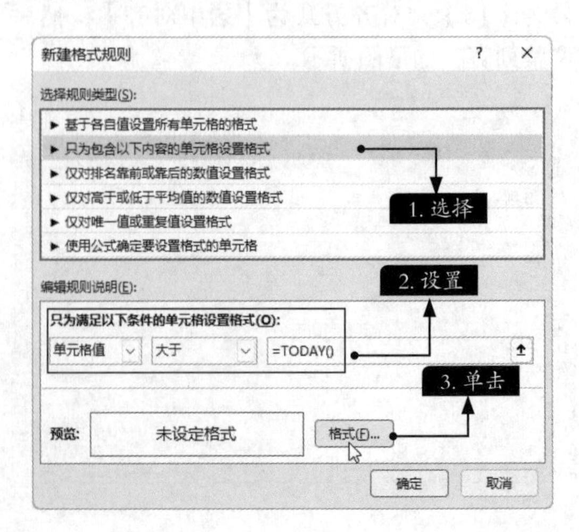

小提示

TODAY函数用于返回日期格式的当前日期。例如，计算机系统当前时间为2022-3-9，输入公式“=TODAY()”时，返回当前日期。大于“=TODAY()”表示大于今天的日期，即今后的日期。

步骤03 打开【设置单元格格式】对话框，单击【填充】选项卡，在【背景色】区域中选择【红色】选项，在【示例】区域可以预览效果，如右图所示。单击【确定】按钮，回到【新建格式规则】对话框，然后单击【确定】按钮。

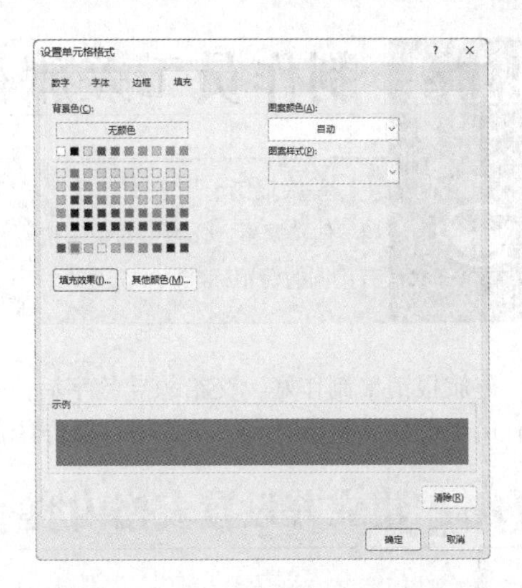

步骤04 继续输入日期，已定义格式的单元格就会遵循这些条件，显示出浅蓝色的背景色，如下图所示。

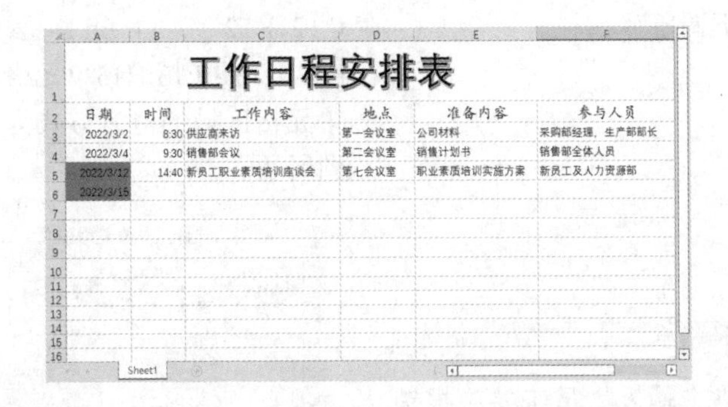

11.3.3 添加边框线

表格内容制作完成后，用户可根据需求添加表格边框线，具体操作步骤如下。

步骤01 选择A2:F10单元格区域，单击【开始】选项卡下【字体】选项组中的【边框】按钮，在弹出的下拉列表中选择【所有框线】选项，如下图所示。

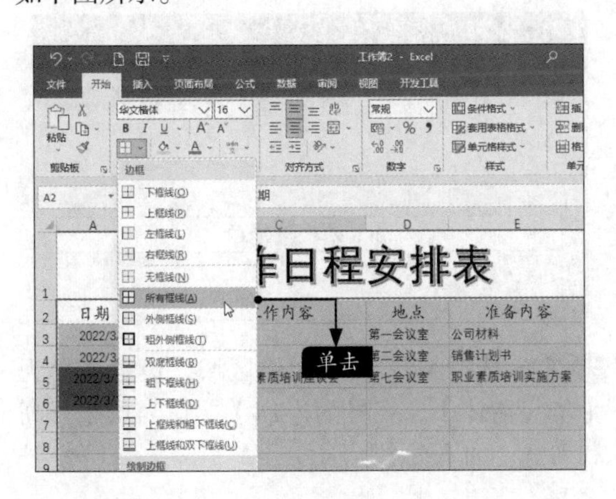

步骤02 制作完成后，将其保存为“工作日程安排表.xlsx”，最终效果如下图所示。

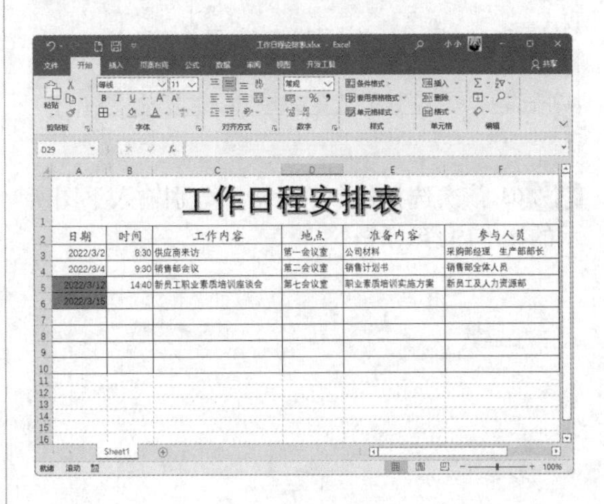

11.4 制作员工差旅报销单

差旅报销单用于统计公司员工因公出差而支出的费用，如住宿费、交通费、伙食费等。公司会对员工进行出差报销和补偿，一般根据企业规模大小会有不同的费用标准。

差旅报销单制作好，交给领导签字后，员工可到财务部门进行报销，其中主要包含的表单信息有员工信息、起始时间、花费项目及合计费用等。

11.4.1 建立并设置表格内容

步骤 01 启动Excel 2021，新建一个工作簿，选择“Sheet1”工作表，将工作表重命名为“员工差旅报销单”，如下图所示。

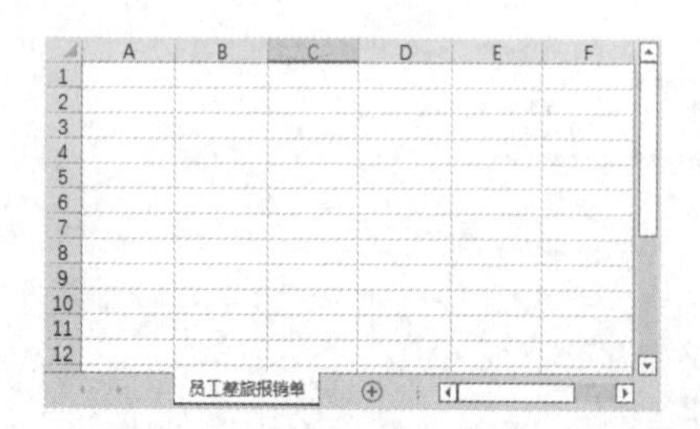

步骤 02 选择A1单元格，输入“员工差旅报销单”。选择A1:H1单元格区域，单击【开始】选项卡下【对齐方式】选项组中的【合并后居中】按钮，如下图所示。

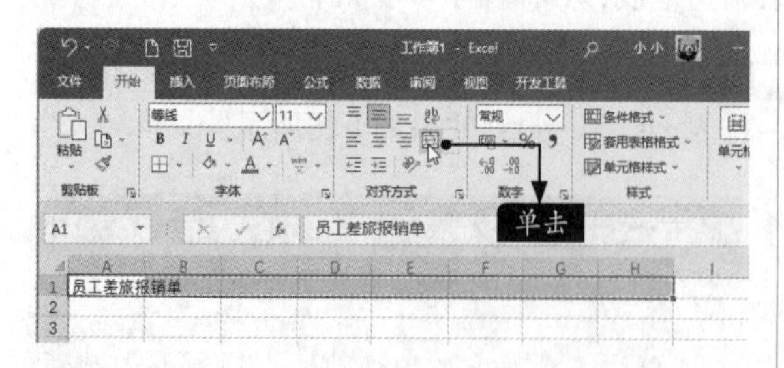

步骤 03 依次选择各个单元格，分别输入下图所示的文本内容。

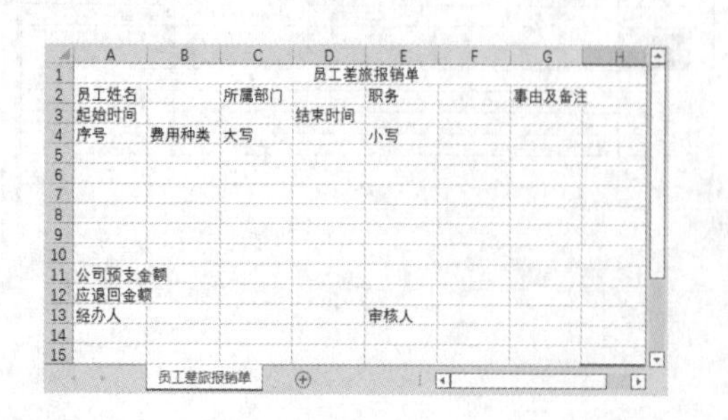

步骤 04 合并B3:C3、E3:F3、G2:H2、C4:D4……C10:D10、E4:F4……E10:F10、C11:F11、C12:F12、A11:B11、A12:B12、G3:H12、B13:D13、F13:H13单元格区域，并设置A2:H13单元格区域的对齐方式为【居中对齐】，如下图所示。

步骤 05 选择A1单元格，设置字体为【华文中宋】，字号为【20】，字体颜色为【浅蓝】，并将文本加粗，如下图所示。

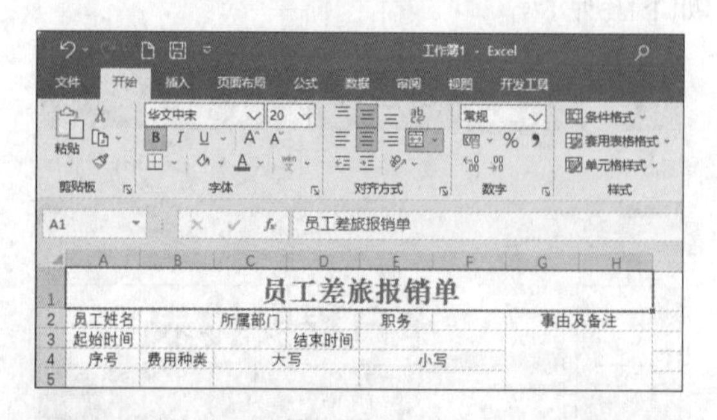

步骤 06 选择A2:H13单元格区域，设置字体为【华文楷体】，字号为【14】，适当调整行高和列宽，如下页图所示。

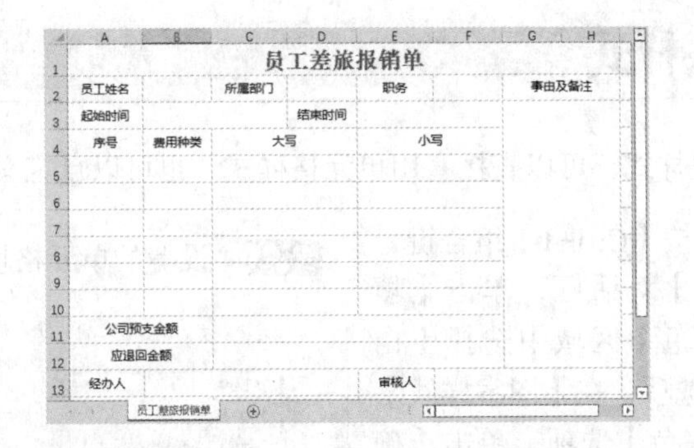

11.4.2 设置边框

设置边框的具体步骤如下。

步骤 01 选择A1:H13单元格区域，单击【开始】选项卡下【字体】选项组中的【边框】按钮，在弹出的下拉列表中选择【其他边框】选项，如下图所示。

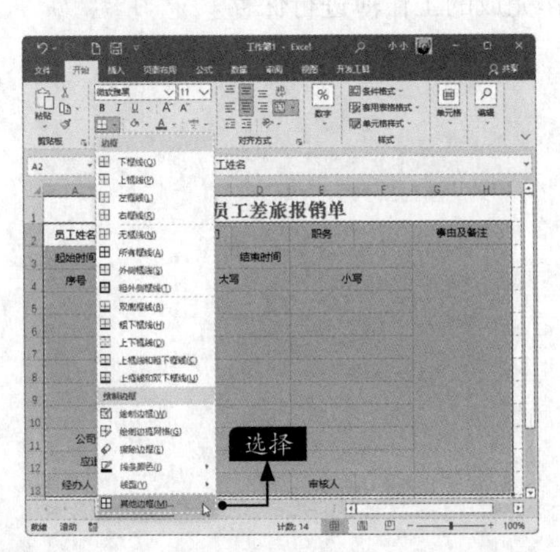

步骤 02 弹出【设置单元格格式】对话框，单击【边框】选项卡，在【样式】列表框中选择一种边框样式，设置颜色为【蓝色】，并单击【外边框】按钮，如下图所示。

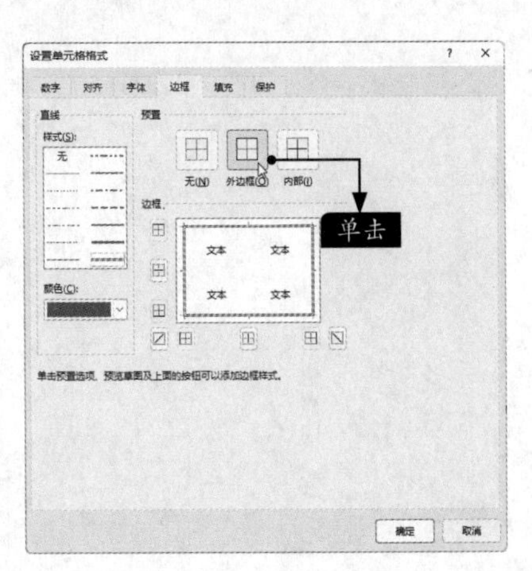

步骤 03 在【样式】列表框中选择一种边框样式并设置颜色，单击【内部】按钮，然后单击【确定】按钮，如下图所示。

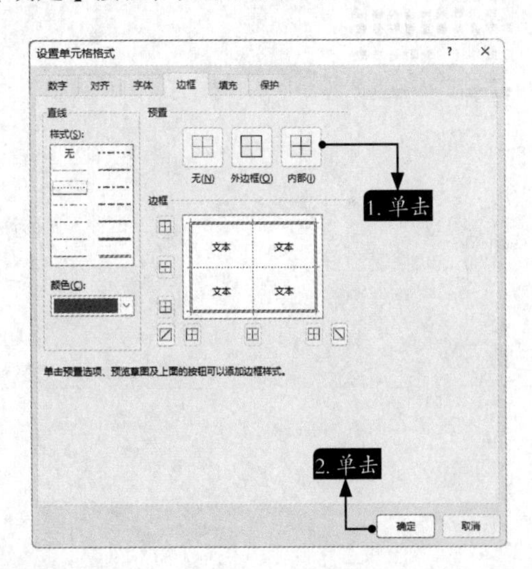

步骤 04 返回工作表即可看到设置的边框样式，如下图所示。

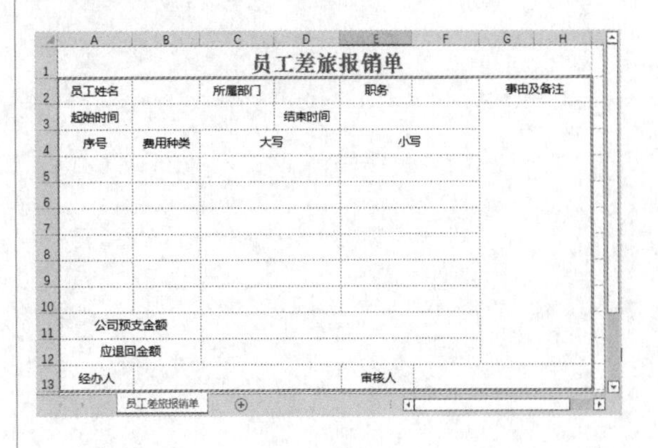

11.4.3 设置表头样式

用户可以为表头设置样式，可以直接套用单元格样式，也可以自定义表头样式。

步骤 01 选择A1单元格，按【Ctrl+1】组合键，打开【设置单元格格式】对话框，单击【填充】选项卡，在【背景色】区域中选择【白色，背景1，深色15%】选项，在【图案样式】下拉列表中选择【25%灰色】选项，单击【确定】按钮，如下图所示。

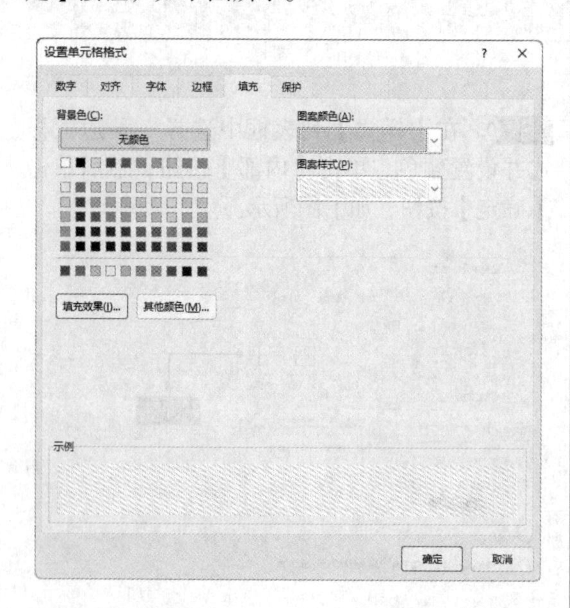

步骤 02 设置的单元格填充效果如下图所示。

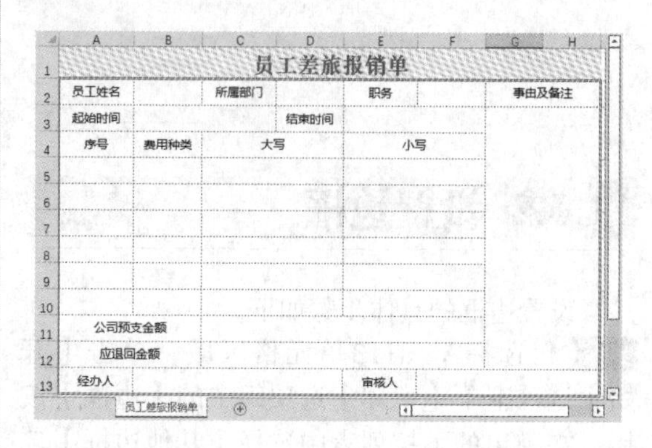

至此，员工差旅报销单就制作完成了，将制作完成的工作簿进行保存。

第12章 Excel 2021的行业应用——会计工作

使用Excel 2021进行会计核算，可以快速地完成各项财务数据的自动处理，并可将其作为小型数据库使用。它具有其他财务软件无法比拟的作用，如进行试算平衡、打印会计报表和进行简单的成本费用分析等。本章介绍Excel 2021在会计工作中的应用方法。

收款凭证				
2022/3/1				
借方账户：		现金	银行字第　号	
摘要		贷方账户		金额
		一级账户	二级账户	
附件　张				
会计主管	记账	出纳	审核	填制

现金日记账							
2022年		凭证种类	摘要	应对科目	收入	支出	结余
月	日						
3	1		期初余额				100
	1	银付	提取现金	银行存款	20000		20100
	1	现收	罚款收入	营业外收入	30		20130
	1	现付	发放工资	应付工资		20000	130
	1	现付	购买办公用品	管理费用		20	110
	31		本期发生额及期末余额		81000	80900	100

12.1 会计基础知识

会计是以货币为主要计量单位，对企业、事业、机关、团体及其他经济组织的经济活动进行记录、计算、控制、报告，以提供财务和管理信息的工作。

会计核算方法是对会计对象进行连续、系统、全面、综合地确认、计量、记录和报告的方法，包括设置会计科目与账户、复式记账、填制和审核会计凭证、登记账簿、成本核算、财产清查和编制会计报表等。

12.1.1 会计凭证及分类

填制和审核会计凭证作为会计工作的第一步，是会计核算的基础，对于保证会计核算工作的质量、有效地进行会计监督、提供真实可靠的经济信息、发挥会计的监督和管理作用具有非常重要的意义。

会计凭证是记录经济业务、明确经济责任的书面证明，是登记账簿的依据。为了保证账户记录的正确性、真实性，明确经济责任，会计人员在处理每一笔业务时都应该由经办人将所经手的经济业务的内容和金额在凭证上登记，证明这项经济业务已经完成，并由经办人签章，由会计人员根据凭证来审核经济业务的合法性、合理性和合规性，必要时应经有关负责人审批，只有审核无误的凭证才能登记入账。

每一笔经济业务都必须取得或填制会计凭证，不同类型的经济业务所取得和填制的凭证各不相同。会计凭证按填制程序和用途的不同可分为原始凭证和记账凭证两大类。

原始凭证是在经济业务发生时取得或填制的，是用来证明经济业务实际发生情况的原始证据，也是会计主体发生时各种各样经济业务的载体。

记账凭证是会计部门根据审核后的原始凭证或原始凭证汇总表归类整理编制的，用来确定会计分录，作为直接记账依据的会计凭证。原始凭证种类多、数量大，内容格式不统一，不便于记账，不能反映应借应贷的会计科目、记账方向和金额。直接根据原始凭证记账容易发生差错，所以记账前应对审核无误的原始凭证进行归类整理，按复式记账规律填制记账凭证，以防发生差错，保证账簿记录的正确性。

12.1.2 会计账簿及分类

对于会计主体所发生的每笔经济业务，会计人员应根据审核无误的原始凭证或原始凭证汇总表填制记账凭证，对会计事项做初步分类确认和计量。

会计账簿是由相互联系并具有一定格式的账页组成的，用以分类记录单位在一定时期内发生的经济业务的簿籍。每张记账凭证不能系统地反映某类增减变化及其结果的完整情况，会计信息的最终载体是会计报表，而编制会计报表不可能依据分散的会计凭证，只能依据集中归类以后的记录，这就需要设置和登记账簿。

为了更好地掌握和运用各种账簿，充分发挥账簿在会计主体经济管理中的作用，应从以下两个角度对账簿进行分类。

1. 按会计账簿的用途分类

会计账簿按用途分类可以分为分类账簿、日记账簿和备查账簿。

（1）分类账簿是对全部经济业务进行反映的会计账簿。分类账簿按照提供资料的详细程度可以分为总分类账和明细分类账。

（2）日记账簿是对经济业务按其发生时间的先后顺序逐日逐笔进行连续记录的账簿，又叫序时账。

（3）备查账簿是对某些不能在分类账簿和日记账簿中记录的经济事项进行记录的会计账簿。企业中常设的备查账簿有租入固定资产备查账簿、受托加工材料备查账簿、应收票据备用账簿等。

2. 按会计账簿的外表形式分类

会计账簿按外表形式可以分为订本账、活页账和卡片账。

（1）订本账是启用前已装订成册的会计账簿，这种账簿的账页编号固定。目前使用较多的是现金日记账和银行存款日记账。

（2）活页账是启用前尚没有装订成册、存于账夹中，使用后再装订成册存档保管的会计账簿。

（3）卡片账是由许多硬纸卡片组成的存放于卡片箱中的会计账簿。

12.1.3 Excel 2021在会计工作中的应用法则

会计凭证表、账簿和科目汇总表的建立，离不开数据及格式的设置、数据有效性的应用、SUMIF函数和IF函数的应用等知识点。工作表中下拉列表的设置是数据有效性的一大应用，同时也使会计工作中的数据录入更加方便、快捷、准确，而日期函数的应用则解决了会计账簿的时间处理问题。

用户还可以利用Excel图表、其他函数和条件格式来创建财务报表、财务分析表、财务预算及分析表等，使会计工作变得简单、快捷、可靠，以便更好地进行财务分析。

制作会计应用类表格的通用法则如下。

（1）新建工作表，输入会计类表格中的表头信息，设置表格中字体等的格式。

（2）利用函数插入表格日期。

（3）利用数据有效性设置表格的下拉列表。

（4）利用函数计算出表格中的借方、贷方发生额。

（5）利用函数计算出表格中的合计数，保存工作簿。

12.2 制作会计科目表

企业在开展具体的会计业务之前，首先要根据其经济业务设置会计科目表，企业的会计科目表通常包括总账科目和明细科目两部分。

12.2.1 建立会计科目表

会计科目表是对会计对象的具体内容进行分类核算的项目。会计科目表一般按会计要素分为资产类科目、负债类科目、所有者权益科目、成本类科目和损益类科目五大类。会计科目表一般包括一级科目、二级科目和明细科目，内容包括科目编号、总账科目、科目级次和借贷方向等。当财务部门设定好科目后，才能利用Excel 2021创建会计科目表，如下图所示。

创建会计科目表的具体操作步骤如下。

1.建立表格

步骤 01 在Excel 2021中新建一个空白工作簿，并命名为“会计科目表.xlsx”，如下图所示。

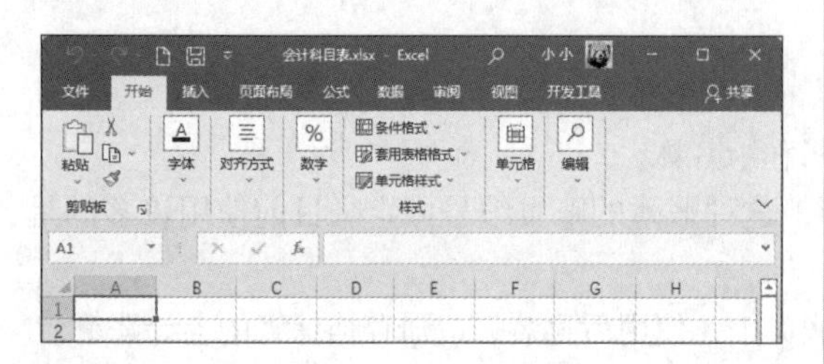

步骤 02 在A1:G1单元格区域中分别输入“科目编号”“总账科目”“明细科目”“余额方向”“科目级次”“期初余额（借）”“期初余额（贷）”，并调整列宽，使文字能够完全显示，如下图所示。

步骤 03 根据事先编制好的会计科目表，在A2:A162单元格区域中分别输入“科目编号”数据、在B2:B162单元格区域中分别输入“总账科目”数据、在C2:C162单元格区域中分别输入“明细科目”数据（输入的数据可参照“素材\ch12\会计科目表数据.xlsx”文件），然后调整列宽，如下图所示。

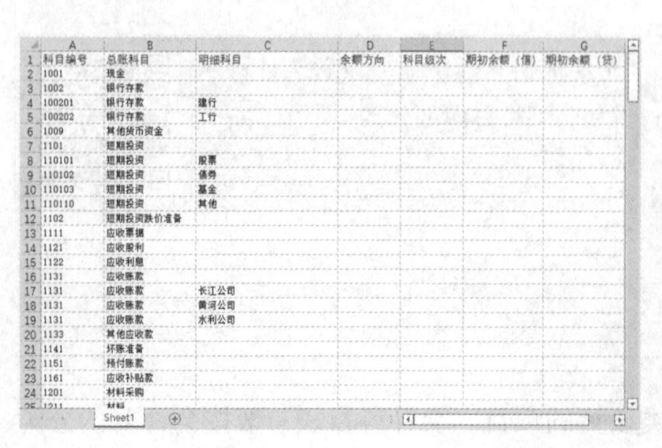

2.设置数据验证

步骤 01 选择D2:D162单元格区域，在【数据】选项卡中单击【数据工具】选项组中的【数据验证】按钮，在弹出的下拉列表中选择【数据验证】选项，如下图所示。

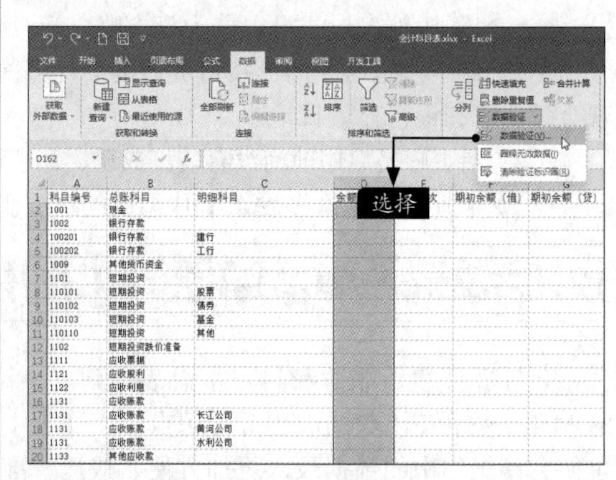

步骤 02 弹出【数据验证】对话框，单击【设置】选项卡，在【允许】下拉列表中选择【序列】选项，在【来源】文本框中输入“借，贷”，如下图所示。

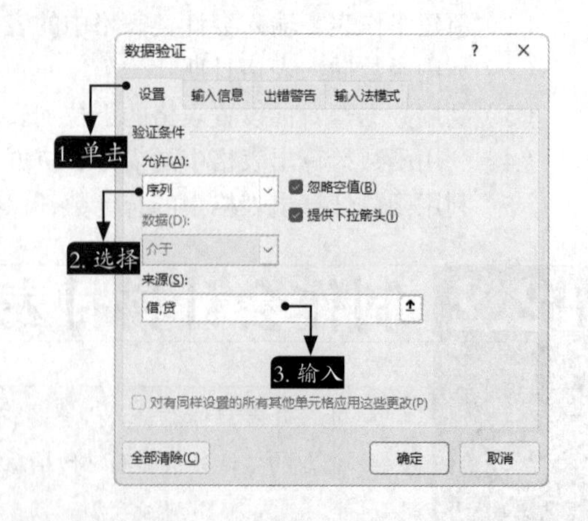

小提示

输入【来源】内容时，各序列项间必须用英文状态下的逗号隔开，否则不能以序列显示。

步骤 03 设置输入信息。单击【输入信息】选项卡，在【标题】文本框中输入“选择余额方向”，在【输入信息】文本框中输入“从下拉列表中选择该科目的余额方向!”，如下图所示。

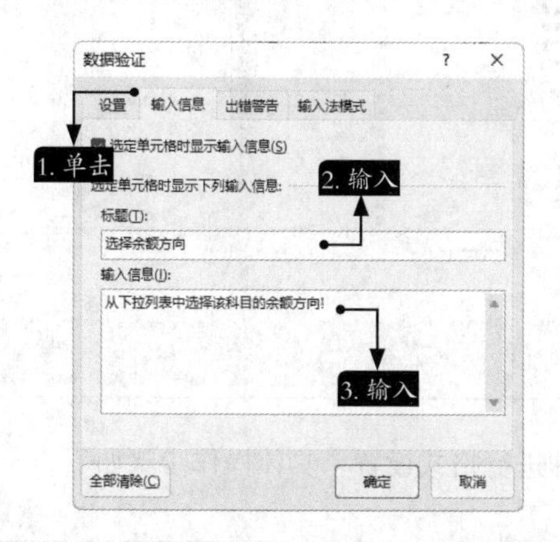

步骤04 设置出错信息。单击【出错警告】选项卡，在【标题】文本框中输入“出错了”，在【错误信息】文本框中输入“余额方向只有‘借’和‘贷’!”，然后单击【确定】按钮，如下图所示。

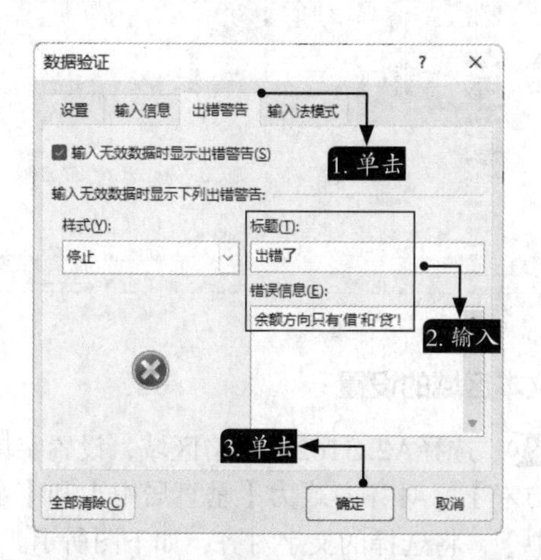

小提示

在【数据验证】对话框中，【出错警告】选项卡下的【样式】下拉列表中有【停止】、【信息】和【警告】等3种输入无效数据时的响应方式。【停止】选项表示阻止输入无效数据，【信息】选项表示显示可输入无效数据的信息，【警告】选项表示可显示警告信息。

步骤05 设置后，选择【余额方向】列中的单元格时，会给出提示信息。单击单元格后面的下拉按钮，会弹出含有【借】和【贷】选项的下拉列表以供选择。当输入的内容不在【借】和【贷】的范围时，则会给出警告信息，如右上图所示。

步骤06 使用从下拉列表中选择的方法完成【余额方向】列中所有余额方向的选择操作，如下图所示。

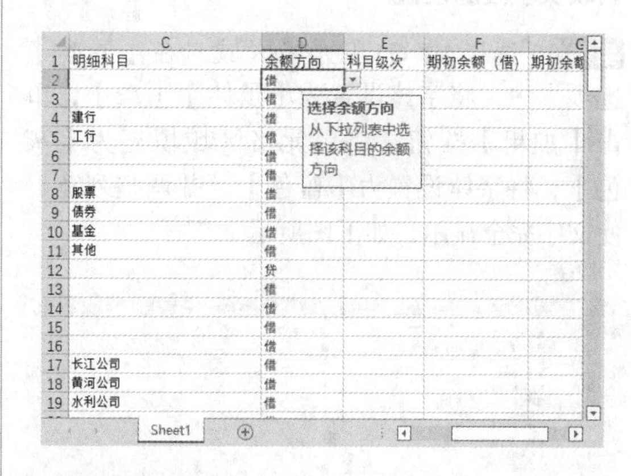

3.填充科目级次

步骤01 选择E2:E162单元格区域，在【数据】选项卡中单击【数据工具】选项组中的【数据验证】按钮，在弹出的下拉列表中选择【数据验证】选项，在弹出的【数据验证】对话框中单击【设置】选项卡，在【允许】下拉列表中选择【序列】选项，在【来源】文本框中输入“1,2”，然后单击【确定】按钮，如下图所示。

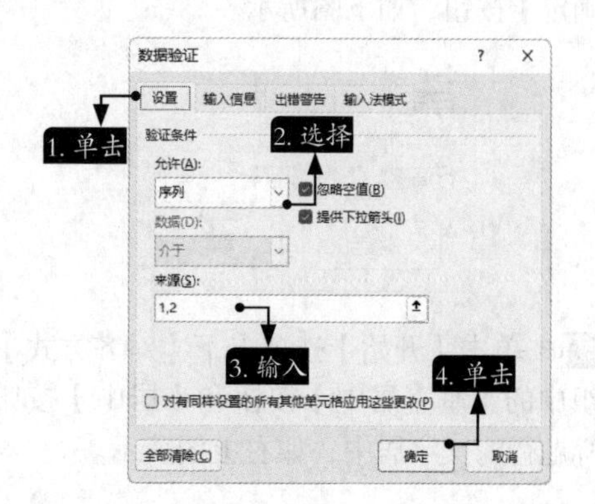

步骤 02 返回工作表，选择单元格E2，单击右侧的下拉按钮，在弹出的下拉列表中选择科目级次，以同样的方法完成本列所有科目级次的选择操作，如右图所示。

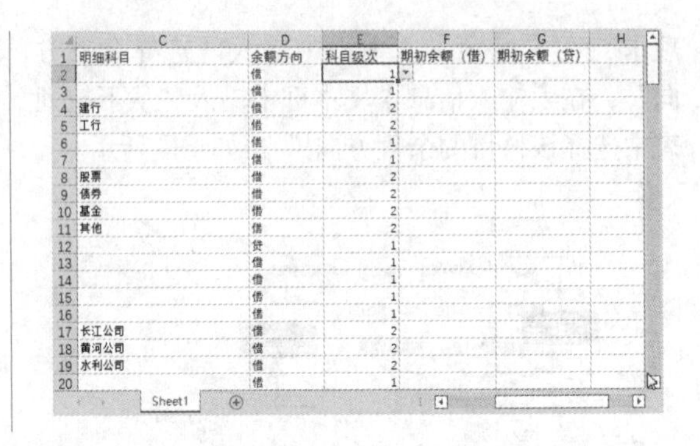

12.2.2 美化会计科目表

会计科目表创建完成后，还需要对它进行美化，即进行格式设置，具体操作步骤如下。

1.表头字段的设置

步骤 01 选择A1:G1单元格区域，在【开始】选项卡中，将字体设置为【黑体】【12】，单击【加粗】按钮，将单元格区域填充为【灰色】，将字体设置为【蓝色】，并调整列宽，使文字完全显示，如下图所示。

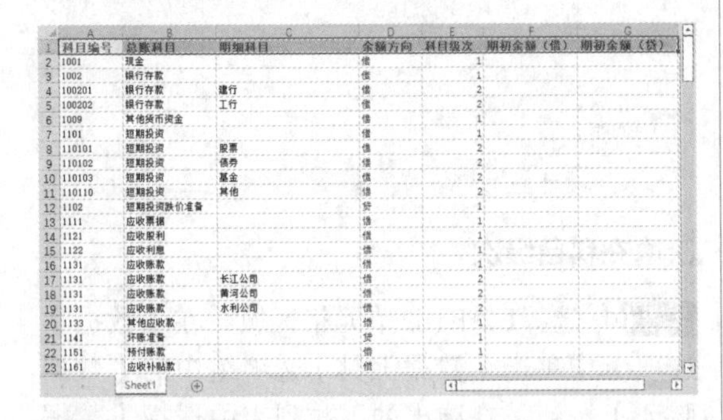

步骤 02 在【开始】选项卡中，单击【单元格】选项组中的【格式】按钮，在弹出的下拉列表中选择【行高】选项，弹出【行高】对话框。在【行高】文本框中输入“25”，然后单击【确定】按钮，如下图所示。

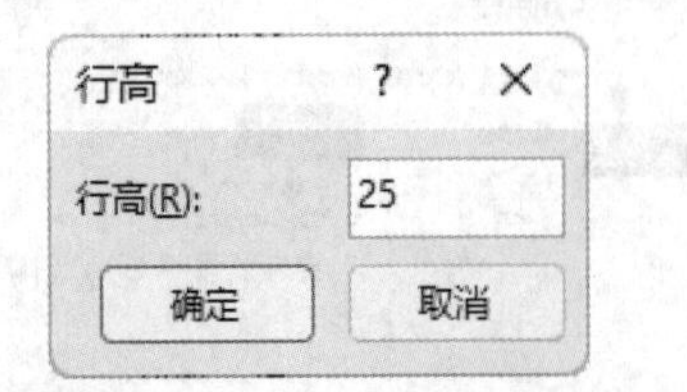

步骤 03 单击【开始】选项卡下【对齐方式】选项组中的【垂直居中】按钮和【居中】按钮，将标题行的文字居中，如右上图所示。

2.文本区域的设置

步骤 01 选择A2:G162单元格区域，设置字体为【仿宋】，对齐方式为【垂直居中】和【水平居中】，将选择的文字对齐，如下图所示。

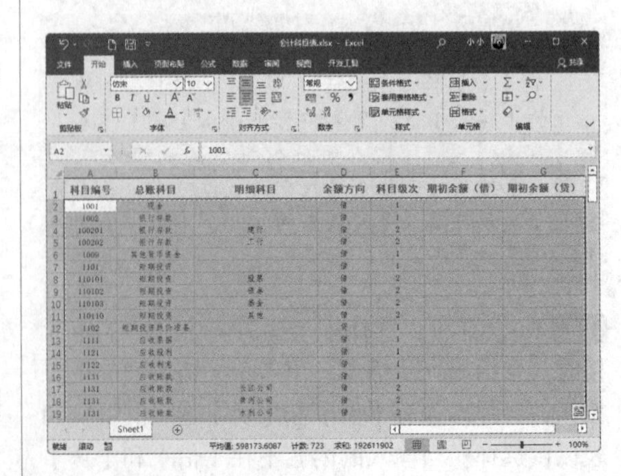

步骤 02 选择A1:G162单元格区域，添加边框线，然后按【Ctrl+S】组合键保存工作簿，如下图所示。

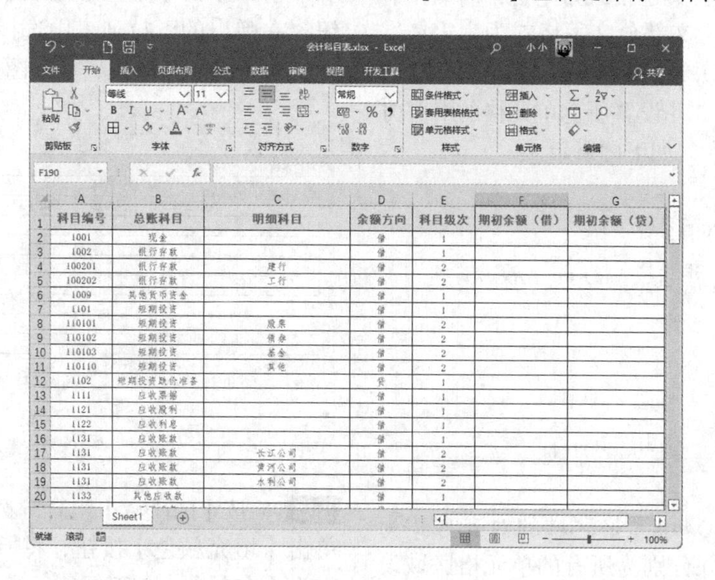

科目编号	总账科目	明细科目	余额方向	科目级次	期初余额（借）	期初余额（贷）
1001	现金		借	1		
1002	银行存款		借	1		
100201	银行存款	建行	借	2		
100202	银行存款	工行	借	2		
1009	其他货币资金		借	1		
1101	短期投资		借	1		
110101	短期投资	股票	借	2		
110102	短期投资	债券	借	2		
110103	短期投资	基金	借	2		
110110	短期投资	其他	借	2		
1102	短期投资跌价准备		贷	1		
1111	应收票据		借	1		
1121	应收股利		借	1		
1122	应收利息		借	1		
1131	应收账款		借	1		
1131	应收账款	长江公司	借	2		
1131	应收账款	黄河公司	借	2		
1131	应收账款	永利公司	借	2		
1133	其他应收款		借	1		

12.3 建立会计凭证表

会计凭证是记录经济业务、明确经济责任、按一定格式编制的书面证明，是登记会计账簿的依据。本节介绍在Excel 2021中建立会计凭证表的方法。

12.3.1 设计会计凭证表

根据其反映经济业务的类型，记账凭证可以分为收款凭证、付款凭证和转账凭证三大类。因此，会计凭证表需要创建4个工作表，分别是记账凭证表、收款凭证表、付款凭证表和转账凭证表。一般情况下，会计凭证表应包括凭证名称、填制单位、凭证填制日期和编号、经济业务的内容摘要、应借或应贷账户的名称及金额、附件张数、会计主管人员和填制凭证人员的签名或盖章等内容。设计会计凭证表的具体操作步骤如下。

步骤 01 新建一个工作簿，命名为“会计凭证表.xlsx”，向工作表中输入凭证表中的标题、单位、摘要等信息，如下图所示。

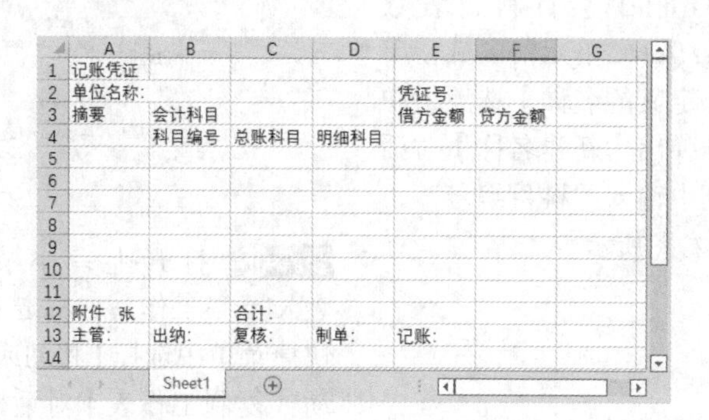

	A	B	C	D	E	F
1	记账凭证					
2	单位名称:				凭证号:	
3	摘要	会计科目			借方金额	贷方金额
4		科目编号	总账科目	明细科目		
12	附件 张		合计:			
13	主管:	出纳:	复核:	制单:	记账:	

步骤 02 设置标题行文字格式为【合并后居中、黑体、16号】，正文部分文字格式为【宋体、11号】。分别合并A3:A4、B3:D3、E3:E4、F3:F4单元格区域，并设置所有单元格的对齐方式为【垂直居中】，如下图所示。

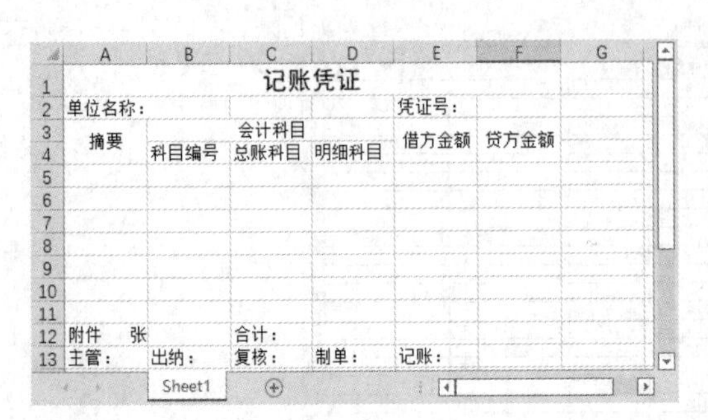

步骤 03 设置B4:D4单元格区域的对齐方式为【水平居中】，并分别为所有的单元格区域设置合适的行高和列宽，如下图所示。

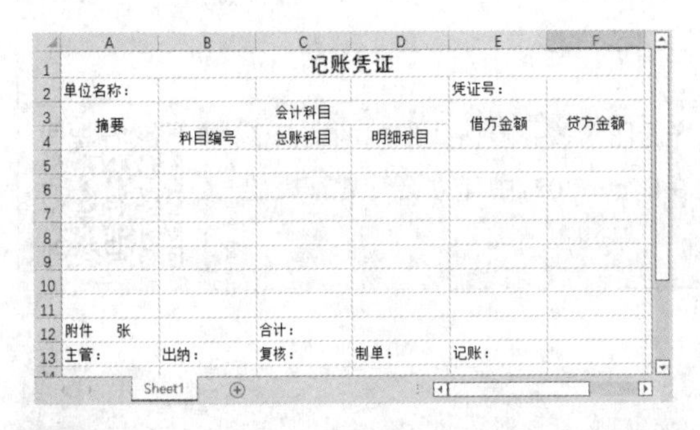

步骤 04 选择A3:F11单元格区域，在【开始】选项卡中，单击【字体】选项组中的【边框】按钮，在弹出的下拉列表中选择【所有边框】选项，为表格添加边框，如下图所示。

步骤 05 按【Ctrl+A】组合键选择全部单元格，单击【填充颜色】按钮，将所选单元格区域填充为【白色】，如下图所示。

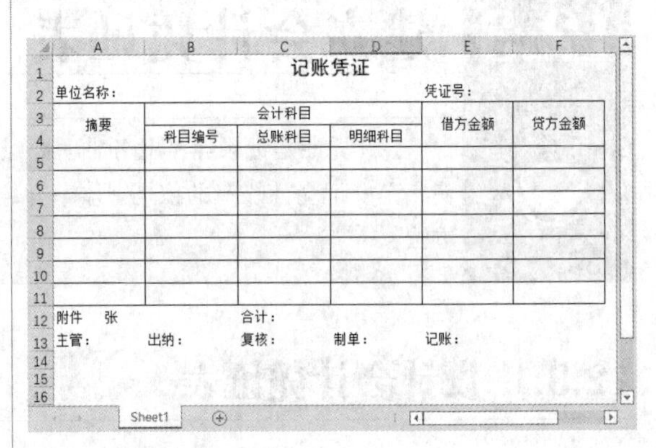

12.3.2 完善会计凭证表

记账凭证表设计好后，就可以利用数据有效性规则创建科目编号下拉列表，具体操作步骤如下。

1.创建科目编号下拉列表

步骤 01 打开“素材\ch12\会计科目表数据.xlsx”文件，选择A2:A162单元格区域，单击【公式】选项卡下【定义的名称】选项组中的【定义名称】按钮，弹出【新建名称】对话框，在【名称】文本框中输入“科目编号”，单击【确定】按钮，如右图所示。

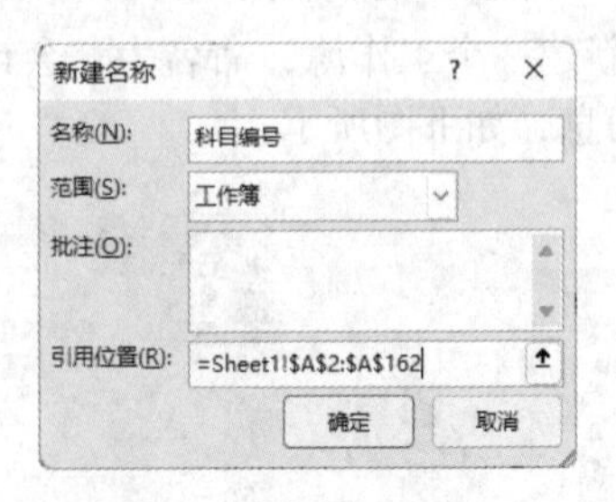

步骤 02 打开上一小节创建的“会计凭证表.xlsx”工作簿，右击工作表标签，在弹出的快捷菜单中选择【移动或复制】命令，弹出【移动或复制工作表】对话框。在【将选定工作表移至工作簿】下拉列表中选择【会计科目表数

据.xlsx】选项，在【下列选定工作表之前】列表框中选择【（移至最后）】选项，单击【确定】按钮，如下图所示。

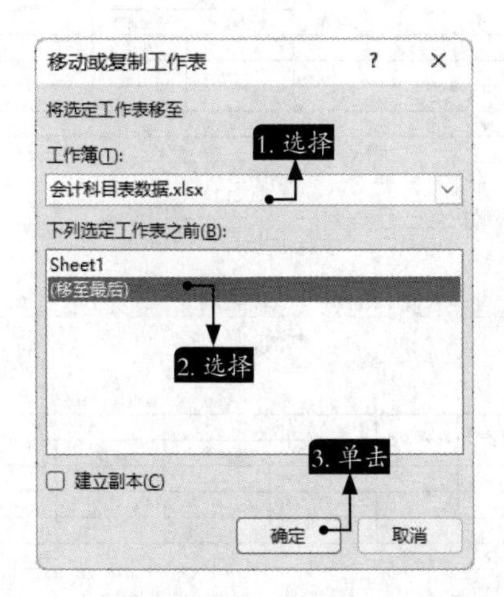

步骤 03 将工作表移动到“会计科目表数据.xlsx”工作簿中，并将工作表重命名为“记账凭证”，然后选择B5:B11单元格区域，如下图所示。

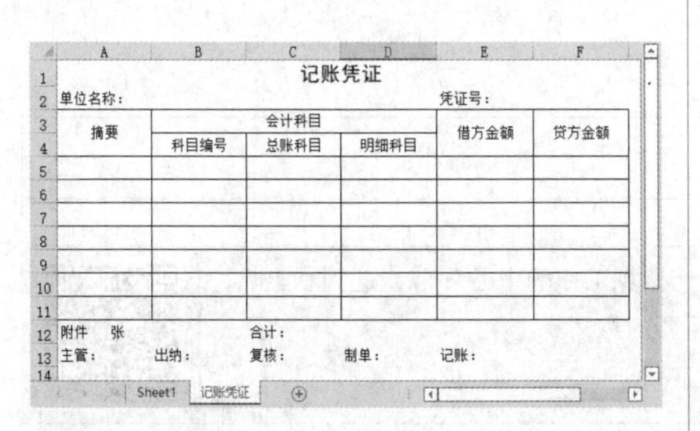

步骤 04 在【数据】选项卡中，单击【数据工具】选项组中的【数据验证】按钮，在弹出的下拉列表中选择【数据验证】选项，弹出【数据验证】对话框，如下图所示。

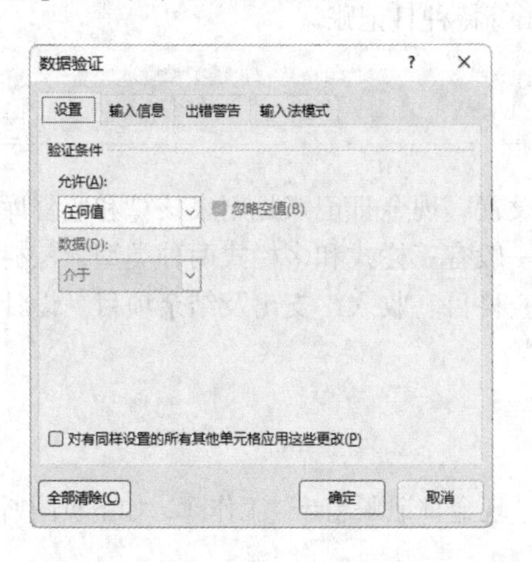

步骤 05 单击【设置】选项卡，在【允许】下拉列表中选择【序列】选项，在【来源】文本框中输入“=科目编号”，然后单击【确定】按钮，如下图所示。

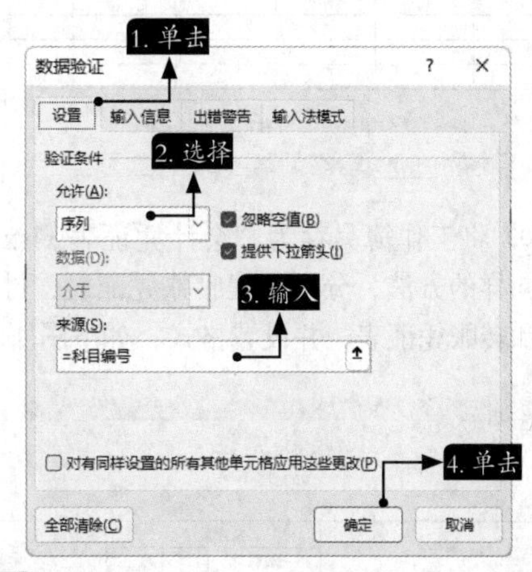

步骤 06 返回工作表，可以看到在【科目编号】列的数据区域设置了科目编号的下拉列表，如下图所示。

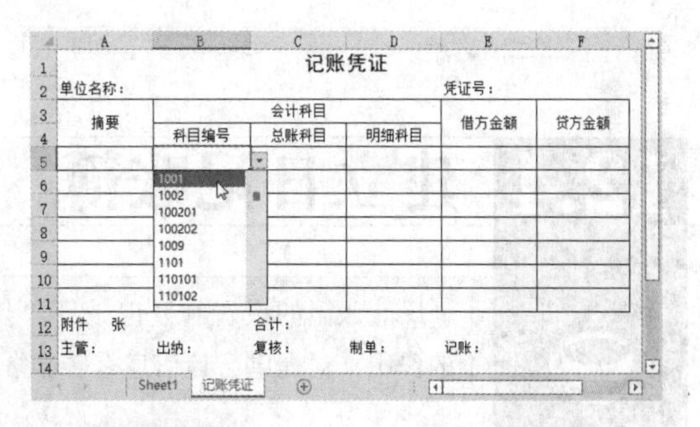

2.输入凭证数据

步骤 01 在单元格C2中输入公式“=TODAY()”，按【Enter】键，得到当前系统的日期，如下图所示。

步骤 02 在工作表中依次输入【购买设备】和【付租金】的会计科目及相应的借贷方发生额，如下页图所示。

记账凭证					
单位名称：	2022/3/1			凭证号：	
摘要	会计科目			借方金额	贷方金额
	科目编号	总账科目	明细科目		
购买设备	100201	银行存款	建行		5000
付租金	1001	现金			1000
附件　张		合计：			6000
主管：	出纳：	复核：	制单：	记账：	

步骤03 将工作簿另存为“会计凭证表.xlsx”。使用同样的方法，分别创建收款凭证表、付款凭证表和转账凭证表，并设置格式，如下图所示。

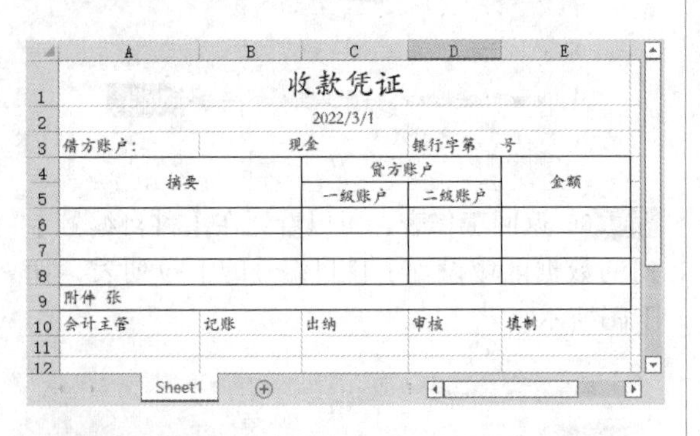

收款凭证				
	2022/3/1			
借方账户：	现金		银行字第　号	
摘要	贷方账户		金额
	一级账户	二级账户		
附件　张				
会计主管	记账	出纳	审核	填制

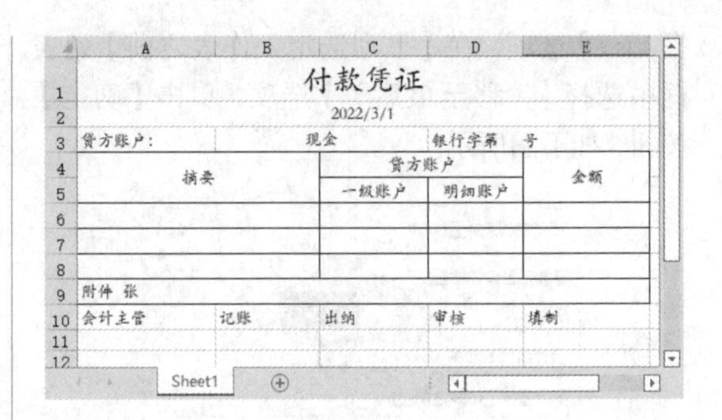

付款凭证				
	2022/3/1			
贷方账户：	现金		银行字第　号	
摘要	贷方账户		金额
	一级账户	明细账户		
附件　张				
会计主管	记账	出纳	审核	填制

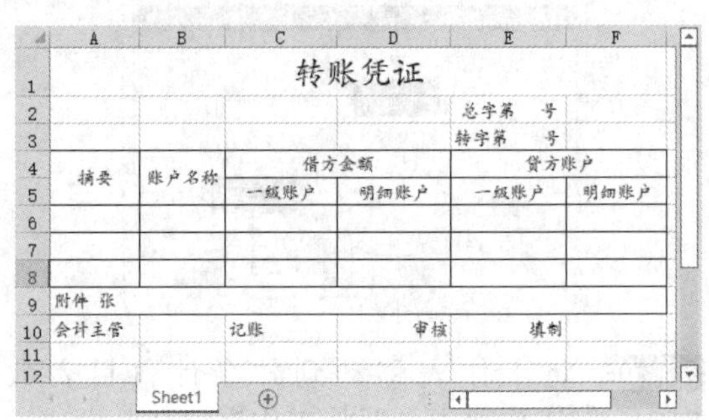

转账凭证					
				总字第　号	
				转字第　号	
摘要	账户名称	借方金额		贷方账户	
		一级账户	明细账户	一级账户	明细账户
附件　张					
会计主管		记账		审核	填制

12.4 建立日记账簿

日计账簿的设置和登记是日常会计核算工作的中心环节，起到承上启下的作用，对提供会计信息有着非常重要的意义。

日记账簿是对经济业务按其发生时间的先后顺序逐日逐笔进行连续记录的账簿，又称序时账。按其有无专门用途可以分为普通日记账和特种日记账，通过日记账可以了解有关经济业务的发生或完成情况，还可以与分类账等进行核对，检查账簿之间登记的相同经济内容是否相符。目前企业中常设的日记账有现金日记账、银行存款日记账等特种日记账。

12.4.1 设计日记账簿格式

下面以三栏式现金日记账为例介绍日记账格式的设置。现金日记账是用来核算和监督库存现金每天的收入、支出和结存情况的账簿。现金日记账一般有三栏式和多栏式两种类型，三栏式现金日记账的表头一般包括日期、凭证号数、摘要、对应科目、收入、支出及结余项目。设计现金日记账的具体操作步骤如下。

1.新建“现金日记账”工作簿

步骤01 在Excel 2021中新建一个空白工作簿，并保存为“现金日记账.xlsx”工作簿，如下页图所示。

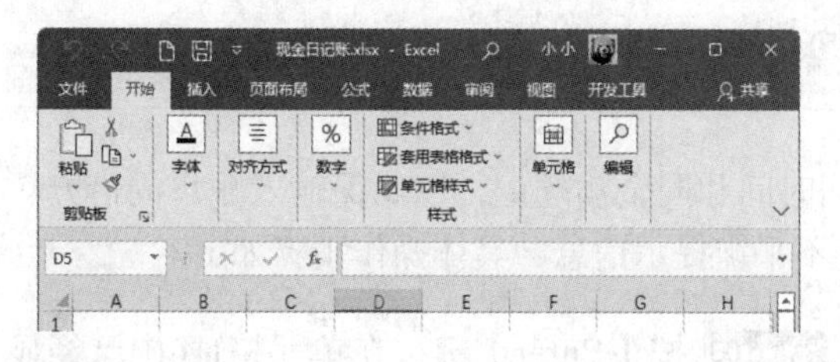

步骤 02 将“Sheet1”工作表重命名为“现金日记账”，如下图所示。

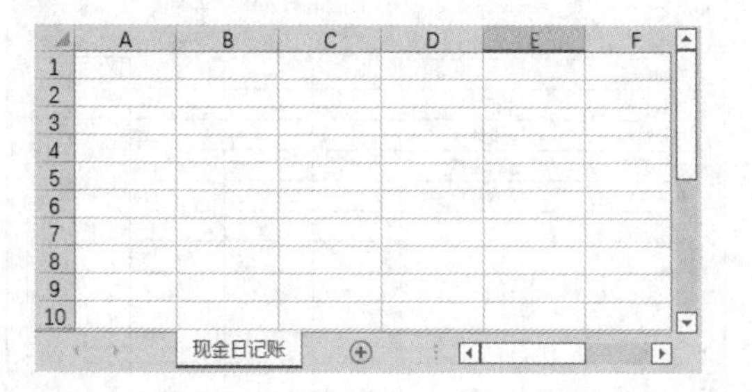

2.输入表中数据并设置格式

步骤 01 在工作表中输入日记账表头的所有数据信息，如下图所示。

步骤 02 根据需要设置字体的大小、单元格的对齐方式、自动换行、合并后居中，并调整行高和列宽，如下图所示。

步骤 03 选择A2:H16单元格区域，在【开始】选项卡中，单击【字体】选项组中的【边框】按钮，在弹出的下拉列表中选择【所有框线】选项，为表格添加边框，如下图所示。

3.创建凭证种类下拉列表

步骤 01 选择C4:C15单元格区域，在【数据】选项卡中，单击【数据工具】选项组中的【数据验证】按钮，打开【数据验证】对话框。单击【设置】选项卡，在【允许】下拉列表中选择【序列】选项，在【来源】文本框中输入“银收,银付,现收,现付,转”，然后单击【确定】按钮，如下图所示。

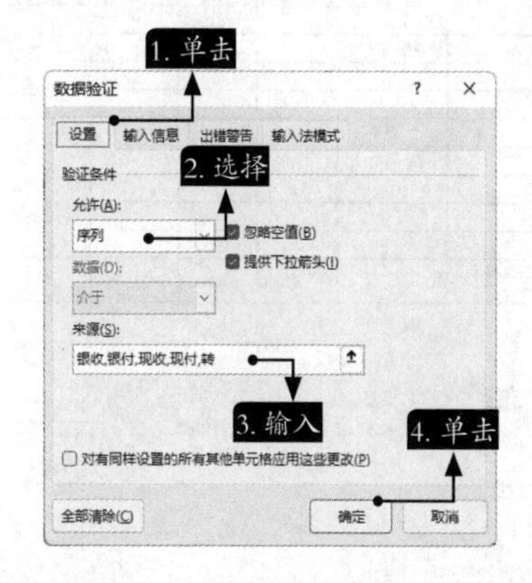

步骤 02 返回工作表，单击单元格C4右侧，会出现下拉按钮。输入数据时可以单击下拉按钮，从弹出的下拉列表中选择凭证种类，如下图所示。

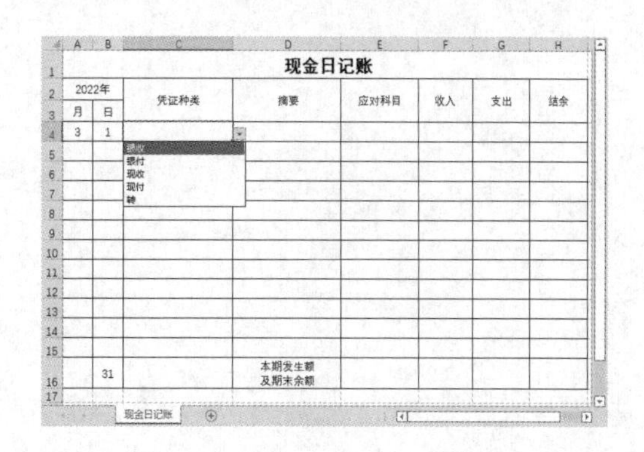

12.4.2 在日记账簿中设置借贷不平衡自动提示

在会计核算中，同一会计事项必须同方向、同时间和同金额登记，以确保输入账户的借方、贷方金额相等，在日记账中可使用IF函数设置借贷不平衡提示信息，具体操作步骤如下。

步骤 01 输入下图所示的数据。

现金日记账

2022年 月	日	凭证种类	摘要	应对科目	收入	支出	结余
3	1		期初余额				100
	1	银付	提取现金	银行存款	20000		20100
	1	现收	罚款收入	营业外收入	30		20130
	1	现付	发放工资	应付工资		20000	130
	1	现付	购买办公用品	管理费用		20	110
	31		本期发生额及期末余额		81000	80900	200

步骤 02 选择单元格I16，输入公式“=IF(F16=(G16+H16),"","借贷不平!")”，如下图所示。如果借贷不平衡，就会显示“借贷不平!”的提示。

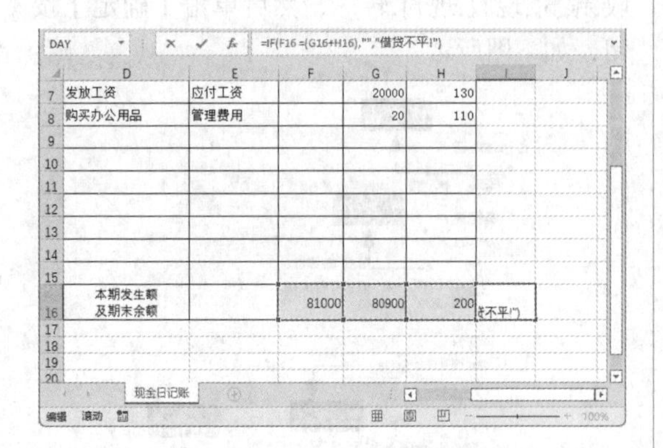

步骤 03 按【Enter】键，在单元格I16中已经显示出“借贷不平!”的提示，如下图所示。

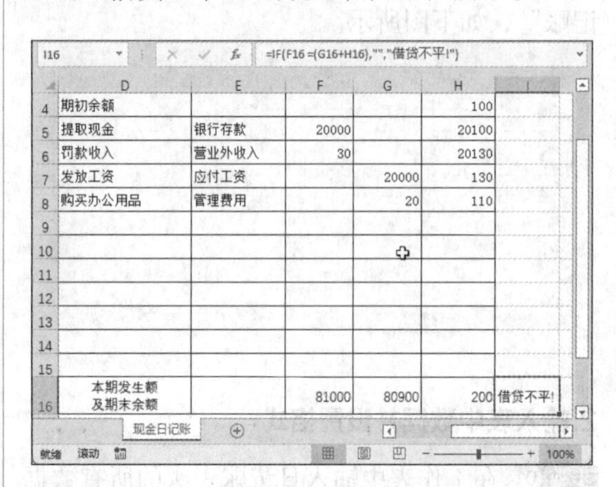

步骤 04 在单元格H16中更改数据【200】为【100】，由于借方和贷方的金额相等，所以单元格I16中没有任何显示，如下图所示。

现金日记账

2022年 月	日	凭证种类	摘要	应对科目	收入	支出	结余
3	1		期初余额				100
	1	银付	提取现金	银行存款	20000		20100
	1	现收	罚款收入	营业外收入	30		20130
	1	现付	发放工资	应付工资		20000	130
	1	现付	购买办公用品	管理费用		20	110
	31		本期发生额及期末余额		81000	80900	100

第13章

Excel 2021的行业应用——财务管理

学习目标

财务管理是财务处理流程中至关重要的环节，在今天的日常财务管理工作中，传统的人工处理方法已经远远不能满足工作的需要，功能强大的Excel 2021正发挥着越来越重要的作用。

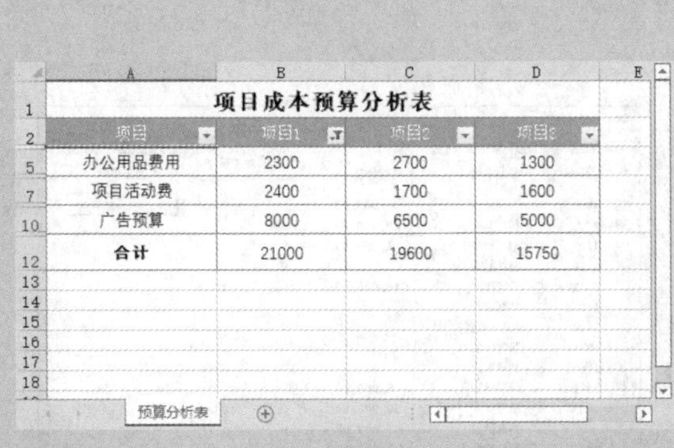

项目成本预算分析表

项目	项目1	项目2	项目3
办公用品费用	2300	2700	1300
项目活动费	2400	1700	1600
广告预算	8000	6500	5000
合计	21000	19600	15750

期限（年）	归还利息	归还本金	归还本利	累计利息	累计本金	未还贷款
1	¥29,400.00	¥9,187.07	¥38,587.07	¥29,400.00	¥9,187.07	¥590,812.93
2	¥28,949.83	¥9,637.24	¥38,587.07	¥58,349.83	¥18,824.31	¥581,175.69
3	¥28,477.61	¥10,109.47	¥38,587.07	¥86,827.44	¥28,933.78	¥571,066.22
4	¥27,982.24	¥10,604.83	¥38,587.07	¥114,809.69	¥39,538.61	¥560,461.39

13.1 财务管理基础知识

本节主要讲解财务管理基础知识，为更好地利用Excel 2021处理账务工作打下基础。

财务管理是指对企业的资金、成本、费用、利润及其分配等财务收支活动实行管理和监督，它是现代企业管理的重要组成部分。

在现代企业管理中，财务管理是直接影响企业经济效益的管理环节。维持良好的财务状况，实现收益性与流动性的统一已成为现代企业管理决策的标准。现代财务管理源于西方经济的发展，逐步形成以企业财务管理目标为核心的现代财务管理理论和方法体系，包括筹资决策、投资决策、经营决策盈利及其分配决策等内容和方法程序。

13.2 处理明细账表

财务管理中重要的工作就是进行财务分析。

财务分析又称财务报表分析，是指在财务报表及其相关资料的基础上，通过一定的方法和手段，对财务报表提供的数据进行系统和深入的分析研究，揭示有关指标之间的关系、变动情况及其形成原因，从而向使用者提供相关和全面的信息，也就是将财务报表及相关数据转换为对特定决策有用的信息，对企业过去的财务状况和经营成果以及未来前景做出评价。这一评价可以为财务决策、计划和控制提供广泛的帮助。

13.2.1 计算月末余额

在制作明细账表前，需要先计算月末余额，具体操作步骤如下。

步骤01 打开“素材\ch13\明细账表.xlsx”文件。选择F3单元格，在编辑栏中输入“=C3+D3-E3”，按【Enter】键确认，如右图所示。

F3 =C3+D3-E3

科目代码	科目名称	月初余额	本月发生额		月末余额
			借方	贷方	
1001	现金	500.00	0	1200	-700.00
1002	银行存款	20,000.00	53300	9600	
1101	短期投资	1,000.00	0	0	
1111	应收票据	-	0	0	
1131	应收账款	40,000.00	36000	32000	
1132	坏账准备		0	0	
1133	其他应收款	-	0	0	
1151	预付账款	-	0	0	
1201	物资采购	-	3000	3000	
1211	原材料	8,000.00	3000	0	
1243	库存商品	50,000.00	0	40000	
1301	待摊费用	600.00	0	0	
1401	长期股权投资	7,000.00	0	0	
1501	固定资产	90,000.00	36000	0	
1502	累计折旧		0	2000	

明细账

步骤 02 使用快速填充功能，填充F3:F52单元格区域，如右图所示。

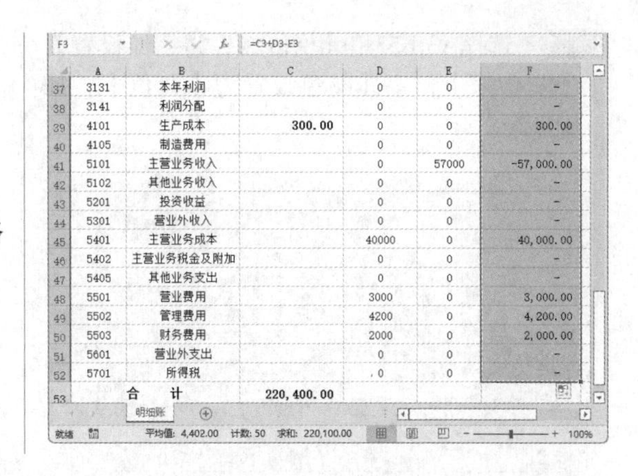

13.2.2 设置单元格数字格式

明细账表数据添加完毕后，可以对数据设置单元格格式，如会计数字格式，具体操作步骤如下。

步骤 01 选择C3:F53单元格区域，单击【开始】选项卡下【数字】选项组中的【会计数字格式】按钮，如下图所示。

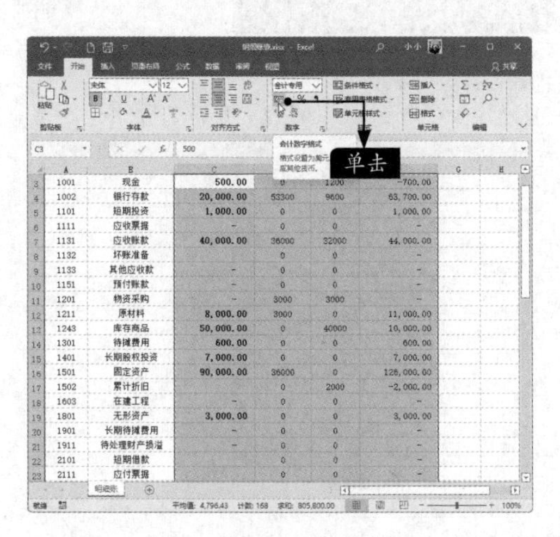

步骤 02 此时即可添加会计格式，并根据情况调整列宽，使数据完整显示，最终效果如下图所示。

13.2.3 明细账表的美化

明细账表数据及格式设置完毕后，可以对其进行美化，如设置字体、填充效果等。

步骤 01 选择A1:F2单元格区域，将字体设置为【楷体】，字号设置为【12】，并【加粗】显示，然后将颜色设置为【蓝色】，如右图所示。

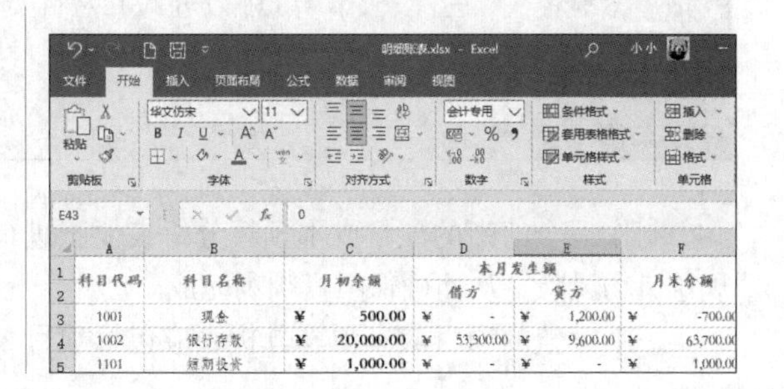

步骤02 选择A3:F53单元格区域，将字体设置为【华文仿宋】，字体颜色设置为【蓝色】，如下图所示。

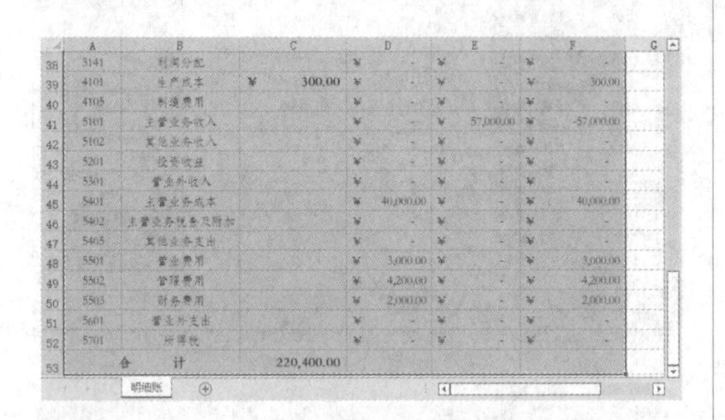

	A	B	C	D	E	F
38	3141	利润分配		¥ -	¥ -	¥ -
39	4101	生产成本	¥ 300.00	¥ -	¥ -	¥ 300.00
40	4105	制造费用		¥ -	¥ -	¥ -
41	5101	主营业务收入		¥ -	¥ 57,000.00	¥ -57,000.00
42	5102	其他业务收入		¥ -	¥ -	¥ -
43	5201	投资收益		¥ -	¥ -	¥ -
44	5301	营业外收入		¥ -	¥ -	¥ -
45	5401	主营业务成本		¥ 40,000.00	¥ -	¥ 40,000.00
46	5402	主营业务税金及附加		¥ -	¥ -	¥ -
47	5405	其他业务支出		¥ -	¥ -	¥ -
48	5501	营业费用		¥ 3,000.00	¥ -	¥ 3,000.00
49	5502	管理费用		¥ 4,200.00	¥ -	¥ 4,200.00
50	5503	财务费用		¥ 2,000.00	¥ -	¥ 2,000.00
51	5601	营业外支出		¥ -	¥ -	¥ -
52	5701	所得税		¥ -	¥ -	¥ -
53		合 计	220,400.00			

步骤03 选择A1: F53单元格区域，按【Ctrl+1】组合键，打开【设置单元格格式】对话框，单击【边框】选项卡，设置边框线的样式及颜色，并分别添加内部边框和外边框，然后单击【确定】按钮，如下图所示。

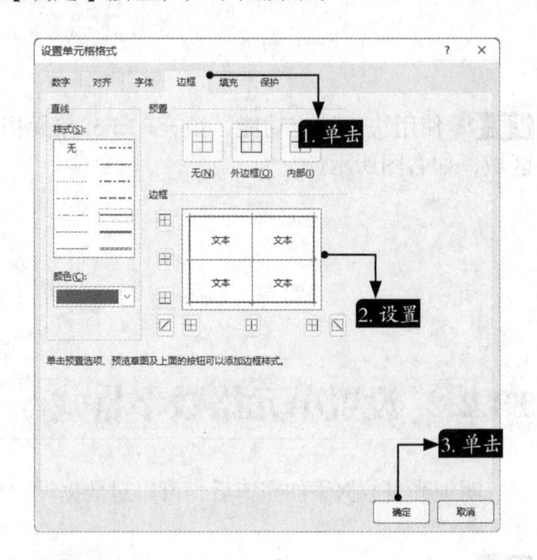

步骤04 此时即可为明细账表添加内外框线，最终效果如下图所示。

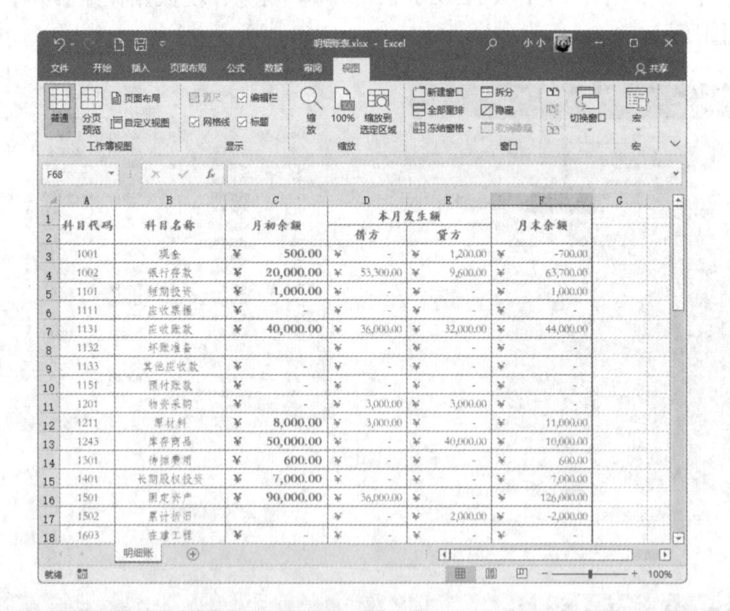

	A	B	C	D	E	F
1–2	科目代码	科目名称	月初余额	本月发生额 借方	本月发生额 贷方	月末余额
3	1001	现金	¥ 500.00	¥ -	¥ 1,200.00	¥ -700.00
4	1002	银行存款	¥ 20,000.00	¥ 53,300.00	¥ 9,600.00	¥ 63,700.00
5	1101	短期投资	¥ 1,000.00	¥ -	¥ -	¥ 1,000.00
6	1111	应收票据	¥ -	¥ -	¥ -	¥ -
7	1131	应收账款	¥ 40,000.00	¥ 36,000.00	¥ 32,000.00	¥ 44,000.00
8	1132	坏账准备		¥ -	¥ -	¥ -
9	1133	其他应收款	¥ -	¥ -	¥ -	¥ -
10	1151	预付账款	¥ -	¥ -	¥ -	¥ -
11	1201	物资采购	¥ -	¥ 3,000.00	¥ 3,000.00	¥ -
12	1211	原材料	¥ 8,000.00	¥ 3,000.00	¥ -	¥ 11,000.00
13	1243	库存商品	¥ 50,000.00	¥ -	¥ 40,000.00	¥ 10,000.00
14	1301	待摊费用	¥ 600.00	¥ -	¥ -	¥ 600.00
15	1401	长期股权投资	¥ 7,000.00	¥ -	¥ -	¥ 7,000.00
16	1501	固定资产	¥ 90,000.00	¥ 36,000.00	¥ -	¥ 126,000.00
17	1502	累计折旧		¥ -	¥ 2,000.00	¥ -2,000.00
18	1603	在建工程	¥ -	¥ -	¥ -	¥ -

13.3 制作项目成本预算分析表

进行成本预算是施工单位在项目实施中有效控制成本、实现目标成本和目标利润的重要手段。

制作一个清晰的项目成本预算分析表便于进行项目分析，发现潜在问题，研究可行性对策，规避市场风险，从而确保项目顺利完成。

一个完整的项目成本预算分析表应包括项目名称、项目类别、项目工期、项目具体内容、参与人员、项目各项金额及详细情况说明等。本节制作的项目成本预算分析表是基础且常用的工作表，其内容相对简单。该工作表应包括的具体内容，用户可以根据实际需求进行设计。

13.3.1 为预算分析表添加数据验证

添加数据验证的具体操作步骤如下。

步骤 01 打开“素材\ch13\项目成本预算分析表.xlsx”文件，如下图所示。

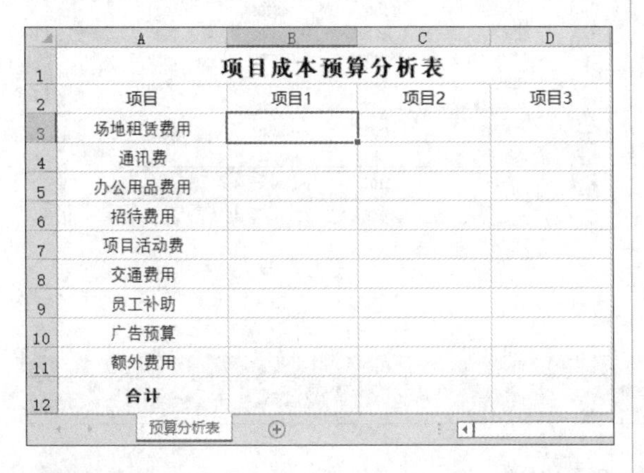

	A	B	C	D
1	项目成本预算分析表			
2	项目	项目1	项目2	项目3
3	场地租赁费用			
4	通讯费			
5	办公用品费用			
6	招待费用			
7	项目活动费			
8	交通费用			
9	员工补助			
10	广告预算			
11	额外费用			
12	合计			

步骤 02 选择B3:D11单元格区域，单击【数据】选项卡下【数据工具】选项组中的【数据验证】按钮，在弹出的下拉列表中选择【数据验证】选项，如下图所示。

步骤 03 弹出【数据验证】对话框，在【允许】下拉列表中选择【整数】选项，在【数据】下拉列表中选择【介于】选项，设置【最小值】为【500】，【最大值】为【10000】，单击【确定】按钮，如右上图所示。

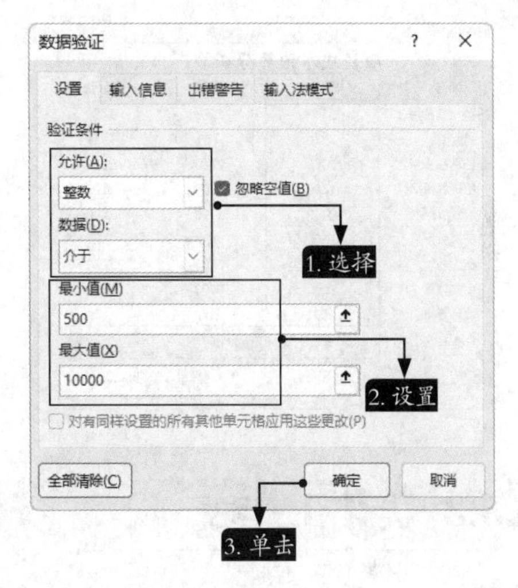

步骤 04 当输入的数字不符合要求时，会弹出警告对话框，如下图所示。

步骤 05 在工作表中输入数据，如下图所示。

	A	B	C	D
1	项目成本预算分析表			
2	项目	项目1	项目2	项目3
3	场地租赁费用	1500	1200	1600
4	通讯费	800	700	500
5	办公用品费用	2300	2700	1300
6	招待费用	1800	3500	2100
7	项目活动费	2400	1700	1600
8	交通费用	1500	800	950
9	员工补助	1200	1700	1600
10	广告预算	8000	6500	5000
11	额外费用	1500	800	1100
12	合计			

13.3.2 计算合计预算

计算合并预算的具体操作步骤如下。

步骤 01 选择B12:D12单元格区域，并在编辑栏中输入“=SUM（B3:B11）”，如下图所示。

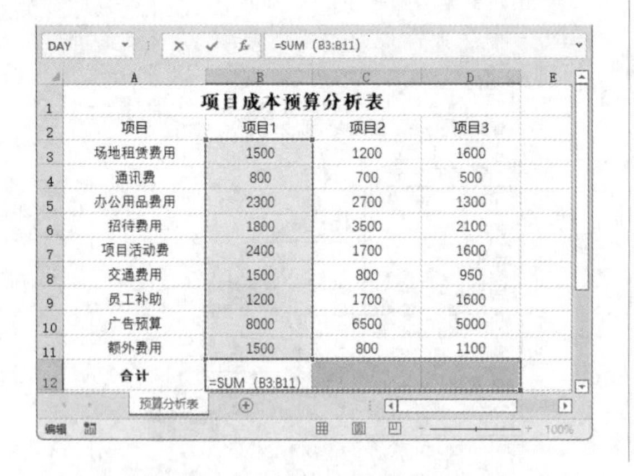

	A	B	C	D
1	项目成本预算分析表			
2	项目	项目1	项目2	项目3
3	场地租赁费用	1500	1200	1600
4	通讯费	800	700	500
5	办公用品费用	2300	2700	1300
6	招待费用	1800	3500	2100
7	项目活动费	2400	1700	1600
8	交通费用	1500	800	950
9	员工补助	1200	1700	1600
10	广告预算	8000	6500	5000
11	额外费用	1500	800	1100
12	合计	=SUM（B3:B11）		

步骤 02 按【Ctrl+Enter】组合键，即可算出B12:D12单元格区域的合计项，如下图所示。

	A	B	C	D
1	项目成本预算分析表			
2	项目	项目1	项目2	项目3
3	场地租赁费用	1500	1200	1600
4	通讯费	800	700	500
5	办公用品费用	2300	2700	1300
6	招待费用	1800	3500	2100
7	项目活动费	2400	1700	1600
8	交通费用	1500	800	950
9	员工补助	1200	1700	1600
10	广告预算	8000	6500	5000
11	额外费用	1500	800	1100
12	合计	21000	19600	15750

13.3.3 美化工作表

本小节主要介绍添加样式和边框美化工作表的具体方法。

步骤 01 选择A2:D2单元格区域，单击【开始】选项卡下【样式】选项组中的【其他】按钮，在弹出的下拉列表中选择一种单元格样式，如下图所示。

步骤 02 此时即可为选中的单元格添加样式，如右上图所示。

	A	B	C	D
1	项目成本预算分析表			
2	项目	项目1	项目2	项目3
3	场地租赁费用	1500	1200	1600
4	通讯费	800	700	500

步骤 03 选择A2:D12单元格区域，按【Ctrl+1】组合键，打开【设置单元格格式】对话框，单击【边框】选项卡，在【样式】列表框中选择一种线条样式，并设置边框的颜色，选择需要设置边框的位置，单击【确定】按钮，如下图所示。

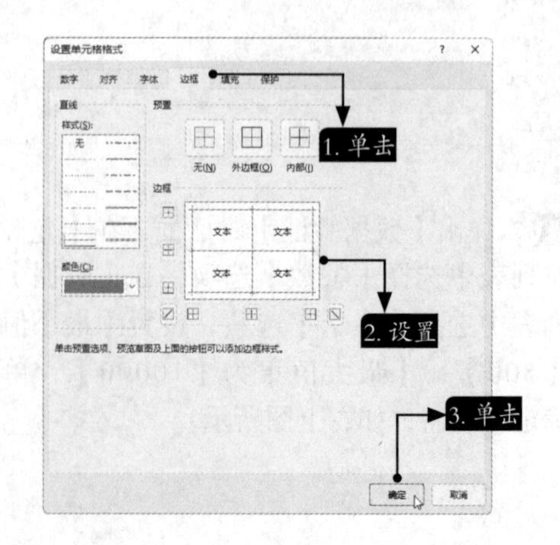

步骤 04 此时即可为工作表添加边框，如下图所示。

项目成本预算分析表			
项目	项目1	项目2	项目3
场地租赁费用	1500	1200	1600
通讯费	800	700	500
办公用品费用	2300	2700	1300
招待费用	1800	3500	2100
项目活动费	2400	1700	1600
交通费用	1500	800	950
员工补助	1200	1700	1600
广告预算	8000	6500	5000
额外费用	1500	800	1100
合计	21000	19600	15750

预算分析表

13.3.4 预算数据的筛选

在处理预算表时，用户可以根据条件筛选出相关的数据，具体操作步骤如下。

步骤 01 选择任意单元格，按【Shift+Ctrl+L】组合键，在标题行的每列的右侧出现一个下拉按钮，如下图所示。

项目成本预算分析表			
项目	项目1	项目2	项目3
场地租赁费用	1500	1200	1600
通讯费	800	700	500
办公用品费用	2300	2700	1300
招待费用	1800	3500	2100
项目活动费	2400	1700	1600
交通费用	1500	800	950
员工补助	1200	1700	1600
广告预算	8000	6500	5000
额外费用	1500	800	1100
合计	21000	19600	15750

步骤 02 单击【项目1】列标题右侧的下拉按钮，在弹出的下拉列表中选择【数字筛选】下的【大于】选项，如下图所示。

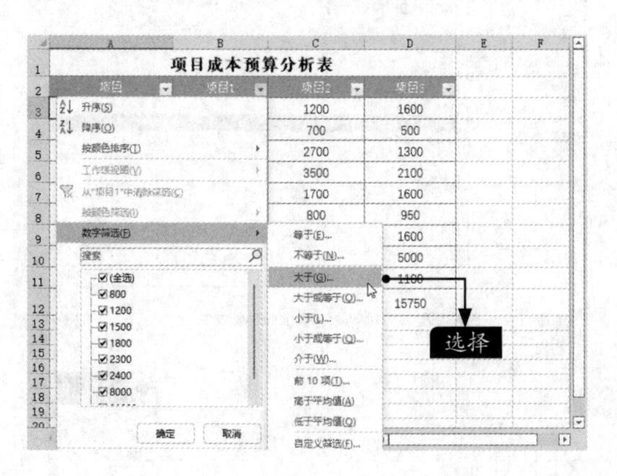

步骤 03 弹出【自定义自动筛选方式】对话框，在【大于】右侧的文本框中输入“2000”，单击【确定】按钮，如下图所示。

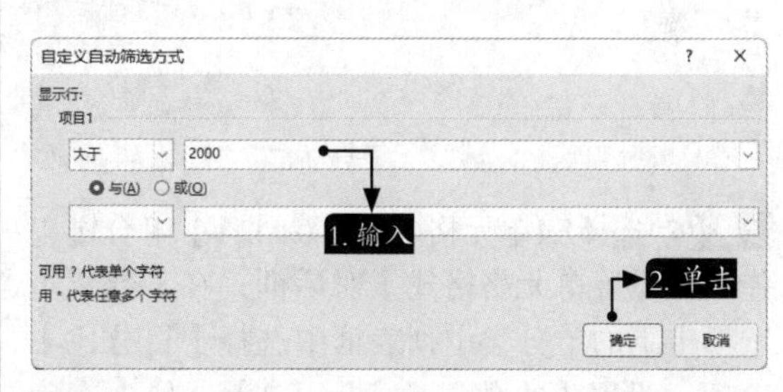

步骤 04 此时即可将预算费用大于2000元的项目筛选出来，如下图所示。至此，项目成本预算分析表就制作完成了。

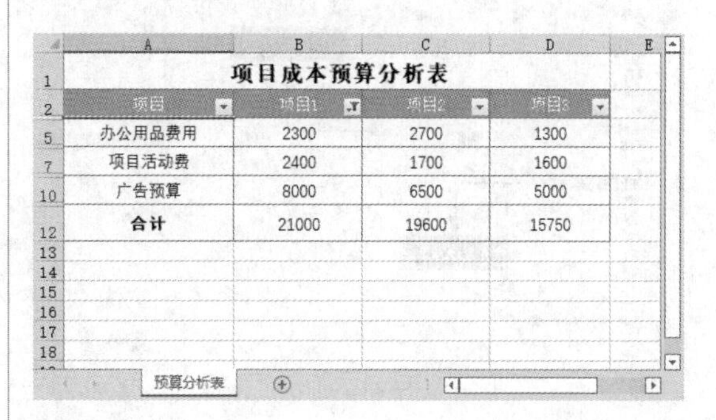

项目成本预算分析表			
项目	项目1	项目2	项目3
办公用品费用	2300	2700	1300
项目活动费	2400	1700	1600
广告预算	8000	6500	5000
合计	21000	19600	15750

13.4 制作住房贷款速查表

在日常生活中，越来越多的人选择申请住房贷款来购买房产。制作一份详细的住房贷款速查表能够帮助用户了解自己的还款状态，提前为自己的消费做好规划。

13.4.1 设置单元格数字格式

设置单元格数字格式的具体操作步骤如下。

步骤 01 打开“素材\ch13\住房贷款速查表.xlsx”文件，如下图所示。

步骤 02 选择E4单元格，按【Ctrl+1】组合键，弹出【设置单元格格式】对话框，在【数字】选项卡下的【分类】列表框中选择【百分比】选项。设置【小数位数】为【2】，单击【确定】按钮，如下图所示。

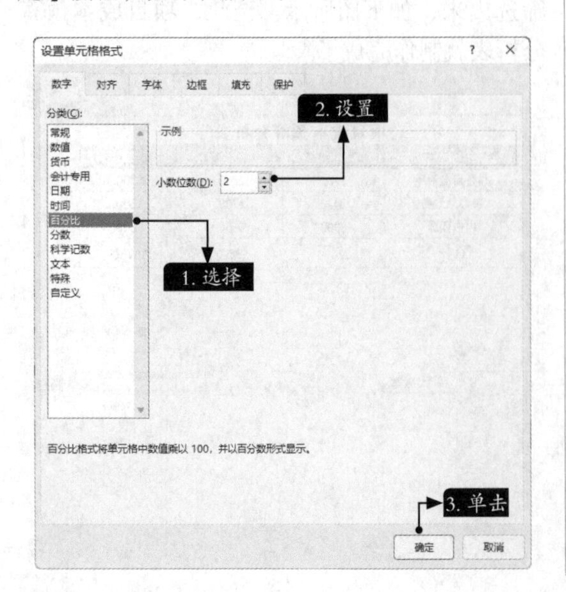

步骤 03 选择C13:H42单元格区域，然后按【Ctrl+1】组合键，如下图所示。

步骤 04 打开【设置单元格格式】对话框，单击【数字】选项卡，选择【货币】类别，为单元格区域应用货币格式，单击【确定】按钮完成设置，如下图所示。

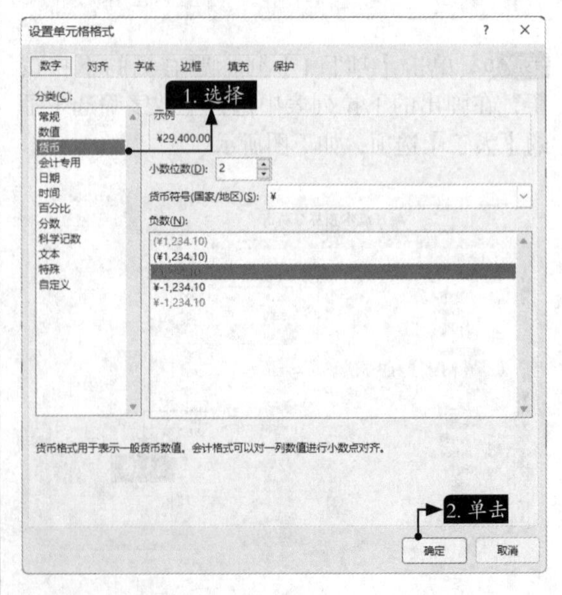

13.4.2 设置数据验证

为单元格设置数据验证可以提醒表格录入者，从而更准确地输入表格数据。另外在年限单元格设置序列的数据验证，可以更方便地选择贷款年限。设置数据验证的具体操作步骤如下。

步骤01 选择E3单元格，单击【数据】选项卡下【数据工具】选项组中的【数据验证】按钮，弹出【数据验证】对话框，在【设置】选项卡的【允许】下拉列表中选择【整数】选项。在【数据】下拉列表中选择【介于】选项，并设置【最小值】为“10000”，【最大值】为“2000000”，如下图所示。

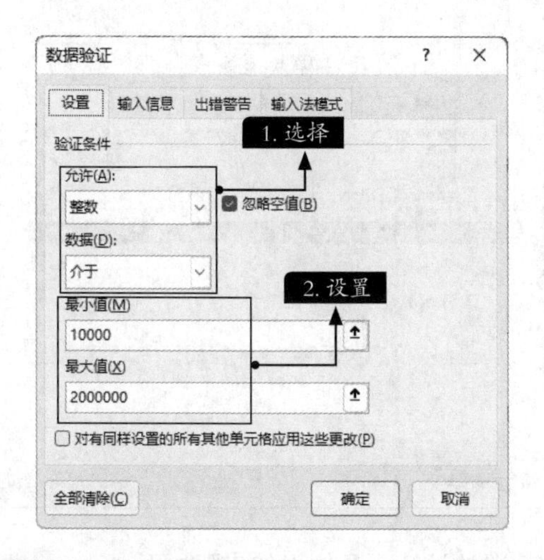

步骤02 单击【输入信息】选项卡，在【标题】和【输入信息】文本框中输入下图所示的内容。

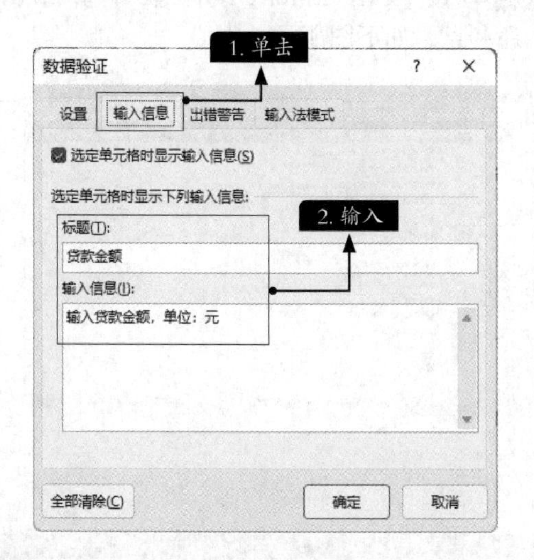

步骤03 单击【出错警告】选项卡，在【样式】下拉列表中选择【警告】选项，在【标题】和【错误信息】文本框中输入内容，然后单击【确定】按钮，如下图所示。

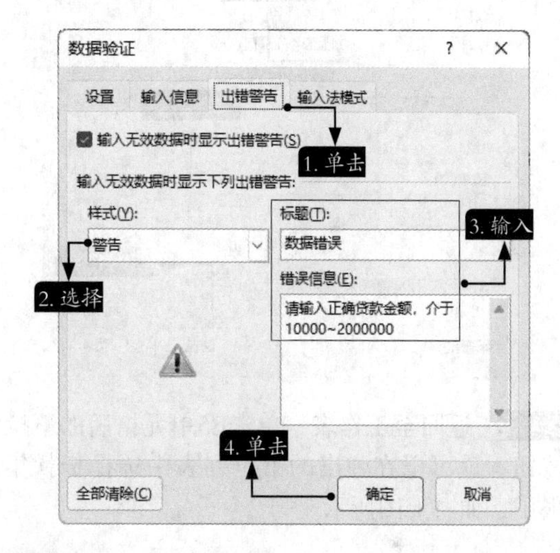

步骤04 返回至工作表之后，选择E3单元格，将会看到提示信息，如下图所示。

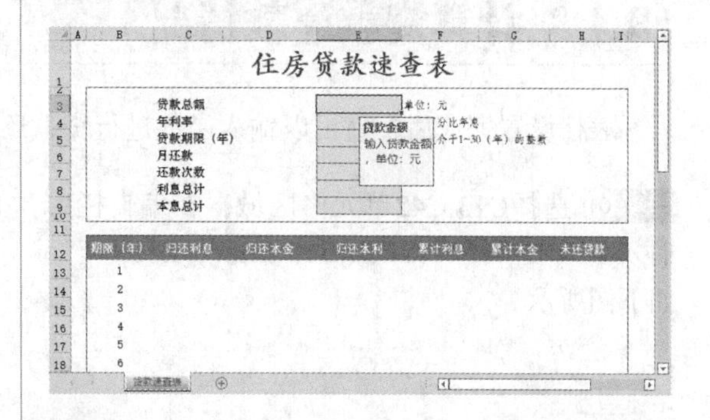

步骤05 如果输入了10000~2000000之外的数据，将会弹出【数据错误】对话框，单击【否】按钮，并输入正确数据，如下图所示。

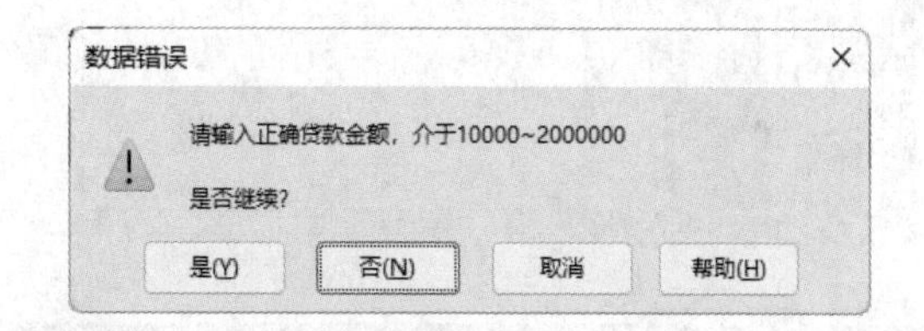

步骤06 选择E5单元格，打开【数据验证】对话框，在【设置】选项卡的【允许】下拉列表

中选择【序列】选项，在【来源】文本框中输入“10,20,30”，单击【确定】按钮，如下图所示。

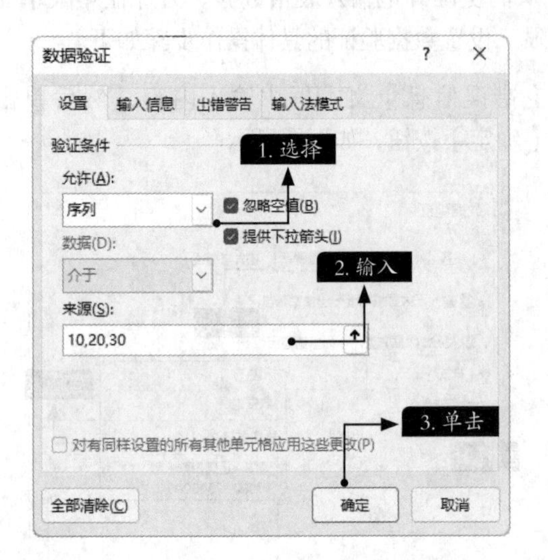

步骤 07 返回至工作表，单击E5单元格后的下拉按钮，就可以在弹出的下拉列表中选择贷款年限了，如右上图所示。

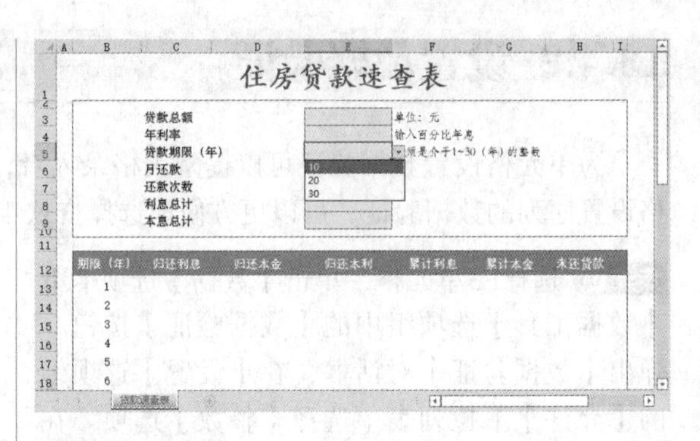

步骤 08 根据需要，在E3:E5单元格区域中分别输入“600000”“4.90%”“30”，如下图所示。

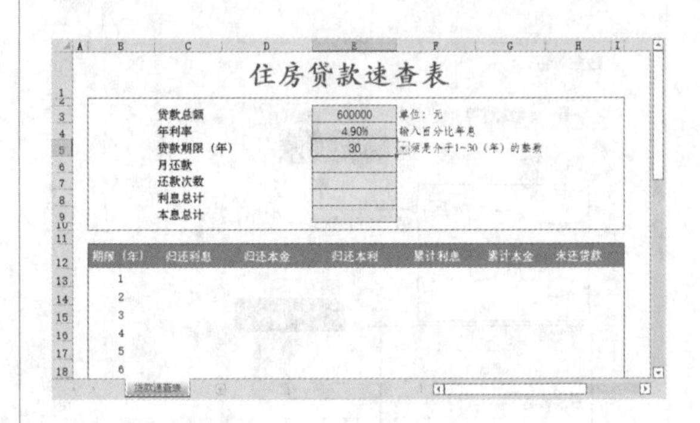

13.4.3 计算贷款还款情况

表格设置完成后，就可以输入函数进行贷款还款情况的计算，具体操作步骤如下。

步骤 01 选择C13:C42单元格区域，在编辑栏中输入公式“=IPMT($E$4,B13,$E$5,$E$3)”，如下图所示。

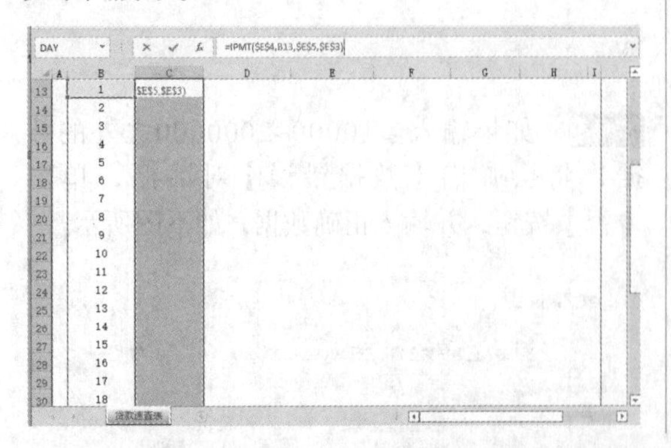

步骤 02 按【Ctrl+Enter】组合键，计算每年的归还利息，如下图所示。

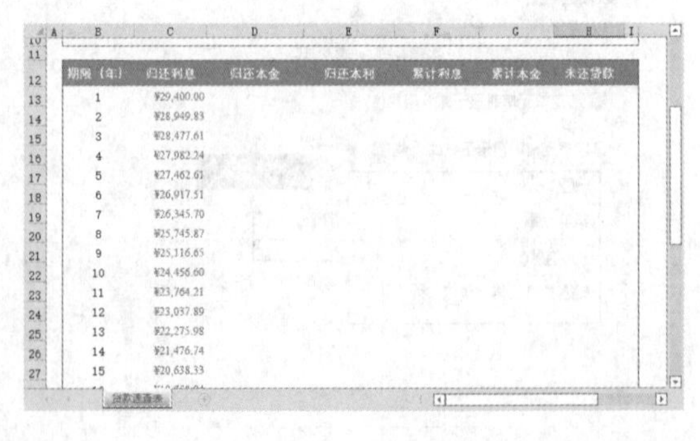

小提示

公式“=IPMT($E$4,B13,$E$5,$E$3)”表示返回定期数内的归还利息。其中，“$E$4”为各期的利率；“B13”为计算其利息的期次，这里计算的是第一年的归还利息；“$E$5”为“贷款的期限”；“$E$3”为贷款的总额。

步骤03 选择D13:D42单元格区域，输入公式“=PPMT($E$4,B13,$E$5,$E$3)”，按【Ctrl+Enter】组合键，算出每年的归还本金，如下图所示。

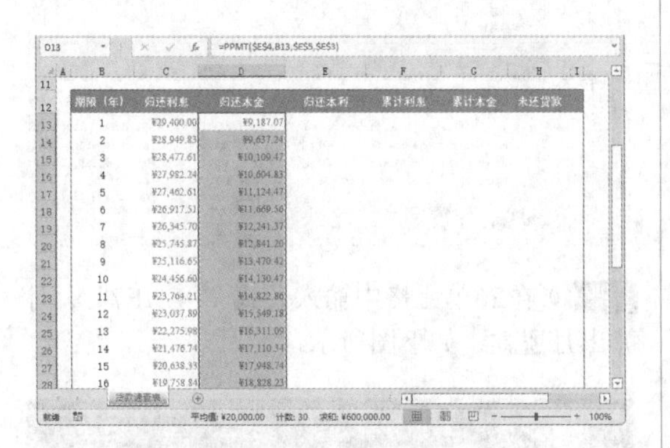

小提示

公式“=PPMT($E$4,B13,$E$5,$E$3)”表示返回定期数内的归还本金。其中，“$E$4”为各期的利率；“B13”为计算其本金的期次，这里计算的是第一年的归还本金；“$E$5”为贷款的期限；“$E$3”为贷款的总额。

步骤04 选择E13:E42单元格区域，输入公式“=PMT($E$4,$E$5,$E$3)”，按【Ctrl+Enter】组合键，算出每年的归还本利，如下图所示。

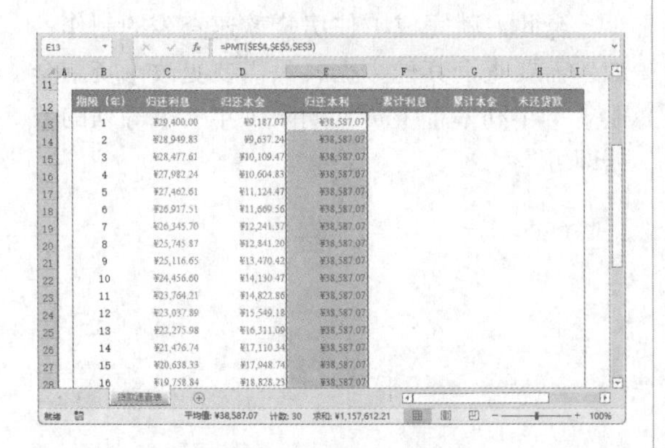

小提示

公式“=PMT($E$4,$E$5,$E$3)”表示返回贷款每期的归还总额。其中“$E$4”为各期的利息，“$E$5”为贷款的期限，“$E$3”为贷款的总额。

步骤05 选择F13:F42单元格区域，输入公式“=CUMIPMT($E$4,$E$5,$E$3,1,B13,0)”，按【Ctrl+Enter】组合键，算出每年的累计利息，如下图所示。

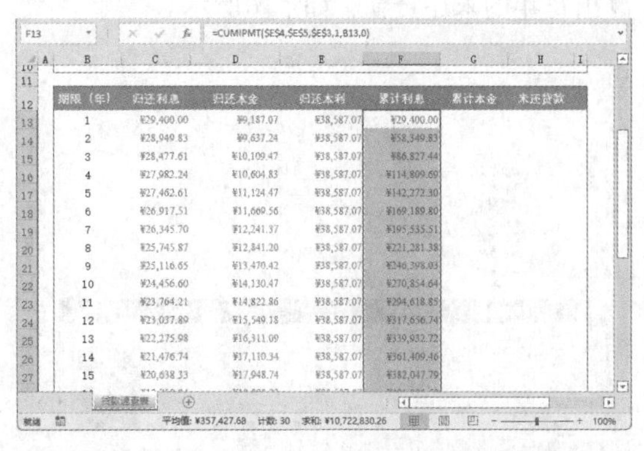

小提示

公式“=CUMIPMT($E$4,$E$5,$E$3,1,B13,0)”表示返回两个周期之间的累计利息。其中，“$E$4”为各期的利息；“$E$5”为贷款的期限；“$E$3”为贷款的总额；“1”表示计算中的首期，付款期数从1开始计数；“B13”表示期次；“0”表示付款方式是在期末。

步骤06 选择G13:G42单元格区域，输入公式“=CUMPRINC($E$4,$E$5,$E$3,1,B13,0)”，按【Ctrl+Enter】组合键，算出每年的累计本金，如下图所示。

小提示

公式“=CUMPRINC（$E$4,$E$5,$E$3,1,B13,0）”表示返回两个周期之间的支付本金总额。其中，“$E$4”为各期的利息；“$E$5”为贷款的期限；“$E$3”为贷款的总额；“1”表示计算中的首期，付款期数从1开始计数；“B13”表示期次；“0”表示付款方式是在期末。

步骤07 选择H13:H42单元格区域，输入公式“=$E$3+G13”，按【Ctrl+Enter】组合键即可算出每年的未还贷款，如下图所示。

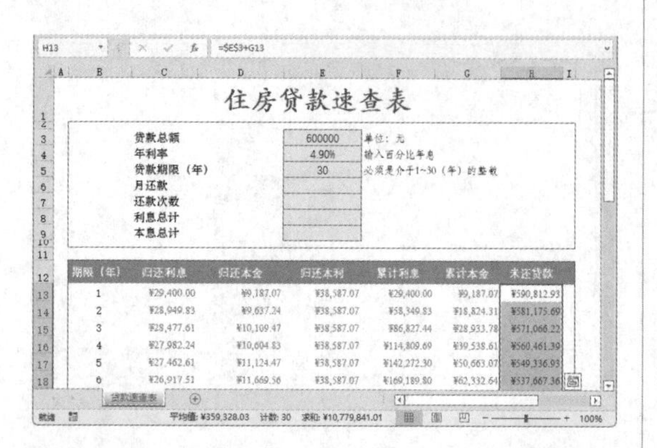

步骤08 选择E7单元格，输入公式“=E5*12”，计算出还款次数，如下图所示。

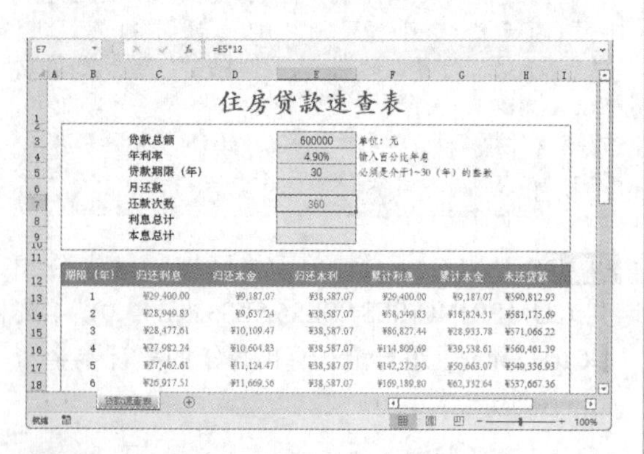

步骤09 分别在E8、E9单元格中输入公式“=SUM(C13:C42)”和“=SUM(E13:E42)”,计算出利息和本息的总和，如右上图所示。

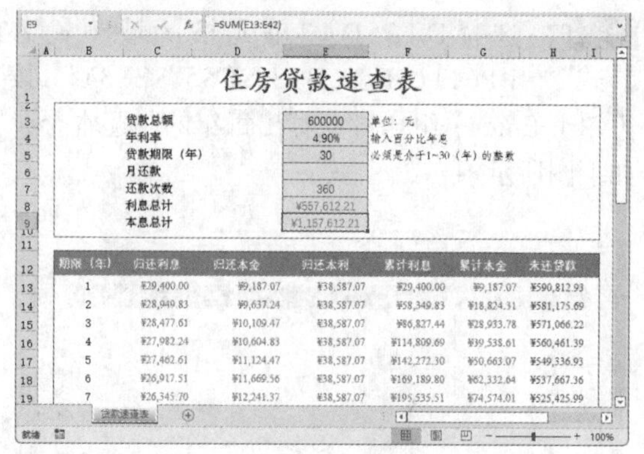

步骤10 在E6单元格中输入公式“=E9/E7”，计算出月还款，如下图所示。

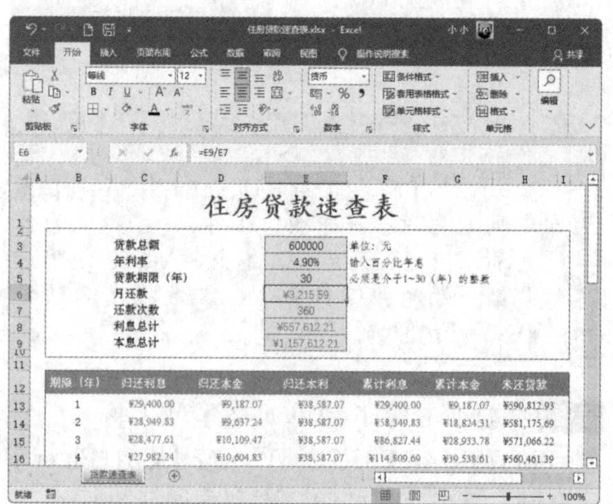

至此，就完成了住房贷款速查表的制作，如果需要查询其他数据，只需要更改【贷款金额】【年利率】【贷款期限（年）】等列的数据即可。

第14章

Excel 2021的行业应用——市场营销

使用Excel 2021可以快速制作各种销售统计分析报表和图表，对销售信息进行整理和分析，包括市场调研、产品使用状况追踪、售后服务和信息反馈等一系列活动。

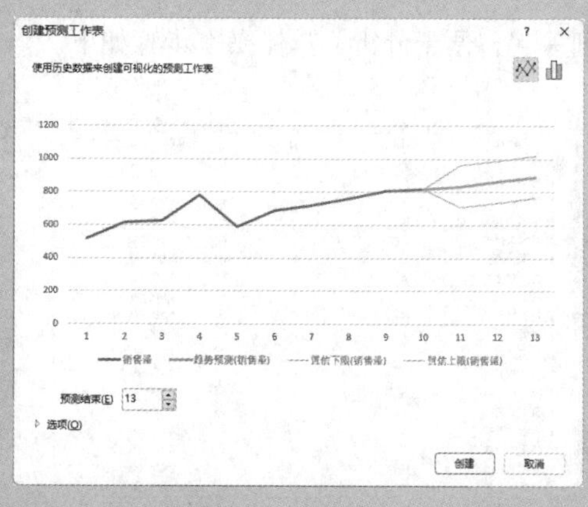

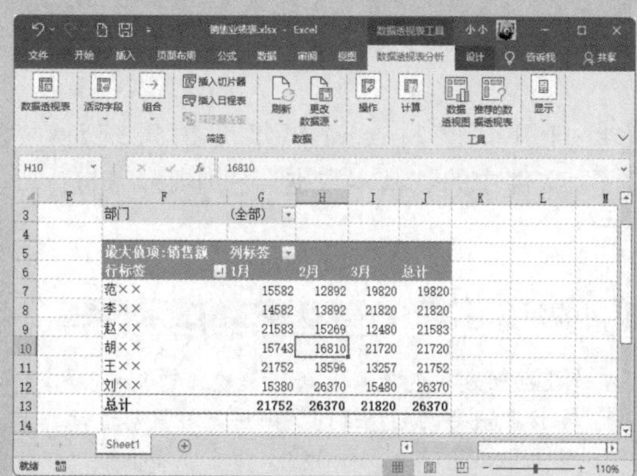

最大值项:销售额	列标签			
行标签	1月	2月	3月	总计
范××	15582	12892	19820	19820
李××	14582	13892	21820	21820
赵××	21583	15269	12480	21583
胡××	15743	16810	21720	21720
王××	21752	18596	13257	21752
刘××	15380	26370	15480	26370
总计	21752	26370	21820	26370

14.1 市场营销基础知识

为了更好地利用Excel 2021建立销售数据表并对数据加以整理和分析，本节将重点讲解市场营销基础知识。

市场营销是指企业以消费者需求为出发点，有计划地组织各项经营活动，为消费者提供满意的商品或服务，并在此过程中实现企业目标。

市场营销不仅包含研究流通环节的经营活动，而且包括产品进入流通市场前的活动，例如市场调研、市场机会分析、市场细分、目标市场选择和产品定位等一系列活动，有时还包括产品退出流通市场后的许多营销活动，如产品使用状况追踪、售后服务和信息反馈等一系列活动。可见，市场营销活动涉及生产、分配、交换和消费全过程。而利用Excel 2021的强大功能可以很方便地对销售信息进行整理和分析。使用函数功能可以计算销售数据，掌握每一季度、每一年甚至每一阶段的产品销售情况；使用数据筛选功能可以快捷地找到符合条件的数据，利于营销者掌握最核心的数据，制定下一步营销计划；使用分类汇总功能能够实现员工业绩评比及相关联数据的汇总，便于施行激励机制，随时调整营销策略；使用数据透视表功能能够实现数据的分析和查询；而使用表单控件、文本框等功能则可以制作出美观、实用的市场调查问卷，使企业能够更好地了解市场行情和消费者的消费意向，从而执行有效的营销政策。

14.2 汇总与统计销售额

要统计各个地区及每个销售员的销售业绩，可以使用求和函数，但因为要统计的种类很多，这样做很麻烦，所以下面讲解一种简单方法——分类汇总。使用这种方法可以方便地求解多种类数据的总和及平均值等。

14.2.1 统计产品销售数量与销售额

使用分类汇总可以将相同规格的产品汇总统计到一起，便于分析，具体操作步骤如下。

步骤 01 打开“素材\ch14\年度销售统计表.xlsx”文件中的“基本数据”工作表，如右图所示。

	A	B	C	D	E
1	产品名称	数量	月份	销售额	
2	比特女式上衣	2	1	¥ 400.00	
3	比特女式衬衣	5	2	¥ 1,000.00	
4	比特女式长裤	8	3	¥ 1,600.00	
5	比特男式上衣	10	4	¥ 2,000.00	
6	比特男式衬衣	3	5	¥ 600.00	
7	比特男式长裤	5	6	¥ 1,000.00	
8	比特女式上衣	7	7	¥ 1,400.00	
9	比特女式衬衣	5	8	¥ 1,000.00	
10	比特女式长裤	6	9	¥ 1,200.00	
11	比特男式上衣	3	10	¥ 600.00	
12	比特男式衬衣	8	11	¥ 1,600.00	
13	比特男式长裤	11	12	¥ 2,200.00	
14	比特女式上衣	3	5	¥ 600.00	
15	比特女式衬衣	4	6	¥ 800.00	
16	比特女式长裤	6	7	¥ 1,200.00	
17	比特男式上衣	7	8	¥ 1,400.00	
18	比特男式衬衣	10	9	¥ 2,000.00	
19	比特男式长裤	7	12	¥ 1,400.00	

基本数据

> **小提示**
>
> 在对数据列表中的某一列进行分类汇总时，如果该列没有按照一定的顺序排列，则应先对该列进行排序。在此例中应先对【产品名称】列进行排序。

步骤 02 选择A2单元格，单击【数据】选项卡下【排序和筛选】选项组中的【降序】按钮，对工作表进行排序，如下图所示。

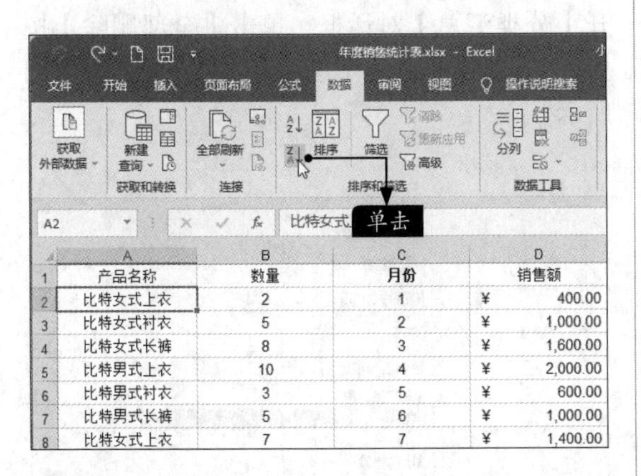

步骤03 在【数据】选项卡中，单击【分级显示】选项组中的【分类汇总】按钮，如下图所示。

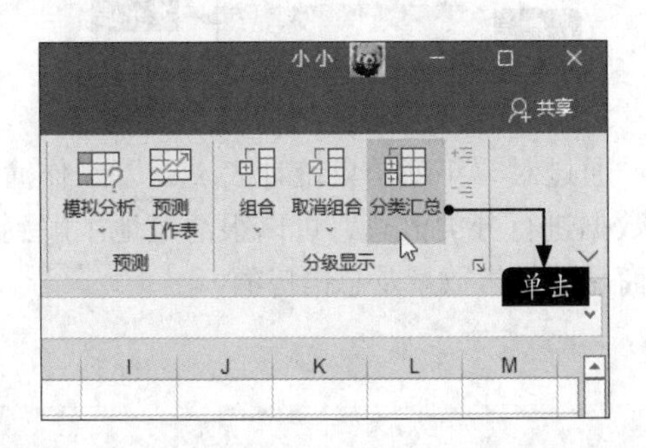

步骤04 弹出【分类汇总】对话框，在【分类字段】下拉列表中选择【产品名称】选项，在【汇总方式】下拉列表中选择【求和】选项，在【选定汇总项】列表框中勾选【数量】和【销售额】复选框，如下图所示。

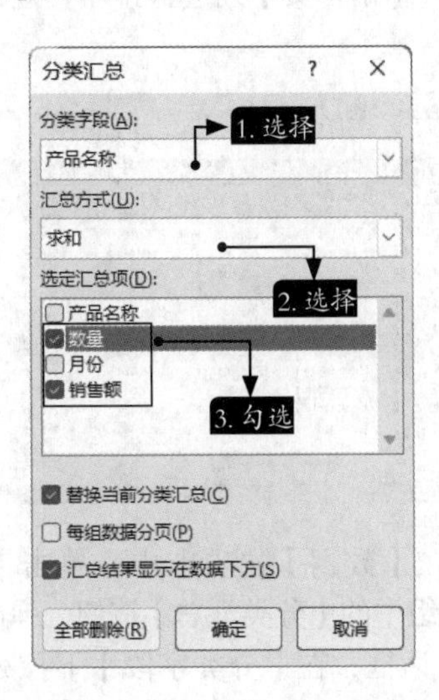

小提示

【汇总方式】下拉列表中除了默认的【求和】外，还有【平均值】【计数】和【方差】等共11种方式。

步骤05 单击【确定】按钮，得到按产品名称分类汇总的销售数量和销售总额，如下图所示。

	A	B	C	D
1	产品名称	数量	月份	销售额
2	比特女式长裤	8	3	¥ 1,600.00
3	比特女式长裤	6	9	¥ 1,200.00
4	比特女式长裤	6	7	¥ 1,200.00
5	比特女式长裤 汇总	20		¥ 4,000.00
6	比特女式上衣	2	1	¥ 400.00
7	比特女式上衣	7	7	¥ 1,400.00
8	比特女式上衣	3	5	¥ 600.00
9	比特女式上衣 汇总	12		¥ 2,400.00
10	比特女式衬衣	5	2	¥ 1,000.00
11	比特女式衬衣	5	8	¥ 1,000.00
12	比特女式衬衣	4	6	¥ 800.00
13	比特女式衬衣 汇总	14		¥ 2,800.00
14	比特男式长裤	5	6	¥ 1,000.00
15	比特男式长裤	11	12	¥ 2,200.00
16	比特男式长裤	7	12	¥ 1,400.00
17	比特男式长裤 汇总	23		¥ 4,600.00
18	比特男式上衣	10	4	¥ 2,000.00
19	比特男式上衣	3	10	¥ 600.00
20	比特男式上衣	7	8	¥ 1,400.00
21	比特男式上衣 汇总	20		¥ 4,000.00

步骤06 单击A9单元格左侧对应的[-]按钮，如下图所示。

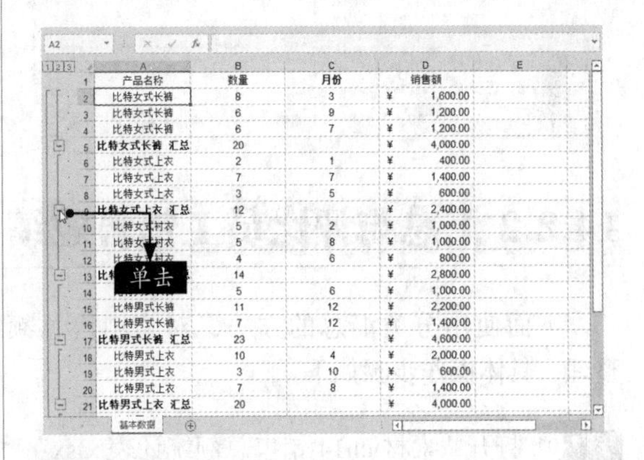

步骤07 数据清单中的第6~8行隐藏起来，同时[-]按钮变为[+]按钮，如下图所示。

	A	B	C	D
1	产品名称	数量	月份	销售额
2	比特女式长裤	8	3	¥ 1,600.00
3	比特女式长裤	6	9	¥ 1,200.00
4	比特女式长裤	6	7	¥ 1,200.00
5	比特女式长裤 汇总	20		¥ 4,000.00
9	比特女式上衣 汇总	12		¥ 2,400.00
10	比特女式衬衣	5	2	¥ 1,000.00
11	比特女式衬衣	5	8	¥ 1,000.00
12	比特女式衬衣	4	6	¥ 800.00
13	比特女式衬衣 汇总	14		¥ 2,800.00
14	比特男式长裤	5	6	¥ 1,000.00
15	比特男式长裤	11	12	¥ 2,200.00
16	比特男式长裤	7	12	¥ 1,400.00
17	比特男式长裤 汇总	23		¥ 4,600.00
18	比特男式上衣	10	4	¥ 2,000.00
19	比特男式上衣	3	10	¥ 600.00
20	比特男式上衣	7	8	¥ 1,400.00
21	比特男式上衣 汇总	20		¥ 4,000.00
22	比特男式衬衣	3	5	¥ 600.00
23	比特男式衬衣	8	11	¥ 1,600.00
24	比特男式衬衣	10	9	¥ 2,000.00

步骤08 单击[2]按钮，各月的明细数据将隐藏起来，如下页图所示。

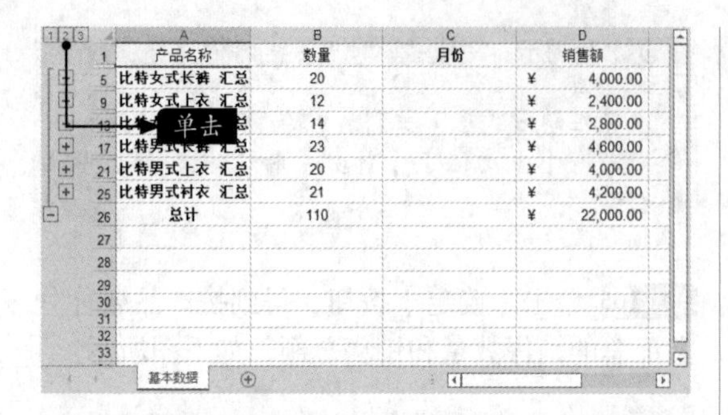

小提示

在上一步操作中，再次单击[+]按钮可以将第6~8行展开。

步骤09 单击[1]按钮，全部的明细数据都隐藏起来，如下图所示。

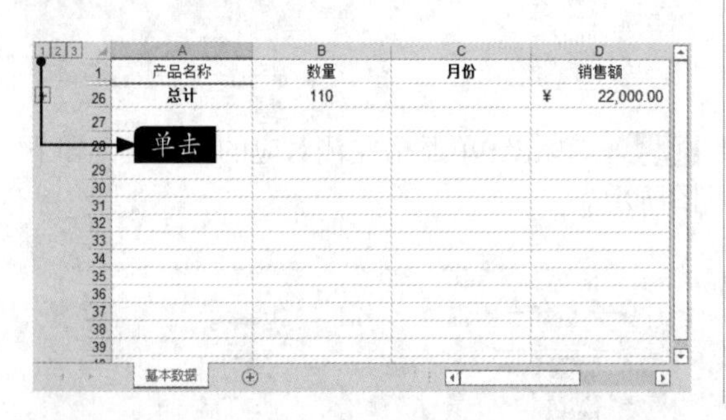

步骤10 如果要清除已建立的分类汇总，可以选择数据表中数据区域内任意单元格，再次打开【分类汇总】对话框，单击【全部删除】按钮，再单击【确定】按钮返回即可，如下图所示。

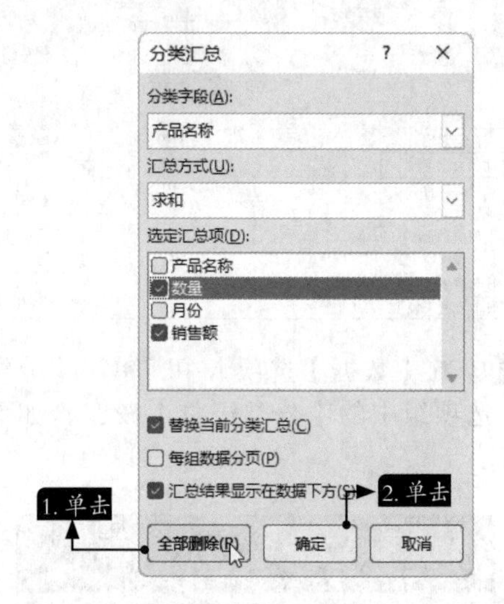

通过对“年度销售统计表.xlsx”工作簿中的数据进行分类汇总，可以很清楚地了解到各类商品的销售数量及总销售额。

14.2.2 汇总与评比员工销售业绩

下面使用分类汇总的方法，对“销售总额统计表”中的销售员信息及销售数据进行分析整理，具体操作步骤如下。

步骤01 打开“素材\ch14\销售总额统计表.xlsx”文件中的“分公司销售业绩”工作表，选择B3单元格，单击【数据】选项卡下【排序和筛选】选项组中的【升序】按钮，如下图所示。

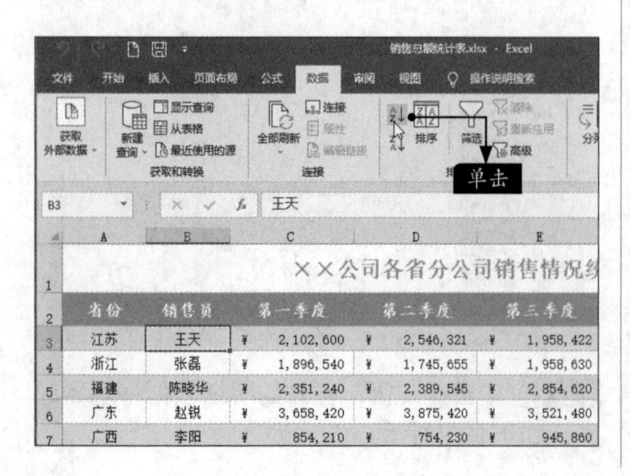

步骤02 对【销售员】列进行排序，效果如下图所示。

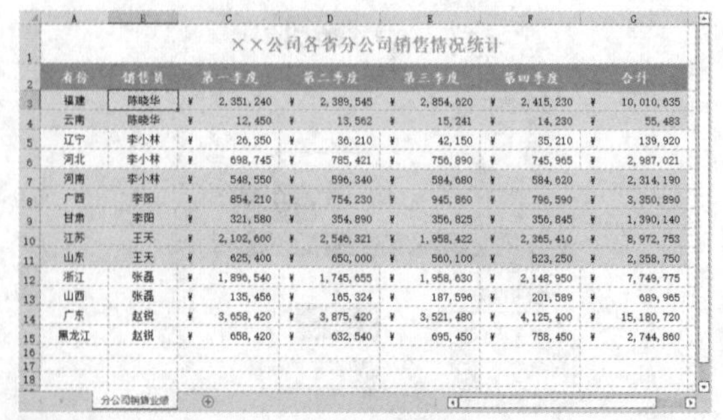

步骤03 在【数据】选项卡中，单击【分级显示】选项组中的【分类汇总】按钮，弹出【分类汇总】对话框，在【分类字段】下拉列表中选择【销售员】选项，在【汇总方式】下拉列表中

选择【求和】选项，在【选定汇总项】列表框中勾选【合计】复选框，如下图所示。

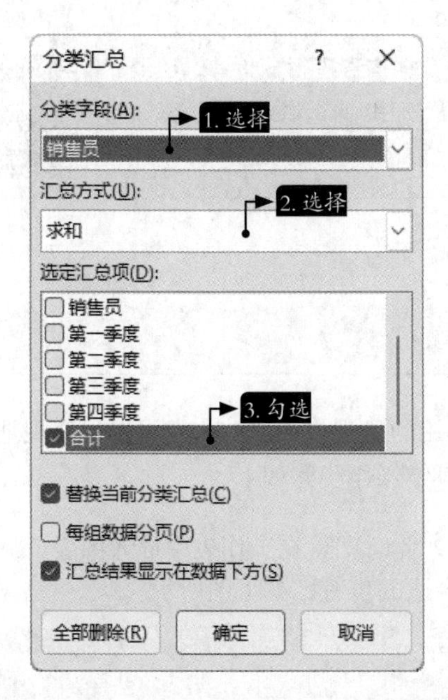

步骤04 单击【确定】按钮，得到按销售员分类汇总的数据清单，如下图所示。

步骤05 单击A5单元格左侧对应的⊟按钮，如下图所示。

步骤06 可以看到，数据清单中的第3~4行隐藏起来，同时⊟按钮变为⊞按钮，如下图所示。

小提示

在上一步操作中，再次单击⊞按钮可以将第3~4行展开。

步骤07 单击2按钮，各个地区的明细数据将隐藏起来，如下图所示。

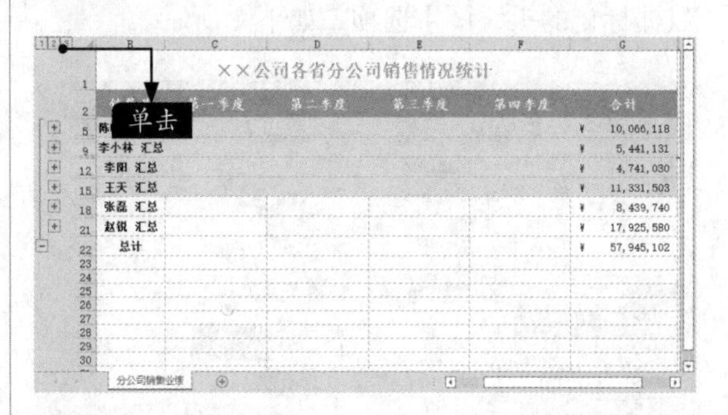

××公司各省分公司销售情况统计

销售员	第一季度	第二季度	第三季度	第四季度	合计
陈晓华 汇总					¥ 10,066,118
李小林 汇总					¥ 5,441,131
李阳 汇总					¥ 4,741,030
王天 汇总					¥ 11,331,503
张磊 汇总					¥ 8,439,740
赵锐 汇总					¥ 17,925,580
总计					¥ 57,945,102

步骤08 单击1按钮，全部的明细数据都隐藏起来，如下图所示。

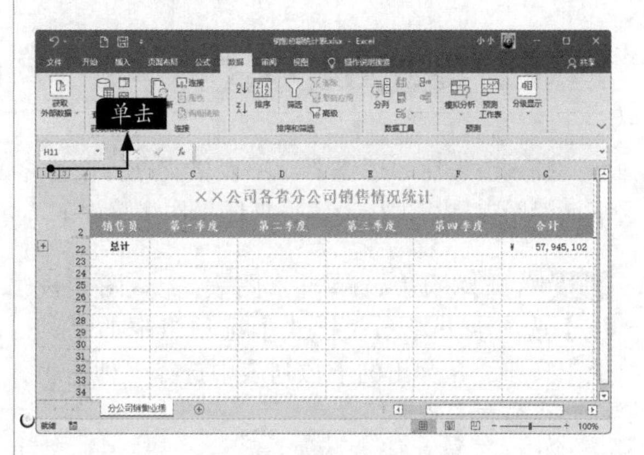

××公司各省分公司销售情况统计

销售员	第一季度	第二季度	第三季度	第四季度	合计
总计					¥ 57,945,102

本节主要讲解如何使用分类汇总功能汇总及统计不同产品的销售情况及员工的销售业绩。

14.3 制作产品销售分析图表

在对产品的销售数据进行分析时，除了对数据本身进行分析外，还经常使用图表来直观地表示产品销售状况，以及使用函数预测其他销售数据，从而方便分析数据。

产品销售分析图表的具体制作步骤如下。

14.3.1 插入销售图表

在需要对数据进行分析时，图表是Excel 2021中最常用的呈现方式之一，它可以更直观地表现数据在不同条件下的变化及趋势。下面插入销售图表，具体操作步骤如下。

步骤 01 打开“素材\ch14\产品销售统计表.xlsx”文件，选择B2:B11单元格区域。单击【插入】选项卡下【图表】选项组中的【插入折线图或面积图】按钮，在弹出的下拉列表中选择【带数据标记的折线图】选项，如下图所示。

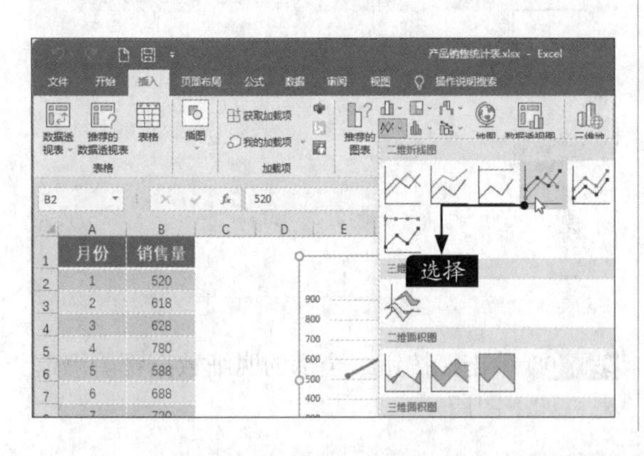

步骤 02 此时即可在工作表中插入图表，调整图表到合适的位置，如下图所示。

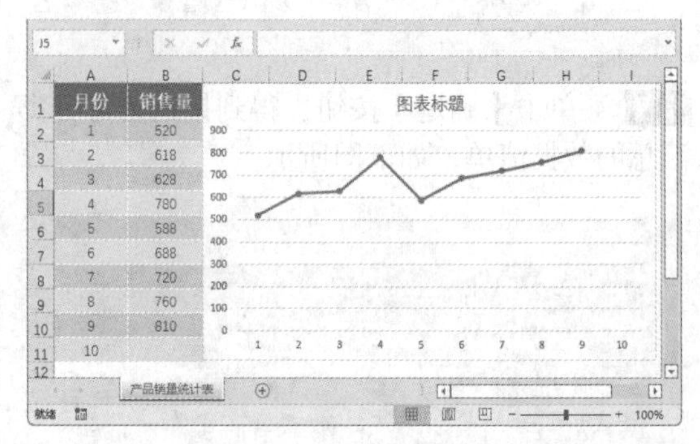

14.3.2 设置图表格式

插入图表后，还需要对图表格式进行设置。设置图表格式可以使图表更美观、数据更清晰。下面对图表格式进行设置，具体操作步骤如下。

步骤 01 选择图表，单击【图表工具-图表设计】选项卡下【图表样式】选项组中的【其他】按钮，在弹出的下拉列表中选择一种图表样式，如右图所示。

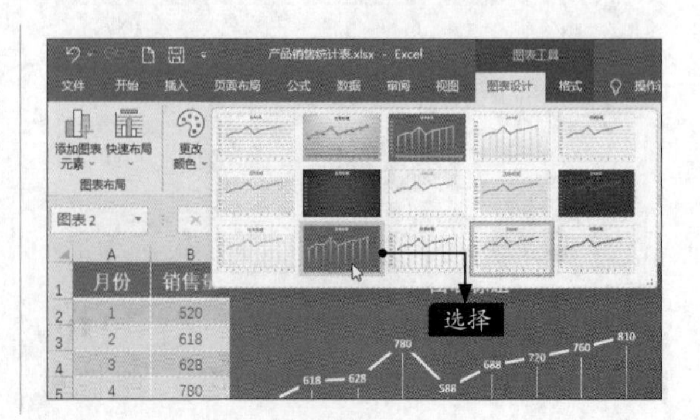

步骤02 此时即可更改图表的样式，如下图所示。

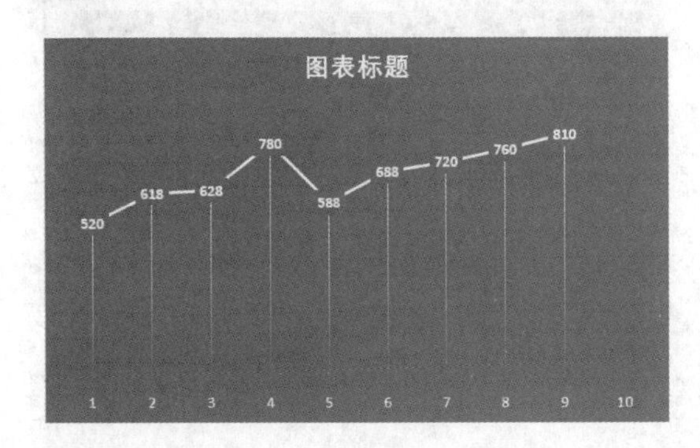

步骤03 选择图表的标题文字，单击【格式】选项卡下【艺术字样式】选项组中的【其他】按钮，在弹出的下拉列表中选择一种艺术字样式，如右上图所示。

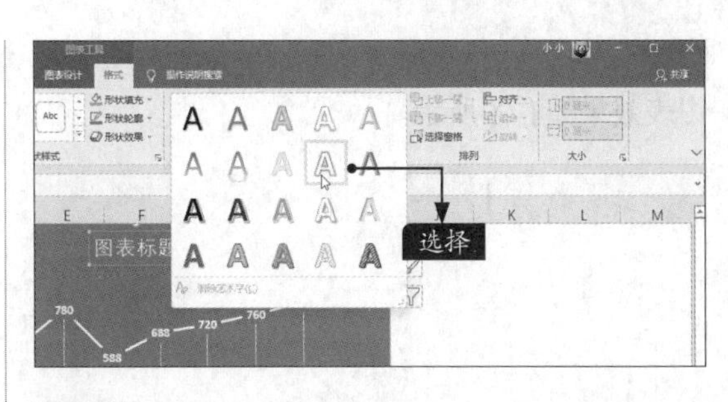

步骤04 将图表标题命名为“产品销售分析图表”，添加的艺术字效果如下图所示。

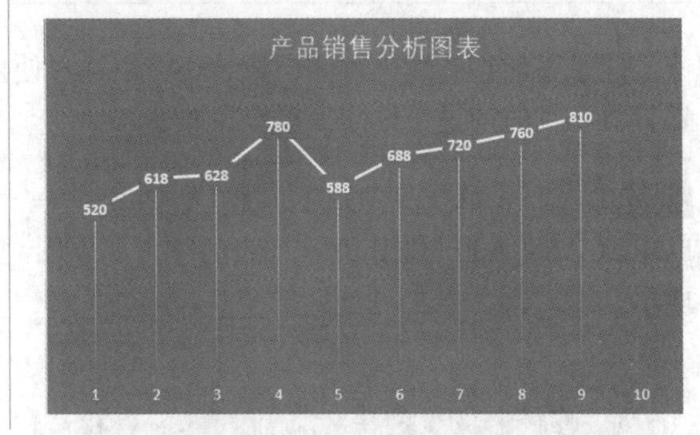

14.3.3 添加趋势线

在分析图表中，常使用趋势线进行预测研究。下面通过前9个月的销售情况，对10月的销量进行分析和预测，具体操作步骤如下。

步骤01 选择图表，单击【图表工具-图表设计】选项卡下【图表布局】选项组中的【添加图表元素】按钮，在弹出的下拉列表中选择【趋势线】中的【线性】选项，如下图所示。

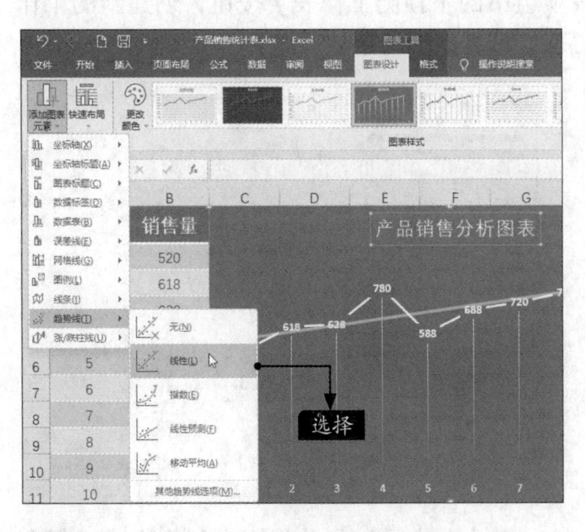

步骤02 此时即可为图表添加线性趋势线，如右上图所示。

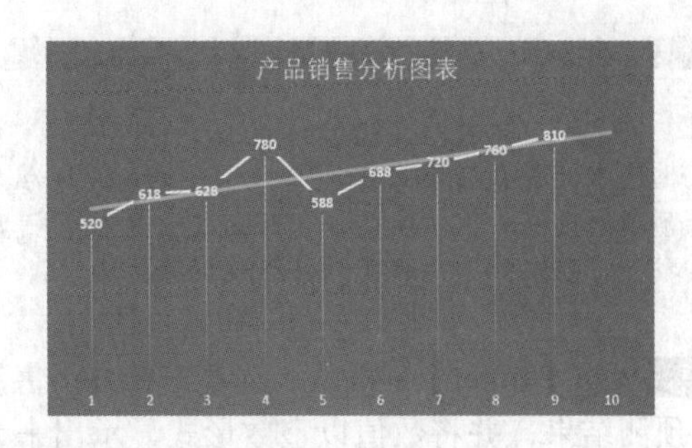

步骤03 双击趋势线，工作表右侧弹出【设置趋势线格式】窗格，在此窗格中可以设置趋势线的填充线条、效果等，如下图所示。

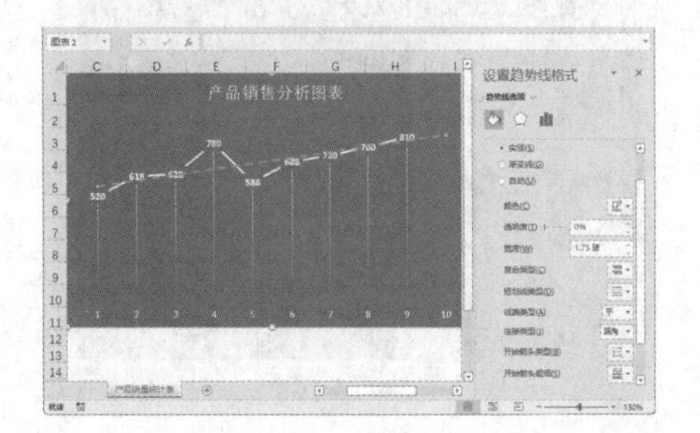

步骤04 设置好趋势线线条并填充颜色后，最终图表效果如右图所示。

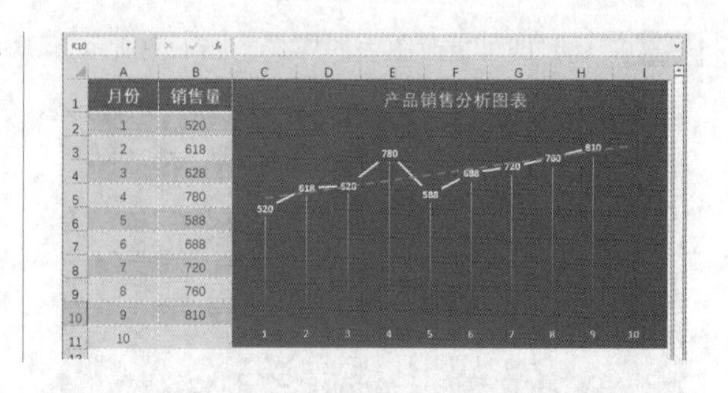

14.3.4 预测趋势量

除了添加趋势线来预测销量，还可以通过使用预测函数计算趋势量。下面通过FORECAST函数计算10月的销量，具体操作步骤如下。

步骤01 选择单元格B11，输入公式“=FORECAST(A11,B2:B10,A2:A10)”，如下图所示。

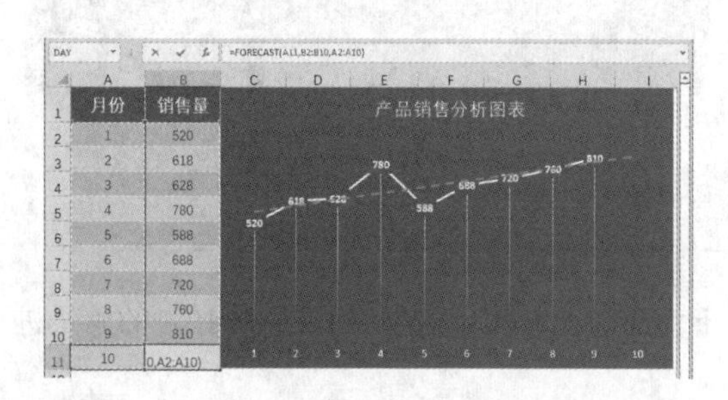

小提示

公式“=FORECAST(A11,B2:B10,A2:A10)”是根据已有的数值计算或预测未来值。“A11”为进行预测的数据点，“B2:B10”为因变量数组或数据区域，“A2:A10”为自变量数组或数据区域。

步骤02 按【Enter】键确认，计算出10月销售量的预测结果，并将数值以整数形式显示出来，如下图所示。

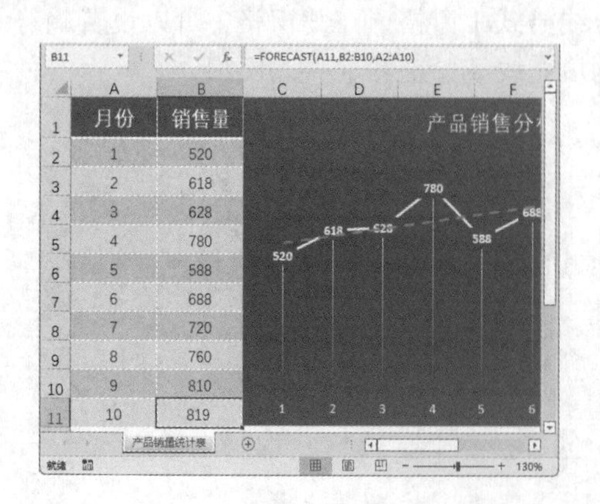

步骤03 产品销售分析图的最终效果如下图所示，保存制作好的产品销售分析图。

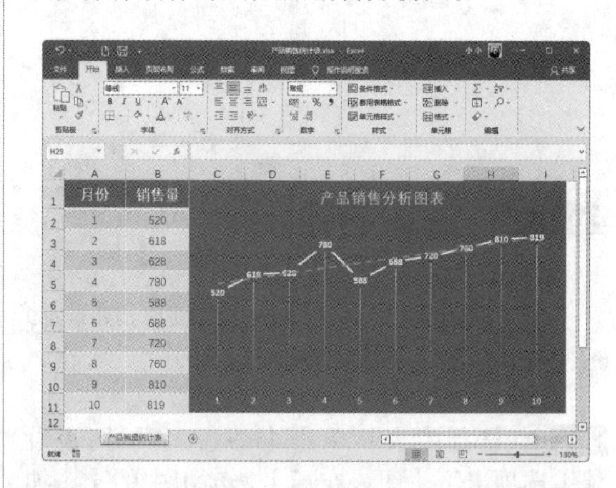

步骤04 除了使用FORECAST函数预测销售量外，还可以单击【数据】选项卡下【预测】选项组中的【预测工作表】按钮，创建新的工作表，预测数据的趋势，如下图所示。

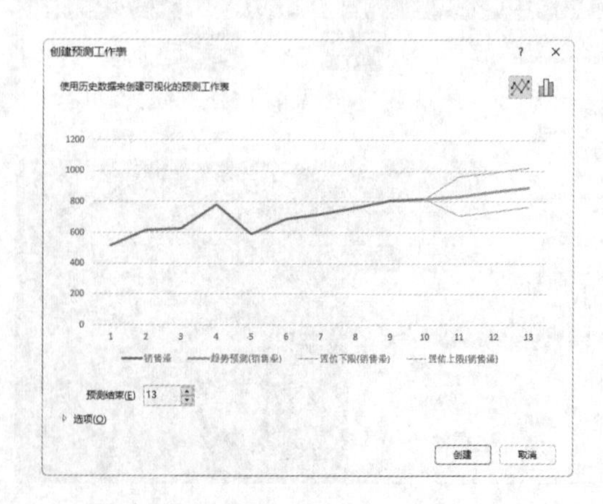

至此，产品销售分析图表制作完成，保存制作好的图表。

14.4 根据透视表分析员工销售业绩

在统计员工的销售业绩时，只通过数据很难看出差距。使用数据透视表，能够更方便地筛选与比较数据。如果想要使数据表更加美观，还可以设置数据透视表的格式。

14.4.1 创建销售业绩透视表

创建销售业绩透视表的具体操作步骤如下。

步骤01 打开“素材\ch14\销售业绩表.xlsx”文件，选择数据区域的任意单元格，单击【插入】选项卡下【表格】选项组中的【数据透视表】按钮，如下图所示。

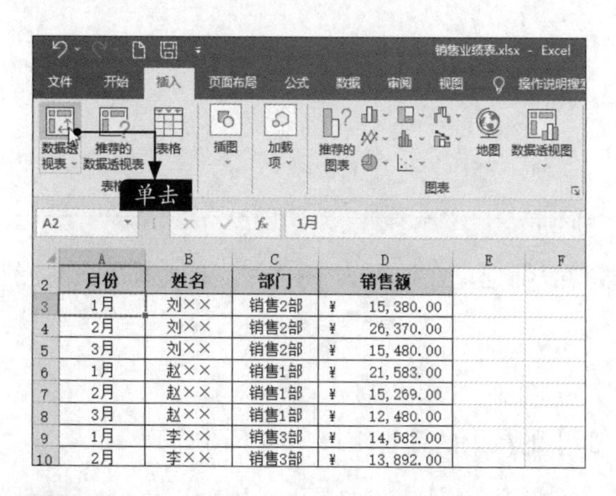

步骤02 弹出【来自表格或区域的数据透视表】对话框，在【表/区域】文本框中设置数据透视表的数据源，在【选择放置数据透视表的位置】区域选择【现有工作表】单选项，并选择存放的位置，单击【确定】按钮，如下图所示。

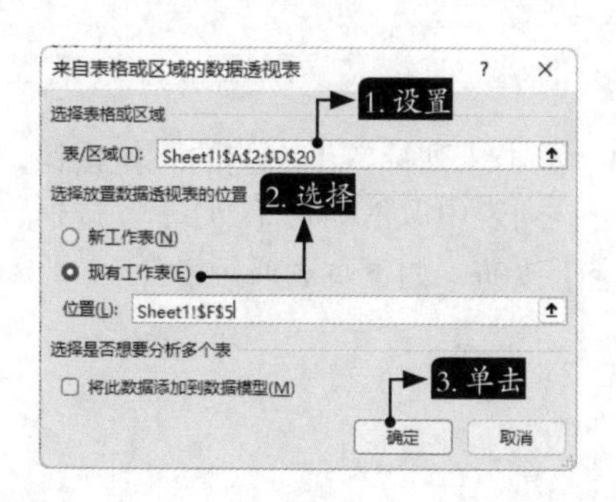

步骤03 弹出【数据透视表字段】窗格，将【销售额】字段拖曳到【Σ值】区域中，将【月份】字段拖曳到【列】区域中，将【姓名】字段拖曳至【行】区域中，将【部门】字段拖曳至【筛选】区域中，如下图所示。

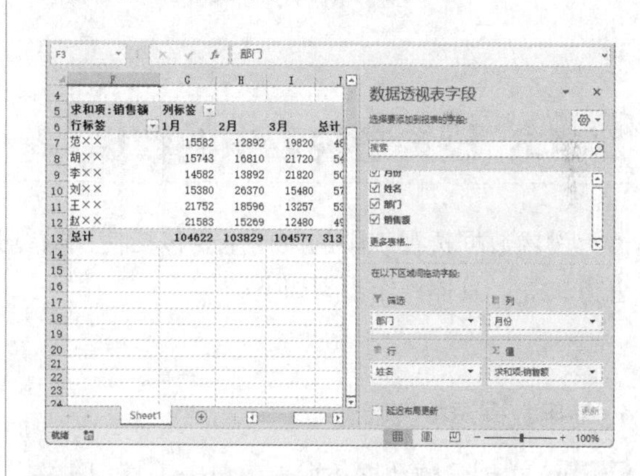

步骤04 创建的数据透视表如下图所示。

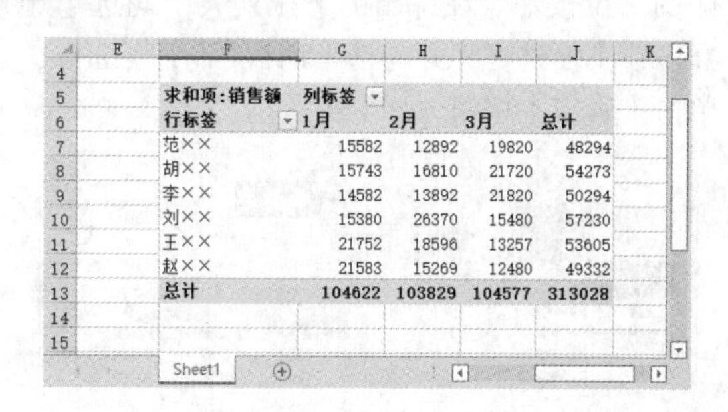

求和项:销售额	列标签			
行标签	1月	2月	3月	总计
范××	15582	12892	19820	48294
胡××	15743	16810	21720	54273
李××	14582	13892	21820	50294
刘××	15380	26370	15480	57230
王××	21752	18596	13257	53605
赵××	21583	15269	12480	49332
总计	104622	103829	104577	313028

14.4.2 美化销售业绩透视表

美化销售业绩透视表的具体操作步骤如下。

步骤01 选择创建的数据透视表，单击【数据透视表工具-设计】选项卡下【数据透视表样式】选项组中的【其他】按钮，在弹出的下拉列表中选择一种样式，如下图所示。

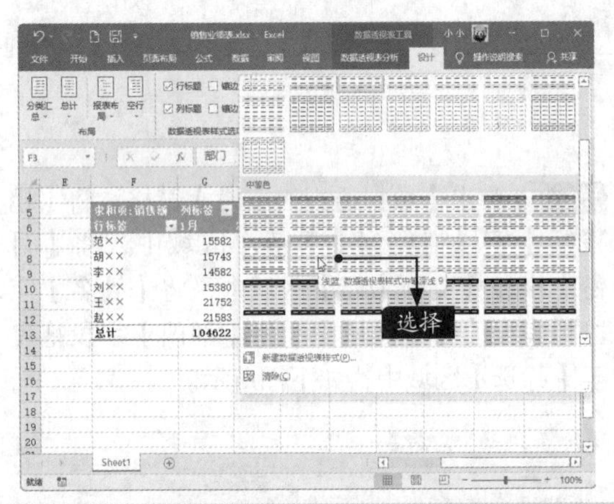

步骤02 美化后的数据透视表的效果如下图所示。

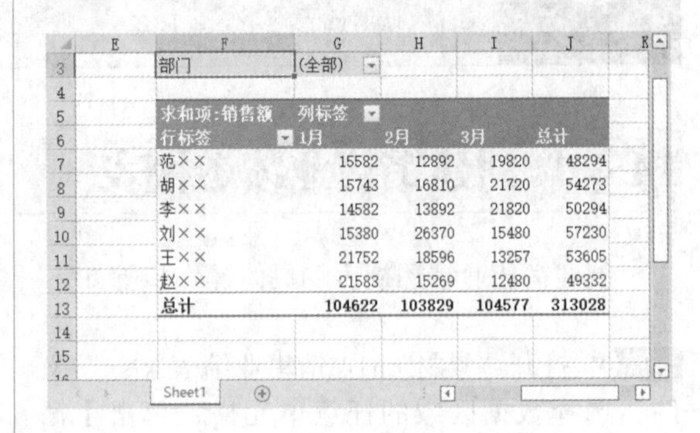

14.4.3 设置透视表中的数据

设置数据透视表中的数据主要包括使用数据透视表筛选、在透视表中排序、更改透视表的汇总方式等。具体操作步骤如下。

1. 使用数据透视表筛选

步骤01 在创建的数据透视表中单击【部门】右侧的下拉按钮，在弹出的下拉列表中勾选【选择多项】复选框，并勾选【销售1部】复选框，单击【确定】按钮，如下图所示。

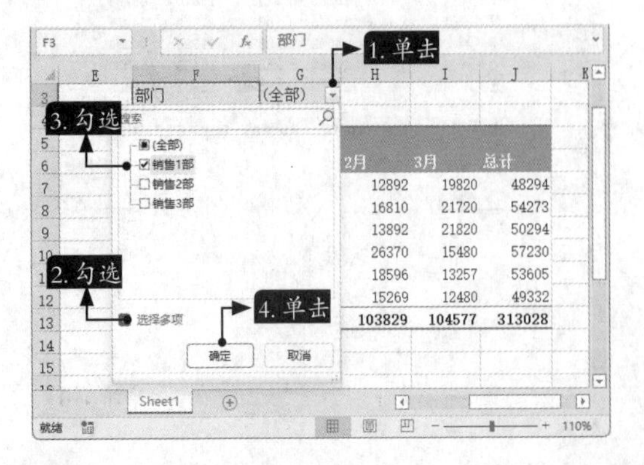

步骤02 数据透视表筛选出【部门】在【销售1部】的员工的销售结果，如下图所示。

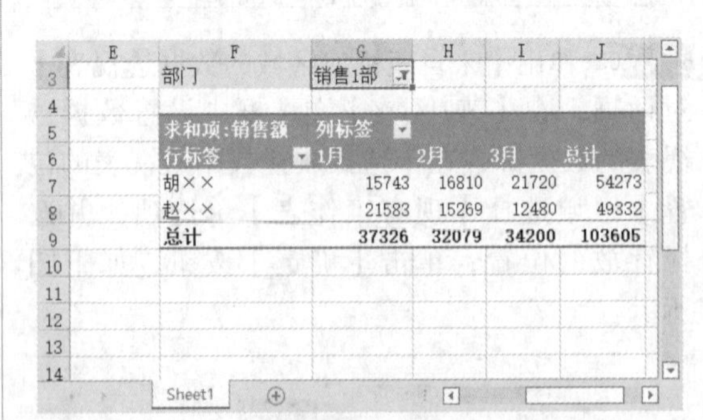

步骤03 单击【列标签】右侧的下拉按钮，在弹出的下拉列表中取消勾选【2月】复选框，单击【确定】按钮，如下页图所示。

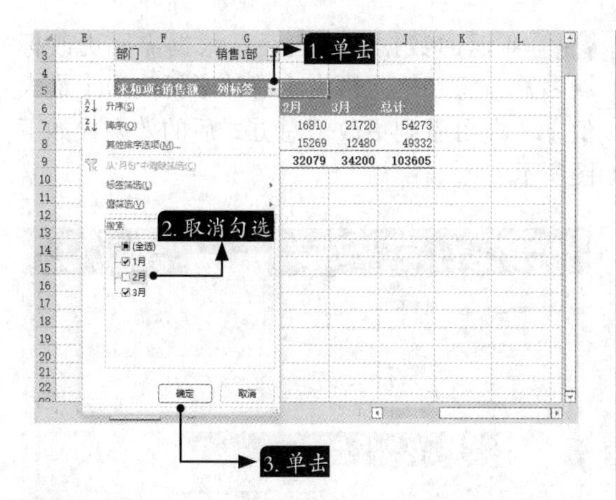

步骤04 数据透视表筛选出【部门】在【销售1部】，并且【月份】在【1月】及【3月】的员工的销售结果，如下图所示。

部门	销售1部		
求和项:销售额	列标签		
行标签	1月	3月	总计
胡××	15743	21720	37463
赵××	21583	12480	34063
总计	37326	34200	71526

2. 在透视表中排序数据

步骤01 在透视表中显示全部数据，选择H列中的任意单元格，如下图所示。

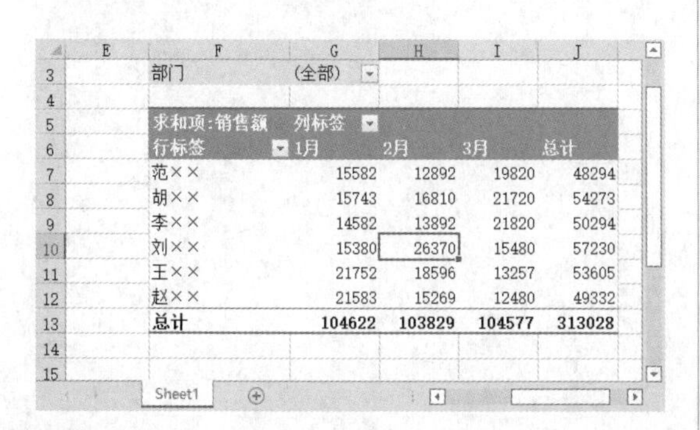

部门	(全部)			
求和项:销售额	列标签			
行标签	1月	2月	3月	总计
范××	15582	12892	19820	48294
胡××	15743	16810	21720	54273
李××	14582	13892	21820	50294
刘××	15380	26370	15480	57230
王××	21752	18596	13257	53605
赵××	21583	15269	12480	49332
总计	104622	103829	104577	313028

步骤02 单击【数据】选项卡下【排序和筛选】选项组中的【升序】按钮或【降序】按钮，即可根据该列数据进行排序。右上图所示为对H列升序排列后的效果。

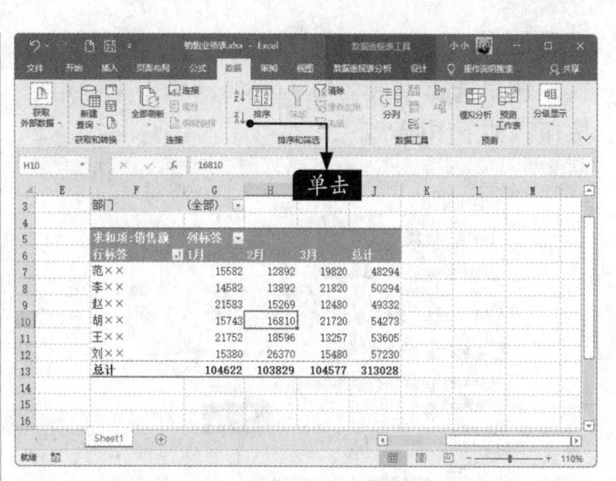

部门	(全部)			
求和项:销售额	列标签			
行标签	1月	2月	3月	总计
范××	15582	12892	19820	48294
李××	14582	13892	21820	50294
赵××	21583	15269	12480	49332
胡××	15743	16810	21720	54273
王××	21752	18596	13257	53605
刘××	15380	26370	15480	57230
总计	104622	103829	104577	313028

3. 更改汇总方式

步骤01 单击【数据透视表字段】窗格中【Σ值】列表框中的【求和项：销售额】右侧的下拉按钮，在弹出的下拉列表中选择【值字段设置】选项，如下图所示。

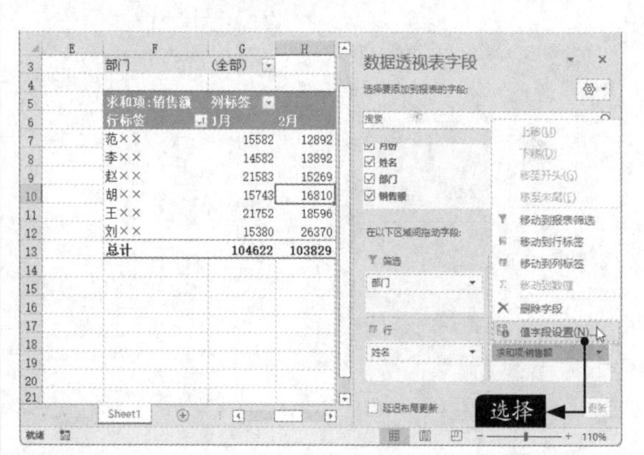

步骤02 弹出【值字段设置】对话框，如下图所示。

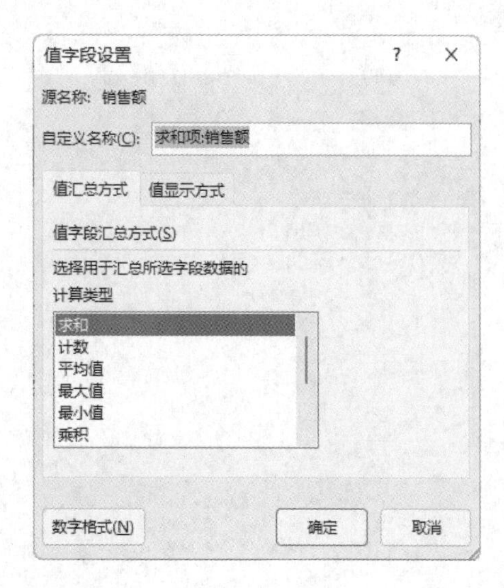

步骤03 在【计算类型】列表框中选择汇总方式，这里选择【最大值】选项，单击【确定】按钮，如下图所示。

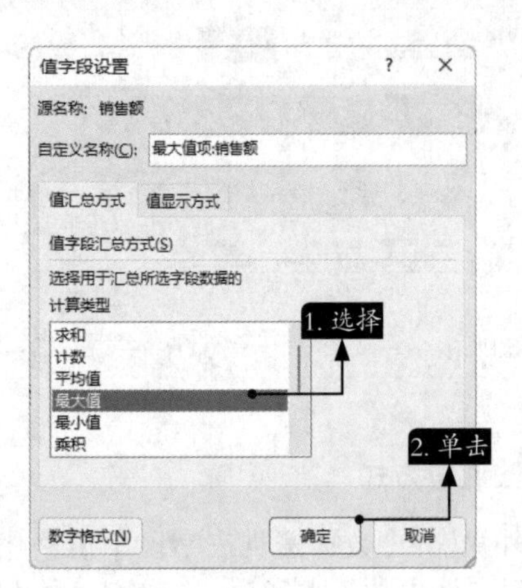

步骤04 返回数据透视表后，根据需要更改标题名称，将J6单元格由【总计】更改为【最大值】，即可看到更改汇总方式后的效果，如下图所示。

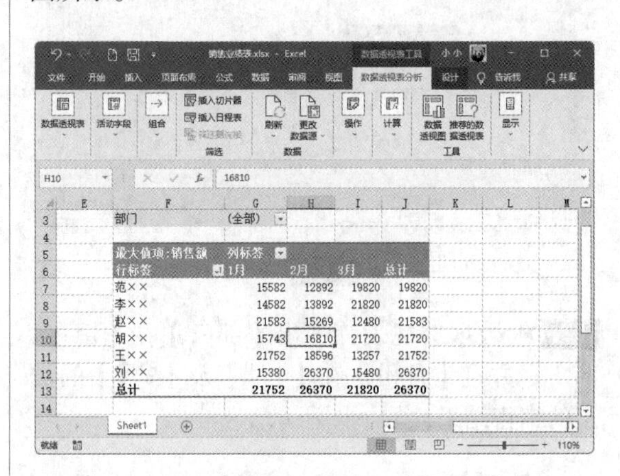

部门	(全部)			
最大值项:销售额	列标签			
行标签	1月	2月	3月	总计
范××	15582	12892	19820	19820
李××	14582	13892	21820	21820
赵××	21583	15269	12480	21583
胡××	15743	16810	21720	21720
王××	21752	18596	13257	21752
刘××	15380	26370	15480	26370
总计	21752	26370	21820	26370

第15章

宏与VBA

学习目标

本章主要介绍宏与VBA的基础知识与应用，包括宏的应用、VBA的应用基础及用户窗体和控件的应用等知识。

学习效果

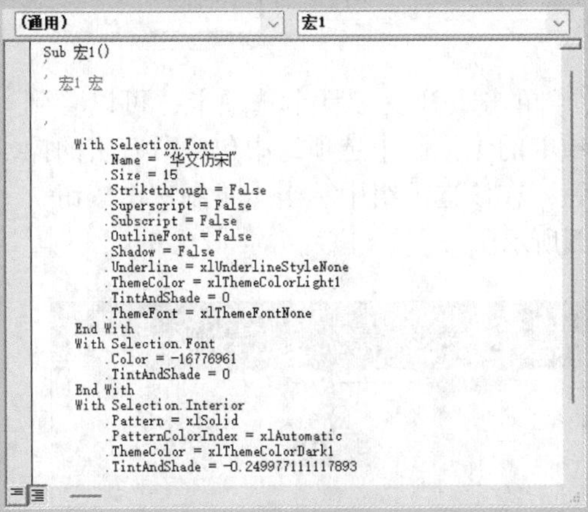

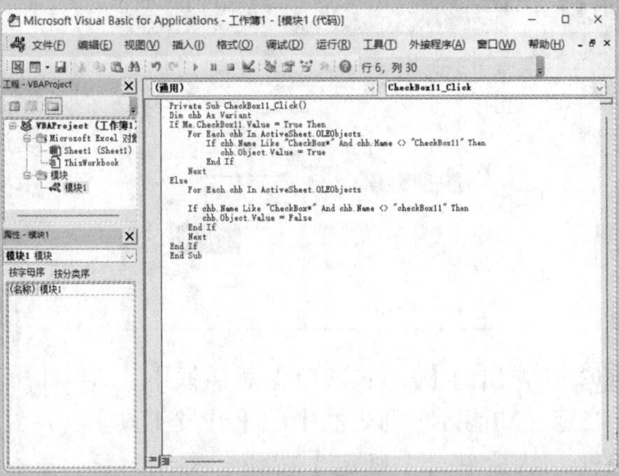

15.1 宏的创建与应用

宏是由一系列的命令和操作指令组成的用来完成特定任务的指令集合。Visual Basic for Applications（VBA）是一种Visual Basic的宏语言。

宏实际上是一个Visual Basic程序，它可以是任意操作或操作的任意组合。无论以何种方式创建的宏，最终都可以转换为Visual Basic的代码形式。

如果要在Excel 2021中重复进行某项工作，可用宏使其自动执行。宏是将一系列的Excel命令和指令组合在一起形成一组命令，用以实现任务执行的自动化。用户可以创建并执行一个宏，以替代人工进行一系列费时而重复的操作。

本节介绍宏的创建、运行、管理及安全设置等内容。

15.1.1 创建宏

宏的用途非常广泛，其中典型的应用就是可将多个选项组合成一个选项集合，以加快日常编辑或格式的设置速度，使一系列复杂的任务得以自动执行，从而简化用户所做的操作。

1. 录制宏

在Excel 2021中进行的任何操作都能记录在宏中，可以通过录制的方法来创建宏，这一过程称为录制宏。在Excel 2021中录制宏的具体操作步骤如下。

步骤 01 在Excel 2021功能区的任意空白处单击鼠标右键，在弹出的快捷菜单中选择【自定义功能区】命令，如下图所示。

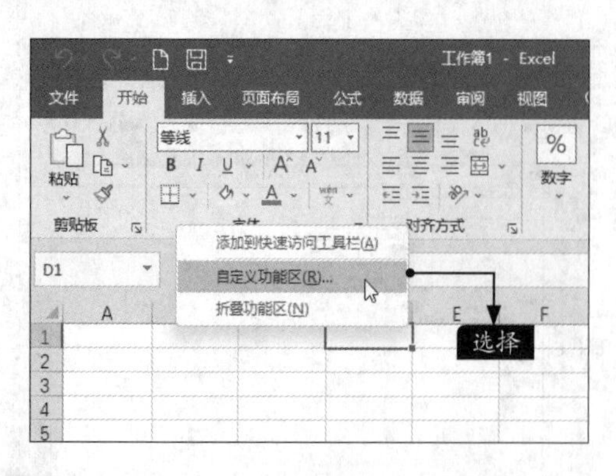

步骤 02 在弹出的【Excel选项】对话框中，勾选【自定义功能区】列表框中的【开发工具】复选框，然后单击【确定】按钮，关闭对话框，如右上图所示。

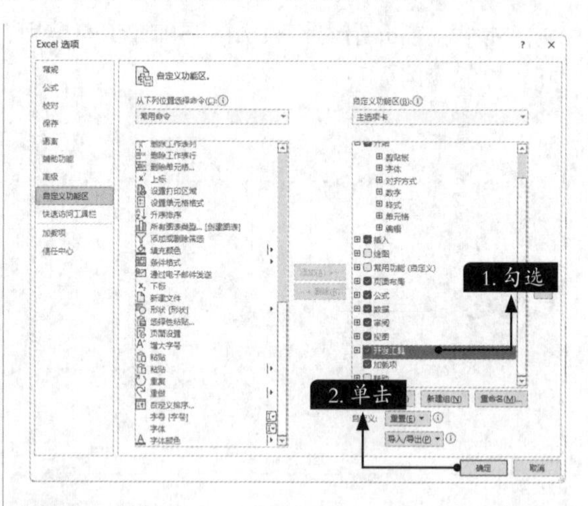

步骤 03 单击【开发工具】选项卡，可以看到该选项卡的【代码】选项组中包含所有宏的操作按钮，在该选项组中单击【录制宏】按钮，如下图所示。

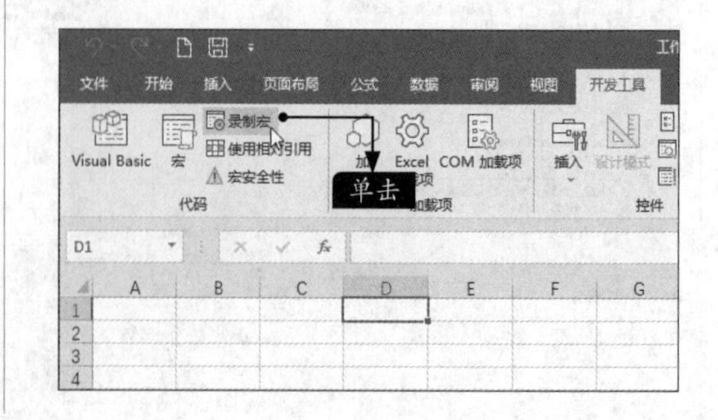

小提示

也可以直接在状态栏上单击【录制宏】按钮。

步骤04 弹出【录制宏】对话框，在此对话框中可设置宏的名称、快捷键、宏的保存位置和宏的说明，设置完成后单击【确定】按钮，返回工作表，即可进行宏的录制，如下图所示。录制完成后单击【停止录制】按钮，即可结束宏的录制。

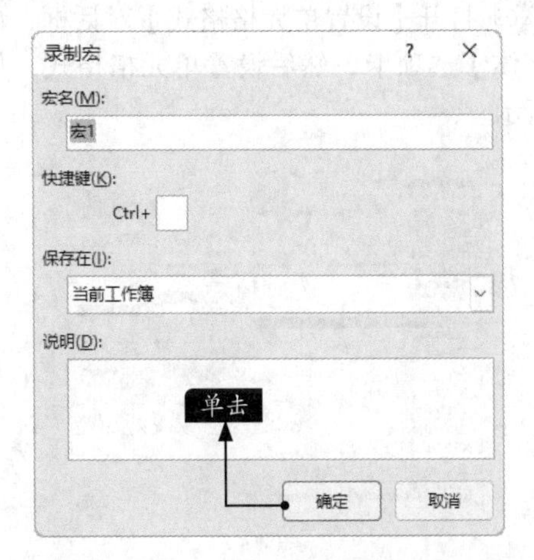

小提示

该对话框中各个选项的含义如下。

宏名：宏的名称。默认为Excel提供的名称，如宏1、宏2等。

快捷键：用户可以自己指定一个按键组合来执行这个宏，该按键组合总是使用【Ctrl】键和一个其他的按键。还可以在输入字母的同时按【Shift】键。

保存在：宏所在的位置。

说明：宏的描述信息。Excel默认插入用户名称和时间，用户还可以添加更多的信息。

单击【确定】按钮，即可开始记录用户的活动。

2. 使用Visual Basic创建宏

用户还可以通过使用Visual Basic创建宏，具体操作步骤如下。

步骤01 单击【开发工具】选项卡下【代码】选项组中的【Visual Basic】按钮，如右上图所示。

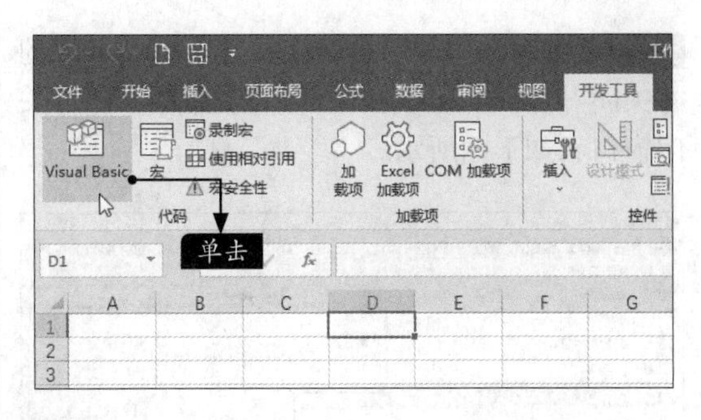

步骤02 打开【Microsoft Visual Basic for Applications-工作簿1】窗口，选择【插入】选项卡下的【模块】命令，如下图所示，弹出【Microsoft Visual Basic for Applications-工作簿1-[模板1（代码）]】窗口。

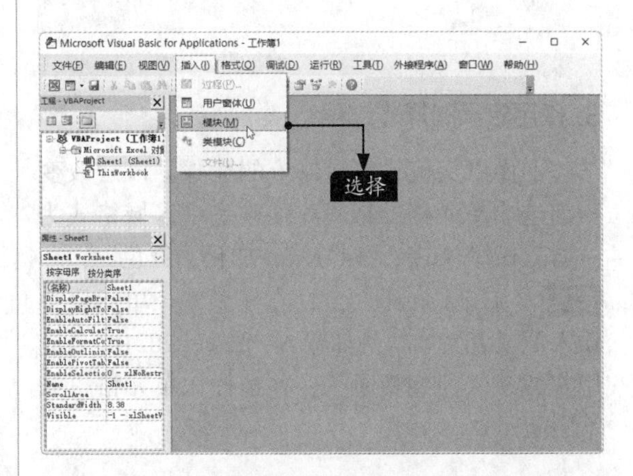

小提示

按【Alt+F11】组合键，可以快速打开【Microsoft Visual Basic for Applications-工作簿1】窗口。

步骤03 将需要设置的代码输入或复制到【Microsoft Visual Basic for Applications-工作簿1-[模板1（代码）]】窗口中，如下图所示。

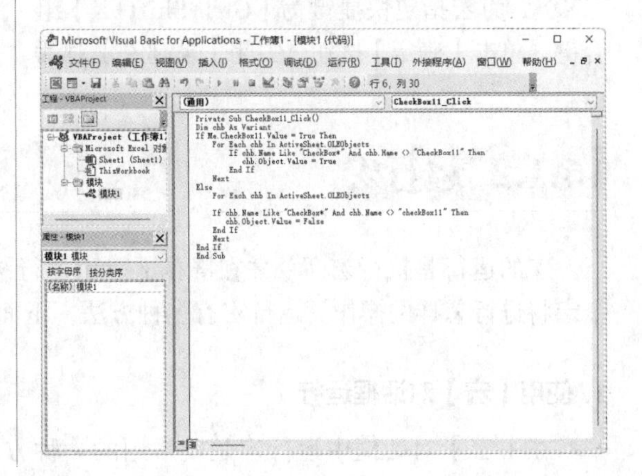

步骤04 编写完宏后，选择【文件】选项卡下的【关闭并返回到Microsoft Excel】命令，即可关闭窗口，如下图所示。

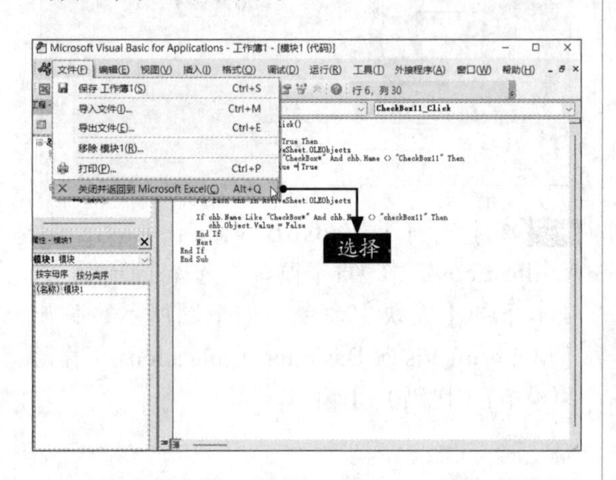

3. 使用宏录制操作过程

下面以实例讲解录制宏的步骤。该宏改变当前选中单元格的格式，使被选中区域格式为“方正楷体_GBK，14号字，加粗，红色”。

步骤01 启动Excel 2021，在任意一个单元格中输入值或者文本，例如输入“Excel 2021办公应用实战从入门到精通”，并选择该单元格，如下图所示。

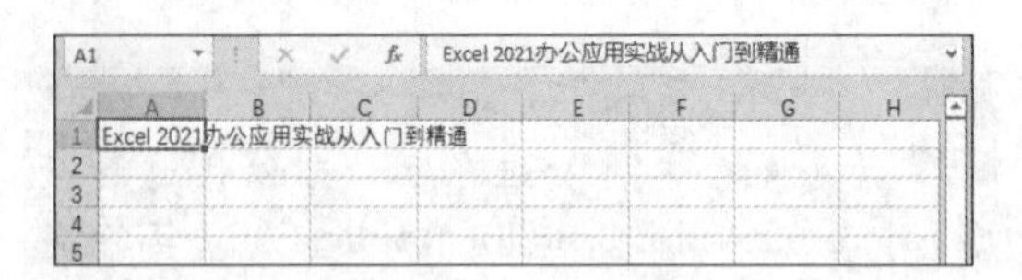

步骤02 单击【开发工具】选项卡下【代码】选项组中的【录制宏】按钮，弹出【录制宏】对话框。在该对话框中输入宏名称“changeStyle”，按住【Shift】键在【快捷键】文本框中输入“X”，为宏指定快捷键为【Ctrl+Shift+X】组合键，单击【确定】按钮，关闭【录制宏】对话框，如下图所示。

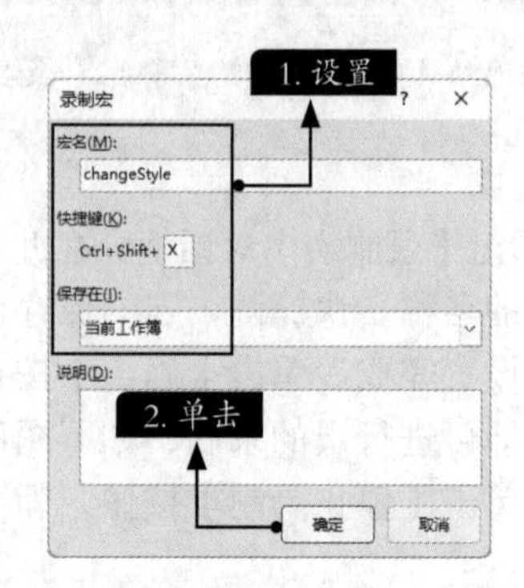

步骤03 打开【设置单元格格式】对话框，单击【字体】选项卡，然后设置单元格格式，如下图所示。

步骤04 单击【开发工具】选项卡下【代码】选项组中的【停止录制】按钮，完成宏的录制，如下图所示。

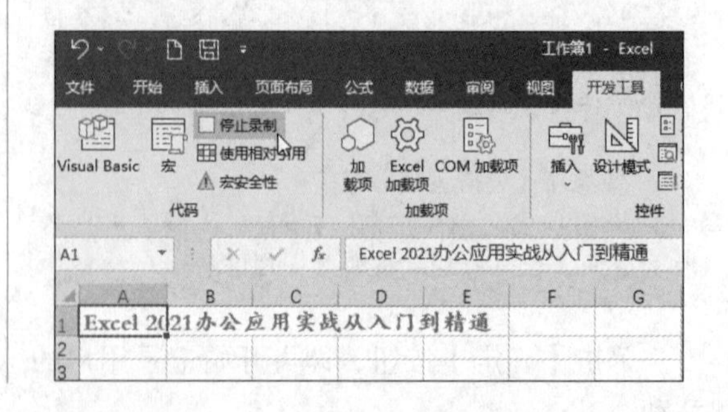

15.1.2 运行宏

宏的运行是执行宏命令并在屏幕上显示运行结果的过程。在运行一个宏之前，首先要明确这个宏将进行怎样的操作。运行宏有多种方法，下面将具体介绍。

1. 使用【宏】对话框运行

在【宏】对话框中运行宏是较常用的一种方法。使用【宏】对话框运行宏的具体操作步骤如下。

步骤01 打开“素材\ch15\运行宏.xlsm”文件，并选择A2:A4单元格区域，如下图所示。

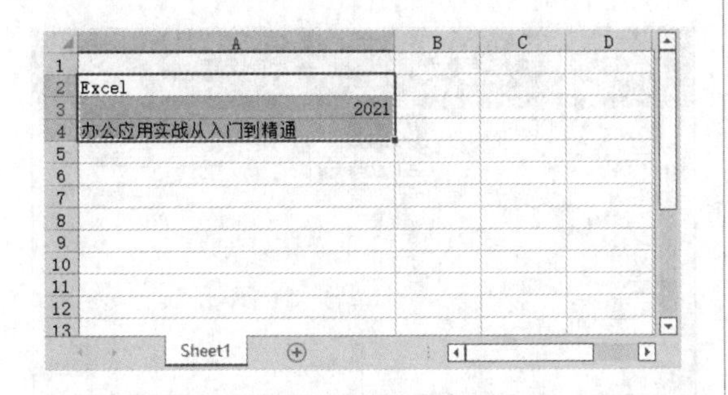

小提示

创建宏时，打开的工作簿不能关闭。

步骤02 按【Alt+F8】组合键，打开【宏】对话框，如下图所示。

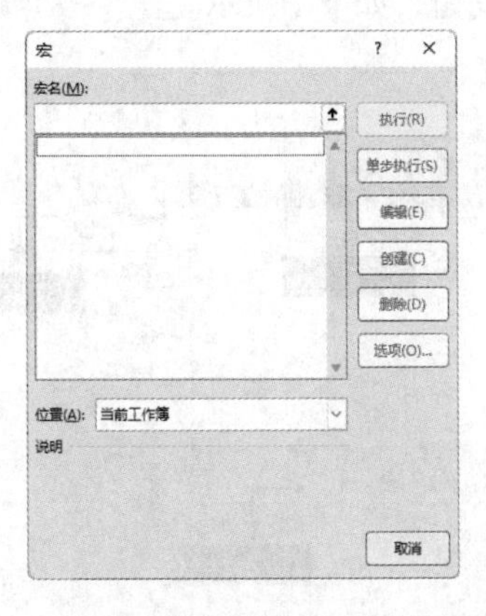

步骤03 在【位置】下拉列表中选择【所有打开的工作簿】选项，在【宏名】列表框中就会显示出所有能够使用的宏命令。选择要执行的宏，单击【执行】按钮即可执行宏命令，如下图所示。

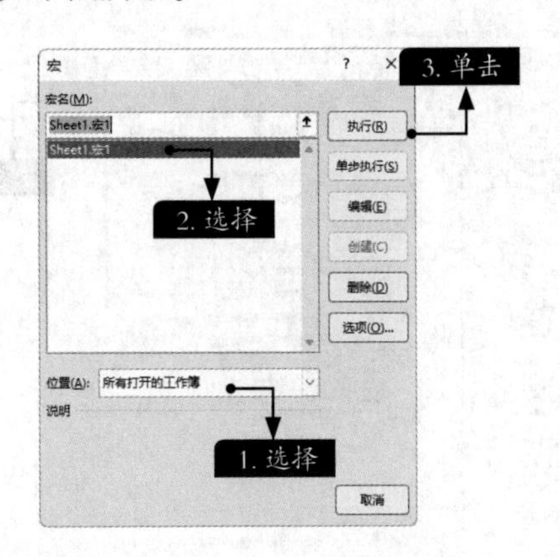

步骤04 此时即可看到对所选择内容执行宏命令后的效果，如下图所示。

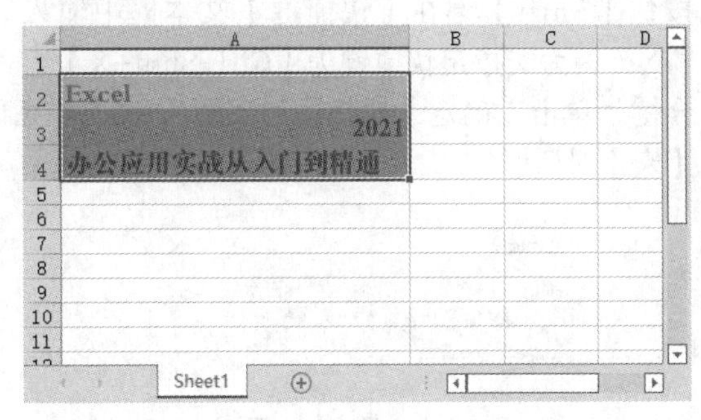

2. 为宏设置快捷键

可以为宏设置快捷键，便于宏的执行。为录制的宏设置快捷键并运行宏的具体操作步骤如下。

步骤01 打开“素材\ch15\运行宏.xlsm”文件，并选择A2:A4单元格区域，如下图所示。

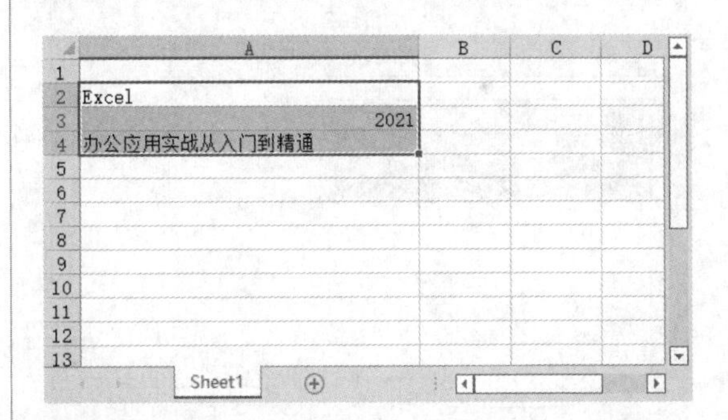

步骤02 按【Alt+F8】组合键，打开【宏】对话框。在【位置】下拉列表中选择【所有打开的工作簿】选项，在【宏名】列表框中就会显示出所有能够使用的宏命令。选择要执行的宏，单击【选项】按钮，如下图所示。

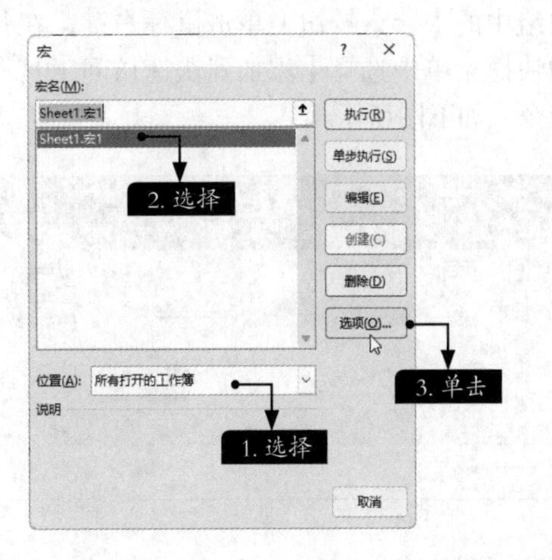

步骤 03 弹出【宏选项】对话框，在【快捷键】后的文本框中输入要设置的快捷键。按住【Shift】键在【快捷键】文本框中输入“X”，为宏指定快捷键为【Ctrl+Shift+X】组合键，单击【确定】按钮，如下图所示，关闭【宏】对话框。

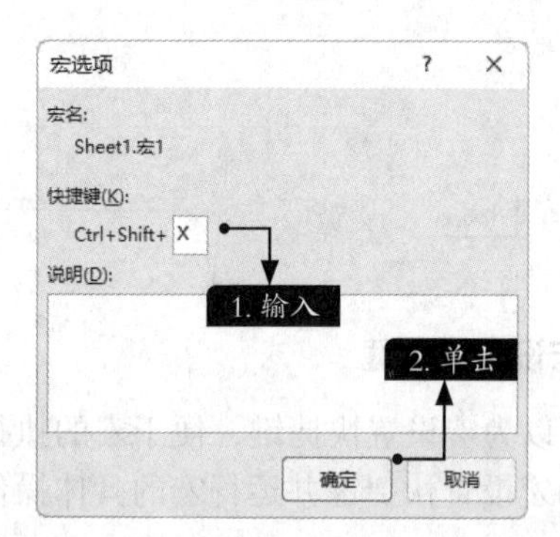

步骤 04 按【Ctrl+Shift+X】组合键，即可看到对所选内容执行宏命令后的效果，如下图所示。

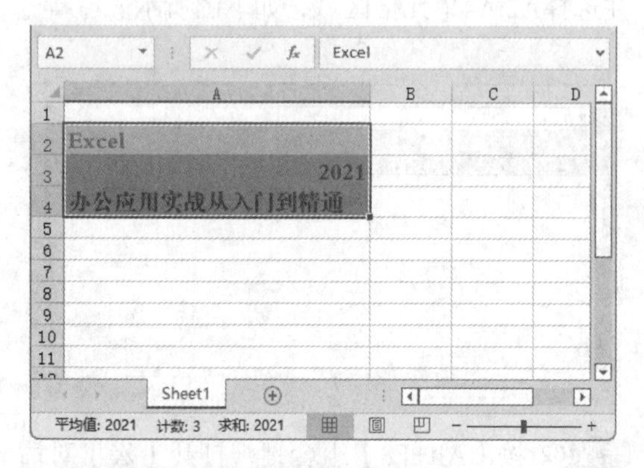

3. 使用快速访问工具栏运行宏

可以将宏命令添加至快速访问工具栏中，方便快速执行宏命令。

步骤 01 在【开发工具】选项卡下【代码】选项组中的【宏】按钮上单击鼠标右键，在弹出的快捷菜单中选择【添加到快速访问工具栏】命令，如下图所示。

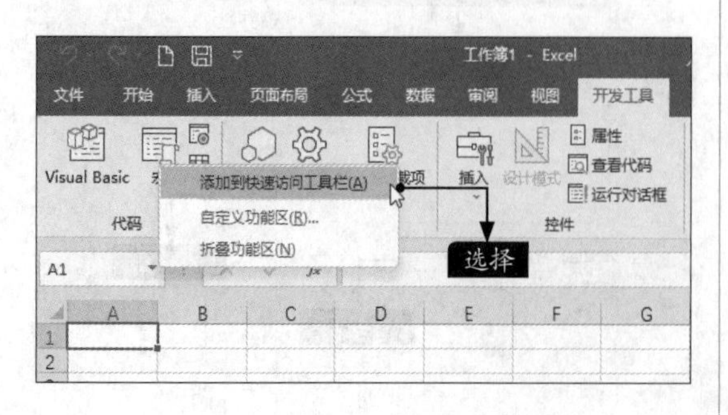

步骤 02 此时即可将宏命令添加至快速访问工具栏，单击【宏】按钮，如下图所示，即可弹出【宏】对话框来运行宏。

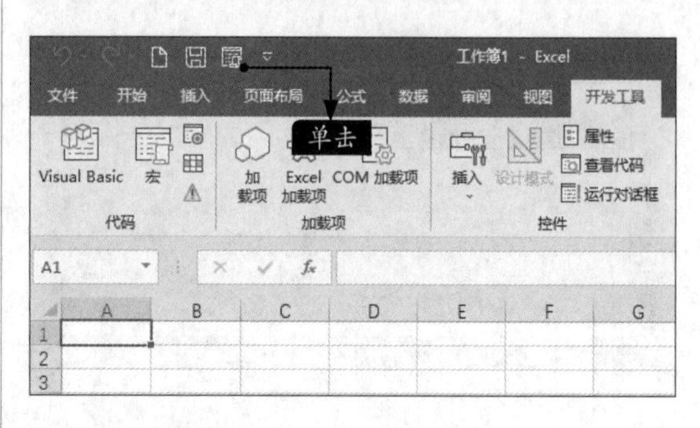

4. 单步运行宏

单步运行宏的具体操作步骤如下。

步骤 01 打开【宏】对话框，在【位置】下拉列表中选择【所有打开的工作簿】选项，在【宏名】列表框中选择宏命令，单击【单步执行】按钮，如下图所示。

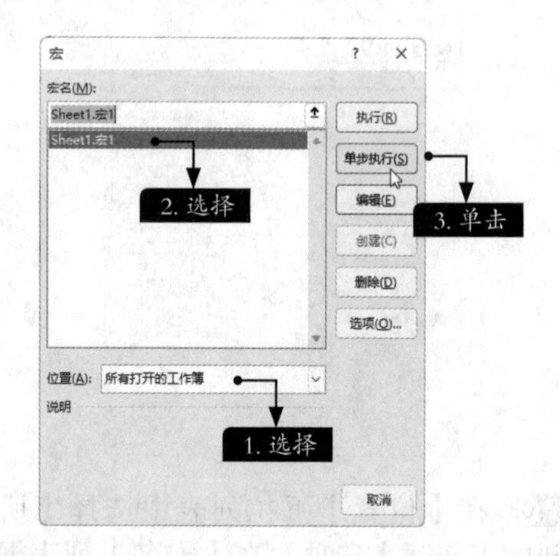

步骤 02 弹出编辑窗口，选择【调试】选项卡下的【逐语句】命令，即可单步运行宏，如下图所示。

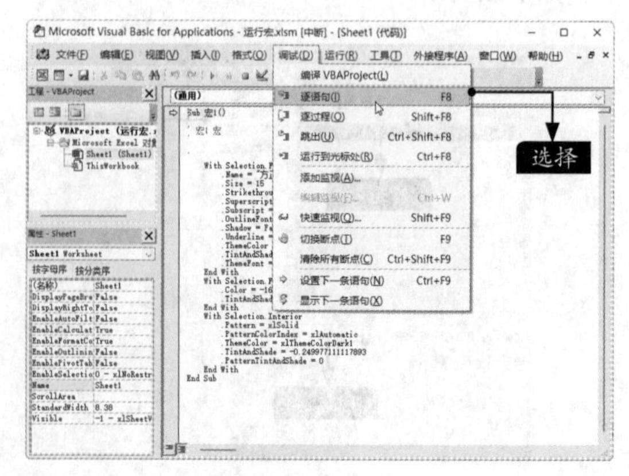

15.1.3 管理宏

在创建及运行宏后，用户可以对创建的宏进行管理，包括编辑宏、删除宏和加载宏等。

1. 编辑宏

在创建宏之后，用户可以在Visual Basic编辑器中打开宏并进行编辑和调试。

步骤01 打开【宏】对话框，在【宏名】列表框中选择需要修改的宏的名称，单击【编辑】按钮，如下图所示。

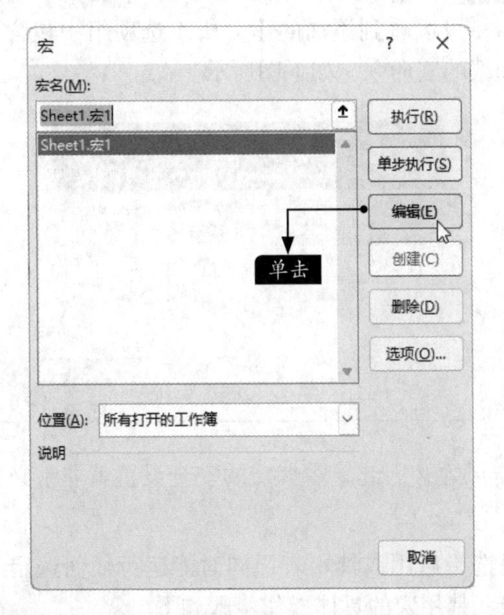

步骤02 此时即可打开编辑窗口，如下图所示。

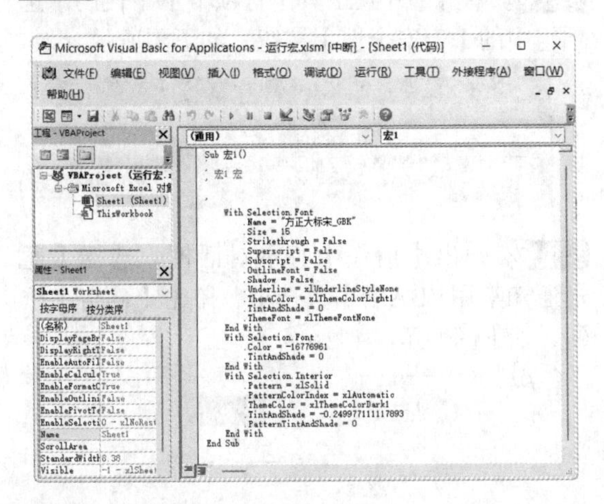

步骤03 根据需要修改宏命令，如将“.Name="方正大标宋_GBK"”修改为“.Name = "华文仿宋"”，按【Ctrl+S】组合键保存，完成宏的编辑，如右上图所示。

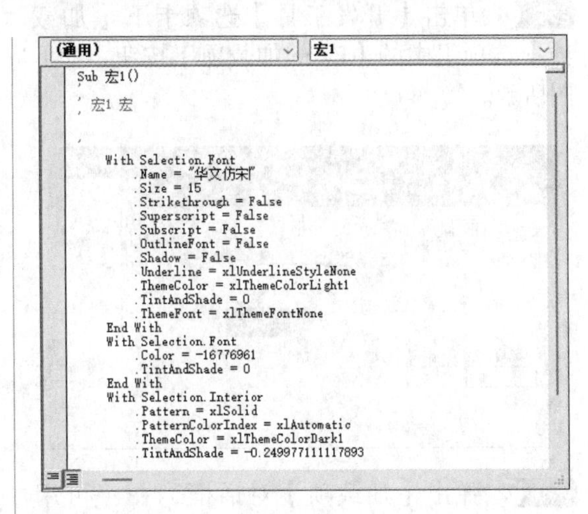

2. 删除宏

删除宏的操作非常简单，打开【宏】对话框，选择需要删除的宏的名称，单击【删除】按钮即可将宏删除，如下图所示。选择需要修改的宏命令内容，按【Delete】键也可以将宏删除。

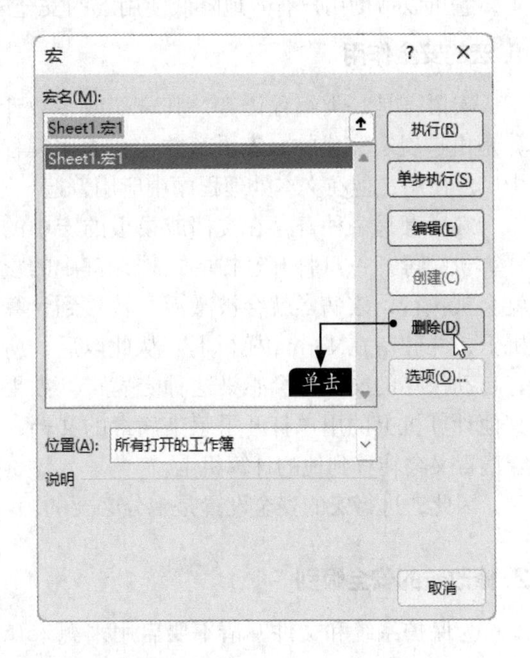

3. 加载宏

加载宏是Excel 2021中较常用的功能之一，

它提供附加功能和命令。下面以加载【分析工具库】和【规划求解加载项】为例，介绍加载宏的具体操作步骤。

步骤 01 单击【开发工具】选项卡下【加载项】选项组中的【Excel加载项】按钮，如下图所示。

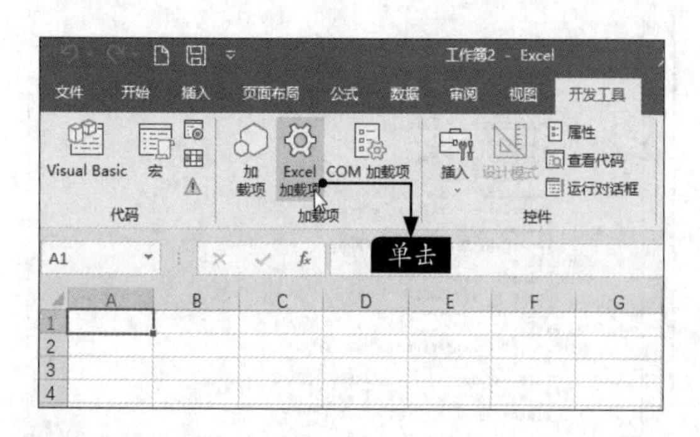

步骤 02 弹出【加载项】对话框，在【可用加载宏】列表框中勾选需要的复选框，单击【确定】按钮，如右上图所示。

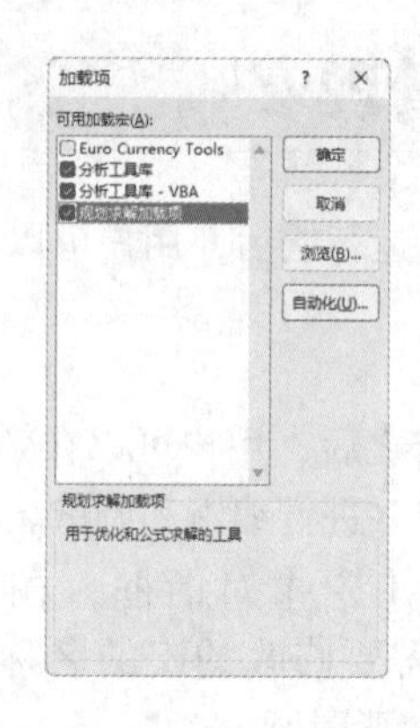

步骤 03 返回Excel 2021，单击【数据】选项卡，可以看到添加的【分析】选项组中包含了加载的宏命令，如下图所示。

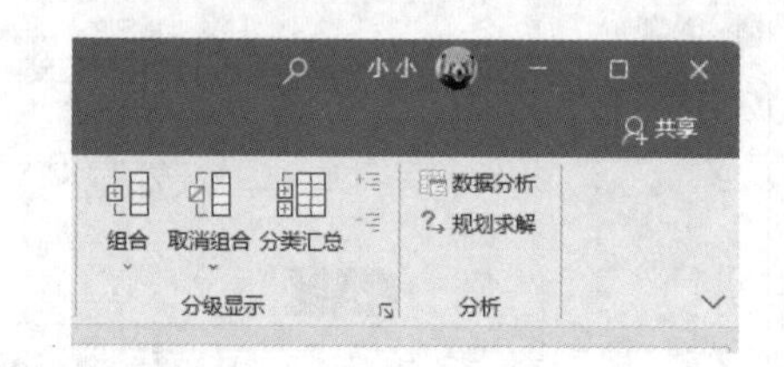

15.1.4 宏的安全设置

宏在为用户带来方便的同时也带来了潜在的安全风险，因此，掌握宏的安全设置就非常必要了，它可以帮助用户有效地降低使用宏的安全风险。

1. 宏的安全作用

宏语言是一类编程语言，其全部或多数计算是由扩展宏完成的。宏语言并未在通用编程中广泛使用，但在文本处理程序中应用普遍。

宏病毒是一种寄存在文档或模板的宏中的计算机病毒。一旦打开这样的文档，其中的宏就会被执行，宏病毒就会被激活，转移到计算机上，并驻留在Normal模板上。从此以后，所有自动保存的文档都会感染这种宏病毒。如果其他计算机上的用户打开了感染病毒的文档，宏病毒又会转移到他的计算机上。

因此，进行宏的安全设置是十分必要的。

2. 修改宏的安全级别

为保护系统和文件，请不要启用来源未知的宏。如果想有选择地启用或禁用宏，并能够访问需要的宏，可以将宏的安全级别设置为【中】。这样，在打开包含宏的文件时，就可以选择启用或禁用宏，同时能运行任何选定的宏。禁用宏的具体操作步骤如下。

步骤 01 单击【开发工具】选项卡下【代码】选项组中的【宏安全性】按钮，如下图所示。

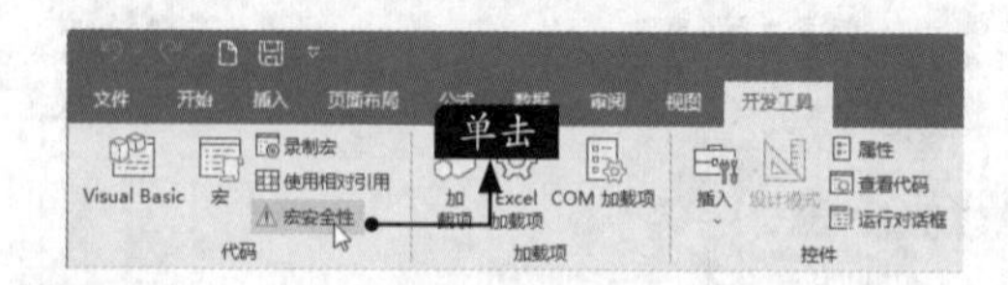

步骤 02 弹出【信任中心】对话框，选择【通过通知禁用VBA宏】单选项，单击【确定】按钮，如下图所示。

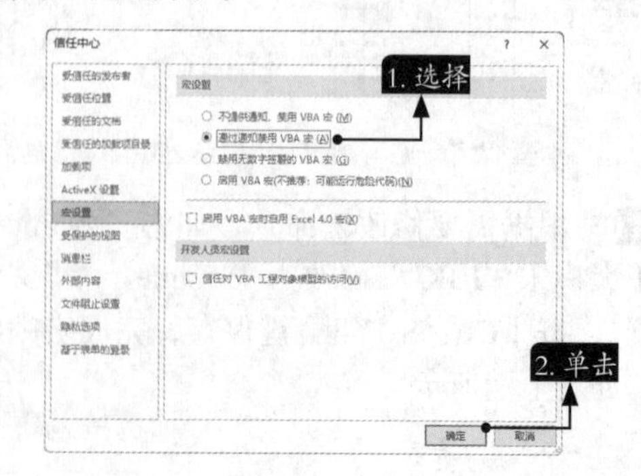

15.2 认识VBA

VBA（Visual Basic for Applications）是微软公司在其Office办公系列软件中内嵌的一种应用程序开发工具。

VBA是一种应用程序自动化语言。应用程序自动化是指通过脚本让应用程序（如Excel、Word）自动完成一些工作。例如，在Excel里自动设置单元格的格式、给单元格填充某些内容、自动计算等，而使宏完成这些工作的正是VBA。

15.2.1 VBA能够完成的工作

VBA在其功能不断增强的同时，其应用领域也在逐步扩大，不仅包括文秘与行政办公数据的处理，还包括财务初级管理、市场营销数据管理和经济统计管理，以及企业经营分析与生产预测等相关领域。通过VBA主要可以完成以下工作。

（1）加强应用程序之间的互动，帮助使用者根据自己的需要在Office环境中进行功能模块的定制和开发。

（2）将复杂的工作简单化，重复的工作便捷化。

（3）创建自定义函数，实现Office内置函数未提供的功能。

（4）自定义界面环境。

（5）通过对象链接与嵌入（Object Linking and Embedding，OLE）技术与Office办公系列软件中的组件进行数据交互，从而跨程序完成任务。

15.2.2 VBA与VB的联系与区别

微软公司在结合VB（Visual Basic）与Office的优点后推出了VBA，那么VBA和VB之间有什么联系呢？实际上，可以将VBA看作应用程序开发语言VB的子集，VBA和VB在结构上非常相似，当然二者也有区别，主要体现在以下几个方面。

（1）VB具有独立的开发环境，可以独立完成应用程序的开发；VBA必须绑定在微软公司发布的一些应用程序（如Word、Excel等）中，其应用程序的开发具有针对性，同时也具有很大的局限性。

（2）VB主要用于创建标准的应用程序；VBA可使其所绑定的办公软件（如Word、Excel等）实现自动化，同时也能实现高效办公的目的。

（3）使用VB编写的应用程序，只要通过编译（Compile）过程，制作成可执行文件，就可以成为一个独立于窗口文件的程序，随时都可以被运行，用户不必安装专门的VB工具；使用VBA编写的应用程序必须运行在程序代码所附属的应用程序中。也就是说，在一般版本的Office中，用户并不能将VBA程序制作成可执行文件，所以必须先启动相关的应用程序，并打开程序代码所在的文件，才能运行指定的VBA程序。

（4）VB运行在自己的进程中；VBA运行在其父进程中，运行空间完全受其父进程控制。就进程而言，VB是进程外，VBA是进程内，VBA的运行速度要比VB快。

总之，VBA与VB都属于面向对象的程序语言，其语法很相似。在使用时，用户可以依据自身的需求，配合VB的语法编写合适的程序代码。VBA作为自动化的程序语言，不仅可以实现常用程序的自动化，创建针对性和实用性强、效率高的解决方案，而且还可以将Office用作开发平台，开发更加复杂的应用程序系统。

15.2.3 VBA与宏的联系与区别

在使用Office办公系列软件的时候，经常会遇到宏的问题。那么什么是宏呢?

宏是能够执行的一系列VBA语句，它是一个指令集合，可以使Office组件自动完成用户指定的各项动作组合，从而实现重复操作的自动化。也就是说，宏本身就是一种VBA应用程序，它是存储在VBA模块中的一系列命令和函数的集合，所以从广义上说两者相同；从狭义上说，宏是录制出来的程序，VBA是需要编译的程序，宏录制出来的程序其实就是一堆VBA语言，可以通过VBA来修改，但有些程序是宏不能录制出来的，而VBA则没有这个限制，所以可以通俗地理解为VBA包含宏。

从语法层面上讲，二者没有区别，但通常宏只是一段简单的或是不够智能化的VBA代码，使用宏不需要具备专业知识，而VBA的使用则需要具备专业的知识，需要了解VBA的语法结构等。宏相比于VBA具有下面的不足。

（1）记录了许多不需要的步骤，这些步骤在实际操作中可以省略。

（2）无法实现复杂的功能。

（3）无法完成需要条件判断的工作。

宏的录制和使用相比VBA来说更加简单，本书主要介绍VBA的使用方法。

15.3 VBA编程环境

使用VBA开发应用程序时，有关的操作都是在VBE中进行的，下面就来认识一下VBA的集成开发环境。

15.3.1 打开VBE编辑器的3种方法

打开VBE编辑器有以下3种方法。

1.单击【Visual Basic】按钮

单击【开发工具】选项卡下【代码】选项组中的【Visual Basic】按钮，即可打开VBE编辑器，如右图所示。

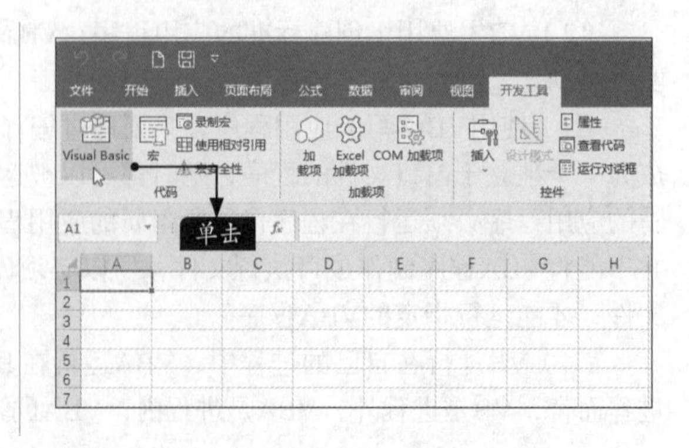

2. 使用工作表标签

在工作表标签上单击鼠标右键，在弹出的快捷菜单中选择【查看代码】命令，即可打开VBE编辑器，如右图所示。

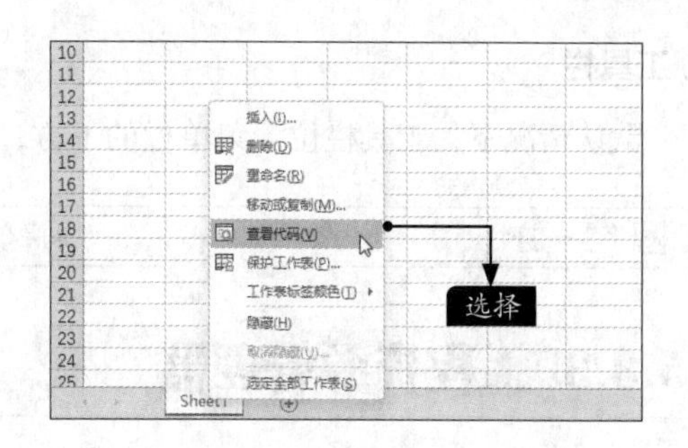

3. 使用组合键

按【Alt+F11】组合键即可打开VBE编辑器。

15.3.2 菜单和工具栏

进入VBE编辑器后，首先看到的就是VBE编辑器窗口，编辑器窗口主要由菜单栏、工具栏、工程资源管理器、属性窗口和代码窗口等组成，如下图所示。

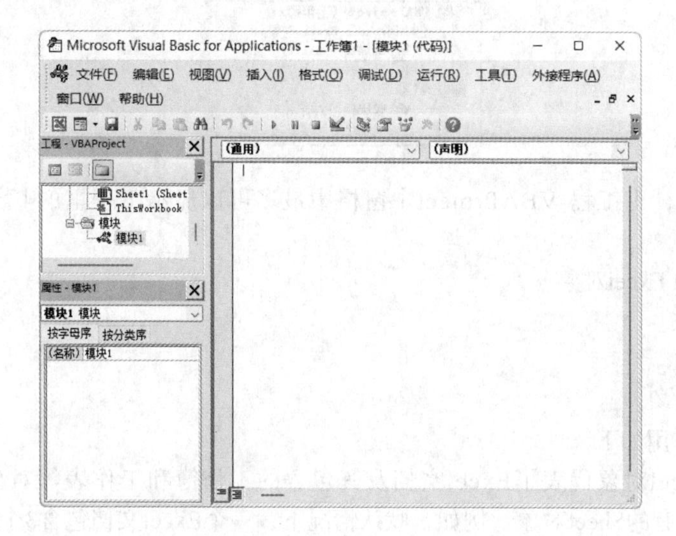

1. 菜单栏

VBE的【菜单栏】包含VBE中各种组件的命令。下图所示即为VBE编辑器的菜单栏。

单击相应的菜单，在其下拉列表中可以选择要执行的命令。如单击【插入】菜单，即可调用【插入】菜单中的命令，如下图所示。

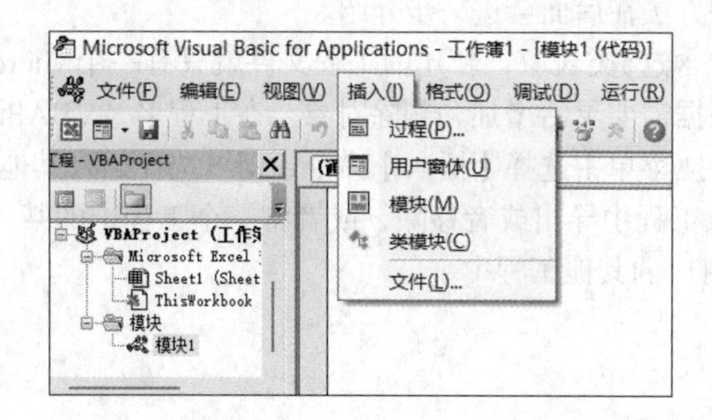

2. 工具栏

默认情况下，工具栏位于菜单栏的下方，其中包括各种快捷操作工具，如下图所示。

15.3.3 工程资源管理器

工程资源管理器指【工程-VBAProject】窗口。在【工程-VBAProject】窗口中可以看到所有打开的Excel工作簿和已加载的宏，如下图所示。

如果关闭了【工程-VBAProject】窗口，需要时可以选择【视图】菜单中的【工程资源管理器】命令或者直接按【Ctrl+R】组合键，重新调出【工程-VBAProject】窗口。

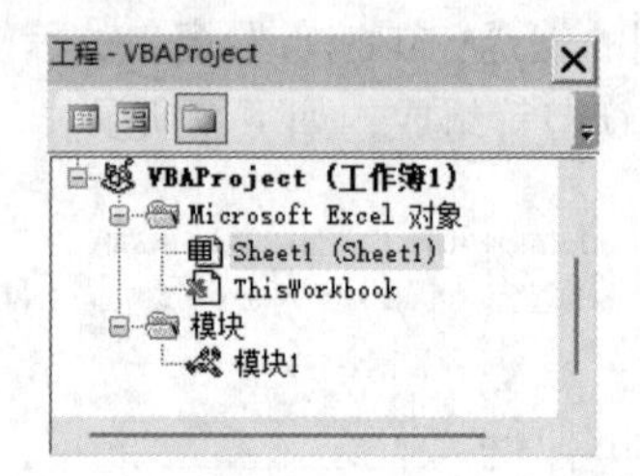

对于一个工程，【工程-VBAProject】窗格中最多可以显示工程里的4类对象，这4类对象如下。

（1）Microsoft Excel对象。

（2）窗体对象。

（3）模块对象。

（4）类模块对象。

这4类对象的作用如下。

Microsoft Excel对象代表了Excel文档及其包含的工作簿和工作表等对象，通常包括一个Workbook对象和所有的Sheet对象。例如，默认情况下，一个Excel文档包含3个工作表，则在【工程-VBAProject】窗口中就包括3个Sheet对象，名称分别对应原Excel文档中每个工作表的名称。ThisWorkbook对象代表当前VBA代码所处的工作簿，双击这些对象，可以打开【代码窗口】并输入相关代码。

窗体对象是指所定义的对话框或者界面。在VBA设计中经常会涉及窗体或者对话框的设计，在后面章节中将陆续进行介绍。

模块对象是指用户自定义的代码，是所录制的宏保存的地方。

类模块对象是指以类或者对象的方式编写的代码保存的地方。

这些对象的具体使用方法在后面会进一步介绍。

并不是所有工程都包含这4类对象，新建的工程文件就只有一个Microsoft Excel对象。在后期工程编辑过程中，可以根据需要灵活增加和删除对象。在工程名“VBAProject（工作簿1）”上单击鼠标右键，在弹出的快捷菜单中选择【插入】命令，即可选择插入其他的3个对象。也可以使用类似的方法将这些对象从工程中导出或者移除，或者将一个工程中的某一模块用鼠标拖曳到同一个【工程-VBAProject】窗口的其他工程中。

15.3.4 属性窗口

按【F4】键可以快速调用属性窗口，如下图所示。

15.3.5 代码窗口

代码窗口是编辑和显示VBA代码的地方，由对象列表框、过程列表框、代码编辑区、过程分隔线和视图按钮组成。

在【工程-VBAProject】窗口中，每个对象都对应一个代码窗口，其中窗体对象不仅有一个代码窗口，还对应一个设计窗口。双击【工程-VBAProject】窗口中的这些对象，可以打开代码窗口，在代码窗口中可以输入相关代码。代码窗口的顶部有两个下拉列表，左侧的下拉列表用于选择当前模块中包含的对象，右侧的下拉列表用于选择Sub过程、Function过程或者对象特有的时间过程，如下图所示。选择这两部分内容后，即可为指定的Sub过程、Function过程或事件过程编辑代码。

```
(通用)                                  宏1
Sub 宏1()
'
' 宏1 宏
'

'
    With Selection.Font
        .Name = "方正大标宋_GBK"
        .Size = 15
        .Strikethrough = False
        .Superscript = False
        .Subscript = False
        .OutlineFont = False
        .Shadow = False
        .Underline = xlUnderlineStyleNone
        .ThemeColor = xlThemeColorLight1
        .TintAndShade = 0
        .ThemeFont = xlThemeFontNone
    End With
    With Selection.Font
        .Color = -16776961
        .TintAndShade = 0
    End With
    With Selection.Interior
        .Pattern = xlSolid
        .PatternColorIndex = xlAutomatic
        .ThemeColor = xlThemeColorDark1
        .TintAndShade = -0.249977111117893
        .PatternTintAndShade = 0
    End With
End Sub
```

15.3.6 立即窗口

【立即窗口】在VBE中使用频率相对较少，主要用在程序的调试中，用于显示一些计算公式的计算结果，验证数据的计算结果。在开发过程中，可以在代码中加入Debug.Print语句，这条语句可以在【立即窗口】中输出内容，用来跟踪程序的执行。

选择【视图】菜单下的【立即窗口】命令，或者按【Ctrl+G】组合键，都可以快速打开【立即窗口】，在【立即窗口】中输入一行代码，按【Enter】键即可执行该代码。例如输入“Debug. Print 3+2”后，按【Enter】键，即可得到结果“5”，如下图所示。

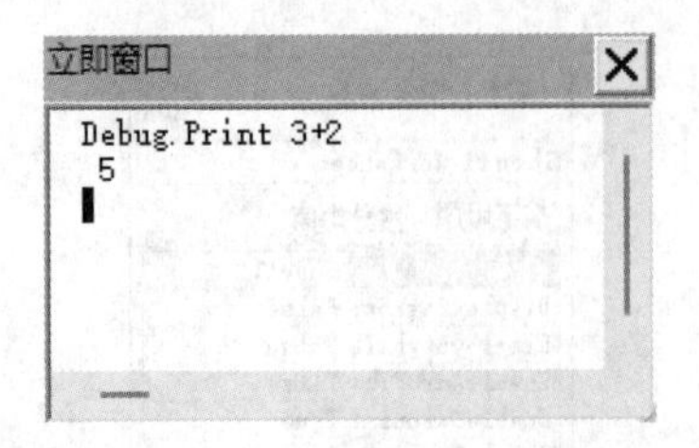

15.3.7 本地窗口

选择【视图】菜单下的【本地窗口】命令，即可打开【本地窗口】，如下图所示。【本地窗口】主要是为调试和运行应用程序提供的，用户可以在窗口中看到程序运行中的错误或某些特定的数据值。

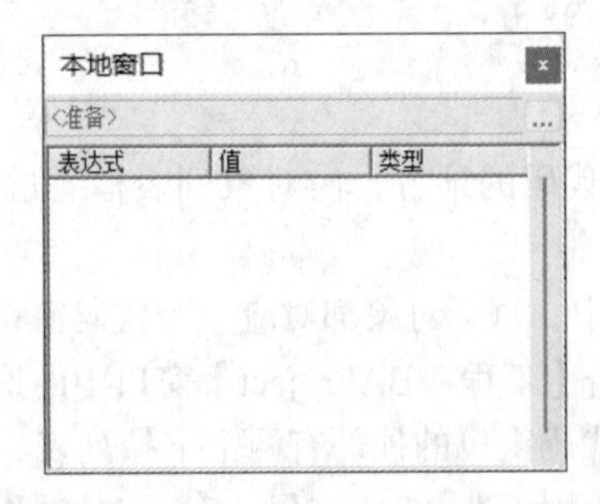

15.3.8 退出VBE开发环境

使用VBE开发环境完成VBA代码的编辑后，可以选择【文件】菜单下的【关闭并返回到Microsoft Excel】命令或按【Alt+Q】组合键，返回Microsoft Excel 2021操作界面，如下图所示。

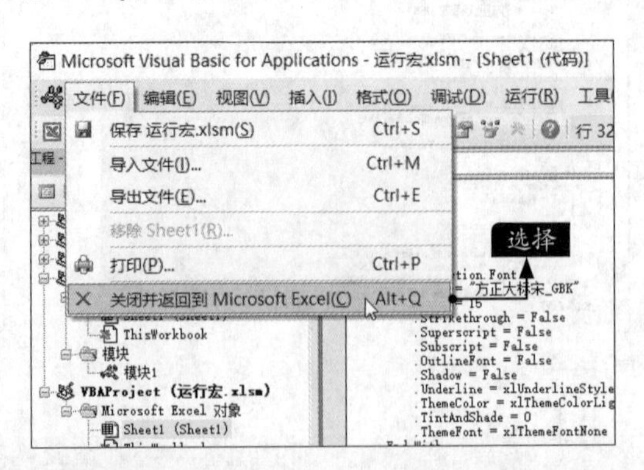

15.3.9 定制VBE开发环境

通过上面的学习，读者已经对VBE环境有了较为全面的认识。但是按照前面的方法打开的VBE环境是默认的环境，对于Office开发人员来说，在使用VBE进行代码的开发过程中，许多人都有自己的习惯，需要对所使用的VBE环境进行某些方面的个性化定制，使得VBE环境适合开发人员自身的习惯。

要定制VBE环境，可以选择【工具】菜单下的【选项】命令，打开【选项】对话框，如下图所示。该对话框包括4个选项卡，可以通过这些选项卡对VBE环境进行定制。

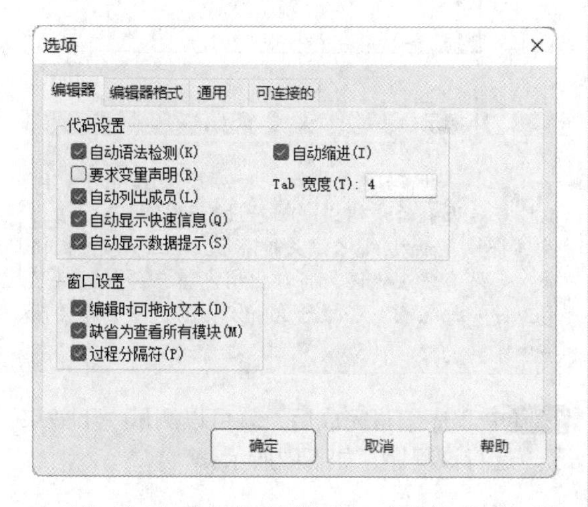

这4个选项卡分别实现以下个性化的环境定制。

（1）【编辑器】选项卡：用于定制代码窗口的基本控制工具，例如自动语法检测、自动显示快速信息、设置Tab宽度、编辑时是否可以拖放文本、过程控制符等。

（2）【编辑器格式】选项卡：用于设置代码的显示格式，例如代码的显示颜色、字体大小等内容。

（3）【通用】选项卡：用于进行VBA的工程设置、错误处理和编译处理。

（4）【可连接的】选项卡：用于决定VBA中各窗口的行为方式。

例如，勾选【编辑器】选项卡中的【自动语法检测】复选框，在输入一行代码之后，将进行自动语法检查；如果未勾选该复选框，VBE通过使用与其他代码不同的颜色来显示语法错误的代码，并且不弹出提示对话框。

这些个性化定制因人而异，开始学习的时候直接按照默认配置即可，不需要另行设置。等熟练使用VBE后，再根据个人情况进行个性化设置。

15.3.10 从零开始动手编写VBA程序

认识了VBA的集成开发环境后，下面先通过一个简单的例子，了解一下如何编写VBA程序。由于还没有开始学习VBA的语法，因此就用一个简单的例子演示一下如何使用VBE开发环境。这个例子是在VBE环境中加入一个提示对话框，显示提示信息“您好，这是我的第一个VBA小程序”，具体操作步骤如下。

步骤01 打开Excel 2021，按【Alt+F11】组合键即可打开VBE编辑器，如下图所示。

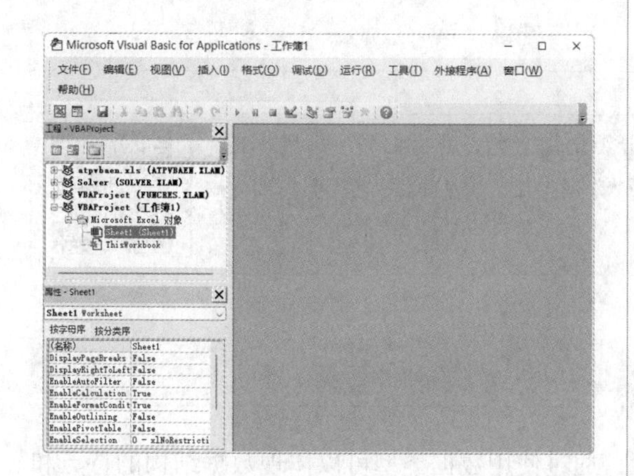

步骤02 选择【插入】菜单下的【模块】命令，如下图所示。

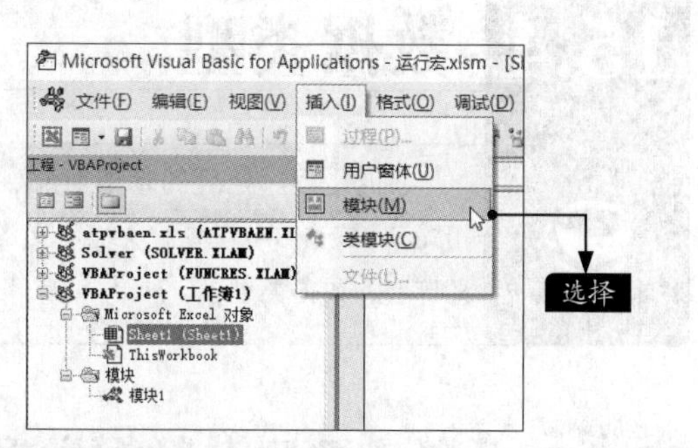

步骤03 此时即可插入一个模块，可以在其中输入VBA代码，如下页图所示。

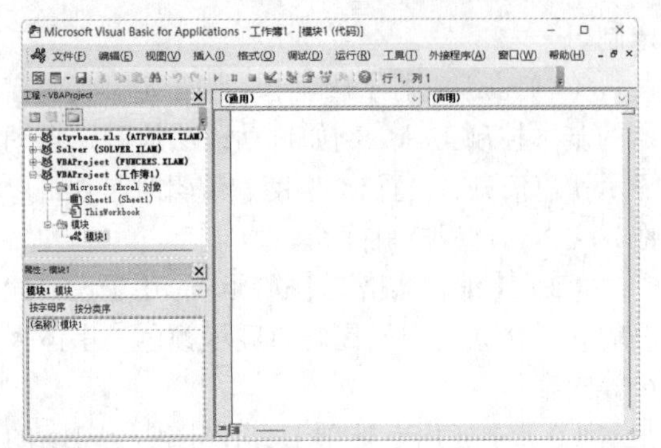

步骤04 将鼠标指针移至代码窗口中任意位置单击，并选择【插入】菜单下的【过程】命令，如下图所示。

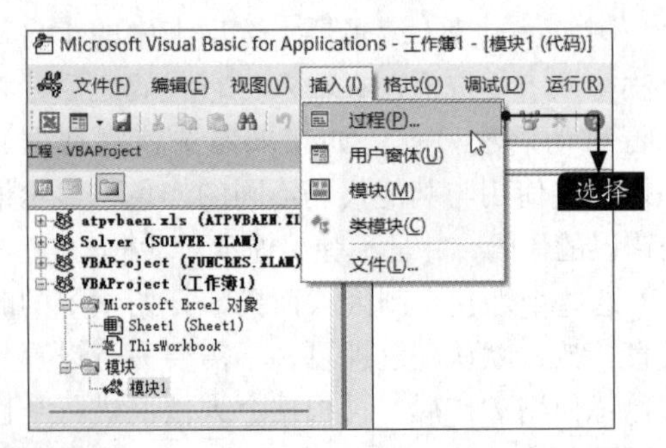

步骤05 弹出【添加过程】对话框，在【名称】文本框中输入“first”，单击【确定】按钮，如下图所示。

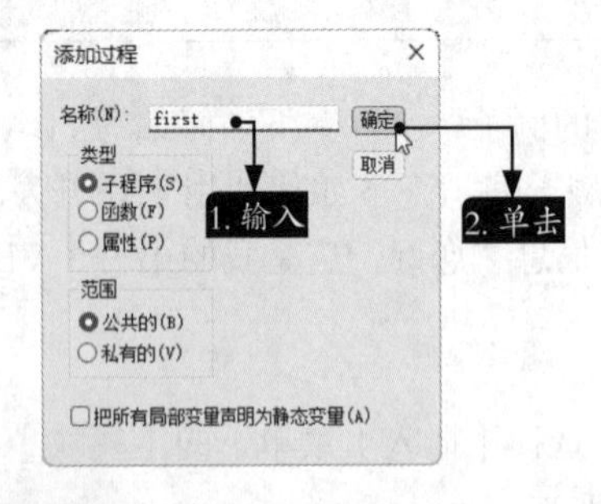

步骤06 在弹出的代码窗口中输入代码，如下图所示。

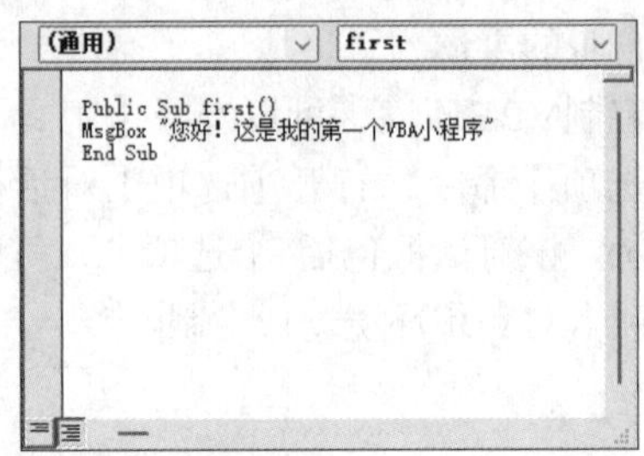

小提示

在输入代码时，输入一行后按【Enter】键可以检查是否有语法错误。如果没有语法错误，该行代码将被重新格式化，关键字被加上颜色和标识符。如果有语法错误，将弹出消息框，并把该行显示为另一种颜色。在执行这个宏之前，用户需要改正错误。

步骤07 程序编写完成后，就可以测试一下效果了，运行该程序，如下图所示。

15.4 数据类型

数据是程序处理的基本对象，在介绍语法之前，有必要先了解数据的相关知识。VBA提供了系统定义的多种数据类型，并允许用户根据需要定义自己的数据类型。

15.4.1 为什么要区分数据类型

在高级程序设计语言中，广泛使用数据类型，通过使用数据类型可以体现数据结构的特点和数据用途。请看下图所示的Excel表格。

	A	B	C	D	E
1	学号	姓名	出生日期	籍贯	入学成绩
2	1001	张三	2002-03-01	北京	563
3	1002	李四	2002-05-06	上海	589
4	1003	王五	2003-01-23	天津	571
5	1004	赵六	2003-10-03	重庆	612
6					
7					
8					
9					
10					

Sheet1

在这个Excel表格中有5列基本数据：【学号】【姓名】【出生日期】【籍贯】【入学成绩】。每一列的数据都是同一类的数据，例如【入学成绩】列都是数值型的数据，【出生日期】列都是日期型的数据。同一类数据统称为数据类型，数据类型类似容器一样，里面可以装入同一类型的数据。使用数据类型便于程序对数据的统一管理。

不同的数据类型所表示的数据范围不同，因此在定义数据类型的时候，如果定义错误会导致程序错误。

15.4.2 VBA的数据类型

VBA中有很多数据类型，不同的数据类型有不同的存储空间，对应的数值范围也不同。有的数据类型常用，有的并不常用，下面分类介绍常用的数据类型。

1. 数值型数据

（1）整型数据（Integer）。整型数据就是通常所说的整数，在计算机内存储为两字节（16位），其表示的数据范围为-32678~32767。整型数据除了表示一般的整数外，还可以表示数组变量的下标。整型数据的运算速度较快，而且比其他数据类型占用的内存少。

（2）长整型数据（Long）。在定义大型数据时采用长整型数据，在计算机内存储为4字节（32位），其表示的数据范围为-2147483648~2147483647。

（3）单精度型浮点数据（Single）。该类型数据主要用于定义单精度浮点值，在计算机内存储为4字节（32位）。该类型数据通常以指数形式（科学计数法）来表示，以“E”和“e”表示指数部分，其表示的数据范围对正数和负数不同，负数范围为-3.402823E38~-1.401298E-45，正数范围为1.401298E-45~3.402823E38。

（4）双精度型浮点数据（Double）。该类型数据主要用于定义双精度浮点值，在计算机内存储为8字节（64位），其表示的数据范围对正数和负数不同，负数范围为-1.797693134862E368~-4.94065645841247E-324，正数范围为4.94065645841247E-324~1.797693134862E308。

（5）字节型数据（Byte）。该类型数据主要用于存放较少的整数值，在机器内存储为1字节（8位），其表示的数据范围为0~255。

2. 字符串型数据

字符串是一个字符序列，字符串型数据在VBA中使用非常广泛。在VBA中，字符串包括在双引号内，主要有以下两种。

（1）固定长度的字符串。字符串的长度是固定的，该固定长度可以存储1~64000（216位）个字符。对于不满足固定长度的字符串，使用“差补长截”的方法。例如，定义一个长度为3的字符串，输入一个字符“a”，则结果为“a ”，即后面补两个空格；如果输入“student”，则结果为“stu”。

（2）可变长度的字符串。字符串的长度是不确定的，最多可以存储两亿个（231位）字符。

小提示

包含字符串的双引号是半角状态下输入的双引号""，不是全角状态下的双引号“”，这一点在使用的时候一定要注意，初学者经常会出现这种定义错误。

长度为零的字符串（即双引号内不包含任何字符）被称为空字符串。

3. 其他数据类型

（1）日期型（Date）。主要用于存储日期，在计算机内存储为8字节（64位）的浮点数值形式，所表示的日期范围为100年1月1日~9999年12月31日，而时间是从00:00:00到23:59:59。

可以辨认的文本日期都可以赋值给日期型的数据，日期文字前后必须加上数字符号“#”，如下所示。

#10/01/2022#，#May 1,2022#

（2）货币性（Currency）。主要用于货币表示和计算，在计算机内存储为8字节（64位）的整数数值形式。

（3）布尔型（Boolean）。主要用于存储返回结果的布尔值，其值主要有两种形式，即真（TRUE）和假（FALSE）。

（4）变量型（Variant）。一种可变的数据类型，可以表示任何值，包括数据、字符串、日期、货币等。

4. 枚举类型

枚举是指将一个变量的所有值逐一列举出来，当一个变量具有几种可能值的时候，可以定义枚举类型。

可以定义一个枚举类型星期来表示星期几。

```
Public Enum WorkDays
星期一
星期二
星期三
星期四
星期五
星期六
星期日
End Enum
```

其中，WorkDays就是所定义的枚举型变量（变量在下一节介绍），其取值可以从星期一到星期日中选取。

5. 用户自定义数据类型

在VBA中，还可以根据用户自身的实际需要，使用Type语句定义用户自己的数据类型。其格式如下：

```
Type 数据类型名
数据类型元素名 As 数据类型
数据类型元素名 As 数据类型
……
End Type
```

其中，“数据类型”是前面所介绍的基本数据类型，“数据类型元素名”就是要定义的数据类型的名字，例如：

```
Type Student
SNum As String
SName As String
SBirthDate As Date
SSex As Integer
End Type
```

其中，“Student”为用户自定义的数据类型，它含有“SNum”“SName”“SBirthDate”“SSex”4种数据类型。

15.4.3 数据类型的声明与转换

要将一个变量声明为某种数据类型，其基本格式如下。

```
Dim 变量名 As 数据类型
```

例如，定义一个整型数据变量X1。

```
Dim X1 As Integer
```

定义一个布尔型数据变量X2。

```
Dim X2 As Boolean
```

15.5 VBA的基本语法

如果要深入学习并掌握VBA的应用，就需要熟悉VBA的基本语法，这样才能快速根据需求定义代码，并加以高效应用。

15.5.1 常量和变量

常量的值在程序执行过程中不发生改变；而变量的值则是可以改变的，它主要表示内存中的某一个存储单元的值。

1. 常量

常量又称为常数，VBA中常量的类型有3种，分别是直接常量、符号常量和系统常量。

（1）直接常量

直接常量是指在程序代码中可以直接使用的量，例如以下代码。

```
Height=10+input1
```

其中，数值10就是直接常量。

直接常量也有不同的数据类型，其数据类型由数值本身所表示的数据形式决定。在程序中经常出现的常量有数值常量、字符串常量、日期/时间常量和布尔常量。

①数值常量：由数字、小数点和正负符号所构成的量，例如以下代码。

```
3.14 ； 100； -50.2
```

以上这些都是数值常量。

②字符串常量：由数字、英文字母、特殊符号和汉字等可见字符组成。在书写时必须使用双引号作为定界符，例如以下代码。

```
"Hello，你好 "
```

特别注意，如果字符串常量中本身包含双引号，此时需要在有引号的位置输入两次双引号，例如以下代码。

```
" 他说："" 下班后留下来。"""
```

最后出现3个双引号，中间两个双引号是字符串中有引号，最外面的一个双引号是整个字符串的定界符。

③ 日期/时间常量：用来表示某一体或者某一个具体时间，使用“#”作为定界符，例如以下代码。

```
#10/01/2022#
```

该代码表示2022年10月1日。

④布尔常量：也称为逻辑常量，只有TRUE（真）、FALSE（假）两个值。

（2）符号常量

如果在程序中需要经常使用某一个常量，可为该常量命名，在需要使用这个常量的地方引用该常量名即可。使用符号常量有以下优点。

① 提高程序的可读性。

② 降低出错率。

③ 易于修改程序。

符号常量在程序运行前必须有确定的值，其定义的语法格式如下。

```
Const <符号常量名>=<符号常量表达式>
```

其中，Const是定义符号常量的关键字，符号常量表达式计算出的值保存在常量名中，例如以下代码。

```
Const PI=3.14
Const Name="精通 VBA"
```

小提示

在程序运行时，不能对符号常量进行赋值或者修改。

（3）系统常量

系统常量也称内置常量，就是VBA系统内部提供的一系列各种不同用途的符号常量。为了方便使用和记忆这些系统常量，通常采用两个字符开头指明应用程序名的定义方式。VBA中的常量，通常以vb两个字母开头，例如vbBlack。可通过在VBA的对象浏览器中显示来查询某个系统常量的具体名称及其确定值，具体操作步骤如下。

步骤 01 单击【开发工具】选项卡下【代码】选项组中的【Visual Basic】按钮，打开VBE编辑环境，然后选择【视图】菜单下的【对象浏览器】命令（或按【F2】键），如下图所示。

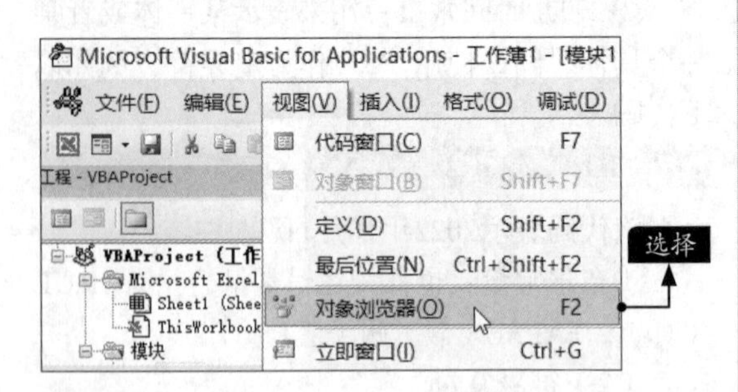

步骤 02 此时弹出下图所示的窗口，在箭头所指处输入要查询的系统常量，即可查询。

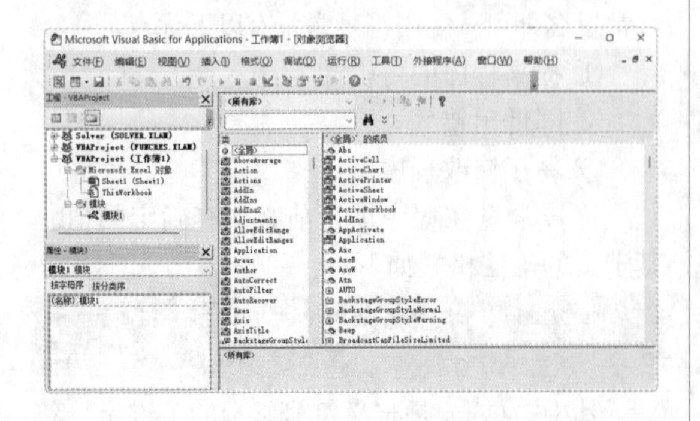

2. 变量

变量用于保存程序运行过程中的临时值。对于变量，可以在声明时初始化，也可以在后面使用中再初始化。每个变量都包含名称与数据类型两部分，通过名称引用变量。变量的声明一般有两种：显式声明和隐式声明。下面分别介绍。

（1）显式声明变量

显示声明变量是指在过程开始之前进行变量声明，也称为强制声明。此时VBA为该变量分配内存空间。显式声明变量的基本语法格式如下。

```
Dim 变量名 [As 数据类型 ]
```

其中，Dim和As为声明变量的关键字；数据类型是上一节介绍的对应类型，例如String、Integer等；中括号表示可以省略。

例如以下代码。

```
Dim SName As String;
Dim SAge As Integer;
```

上述代码表示分别定义两个变量，其中变量SName为String类型，变量SAge为Integer类型。当然，上述声明变量也可以放到同一行语句中完成。

```
Dim SName As String, SAge As
Integer;
```

变量名必须以字母（或者汉字）开头，不能包含空格、感叹号、句号、@、#、&、$，最长不能超过255个字符。

（2）隐式声明变量

隐式声明变量是指不在过程开始之前显式声明变量。在首次使用变量时，系统自动声明变量，并指定该变量为Variant数据类型。前面已经提到，Variant数据类型比其他数据类型占用更多的内存空间，当隐式变量过多时，会影响系统性能。因此，在编写VBA程序时，最好避免声明变量为Variant数据类型，也就是说强制对所有变量进行声明。

（3）强制声明变量

有两种方法可以确保编程的时候强制声明变量。

方法1：在进入VBE编程环境后，选择【工具】菜单下的【选项】命令，如下页图所示。

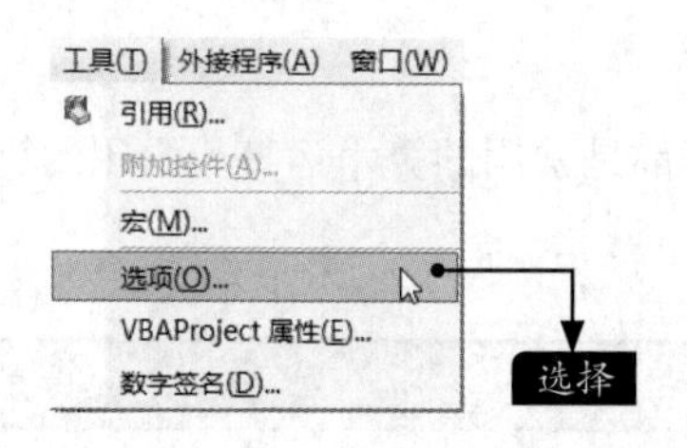

此时弹出【选项】对话框，如下图所示。

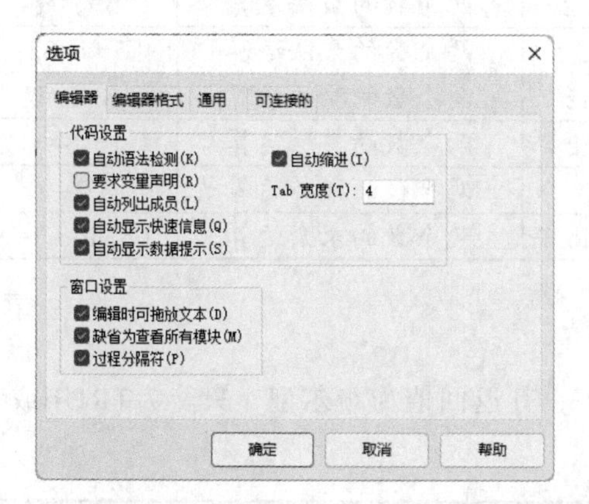

在【编辑器】选项卡里勾选【要求变量声明】复选框，即可实现在程序中强制声明变量。

方法2：在模块的第一行手动输入“Option Explicit”。

具体实现过程是首先打开VBE编程环境，选择【插入】菜单下的【模块】命令，在弹出的【模块】代码框中的第一行输入代码“Option Explicit”。

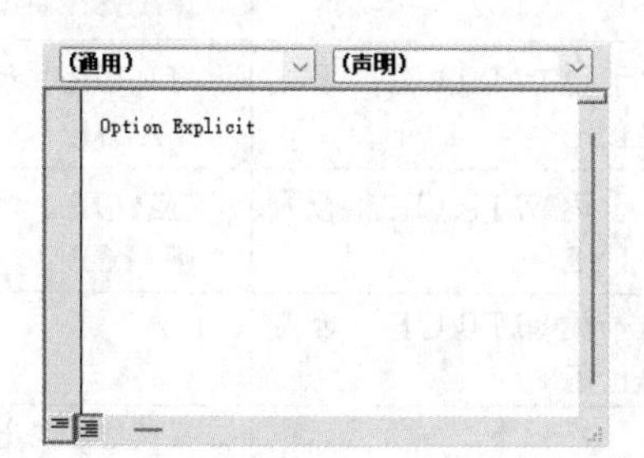

这样即可实现强制声明变量，如果程序中某个变量没有声明，编译过程中会提示错误。

（4）变量的作用域

和其他程序设计语言类似，VBA也可以定义3种公共变量：公共变量、私有变量和静态变量。它们的定义格式如下。

公共变量。

```
Public 变量名 As 数据类型
```

私有变量。

```
Private 变量名 As 数据类型
```

静态变量。

```
Static 变量名 As 数据类型
```

变量声明方法是使用Dim关键字。这3种定义公共变量的语句，所声明的变量只是作用域不同，其余完全相同。所谓变量的作用域是指变量在哪个模块或者过程中使用，VBA中的变量有以下3种不同级别的作用域。

①本地变量：在一个过程中使用Dim或Static关键字声明的变量，作用域为本过程，即只有声明变量的语句所在的过程可以使用它。

②模块级变量：在模块的第一个过程之前使用Dim或Private关键字声明的变量，作用域为声明变量的语句所在模块中的所有过程，即该模块中所有过程都可以使用。

③公共变量：在一个模块的第一个过程之前使用Public关键字声明的变量，作用域为所有模块，即所有的模块里的过程都可以使用它。

（5）变量的赋值

把数据存储到变量中的过程称为变量的赋值，其基本语法格式如下：

```
[Let] 变量名称 = 数据
```

其中关键字Let可以省略，其含义是把等号右边的数据存储到等号左边的变量里，例如以下代码。

```
Sub test()
Dim x1 As String , x2 As Integer
X1="Hello! VBA"
X2=100;
End sub
```

上面的程序中先定义两个变量X1和X2，其中X1为String类型，X2为Integer类型，然后分别为两个变量赋值。

15.5.2 运算符

运算符是指定某种运算的操作符号，如“+”和“−”等都是常用的运算符。根据数据运算类型的不同，VBA中常用的运算符可以分为算术运算符、比较运算符、连接运算符和逻辑运算符。

1. 算术运算符

算术运算符用于基本的算术运算，例如5+2、14×7等都是常用的算术运算。常用的算术运算符如下表所示。

算术运算符	名称	语法Result=	功能说明	实例
+	加法	expression1 + expression2	两个数的加法运算	1+2=3
−	减法	expression1 − expression2	两个数的减法运算	3−1=2
*	乘法	expression1*expression2	两个数的乘法运算	5*7=35
/	除法	expression1 / expression2	两个数的除法运算	10/2=5
\	整除	expression1 \ expression2	两个数的整除运算	10\3=3
^	指数	number ^exponent	两个数的乘幂运算	3^2=9
Mod	求余	expression1 Mod expression2	两个数的求余运算	12 Mod 9=3

2. 比较运算符

比较运算符用于比较运算，例如2>1、10<3等，其返回值为布尔型，只能为TRUE或者FALSE。常用的各种比较运算符如下表所示。

比较运算符	名称	语法Result=	功能说明	实例
=	等于	expression1 =expression2	相等返回TRUE，否则返回FALSE	TRUE:1=1 FALSE:1=2
>	大于	expression1 >expression2	大于返回TRUE，否则返回FALSE	TRUE:2>1 FALSE:1>2
<	小于	expression1 <expression2	小于返回TRUE，否则返回FALSE	TRUE:1<2 FALSE:1<2
<>	不等于	expression1 <>expression2	不相等返回TRUE，否则返回FALSE	TRUE:1<>2 FALSE:1<>1
>=	大于等于	expression1 >=expression2	大于等于返回TRUE，否则返回FALSE	TRUE:1>=1 FALSE:1>=2
<=	小于等于	expression1 <=expression2	小于等于返回TRUE，否则返回FALSE	TRUE:1<=1 FALSE:2<=1
Is	对象比较	Object1 Is object2	对象相等返回TRUE，否则返回FALSE	
Like	字符串比较	String Like pattern	字符串匹配样本返回TRUE，否则返回FALSE	TRUE: "abc" Like "abc" FALSE: "ab" Like "bv"

在比较运算的时候，一些通配符经常会用到，如下表所示。

通配符	功能说明	实例
*	代替任意多个字符	TRUE: "学生" Like "学*"
?	代替任意一个字符	TRUE: "abc" Like "a?c"

续表

通配符	功能说明	实例
#	代替任意一个数字	TRUE: "ab12cd" Like "ab#2cd"

3. 连接运算符

连接运算符用于连接两个字符串，只有两种：“&”和“+”。

“&”运算符将两个其他类型的数据转化为字符串数据，不管这两个数据是什么类型，例如以下代码。

```
"abcefg"="abc"&"efg"
"3abc"=3+"abc"
```

用“+”连接两个数据时，当两个数据都是数值的时候，执行加法运算；当两个数据都是字符串的时候，执行连接运算。例如以下代码。

```
"123457"="123"+"457"
46=12+34
```

4. 逻辑运算符

逻辑运算符用于判断逻辑运算式结果的真假，其返回值为布尔型，只能为TRUE或者FALSE。常用的各种逻辑运算符如下表所示。

逻辑运算符	名称	语法Result=	功能说明	实例
And	逻辑与	expression1 And expression2	两个表达式同为TRUE返回TRUE，否则返回FALSE	TRUE:TRUE And TRUE FALSE:TRUE And FALSE
Or	逻辑或	expression1 Or expression2	两个表达式同为FALSE返回FALSE，否则返回TRUE	FALSE:FALSE Or FALSE TRUE: TRUE Or FALSE
Not	逻辑非	Not expression1	表达式为TRUE返回FALSE，否则返回TRUE	TRUE:Not FALSE FALSE:Not TRUE
Xor	逻辑异或	expression1 Xor expression2	两个表达式相同结果为FALSE，否则为TRUE	TRUE:TRUE Xor FALSE FALSE:TRUE Xor TRUE
Eqv	逻辑等价	expression1 Eqv expression2	两个表达式相同结果为TRUE，否则为FALSE	TRUE:TRUE Cqv TRUE FALSE:TRUE Cqv FALSE
Imp	逻辑蕴涵	expression1 Imp expression2	表达式1为TRUE并且表达式2为FALSE时结果为FALSE，其余情况结果为TRUE	TRUE:TRUE Imp FALSE FALSE:FALSE Imp TRUE

5. VBA表达式

表达式是由操作数和运算符组成的，表达式中作为运算对象的数据称为操作数，操作数可以是常数、变量、函数或者另一个表达式，例如以下代码。

```
X2=X1^2*3.14 and 1>2
```

6. 运算符的优先级

当不同运算符在同一个表达式中出现的时候，VBA按照运算符的优先级执行，其优先级如下页表所示。

运算符	运算符名称	优先级（1最高）
( )	括号	1
^	指数运算	2
–	取负	3
*，/	乘法和除法	4
\	整除	5
Mod	求余	6
+，–	加法和减法	7
&	连接	8
=，<>，>，<，>=，<=，Like，Is	比较运算(同级运算从左向右)	9
And，Or，Not，Xor，Eqv，Imp（从大到小）	逻辑运算	10

例如以下代码。

```
100 >（24-14）and 12*2 <15
= 100 > 10 and 24<15
=True and False
=False
```

15.5.3 过程

在编写VBA代码的过程中，使用过程可以将复杂的VBA程序以不同的功能划分为不同的单元。每一个单元可以完成一个功能，在一定程度上方便用户编写、阅读、调试，以及维护程序。VBA中每一个程序都包含过程，所有的代码都编写在过程中，并且过程不能进行嵌套。录制的宏是一个过程，一个自定义函数也是一个过程。过程主要分为3类：子过程、函数过程和属性过程。

1. 过程的定义

Sub过程是VBA编程中使用最频繁的一种，它是一个无返回值的过程。在VBA中，添加Sub过程的方法主要有两种，分别是通过编写VBA代码添加和通过对话框添加。

（1）通过编写VBA代码添加

在代码窗口中，根据Sub过程的语法结构也可以添加一个Sub过程，它既可以含参数，也可以无参数。Sub过程的具体语法格式如下。

```
[Private | Public | Friend] [Static] Sub
过程名 [( 参数列表 )]
语句序列
End Sub
```

其中各参数的功能如下表所示。

参数	功能说明
Private	表示私有，即这个过程只能从本模板内调用
Public	表示共有，其他模板也可以访问这个过程
Friend	可以被工程的任何模板中的过程访问
Static	表示静态，即这个过程声明的局部变量在下次调用这个过程时仍然保持它的值

过程保存在模块里，所以编写过程前应先插入一个模块，然后在代码窗口中输入过程即可。前面步骤和手动插入函数的方法一样。下面给出一个简单插入过程的例子，如下图所示，在代码窗口中输入过程代码即可。

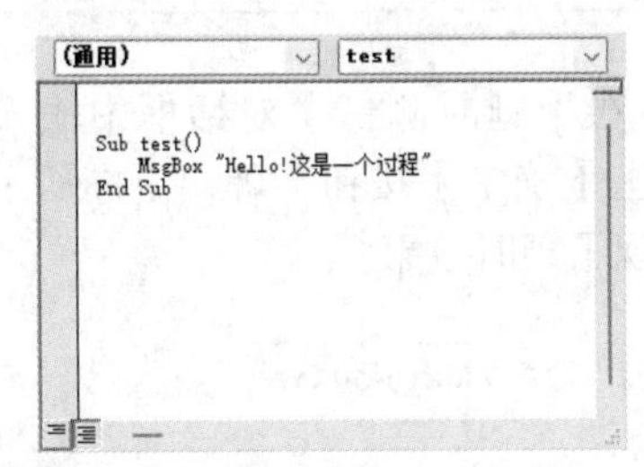

（2）通过对话框添加

和前面介绍的插入函数的方法相似，在代码窗口中定位文本插入点，选择【插入】菜单下的【过程】命令，在打开的【添加过程】对话框的【名称】文本框中输入过程的名称，在【类型】区域中选择【子程序】单选项，在【范围】区域中设置过程的级别，单击【确定】按钮添加一个Sub过程。

2. 过程的执行

在VBA中，通过调用定义好的过程来执行程序，常见的调用过程的方法如下。

方法1：使用Call语句调用Sub过程。

使用Call语句可将程序执行控制权转移到Sub过程，在过程中遇到End Sub或Exit Sub语句后，再将控制权返回到调用程序的下一行。Call语句的基本语法格式如下。

```
Call 过程名（参数列表）
```

使用的时候，参数列表必须要加上括号，如果没有参数，此时括号可以省略。

方法2：直接使用过程名调用Sub过程。

直接输入过程名及参数，此时参数用逗号隔开。注意，此时不需要括号。

3. 过程的作用域

Sub过程与所有变量一样，也区分公有和私有，但在说法上稍有区别。过程分模块级过程和工程级过程。

（1）模块级过程

模块级过程即只能在当前模块中调用的过程，它的特征如下。

① 声明Sub过程前使用Private。

② 只有当前过程可以调用，例如在“模块1”中有以下代码。

```
Private Sub 过程一 ()
MsgBox 123
End Sub
Private Sub 过程二 ()
Call 过程一
End Sub
```

执行过程二时可以调用过程一，但如果过程二存放于“模块2”中，则将弹出“子过程未定义”的错误提示。

小提示

所有事件的代码都是过程级的，默认状态下只能在当前过程中调用。

（2）工程级过程

工程级过程是指在当前工程中的任意地方都可以随意调用的过程。它的特征刚好与模块级过程相反：在Sub语句前置标识符Public。非当前过程也可以调用，可以出现在【宏】对话框中。

如果一个过程没有使用“Public”和“Private”标识，则默认为工程级过程，任何模块或者窗体中都可以调用。

4. 调用“延时”过程，实现延时效果

下面通过具体实例进一步加深对过程的理解，通过调用一个“延时”过程，实现延时的效果。

步骤01 在模块中输入“延时”过程代码。

```
Sub test2(delaytime As Integer)
    Dim newtime As Long        '定义保存延时的变量
    newtime = Timer + delaytime    '计算延时后的时间
    Do While Timer < newtime     '如果没有达到规定的时间，空循环
    Loop
End Sub
```

其中使用系统函数Timer获得从午夜开始计算的秒数，把这个时间加上延时的秒数，即延

时后的时间，然后通过一个空循环语句判断是不是超过这个时间，超过就退出程序。

输入调用过程代码。

```
Sub test1()
    Dim i As Integer
    i = Val(InputBox("开始测试延时程序，请输入延时的秒数：", " 延时测试 ", 1))
    test2 i
    MsgBox " 已延时 " & i & " 秒 "
End Sub
```

步骤02 程序要求用户输入延时的秒数，然后通过"test2 i"来调用test2过程，实现延时效果。整个过程代码如下图所示。

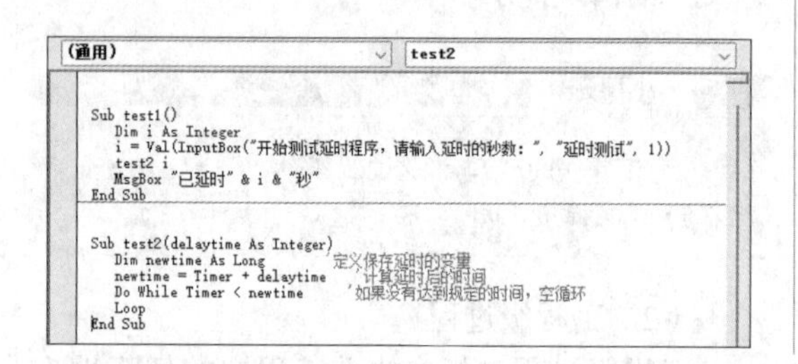

步骤03 按【F5】键运行，如下图所示。

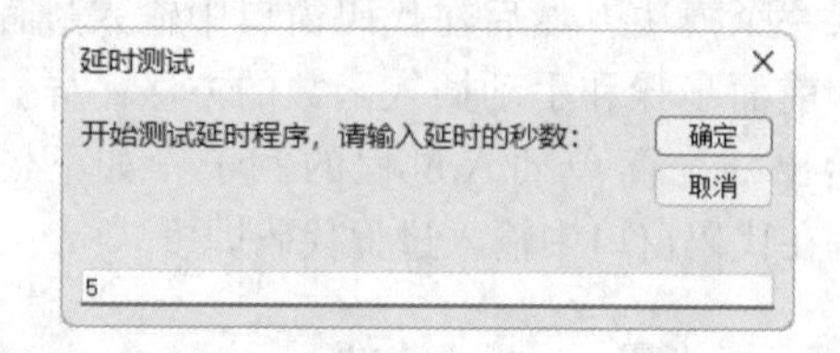

步骤04 在【延时测试】对话框中输入延时，然后单击【确定】按钮，弹出下图所示的对话框，实现了延时效果。

15.5.4 VBA函数

在日常工作中，经常使用各种函数，例如求和、求最大值等。在VBA中也可以定义各种各样的函数，每个函数完成某种特定的计算。在VBA中，函数是一种特殊的过程，使用关键字Function定义。VBA中有许多内置的函数。

1. VBA函数概括

用户可以在以下两种情况下使用VBA编写的函数程序。

（1）从另一个VBA程序中调用函数。

（2）在工作表的公式中使用函数。

可以在使用Excel函数或者VBA内置函数的地方使用函数程序。自定义的函数也显示在【插入函数】对话框中，因此实际上它也成了Excel 2021的一部分。

一个简单的自定义函数如下。

```
Function checkNum(longNum)
Select Case longNum
Case Is < 0
checkNum=" 负数 "
Case 0
checkNum=" 零 "
Case Is > 0
checkNum=" 正数 "
End Select
End Function
```

上述例子检验输入参数longNum的值：当值小于0时，函数返回字符串值“负数”；当值等于0时，函数返回字符串值“零”；当值大于0时，函数返回字符串值“正数”。

2. 函数程序

函数程序与子程序之间最关键的区别是函数有返回值。当函数执行结束时，返回值已经被赋值给了函数名。

创建自定义函数的具体操作步骤如下。

步骤01 启动Excel 2021，按【Alt+F11】组合键激活VBE窗口，在【工程-VBAProject】窗口中选择工作簿，并选择【插入】菜单下的【模块】命令，插入一个VBA模块，如下图所示。

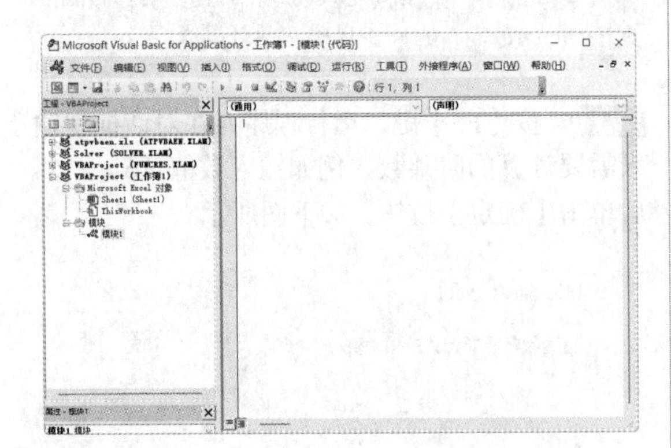

步骤02 输入Function关键字，后面加函数名，并在括号内输入参数列表。输入VBA代码，设置返回值，使用End Function语句结束函数体，如下图所示。

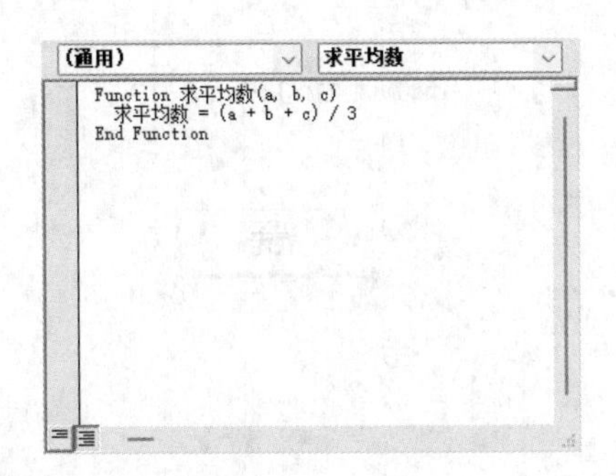

步骤03 输入代码后，按【Alt+F11】组合键或者单击VBE工作栏中的【视图Microsoft Excel】按钮，返回Excel 2021，如在单元格中输入公式“=求平均数(2,5,8)”，并按【Enter】键计算出结果，如右上图所示。

3. 执行函数程序

执行函数程序的方法有以下两种。

（1）从其他程序中调用该函数。

（2）从工作簿中使用该函数。

用户可以像调用内置VBA函数一样从其他程序中调用自定义函数。例如在checkNum函数的后面，用户可以输入下面的语句。

```
strDisplay=checkNum(longValue)
```

在工作簿中使用自定义函数就好像使用其他内置的函数一样，但是必须保证Excel 2021可以找到该函数程序。如果这个函数程序在同一工作簿中，则不需要进行任何特殊的操作；如果该函数是在另一个工作簿中进行定义的，那么必须要告诉Excel 2021如何找到该函数。

（1）在函数名称的前面加文件引用

例如用户希望使用名为test的工作簿中定义的名为checkNum的函数，则可使用下面的语句。

```
="test.xlsx"!checkNum(A1)
```

（2）建立到工作簿的引用

如果自定义函数定义在一个引用工作簿中，则不需要在函数名的前面加工作簿的名字。用户可以在VBE窗口中选择【工具】菜单下的【引用】命令，建立到另一个工作簿的引用。用户将得到一个包括所有打开的工作簿在内的引用列表，然后选择指向含有自定义函数的工作簿的选项即可。

（3）创建插件

如果用户在含有函数程序的工作簿中创建一个插件，则不需要在公式中使用文件引用，但前提是必须正确安装插件。

4. 函数程序中的参数

关于函数程序中的参数，需要注意以下几点。

（1）参数可以是变量、常量、文字或者表达式。

（2）并不是所有的函数都需要参数。

（3）某些函数的参数的数目是固定的。

（4）函数的参数既有必选的，也有可选的。

（5）在使用没有参数的函数时，必须在函数名的后面加上一对空括号。

（6）可以在VBA中使用几乎全部的Excel函数，而那些在VBA中有相同功能的函数除外。例如VBA中有产生一个随机数的RAND函数，此时就不能再在VBA中使用Excel的RAND函数。

5. 使用自定义函数计算阶乘

上面介绍了VBA中自定义函数的定义和使用方法，下面通过具体的实例，帮助读者进一步熟悉Function的功能。

阶乘公式在数据分析中经常使用到，其数学计算公式为n!=n×(n–1)×(n–2)×…×2×1，当n=0时，阶乘值为1。下面应用实例将阶乘实现过程编程为自定义函数，在主过程中调用，具体操作步骤如下。

步骤01 打开VBE编辑器，在代码窗口中输入主过程程序代码。

```
Sub test()
Dim result As Long
Dim i As Integer
i = Val(InputBox("请输入您需要计算的阶乘数"))
'输入需要计算的阶乘数
result = jiecheng(i)    '调用阶乘函数
MsgBox i & " 的阶乘为：" & result
'显示结果
End Sub
```

小提示

其中通过输入函数输入需要计算阶乘的数值，然后调用阶乘函数result = jiecheng(i)，并把值赋给result，再使用输出函数显示结果。

步骤02 创建阶乘函数，代码如下。

```
Function jiecheng(i As Integer)
If i = 0 Then        '如果i=0，则阶乘为1
  jiecheng = 1
ElseIf i = 1 Then      '如果i=1，则阶乘为1
  jiecheng = 1
Else
  jiecheng = jiecheng(i – 1) * i    '递归调用阶乘函数
End If

End Function
```

小提示

计算阶乘中，需要递归调用阶乘函数jiecheng = jiecheng(i – 1) * i，实现阶乘的计算。

步骤03 按【F5】键，运行程序，在对话框中输入需要计算的阶乘数，例如输入数值“5”，然后单击【确定】按钮，如下图所示。

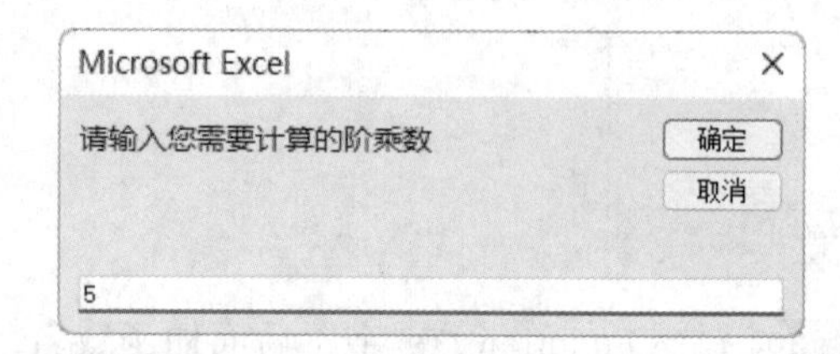

步骤04 会显示下图所示的结果。

15.5.5 语句结构

VBA的语句结构和其他大多数编程语言相同或相似，本小节介绍几种最基本的语句结构。

1. 条件语句

程序代码经常用到条件判断，并且根据判断结果执行不同的代码。VBA中有If…Then…Else和Select Case两种条件语句。

下面以If…Then…Else语句根据单元格内容的不同来设置字体的大小。如果单元格内容是“Excel 2021”，则将其字体大小设置为【10】，否则将其字号设置为【9】，代码如下。

```
If ActiveCell.Value=" Excel 2021"Then
    ActiveCell.Font.Size=10
Else
    ActiveCell.Font.Size=9
End If
```

2. 输入输出语句

计算机程序首先接收用户输入的数据，再按一定的算法对数据进行加工处理，最后输出程序处理的结果。在Excel 2021中，可从工作表、用户窗体等多处获取数据，并可将数据输出到这些对象中。本小节主要介绍VBA中标准的输入和输出方法。

使用VBA提供的InputBox函数可以实现数据输入，该函数将打开一个对话框作为输入数据的界面，等待用户输入数据，并返回所输入的内容，其语法格式如下。

```
InputBox(prompt[,title][,default] [,xpos] [,ypos] [,helpfile,context])
```

使用MsgBox函数打开一个对话框，在对话框中显示一个提示信息，并让用户单击对话框中的按钮，使程序继续执行。MsgBox有语句和函数两种格式，语句格式如下。

```
MstBox prompt[,buttons][,title][,helpfile,context]
```

函数格式如下。

```
Value=MsgBox(prompt[,buttons][,title][,helpfile,context]
```

3. 循环语句

如果需要在程序中多次重复执行某段代码，就可以使用循环语句。VBA中有多种循环语句，如For…Next循环、Do…Loop循环和While…Wend循环。

下面的代码中使用For…Next循环实现1到10的累加功能。

```
Sub ForNext Demo()
    Dim I As Integer,iSum As Integer
    iSum=0
    For i=1 To 10
        iSum=iSum+i
    Next
    Megbox iSum "For…Next 循环 "
End Sub
```

4. With语句

With语句可以针对某个指定对象执行一系列的语句。使用With语句不仅可以简化程序代码，而且可以提高代码的运行效率。With…End With结构中以“.”开头的语句相当于引用了With语句中指定的对象，在With…End With结构中无法使用代码修改With语句所指定的对象，即不能使用With语句来设置多个不同的对象，例如以下代码。

```
Sub AlignCells()
With Selection
.HorzontalAlignment=xlCenter
.VericalAlignment= xlCenter
.WrapText=False
.Orientation=xlHorizontal
End With
End Sub
```

5. 错误处理语句

执行阶段有时会有错误的情况发生，可以利用On Error语句来处理错误，启动一个错误的处理程序，语法如下。

```
On Error Goto Line    '当错误发生时，会立刻转移到 line 行去
On Error Resume Next    '当错误发生时，会立刻转移到发生错误的下一行去
On Erro Goto 0    '当错误发生时，会立刻停止过程中任何错误处理过程
```

6. Select Case语句

Select Case语句也是条件语句之一，其功能强大，主要用于多条件判断，而且其条件设置灵活、方便，在工作中使用频率极高。

Select Case语句的语法如下。

```
Select Case testexpression
[Case expressionlist-n
[statements-n]] …
[Case Else
[elsestatements]]
End Select
```

各参数的功能如下表所示。

参数	功能说明
testexpression	必选参数。任何数值表达式或字符串表达式
expressionlist-n	如果有 Case 出现，则为必选参数
statements-n	可选参数
elsestatements	可选参数

7. 判断当前时间情况

上面学习了VBA语句结构，下面以Select Case语句为例，根据当前的时间判断是上午、中午，还是下午、晚上、午夜，具体操作步骤如下。

步骤01 在代码窗口中输入如下代码。

```
Sub 时间 ()
Dim Tim As Byte, msg As String
Tim = Hour(Now)
Select Case Tim
Case 1 To 11
msg = " 上午 "
Case 12
```

```
msg = " 中午 "
Case 13 To 16
msg = " 下午 "
Case 17 To 20
msg = " 晚上 "
Case 23, 24
msg = " 午夜 "
End Select
MsgBox " 现在是： " & msg
End Sub
```

步骤02 保存代码，设置当前计算机系统时间为19:00，按【F5】键，执行该代码，得到下图所示的结果。

15.5.6 常用控制语句的综合运用

在程序设计过程中，程序控制结构具有非常重要的作用，程序中各种逻辑和业务功能都要依靠程序控制结构来实现。

（1）顺序结构

顺序结构是指程序按照语句出现的先后次序执行。可以把顺序结构想象成一个没有分支的管道，把数据想象成水流，数据从入口进入后，依次执行每一条语句直到结束，如下图所示。

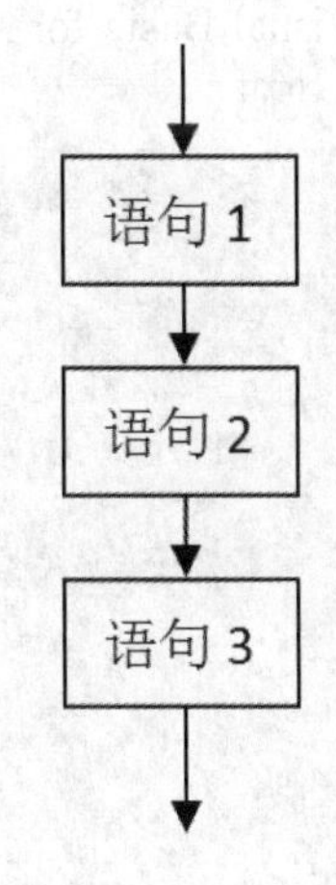

（2）选择结构

选择结构是指通过对给定的条件进行判断，然后根据判断结果执行不同任务的一种程序结构，如下图所示。

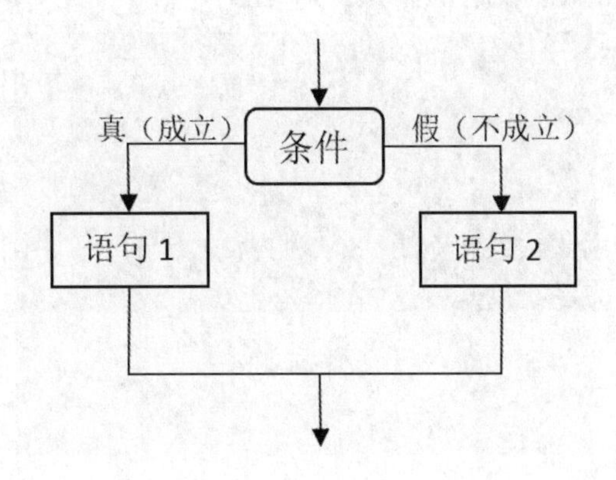

（3）循环结构

当程序需要重复执行一些任务时，就可以考虑采用循环结构，如下图所示。循环结构包括计数循环结构、条件循环结构和嵌套循环结构3种。

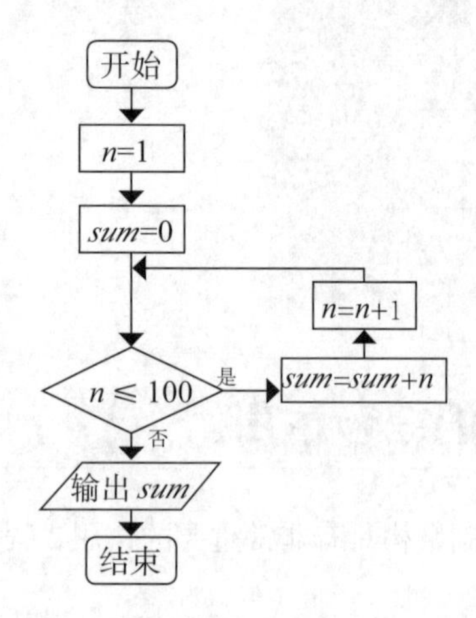

如果要将10元钱换成零钱，并将各种可能都考虑进去，如可换为100个1角、50个2角、20个5角或2个5元等，就可以使用多重循环。具体操作步骤如下。

步骤 01 打开“素材\ch15\换零钱.xlsx”文件，单击【开发工具】选项卡下【代码】选项组中的【Visual Basic】按钮，打开【Microsoft Visual Basic for Applications】窗口，选择【插入】菜单下的【模块】命令，新建模块，并输入如下代码。

```
Sub 换零钱()
   Dim t As Long
   For j = 0 To 50                              '2 角
      For k = 0 To 20                            '5 角
         For l = 0 To 10                        '1 元
               For m = 0 To 2                       '5 元
                  t2 = 2 * j + 5 * k + 10 * l + 50 * m
                  If t2 <= 100 Then
                     t = t + 1
                     i = 100 - t2
                     Sheets(1).Cells(t + 1, 1) = i
                     Sheets(1).Cells(t + 1, 2) = j
                     Sheets(1).Cells(t + 1, 3) = k
                     Sheets(1).Cells(t + 1, 4) = l
                     Sheets(1).Cells(t + 1, 5) = m
                  End If
               Next
            Next
         Next
      Next
   MsgBox "10 元换为零钱共有 " & t & " 种方法！ "
End Sub
```

如下页图所示。

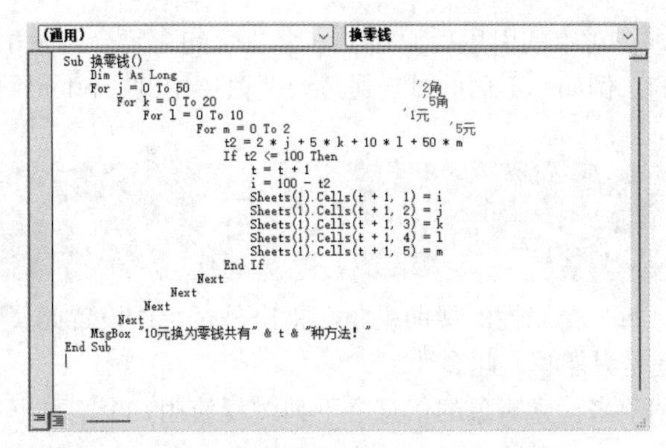

步骤 02 按【F5】键，执行代码，运行结果如下图所示。

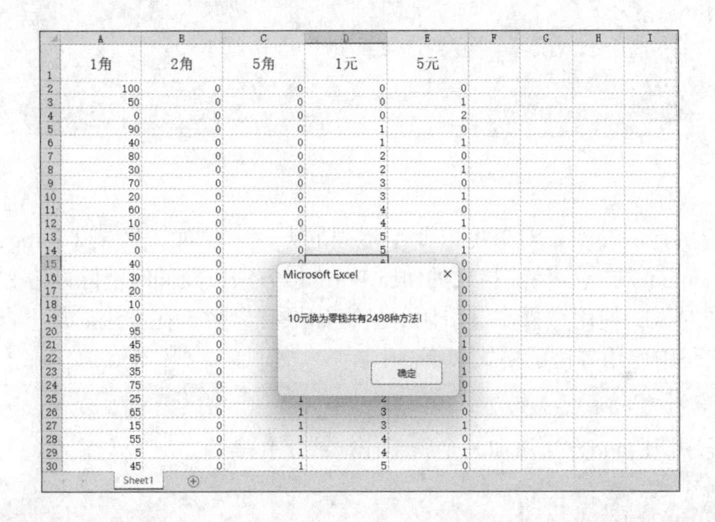

	A	B	C	D	E	F	G	H	I
1	1角	2角	5角	1元	5元				
2	100	0	0	0	0				
3	50	0	0	0	1				
4	0	0	0	0	2				
5	90	0	0	1	0				
6	40	0	0	1	1				
7	80	0	0	2	0				
8	30	0	0	2	1				
9	70	0	0	3	0				
10	20	0	0	3	1				
11	60	0	0	4	0				
12	10	0	0	4	1				
13	50	0	0	5	0				
14	0	0	0	5	1				
15	40	0	0	6	0				
16	30	0	[illegible]	[illegible]	0				
17	20	0	[illegible]	[illegible]	0				
18	10	0	[illegible]	[illegible]	0				
19	0	0	[illegible]	[illegible]	0				
20	95	0	[illegible]	[illegible]	0				
21	45	0	[illegible]	[illegible]	1				
22	85	0	[illegible]	[illegible]	0				
23	35	0	[illegible]	[illegible]	1				
24	75	0	[illegible]	[illegible]	0				
25	25	0	1	2	1				
26	65	0	1	3	0				
27	15	0	1	3	1				
28	55	0	1	4	0				
29	5	0	1	4	1				
30	45	0	1	5	0				

15.5.7 对象与集合

对象代表应用程序中的元素，如工作表、单元格和窗体等。Excel应用程序提供的对象按照层次关系排列在一起成为对象模型。Excel应用程序中的顶级对象是Application对象，它代表Excel应用程序本身。Application对象包含一些其他对象，如Windows对象和Workbook对象等，这些对象均被称为Application对象的子对象，而Application对象是上述这些对象的父对象。

集合是一种特殊的对象，它是一个包含多个同类对象的对象容器，Worksheets集合包含所有的Worksheet对象。

一般来说，集合中的对象可以通过序号和名称两种不同的方式来引用。例如当前工作簿中有"工作表1"和"工作表2"两个工作表，以下两行代码都是引用名称为"工作表2"的Worksheet对象。

```
ActiveWorkbook.Worksheets（" 工作表 2"）
ActiveWorkbook.Worksheets（2）
```

1. 属性

属性是一个对象的性质与对象行为的统称，它定义了对象的特征（例如大小、颜色或屏幕位置）或某一方面的行为（例如对象是否有激活或可见）。可以通过修改对象的属性值来改变对象的特性。

若要设置属性值，则在对象的引用后面加上一个复合句。复合句是由属性名加上等号（=）以及新的属性值所组成的。例如，下面的过程通过设置窗体中的Caption属性来更改Visual Basic窗体对象的标题。

```
Sub ChangeName(newTitle)
   myForm.Caption = newTitle
End Sub
```

有些属性不能设置。每一个属性的帮助主题会指出是否可以设置此属性（读与写），或只能读取此属性（只读），还是只能写入此属性（只写）。

可以通过属性的返回值来检索对象的信息。下列过程使用一个消息框来获取标题，标题显示在当前活动窗体顶部。

```
Sub GetFormName()
   formName = Screen.ActiveForm.Caption
   MsgBox formName
End Sub
```

2. 方法

方法是对象能执行的动作，对象可以使用不同的方法。例如，区域（Range）对象有清除单元格内容的ClearContents方法、清除格式的ClearFormats方法以及同时清除内容和格式的Clear方法等。在调用方法的时候，使用点操作符引用对象，如果有参数，在方法后加上参数值，参数之间用空格隔开。在代码中使用方法的格式如下。

```
Object.method
```

例如，下面程序使用add方法添加一个新工作簿或工作表。

```
Sub addsheet()
ActiveWorkbook.Sheets.Add
End sub
```

下面的代码选中工作表Sheet1中的“A1单元格”，然后再清除其中的内容。

```
Sheet1.range("A1").Select
Sheet1.range("A1").Clear
```

变量和数组除了能够保存简单的数据类型外，还可以保存和引用对象。与普通变量类似，使用对象变量也要声明和赋值。

对象变量的声明如下。

和普通变量的定义类似，对象变量也使用Dim语句或其他的声明语句（Public、Private或Static）来声明对象变量，引用的对象变量必须是Variant、Object或是一个对象的指定类型。例如以下代码。

```
Dim MyObject
Dim MyObject As Object
Dim MyObject As Font
```

其中第一句“Dim MyObject”声明MyObject为Variant数据类型，此时因为没有声明数据类型，则默认是Variant数据类型；第二句“Dim MyObject As Object”声明MyObject为Object数据类型；第三句“Dim MyObject As Font”声明MyObject为Font数据类型。

下面给对象变量赋值。

与普通变量赋值不同，对象变量赋值必须使用Set语句，其语法如下。

```
Set 对象变量 = 数值或者对象
```

除了可以赋值一般数值外，还可以把一个集合对象赋值给另一个对象。

例如以下代码。

```
Set Mycell=WorkSheets(1).Range("C1")
```

把工作表中C1单元格中的内容赋值给对象变量Mycell。

下面语句同时使用New关键字和Set语句来声明对象变量。

```
Dim MyCollection As Collection
Set MyCollection = New Collection
```

3. 事件

在VBA中，事件可以定义为激发对象的操作，例如在Excel 2021中常见的有打开工作簿、切换工作表、选择单元格、单击鼠标按键等。

而行为可以定义为针对事件所编写的操作过程。针对某个事件发生所编写的过程称为事件过程，也叫Sub过程。事件过程必须写在特定对象所在的模块中，而且只有过程所在的模块中的对象才能触发这个事件。

下面给出几种Excel中常见的事件。

（1）工作簿事件

当工作簿打开（Open）、关闭之前（BeforeClose）或者激活任何一个工作表（SheetActivate）都是工作簿事件。工作簿事件的代码必须在ThisWork对象代码模块中编写。

（2）工作表事件

当工作表激活（Activate）、更改（Change）单元格内容、选定区域（SelectionChange）发生改变等都是工作表事件。工作表事件的代码必须写在对应工作表的代码模块中。

（3）窗体和控件事件

窗体打开或者窗体上的控件也可响应很多事件，例如单击（Click）、鼠标指针移动（MouseMove）等，这些事件的代码必须编写在相应的用户窗体代码模块中。

（4）不与对象关联的事件

还有两类事件不与任何对象关联，分别是OnTime和OnKey，分别表示时间和用户按键这类事件。

4. Excel 2021中常用的对象

VBA是面向对象的程序设计语言。Excel 2021中有各种层次的对象，不同的对象又有其自身的属性、方法和事件，对象是程序设计中的重要元素。这里只选择几个重要对象进行介绍。

（1）Application对象

它是最基本的对象，与Excel应用程序相关，它影响活动的Excel应用程序。通常情况下，Application对象指的就是Excel应用程序本身，利用其属性可以灵活地控制Excel应用程序的工作环境。

常用的属性有ActiveCell（当前单元格）、ActiveWorkBook（当前工作簿）、ActiveWorkSheet（当前工作表）、Caption（标题）、DisplayAlerts（显示警告）、Dialogs（对话框集合）、Quit（退出）和Visible等。

（2）Workbooks对象

它包含在当前Excel应用程序中打开的工作簿，它最常用的属性和方法如下。

①Add＜模板＞：此方法返回指定的Workbooks对象的地址。

②Count：此属性返回当前打开的工作簿的数目。

③Item<Workbook>：此方法返回指定的Workbooks对象。<Workbook>要么是一个数字，对应着工作簿在集合中的索引号，要么是工作簿的名称。

④Open<filename>：此方法打开指定的文件，并返回包含文档的Workbooks对象的地址。

（3）Workbook对象

它保存在当前Excel应用程序中打开的单个工作簿的信息。该对象最有用的属性、方法和对象如下。

①Activate：此方法使指定的工作簿成为活动的工作簿，然后用ActivateWorkbook对象引用这个工作簿。

②Close<savechanges>：此方法关闭Workbook对象，如果要求保存，它将修改的内容保存到工作簿中。

③Name：此属性返回工作簿的名称。

④Sheets：该对象包含工作簿中的一系列工作表和图表。

（4）Worksheet对象

Worksheet对象是Worksheets集合的成员，该集合包含工作簿中所有的表（包括工作表和图表）。当工作表处于活动状态时，可直接用ActiveSheet属性引用。

常用的Worksheets对象和Worksheet对象的属性和方法有ActiveSheet（活动工作表）属性、Name（名称）属性、Visible（隐藏）属性、Select（选定）方法、Copy（复制）和Move（移动）方法、Paste（粘贴）方法、Delete（删除）方法以及Add（添加）方法等。

（5）Range对象

它保存工作表上一个或多个单元的信息。Range对象的属性和方法主要有Cells（单元格）属性、UsedRange（已使用的单元格区域）属性、Formula（公式）属性、Name（单元格区域名称）属性、Value（值）属性、Autofit（自动行高列宽）方法、Clear（清除所有内容）方法、ClearContents（清除内容）方法、ClearFormats（清除格式）方法、Delete（删除）方法、Copy（复制）方法、Cut（剪切）方法和Paste（粘贴）方法等。

5. 创建一个工作簿

下面通过一个实例，详细介绍如何创建一个新的工作簿，并保存到指定位置。

步骤 01 打开VBE编辑环境，创建模块，在模块中输入以下代码。

```
Sub test()
Dim WB As Workbook
Dim Sht As Worksheet
Set WB = Workbooks.Add
Set Sht = WB.Worksheets(1)
Sht.Name = " 学生名册 "
Sht.Range("A1:F1") = Array(" 学号 ", " 姓名 ", " 性别 ", " 出生年月 ", " 入学时
间 ", " 是否团员 ")
WB.SaveAs "C:\ 学生花名册 .xlsx"
ActiveWorkbook.Close
End Sub
```

Workbook对象和WorkSheet对象在04行创建一个工作簿WB，在05行指定工作表，然后分别在06到07行为工作表标签命名，并在A1:F1单元格区域中设置表头。最后在08行保存新建的工作簿到所指定的位置，并命名文件名；在09行关闭新建的工作簿。

其中08行可以修改为以下形式。

```
WB.SaveAs ThisWorkbook.Path & "C:\ 学生花名册 .xlsx"
```

步骤 02 按【F5】键，可以在C盘上找到文件“学生花名册.xlsx”，打开该文件，如下图所示。

高手私房菜

技巧1：启用被禁用的宏

设置宏的安全性后，在打开包含代码的文件时，将弹出【安全警告】信息栏，如下图所示。如果用户信任该文件的来源，可以单击【安全警告】信息栏中的【启用内容】按钮，【安全警告】信息栏将自动关闭。此时，被禁用的宏将会被启用。

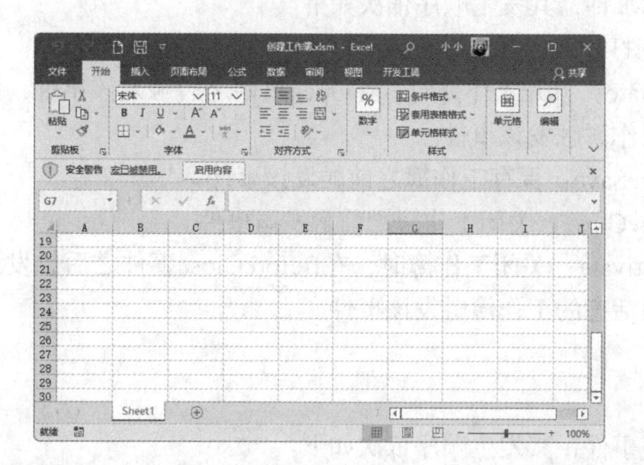

技巧2：使用变量类型声明符

前面介绍的变量声明的基本语法格式如下。

```
Dim 变量名 As 数据类型
```

在实际定义过程中，有部分数据类型可以使用类型声明符来简化定义，例如以下代码。

```
Dim str$
```

在变量名称的后面加上$，表示把变量“str”定义为string类型。这里的$就是类型声明符。常见的类型声明符如下表所示。

数据类型	类型声明符
Integer	%
Long	&
Single	!
Double	#
Currency	@
String	$

例如以下代码。

```
Dim M1@ 等价于 dim M1 as Currency
Dim M2% 等价于 dim M2 as Integer
```

技巧3：事件产生的顺序

本章已经介绍过工作簿和工作表的事件，那么如果同时定义了多个事件，系统如何响应呢？要解决这个问题，就需要了解事件的产生顺序，这将有助于在各事件中编写代码，完成相应的操作。

1. 工作簿事件的顺序

对于常见的工作簿事件，其发生顺序依次如下。

①Workbook_Open:打开工作簿时触发该事件。

②Workbook_Activate：打开工作簿时，在Open事件之后触发该事件；或者在多个工作簿之间切换时，激活状态的工作簿触发该事件。

③Workbook_BeforeSave：保存工作簿之前触发该事件。

④Workbook_BeforeClose：关闭工作簿之前触发该事件。

⑤Workbook_Deactivate：关闭工作簿时，在BeforeClose事件之后触发该事件；或者在多个工作簿之间切换时，非激活态的工作簿触发该事件。

2. 工作表事件的顺序

对于常见的工作表事件，其发生顺序依次如下。

（1）修改单元格中的内容后，再改变活动单元格时事件顺序如下。

①Worksheet_Change：更改工作表中的单元格时触发该事件。

②Worksheet_SelectionChange：工作表中选定区域发生改变时触发该事件。

（2）更改当前工作表时，事件产生的顺序如下。

①Worksheet_Deactivate：工作表从活动状态转为非活动状态时触发该事件。

②Worksheet_Activate：激活工作表时触发该事件。

第16章

Excel 2021协同办公

学习目标

Excel 2021和Office 2021其他组件之间可以非常方便地协同处理数据，Excel 2021的共享功能方便多个用户同时查看同一文档，使工作事半功倍。

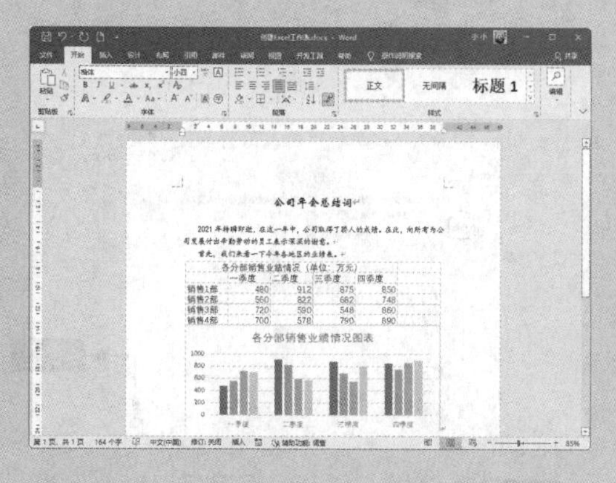

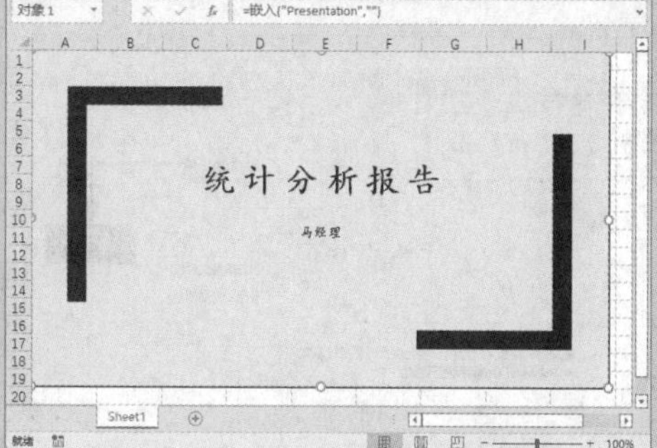

16.1 Office 2021不同组件间的协同

在使用Excel 2021时，可以与Word、PowerPoint协同，如在Excel表格中调用Word文档和PowerPoint演示文稿，或者在Word文档和PowerPoint演示文稿中插入Excel表格。

16.1.1 Excel 2021与Word的协同

Excel表格可以与Word文档实现资源共享和相互调用，从而达到提高工作效率的目的。

1. 在Excel表格中调用Word文档

可以通过在Excel表格中调用Word文档来实现资源的共用，这样可以避免在不同软件之间来回切换，从而大大减少了工作量，具体操作步骤如下。

步骤01 新建一个工作簿，单击【插入】选项卡下【文本】选项组中的【对象】按钮，如下图所示。

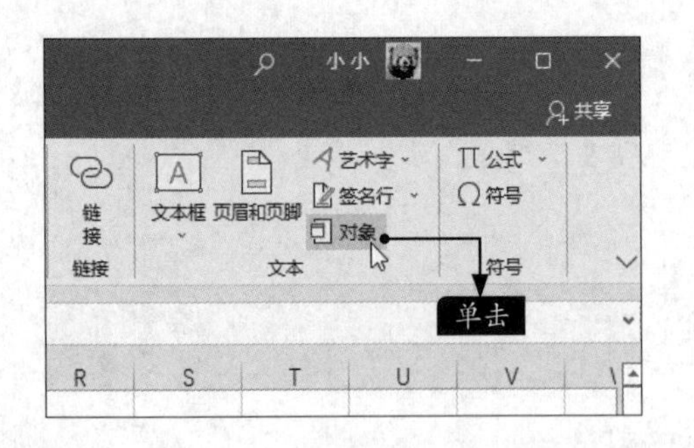

步骤02 弹出【对象】对话框，单击【由文件创建】选项卡，单击【浏览】按钮，如下图所示。

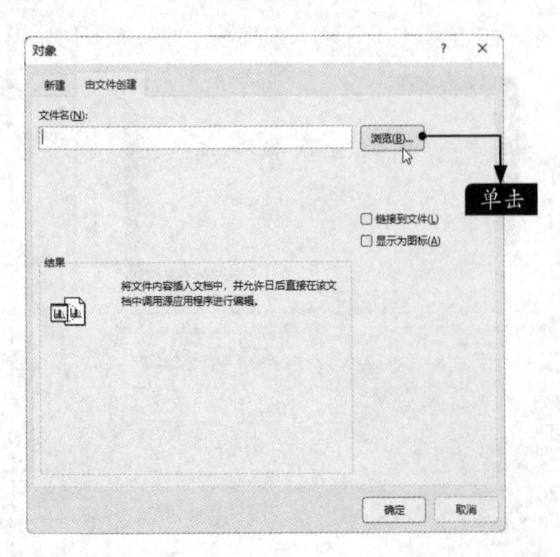

步骤03 弹出【浏览】对话框，选择“素材\ch16\考勤管理工作标准.docx”文件，单击【插入】按钮，如下图所示。

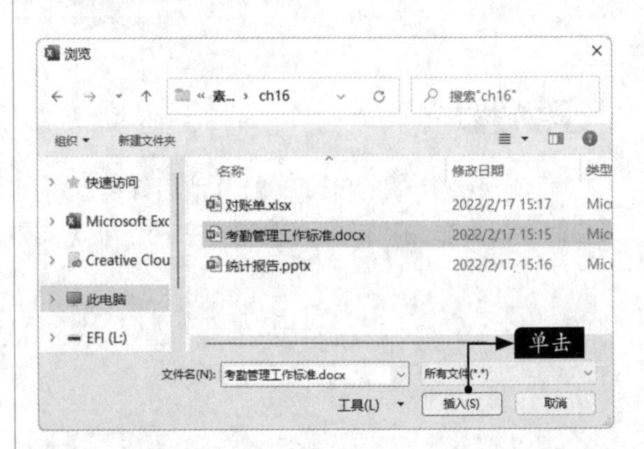

步骤04 返回【对象】对话框，单击【确定】按钮，如下图所示。

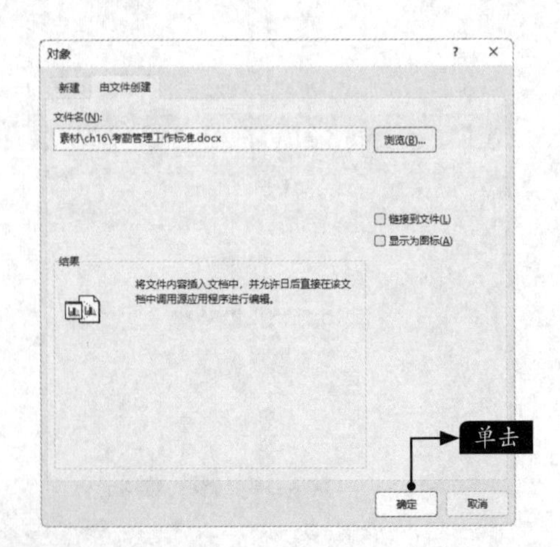

步骤05 在Excel表格中调用Word文档的效果如下页图所示。

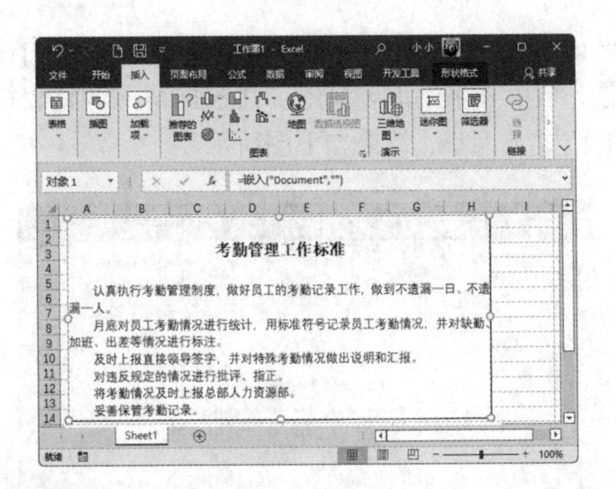

步骤06 双击插入的Word文档，显示Word功能区，在此可以编辑插入的文档，如下图所示。

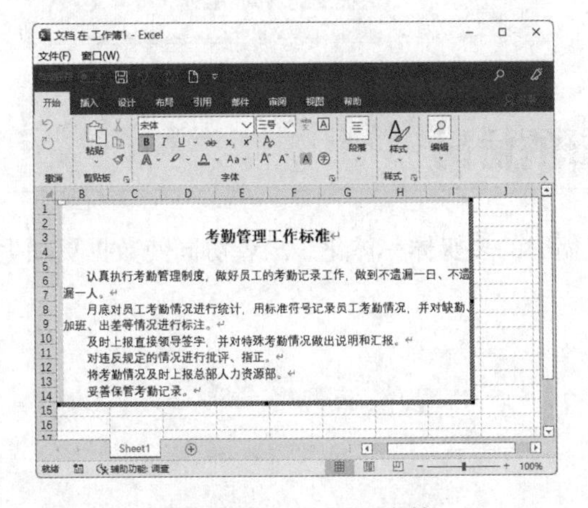

2. 在Word文档中插入Excel表格

当制作的Word文档涉及报表时，可以直接在Word文档中创建Excel表格，这样不仅可以使文档的内容更加清晰、表达的意思更加完整，而且可以节约时间，具体操作步骤如下。

步骤01 打开“素材\ch16\创建Excel工作表.docx”文件，将光标定位至需要插入表格的位置，单击【插入】选项卡下【表格】选项组中的【表格】按钮，在弹出的下拉列表中选择【Excel电子表格】选项，如下图所示。

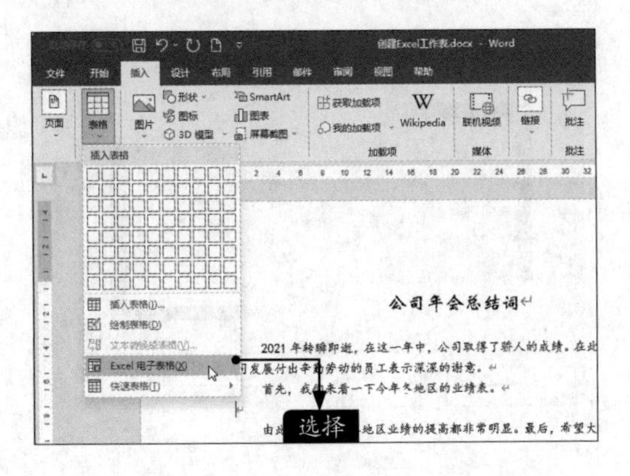

步骤02 返回Word文档，即可看到插入的Excel表格，双击插入的Excel表格即可进入编辑状态，如下图所示。

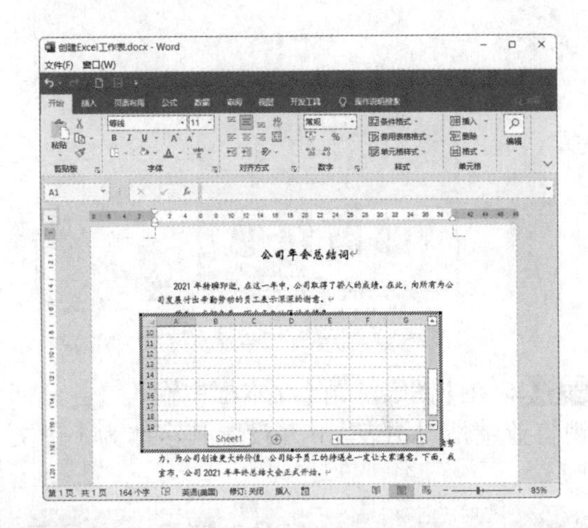

步骤03 在Excel表格中输入数据，并根据需要设置文字及单元格样式，如下图所示。

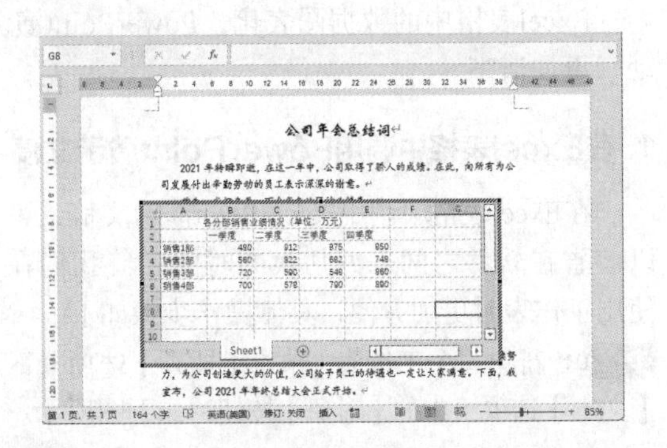

步骤04 选择A2:E6单元格区域，单击【插入】选项卡下【图表】选项组中的【插入柱形图或条形图】按钮，在弹出的下拉列表中选择【簇状柱形图】选项，如下图所示。

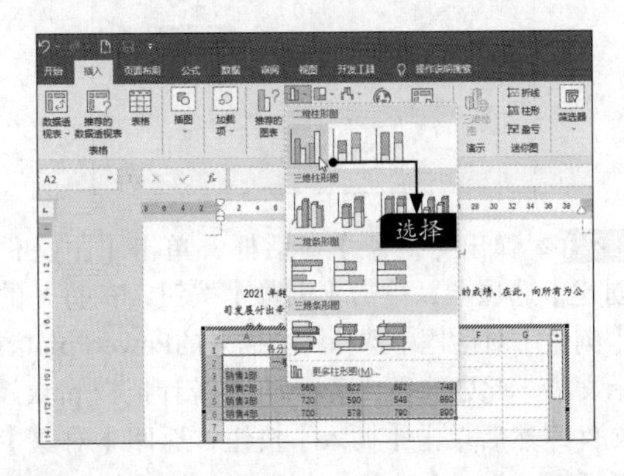

步骤05 在图表中插入柱形图，将鼠标指针放置在图表上，当鼠标指针变为形状时，按住鼠标左键，拖曳图表到合适位置，并根据需要调

整表格的大小，如下图所示。

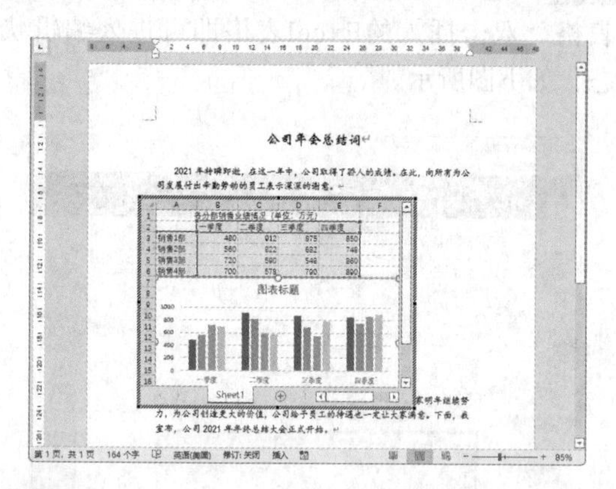

步骤06 在【图表标题】文本框中输入“各分部销售业绩情况图表”，并设置其字体为【华文楷体】、字号为【14】，单击Word文档的空白位置，结束表格的编辑状态，并根据情况调整表格的位置及大小，效果如下图所示。

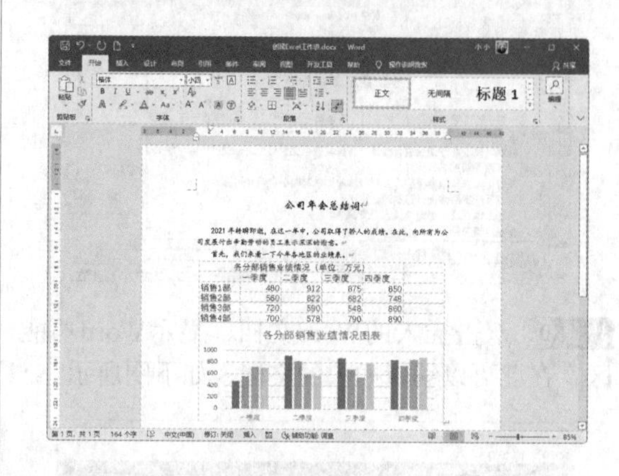

16.1.2 Excel 2021与PowerPoint的协同

Excel表格中的数据图表化，PowerPoint演示文稿中的多媒体一体化，二者协同使数据更加生动、更加清晰。

1. 在Excel表格中调用PowerPoint演示文稿

在Excel表格中调用PowerPoint演示文稿，可以节省在软件之间来回切换的时间，使我们在使用工作表时更加方便，具体操作步骤如下。

步骤01 新建一个工作簿，单击【插入】选项卡下【文本】选项组中的【对象】按钮，如下图所示。

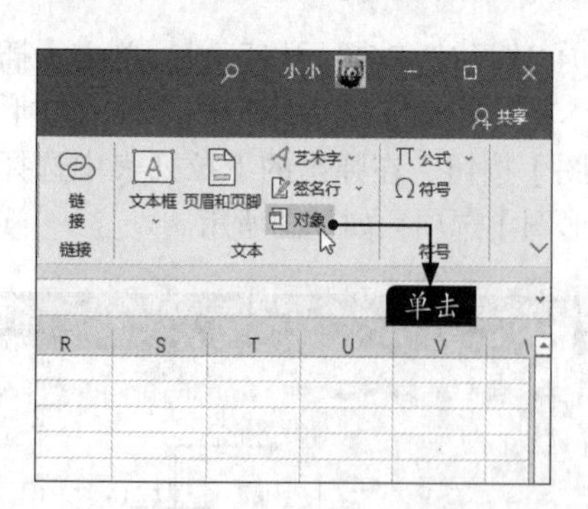

步骤02 弹出【对象】对话框，单击【由文件创建】选项卡，单击【浏览】按钮，在打开的【浏览】对话框中选择将要插入的PowerPoint演示文稿，此处选择“素材\ch16\统计报告.pptx”文件，然后单击【插入】按钮，返回【对象】对话框，单击【确定】按钮，如右上图所示。

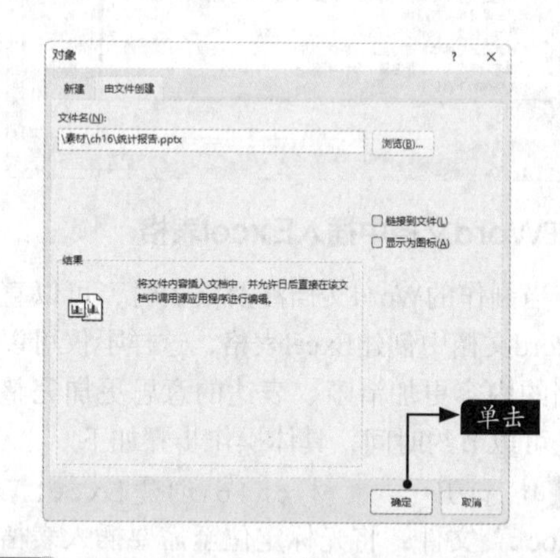

步骤03 此时就在Excel表格中插入了所选的演示文稿。插入PowerPoint演示文稿后，还可以调整演示文稿的位置和大小，如下图所示。

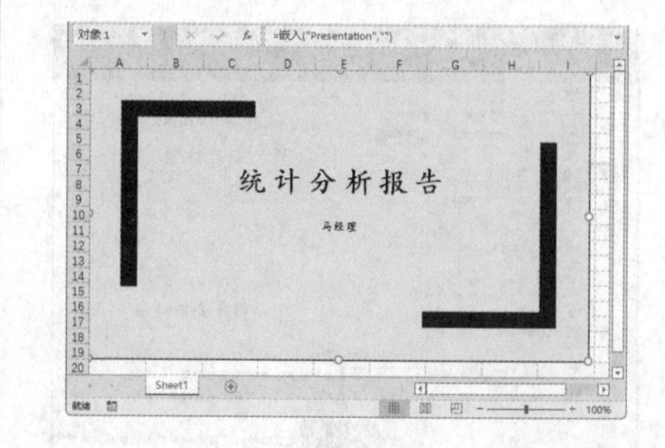

步骤 04 双击插入的演示文稿，即可开始播放，如下图所示。

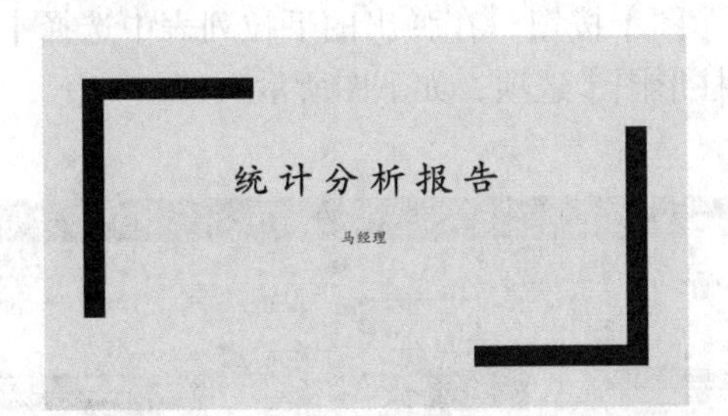

2. 在PowerPoint演示文稿中插入Excel表格

用户可以将Excel 2021中制作完成的表格调用到PowerPoint演示文稿中进行放映，这样可以为讲解省去许多麻烦，具体操作步骤如下。

步骤 01 打开“素材\ch16\调用Excel工作表.pptx”文件，选择第2张幻灯片，然后单击【开始】选项卡下【幻灯片】选项组中的【新建幻灯片】按钮，在弹出的下拉列表中选择【仅标题】选项，如下图所示。

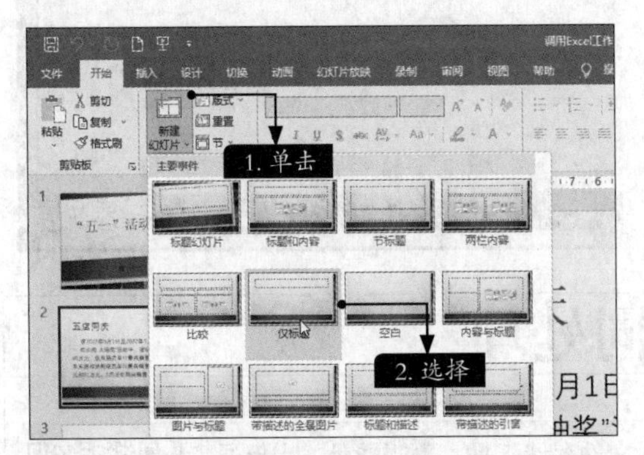

步骤 02 新建一张标题幻灯片，在【单击此处添加标题】文本框中输入“各店销售情况详表”，如下图所示。

步骤 03 单击【插入】选项卡下【文本】选项组中的【对象】按钮，弹出【插入对象】对话框，选择【由文件创建】单选项，然后单击【浏览】按钮，如右上图所示。

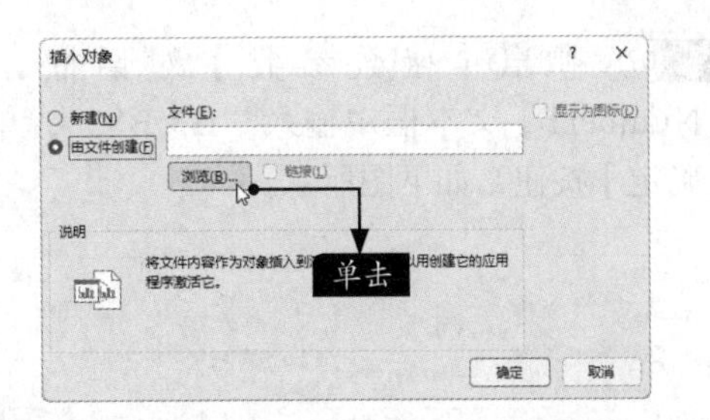

步骤 04 在弹出的【浏览】对话框中选择“素材\ch16\销售情况表.xlsx”文件，然后单击【确定】按钮，返回【插入对象】对话框，单击【确定】按钮，如下图所示。

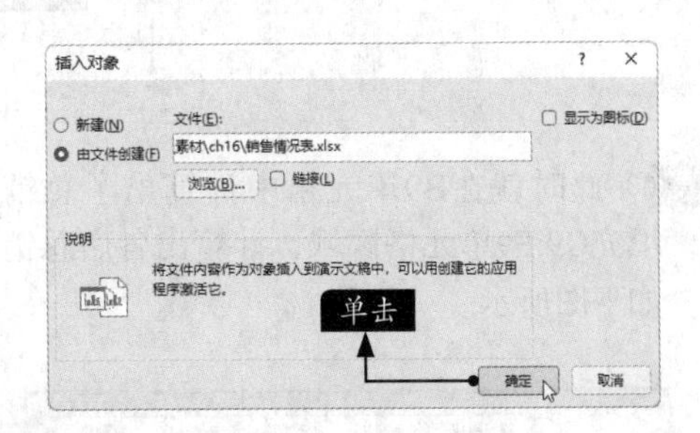

步骤 05 此时就在演示文稿中插入了Excel表格，如下图所示。

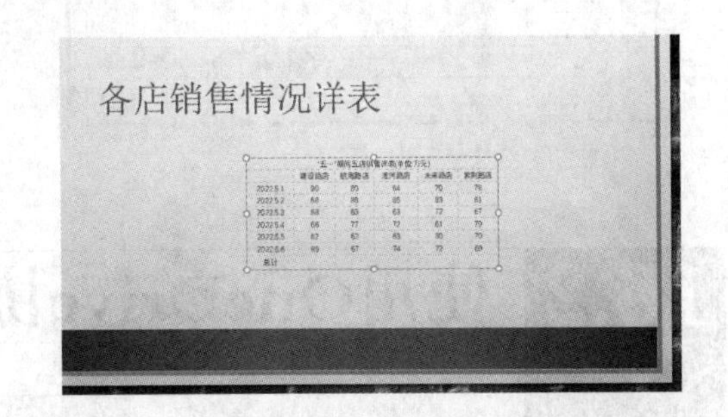

步骤 06 双击表格，进入Excel表格的编辑状态，调整表格的大小。选择B9单元格，单击编辑栏中的【插入函数】按钮，弹出【插入函数】对话框。在【选择函数】列表框中选择【SUM】函数，单击【确定】按钮，如下图所示。

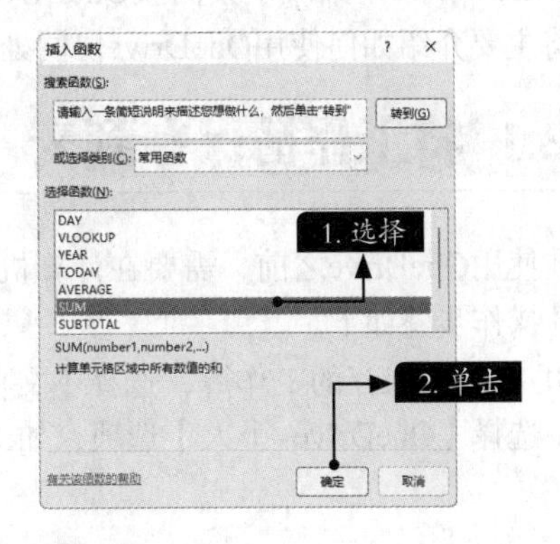

步骤 07 弹出【函数参数】对话框，在【Number1】文本框中输入“B3:B8”，单击【确定】按钮，如下图所示。

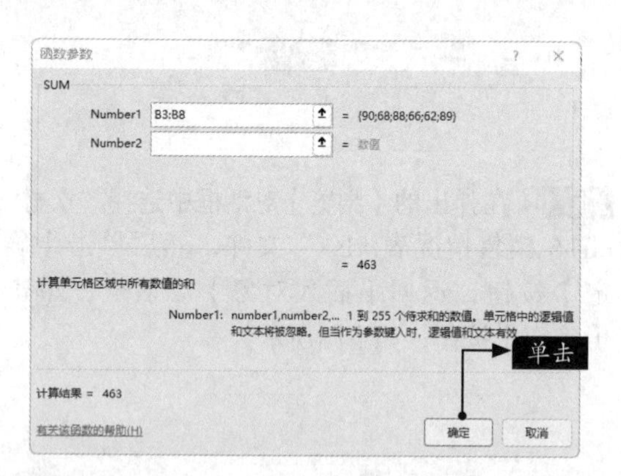

步骤 08 此时就在B9单元格中计算出了总销售额，填充C9:F9单元格区域，计算出各店总销售额，如下图所示。

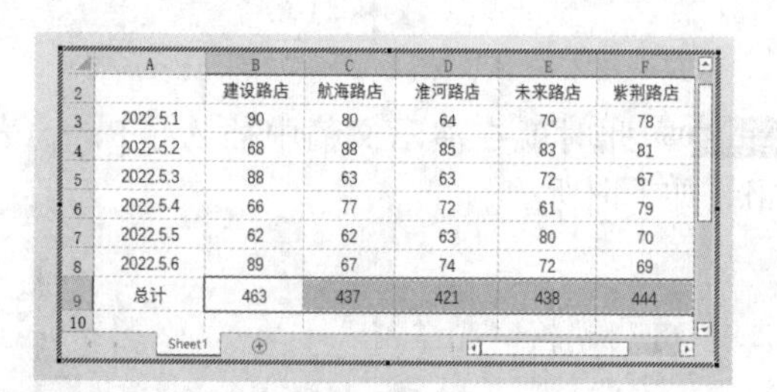

	A	B	C	D	E	F
2		建设路店	航海路店	淮河路店	未来路店	紫荆路店
3	2022.5.1	90	80	64	70	78
4	2022.5.2	68	88	85	83	81
5	2022.5.3	88	63	63	72	67
6	2022.5.4	66	77	72	61	79
7	2022.5.5	62	62	63	80	70
8	2022.5.6	89	67	74	72	69
9	总计	463	437	421	438	444
10						

步骤 09 选择A2:F8单元格区域，单击【插入】选项卡下【图表】选项组中的【插入柱形图或条形图】按钮，在弹出的下拉列表中选择【簇状柱形图】选项，如下图所示。

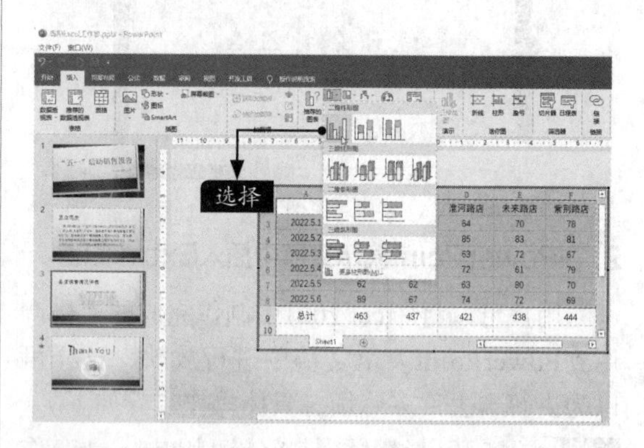

步骤 10 插入柱形图后，设置图表的位置和大小，并根据需要美化图表，最终效果如下图所示。

16.2 使用OneDrive协同处理

OneDrive是微软公司推出的一款个人文件存储工具，也叫网盘，支持通过计算机端和移动端访问网盘中存储的数据，用户还可以借助OneDrive for Business将工作文件与其他人共享，并与他们进行协作。

Windows 10中集成了桌面版OneDrive，可以方便地上传、复制、粘贴、删除文件或文件夹。本节将主要介绍如何使用OneDrive协同处理。

16.2.1 将工作簿保存到云

在使用OneDrive之前，需要在计算机和Office中登录Microsoft账户。将工作簿保存到OneDrive的具体操作步骤如下。

步骤 01 打开要保存的工作簿，选择【文件】选项卡下的【另存为】命令，在【OneDrive - 个人】区域中选择【OneDrive - 个人】选项，如下页图所示。

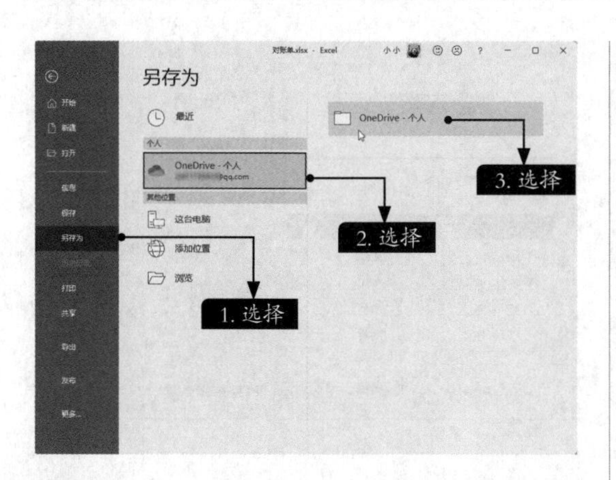

步骤02 弹出【另存为】对话框，在对话框中选择文件要保存的位置，单击【保存】按钮，如下图所示。

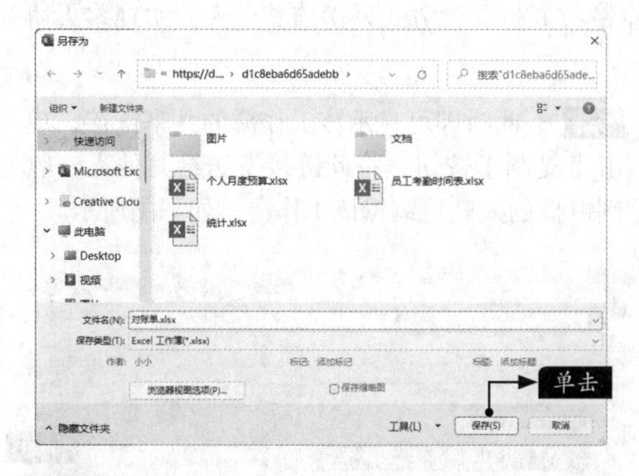

步骤03 此时状态栏就会显示“正在上载到OneDrive”字样，如右上图所示。

步骤04 当文件上传到OneDrive后，选择【文件】选项卡下的【打开】命令，进入【打开】界面，选择【OneDrive - 个人】区域中的【OneDrive - 个人】选项，可以看到OneDrive中保存的工作簿，如下图所示。

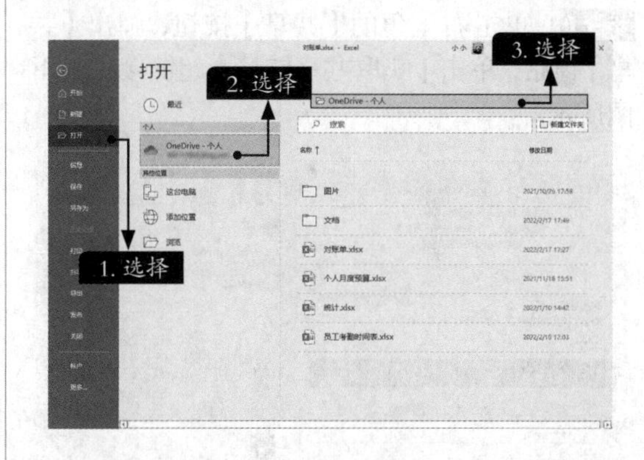

16.2.2 与他人共享文件

将工作簿保存到OneDrive中以后，就可以将该工作簿共享给其他人查看或编辑，具体操作步骤如下。

步骤01 打开Excel，单击右上角的【共享】按钮 共享，如下图所示。

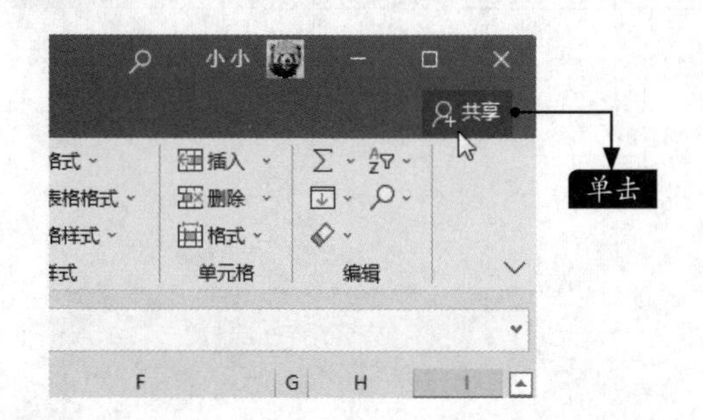

步骤02 弹出【共享】窗格，在【邀请人员】文本框中输入邮件地址，在权限下拉列表中选择共享的权限，如这里选择【可编辑】选项，如下图所示。

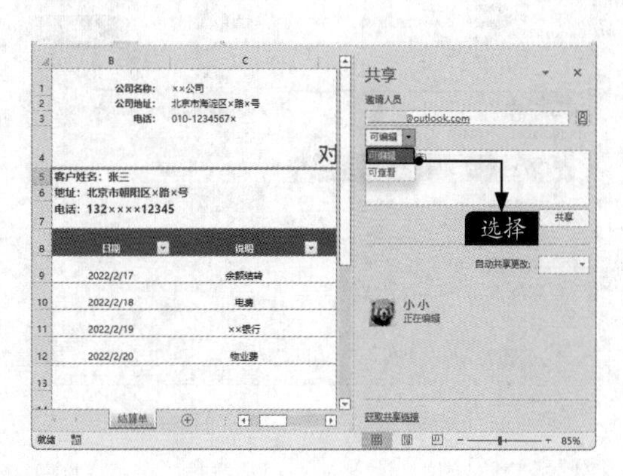

步骤 03 在【包括消息（可选）】文本框中，用户可以输入消息内容，然后单击【共享】按钮，即可将电子邮件发送给被邀请人。

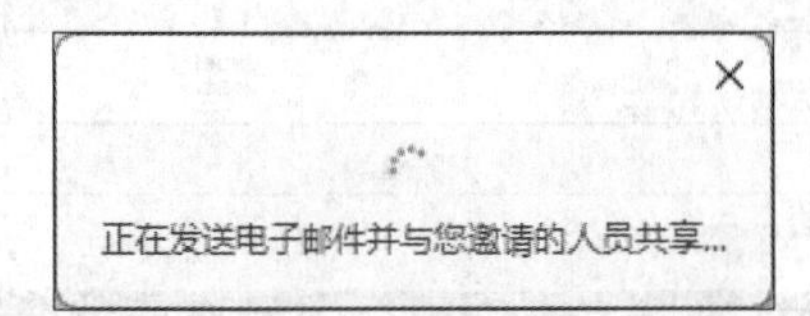

步骤 04 发送电子邮件成功后，被邀请人会显示在【共享】窗格中，如右图所示。

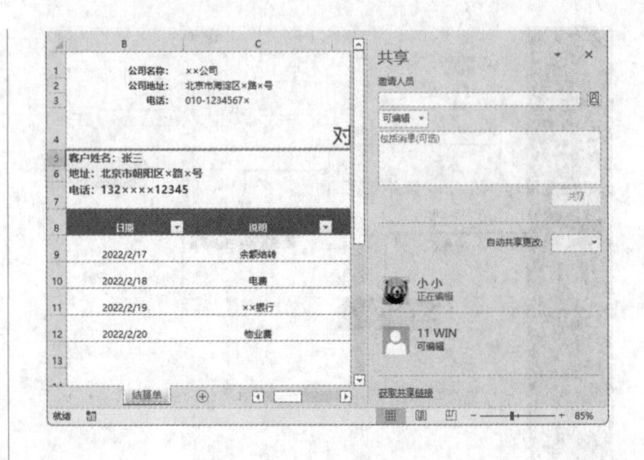

16.2.3 获取共享链接

除了以电子邮件的形式发送外，还可以将共享链接通过其他方式发送给其他人，实现多人协同编辑，具体操作步骤如下。

步骤 01 单击右上角的【共享】按钮，弹出【共享】窗格，单击【获取共享链接】超链接，如下图所示。

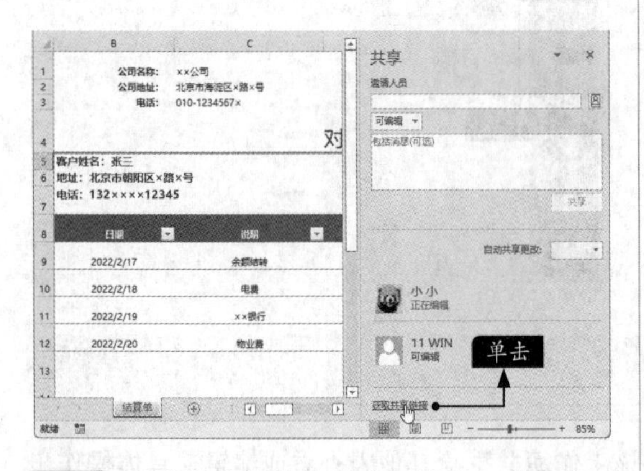

步骤 02 在【获取共享链接】区域中，单击【创建编辑链接】按钮，如下图所示。

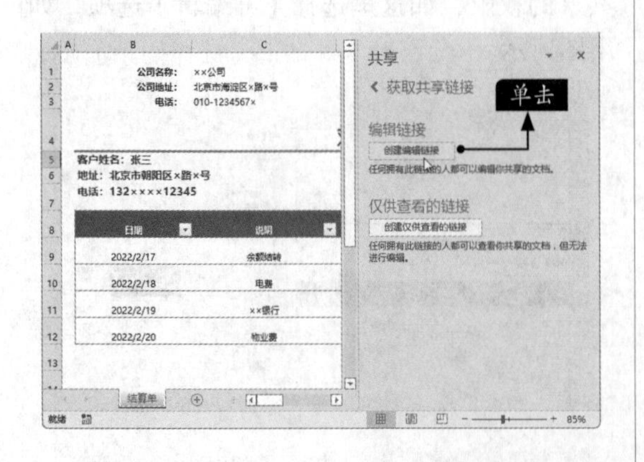

步骤 03 此时即可显示该工作簿的共享链接，单击【复制】按钮，将此链接发送给其他人，收到链接的人就可编辑该工作簿，如下图所示。

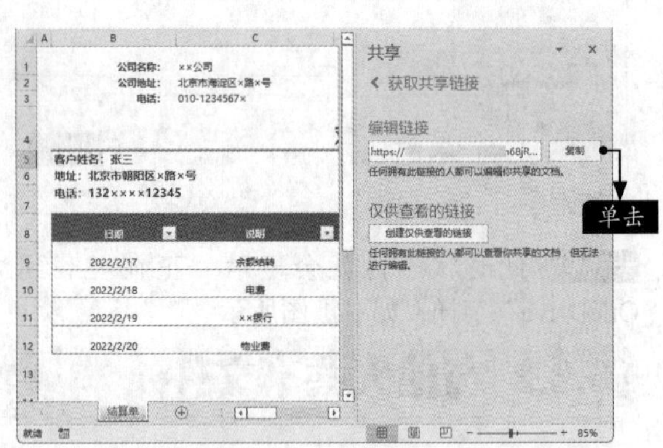

小提示

单击【创建仅供查看的链接】按钮，可创建被邀请人仅有查看权限的链接。

16.3 Excel 2021的其他共享方式

除了使用OneDrive和在局域网中共享外，用户还可以通过电子邮件和存储设备（如U盘、移动硬盘等）共享Excel表格。

16.3.1 通过电子邮件共享

Excel 2021可以通过发送到电子邮件的方式共享文件，主要有【作为附件发送】、【发送链接】、【以PDF形式发送】、【以XPS形式发送】和【以Internet传真形式发送】5种形式。如果使用【发送链接】形式，必须将Excel表格保存到OneDrive中。下面介绍【作为附件发送】的方法，具体操作步骤如下。

步骤 01 打开要发送的工作簿，选择【文件】选项卡下的【共享】命令，在【共享】区域选择【电子邮件】选项，然后单击【作为附件发送】按钮，如下图所示。

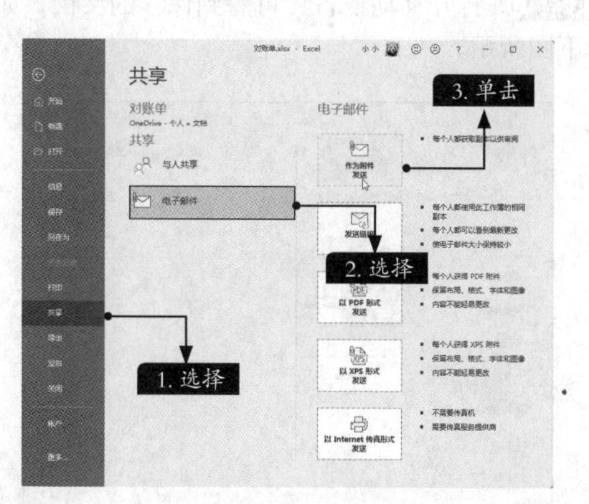

步骤 02 系统将自动打开计算机中的邮件客户端，在界面中可以看到添加的附件，在【收件人】文本框中输入收件人的邮箱，单击【发送】按钮即可将文档作为附件发送，如下图所示。

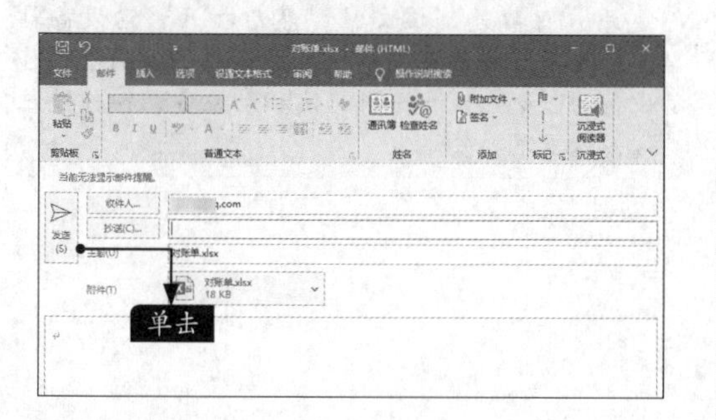

另外，用户也可以使用QQ邮箱、网易邮箱等网页版客户端，添加附件发送给朋友，具体操作步骤如下。

步骤 01 打开网页版客户端，进入【写信】页面，输入收件人的邮箱，然后单击【添加附件】超链接，如下图所示。

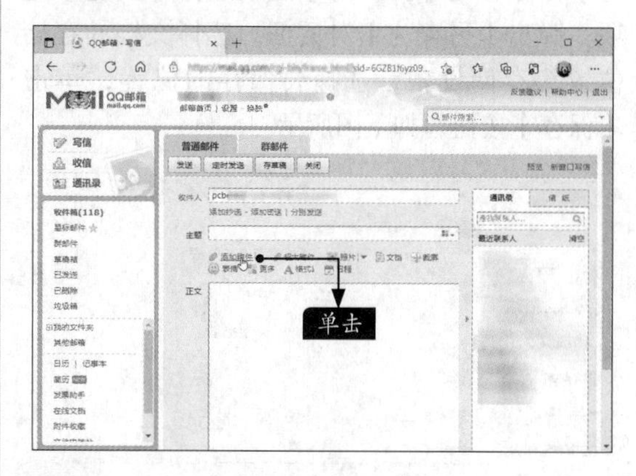

步骤 02 弹出【打开】对话框，选择要添加的附件，然后单击【打开】按钮，如下图所示。

步骤03 返回【写信】页面，可以看到已添加的附件信息，然后可以根据情况填写主题和正文，最后单击【发送】按钮，如下图所示。

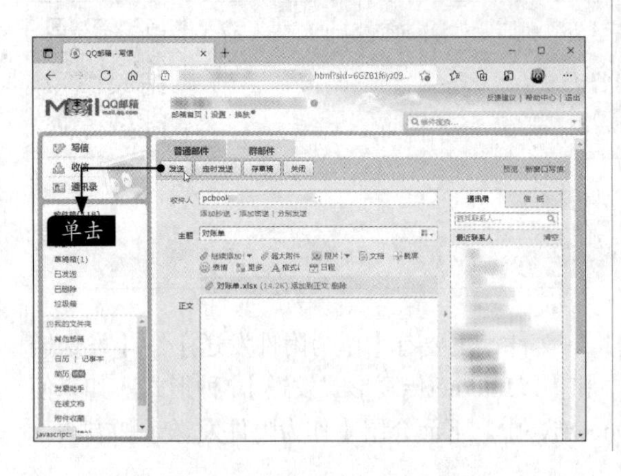

步骤04 发送成功后，会提示“发送成功”信息，如下图所示。

16.3.2 存储到移动设备中

用户还可以将工作簿存储到移动设备（U盘、移动硬盘等）中，具体操作步骤如下。

步骤01 将移动设备连接到计算机，打开要存储的工作簿，选择【文件】选项卡下的【另存为】命令，在【另存为】区域选择【浏览】选项，弹出【另存为】对话框，选择文档的存储位置为存储设备，选择要保存的位置，单击【保存】按钮，如下图所示。

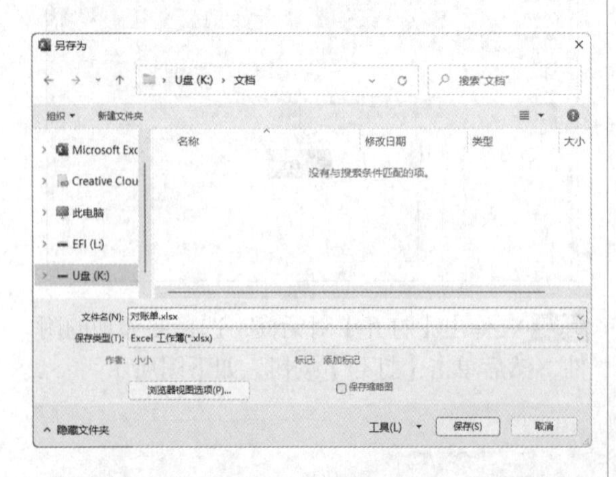

小提示

将移动设备插入计算机的USB接口后，双击桌面上的【此电脑】图标，在弹出的【此电脑】窗口中可以看到插入的移动设备。

步骤02 打开移动设备，可看到保存的文档，如下图所示。

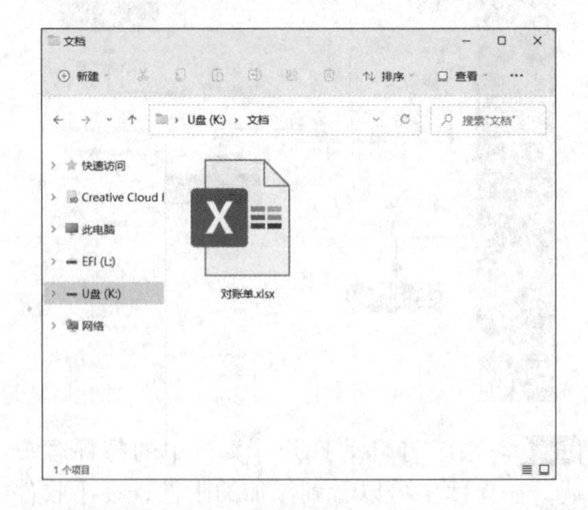

小提示

用户可以复制该文档，然后打开移动设备粘贴，也可以将文档存储到移动设备中。本例中的移动设备为U盘，如果使用其他移动设备，操作过程类似，这里不再赘述。